设计师职业培训教程

AutoCAD 2016
中文版机械设计培训教程

李玉军　张云杰　编著

清华大学出版社
北　京

内 容 简 介

AutoCAD 作为一款优秀的 CAD 图形设计软件，应用程度之广泛已经远远高于其他的软件。本书主要针对目前非常热门的 AutoCAD 辅助设计技术，将机械设计职业知识和 AutoCAD 软件机械专业设计方法相结合，通过分课时的培训方法，以详尽的视频教学讲解 AutoCAD 2016 中文版的机械设计方法。全书分 7 个教学日共 56 个教学课时，主要包括基本操作和绘图、编辑修改图形、层和块操作、文字操作、表格和打印输出，以及进行三维绘图的方法，从实用的角度介绍了 AutoCAD 2016 中文版的机械设计方法，并配备视频多媒体教学光盘。

本书结构严谨、内容翔实，知识全面，写法创新实用，可读性强，设计实例专业性强，步骤明确，主要针对使用 AutoCAD 进行机械设计的广大初、中级用户，并可作为大专院校计算机辅助设计课程的指导教材和公司内部的 AutoCAD 设计培训教材。

图书在版编目(CIP)数据

AutoCAD 2016 中文版机械设计培训教程/李玉军，张云杰编著. --北京：清华大学出版社，2016
(设计师职业培训教程)
ISBN 978-7-302-42456-7

Ⅰ. ①A…　Ⅱ. ①李…　②张…　Ⅲ. ①机械设计—计算机辅助设计—AutoCAD 软件—职业培训—教材　Ⅳ. ①TH122

中国版本图书馆 CIP 数据核字(2015)第 295089 号

责任编辑：张彦青　李玉萍
装帧设计：杨玉兰
责任校对：吴春华
责任印制：何　芊

出版发行：清华大学出版社
网　　址：http://www.tup.com.cn, http://www.wqbook.com
地　　址：北京清华大学学研大厦 A 座　　　邮　　编：100084
社 总 机：010-62770175　　　邮　　购：010-62786544
投稿与读者服务：010-62776969, c-service@tup.tsinghua.edu.cn
质量反馈：010-62772015, zhiliang@tup.tsinghua.edu.cn
印 刷 者：清华大学印刷厂
装 订 者：三河市吉祥印务有限公司
经　　销：全国新华书店
开　　本：203mm×260mm　　印　张：24.75　　字　数：603 千字
(附 DVD 1 张)
版　　次：2016 年 1 月第 1 版　　印　次：2016 年 1 月第 1 次印刷
印　　数：1～3000
定　　价：55.00 元

产品编号：066111-01

前　　言

本书是“设计师职业培训教程”丛书中的一本，这套丛书拥有完善的知识体系和教学套路，按照教学天数和课时进行安排，采用阶梯式学习方法，对设计专业知识、软件的构架、应用方向以及命令操作都进行了详尽的讲解，循序渐进地提高读者的应用能力。丛书本着服务读者的理念，通过大量的内训用经典实用案例对功能模块进行讲解，提高读者的应用水平。使读者全面地掌握所学知识，更好地投入到相应的工作中去。

本书主要介绍的是 AutoCAD 机械设计，在工程应用中，特别是在机械行业，CAD 得到了广泛的应用。无论是 CAD 的系统用户，还是其他的计算机使用者，都可能因 AutoCAD 的诞生与发展而大为受益。AutoCAD 作为一款优秀的 CAD 图形设计软件，应用程度之广泛已经远远高于其他的软件。目前，AutoCAD 推出了最新的版本——AutoCAD 2016 中文版，它更是集图形处理之大成，代表了当今 CAD 软件的最新潮流和技术巅峰。为了使读者能更好地学习软件，同时尽快熟悉 AutoCAD 2016 中文版的机械设计功能，笔者根据多年在该领域的设计经验，精心编写了本书。本书针对目前非常热门的 AutoCAD 辅助设计技术，将机械设计职业知识和 AutoCAD 软件机械专业设计方法相结合，通过分课时的培训方法，以详尽的视频教学讲解 AutoCAD 2016 中文版的机械设计方法。全书分 7 个教学日共 56 个教学课时，主要内容包括基本操作和绘图、编辑修改图形、层和块操作、文字操作、表格和打印输出，以及进行三维绘图的方法，从实用的角度介绍了 AutoCAD 2016 中文版的机械设计方法。

笔者的 CAX 设计教研室长期从事 AutoCAD 的专业设计和教学，数年来承接了大量的项目，积极参与 AutoCAD 机械设计的教学和培训工作，积累了丰富的实践经验。本书就像一位专业设计师，将设计项目时的思路、流程、方法和技巧、操作步骤面对面地与读者交流，是广大读者快速掌握 AutoCAD 2016 的自学实用指导书，也可作为大专院校计算机辅助设计课程的指导教材和公司内部的 CAD 设计培训教材。

本书还配备了交互式多媒体教学演示光盘，将案例操作过程制作为多媒体视频进行讲解，由从教多年的专业讲师全程多媒体语音视频跟踪教学，以面对面的形式讲解，便于读者学习使用。同时光盘中还提供了所有实例的源文件，以便读者练习使用。关于多媒体教学光盘的使用方法，读者可以阅读光盘根目录下的光盘说明。另外，本书还提供了网络的免费技术支持，欢迎大家登录云杰漫步多媒体科技的网上技术论坛进行交流：http://www.yunjiework.com/bbs。论坛分为多个专业的设计板块，可以为读者提供实时的软件技术支持，解答读者问题。

本书由李玉军、张云杰编著，参与编写的人员还有张云静、靳翔、尚蕾、郝利剑、贺安、董闯、宋志刚、李海霞、贺秀亭、焦淑娟、彭勇、周益斌、薛宝华、郭鹰、李一凡等。书中的设计范例、多媒体和光盘效果均由北京云杰漫步多媒体科技开发有限公司设计制作，同时感谢清华大学出版社的编辑和老师们的大力协助。

由于本书编写时间紧张，编写人员水平有限，因此在编写过程中难免有不足之处，在此，编写人员对广大用户表示歉意，望广大用户不吝赐教，对书中的不足之处给予指正。

编　者

目 录

目录

设计师职业培训教程

第 1 教学日

AutoCAD 是由美国 Autodesk 公司于 20 世纪 80 年代初，为微机上应用 CAD 技术而开发的绘图程序软件包，经过不断完善，现已经成为国际上广为流行的绘图工具。AutoCAD 具有良好的用户界面，通过交互式菜单或命令输入行方式便可以进行各种操作。它的多文档设计环境，让非计算机专业人员也能很快地学会使用，在不断实践的过程中更好地掌握它的各种应用和开发技巧，从而不断提高工作效率。

本教学日主要介绍机械设计中的基本知识，以及 AutoCAD 应用和 AutoCAD 2016 的软件界面及基本操作，最后还讲解了软件的视图、坐标系和辅助工具这些知识。

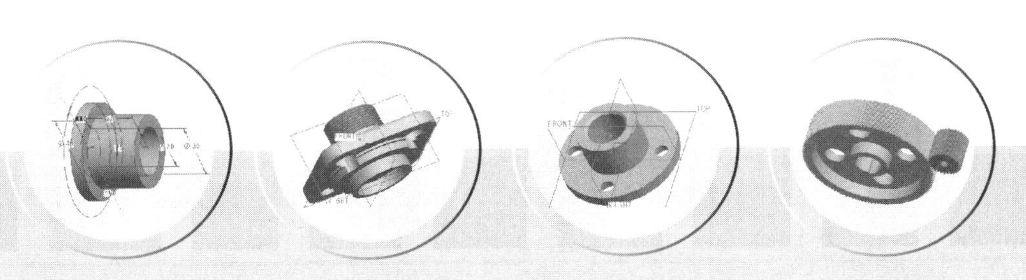

第1课 1课时 设计师职业知识——机械设计基础

计算机辅助设计(Computer Aided Design，CAD)，是指利用计算机的计算功能和高效的图形处理能力，对产品进行辅助设计分析、修改和优化。它综合了计算机知识和工程设计知识的成果，能够绘制二维图形与三维图形、标注尺寸、渲染图形以及打印输出图纸，并且随着计算机硬件性能和软件功能的不断提高而逐渐完善。

AutoCAD 是由美国 Autodesk(欧特克)公司开发的通用计算机辅助设计软件包，它具有易于掌握、使用方便和体系结构开放等优点，深受广大工程技术人员的欢迎。

自 Autodesk 公司从 1982 年推出 AutoCAD 的第一个版本——AutoCAD 1.0 起不断升级，使其功能日益增强并日趋完善。如今，AutoCAD 已广泛应用于机械、建筑、电子、航天、造船、石油化工、土木工程、冶金、地质、气象、纺织、轻工和商业等领域。

AutoCAD 2016 是 Autodesk 公司推出的最新系列，代表了当今 CAD 软件的最新潮流和未来发展趋势。为了使读者能够更好地理解和应用 AutoCAD 2016，在本章中主要讲解有关基础知识和基本操作，为深入学习提供支持。

1.1.1 图纸国标规定

技术制图和机械制图标准规定是最基本的也是最重要的工程技术语言的组成部分，是发展经济、产品参与国内外竞争和国内外交流的重要工具，是各国之间、行业之间、相同或不同工作性质的人们之间进行技术交流和经济贸易的统一依据。无论是零部件或元器件，还是设备、系统，乃至整个工程，按照公认的标准进行图纸规范，可以极大地提高人们在产品全寿命周期内的工作效率。

1. 图纸幅面尺寸

表 1-1 列出了 GB/T 14689—1993 中规定的各种图纸幅面尺寸，绘图时应优先采用。

表 1-1　图纸幅面及图框尺寸

单位：mm

幅面代号		A0	A1	A2	A3	A4
宽(B)×长(L)		841×1189	594×841	420×594	297×420	210×297
边框	c	10			5	
	a	25				
	e	20		10		

2. 图框表格

无论图样是否装订，均应在图纸幅面内画出图框，图框线用粗实线绘制。图 1-1 所示为留有装订边的图纸的图框格式。图 1-2 所示为不留装订边的图纸的图框格式。

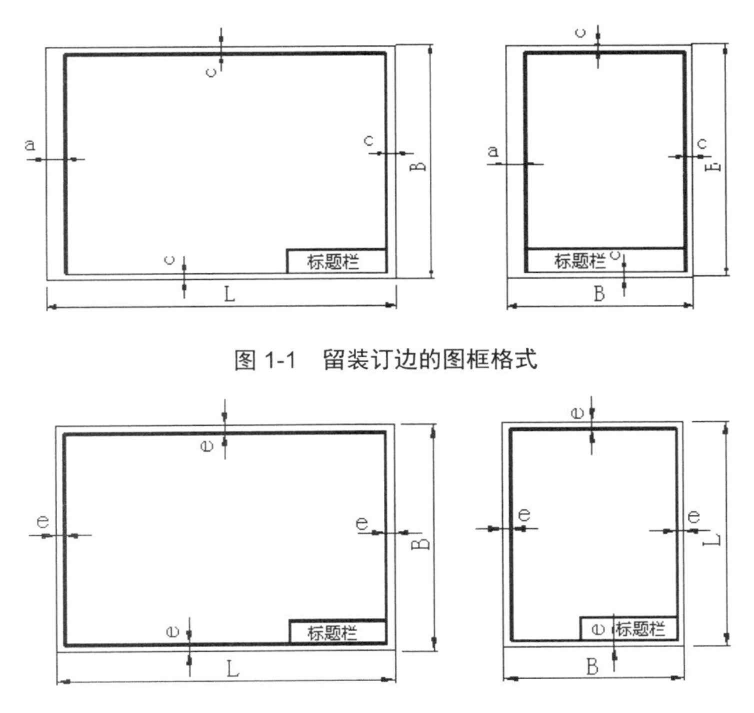

图 1-1　留装订边的图框格式

图 1-2　不留装订边的图框格式

3．标题栏的方位

每张图样都必须有标题栏，标题栏的格式和尺寸应符合 GB/T 0609.1—1989 的规定。标题栏的外边框是粗实线，其右边和底边与图纸边框线重合，其余是细实线绘制。标题栏中的文字方向为看图的方向。

标题栏的长边框置于水平方向，并与图纸的长边框平行时，则构成 X 型图纸。若标题栏的长边框与图纸的长边框垂直时，则构成 Y 型图纸。

1.1.2　设置及调用方法

1．图纸幅面及标题栏的设置

(1)　按照如图 1-1 和图 1-2 所示的图框格式，以及表 1-1 所列的图纸幅面及图框尺寸，利用绘图工具完成图纸内、外框的绘制。

(2)　按照如图 1-3 所示的标题栏的格式，完成标题栏的绘制，并将其创建成块。

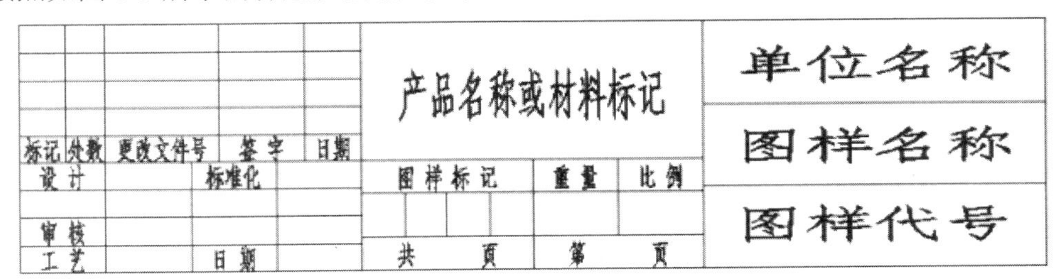

图 1-3　标题栏的格式

(3) 启用块插入工具将标题栏插入到图纸内框的右下角，完成如图 1-4 所示的空白图纸。

(4) 选择【文件】|【另存为】命令，系统弹出【图形另存为】对话框，在【文件类型】下拉列表框中选择【AutoCAD 图形样板(*.dwt)】选项。在【文件名】下拉列表框中输入“GBA4-Y”，并选择文件保存目录，单击【保存】按钮即完成了 A4 图纸幅面的设定。重复上述步骤可以将国标中所有的图纸幅面保存为模板文件，供今后创建新的图纸调用。

绘图工具的操作方法以及块创建、块插入的使用方法，将分教学日和课时逐步介绍。

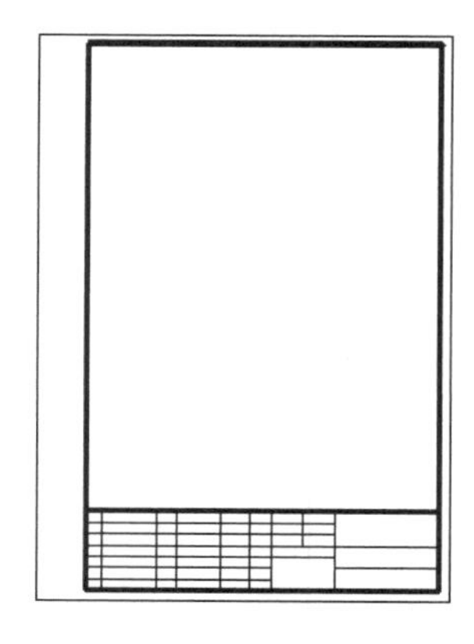

图 1-4 A4 图幅样板图

2．模板图的调用

1) 利用模板图创建一个图形文件

选择【文件】|【新建】命令，弹出【选择样板】对话框，从显示的样板文件中选择 GBA4-Y 样板，就完成了样板图的调用。

2) 插入一个样板布局

使用默认设置先在模型空间完成图纸绘制，然后切换到布局空间。在布局的图纸空间中，选择【插入】|【块】命令，将已经创建成块的样板插入。用户在图纸布局时，可以利用【插入】对话框完成图纸的位置、标题栏的属性内容等的调整。

第 2 课 1 课时 AutoCAD 2016 应用概述

AutoCAD 是美国 Autodesk 公司首次于 1982 年生产的自动计算机辅助设计软件，用于二维绘图、详细绘制、设计文档和基本三维设计，现已经成为国际上广为流行的绘图工具。“.dwg”文件格式成为二维绘图的事实标准格式。

1.2.1 AutoCAD 简介

行业知识链接： AutoCAD 能以多种方式创建直线、圆、椭圆、多边形、样条曲线等基本图形对象，可以绘制多种机械、建筑、电气等行业图纸。如图 1-5 所示是软件绘制的机械零件。

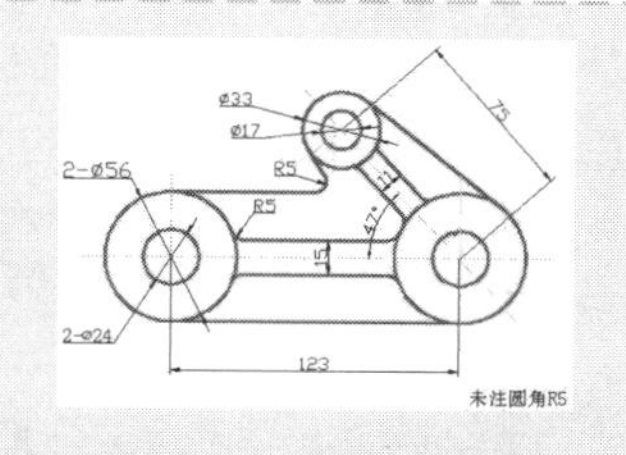

图 1-5 机械零件

AutoCAD 是由美国 Autodesk 公司于 20 世纪 80 年代初为微机上应用 CAD 技术而开发的绘图程序软件包，经过不断的完善，现已成为国际上广为流行的绘图工具。

AutoCAD 具有良好的用户界面，通过交互式菜单或命令输入行输入方式便可以进行各种操作。

它的多文档设计环境，让非计算机专业人员也能很快地学会使用，在不断实践的过程中更好地掌握它的各种应用和开发技巧，从而不断提高工作效率。

AutoCAD 具有广泛的适应性，它可以在各种操作系统支持的微型计算机和工作站上运行，并支持分辨率由 320×200 到 2048×1024 的各种图形显示设备 40 多种，以及数字仪和鼠标器 30 多种，绘图仪和打印机数十种，这就为 AutoCAD 的普及创造了条件。

现在最新的版本为 AutoCAD 2016。本书介绍的就是 AutoCAD 2016 版本。

1.2.2 AutoCAD 特点

行业知识链接：AutoCAD 绘制平面图纸是十分方便的，有众多的命令可以用于图纸的绘制。如图 1-6 所示是软件绘制的车辆视图。

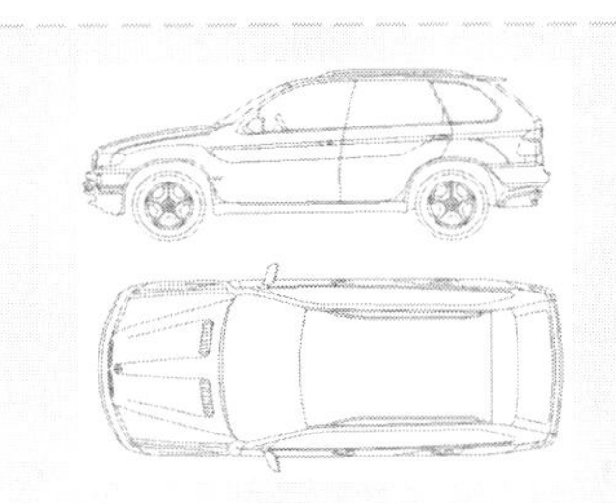

图 1-6 AutoCAD 绘制的车辆视图

AutoCAD 软件具有以下特点。

(1) 具有完善的图形绘制功能。

(2) 具有强大的图形编辑功能。

(3) 可以采用多种方式进行二次开发或用户定制。

(4) 可以进行多种图形格式的转换，具有较强的数据交换能力。

(5) 支持多种硬件设备。

(6) 支持多种操作平台。

(7) 具有通用性、易用性，适用于各类用户。此外，从 AutoCAD 2000 开始，该软件又增添了许多强大的功能，如 AutoCAD 设计中心(ADC)、多文档设计环境(MDE)、Internet 驱动、新的对象捕捉功能、增强的标注功能以及局部打开和局部加载的功能，从而使 AutoCAD 系统更加完善。

1.2.3 AutoCAD 发展历程

行业知识链接：AutoCAD 2016 具有暗黑色调界面，硬件加速效果相当明显，此外，底部状态栏整体优化更实用便捷。可用于二维绘图、详细绘制、三维设计，具有良好的操作界面，可提高制图效率。如图 1-7 所示是软件开始界面。

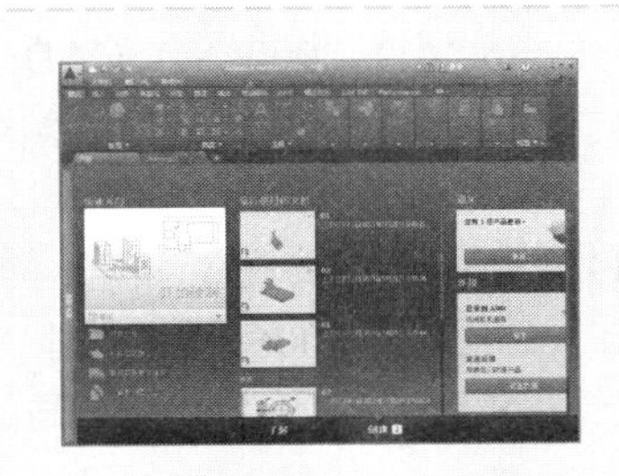

图 1-7 AutoCAD 2016 开始界面

CAD 诞生于 20 世纪 60 年代。美国麻省理工学院提出交互式图形学的研究计划，但由于当时硬件设施的昂贵，只有美国通用汽车公司和美国波音航空公司使用自行开发的交互式绘图系统。

20 世纪 70 年代，小型计算机费用下降，美国工业界才开始广泛使用交互式绘图系统。

20 世纪 80 年代，由于 PC 的应用，CAD 得以迅速发展，出现了专门从事 CAD 系统开发的公司。当时 VersaCAD 是专业的 CAD 制作公司，所开发的 CAD 软件功能强大，但由于其价格昂贵，故不能普遍应用。而当时的 Autodesk 公司是一个仅有几名员工的小公司，其开发的 CAD 系统虽然功能有限，但因其可免费拷贝，故在社会上得以广泛应用。同时，由于该系统的开放性，因此该 CAD 软件升级迅速。

AutoCAD 的发展历程如下。

(1) AutoCAD V(Version)1.0：1982 年 11 月正式发布，容量为一张 360KB 的软盘，无菜单，命令需要记忆，其执行方式类似 DOS 命令。

(2) AutoCAD V1.2：1983 年 4 月发布，具备尺寸标注功能。

(3) AutoCAD V1.3：1983 年 8 月发布，具备文字对齐及颜色定义功能，以及图形输出功能。

(4) AutoCAD V1.4：1983 年 10 月发布，图形编辑功能加强。

(5) AutoCAD V2.0：1984 年 10 月发布，图形绘制及编辑功能增加，如：MSLIDE、VSLIDE、DXFIN、DXFOUT、VIEW SCRIPT 等。至此，在美国许多工厂和学校都有 AutoCAD 拷贝。

(6) AutoCAD V2.17～V2.18：1985 年发布，出现了 Screen Menu，命令不需要记忆，Autolisp 初具雏形，容量为两张 360KB 软盘。

(7) AutoCAD V2.5：1986 年 7 月发布，Autolisp 有了系统化语法，使用者可改进和推广，出现了第三开发商的新兴行业，容量为 5 张 360KB 软盘。

(8) AutoCAD V2.6：1986 年 11 月发布，新增 3D 功能，AutoCAD 已成为美国高校的研究课程。

(9) AutoCAD R(Release) 9.0：1988 年 2 月发布，出现了状态行下拉式菜单。至此，AutoCAD 开始在国外加密销售。

(10) AutoCAD R10.0：1988 年 10 月发布，进一步完善 R9.0，Autodesk 公司已成为千人企业。

(11) AutoCAD R11.0：1990 年 8 月发布，增加了 AME(Advanced Modeling Extension)，但与 AutoCAD 分开销售。

(12) AutoCAD R12.0：1992 年 8 月发布，采用 DOS 与 Windows 两种操作环境，出现了工具条。

(13) AutoCAD R13.0：1994 年 11 月发布，AME 纳入 AutoCAD 之中。

(14) AutoCAD R14.0：1997 年 4 月发布，适应 Pentium 机型及 Windows 95/NT 操作环境，实现与 Internet 网络连接，操作更方便，运行更快捷，无所不能的工具条，可以实现中文操作。

(15) AutoCAD 2000(AutoCAD R15.0)：1999 年发布，提供了更开放的二次开发环境，出现了 Vlisp 独立编程环境。同时，3D 绘图及编辑变得更方便。

(16) AutoCAD 2005：2005 年 1 月发布，提供了更为有效的方式来创建和管理包含在最终文档当中的项目信息。其优势在于显著地节省时间、得到更为协调一致的文档并降低了风险。

(17) AutoCAD 2006：2006 年 1 月发布，推出最新功能，包括创建图形，动态图块的操作；选择多种图形的可见性；使用多个不同的插入点，贴齐到图中的图形；编辑图块几何图形；数据输入和对象选择。

(18) AutoCAD 2007：2006 年 3 月发布，拥有强大直观的界面，可以轻松而快速地进行外观图形的创作和修改。2007 版致力于提高 3D 设计效率。

(19) AutoCAD 2008：2007 年 12 月发布，提供了创建、展示、记录和共享构想所需的所有功能。将惯用的 AutoCAD 命令和熟悉的用户界面与更新的设计环境结合起来，使用户能够以前所未有的方式实现并探索构想。

(20) AutoCAD 2009：2008 年 3 月发布，AutoCAD 2009 版本更有成效地帮助用户实现更具竞争力的设计创意，其在用户界面上也有了重大改进。AutoCAD 2009 软件整合了制图和可视化，加快了任务的执行，能够满足个人用户的需求和偏好，能够更快地执行常见的 CAD 任务，可以更容易地找到那些不常见的命令。

(21) AutoCAD 2010：2009 年 6 月发布，AutoCAD 2010 的新增功能包括新的自由形态设计工具，新的 PDF 导入、下衬及增强的发布功能，以及基于约束的参数化绘图工具。现在，AutoCAD 2010 还支持三维打印。这些全新的创新功能构筑了更强大的三维设计环境，帮助用户记录、交流和探索设计创意以及实现定制化设计。最新版 AutoCAD 2010 能够向客户提供强有力的三维设计工具，更丰富的功能和更显著的灵活性让他们的创造力得以发挥。例如，在新版的 AutoCAD 软件中增强了 AutoCAD 处理 PDF 文档格式的能力，并为 AutoCAD LT 添加了新的二维指令。

(22) AutoCAD 2011：2010 年发布，具有完善的图形绘制功能、强大的图形编辑功能，可采用多种方式进行二次开发或用户定制，可进行多种图形格式的转换，具有较强的数据交换能力，同时支持多种硬件设备和操作平台。

(23) AutoCAD 2012：2011 年 3 月推出正式版本，该版本能够帮助建筑师、工程师和设计师更充分地实现他们的想法。AutoCAD 2012 系列产品提供多种全新的高效设计工具，帮助使用者显著提升草图绘制、详细设计和设计修订的速度，参数化绘图工具能够自定义对象之间的恒定关系(Persistent Relationships)，延伸关联数组功能(Extended Associative Array Functionality)可以支持用户利用同一路径建立一系列对象，强化的 PDF 发布和导入功能，AutoCAD 2012 中文版则可帮助用户清楚明确地与客户进行沟通。AutoCAD 2012 系列产品还新增了更多强有力的 3D 建模工具，提升曲面和概念设计功能。

(24) AutoCAD 2013：2012 年发布，用户交互命令行增强，通过交互式菜单或命令行方式便可以进行各种操作。它的多文档设计环境，让非计算机专业人员也能很快地学会使用。在不断实践的过程中更好地掌握其各种应用和开发技巧，从而不断提高工作效率。具有广泛的适应性。

(25) AutoCAD 2014：套装正式版，在 2013 年 4 月面市，有标准、高级和旗舰版。

(26) AutoCAD 2015：2014 年 3 月正式发布，新版本体积相当庞大，新增了不少功能，如 Windows 8 触屏操作、文件格式命令增强、现实场景中建模，等等。它具有以下方面的改进和更新：优化的界面、新标签页、功能区库、命令预览、帮助窗口、地理位置、实景计算、Exchange 应用程序、设计提要和线平滑等内容。

(27) AutoCAD 2016：2015 年 3 月正式发布，有以下新特征和功能。

① 革新“dim”命令。这个命令非常古老，以前是个命令组，有许多子命令，但 R14.0 以后这个命令几乎就废弃了。2016 版重新设计了它，可以理解为智能标注，几乎一个命令就可以搞定日常的标注，非常实用。

② 可以在不改变当前图层的前提下，固定某个图层进行标注，标注时无须切换图层。

③ 新增封闭图形的中点捕捉。这个用途不大，同时对线条有要求，必须是连续的封闭图形才可以。

④ 云线功能增强，可以直接绘制矩形和多边形云线。

⑤ AutoCAD 2015 中的“newtabmode”命令取消，通过“startmode=0”，可以取消开始界面。

⑥ 增加系统变量监视器——“SYSVARMONITOR”命令，比如“filedia”和“pickadd”这些变量，该监视器可以监测这些变量的变化，并可以恢复默认状态。

1.2.4 AutoCAD 基本功能和用途

行业知识链接：新版本的 AutoCAD 软件，也可以绘制三维零件模型，不过在易用性上还需要提高。如图 1-8 所示是软件绘制的羽毛球模型。

图 1-8 羽毛球模型

1. 基本功能

(1) 平面绘图。能以多种方式创建直线、圆、椭圆、多边形、样条曲线等基本图形对象。

(2) 绘图辅助工具。AutoCAD 提供了正交、对象捕捉、极轴追踪、捕捉追踪等绘图辅助工具。正交功能使用户可以很方便地绘制水平、垂直直线；对象捕捉可帮助拾取几何对象上的特殊点；而追踪功能使绘制斜线及沿不同方向定位点变得更加容易。

(3) 编辑图形。AutoCAD 具有强大的编辑功能，可以移动、复制、旋转、阵列、拉伸、延长、修剪、缩放对象等。

(4) 标注尺寸。可以创建多种类型尺寸，标注外观可以自行设定。

(5) 书写文字。能轻易在图形的任何位置、沿任何方向书写文字，可设定文字字体、倾斜角度及宽度缩放比例等属性。

(6) 图层管理功能。图形对象都位于某一图层上，可设定图层颜色、线型、线宽等特性。

(7) 三维绘图。可创建 3D 实体及表面模型，能对实体本身进行编辑。

(8) 网络功能。可将图形在网络上发布，或是通过网络访问 AutoCAD 资源。

(9) 数据交换。AutoCAD 提供了多种图形图像数据交换格式及相应的命令。

(10) 二次开发。AutoCAD 允许用户定制菜单和工具栏，并能利用内嵌语言 Autolisp、Visual Lisp、VBA、ADS、ARX 等进行二次开发。

2. 用途

(1) 工程制图：建筑工程、装饰设计、环境艺术设计、水电工程、土木施工等。

(2) 工业制图：精密零件、模具、设备等。

(3) 服装加工：服装制版。

(4) 电子工业：印制电路板设计。

广泛应用于土木建筑、装饰装潢、城市规划、园林设计、电子电路、机械设计、服装鞋帽、航空航天、轻工化工等诸多领域。

3. 分类版本

在不同的行业中，Autodesk 开发了行业专用的版本和插件。

(1) 在机械设计与制造行业中发行了 AutoCAD Mechanical 版本。

(2) 在电子电路设计行业中发行了 AutoCAD Electrical 版本。

(3) 在勘测、土方工程与道路设计行业中发行了 Autodesk Civil 3D 版本。

(4) 学校教学、培训中所用的一般都是 AutoCAD Simplified 版本。

一般没有特殊要求的服装、机械、电子、建筑行业的公司用的都是 AutoCAD Simplified 版本。所以 AutoCAD Simplified 基本上算是通用版本。

第3课 2课时 软件工作界面和基本操作

1.3.1 AutoCAD 2016 的工作界面

行业知识链接：AutoCAD 每个版本的启动界面都不尽相同，比如 2016 版本的启动界面如图 1-9 所示。

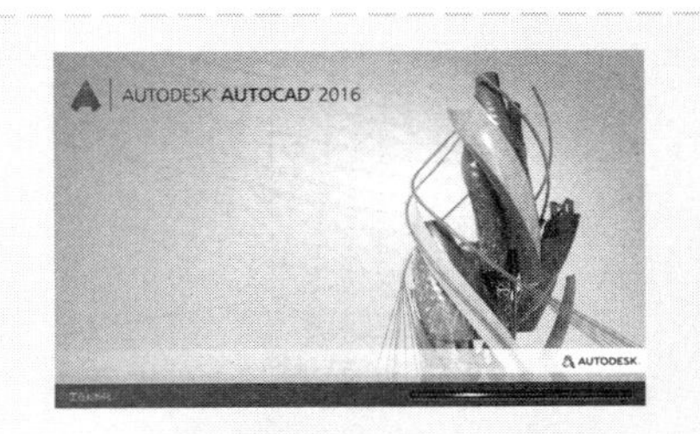

图 1-9 AutoCAD 2016 启动界面

新建文件后，系统默认显示的是 AutoCAD 的经典工作界面。AutoCAD 2016 二维草图与注释操作界面的主要组成元素有：标题栏、菜单栏、工具栏、菜单浏览器、快速访问工具栏、绘图区、选项卡、面板、坐标系、命令行窗口、空间选项卡、工具选项板和状态栏，如图 1-10 所示。

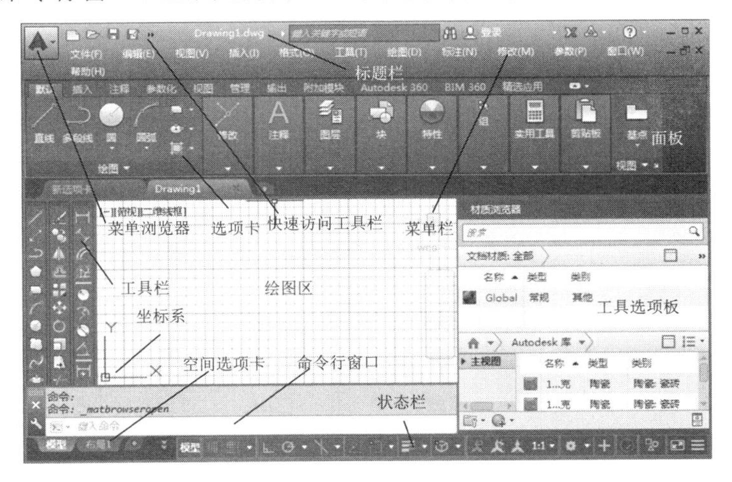

图 1-10 基本操作界面

1. 标题栏

标题栏位于应用程序窗口最上方，用于显示当前正在运行的程序和文件的名称等信息。如果是

AutoCAD 默认的图形文件，其名称为“DrawingN.dwg”(N 是大于 0 的自然数)，单击标题栏最右边的 3 个按钮，可以将应用程序的窗口最小化、最大化或还原和关闭。用鼠标右击标题栏，将弹出一个下拉菜单，如图 1-11 所示。利用它可以执行最大化窗口、最小化窗口、还原窗口、移动窗口和关闭应用程序等操作。

2. 菜单栏

当我们初次打开 AutoCAD 2016 时，菜单栏并不显示在初始界面中，在快速访问工具栏中单击按钮，在弹出的下拉菜单中选择【显示菜单栏】命令。则菜单栏显示在操作界面中，如图 1-12 所示。

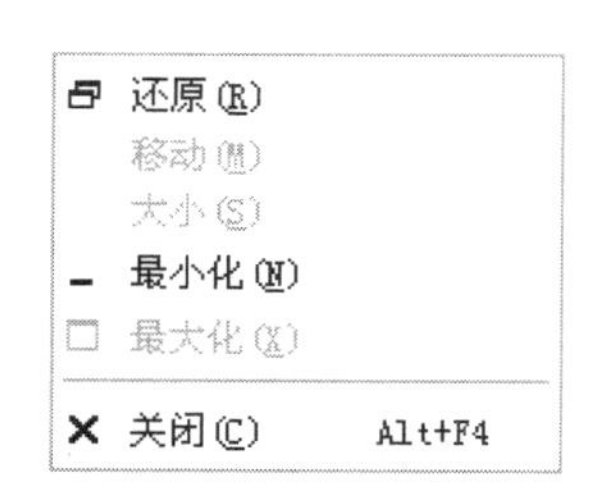

图 1-11 下拉菜单

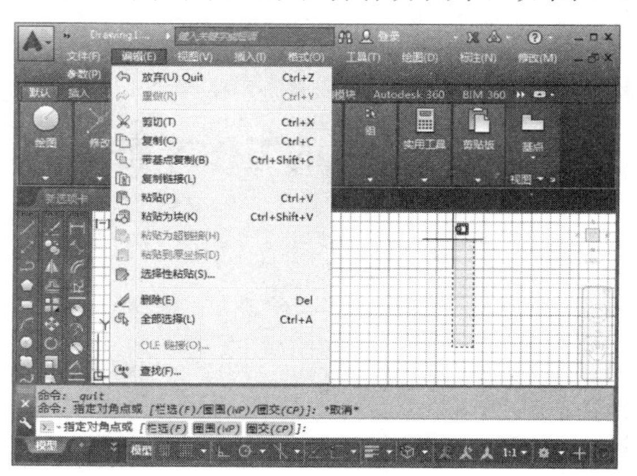

图 1-12 显示菜单栏的操作界面

AutoCAD 2016 使用的大多数命令均可在菜单栏中找到，它包含了文件管理菜单、文件编辑菜单、绘图菜单以及信息帮助菜单等。菜单的配置可通过典型的 Windows 方式实现。用户在窗口下方的命令行中输入“menu”(菜单)命令，按 Enter 键即可打开如图 1-13 所示的【选择自定义文件】对话框，可以从中选择其中的一项作为菜单文件进行设置。

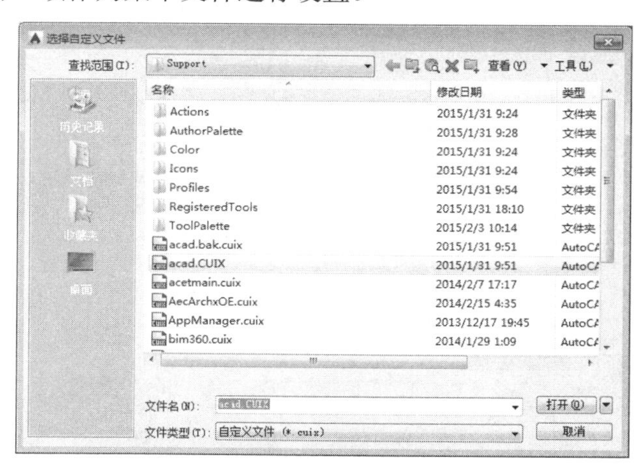

图 1-13 【选择自定义文件】对话框

3. 工具栏

AutoCAD 2016 在初始界面中不显示工具栏，需要通过下面的方法调出。

用户可以在菜单栏中选择【工具】|【工具栏】| AutoCAD 命令，在其子菜单中选择需用的工具，如图 1-14～图 1-16 所示。

利用工具栏可以快速直观地执行各种命令，用户可以根据需要拖动工具栏置于屏幕的任何位置。

图 1-14 【标注】工具栏

图 1-15 【绘图】工具栏

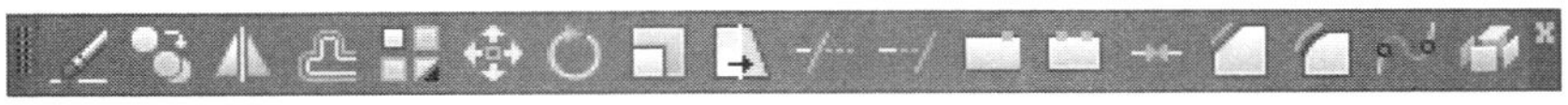

图 1-16 【修改】工具栏

用户还可以选择【视图】|【工具栏】命令，打开【自定义用户界面】对话框，双击工具栏选项，则展示出显示或隐藏的各种工具栏，如图 1-17 所示。

图 1-17 【自定义用户界面】对话框

此外，AutoCAD 2016 中工具提示包括两个级别的内容：基本内容和补充内容。光标最初悬停在命令或控件上时，将显示基本工具提示。其中包含对该命令或控件的概括说明、命令名、快捷键和命令标记。当光标在命令或控件上的悬停时间累积超过一特定数值时，将显示补充工具提示。用户可以在菜单栏中选择【工具】|【选项】命令，在打开的【选项】对话框中设置累积时间。补充工具提示提供了有关命令或控件的附加信息，并且可以显示图示说明，如图 1-18 所示。

4. 菜单浏览器

单击【菜单浏览器】按钮，打开菜单浏览器，其中包含【最近使用的文档】列表，如图 1-19 所示。

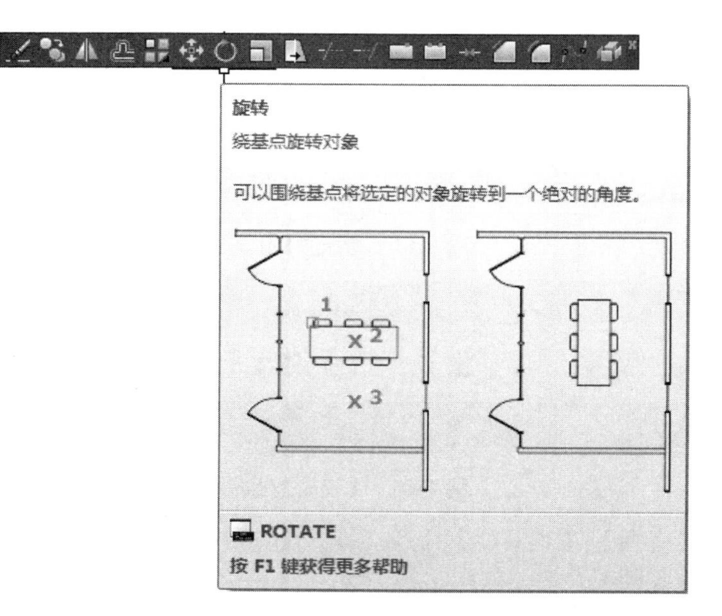

图 1-18　显示基本工具提示和补充工具提示

【最近使用的文档】列表：默认情况下，在最近使用的文档列表的顶部显示的文件是最近使用的文件。

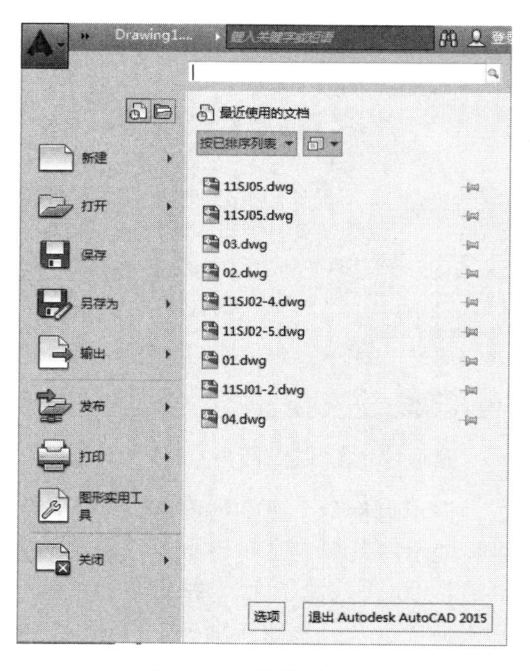

图 1-19　菜单浏览器

5. 快速访问工具栏

在快速访问工具栏中，包括【新建】、【打开】、【保存】、【放弃】、【重做】、【打印】和【特性】等命令按钮，还可以存储经常使用的命令，如图 1-20 所示。在快速访问工具栏上右击，然后在弹出的快捷菜单中选择【自定义快速访问工具栏】命令，将打开图 1-21 所示的【自定义用户界面】对话框，并显示可用命令的列表。将想要添加的命令从【自定义用户界面】对话框的【命令列表】选项组中拖动到快速访问工具栏即可。

图 1-20　快速访问工具栏

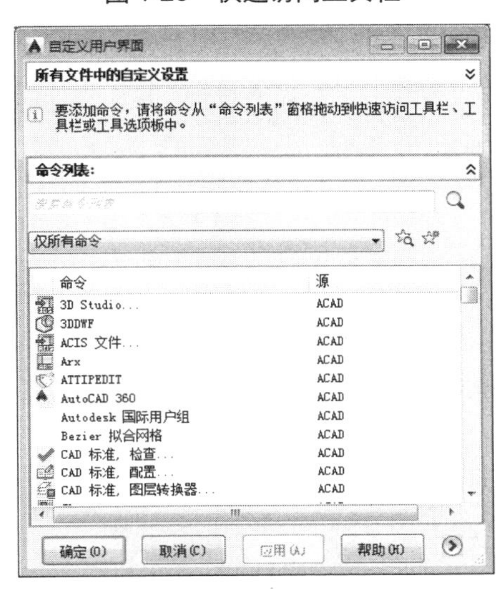

图 1-21　【自定义用户界面】对话框

6．绘图区

绘图区主要是图形绘制和编制的区域，当光标在这个区域中移动时，便会变成一个十字游标的形式，用来定位。在某些特定的情况下，光标也会变成方框光标或其他形式的光标。绘图区如图 1-22 所示。

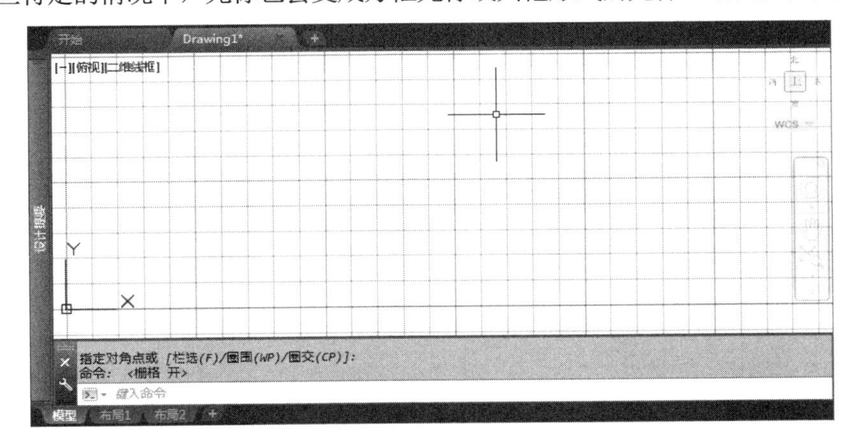

图 1-22　绘图区

7．选项卡和面板

功能区由许多面板组成，这些面板被组织到依据任务进行标记的选项卡中。选项卡由【默认】、

【插入】、【注释】、【参数化】、【视图】、【管理】、【输出】等部分组成。选项卡可控制面板在功能区上的显示和顺序。用户可以在【自定义用户界面】对话框中将选项卡添加至工作空间，以控制在功能区中显示哪些功能区选项卡。

单击不同的标签可以打开相应的选项卡，选项卡包含的很多工具和控件与工具栏和对话框中的相同。图 1-23～图 1-29 展示了不同选项卡。选项卡的运用将在后面的相关章节中分别进行详尽的讲解，在此不再赘述。

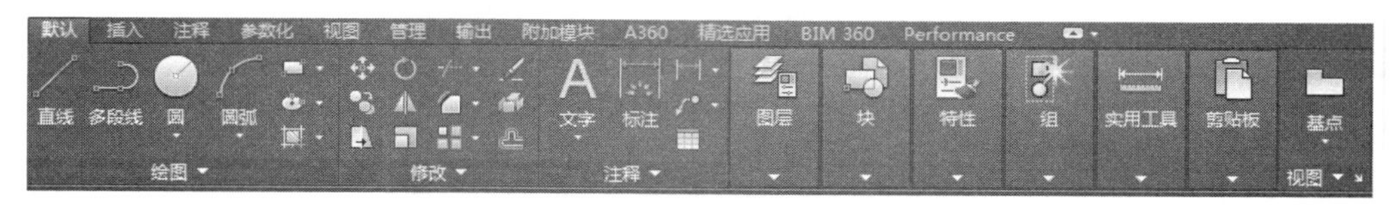

图 1-23 【默认】选项卡

图 1-24 【插入】选项卡

图 1-25 【注释】选项卡

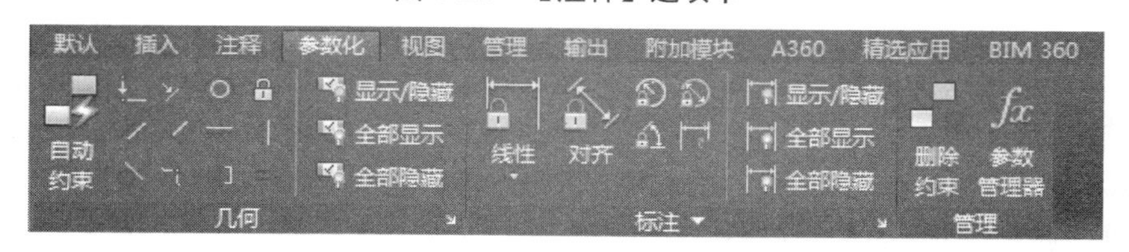

图 1-26 【参数化】选项卡

图 1-27 【视图】选项卡

图 1-28 【管理】选项卡

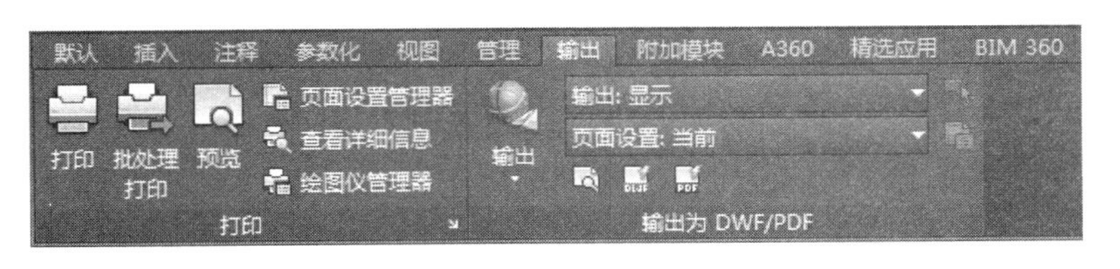

图 1-29 【输出】选项卡

8．命令行窗口

命令行用来接收用户输入的命令或数据，同时显示命令、系统变量、选项、信息，以引导用户进行下一步操作，如更正或重复命令等。初学者往往忽略命令行中的提示，实际上只有时刻关注命令行中的提示，才能真正达到灵活快速地使用。命令行可以拖放为浮动窗口，如图 1-30 所示。

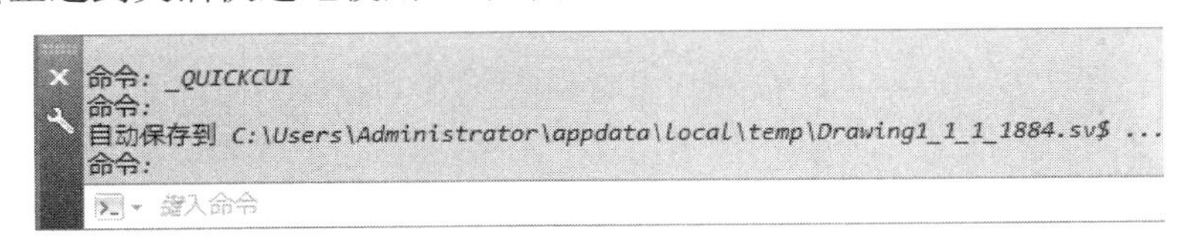

图 1-30 命令行窗口

9．状态栏

状态栏主要显示当前 AutoCAD 2016 所处的状态，状态栏的左边显示当前光标的三维坐标值，右边为定义绘图时的状态，可以通过单击相关选项打开或关闭绘图状态。状态栏包括应用程序状态栏和图形状态栏。

(1) 应用程序状态栏显示光标的坐标值、绘图工具、导航工具以及用于快速查看和注释缩放的工具，如图 1-31 所示。

图 1-31 应用程序状态栏

绘图工具：用户可以以图标或文字的形式查看图形工具按钮。通过捕捉工具、极轴工具、对象捕捉工具和对象追踪工具的快捷菜单，可以轻松更改这些绘图工具的设置，如图 1-32 所示。

快速查看工具：用户可以通过快速查看工具预览打开的图形和图形中的布局，并在其间进行切换。

导航工具：用户可以使用导航工具在打开的图形之间进行切换和查看图形中的模型。

注释工具：可以显示用于注释缩放的工具。

用户可以通过【切换工作空间】按钮切换工作空间。通过【锁定】按钮锁定工具栏和窗口的当前位置，防止它们意外地移动，单击【全屏显示】按钮可以展开图形显示区域。

另外，还可以通过状态栏的快捷菜单向应用程序状态栏添加按钮或从中删除按钮。

(2) 图形状态栏显示缩放注释的若干工具，如图 1-33 所示。

图形状态栏打开后，将显示在绘图区域的底部。图形状态栏关闭时，图形状态栏中的工具移至应用程序状态栏。

图形状态栏打开后，可以使用图形状态栏菜单选择要显示在状态栏中的工具。

AutoCAD 2016 可以通过单击状态栏中的【切换工作空间】按钮进行切换，进入“三维建模”工作界面，如图 1-34 所示。

切换至“三维建模”工作界面，还可以方便用户在三维空间中绘制图形。在功能区中有【常用】、【网格建模】、【渲染】等选项卡，为绘制三维对象操作提供了非常便利的环境。

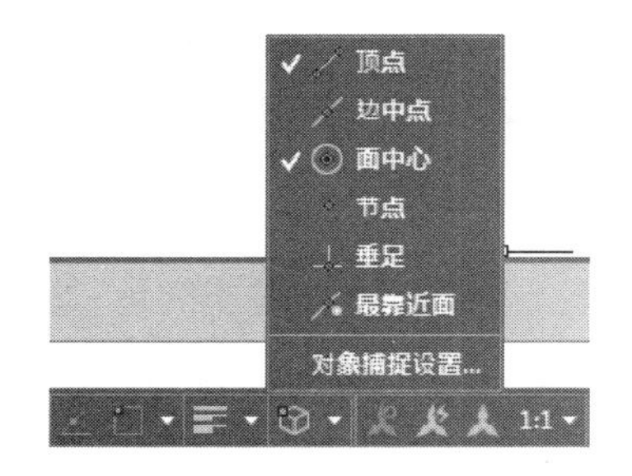

图 1-32 查看设置绘图工具

图 1-33 图形状态栏中的工具

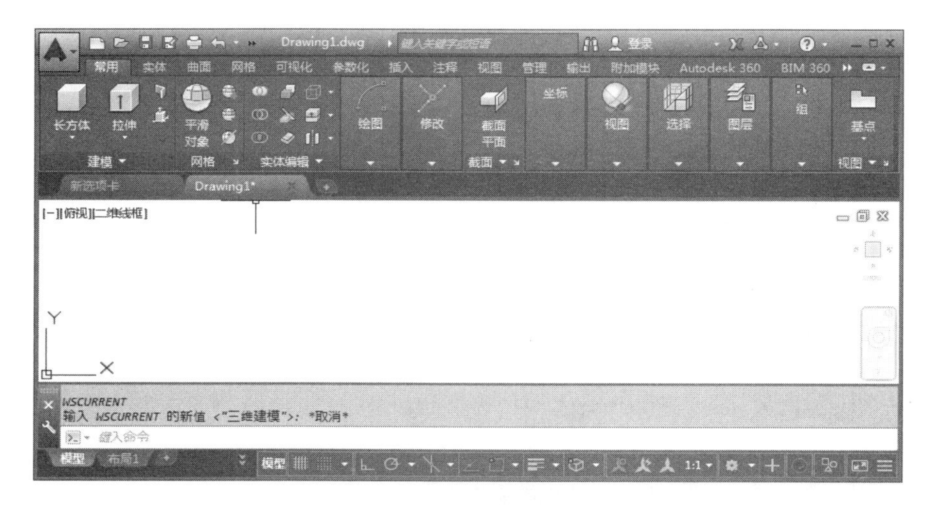

图 1-34 “三维建模”工作界面

10. 空间选项卡

【模型】和【布局】选项卡位于绘图区的左下方，通过单击这两个选项卡标签，可以使绘制的图形文字在模型空间和图纸空间之间切换，单击【布局】标签，进入图纸空间，此空间用于打印图形文件;单击【模型】标签，返回模型空间，在此空间进行图形设计。

在绘图区中，可以通过坐标系的显示来确认当前图形的工作空间。模型空间中的坐标系是两个互相垂直的箭头，而图纸空间中的坐标系则是一个直角三角形。

11. 坐标系

用户坐标系统即工作中的坐标系。用户指定一个 UCS 以使绘图更容易。通常，我们在自定义实体中使用的点都是以 WCS 来考虑的，当创建此实体时，如果需要用户输入一个点，由于此时 CAD 工作在 UCS 当中，得到的这个点需要转换成 WCS，这样自定义实体才能正确地处理此点，否则将会出现错误。

12. 工具选项板

工具选项板是绘图窗口中选项卡形式的区域。工具选项板提供了组织、共享和放置块与填充图案等的有效方法。工具选项板上还可以包含由第三方开发人员提供的自定义工具。被添加到工具选项板的项目称为“工具”。用户可以定制工具选项板，并为工具选项板添加工具。

1.3.2 软件基本操作

行业知识链接：AutoCAD 2016 的绘图操作进行了新的优化和设计，和之前的版本不尽相同，在使用上有独特的地方。如图 1-35 所示是草图的旋转操作。

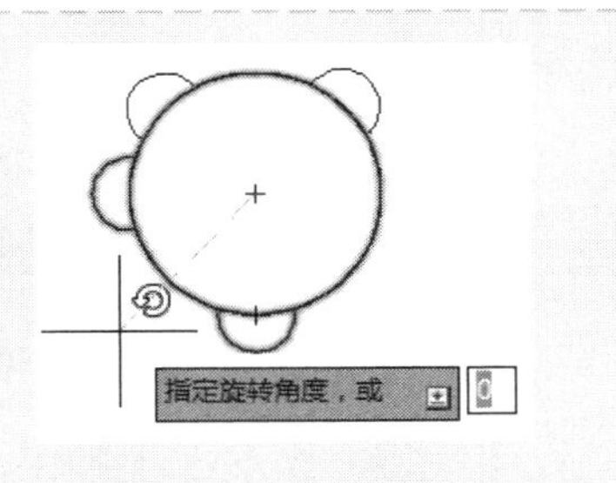

图 1-35 草图旋转

在 AutoCAD 2016 中，对图形文件的管理一般包括创建新文件、打开已有的图形文件、保存文件、加密文件及关闭图形文件等操作。

1. 创建新文件

打开 AutoCAD 2016 后，系统自动新建一个名为 Drawing.dwg 的图形文件。另外，用户还可以根据需要选择模板来新建图形文件。

在 AutoCAD 2016 中创建新文件有以下几种方法。

(1) 在快速访问工具栏或菜单浏览器中单击【新建】按钮。

(2) 在菜单栏中选择【文件】|【新建】命令。

(3) 在命令行中直接输入“new”命令后按 Enter 键。

(4) 按 Ctrl+N 组合键。

(5) 调出【标准】工具栏，单击其中的【新建】按钮。

通过使用以上的任意一种方式，系统都会打开如图 1-36 所示的【选择样板】对话框，从其列表框中选择一个样板后单击【打开】按钮或直接双击选中的样板，即可建立一个新文件。如图 1-37 所示为新建立的文件“Drawing2.dwg”。

2. 打开文件

在 AutoCAD 2016 中打开现有文件，有以下几种方法。

(1) 单击快速访问工具栏或菜单浏览器中的【打开】按钮。

(2) 在菜单栏中选择【文件】|【打开】命令。

(3) 在命令行中直接输入“open”命令后按 Enter 键。

(4) 按 Ctrl+O 组合键。

(5) 调出【标准】工具栏，单击其中的【打开】按钮。

通过使用以上的任意一种方式进行操作后，系统都会打开如图 1-38 所示的【选择文件】对话框，从其列表框中选择一个用户想要打开的现有文件后单击【打开】按钮或直接双击想要打开的文件。

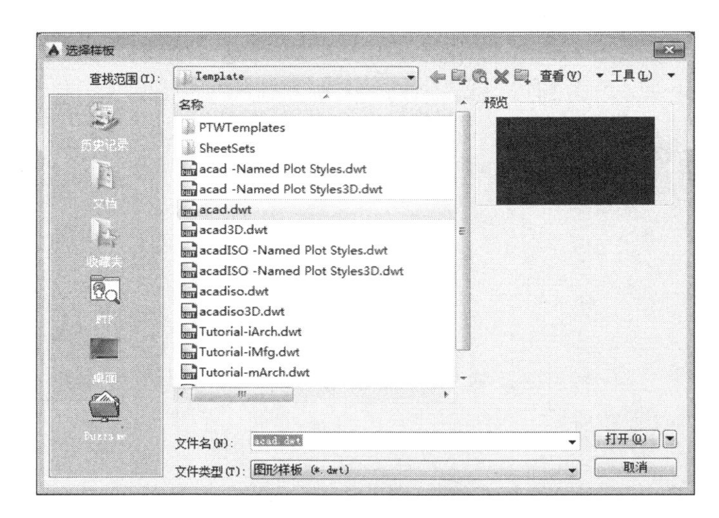

图 1-36 【选择样板】对话框

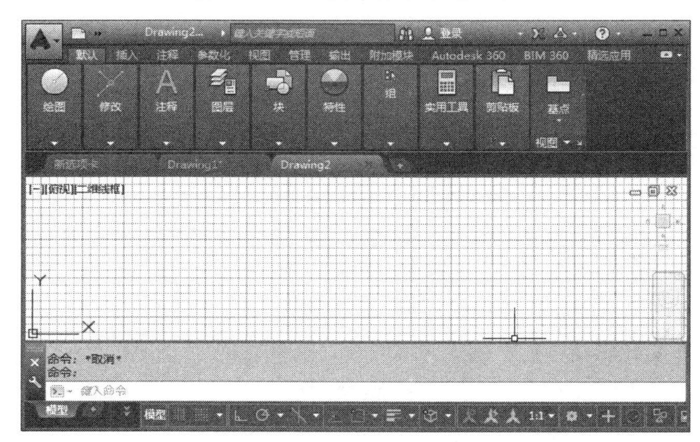

图 1-37 新建文件“Drawing2.dwg”

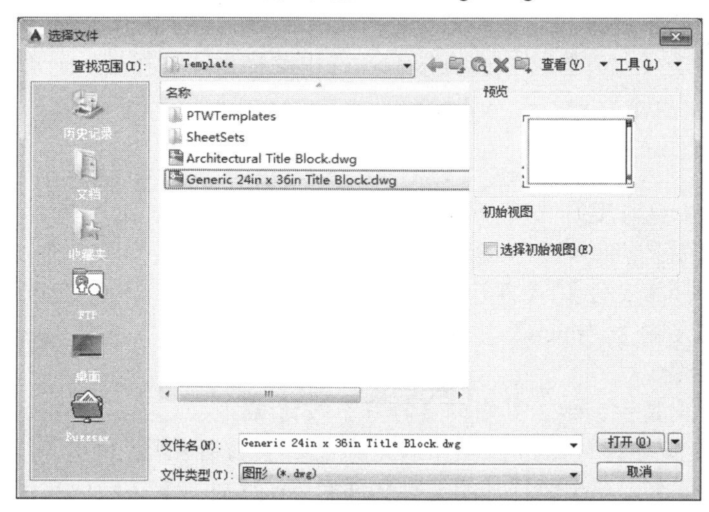

图 1-38 【选择文件】对话框

例如用户想要打开练习文件，只要在【选择文件】对话框的列表框中双击该文件或选择该文件后单击【打开】按钮，即可打开练习文件，如图 1-39 所示。

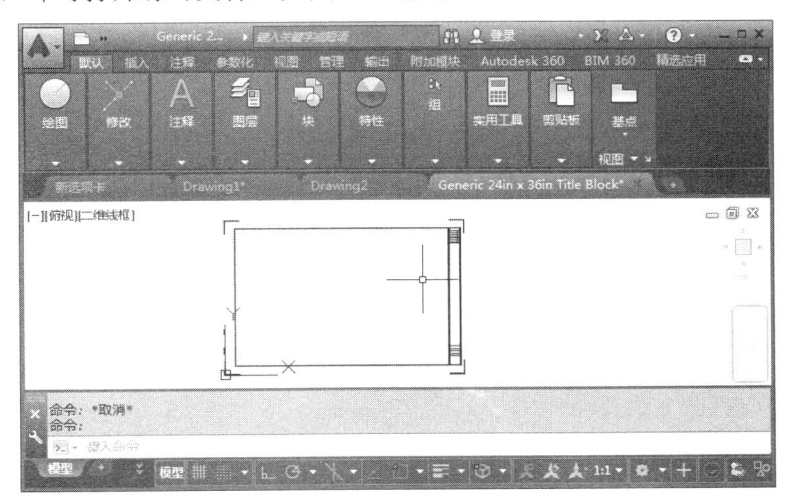

图 1-39 打开的练习文件

有时在单个任务中打开多个图形，可以方便地在它们之间传输信息。这时可以通过水平平铺或垂直平铺的方式来排列图形窗口，以便操作。

(1) 水平平铺：是以水平、不重叠的方式排列窗口。选择【窗口】|【水平平铺】菜单命令，或者在【视图】选项卡的【界面】面板中单击【水平平铺】按钮，排列的窗口如图 1-40 所示。

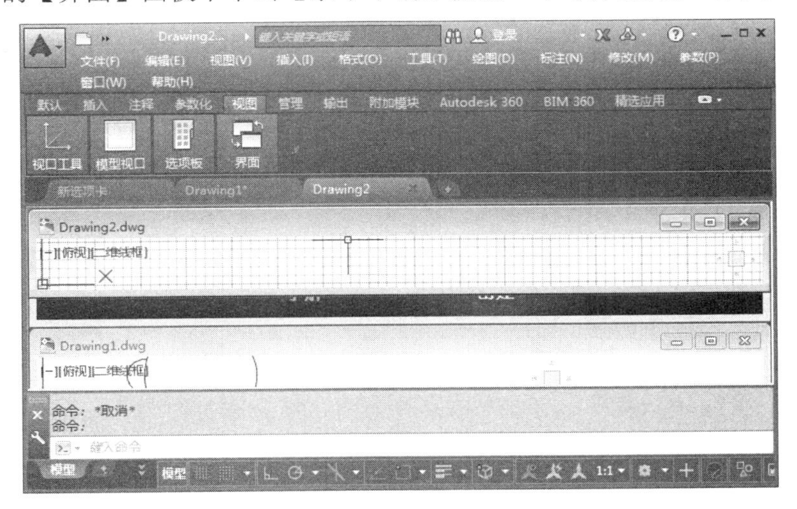

图 1-40 水平平铺的窗口

(2) 垂直平铺：以垂直、不重叠的方式排列窗口。选择【窗口】|【垂直平铺】命令，或者在【视图】选项卡的【界面】面板中单击【垂直平铺】按钮，排列的窗口如图 1-41 所示。

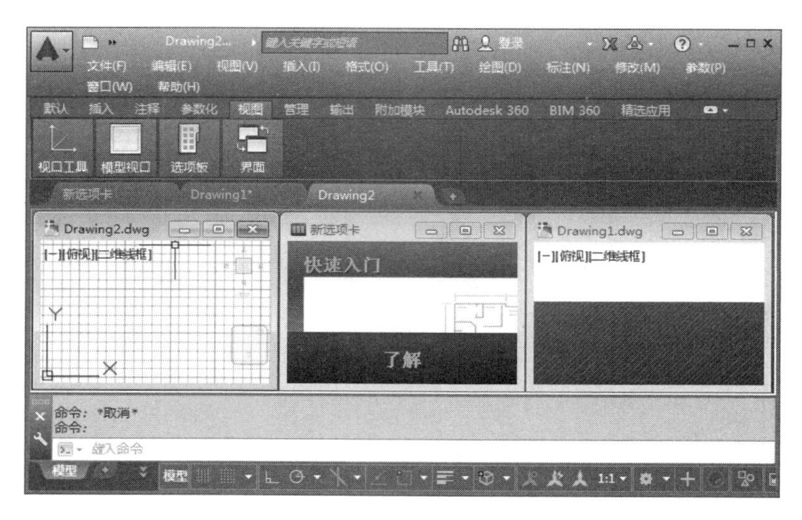

图 1-41　垂直平铺的窗口

3．保存文件

在 AutoCAD 2016 中保存现有文件，有以下几种方法。

(1)　单击快速访问工具栏或菜单浏览器中的【保存】按钮。

(2)　在菜单栏中选择【文件】|【保存】命令。

(3)　在命令行中直接输入“save”命令后按 Enter 键。

(4)　按 Ctrl+S 组合键。

(5)　调出【标准】工具栏，单击其中的【保存】按钮。

通过使用以上的任意一种方式进行操作后，系统都会打开如图 1-42 所示的【图形另存为】对话框，从【保存于】下拉列表框选择保存位置后单击【保存】按钮，即可完成保存文件的操作。如此例是将“Drawing1.dwg”文件保存至 Template 的文件夹下。

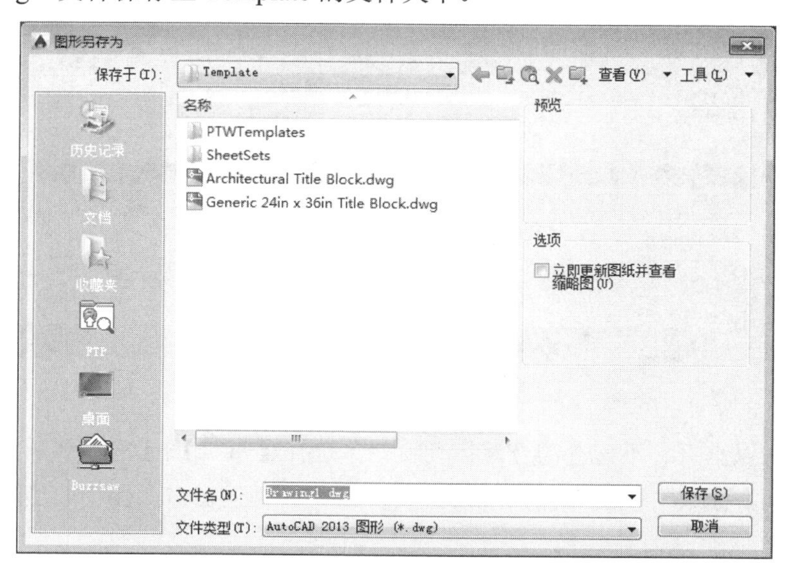

图 1-42　【图形另存为】对话框

AutoCAD 中除了图形文件扩展名为“.dwg”外，还使用了以下一些文件类型，其扩展名分别为：图形标准“.dws”、图形样板“.dwt”、“.dxf”等。

4．关闭文件和退出程序

下面介绍文件的关闭以及 AutoCAD 2016 程序的退出。

在 AutoCAD 2016 中关闭图形文件，有以下几种方法。

(1) 在菜单浏览器中单击【关闭】按钮，或在菜单栏中选择【文件】|【关闭】命令。

(2) 在命令行中直接输入“close”命令后按 Enter 键。

(3) 按 Ctrl+F4 组合键。

(4) 单击工作窗口右上角的【关闭】按钮。

退出 AutoCAD 2016 有以下几种方法：要退出 AutoCAD 2016 系统，直接单击 AutoCAD 2016 系统窗口标题栏上的【关闭】按钮即可。如果图形文件没有保存，系统退出时将提示用户进行保存。如果此时还有命令未执行完毕，系统会要求用户先结束命令。

(1) 选择【文件】|【退出】命令。

(2) 在命令行中直接输入“quit”命令后按 Enter 键。

(3) 单击 AutoCAD 2016 系统窗口右上角的【关闭】按钮。

(4) 按 Ctrl+Q 组合键。

执行以上任意一种操作后，会退出 AutoCAD 2016，若当前文件未保存，则系统会自动弹出如图 1-43 所示的提示。

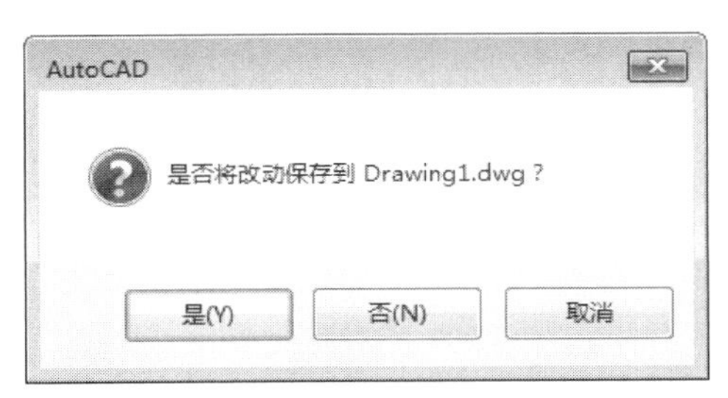

图 1-43　AutoCAD 2016 的提示

课后练习

案例文件：ywj\01\01.dwg

视频文件：光盘\视频课堂\第 1 教学日\1.3

练习案例分析及步骤如下。

本课后练习创建的零件草图，主要是对软件本身进行熟悉和学习的练习，步骤比较简单，可以让读者快速入门。如图 1-44 所示是完成操作的草图。

本课案例主要练习了 AutoCAD 的草绘和基本操作知识，学会之后可以快速上手，能更容易地掌握 AutoCAD 的各种操作。绘制练习草图的思路和步骤如图 1-45 所示。

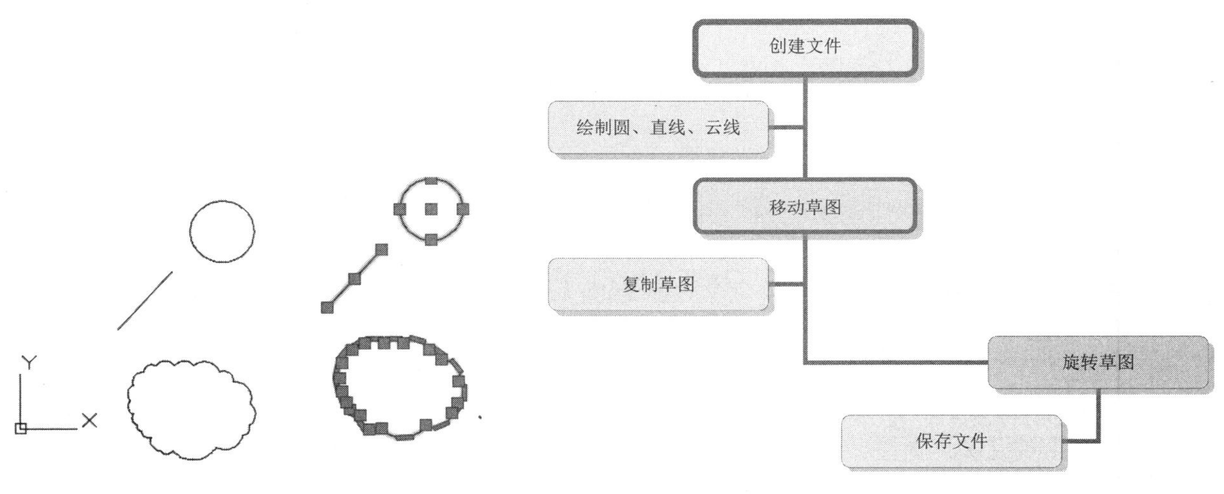

图 1-44　完成软件操作的草图　　　　图 1-45　练习草图步骤

练习案例操作步骤如下。

step 01 创建文件。打开菜单浏览器，选择【新建】|【图形】命令，如图 1-46 所示。

图 1-46　选择【图形】命令

step 02 在弹出的【选择样板】对话框中选择 acad 选项，如图 1-47 所示，单击【打开】按钮。

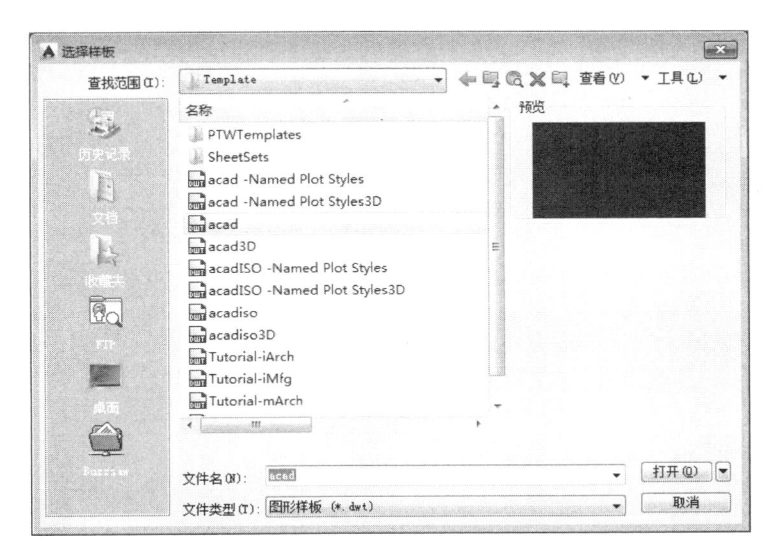

图 1-47　选择样板

step 03 进入 AutoCAD 2016 绘图环境，如图 1-48 所示。

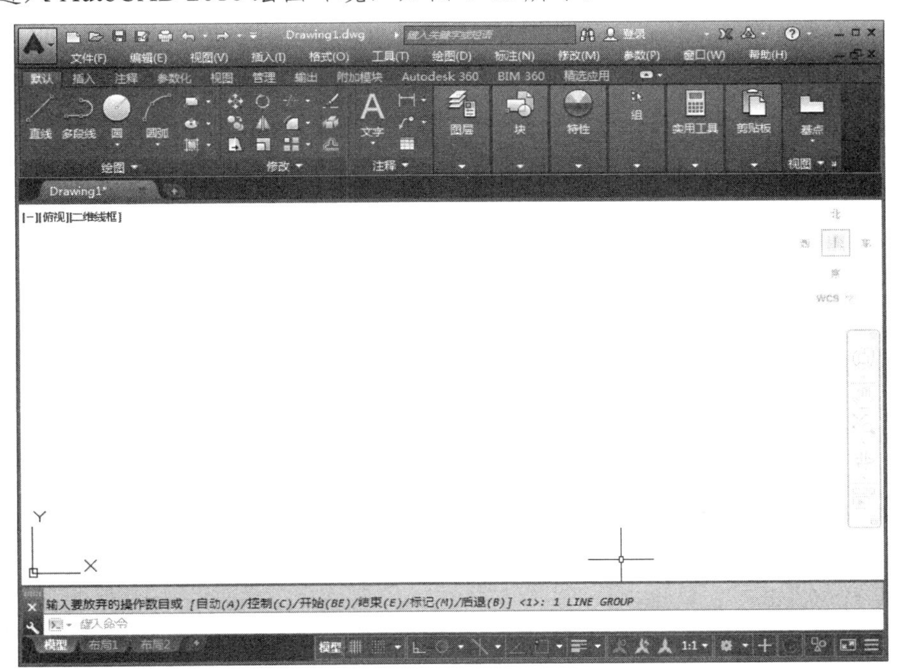

图 1-48　AutoCAD 2016 绘图环境

step 04 绘制图形。单击【默认】选项卡的【绘图】面板中的【直线】按钮，绘制长为 10 的直线，如图 1-49 所示。

step 05 单击【默认】选项卡的【绘图】面板中的【圆】按钮，绘制半径为 5 的圆，如图 1-50 所示。

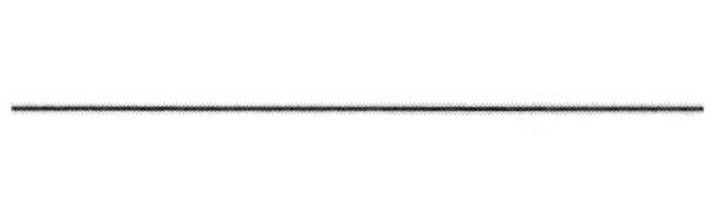

图 1-49　绘制直线

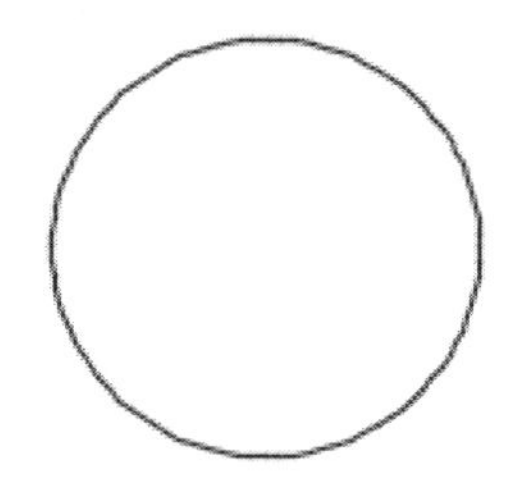

图 1-50　绘制圆

step 06 单击【默认】选项卡的【绘图】面板中的【徒手画修订云线】按钮，绘制如图 1-51 所示的云线。

step 07 框选图形区域，如图 1-52 所示。

图 1-51　绘制云线

图 1-52　框选图形

step 08 移动和旋转草图。选择绘图区图形后，右击，在弹出的快捷菜单中选择【移动】命令，如图 1-53 所示。

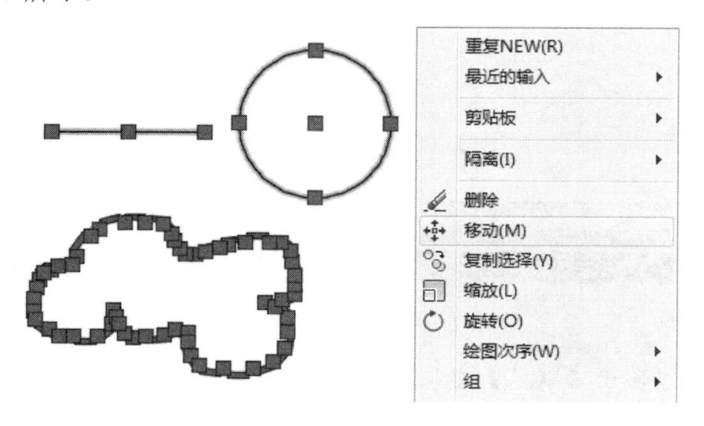

图 1-53　选择【移动】命令

step 09 移动所选择的图形，如图 1-54 所示。

图 1-54　移动图形

step 10 选择绘图区的图形，右击，在弹出的快捷菜单中选择【复制选择】命令，如图 1-55 所示。

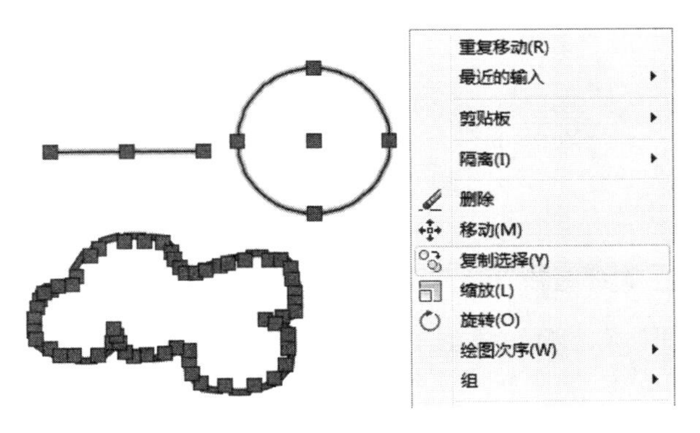

图 1-55　选择【复制选择】命令

step 11 复制所选择的图形，如图 1-56 所示。

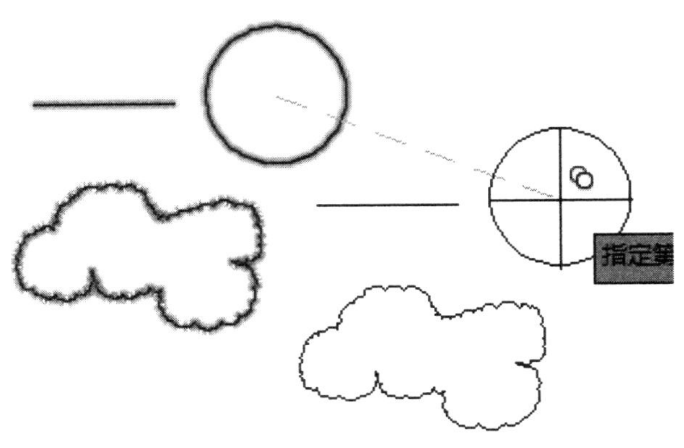

图 1-56　复制图形

step 12 选择绘图区的图形，右击，在弹出的快捷菜单中选择【旋转】命令，如图 1-57 所示。

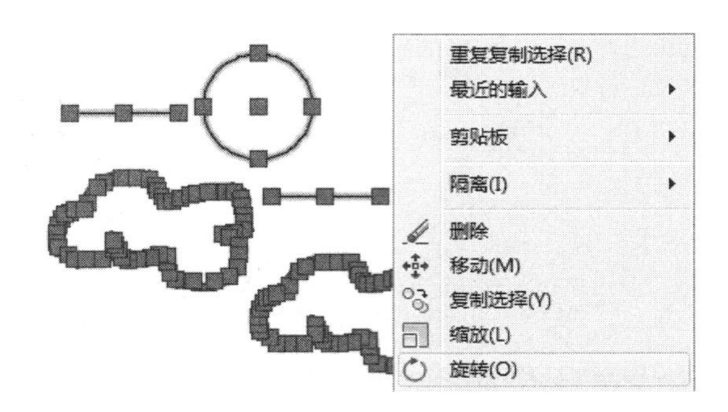

图 1-57　选择【旋转】命令

step 13 将所选择的图形旋转 20°，如图 1-58 所示。

step 14 完成操作的图形如图 1-59 所示。

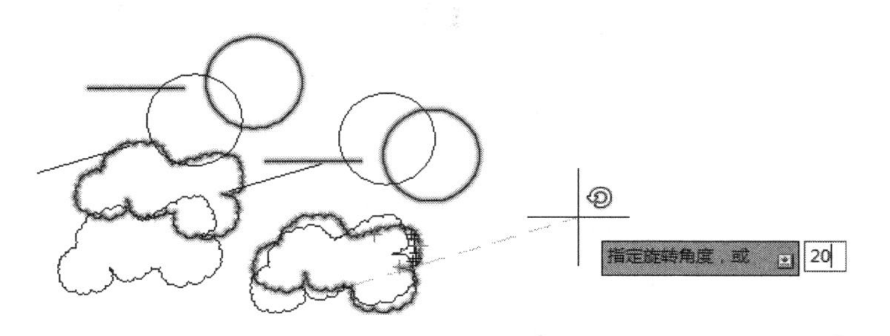

图 1-58　旋转图形

图 1-59　旋转图形效果

step 15 保存图形。打开菜单浏览器，选择【另存为】|【图形】命令，如图 1-60 所示。

step 16 在弹出的【图形另存为】对话框中，设置保存路径，如图 1-61 所示，单击【保存】按钮，即可保存图形。

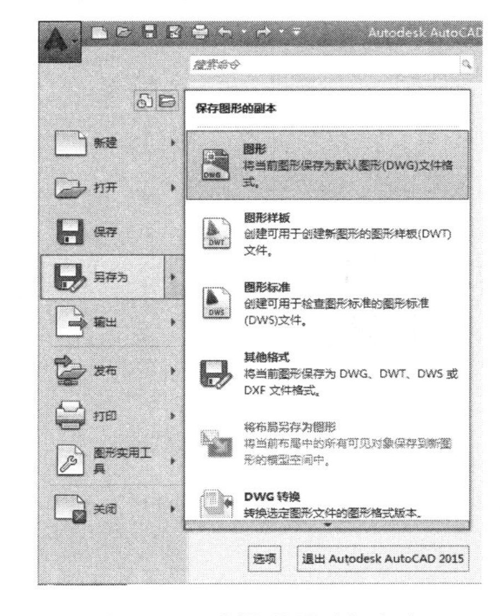

图 1-60　选择【图形】命令

图 1-61　保存图形

机械设计实践：如图 1-62 所示，是典型的零件生产图纸，它具备了使用 CAD 绘制零件的尺寸、配合、粗糙度等制造信息，是进行批量生产的第一手技术信息。

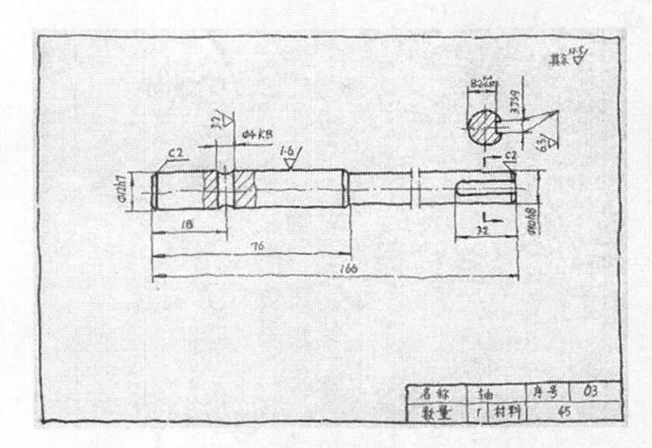

图 1-62　零件图纸

第4课 2课时 视图、坐标系和辅助工具

1.4.1　视图显示

行业知识链接：AutoCAD 是由专门的一个工具栏来进行图形视图操作的，如图 1-63 所示为【视图】工具栏。

图 1-63　【视图】工具栏

与其他图形图像软件一样，使用 AutoCAD 绘制图形时，也可以自由地控制视图的显示比例，例如需要对图形进行细微观察时，可适当放大视图比例以显示图形中的细节部分；而需要观察全部图形时，则可适当缩小视图比例以显示图形的全貌。

而如果在绘制较大的图形，或者放大了视图显示比例时，还可以随意移动视图的位置，以显示要查看的部位。在本小节中将对如何进行视图控制做详细的介绍。

1．平移视图

在编辑图形对象时，如果当前视口不能显示全部图形，可以适当平移视图，以显示被隐藏部分的图形。就像日常生活中使用相机平移一样，执行平移操作不会改变图形中对象的位置或视图比例，它只改变当前视图中显示的内容。下面对具体操作进行介绍。

1)　实时平移视图

需要实时平移视图时，可以在菜单栏中选择【视图】|【平移】|【实时】命令；也可以调出【标准】工具栏，单击【实时平移】按钮；还可以在【视图】选项卡的【导航】面板中单击【平移】按

钮；或在命令行中输入 pan 命令后按下 Enter 键，当十字光标变为手形标志后，再按住鼠标左键进行拖动，以显示需要查看的区域，图形显示将随光标向同一方向移动，如图 1-64 和图 1-65 所示。

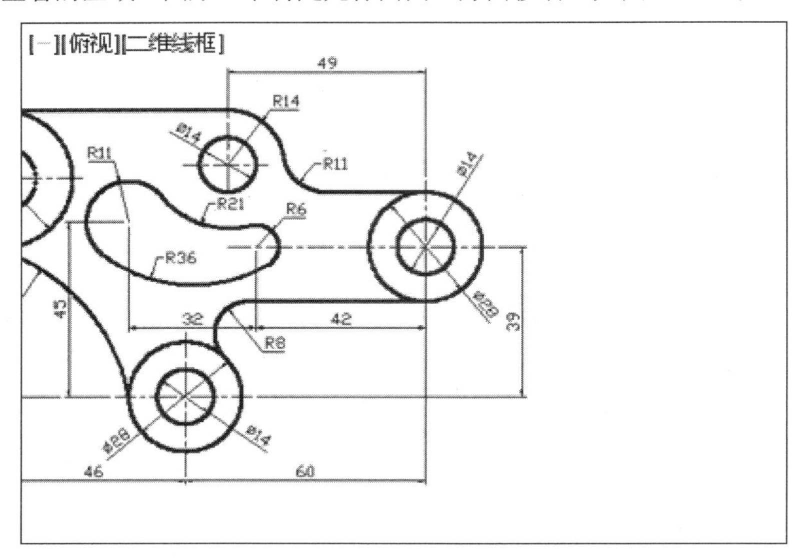

图 1-64　实时平移前的视图

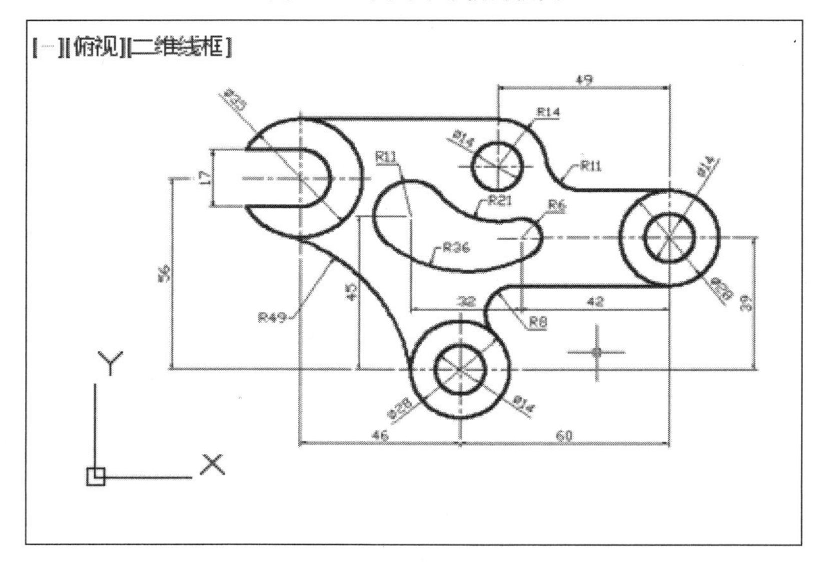

图 1-65　实时平移后的视图

当释放鼠标按键之后将停止平移操作。如果要结束平移视图的任务，可按 Esc 键或 Enter 键，或者右击，在弹出的快捷菜单中选择【退出】命令，光标即可恢复至原来的状态。

提示：用户也可以在绘图区的任意位置右击，然后在弹出的快捷菜单中选择【平移】命令。

2)　定点平移视图

需要通过指定点平移视图时，可以在菜单栏中选择【视图】|【平移】|【点】命令，当十字光标

中间的正方形消失之后，在绘图区中单击可指定平移基点位置，再次单击可指定第二点的位置，即刚才指定的变更点移动后的位置，此时 AutoCAD 将会计算出从第一点至第二点的位移，如图 1-66 和图 1-67 所示。

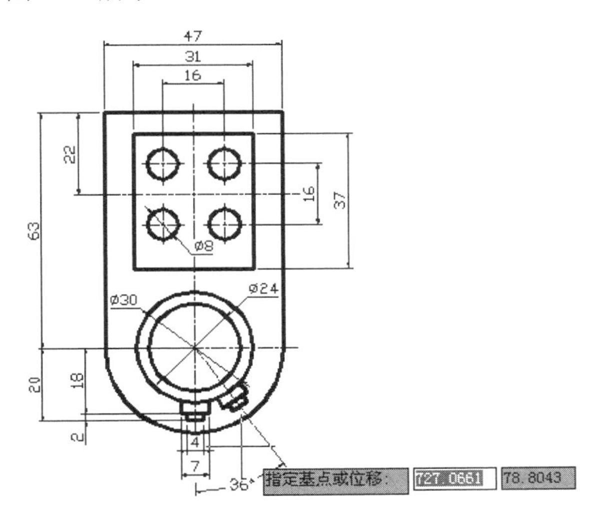

图 1-66　指定定点平移基点位置

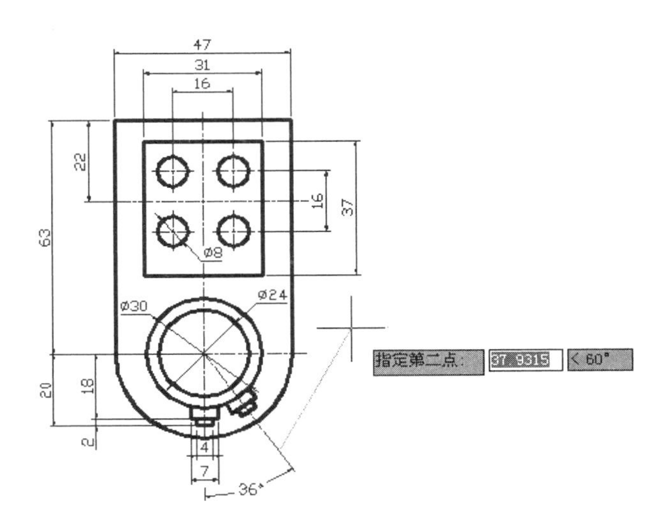

图 1-67　定点平移视图

另外，在菜单栏中选择【视图】|【平移】|【左】或【右】或【上】或【下】命令，可使视图向左(或向右或向上或向下)移动固定的距离。

2．缩放视图

在绘图时，有时需要放大或缩小视图的显示比例。对视图进行缩放不会改变对象的绝对大小，改变的只是视图的显示比例。

1)　实时缩放视图

实时缩放视图是指向上或向下移动鼠标对视图进行动态的缩放。在菜单栏中选择【视图】|【缩放】|【实时】命令，或在【标准】工具栏中单击【实时缩放】按钮，或在【视图】选项卡的【导航】面板中单击【实时】按钮，当十字光标变成放大镜标志之后，按住鼠标左键垂直进行拖动，即可放大或缩小视图，如图 1-68 所示。当缩放到适合的尺寸后，按 Esc 键或 Enter 键，或者右击，在弹出的快捷菜单中选择【退出】命令，光标即可恢复至原来的状态，结束该操作。

提示： 用户也可以在绘图区的任意位置右击，然后在弹出的快捷菜单中选择【缩放】命令。

2)　上一个

当需要恢复到上一个设置的视图比例和位置时，在菜单栏中选择【视图】|【缩放】|【上一个】命令，或在【标准】工具栏中单击【缩放上一个】按钮，或在【视图】选项卡的【导航】面板中单击【上一个】按钮，但它不能恢复到以前编辑图形的内容。

3)　窗口缩放视图

当需要查看特定区域的图形时，可采用窗口缩放的方式，在菜单栏中选择【视图】|【缩放】|【窗口】命令，或在【标准】工具栏中单击【窗口缩放】按钮，或在【视图】选项卡的【导航】面板

中单击【窗口】按钮，用鼠标在图形中圈定要查看的区域，释放鼠标后在整个绘图区就会显示要查看的内容，如图 1-69 所示。

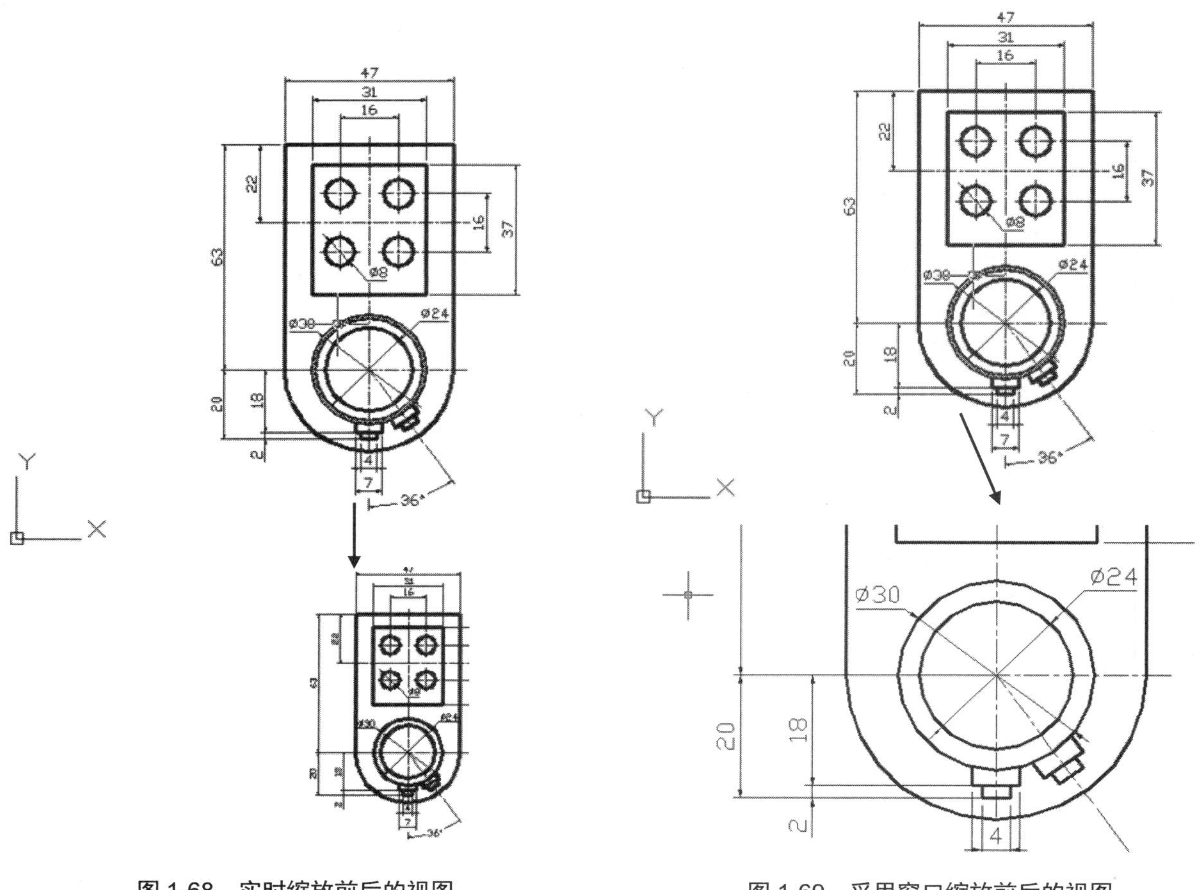

图 1-68　实时缩放前后的视图　　　图 1-69　采用窗口缩放前后的视图

提示：当采用窗口缩放方式时，指定缩放区域的形状不需要严格符合新视图，但新视图必须符合视口的形状。

4)　动态缩放视图

进行动态缩放时，在菜单栏中选择【视图】|【缩放】|【动态】命令，这时绘图区将出现颜色不同的线框。蓝色的虚线框表示图纸的范围，即图形实际占用的区域，黑色的实线框为选取视图框，在未执行缩放操作前，中间有一个“×”形符号，在其中按住鼠标左键进行拖动，视图框右侧会出现一个箭头。用户可根据需要调整该框，至合适的位置后单击鼠标，重新出现“×”形符号后按 Enter 键，则绘图区只显示视图框的内容。

5)　比例缩放视图

在菜单栏中选择【视图】|【缩放】|【比例】命令，表示以指定的比例缩放视图显示。当输入具体的数值时，图形就会按照该数值比例实现绝对缩放；当在比例系数后面加“X”时，图形将实现相

对缩放；若在数值后面添加“XP”，则图形会相对于图纸空间进行缩放。

6) 中心点缩放视图

在菜单栏中选择【视图】|【缩放】|【圆心】命令，可以将图形中的指定点移动到绘图区的中心。

7) 对象缩放视图

在菜单栏中选择【视图】|【缩放】|【对象】命令，可以尽可能大地显示一个或多个选定的对象并使其位于绘图区域的中心。

8) 放大、缩小视图

在菜单栏中选择【视图】|【缩放】|【放大】或【缩小】命令，可以将视图放大或缩小一定的比例。

9) 全部缩放视图

在菜单栏中选择【视图】|【缩放】|【全部】命令，可以显示栅格区域界限，图形栅格界限将填充当前视口或图形区域，若栅格外有对象，也将显示这些对象。

10) 范围缩放视图

在菜单栏中选择【视图】|【缩放】|【范围】命令，将尽可能放大显示当前绘图区的所有对象，并且仍在当前视口或当前图形区域中全部显示这些对象。

另外，需要缩放视图时还可以在命令行中输入“zoom”命令后按下 Enter 键，则命令行窗口提示如下。

```
命令： zoom
指定窗口的角点，输入比例因子(nX 或 nXP)，或者[全部(A)/中心(C)/动态(D)/范围(E)/上一个(P)/比例(S)/窗口(W)/对象(O)] <实时>:
```

用户可以按照提示选择需要的命令进行输入后按 Enter 键，则可完成需要的缩放操作。

3. 命名视图

按一定比例、位置和方向显示的图形称为视图。按名称保存特定视图后，可以在布局和打印或者需要参考特定的细节时恢复它们。在每一个图形任务中，可以恢复每个视口中显示的最后一个视图，最多可恢复前 10 个视图。命名视图随图形一起保存并可以随时使用。在构造布局时，可以将命名视图恢复到布局的视口中。下面具体介绍保存、恢复、删除命名视图的步骤。

1) 保存命名视图

在菜单栏中选择【视图】|【命名视图】命令，或者调出【视图】工具栏，在其中单击【命名视图】按钮，打开【视图管理器】对话框，如图 1-70 所示。

在【视图管理器】对话框中单击【新建】按钮，打开如图 1-71 所示的【新建视图/快照特性】对话框。在该对话框中为该视图输入名称，设置视图类别(可选)。

可以选择以下选项之一来定义视图区域。

(1) 【当前显示】单选按钮：包括当前可见的所有图形。

(2) 【定义窗口】单选按钮：保存部分当前显示。使用定点设备指定视图的对角点时，该对话框将关闭，单击【定义视图窗口】按钮，可以重定义该窗口。

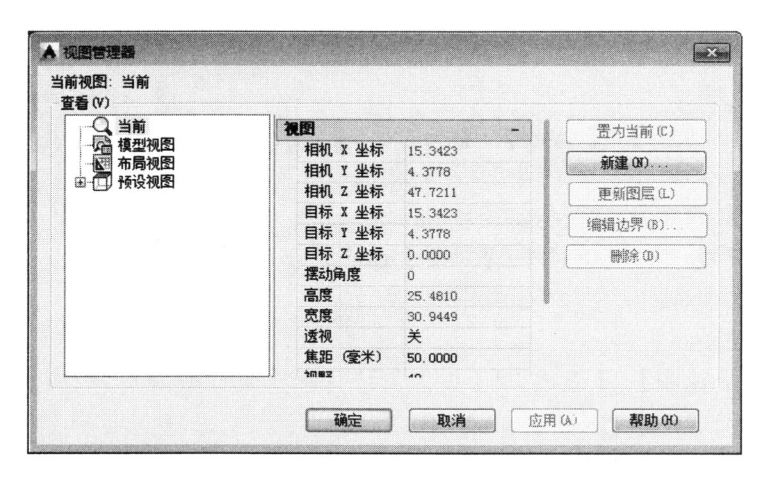

图 1-70 【视图管理器】对话框

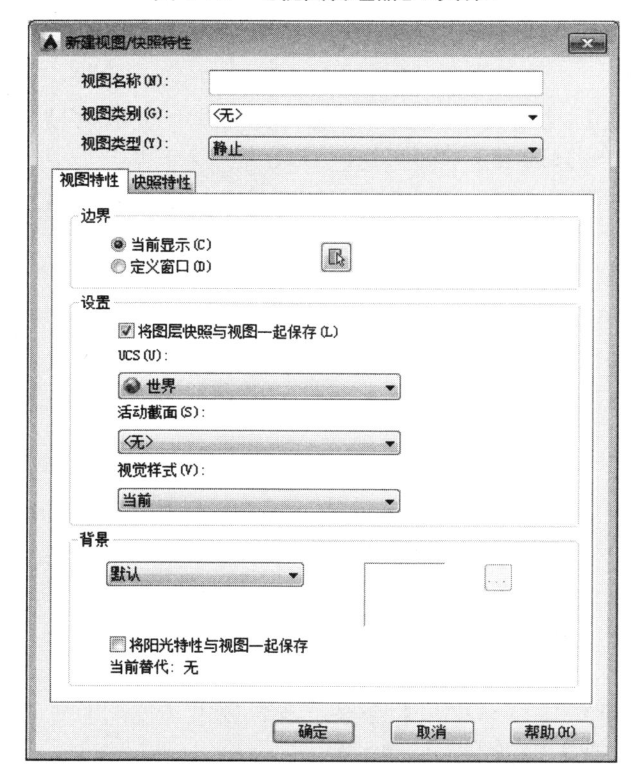

图 1-71 【新建视图/快照特性】对话框

单击【确定】按钮，保存新视图并返回【视图管理器】对话框，再单击【确定】按钮。

2) 恢复命名视图

在菜单栏中选择【视图】|【命名视图】命令，打开保存过的【视图管理器】对话框，如图 1-72 所示。

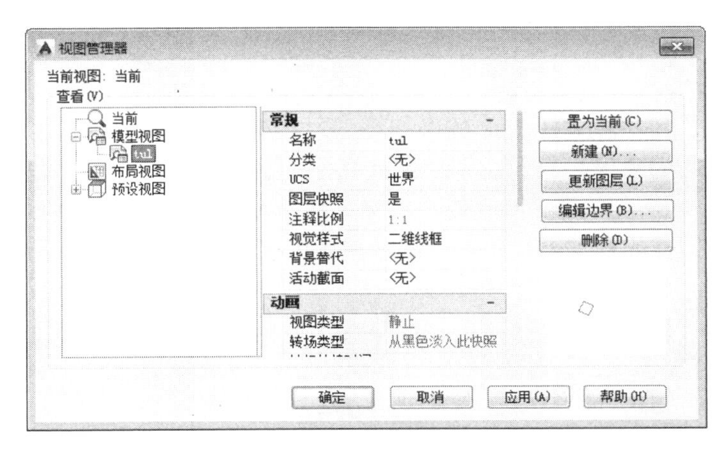

图 1-72　保存过的【视图管理器】对话框

在【视图管理器】对话框中，选择想要恢复的视图(如选择视图“tul”)后，单击【置为当前】按钮。

单击【确定】按钮即可恢复视图并退出所有对话框。

3)　删除命名视图

在菜单栏中选择【视图】|【命名视图】命令，打开保存过的【视图管理器】对话框。

在【视图管理器】对话框中选择想要删除的视图后，单击【删除】按钮。

单击【确定】按钮删除视图并退出所有对话框。

1.4.2　坐标系和动态坐标系

行业知识链接：草图坐标系是绘制草图时的定位关键，没有坐标系的功能是无法进行定位的，无论是平面坐标系还是三维坐标系，都是基于数学原理。如图 1-73 所示是圆形轮子的平面坐标。

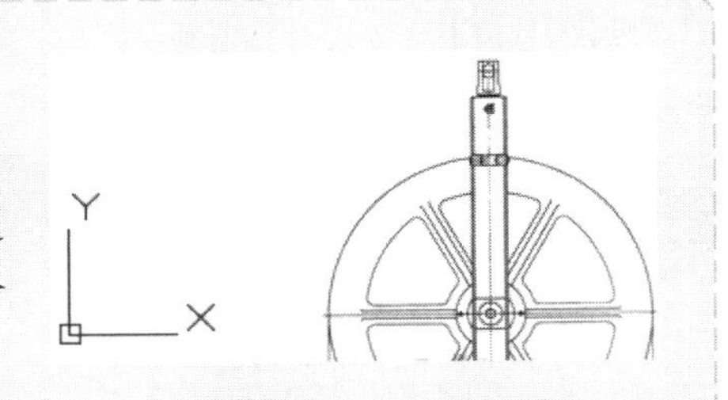

图 1-73　圆形轮子的平面坐标

要在 AutoCAD 中准确、高效地绘制图形，必须充分利用坐标系并掌握各坐标系的概念以及输入方法，它是确定对象位置的最基本的手段。

1．坐标系统

AutoCAD 中的坐标系按定制对象的不同，可分为世界坐标系(WCS)和用户坐标系(UCS)。

1)　世界坐标系(WCS)

根据笛卡儿坐标系的习惯，沿 X 轴正方向向右为水平距离增加的方向，沿 Y 轴正方向向上为竖直距离增加的方向，垂直于 XY 平面，沿 Z 轴正方向从所视方向向外为距离增加的方向。这一套坐标轴确定了世界坐标系，简称 WCS。该坐标系的特点是：它总是存在于一个设计图形之中，并且不可更改。

2) 用户坐标系(UCS)

相对于世界坐标系，可以创建无限多的坐标系，这些坐标系通常称为用户坐标系(UCS)，并且可以通过调用 UCS 命令去创建用户坐标系。尽管世界坐标系是固定不变的，但可以从任意角度、任意方向来观察或旋转世界坐标系，而不用改变其他坐标系。AutoCAD 提供的坐标系图标，可以在同一图纸不同坐标系中保持同样的视觉效果。这种图标将通过指定 X、Y 轴的正方向来显示当前 UCS 的方位。

用户坐标系是一种可自定义的坐标系，可以修改坐标系的原点和轴方向，即 X、Y、Z 轴以及原点方向都可以移动和旋转，在绘制三维对象时非常有用。

调用用户坐标首先需要执行用户坐标命令，其方法有以下几种。

(1) 调出 UCS 工具栏，单击其中的【三点】按钮，执行用户坐标命令。

(2) 在命令行中输入“ucs”命令，执行用户坐标命令。

(3) 在菜单栏中选择【工具】|【新建 UCS】|【三点】命令，执行用户坐标命令。

2. 坐标的表示方法

在使用 AutoCAD 进行绘图的过程中，绘图区中的任何一个图形都有属于自己的坐标位置。当用户在绘图过程中需要指定点位置时，便需使用指定点的坐标位置来确定点，从而精确、有效地完成绘图。

常用的坐标表示方法有绝对直角坐标、相对直角坐标、绝对极坐标和相对极坐标几种。

1) 绝对直角坐标

以坐标原点(0,0,0)为基点定位所有的点。用户可以通过输入(X,Y,Z)坐标的方式来定义一个点的位置。

如图 1-74 所示，O 点绝对坐标为(0,0,0)，A 点绝对坐标为(4,4,0)，B 点绝对坐标为(12,4,0)，C 点绝对坐标为(12,12,0)。

如果 Z 方向坐标为 0，则可省略，则 A 点绝对坐标为(4,4)，B 点绝对坐标为(12,4)，C 点绝对坐标为(12,12)。

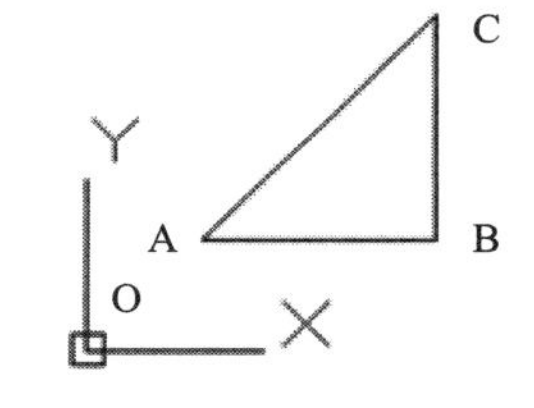

图 1-74 绝对直角坐标

2) 相对直角坐标

相对直角坐标是以某点相对于另一特定点的相对位置定义一个点的位置。相对特定坐标点(X,Y,Z)增量为(ΔX, ΔY, ΔZ)的坐标点的输入格式为“@ΔX, ΔY, ΔZ”。“@”字符的使用相当于输入一个相对坐标值“@0,0”或极坐标“@0<任意角度”，它指定与前一个点的偏移量为 0。

在图 1-74 所示的图形中，O 点绝对坐标为(0,0,0)，A 点相对于 O 点相对坐标为“@4,4”，B 点相对于 O 点相对坐标为“@12,4”，B 点相对于 A 点相对坐标为“@8,0”，C 点相对于 O 点相对坐标为“@12,12”，C 点相对于 A 点相对坐标为“@8,8”，C 点相对于 B 点相对坐标为“@0,8”。

3) 绝对极坐标

以坐标原点(0,0,0)为极点定位所有的点，通过输入相对于极点的距离和角度的方式来定义一个点的位置。AutoCAD 的默认角度正方向是逆时针方向。起始 0 为 X 正向，用户输入极线距离再加一个角度即可指明一个点的位置。其使用格式为“距离<角度”。如要指定相对于原点距离为 100，角度为 45° 的点，输入“100<45”即可。

其中，角度按逆时针方向增大，按顺时针方向减小。如果要向顺时针方向移动，应输入负的角度值，如输入“10<-70”等价于输入“10<290”。

4) 相对极坐标

以某一特定点为参考极点，输入相对于极点的距离和角度来定义一个点的位置。其使用格式为“@距离<角度”。如要指定相对于前一点距离为 60、角度为 45° 的点，输入“@60<45”即可。在绘图中，多种坐标输入方式配合使用会使绘图更灵活，再配合目标捕捉、夹点编辑等方式，则使绘图更快捷。

3. 动态输入

如果需要在绘图提示中输入坐标值，而不必在命令行中进行输入，这时可以通过动态输入功能实现。动态输入功能对于习惯在绘图提示中进行数据信息输入的用户来说，可以大大提高绘图工作效率。

1) 打开或关闭动态输入

启用“动态输入”绘图时，工具提示将在光标附近显示信息，该信息将随着光标的移动而动态更新。当某个命令处于活动状态时，可以在工具提示中输入值，动态输入不会取代命令窗口。打开和关闭“动态输入”可以单击状态栏中的【动态输入】按钮，进行切换。按住 F12 键可以临时将其关闭。

2) 设置动态输入

右击状态栏的【动态输入】按钮，然后在弹出的快捷菜单中选择【动态输入设置】命令，打开【草图设置】对话框，切换到【动态输入】选项卡，如图 1-75 所示。选中【启用指针输入】和【可能时启用标注输入】复选框。

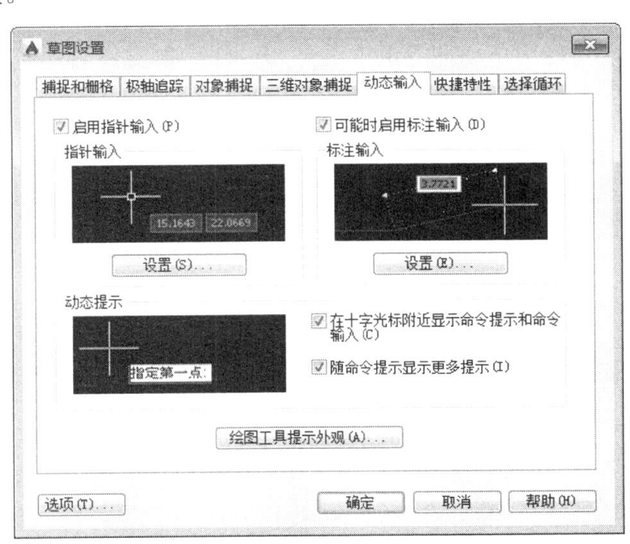

图 1-75 【动态输入】选项卡

当设置了动态输入功能后，在绘制图形时，便可在动态输入框中输入图形的尺寸等，从而方便用户的操作。

3) 在动态输入工具提示中输入坐标值的方法

在状态栏中，确定“动态输入”处于启用状态。

可以使用下列方法输入坐标值或选择选项。

(1) 若需要输入极坐标，则输入距第一点的距离并按下 Tab 键，然后输入角度值并按 Enter 键。

(2) 若需要输入笛卡儿坐标，则输入 X 坐标值和逗号(,)，然后输入 Y 坐标值并按 Enter 键。

(3) 如果提示后有一个下箭头，则按下箭头键，直到选项旁边出现一个点为止，再按 Enter 键。

提示： 按上箭头键可显示最近输入的坐标，也可以通过右击并在弹出的快捷菜单中选择【最近的输入】命令，从其子菜单中查看这些坐标或命令。

对于标注输入，在输入字段中输入值并按 Tab 键后，该字段将显示一个锁定。

1.4.3 辅助工具

行业知识链接： 使用 AutoCAD 的辅助工具可以快速绘图，也可以实现不同的绘图功能。如图 1-76 所示是利用栅格和捕捉功能绘制的特殊多边形。

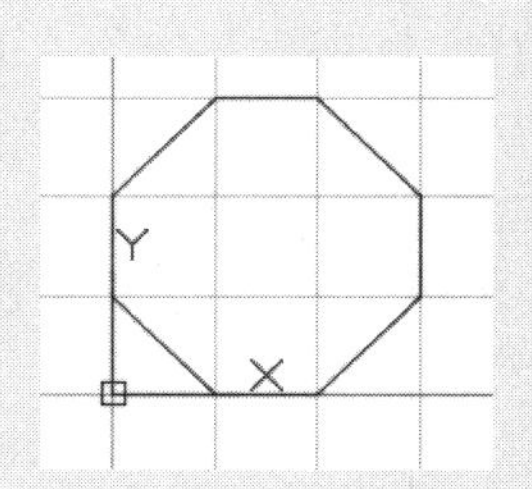

图 1-76 多边形

本节对设置捕捉和栅格、使用自动捕捉的方法和极轴跟踪的方法等进行讲解。

提示： 在绘图过程中，用户仍然可以根据需要对图形单位、线型、图层等内容进行重新设置，以免因设置不合理而影响绘图效率。

1. 栅格和捕捉

要提高绘图的速度和效率，可以显示并捕捉栅格点的矩阵，还可以控制其间距、角度和对齐。【捕捉模式】和【显示图形栅格】开关按钮位于主窗口底部的应用程序状态栏，如图 1-77 所示。

1) 栅格和捕捉

栅格是点的矩阵，遍布指定为图形栅格界限的整个区域。使用栅格类似于在图形下放置一张坐标纸。利用栅格可以对齐对象并直观显示对象之间的距离，而不打印栅格。如果放大或缩小图形，可能需要调整栅格间距，使其更适合新的放大比例，如图 1-78 所示为打开栅格绘图区的效果。

捕捉模式用于限制十字光标，使其按照用户定义的间距移动。当捕捉模式打开时，光标似乎附着或捕捉到不可见的栅格。捕捉模式有助于使用箭头键或定点设备来精确地定位点。

2) 栅格和捕捉的应用

栅格显示和捕捉模式各自独立，但经常同时打开。

选择【工具】|【绘图设置】命令，或者在命令行中输入“dsettings”，都可以打开【草图设置】对话框，切换到【捕捉和栅格】选项卡，可以对栅格捕捉属性进行设置，如图 1-79 所示。

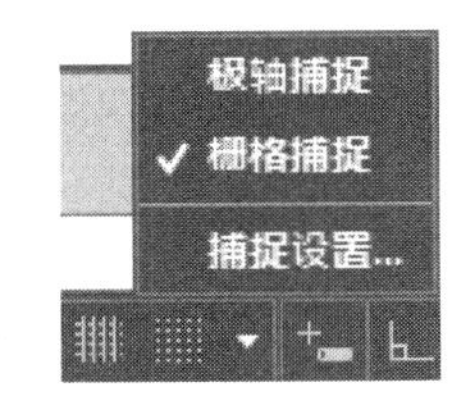

图 1-77 【捕捉模式】和【显示图形栅格】开关按钮

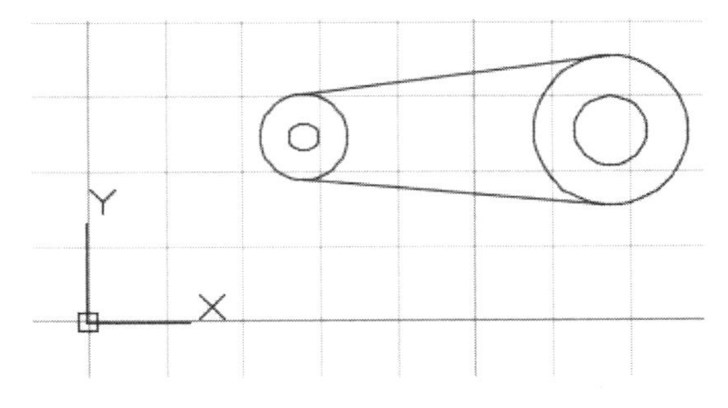

图 1-78 打开栅格绘图区的效果

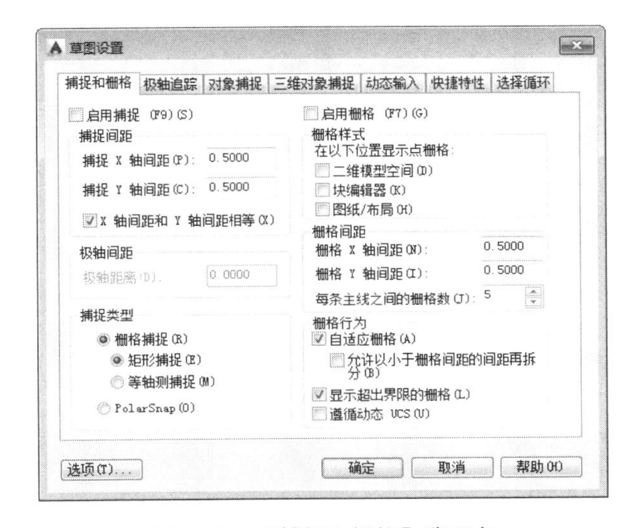

图 1-79 【捕捉和栅格】选项卡

下面详细介绍【捕捉和栅格】选项卡的设置。

(1) 【启用捕捉】复选框：用于打开或关闭捕捉模式。我们也可以通过单击状态栏中的【捕捉】按钮，或按 F9 键，或使用 SNAPMODE 系统变量，来打开或关闭捕捉模式。

(2) 【捕捉间距】选项组：用于控制捕捉位置处的不可见矩形栅格，以限制光标仅在指定的 X 和 Y 间隔内移动。

【捕捉 X 轴间距】文本框：指定 X 方向的捕捉间距。间距值必须为正实数。

【捕捉 Y 轴间距】文本框：指定 Y 方向的捕捉间距。间距值必须为正实数。

【X 轴间距 和 Y 轴间距相等】复选框：为捕捉间距和栅格间距强制使用同一 X 和 Y 间距值。捕捉间距可以与栅格间距不同。

(3) 【极轴间距】选项组：用于控制极轴捕捉增量距离。

【极轴距离】文本框：在选中【捕捉类型】选项组中的 PolarSnap 单选按钮时，设置捕捉增量距离。如果该值为 0，则极轴捕捉距离采用【捕捉 X 轴间距】文本框的值。

提示：【极轴距离】文本框的设置需与极坐标追踪或对象捕捉追踪结合使用。如果两个追踪功能都未选择，则【极轴距离】设置无效。

(4) 【捕捉类型】选项组：用于设置捕捉样式和捕捉类型。

【栅格捕捉】单选按钮：设置栅格捕捉类型。如果指定点，光标将沿垂直或水平栅格点进行捕捉。

【矩形捕捉】单选按钮：将捕捉样式设置为标准“矩形”捕捉模式。当捕捉类型设置为“栅格”并且打开“捕捉”模式时，光标将捕捉矩形捕捉栅格。

【等轴测捕捉】单选按钮：将捕捉样式设置为“等轴测”捕捉模式。当捕捉类型设置为“栅格”并且打开“捕捉”模式时，光标将捕捉等轴测捕捉栅格。

PolarSnap 单选按钮：将捕捉类型设置为“PolarSnap”。如果打开了“捕捉”模式并在极轴追踪打开的情况下指定点，光标将沿在【极轴追踪】选项卡上相对于极轴追踪起点设置的极轴对齐角度进行捕捉。

(5) 【启用栅格】复选框：用于打开或关闭栅格。我们也可以通过单击状态栏中的【栅格】按钮，或按 F7 键，或使用 GRIDMODE 系统变量，来打开或关闭栅格模式。

(6) 【栅格间距】选项组：用于控制栅格的显示，有助于形象化显示距离。

注意：LIMITS 命令和 GRIDDISPLAY 系统变量控制栅格的界限。

【栅格 X 轴间距】文本框：指定 X 方向上的栅格间距。如果该值为 0，则栅格采用【捕捉 X 轴间距】文本框的值。

【栅格 Y 轴间距】文本框：指定 Y 方向上的栅格间距。如果该值为 0，则栅格采用【捕捉 Y 轴间距】文本框的值。

【每条主线之间的栅格数】微调框：指定主栅格线相对于次栅格线的频率。VSCURRENT 设置为除二维线框之外的任何视觉样式时，将显示栅格线而不是栅格点。

(7) 【栅格行为】选项组：用于控制当 VSCURRENT 设置为除二维线框之外的任何视觉样式时，所显示栅格线的外观。

【自适应栅格】复选框：栅格间距缩小时，限制栅格密度。

【允许以小于栅格间距的间距再拆分】复选框：栅格间距放大时，生成更多间距更小的栅格线。主栅格线的频率确定这些栅格线的频率。

【显示超出界限的栅格】复选框：用于显示超出 LIMITS 命令指定区域的栅格。

【遵循动态 UCS】复选框：用于更改栅格平面以遵循动态 UCS 的 XY 平面。

(8) 【栅格样式】选项组：选择栅格的显示位置，包括【二维模型空间】、【块编辑器】和【图纸/布局】三个复选框。

3) 正交

正交是指在绘制线性图形对象时，线性对象的方向只能为水平或垂直，即当指定第一点时，第二点只能在第一点的水平方向或垂直方向。

2. 对象捕捉

当绘制精度要求非常高的图纸时，细小的差错也许会造成重大的失误，为尽可能提高绘图的精度，AutoCAD 提供了对象捕捉功能，这样可快速、准确地绘制图形。

使用对象捕捉功能可以迅速指定对象上的精确位置，而不必输入坐标值或绘制构造线。该功能可将指定点限制在现有对象的确切位置上，如中点或交点等。例如使用对象捕捉功能可以绘制到圆心或多段线中点的直线。

选择【工具】|【工具栏】| AutoCAD |【对象捕捉】命令，如图 1-80 所示，调出【对象捕捉】工具栏，如图 1-81 所示。

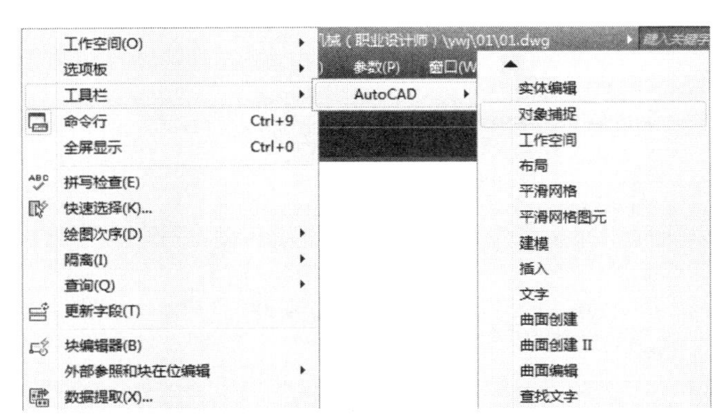

图 1-80　选择【对象捕捉】命令

图 1-81　【对象捕捉】工具栏

【对象捕捉】工具栏中命令按钮的命令缩写和名称如表 1-2 所示。

表 1-2　【对象捕捉】工具栏中命令按钮的命令缩写和名称

图　标	命令缩写	对象捕捉名称
	TT	临时追踪点
	FROM	捕捉自
	ENDP	捕捉到端点
	MID	捕捉到中点
	INT	捕捉到交点
	APPINT	捕捉到外观交点
	EXT	捕捉到延长线
	CEN	捕捉到圆心
	QUA	捕捉到象限点
	TAN	捕捉到切点
	PER	捕捉到垂足
	PAR	捕捉到平行线
	INS	捕捉到插入点
	NOD	捕捉到节点
	NEA	捕捉到最近点
	NON	无捕捉
	OSNAP	对象捕捉设置

3．使用对象捕捉

如果需要对【对象捕捉】属性进行设置，可选择【工具】|【绘图设置】命令，或者在命令行中输

入“dsettings”，都可以打开【草图设置】对话框，切换到【对象捕捉】选项卡，如图 1-82 所示。

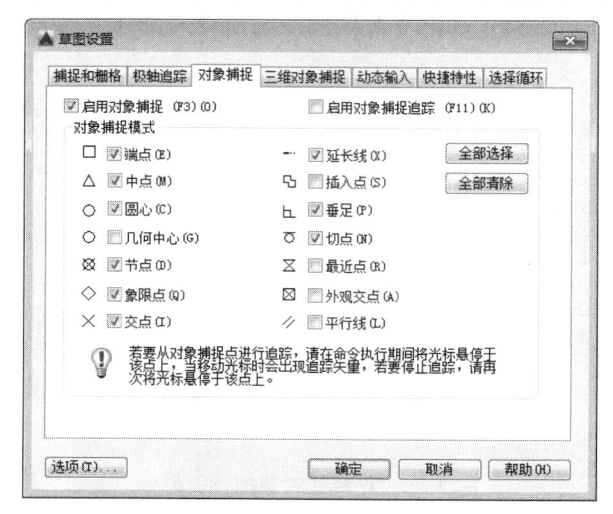

图 1-82 【对象捕捉】选项卡

对象捕捉有以下两种方式。

(1) 如果在运行某个命令时设计对象捕捉，则当该命令结束时，捕捉也结束，这叫单点捕捉。这种捕捉形式一般是单击【对象捕捉】工具栏中的相关命令按钮。

(2) 如果在运行绘图命令前设置捕捉，则该捕捉在绘图过程中一直有效，该捕捉形式在【草图设置】对话框的【对象捕捉】选项卡中进行设置。

下面将详细介绍有关【对象捕捉】选项卡的设置。

(1) 【启用对象捕捉】复选框：打开或关闭执行对象捕捉。当对象捕捉打开时，在“对象捕捉模式”下选定的对象捕捉处于活动状态。(OSMODE 系统变量)

(2) 【启用对象捕捉追踪】复选框：打开或关闭对象捕捉追踪。使用对象捕捉追踪，在命令中指定点时，光标可以沿基于其他对象捕捉点的对齐路径进行追踪。要使用对象捕捉追踪，必须打开一个或多个对象捕捉。(AUTOSNAP 系统变量)

(3) 【对象捕捉模式】选项组：列出了可以在执行对象捕捉时打开的对象捕捉模式。

【端点】复选框：捕捉到圆弧、椭圆弧、直线、多线、多段线线段、样条曲线、面域或射线最近的端点，或捕捉宽线、实体或三维面域的最近角点，如图 1-83 所示。

【中点】复选框：捕捉到圆弧、椭圆、椭圆弧、直线、多线、多段线线段、面域、实体、样条曲线或参照线的中点，如图 1-84 所示。

【圆心】复选框：捕捉到圆弧、圆、椭圆或椭圆弧的圆点，如图 1-85 所示。

【节点】复选框：捕捉到点对象、标注定义点或标注文字起点，如图 1-86 所示。

【象限点】复选框：捕捉到圆弧、圆、椭圆或椭圆弧的象限点，如图 1-87 所示。

【交点】复选框：捕捉到圆弧、圆、椭圆、椭圆弧、直线、多线、多段线、射线、面域、样条曲线或参照线的交点。

“延长线”不能用作执行对象捕捉模式。

“交点”和“延长线”不能和三维实体的边或角点一起使用，如图 1-88 所示。

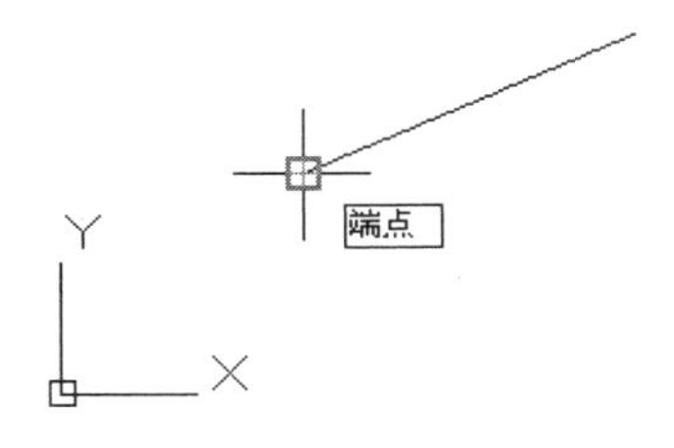

图 1-83　选中【端点】复选框后捕捉的效果

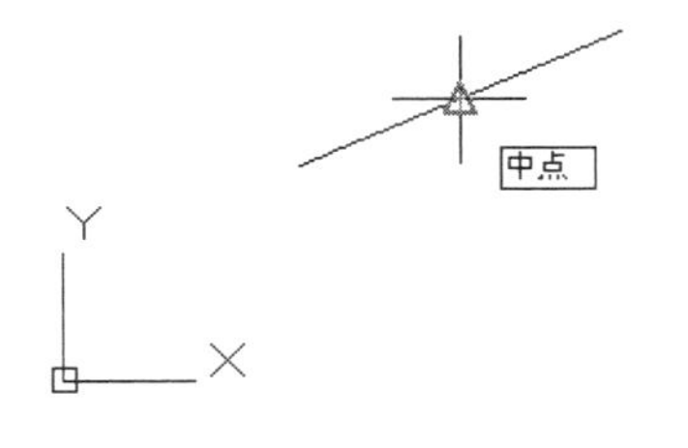

图 1-84　选中【中点】复选框后捕捉的效果

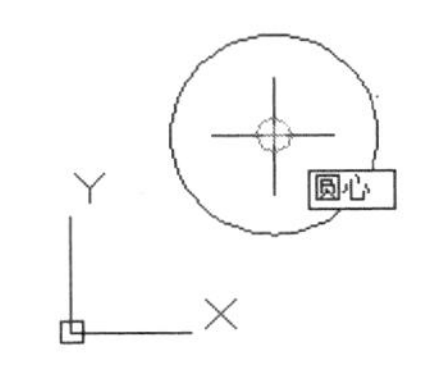

图 1-85　选中【圆心】复选框后捕捉的效果

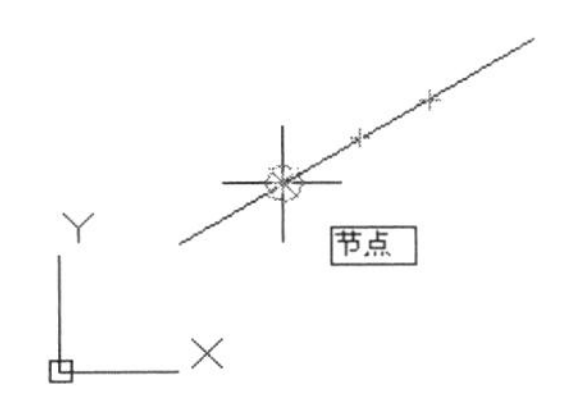

图 1-86　选中【节点】复选框后捕捉的效果

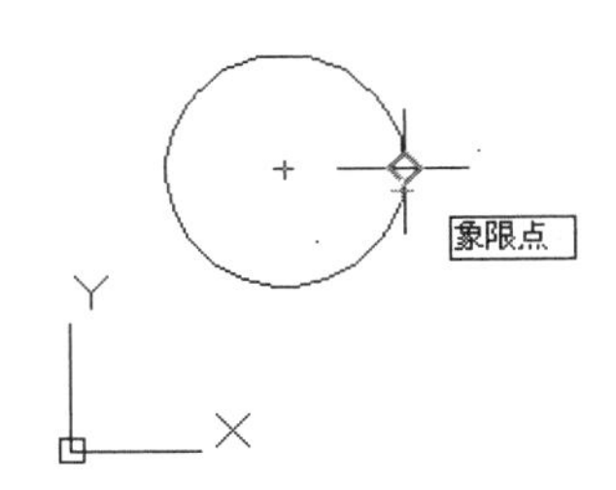

图 1-87　选中【象限点】复选框后捕捉的效果

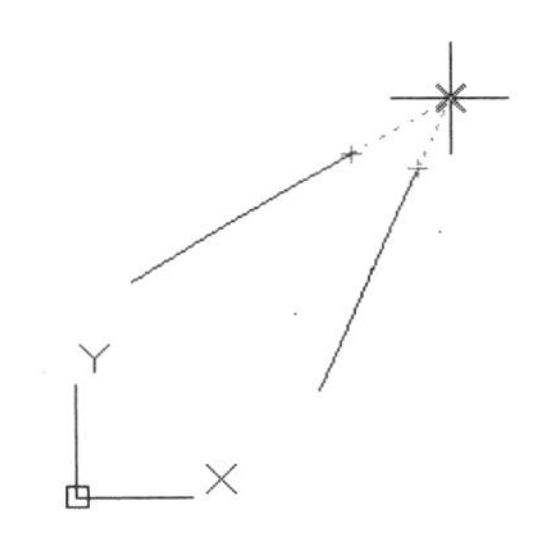

图 1-88　选中【交点】复选框后捕捉的效果

提示：如果同时打开“交点”和“外观交点”执行对象捕捉，可能会得到不同的结果。选中【延长线】复选框后，当光标经过对象的端点时，显示临时延长线或圆弧，以便用户在延长线或圆弧上指定点。

【插入点】复选框：捕捉到属性、块、形或文字的插入点。

【垂足】复选框：捕捉圆弧、圆、椭圆、椭圆弧、直线、多线、多段线、射线、面域、实体、样条曲线或参照线的垂足。当正在绘制的对象需要捕捉多个垂足时，将自动打开“递延垂足”捕捉模式。可以用直线、圆弧、圆、多段线、射线、参照线、多线或三维实体的边作为绘制垂直线的基础对象。可以用“递延垂足”在这些对象之间绘制垂直线。当靶框经过“递延垂足”捕捉点时，将显示AutoSnap 工具栏提示和标记，如图 1-89 所示。

【切点】复选框：捕捉到圆弧、圆、椭圆、椭圆弧或样条曲线的切点。当正在绘制的对象需要捕捉多个垂足时，将自动打开“递延垂足”捕捉模式。例如，可以用“递延切点”来绘制与两条弧、两条多段线弧或两条圆相切的直线。当靶框经过“递延切点”捕捉点时，将显示标记和 AutoSnap 工具栏提示，如图 1-90 所示。

【最近点】复选框：捕捉到圆弧、圆、椭圆、椭圆弧、直线、多线、点、多段线、射线、样条曲线或参照线的最近点。

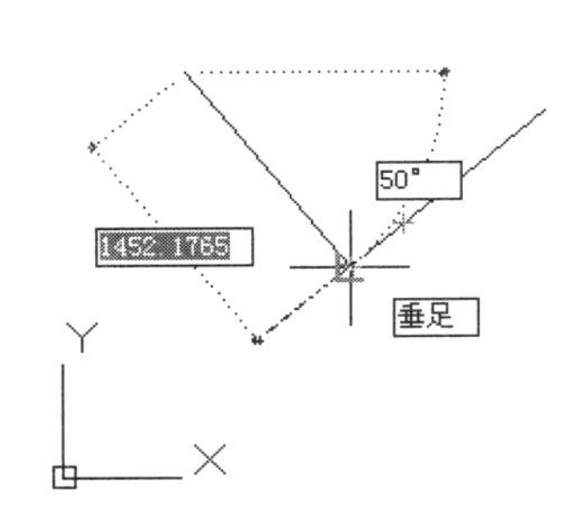

图 1-89　选中【垂足】复选框后捕捉的效果

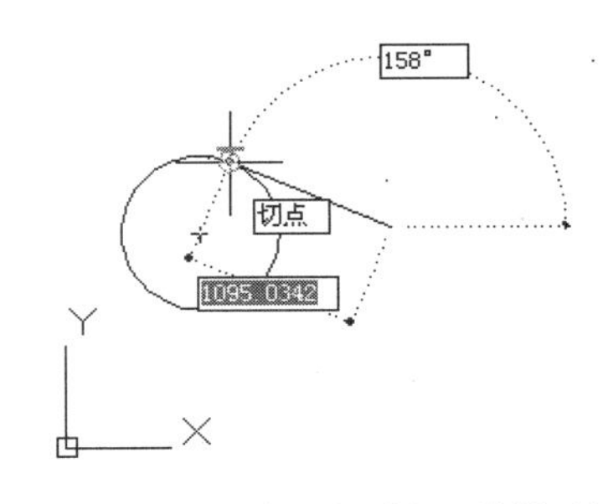

图 1-90　选中【切点】复选框后捕捉的效果

【外观交点】复选框：捕捉到不在同一平面但是可能看起来在当前视图中相交的两个对象的外观交点。“延伸外观交点”不能用作执行对象捕捉模式。“外观交点”和“延伸外观交点”不能和三维实体的边或角点一起使用。

【平行线】复选框：无论何时提示用户指定矢量的第二个点时，都要绘制与另一个对象平行的矢量。指定矢量的第一个点后，如果将光标移动到另一个对象的直线段上，即可获得第二个点。如果创建的对象的路径与这条直线段平行，将显示一条对齐路径，可用它创建平行对象。

【全部选择】按钮：打开所有对象捕捉模式。

【全部清除】按钮：关闭所有对象捕捉模式。

4. 自动捕捉

指定许多基本编辑选项。控制使用对象捕捉时显示的形象化辅助工具(称作自动捕捉)的相关设置。AutoSnap 设置保存在注册表中。如果光标或靶框处在对象上，可以按 Tab 键遍历该对象的所有可用捕捉点。

5. 自动捕捉设置

如果需要对【自动捕捉】属性进行设置，则选择【工具】|【选项】命令，打开【选项】对话框，切换到【绘图】选项卡，如图 1-91 所示。

图 1-91　【绘图】选项卡

下面将介绍【自动捕捉设置】选项组中的内容。

【标记】复选框：控制自动捕捉标记的显示。该标记是当十字光标移到捕捉点上时显示的几何符号。(AUTOSNAP 系统变量)

【磁吸】复选框：打开或关闭自动捕捉磁吸。磁吸是指十字光标自动移动并锁定到最近的捕捉点上。(AUTOSNAP 系统变量)

【显示自动捕捉工具提示】复选框：控制自动捕捉工具栏提示的显示。工具栏提示是一个标签，用来描述捕捉到的对象部分。(AUTOSNAP 系统变量)

【显示自动捕捉靶框】复选框：控制自动捕捉靶框的显示。靶框是捕捉对象时出现在十字光标内部的方框。(APBOX 系统变量)

【颜色】按钮：指定自动捕捉标记的颜色，单击该按钮后，打开【图形窗口颜色】对话框，如图 1-92 所示，在【界面元素】列表框中选择【二维自动捕捉标记】选项，在【颜色】下拉列表框中可以任意选择一种颜色。

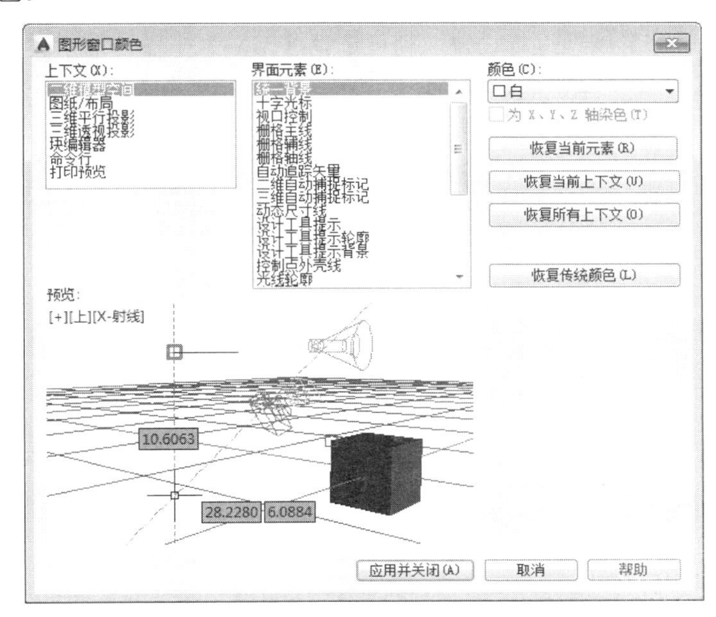

图 1-92 【图形窗口颜色】对话框

6. 极轴追踪

控制自动追踪设置。创建或修改对象时，可以使用“极轴追踪”以显示由指定的极轴角度所定义的临时对齐路径。可以使用 PolarSnap 功能沿对齐路径按指定距离进行捕捉。

7. 使用极轴追踪

使用极轴追踪，光标将按指定角度进行移动。

例如，绘制一条从点 1 到点 2 的两个单位的直线，然后绘制一条到点 3 的两个单位的直线，并与第一条直线成 45° 角。如果打开了 45° 极轴角增量，当光标跨过 0° 或 45° 角时，将显示对齐路径和工具栏提示。当光标从该角度移开时，对齐路径和工具栏提示消失，如图 1-93 所示。

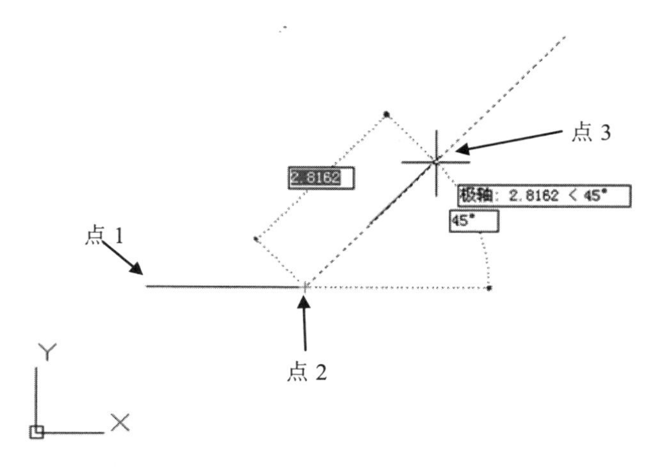

图 1-93　使用极轴追踪命令绘制图形

如果需要对【极轴追踪】属性进行设置，则可选择【工具】|【绘图设置】命令，或者在命令行中输入“dsettings”，打开【草图设置】对话框，切换到【极轴追踪】选项卡，如图 1-94 所示。

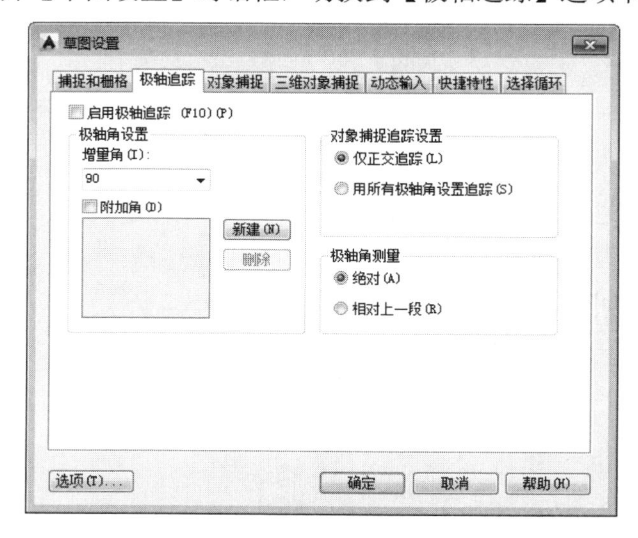

图 1-94　【极轴追踪】选项卡

下面将详细介绍有关【极轴追踪】选项卡的设置。

(1) 【启用极轴追踪】复选框：打开或关闭极轴追踪。也可以按 F10 键或使用 AUTOSNAP 系统变量来打开或关闭极轴追踪。

(2) 【极轴角设置】选项组：设置极轴追踪的对齐角度。(POLARANG 系统变量)

【增量角】下拉列表框：用来设置显示极轴追踪对齐路径的极轴角增量。可以输入任何角度，也可以从下拉列表中选择 90、45、30、22.5、18、15、10、5 这些常用角度。

【附加角】复选框：对极轴追踪使用列表框中的任何一种附加角度。该复选框也受 POLARMODE 系统变量控制。【附加角】列表框也受 POLARADDANG 系统变量控制。

如果选中【附加角】复选框，将列出可用的附加角度。要添加新的角度，则单击【新建】按钮。要删除现有的角度，则单击【删除】按钮。(POLARADDANG 系统变量)

注意：附加角度是绝对的，而非增量的。添加分数角度之前，必须将 AUPREC 系统变量设置为合适的十进制精度以防止不需要的舍入。如果 AUPREC 的值为 0(默认值)，则所有输入的分数角度将舍入为最接近的整数。

【新建】按钮：最多可以添加 10 个附加极轴追踪对齐角度。

【删除】按钮：删除选定的附加角度。

(3) 【对象捕捉追踪设置】选项组：设置对象捕捉追踪选项。

【仅正交追踪】单选按钮：当对象捕捉追踪打开时，仅显示已获得的对象捕捉点的正交(水平/垂直)对象捕捉追踪路径。(POLARMODE 系统变量)

【用所有极轴角设置追踪】单选按钮：将极轴追踪设置应用于对象捕捉追踪。使用对象捕捉追踪时，光标将从获取的对象捕捉点起沿极轴对齐角度进行追踪。(POLARMODE 系统变量)

注意：单击状态栏中的【极轴追踪】和【对象捕捉追踪】按钮也可以打开或关闭极轴追踪和对象捕捉追踪。

(4) 【极轴角测量】选项组：设置测量极轴追踪对齐角度的基准。

【绝对】单选按钮：根据当前用户坐标系(UCS)确定极轴追踪角度。

【相对上一段】单选按钮：根据上一个绘制线段确定极轴追踪角度。

8．自动追踪

可以使用户在绘图的过程中按指定的角度绘制对象，或与其他对象有特殊关系的对象，当此模式处于打开状态时，临时的对齐虚线有助于用户精确地绘图。用户还可以通过一些设置来更改对齐路线以适合自己的需求，这样就可以达到精确绘图的目的。

选择【工具】|【选项】命令，打开如图 1-95 所示的【选项】对话框，切换到【绘图】选项卡，在【AutoTrack 设置】选项组中进行自动追踪的设置。

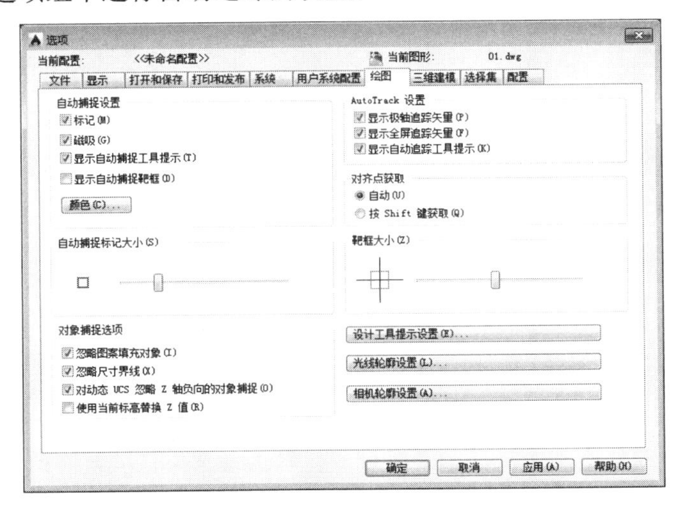

图 1-95 【选项】对话框

【显示极轴追踪矢量】复选框：当极轴追踪打开时，将沿指定角度显示一个矢量。使用极轴追踪，可以沿角度绘制直线。极轴角是 90° 的约数，如 45°、30° 和 15°。

可以通过将 TRACKPATH 设置为 2 禁用【显示极轴追踪矢量】复选框。

【显示全屏追踪矢量】复选框：控制追踪矢量的显示。追踪矢量是辅助用户按特定角度或与其他对象特定关系绘制对象的构造线。如果选中此复选框，对齐矢量将显示为无限长的线。

可以通过将 TRACKPATH 设置为 1 来禁用【显示全屏追踪矢量】复选框。

【显示自动追踪工具提示】复选框：控制自动追踪工具提示的显示。工具提示是一个标签，它显示追踪坐标。(AUTOSNAP 系统变量)

课后练习

案例文件：ywj\01\01.dwg

视频文件：光盘\视频课堂\第 1 教学日\1.4

练习案例分析及步骤如下。

本课后练习创建的零件是一个链轮的草图零件，链轮一般用于工业设备中传递能量的部分。在创建的过程当中，首先设置捕捉，充分利用捕捉和栅格的功能；使用圆和直线命令绘制圆形，之后进行修剪。如图 1-96 所示是完成的链轮草图。

本课案例主要练习了 AutoCAD 草绘中的捕捉知识。在绘制草图时，遵循机械制图规范，可以快速上手，学好本课能更容易地掌握软件的草图绘制基本知识。绘制链轮草图的思路和步骤如图 1-97 所示。

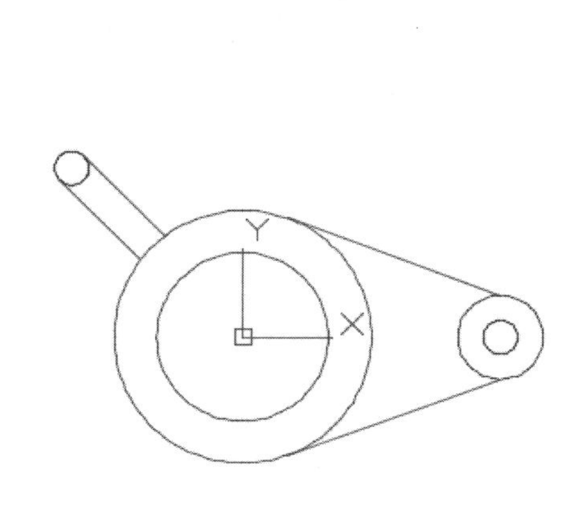

图 1-96　完成的链轮草图

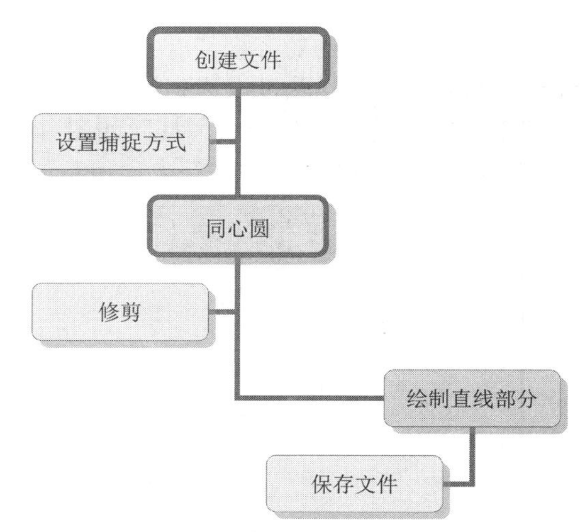

图 1-97　链轮草图步骤

练习案例操作步骤如下。

step 01 创建文件。选择【文件】|【新建】命令，弹出【选择样板】对话框，选择样板，如图 1-98 所示，单击【打开】按钮，新建文件。

step 02 单击状态栏捕捉工具的箭头按钮，在下拉菜单中选择【栅格捕捉】命令，如图 1-99 所示。

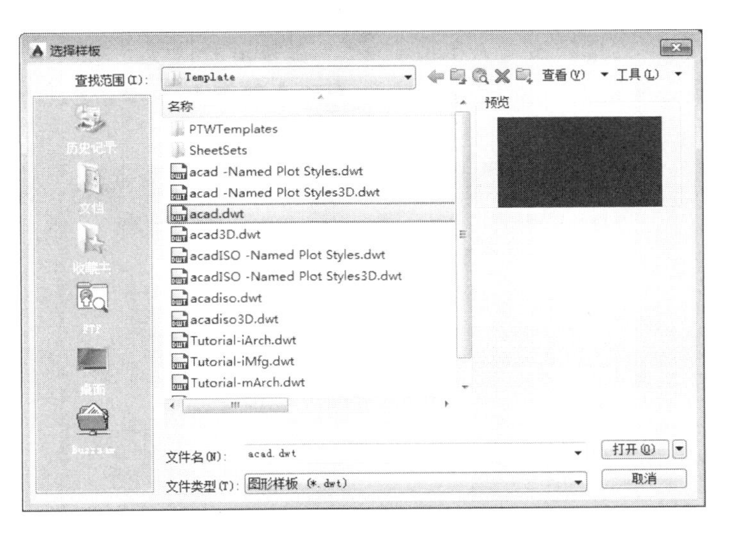

图 1-98　新建文件

step 03 绘制同心圆。单击【默认】选项卡的【绘图】面板中的【圆】按钮，绘制同心圆，半径为 1 和 1.5，如图 1-100 所示。

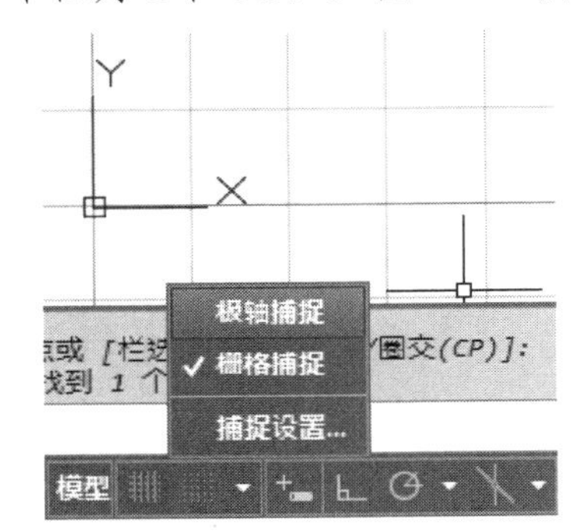

图 1-99　选择【栅格捕捉】命令

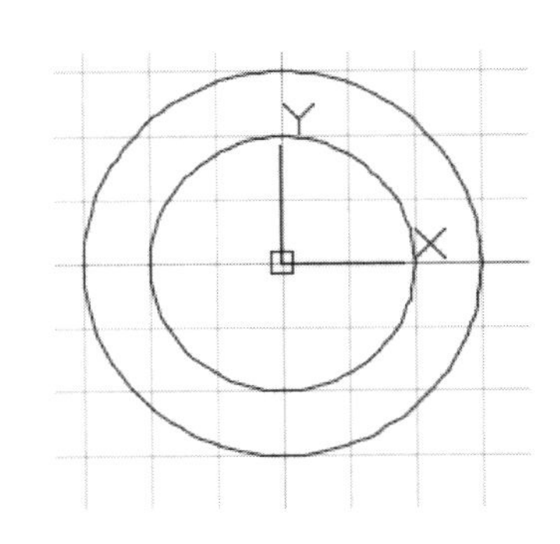

图 1-100　绘制半径为 1 和 1.5 的同心圆

step 04 单击【默认】选项卡的【绘图】面板中的【直线】按钮，绘制 2 条直线，长为 3 和 2.8，如图 1-101 所示。

step 05 单击【默认】选项卡的【绘图】面板中的【圆】按钮，绘制半径为 0.5 和 0.2 的同心圆，如图 1-102 所示。

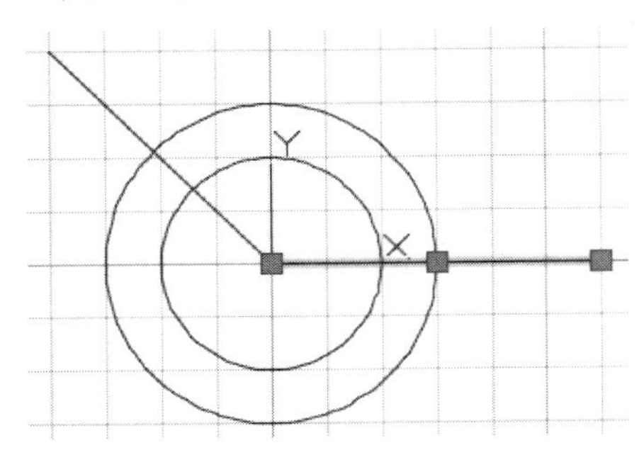

图 1-101　绘制 2 条直线

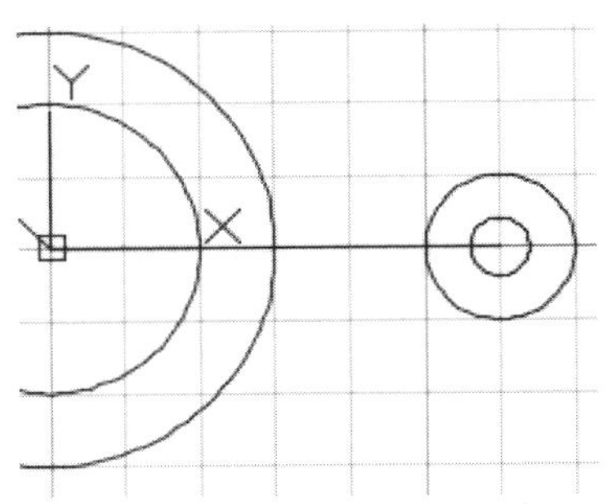

图 1-102　绘制半径为 0.5 和 0.2 的同心圆

step 06 右击状态栏中的【动态输入】按钮，在弹出的快捷菜单中选择【动态输入设置】命令，打开【草图设置】对话框，切换到【对象捕捉】选项卡进行选项设置，如图 1-103 所示。

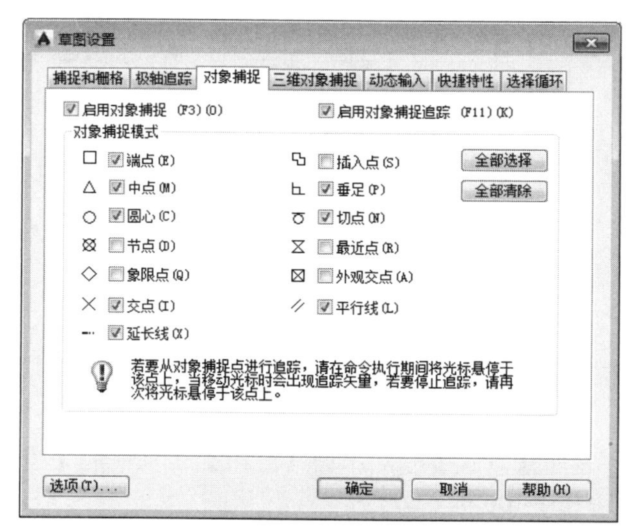

图 1-103 【对象捕捉】选项卡

step 07 绘制直线部分。单击【默认】选项卡的【绘图】面板中的【直线】按钮，绘制 2 条切线，如图 1-104 所示。

step 08 单击【默认】选项卡的【修改】面板中的【偏移】按钮，绘制偏移量为 0.2 的 2 条直线，如图 1-105 所示。

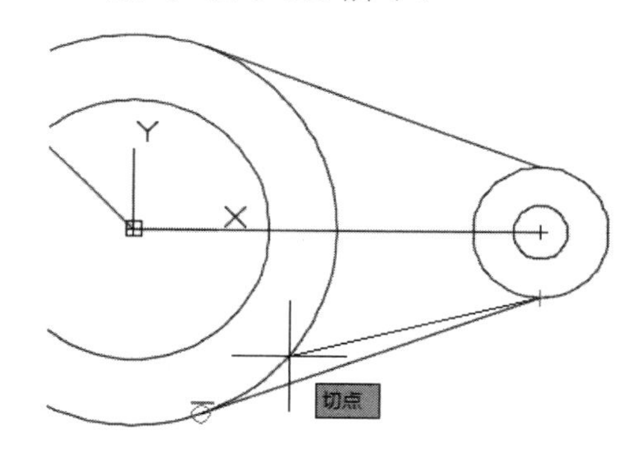

图 1-104 绘制 2 条切线

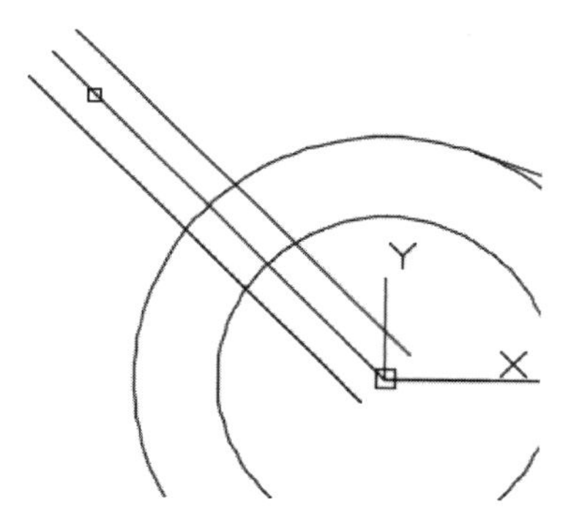

图 1-105 绘制偏移线

step 09 单击【默认】选项卡的【绘图】面板中的【直线】按钮，绘制连接直线，如图 1-106 所示。

step 10 单击【默认】选项卡的【修改】面板中的【修剪】按钮，修剪草图，如图 1-107 所示。

step 11 选择如图 1-108 所示的 2 条直线，按 Delete 键进行删除。

step 12 完成的链轮草图如图 1-109 所示。

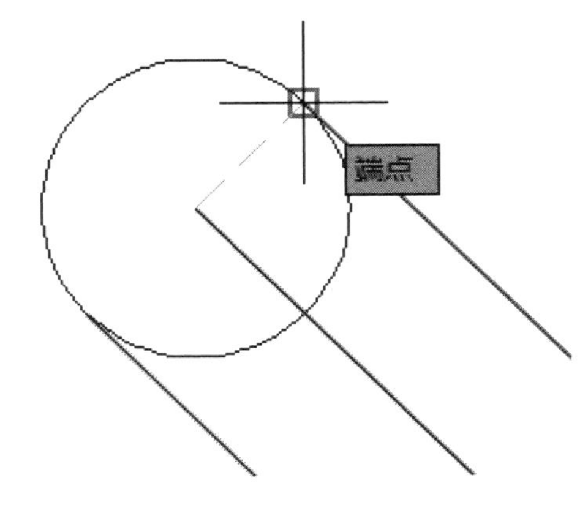

图 1-106　绘制连接直线

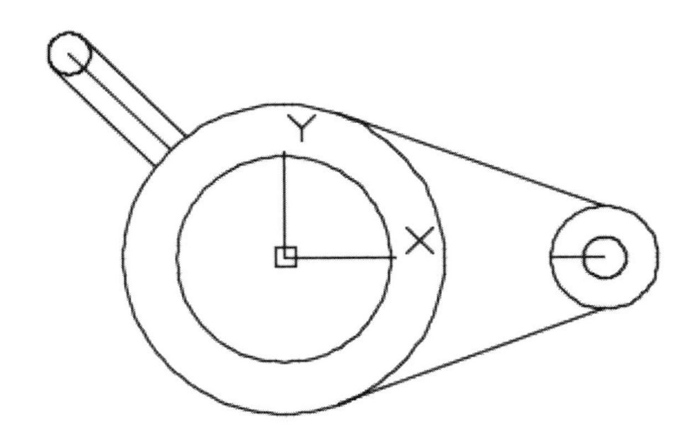

图 1-107　修剪草图

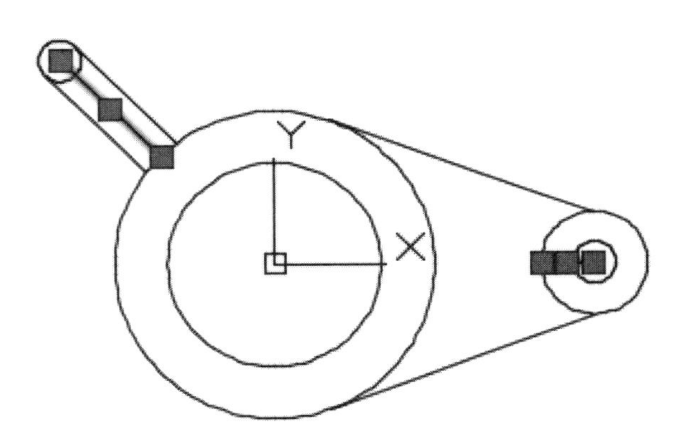

图 1-108　删除直线

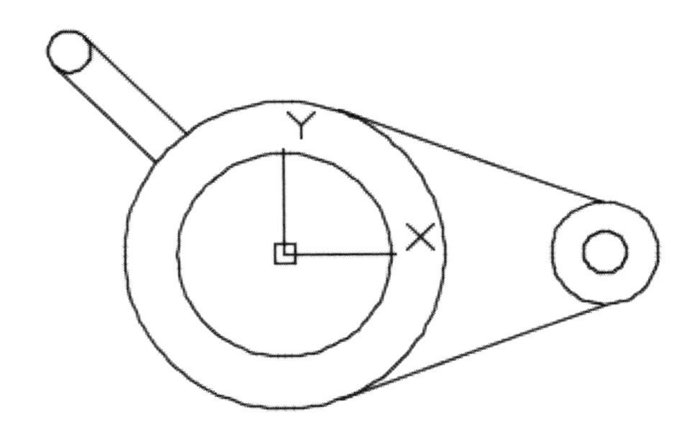

图 1-109　完成的链轮草图

step 13 保存文件。选择【文件】|【另存为】命令，弹出【图形另存为】对话框，设置文件名，如图 1-110 所示，最后单击【保存】按钮。

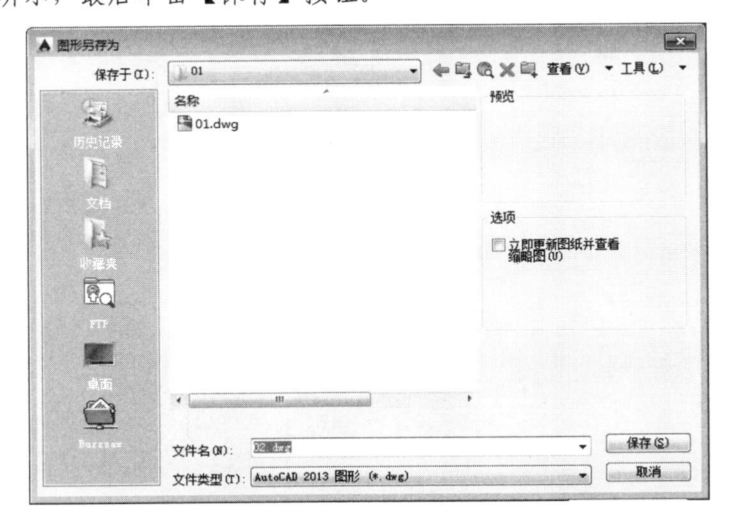

图 1-110　保存文件

机械设计实践：如图 1-111 所示，AutoCAD 不仅可以绘制机械图纸，只要是涉及平面制图的图纸都可以进行绘制，在建筑领域，AutoCAD 同样有着广泛的应用。

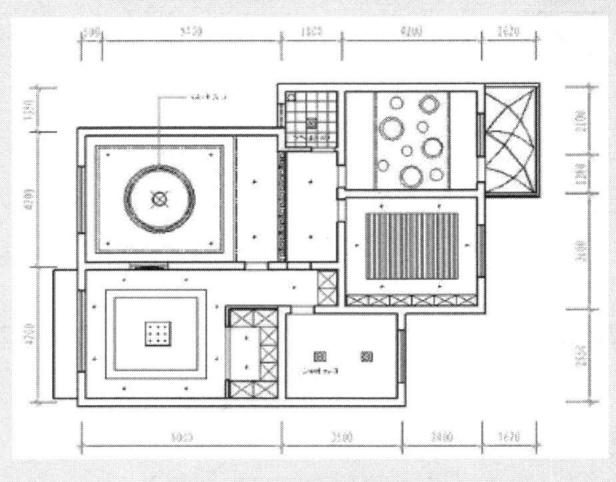

图 1-111　房子平面图纸

阶段进阶练习

本教学日主要介绍了 AutoCAD 2016 的基本操作、AutoCAD 工作界面的组成、图形文件管理以及视图坐标系工具等知识。通过本教学日案例的学习，读者应该熟练掌握 AutoCAD 中相关知识的使用方法。

如图 1-112 所示，使用本教学日学过的各种命令来创建手轮图纸。

创建步骤和方法如下。

(1) 绘制中心线。

(2) 绘制主视图及对应右视图。

(3) 绘制填充部分。

(4) 标注尺寸。

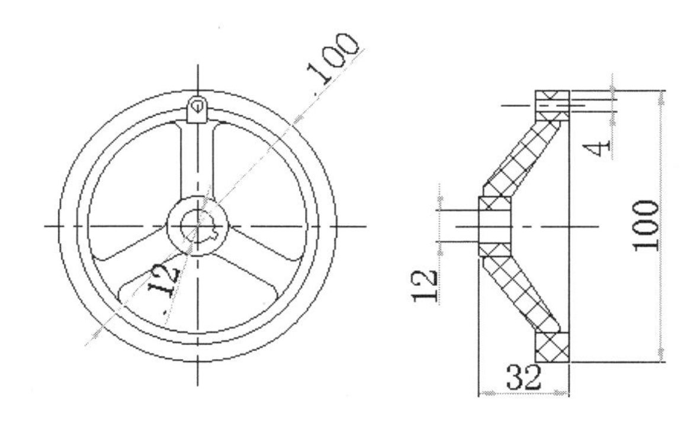

图 1-112　手轮图纸

设计师职业培训教程

第2教学日

图形由一些基本的元素组成，如圆、直线和多边形等，而绘制这些图形是绘制复杂图形的基础。本教学日的目标就是使读者学会如何绘制一些基本图形与掌握一些基本的绘图技巧，为以后进一步的绘图打下坚实的基础。

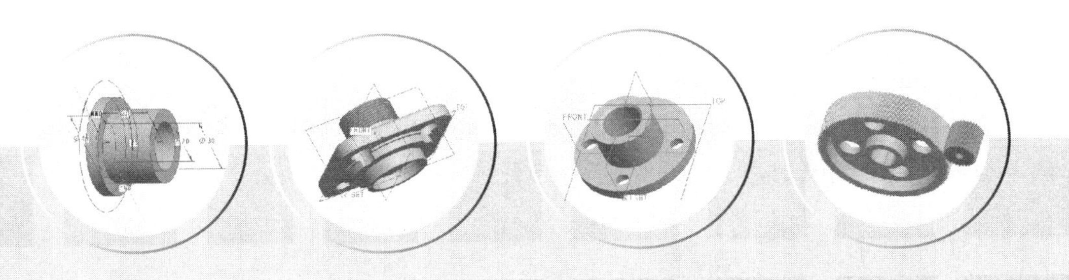

第1课 1课时 设计师职业知识——机械零件草绘

2.1.1 比例、字体、图线国标规定

1. 比例

比例是指图纸中图形与实物相应要素的线性尺寸之比。绘制图样时，一般应采用表 2-1 中规定的比例。

绘制同一机件的主要视图应采用相同的比例，并在标题栏的比例框内标明。绘制图样时，应尽可能采用原值比例。对于大而简单的机件可采用缩小比例。而对于小而复杂的机件，宜采用放大比例。但无论采用何种比例画图，标注尺寸时都必须按照机件原有的尺寸大小标注。

表 2-1 图纸比例

种 类	比例(注：n 为正整数)
原值比例	1∶1
放大比例	5∶1、2∶1、5×10n∶1、2×10n∶1、1×10n∶1
缩小比例	1∶2、1∶5、1∶10、1∶2×10n、1∶5×10n、1∶1×10n

2. 字体

图样中使用的字体必须做到：字体工整、笔画清楚、间隔均匀、排列整齐。采用字体高度(用 A 表示)代表字体的号数，其公称尺寸系列为：1.8mm、2.5mm、3.5mm、5mm、7mm、10mm、14mm 和 20mm。如需要使用更大的字，其字体高度应按比例递增。

汉字应写成长仿宋体字，并应采用国家正式公布推行的简化字。汉字的高度 A 不应小于 3.5mm，其字宽一般为 $h/\sqrt{2}$ 。

字母和数字分 A 型和 B 型。A 型字体的笔画宽度(d)为字高(A)的 1/14；B 型字体的笔画宽度(d)为字高(A)的 1/10。在同一图样上，只允许选用一种形式的字体。字母和数字可写成斜体或直体，斜体字字头向右倾斜，与水平基准线成 75° 。

3. 图线

国家标准《技术制图 图线》(GB/T 17450—1998)规定了工程图样中各种图线的名称、型式及其画法。常用图线的名称、型式、宽度以及在图样上的应用如表 2-2 所示。

表 2-2　图线表格

图线名称	图线型式	图线宽度	一般应用
粗实线		d	可见轮廓线、可见过渡线
细实线		约 d/3	尺寸线及尺寸界线、剖面线和引出线等
细波浪线		约 d/3	断裂处的边界线、视图和剖视的分界线
细双折线		约 d/3	断裂处的边界线
虚线		约 d/3	不可见轮廓线、不可见过渡线
细点划线		约 d/3	轴线及对称线、中心线、轨迹线、节圆和节线
粗点划线		d	限定范围的表示线、剖切平面线等
双点划线		约 d/3	相邻零件的轮廓线、移动件的限位线

图线的应用，如图 2-1 所示。

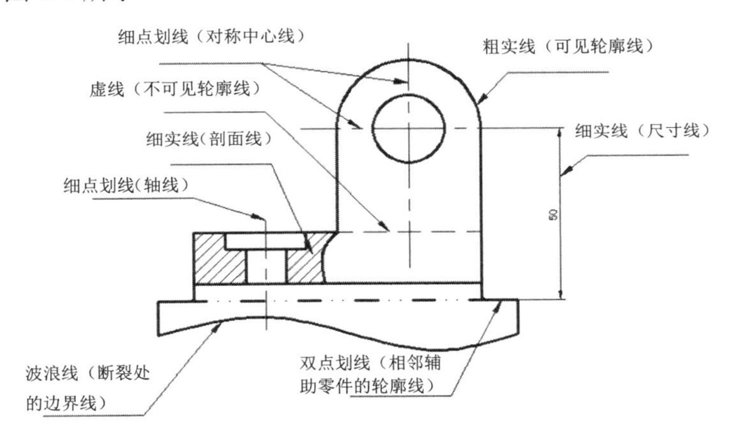

图 2-1　图线应用示例

另外，国家标准规定机件与剖切平面接触的部分即截断面应画出剖面符号。各种材料的剖面符号的画法如表 2-3 所示。

表 2-3　剖面符号表示

材料名称	剖面符号	材料名称	剖面符号
金属材料 (已有规定剖面符号者除外)		混凝土	
金属材料 (已有规定剖面符号者除外)		液体	
型沙、填沙、粉末冶金、砂轮和陶瓷刀片等			

图线的画法规定如下。

(1) 粗线的宽度(d)应根据图形的大小和复杂程度的不同，在 0.5～2mm 之间选择，应尽量保证在图样中不出现宽度小于 0.18mm 的图线。细线的宽度约为 d/3。图线宽度的推荐系列为：0.13mm、0.18mm、0.25mm、0.35mm、0.5mm、0.7mm、1mm、1.4mm 和 2mm。

(2) 同一图样中，同类图线的宽度应一致。虚线、点划线及双点划线的线段长度和间隔应各自大致相等。

(3) 两条平行线(包括剖面线)之间的距离应不小于粗实线的两倍宽度，其最小距离不得小于0.7mm。

(4) 绘制相交中心线时，应以长划相交，点划线起始与终了应为长划。一般中心线以超出轮廓线3～5mm 为宜。

(5) 绘制较小图时，允许用细实线代替点划线。

2.1.2 AutoCAD 中的设定方法

1. 比例

在模型空间创建工程图纸时，一般不设置比例，用户可以按照 1∶1 的比例进行绘制，即按实物的实际尺寸绘制，不像手工绘图那样受纸张边缘的限制。需要输出时，可在布局的图纸空间中进行输出比例设置。但如果不小心，在想要的比例下，可能会得到与纸张大小不匹配的图形。为了避免这种问题的发生，一般习惯在绘图前先设定一个参考的绘图区域。

例如：在 A4 图纸上绘制 1∶10 比例的图形，应设定的绘图范围是 2970mm×2100mm。清楚了绘图区的大小，可以使用【图形界限】命令来设定工作区。

(1) 选择【格式】|【图形界限】命令，或在命令行输入“limits”。

(2) 在“指定左下角点或[开(ON)/关(OFF)]<0.0000,0.0000>：”提示下，在命令行输入“ON”，接受默认值“0,0”。

执行 ON 命令后，就可以使所设绘图范围有效，即用户只能在已设坐标范围内绘图。如果所绘图形超出范围，AutoCAD 将拒绝绘图，并给出相应的提示。

(3) 在“指定右上角点<420.0000,297.0000>：”提示下，在命令行输入“2970,2100”。

(4) 选择【视图】|【缩放】|【全部】命令，或在命令行输入 Z/A。虽然没有显示任何变化，但实际上绘图区大小已改变了。

2. 字体

选择【格式】|【文字样式】命令，系统弹出如图 2-2 所示的【文字样式】对话框。下面以创建“W”样式为例，阐述字体设置的操作方法。

(1) 单击【新建】按钮，在系统弹出的【新建文字样式】对话框的【样式名】文本框中输入样式名“W”，单击【确定】按钮关闭对话框。

(2) 在【文字样式】对话框的【字体名】下拉列表框中选择【仿宋_GB2312】选项，设置【高度】文本框的值为 0。

(3) 在【效果】选项组的【宽度因子】文本框中输入“0.7”，其余项目不变。

(4) 单击【应用】按钮，完成“W”样式设置。

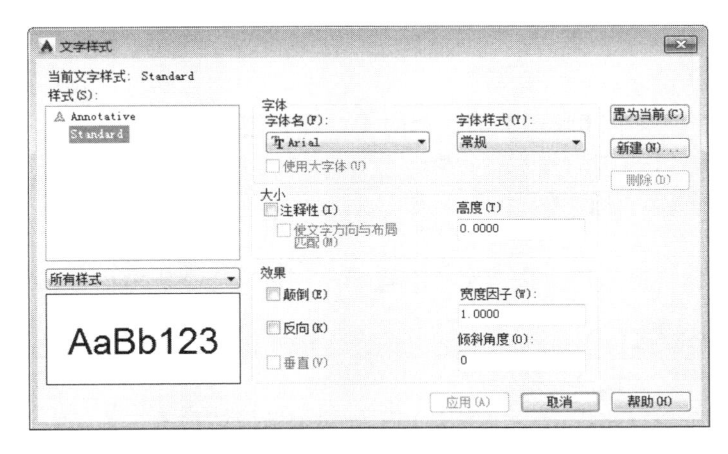

图 2-2 【文字样式】对话框

3．设置图层

用 AutoCAD 2016 绘图时，实现线型要求的习惯做法是：建立一系列具有不同绘图线型和不同绘图颜色的图层；绘图时，将具有同一线型的图形对象放在同一图层。

图层管理的命令是“LAYER”，也可单击【默认】选项卡的【图层】面板中的【图层特性】按钮，在弹出的【图层特性管理器】对话框中进行设置。

第2课 2课时 绘制直线、多线和点

2.2.1 绘制直线

行业知识链接：直线是图纸图形的基本组成要素，在几乎绘制所有图形中都会用到，如图 2-3 所示是一个固定件的草图，绘制时基本使用直线来完成轮廓。

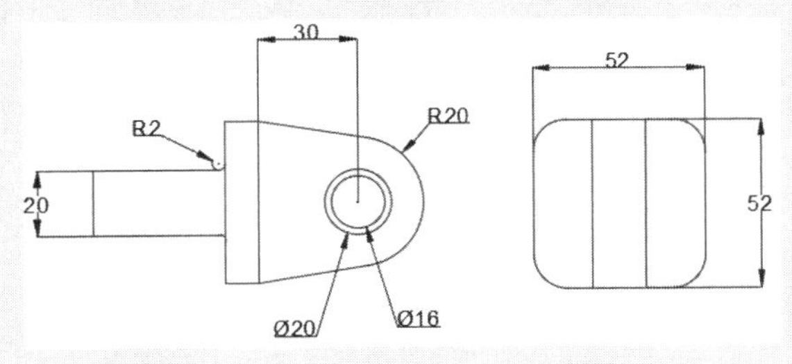

图 2-3 固定件草图

1．绘制直线

下面介绍绘制直线的具体方法。

1) 调用【直线】命令

调用绘制直线命令的方法有以下几种。

(1) 单击【默认】选项卡的【绘图】面板中的【直线】按钮。

(2) 在命令行中输入“line”后按 Enter 键。

(3) 在菜单栏中选择【绘图】|【直线】命令。

2) 绘制直线的方法

执行命令后，命令行将提示用户指定第一个点的坐标值，命令行窗口提示如下：

```
命令: _line 指定第一点:
```

指定第一个点后绘图区如图 2-4 所示。

输入第一个点后，命令行将提示用户指定下一点的坐标值或放弃，命令行窗口提示如下：

```
指定下一点或 [放弃(U)]:
```

指定第二个点后绘图区如图 2-5 所示。

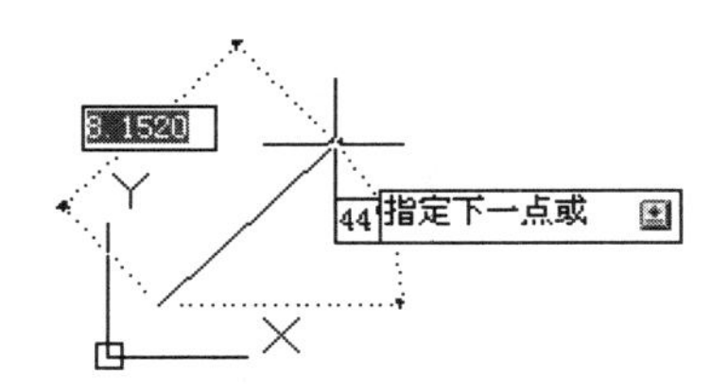

图 2-4 指定第一个点后绘图区所显示的图形

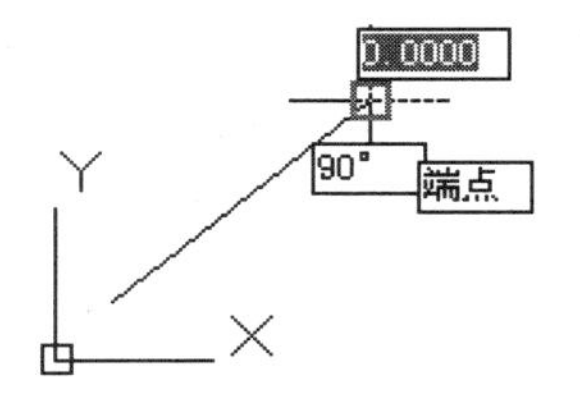

图 2-5 指定第二个点后绘图区所显示的图形

输入第二个点后，命令行将提示用户再次指定下一点的坐标值或放弃，命令行窗口提示如下：

```
指定下一点或 [放弃(U)]:
```

指定第三个点后绘图区如图 2-6 所示。

完成以上操作后，命令行将提示用户指定下一点或闭合/放弃，在此输入“c”并按下 Enter 键。命令行窗口提示如下：

```
指定下一点或 [闭合(C)/放弃(U)]: c
```

所绘制图形如图 2-7 所示。

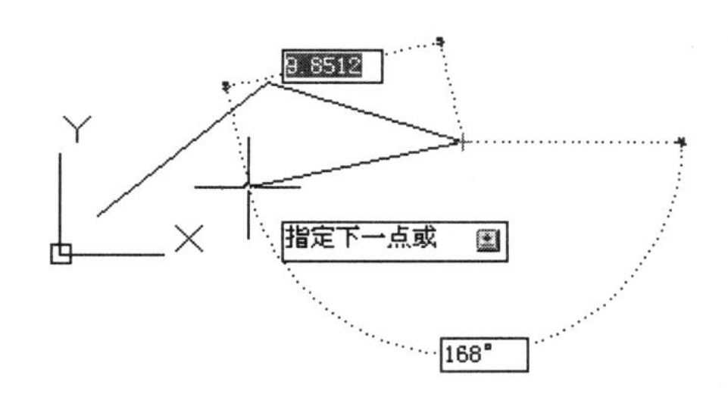

图 2-6 指定第三个点后绘图区所显示的图形

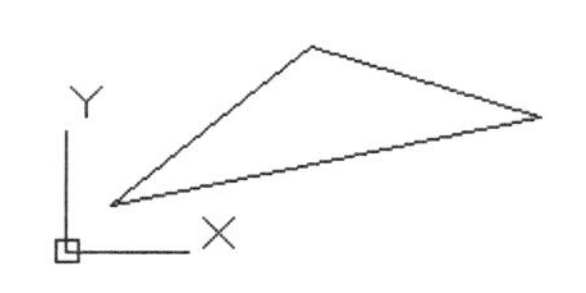

图 2-7 用 line 命令绘制的直线

命令说明如下。

【闭合(C)】：由当前点和起始点生成的封闭线。

【放弃(U)】：取消最后绘制的直线。

2. 绘制射线

射线是一种单向无限延伸的直线，在机械图形绘制中它常用作绘图辅助线来确定一些特殊点或边界。

1) 调用【射线】命令

调用绘制射线命令的方法如下。

(1) 在命令行中输入“ray”后按 Enter 键。

(2) 在菜单栏中选择【绘图】|【射线】命令。

2) 绘制射线的方法

选择【射线】命令后，命令行将提示用户指定起点，输入射线的起点坐标值。命令行窗口提示如下：

```
命令: _ray 指定起点:
```

指定起点后绘图区如图 2-8 所示。

在输入起点之后，命令行将提示用户指定通过点。命令行窗口提示如下：

```
指定通过点:
```

指定通过点后绘图区如图 2-9 所示。

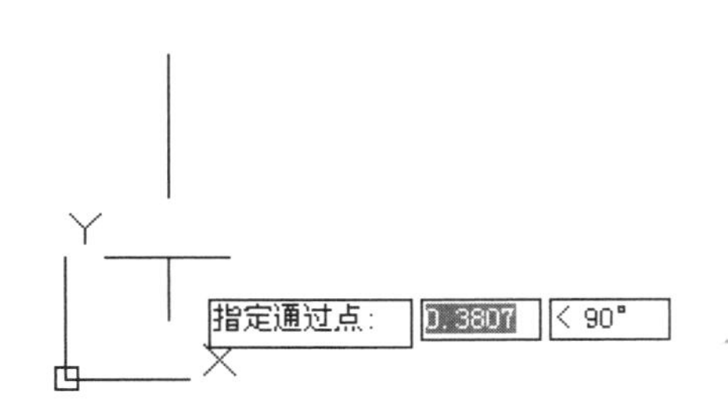

图 2-8 指定起点后绘图区所显示的图形

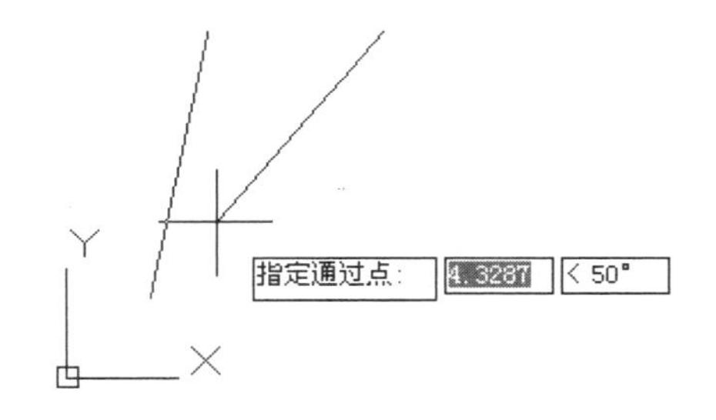

图 2-9 指定通过点后绘图区所显示的图形

在 ray 命令下，AutoCAD 默认用户会画第二条射线，在此为演示用故此只画一条射线后，右击或按下 Enter 键结束，如图 2-8 所示即为用“ray”命令绘制的图形，可以看出，射线从起点沿射线方向一直延伸到无限远处。

绘制的图形如图 2-10 所示。

3. 绘制构造线

构造线是一种双向无限延伸的直线，在机械图形绘制中它也常用作绘图辅助线，来确定一些特殊点或边界。

1) 调用【构造线】命令

调用绘制构造线命令的方法如下。

(1) 单击【默认】选项卡的【绘图】面板中的【构造线】按钮。

(2) 在命令行中输入“xline”后按 Enter 键。

(3) 在菜单栏中选择【绘图】|【构造线】命令。

2) 绘制构造线的方法

选择【构造线】命令后，命令行将提示用户指定点或[水平(H)/垂直(V)/角度(A)/二等分(B)/偏移(O)]，命令行窗口提示如下。

```
命令: _xline 指定点或 [水平(H)/垂直(V)/角度(A)/二等分(B)/偏移(O)]:
```

指定点后绘图区如图 2-11 所示。

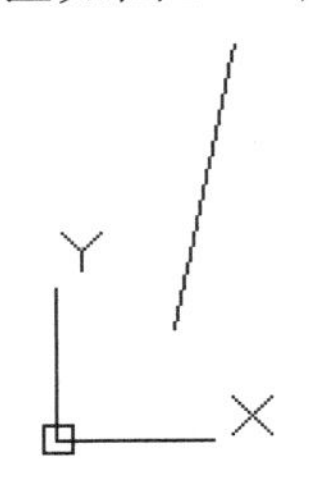

图 2-10 用 ray 命令绘制的射线

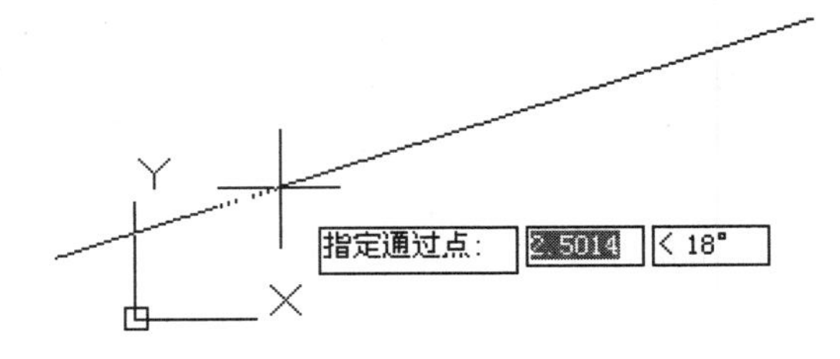

图 2-11 指定点后绘图区所显示的图形

输入第一个点的坐标值后，命令行将提示用户指定通过点，命令行窗口提示如下：

```
指定通过点:
```

指定通过点后绘图区如图 2-12 所示。

输入通过点的坐标值后，命令行将再次提示用户指定通过点，命令行窗口提示如下：

```
指定通过点:
```

右击或按下 Enter 键后结束。由以上命令绘制的图形如图 2-13 所示。

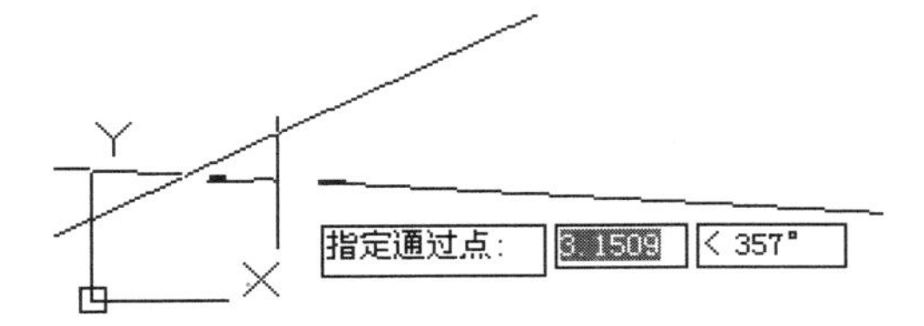

图 2-12 指定通过点后绘图区所显示的图形

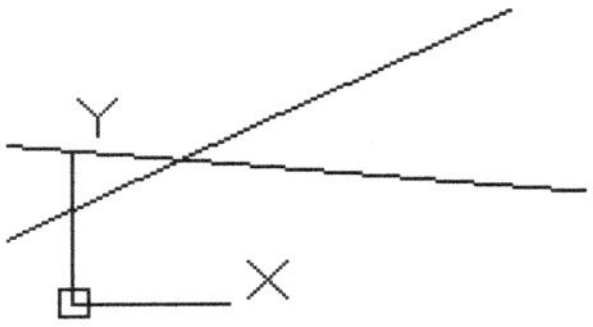

图 2-13 用 xline 命令绘制的构造线

在执行【构造线】命令时，会出现部分让用户选择的命令，这些命令的说明如下。

【水平(H)】：放置水平构造线。

【垂直(V)】：放置垂直构造线。

【角度(A)】：在某一个角度上放置构造线。

【二等分(B)】：用构造线平分一个角度。

【偏移(O)】：放置平行于另一个对象的构造线。

2.2.2 绘制多线

行业知识链接：软件中的多线命令主要用于需要绘制多条平行线的图纸，一般建筑、电子行业的图纸较多。如图 2-14 所示是绘制柜子视图时，使用多线绘制，这样可以提高绘图效率。

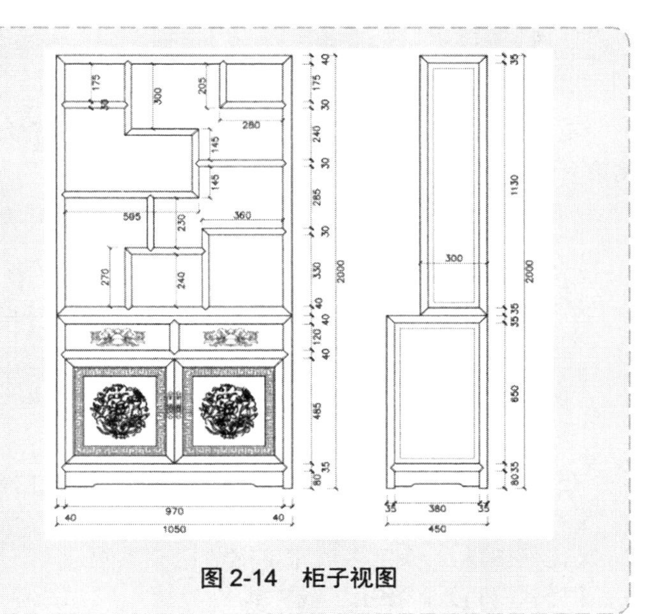

图 2-14 柜子视图

1. 绘制多线

多线是工程中常用的一种对象，多线对象由 1～16 条平行线组成，这些平行线称为元素。绘制多线时，可以使用包含两个元素的 STANDARD 样式，也可以指定一个以前创建的样式。开始绘制之前，可以修改多线的对正和比例。要修改多线及其元素，可以使用通用编辑命令、多线编辑命令和多线样式。

绘制多线的命令可以同时绘制若干条平行线，大大减轻了用 line 命令绘制平行线的工作量。在机械图形绘制中，该命令常用于绘制厚度均匀零件的剖切面轮廓线或其在某视图上的轮廓线。

1) 调用绘制多线命令

调用绘制多线命令的方法如下。

(1) 在命令行中输入“mline”后按 Enter 键。

(2) 在菜单栏中选择【绘图】|【多线】命令。

2) 绘制多线的方法

选择【多线】命令后，命令行窗口提示如下：

```
命令: mline
当前设置: 对正 = 上，比例 = 20.00，样式 = STANDARD
```

然后在命令行中将提示用户指定起点或 [对正(J)/比例(S)/样式(ST)]，命令行窗口提示如下：

```
指定起点或 [对正(J)/比例(S)/样式(ST)]:
```

指定起点后绘图区如图 2-15 所示。

输入第一个点的坐标值后，命令行将提示用户指定下一点，命令行窗口提示如下：

指定下一点：

指定下一点后绘图区如图 2-16 所示。

在 mline 命令下，AutoCAD 默认用户画第二条多线。命令行将提示用户指定下一点或[放弃(U)]，命令行窗口提示如下：

指定下一点或 [放弃(U)]：

第二条多线从第一条多线的终点开始，以刚输入的点坐标为终点，画完后右击或按下 Enter 键后结束。绘制的图形如图 2-17 所示。

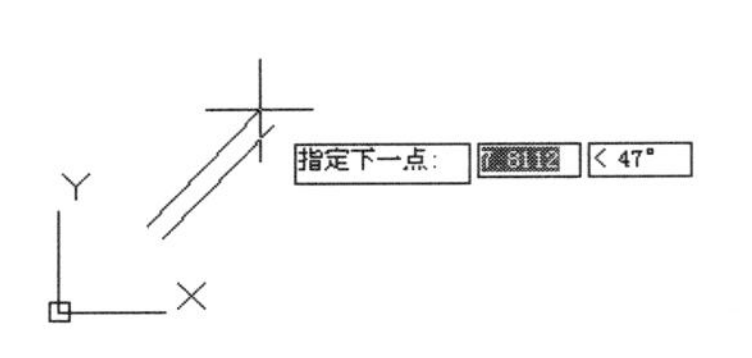

图 2-15　指定起点后绘图区所显示的图形

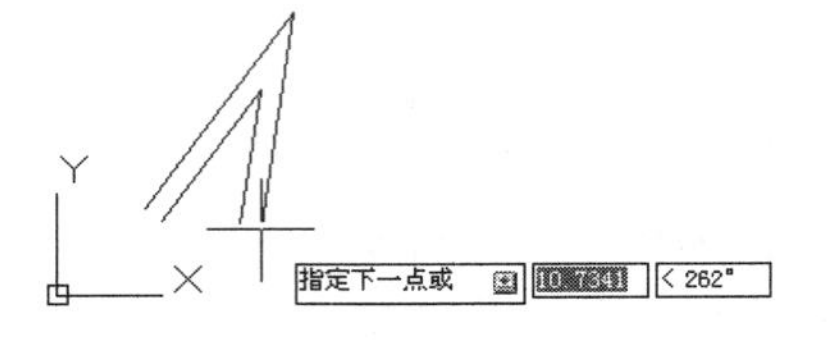

图 2-16　指定下一点后绘图区所显示的图形

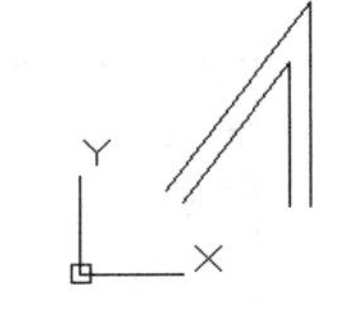

图 2-17　用 mline 命令绘制的多线

在执行【多线】命令时，会出现部分让用户选择的命令，下面将作如下说明。

【对正(J)】：指定多线的对齐方式。

【比例(S)】：指定多线宽度缩放比例系数。

【样式(ST)】：指定多线样式名。

2. 编辑多线

用户可以通过编辑来增加、删除顶点或者控制角点连接的显示，还可以编辑多线的样式来改变各个直线元素的属性等。

1)　增加或删除多线的顶点

用户可以在多线的任何一处增加或删除顶点。增加或删除顶点的步骤如下。

(1)　在命令行中输入“mledit”后按 Enter 键，或者选择【修改】|【对象】|【多线】命令。

(2)　执行此命令后，AutoCAD 将打开如图 2-18 所示的【多线编辑工具】对话框。

图 2-18　【多线编辑工具】对话框

(3) 在【多线编辑工具】对话框中单击如图 2-19 所示的【删除顶点】按钮。

(4) 选择在多线中将要删除的顶点。绘制的图形如图 2-20 和图 2-21 所示。

图 2-19 【删除顶点】按钮

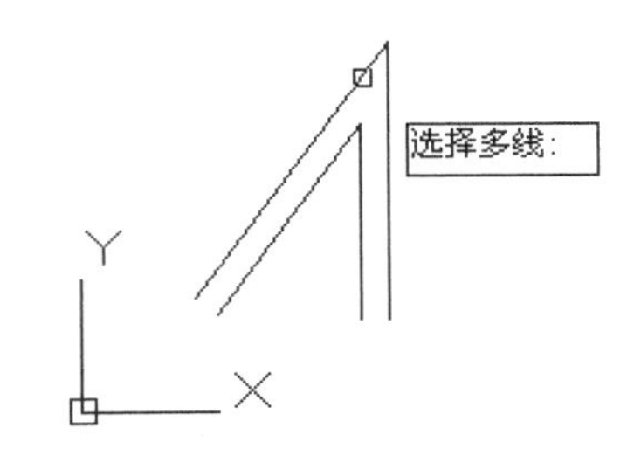

图 2-20 多线中要删除的顶点

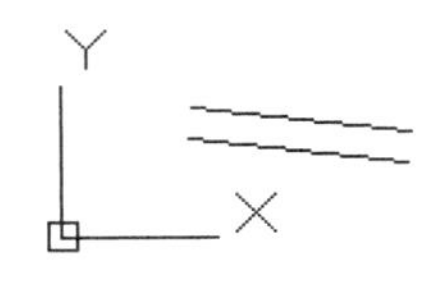

图 2-21 删除顶点后的多线

2) 编辑相交的多线

如果在图形中有相交的多线，用户能够通过编辑线脚的多线来控制它们相交的方式。多线可以相交成十字形或 T 字形，并且十字形或 T 字形可以被闭合、打开或合并。编辑相交多线的步骤如下。

(1) 在命令行中输入“mledit”后按 Enter 键；或者选择【修改】|【对象】|【多线】命令。

(2) 执行此命令后，打开【多线编辑工具】对话框。

(3) 在此对话框中，单击如图 2-22 所示的【十字合并】按钮。

选择此项后，AutoCAD 会提示用户选择第一条多线，命令行窗口提示如下：

```
命令: _mledit
选择第一条多线:
```

选择第一条多线后绘图区如图 2-23 所示。

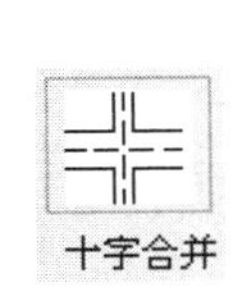

图 2-22 【十字合并】按钮

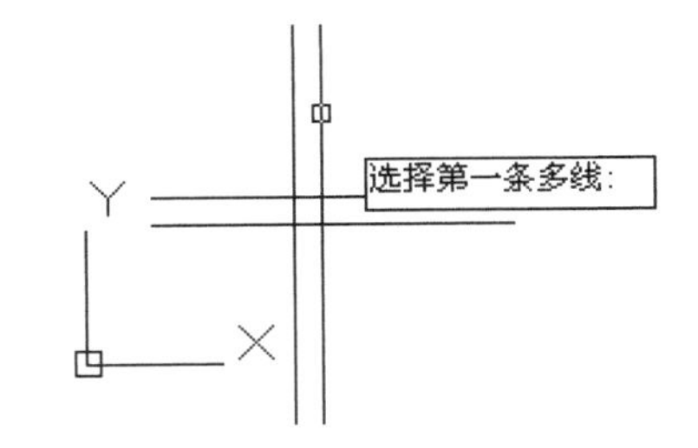

图 2-23 选择第一条多线后绘图区所显示的图形

选择第一条多线后，命令行将提示用户选择第二条多线，命令行窗口提示如下：

```
选择第二条多线:
```

选择第二条多线后绘图区如图 2-24 所示。

绘制的图形如图 2-25 所示。

(4) 在【多线编辑工具】对话框中单击如图 2-26 所示的【T 形闭合】按钮。

选择此项后，AutoCAD 会提示用户选择第一条多线，命令行窗口提示如下：

```
命令: _mledit
选择第一条多线:
```

选择第一条多线后绘图区如图 2-27 所示。

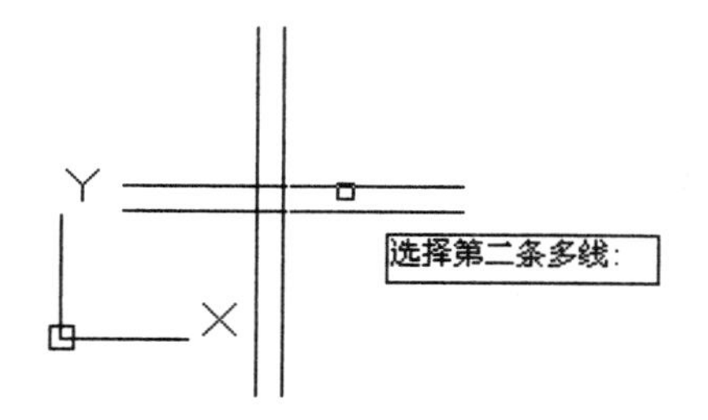

图 2-24　选择第二条多线后绘图区所显示的图形

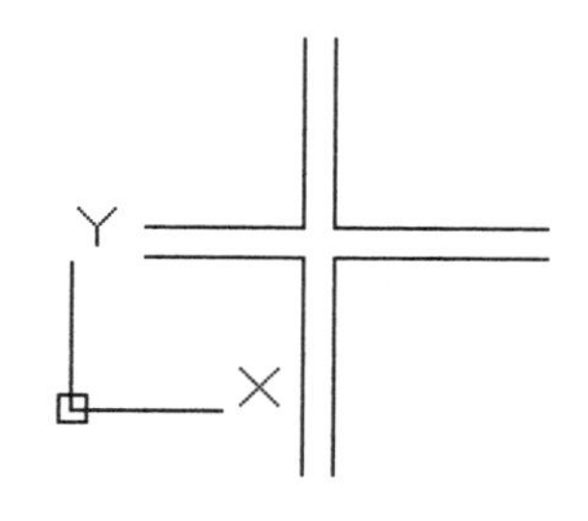

图 2-25　用“十字合并”方式编辑的相交多线

图 2-26　【T 形闭合】按钮

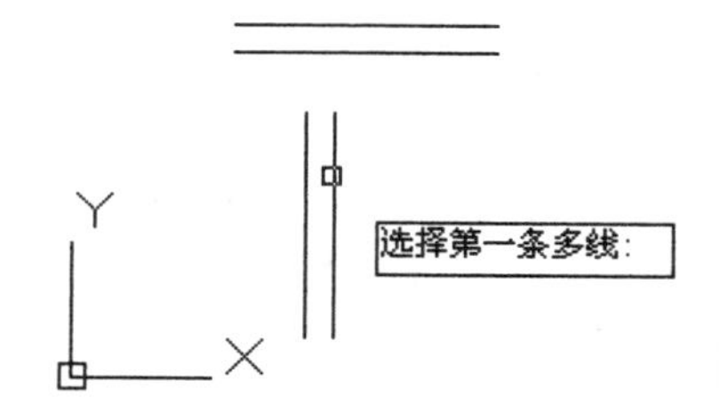

图 2-27　选择第一条多线后绘图区所显示的图形

选择第一条多线后，命令行将提示用户选择第二条多线，命令行窗口提示如下：

选择第二条多线：

选择第二条多线后绘图区如图 2-28 所示。

绘制的图形如图 2-29 所示。

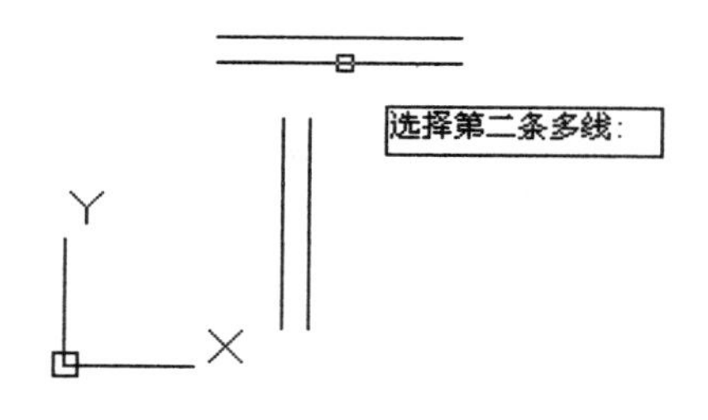

图 2-28　选择第二条多线后绘图区所显示的图形

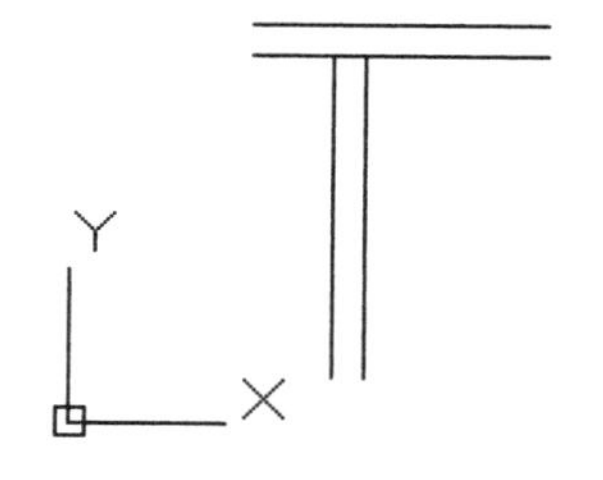

图 2-29　用“T 形闭合”方式编辑的多线

3)　编辑多线的样式

多线样式用于控制多线中直线元素的数目、颜色、线型、线宽以及每个元素的偏移量，还可以修改合并的显示、端点封口和背景填充。

多线样式具有以下限制。

不能编辑 STANDARD 多线样式或图形中已使用的任何多线样式的元素和多线特性。

要编辑现有的多线样式，必须在用此样式绘制多线之前进行。

编辑多线样式的步骤如下。

(1)　在命令行中输入“mlstyle”后按 Enter 键，或者选择【格式】|【多线样式】命令。执行此命令后打开如图 2-30 所示的【多线样式】对话框。

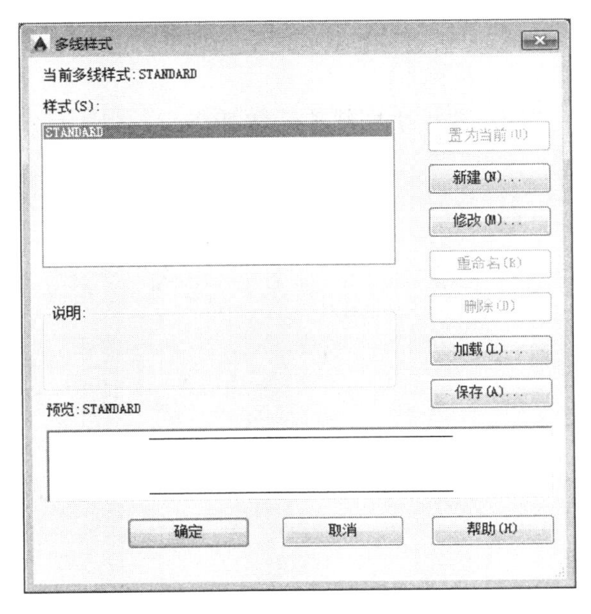

图 2-30 【多线样式】对话框

(2) 在此对话框中，可以对多线进行编辑工作，如新建、修改、重命名、删除、加载、保存多线样式。

下面将详细介绍【多线样式】对话框中的内容。

① 【当前多线样式】：显示当前多线样式的名称，该样式将在后续创建的多线中用到。

② 【样式】列表框：显示已加载到图形中的多线样式列表。

多线样式列表框中可以包含外部参照的多线样式，即存在于外部参照图形中的多线样式。外部参照的多线样式名称与其他外部依赖非图形对象所使用语法相同。

③ 【说明】选项组：显示选定多线样式的说明。

④ 【预览】预览框：显示选定多线样式的名称和图像。

⑤ 【置为当前】按钮：设置用于后续创建的多线的当前多线样式。从【样式】列表框中选择一个名称，然后单击【置为当前】按钮。

提示：不能将外部参照中的多线样式设置为当前样式。

⑥ 【新建】按钮：单击该按钮后显示如图 2-31 所示的【创建新的多线样式】对话框，从中可以创建新的多线样式。

图 2-31 【创建新的多线样式】对话框

【新样式名】文本框：命名新的多线样式。只有输入新名称并单击【继续】按钮后，元素和多线特征才可用。

【基础样式】下拉列表框：确定要用于创建新多线样式的多线样式。要节省时间，请选择与要创建的多线样式相似的多线样式。

【继续】按钮：命名新的多线样式后单击【继续】按钮，弹出如图 2-32 所示的【新建多线样式】对话框。

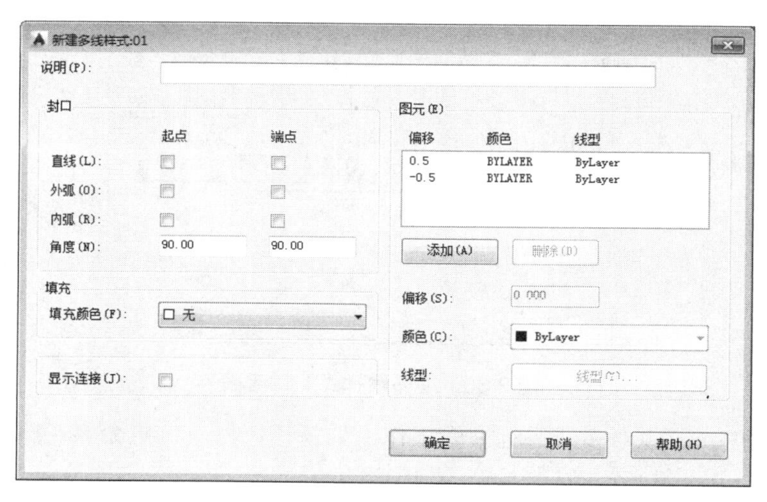

图 2-32　【新建多线样式】对话框

- 【说明】文本框：为多线样式添加说明。最多可以输入 255 个字符(包括空格)。
- 【封口】选项组：控制多线起点和端点封口。
  - ◆ 【直线】复选框：显示穿过多线每一端的直线段，如图 2-33 所示。
  - ◆ 【外弧】复选框：显示多线的最外端元素之间的圆弧，如图 2-34 所示。

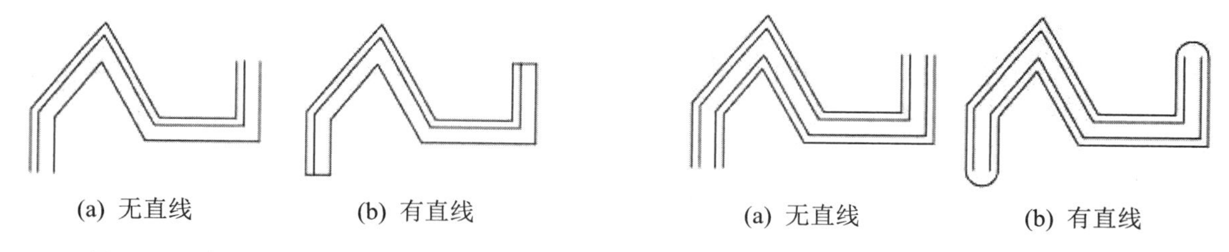

(a) 无直线　(b) 有直线

图 2-33　穿过多线每一端的直线段

(a) 无直线　(b) 有直线

图 2-34　多线的最外端元素之间的圆弧

  - ◆ 【内弧】复选框：显示成对的内部元素之间的圆弧。如果有奇数个元素，中心线将不被连接。例如，如果有 6 个元素，内弧连接元素 2 和 5 及元素 3 和 4。如果有 7 个元素，内弧连接元素 2 和 6 及元素 3 和 5；元素 4 不连接，如图 2-35 所示。
  - ◆ 【角度】文本框：指定端点封口的角度，如图 2-36 所示。
- 【填充】选项组：控制多线的背景填充。

  【填充颜色】下拉列表框：设置多线的背景填充色，如图 2-37 所示为【填充颜色】下拉列表。
- 【显示连接】复选框：控制每条多线线段顶点处连接的显示。接头也称为斜接，如图 2-38 所示。

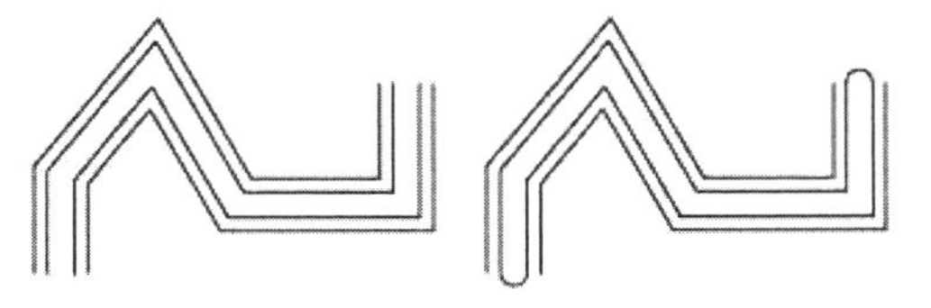

(a) 无“内弧”　　(b) 有“内弧”

图 2-35　成对的内部元素之间的圆弧

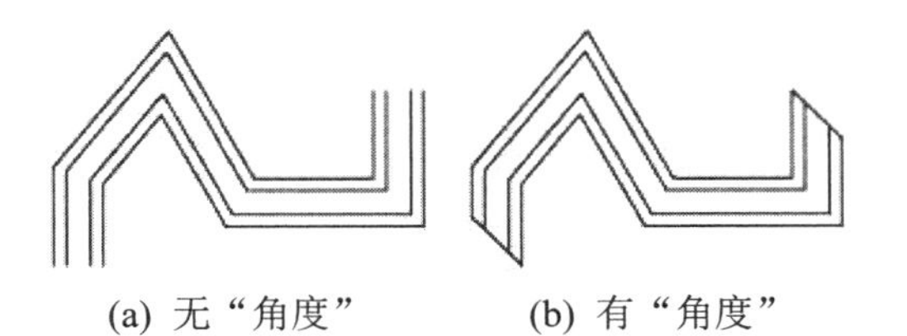

(a) 无“角度”　　(b) 有“角度”

图 2-36　指定端点封口的角度

图 2-37　【填充颜色】下拉列表

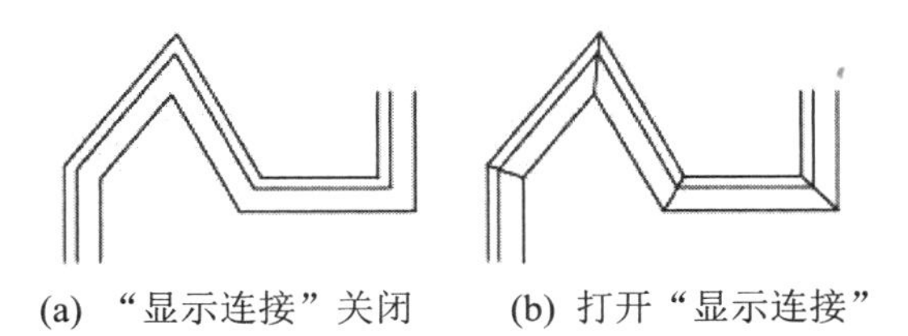

图 2-38　多线线段顶点处连接的显示

- 【图元】选项组：设置新的和现有的多线元素的元素特性，例如偏移、颜色和线型。
  - 【偏移】、【颜色】和【线型】列表框：显示当前多线样式中的所有元素。样式中的每个元素由其相对于多线的中心、颜色及其线型定义。元素始终按它们的偏移值降序显示。
  - 【添加】按钮：将新元素添加到多线样式。只有为除 STANDARD 以外的多线样式选择了颜色或线型后，该按钮才可用。
  - 【删除】按钮：从多线样式中删除元素。
  - 【偏移】文本框：为多线样式中的每个元素指定偏移值，如图 2-39 所示。
  - 【颜色】下拉列表框：显示并设置多线样式中元素的颜色，如图 2-40 所示为【颜色】下拉列表。

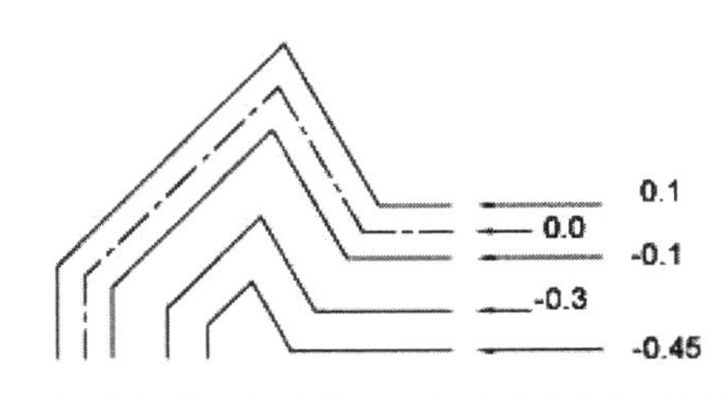

包含四个元素的多线，每个元素自 0.0 偏移

图 2-39　为多线样式中的每个元素指定偏移值

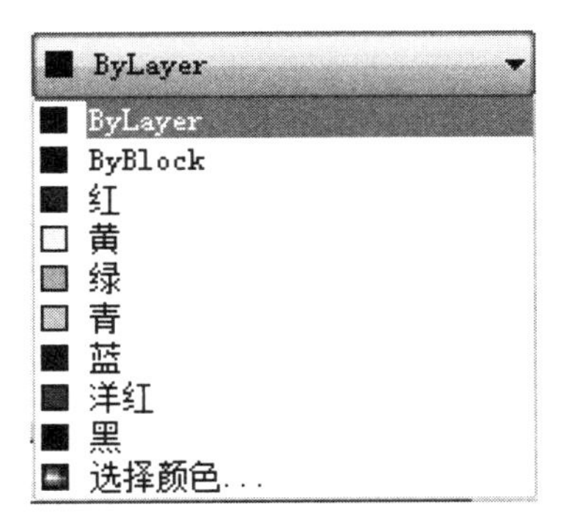

图 2-40　【颜色】下拉列表

- ◆ 【线型】按钮：显示并设置多线样式中元素的线型。如果选择【线型】选项，将显示如图 2-41 所示的【选择线型】对话框，该对话框列出了已加载的线型。要加载新线型，则单击【加载】按钮，将弹出如图 2-42 所示的【加载或重载线型】对话框。

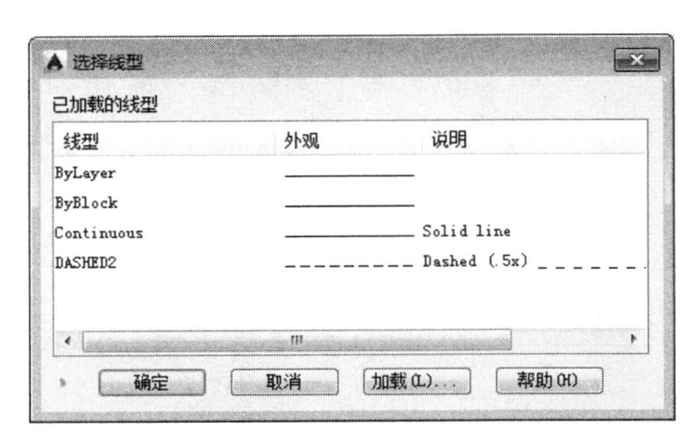

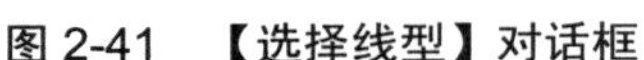
图 2-41 【选择线型】对话框

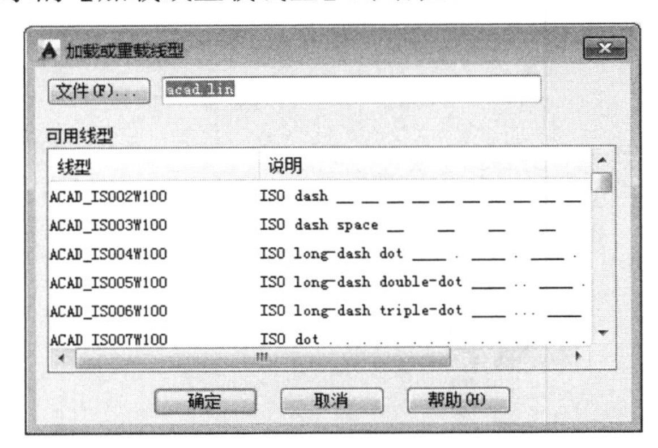

图 2-42 【加载或重载线型】对话框

提示： 不能编辑 STANDARD 多线样式或图形中正在使用的任何多线样式的元素和多线特性。要编辑现有多线样式，必须在使用该样式绘制任何多线之前进行。

⑦ 【重命名】按钮：重命名当前选定的多线样式。不能重命名 STANDARD 多线样式。

⑧ 【删除】按钮：从【样式】列表框中删除当前选定的多线样式。此操作并不会删除 MLN 文件中的样式。

注意： 不能删除 STANDARD 多线样式、当前多线样式或正在使用的多线样式。

⑨ 【加载】按钮：单击该按钮弹出如图 2-43 所示的【加载多线样式】对话框，可以从指定的 MLN 文件加载多线样式。

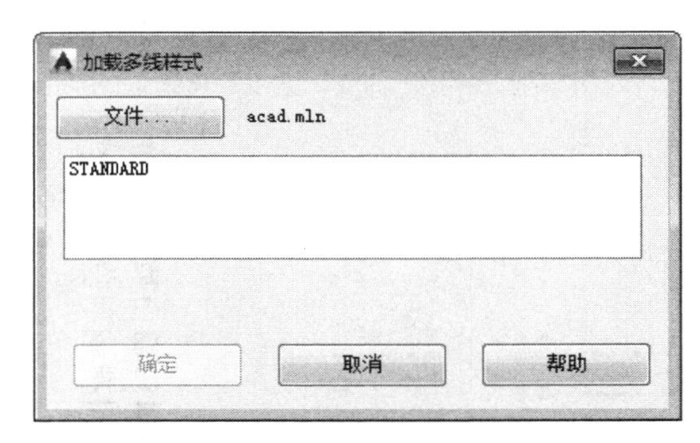

图 2-43 【加载多线样式】对话框

- 【文件】按钮：单击该按钮弹出标准文件选择对话框，从中可以定位和选择另一个多线库文件。
- 【文件】列表框：列出当前多线库文件中可用的多线样式。要加载另一种多线样式，请从列表框中选择一种样式并单击【确定】按钮。

⑩ 【保存】按钮：将多线样式保存或复制到多线库(MLN)文件。如果指定了一个已存在的MLN文件，新样式定义将添加到此文件中，并且不会删除其中已有的定义。默认文件名是acad.mln。

2.2.3 绘制点

行业知识链接：点的命令便于在创建曲线或者直线时，提前建立位置信息，便于图形的绘制，如图2-44所示是十字零件的三视图，使用点命令创建曲线的位置点。

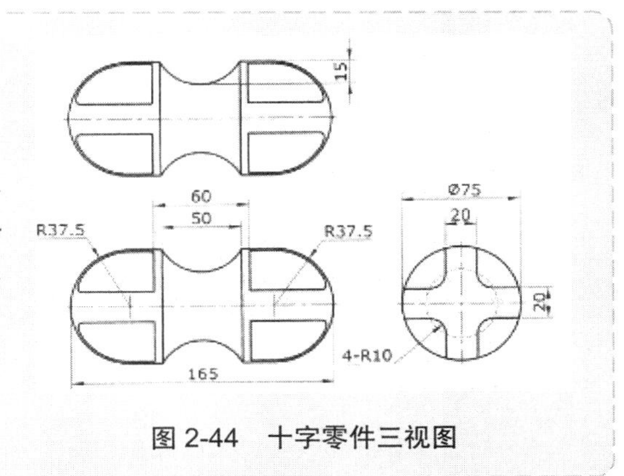

图2-44 十字零件三视图

点是构成图形最基本的元素之一。

AutoCAD 2016提供的绘制点的方法有以下几种。

(1) 在【默认】选项卡的【绘图】面板中，有多个绘制点的按钮：【多点】按钮、【定数等分】按钮和【定距等分】按钮，如图2-45所示。

图2-45 【绘图】面板

提示：单击【多点】按钮也可进行单点的绘制，在【绘图】面板中没有显示【单点】按钮，若需要使用，可在菜单栏中选择。

(2) 在命令行中输入“point”后按Enter键。

(3) 在菜单栏中选择【绘图】|【点】命令。

1. 绘制点的方式

绘制点的方式有以下几种。

(1) 单点：用户确定了点的位置后，绘图区出现一个点，如图 2-46(a)所示。

(2) 多点：用户可以同时画多个点，如图 2-46(b)所示。

(3) 定数等分画点：用户可以指定一个实体，然后输入该实体被等分的数目后，AutoCAD 2016 会自动在相应的位置上画出点，如图 2-46(c)所示。

(4) 定距等分画点：用户选择一个实体，输入每一段的长度值后，AutoCAD 2016 会自动在相应的位置上画出点，如图 2-46(d)所示。

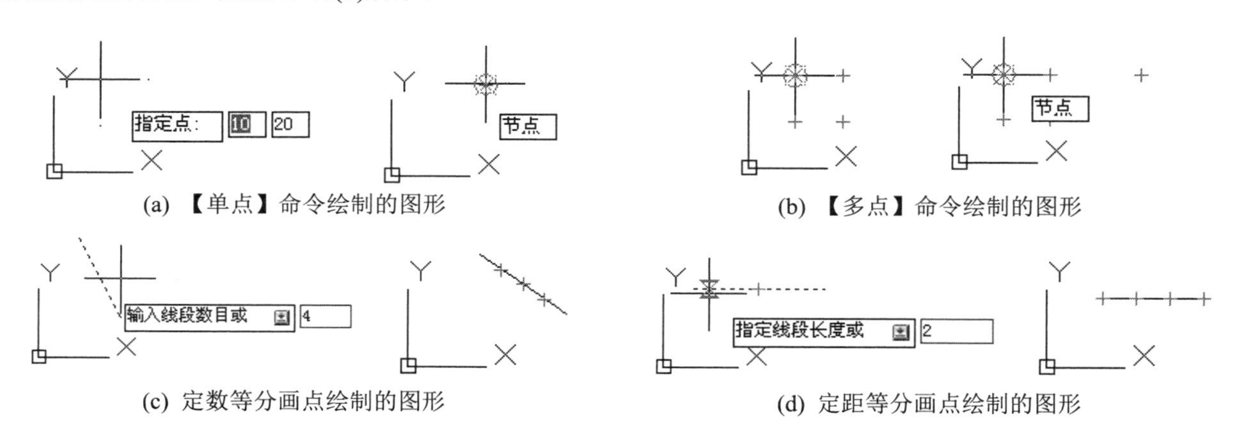

(a) 【单点】命令绘制的图形　(b) 【多点】命令绘制的图形

(c) 定数等分画点绘制的图形　(d) 定距等分画点绘制的图形

图 2-46　几种画点方式绘制的点

2. 设置点

在用户绘制点的过程中，可以改变点的形状和大小。

选择【格式】|【点样式】命令，打开如图 2-47 所示的【点样式】对话框。在此对话框中，可以先选取上面点的形状，然后选中【相对于屏幕设置大小】或【按绝对单位设置大小】两个单选按钮中的一个，最后在【点大小】文本框中输入所需的数字。当选中【相对于屏幕设置大小】单选按钮时，在【点大小】文本框中输入的是点的大小相对于屏幕大小的百分比数值；当选中【按绝对单位设置大小】单选按钮时，在【点大小】文本框中输入的是像素点的绝对大小。

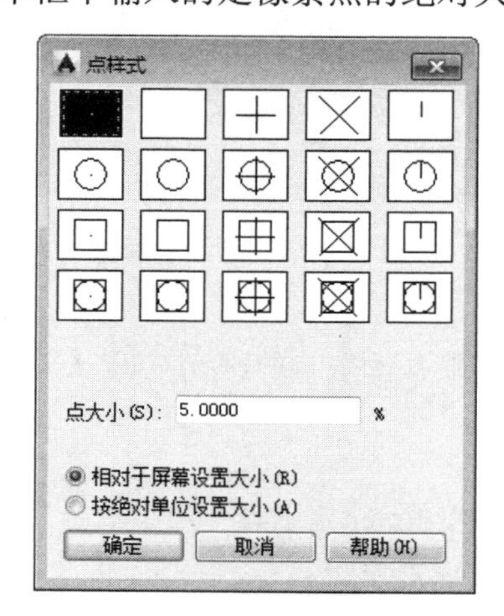

图 2-47　【点样式】对话框

课后练习

案例文件：ywj\02\01.dwg

视频文件：光盘\视频课堂\第 2 教学日\2.2

练习案例分析及步骤如下。

本课后练习创建的支撑板零件草图，主要练习线的绘制。支撑板在工业行业起到对部件的固定和限位作用，因此其强度有特殊要求。如图 2-48 所示是完成的支撑板草图。

本课案例主要练习了 AutoCAD 的直线等草绘命令，绘制过程中有 3 个图形，是三视图，具有相互对应的关系，因此灵活运用【直线】命令十分重要。绘制支撑板草图的思路和步骤如图 2-49 所示。

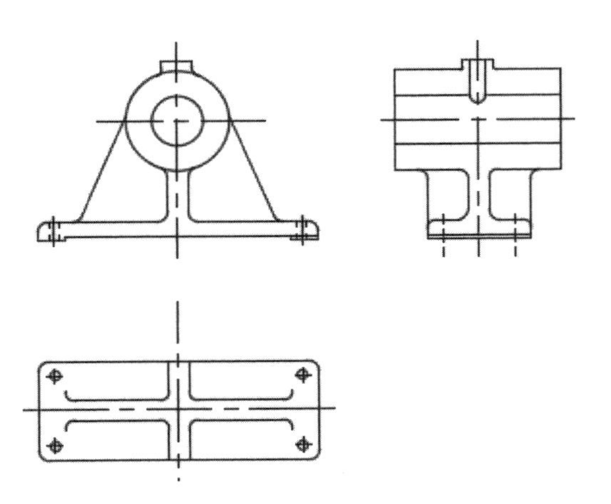

图 2-48　完成的支撑板草图

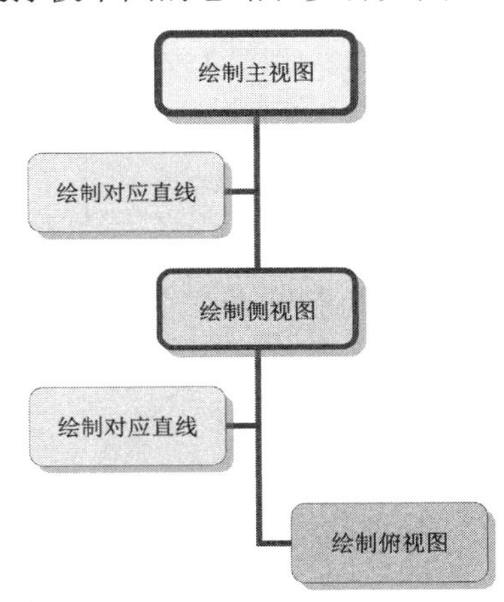

图 2-49　支撑板草图步骤

练习案例操作步骤如下。

step 01 创建主视图。选择中心线图层，单击【默认】选项卡的【绘图】面板中的【直线】按钮，绘制如图 2-50 所示的中心线。

step 02 单击【默认】选项卡的【绘图】面板中的【直线】按钮，绘制长度分别为 2 和 2.5 的 2 条直线，如图 2-51 所示。

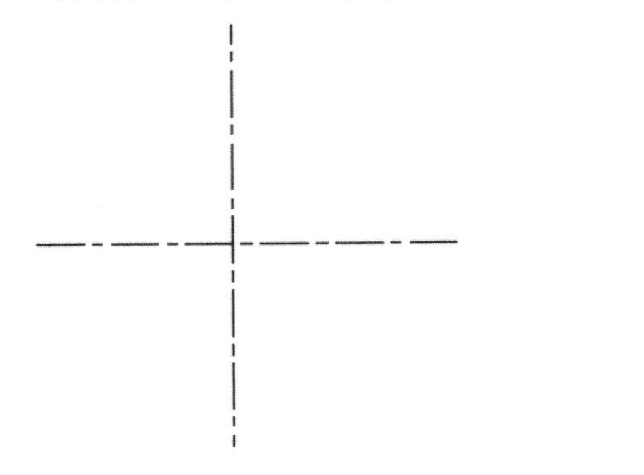

图 2-50　绘制中心线

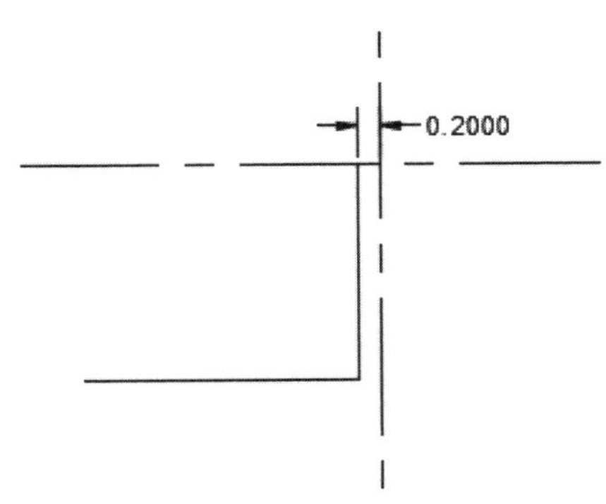

图 2-51　绘制 2 条直线

step 03 单击【默认】选项卡的【绘图】面板中的【直线】按钮，绘制长度分别为 0.4、0.5 和 0.1 的 3 条直线，如图 2-52 所示。

step 04 单击【默认】选项卡的【绘图】面板中的【圆】按钮，绘制半径为 0.5 的圆，如图 2-53 所示。

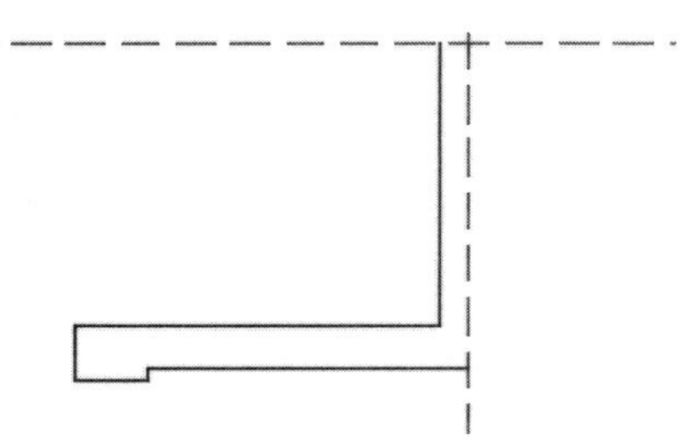

图 2-52　绘制 3 条直线

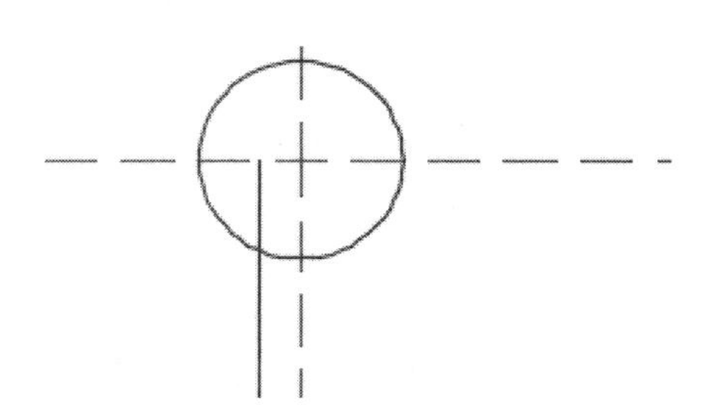

图 2-53　绘制半径为 0.5 的圆

step 05 单击【默认】选项卡的【绘图】面板中的【圆】按钮，绘制半径为 1.0 的圆，如图 2-54 所示。

step 06 单击【默认】选项卡的【绘图】面板中的【直线】按钮，绘制长为 2.3 的直线，并单击【修改】面板中的【旋转】按钮，将直线旋转-23°，如图 2-55 所示。

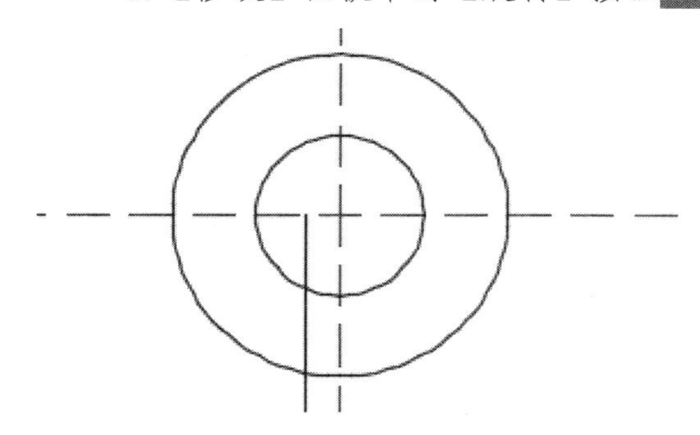

图 2-54　绘制半径为 1.0 的圆

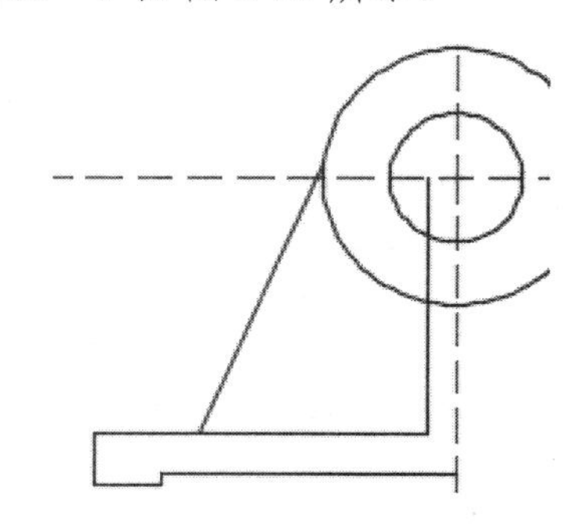

图 2-55　绘制直线并旋转

step 07 单击【默认】选项卡的【绘图】面板中的【直线】按钮，绘制两段直线，如图 2-56 所示。

step 08 单击【默认】选项卡的【修改】面板中的【圆角】按钮，绘制两段直线的圆角，半径为 0.2，如图 2-57 所示。

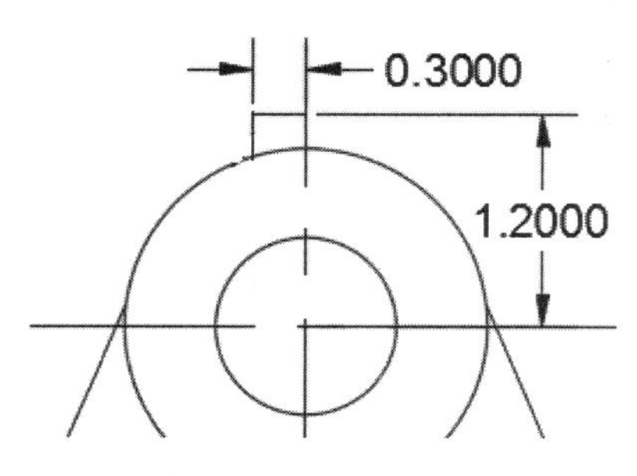

图 2-56　绘制两段直线

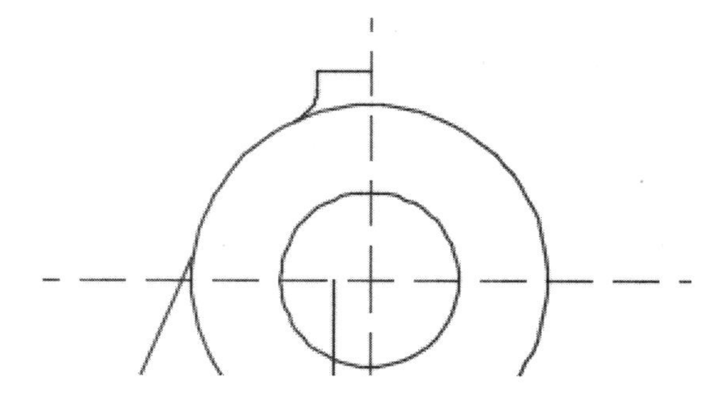

图 2-57　绘制两段直线的圆角

step 09 单击【默认】选项卡的【修改】面板中的【圆角】按钮，绘制垂直线和水平线的圆角，半径为 0.2，如图 2-58 所示。

step 10 单击【默认】选项卡的【修改】面板中的【圆角】按钮，绘制斜线和水平线的圆角，半径为 0.2，如图 2-59 所示。

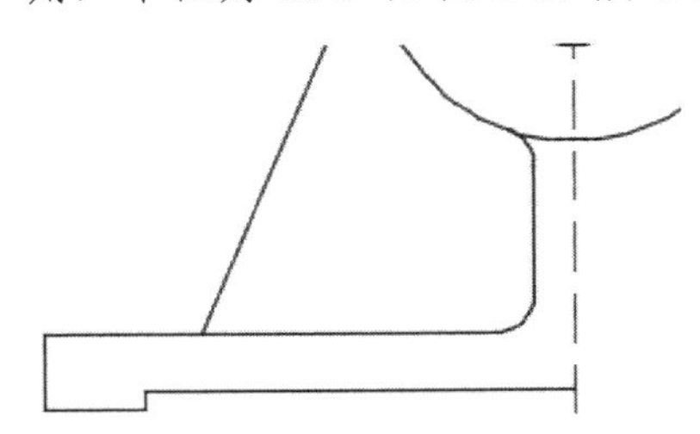

图 2-58　绘制垂直线和水平线的圆角

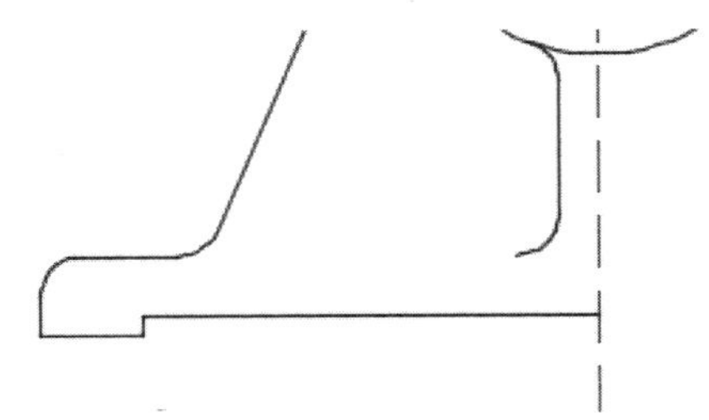

图 2-59　绘制斜线和水平线的圆角

step 11 单击【默认】选项卡的【修改】面板中的【延伸】按钮，选择并延伸直线，如图 2-60 所示。

step 12 单击【默认】选项卡的【绘图】面板中的【直线】按钮，绘制如图 2-61 所示的中心线。

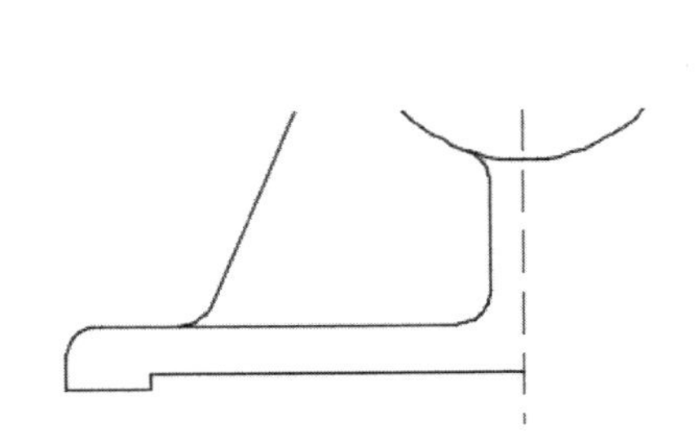

图 2-60　延伸直线

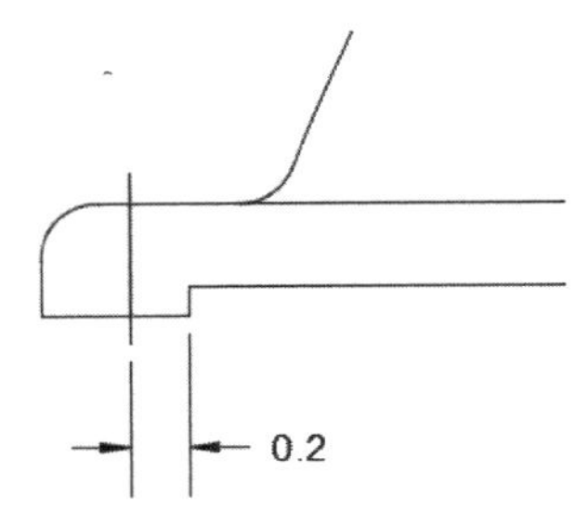

图 2-61　绘制中心线

step 13 单击【默认】选项卡的【绘图】面板中的【直线】按钮，绘制如图 2-62 所示的虚线。

step 14 单击【默认】选项卡的【修改】面板中的【镜像】按钮，选择图形，创建如图 2-63 所示的镜像图形。

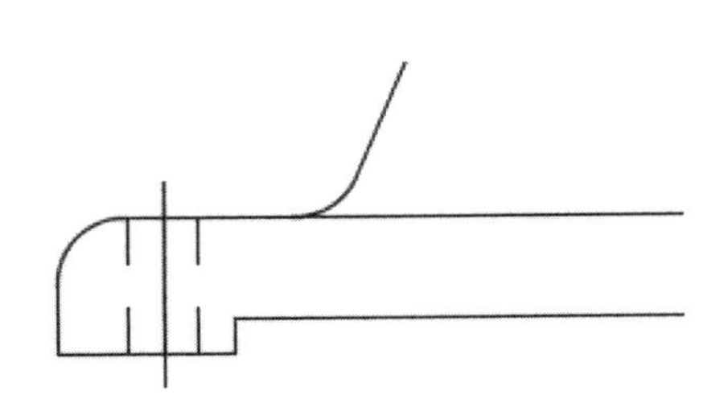

图 2-62　绘制虚线

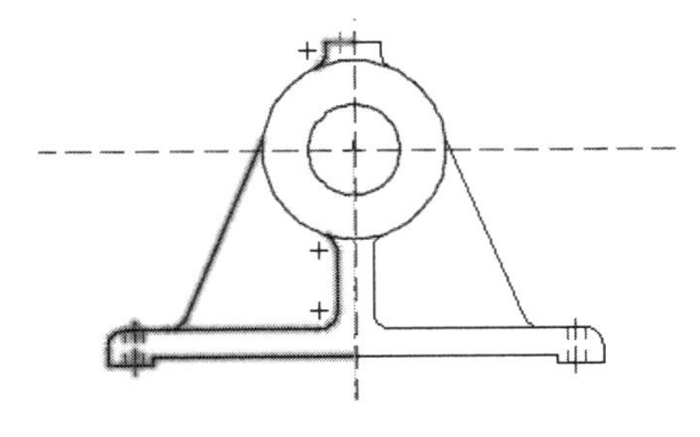

图 2-63　镜像图形

step 15 完成主视图的绘制，如图 2-64 所示。

step 16 绘制侧视图。选择中心线图层，单击【默认】选项卡的【绘图】面板中的【直线】按钮，绘制如图 2-65 所示的中心线。

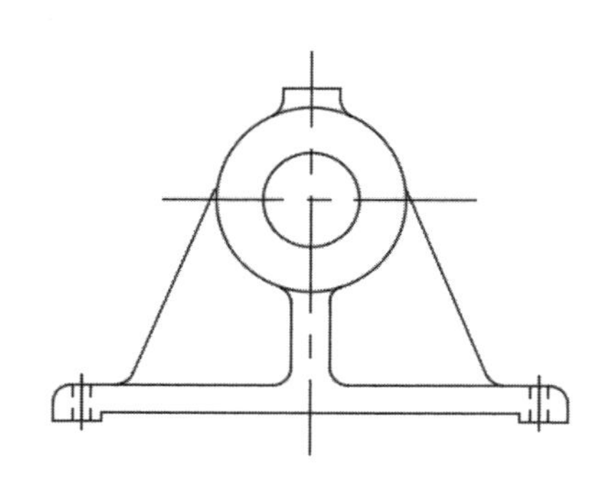

图 2-64 完成主视图

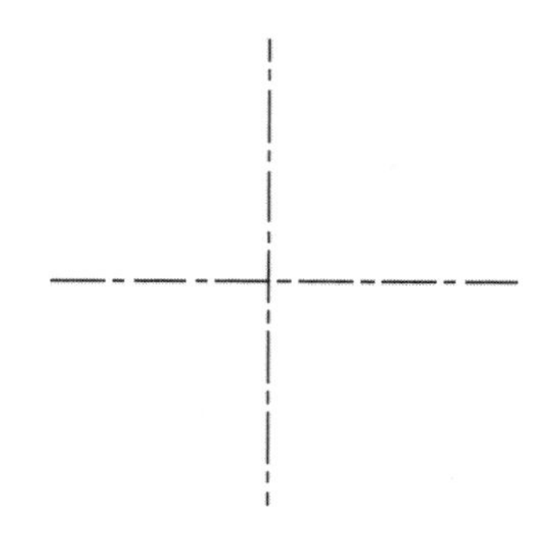

图 2-65 绘制中心线

step 17 单击【默认】选项卡的【绘图】面板中的【直线】按钮，绘制 3 条水平直线，如图 2-66 所示。

step 18 单击【默认】选项卡的【绘图】面板中的【直线】按钮，绘制下部的 5 条水平直线，如图 2-67 所示。

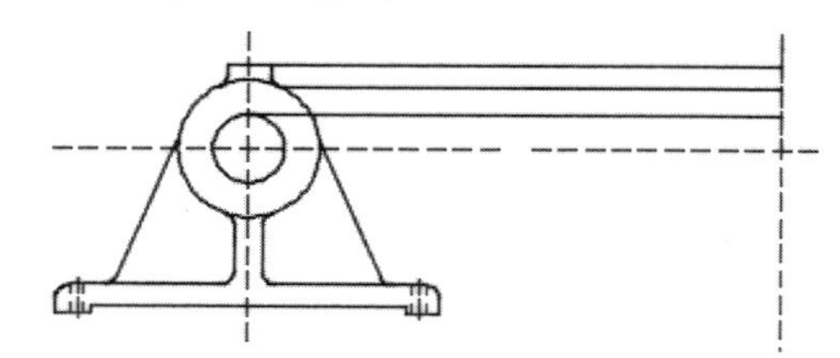

图 2-66 绘制 3 条水平直线

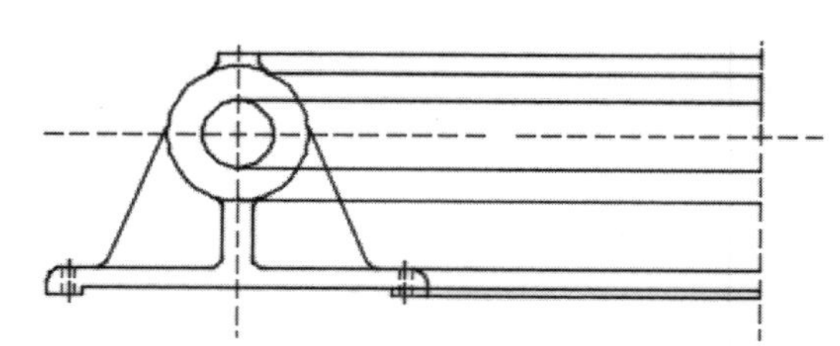

图 2-67 绘制下部的 5 条水平直线

step 19 单击【默认】选项卡的【绘图】面板中的【直线】按钮，分别绘制如图 2-68 所示的垂线。

step 20 单击【默认】选项卡的【修改】面板中的【圆角】按钮，绘制半径为 0.05 的圆角，如图 2-69 所示。

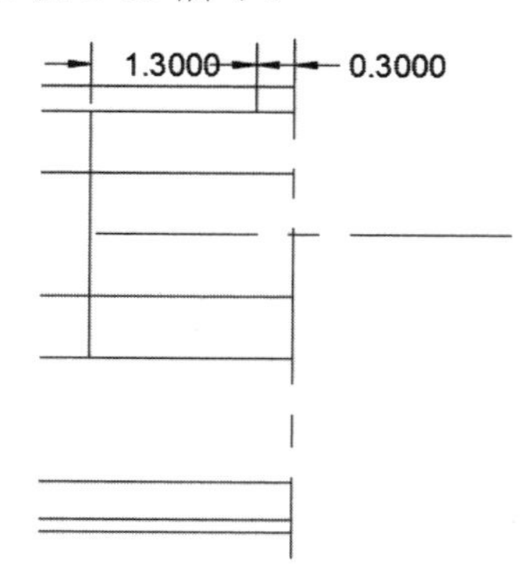

图 2-68 绘制垂线

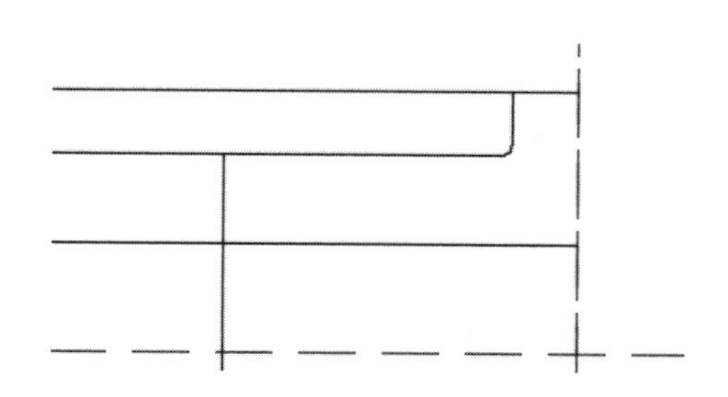

图 2-69 绘制半径为 0.05 的圆角

step 21 单击【默认】选项卡的【绘图】面板中的【直线】按钮，绘制垂线段距中心线为 0.15，如图 2-70 所示。

step 22 单击【默认】选项卡的【绘图】面板中的【直线】按钮，分别绘制下部的两条垂线，如图 2-71 所示。

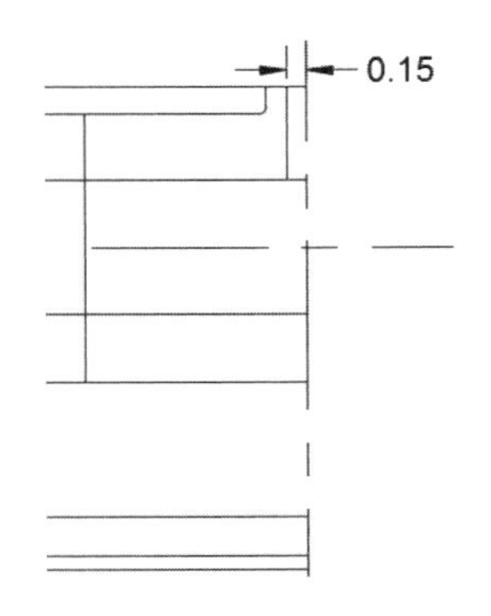

图 2-70　绘制垂线段

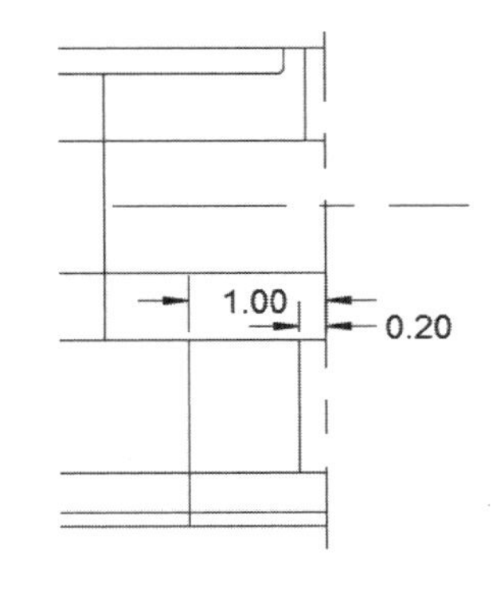

图 2-71　绘制下部的两条垂线

step 23 单击【默认】选项卡的【修改】面板中的【圆角】按钮，绘制相对的圆角，半径为0.2，如图 2-72 所示。

step 24 单击【默认】选项卡的【修改】面板中的【圆角】按钮，绘制不相对的圆角，半径为 0.2，如图 2-73 所示。

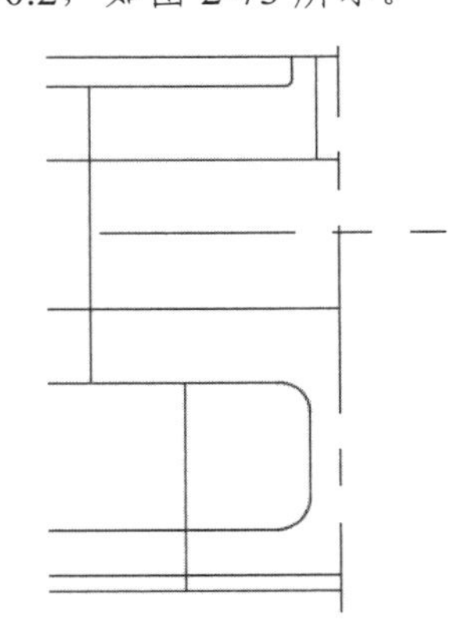

图 2-72　绘制相对的圆角

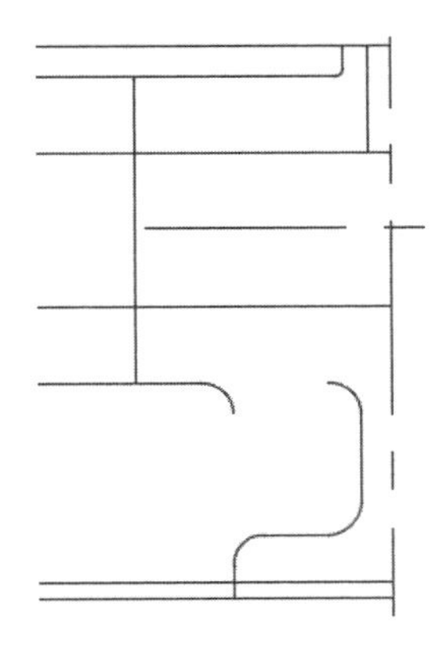

图 2-73　绘制不相对的圆角

step 25 单击【默认】选项卡的【修改】面板中的【延伸】按钮，选择线段进行延伸，如图 2-74 所示。

step 26 单击【默认】选项卡的【修改】面板中的【修剪】按钮，快速修剪图形，如图 2-75 所示。

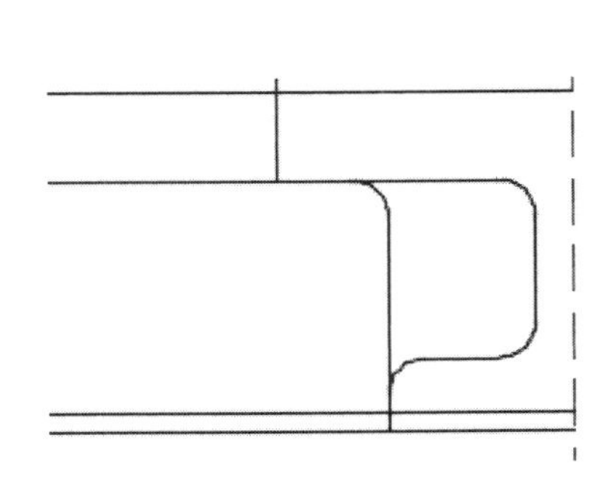

图 2-74　延伸线段

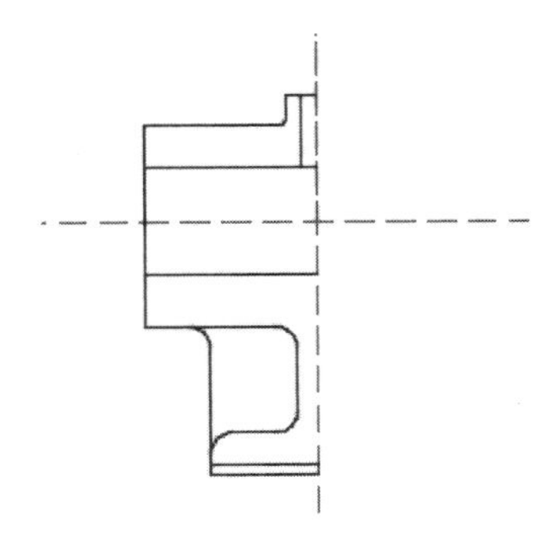

图 2-75　修剪图形

step 27 单击【默认】选项卡的【绘图】面板中的【直线】按钮，绘制如图2-76所示的中心线。

step 28 单击【默认】选项卡的【修改】面板中的【镜像】按钮，选择镜像的图形，绘制如图2-77所示的镜像图形。

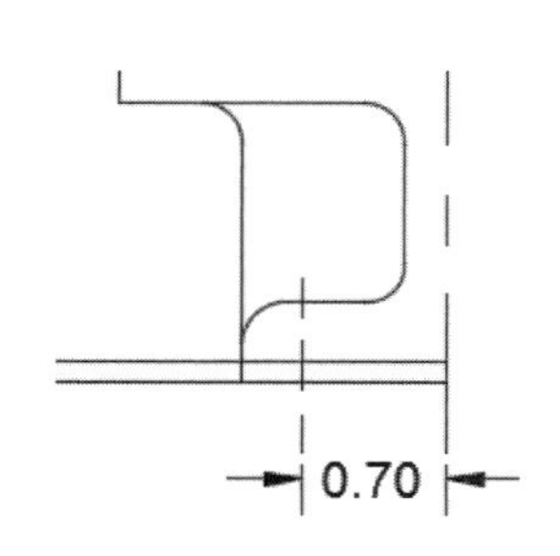

图2-76　绘制中心线

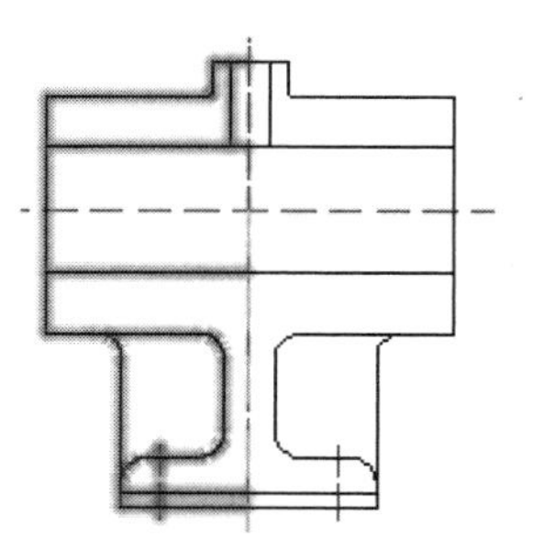

图2-77　镜像图形

step 29 单击【默认】选项卡的【绘图】面板中的【圆弧】按钮，绘制如图2-78所示的圆弧。

step 30 单击【默认】选项卡的【修改】面板中的【修剪】按钮，快速修剪图形，完成侧视图的绘制，如图2-79所示。

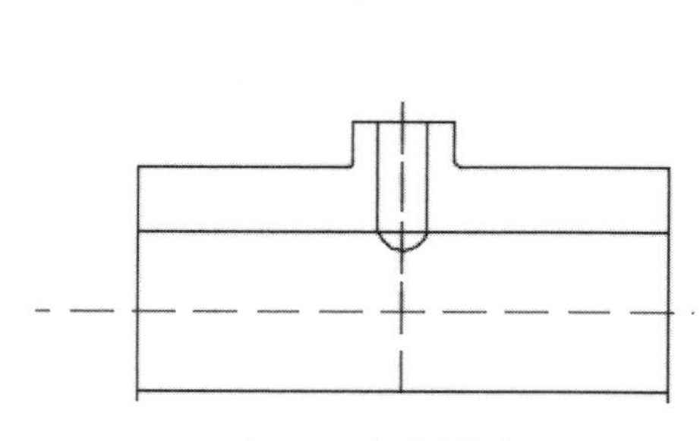

图2-78　绘制圆弧

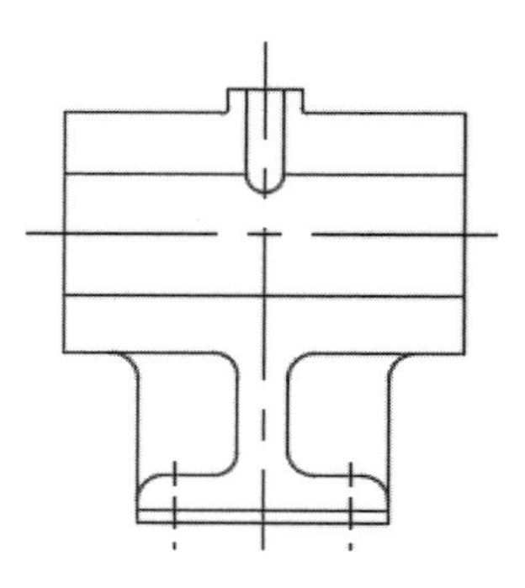

图2-79　完成侧视图

step 31 开始俯视图的绘制。选择中心线图层，单击【默认】选项卡的【绘图】面板中的【直线】按钮，绘制如图2-80所示的中心线。

step 32 单击【默认】选项卡的【绘图】面板中的【直线】按钮，绘制3条垂线，如图2-81所示。

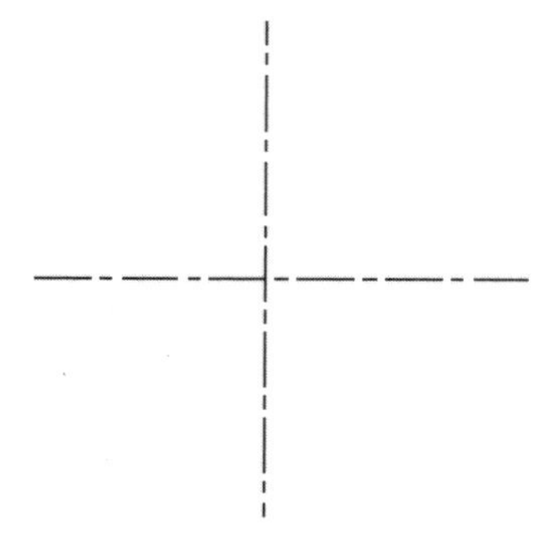

图2-80　绘制中心线

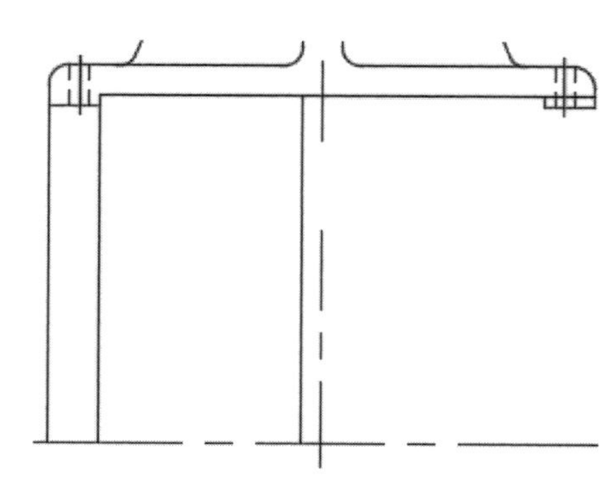

图2-81　绘制3条垂线

step 33 单击【默认】选项卡的【绘图】面板中的【直线】按钮，绘制如图 2-82 所示的中心线。

step 34 单击【默认】选项卡的【绘图】面板中的【圆】按钮，绘制半径为 0.1 的圆，如图 2-83 所示。

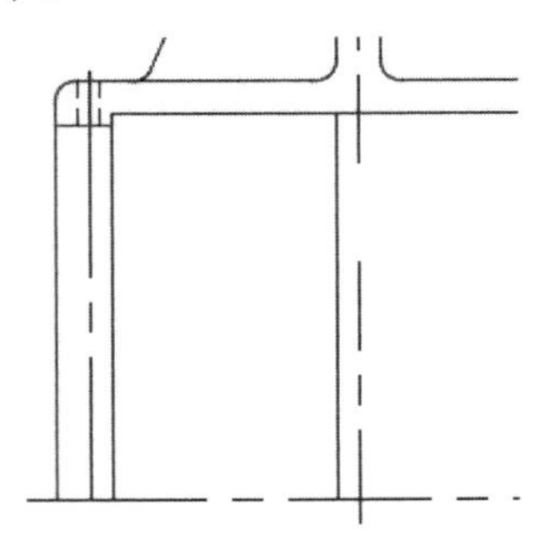

图 2-82　绘制中心线

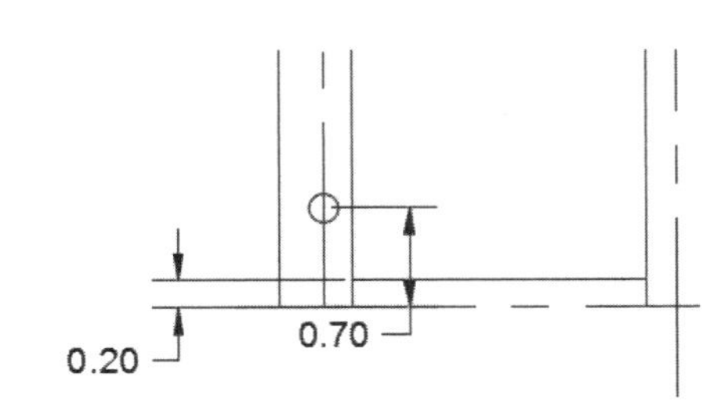

图 2-83　绘制半径为 0.1 的圆

step 35 单击【默认】选项卡的【绘图】面板中的【直线】按钮，绘制如图 2-84 所示的直线。

step 36 单击【默认】选项卡的【修改】面板中的【圆角】按钮，绘制半径为 0.2 的圆角，如图 2-85 所示。

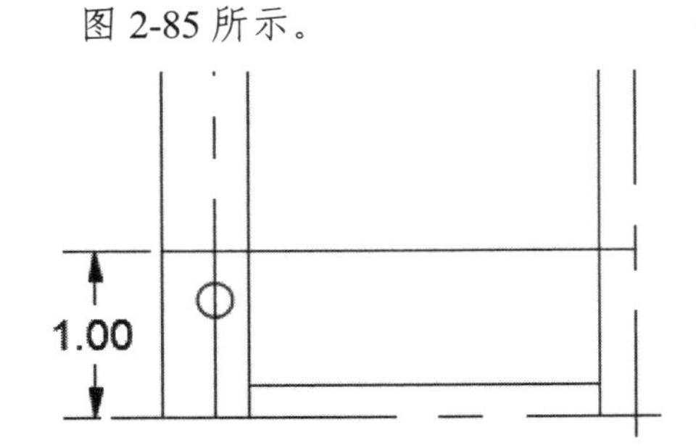

图 2-84　绘制直线

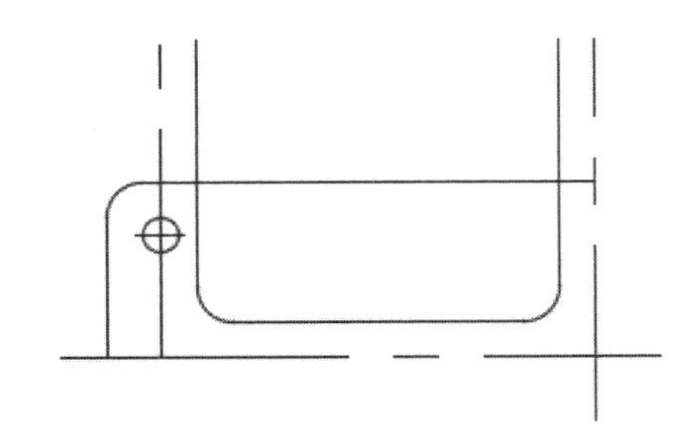

图 2-85　绘制半径为 0.2 的圆角

step 37 单击【默认】选项卡的【修改】面板中的【修剪】按钮，快速修剪图形，如图 2-86 所示。

step 38 单击【默认】选项卡的【修改】面板中的【镜像】按钮，选择图形，对草图左右镜像，如图 2-87 所示。

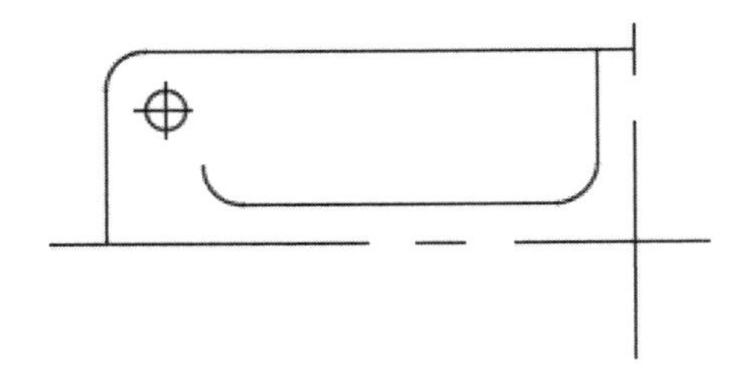

图 2-86　修剪图形

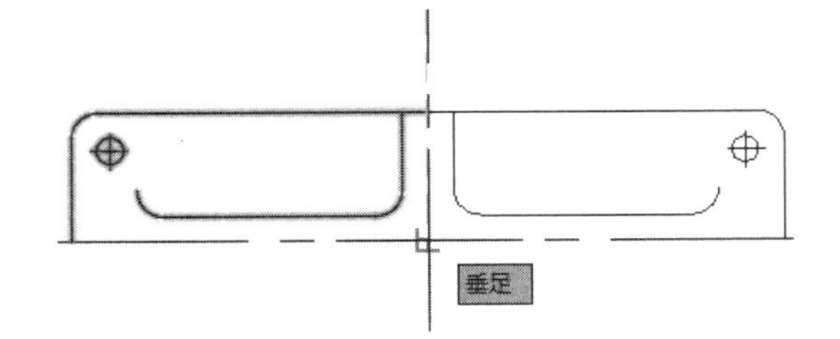

图 2-87　对草图左右镜像

step 39 单击【默认】选项卡的【修改】面板中的【镜像】按钮，选择图形，对草图上下镜像，如图 2-88 所示。

step 40 完成的俯视图如图 2-89 所示。

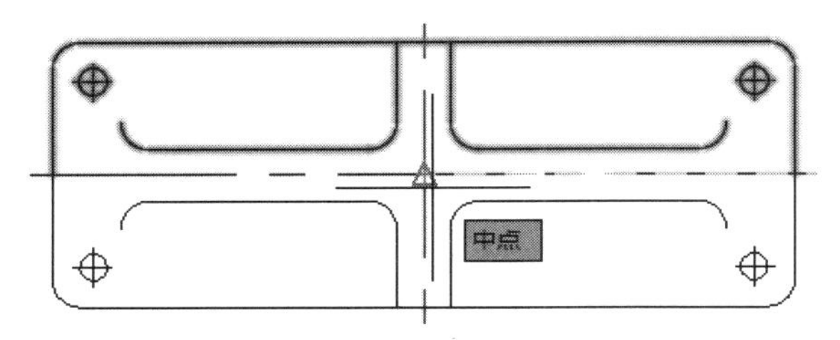

图 2-88　对草图上下镜像

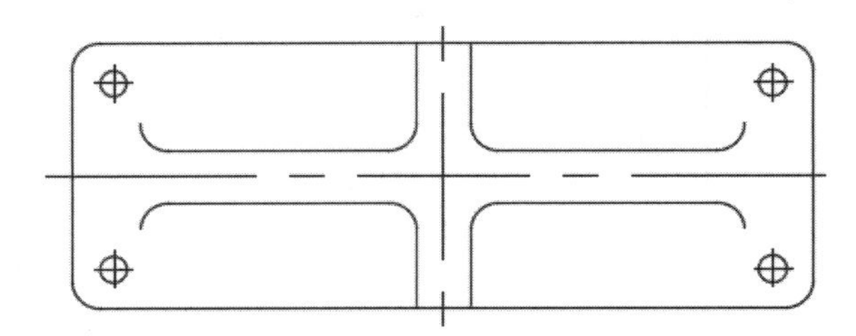

图 2-89　完成俯视图

step 41 完成支撑板草图的绘制，如图 2-90 所示。

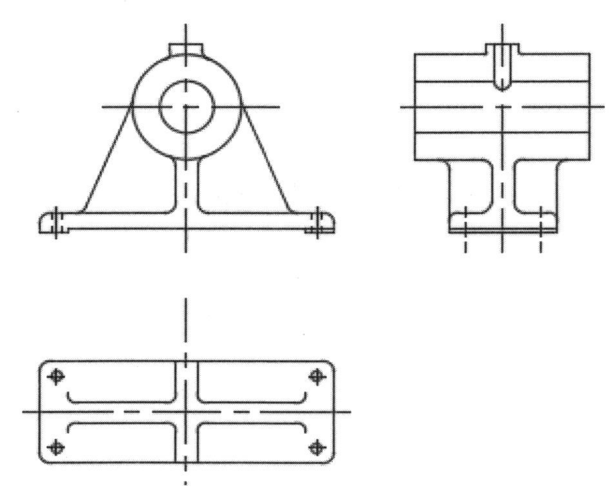

图 2-90　完成支撑板草图

机械设计实践：如图 2-91 所示，是箱体零件的生产图纸，一般在三视图之外增加立体图，便于零件的观察。在绘制时使用【直线】命令比较普遍，不过也可以使用【多线】命令绘制薄壁部分。

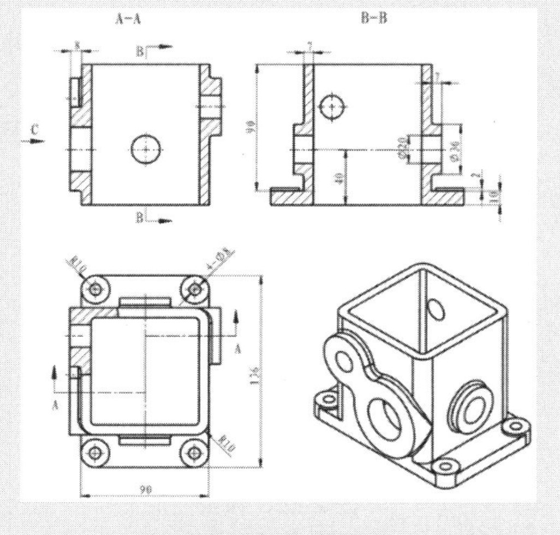

图 2-91　箱体零件图纸

第3课 2课时 绘制矩形与多边形

2.3.1 绘制矩形

行业知识链接：轴零件是一种传动零件，也是机械加工当中最普遍的机械零件，所以轴的图纸绘制是基本技能，如图 2-92 所示是轴的侧视图，使用矩形命令可以快速绘制。轴一般为金属圆杆状，各段可以有不同的直径。机器中作回转运动的零件就装在轴上。

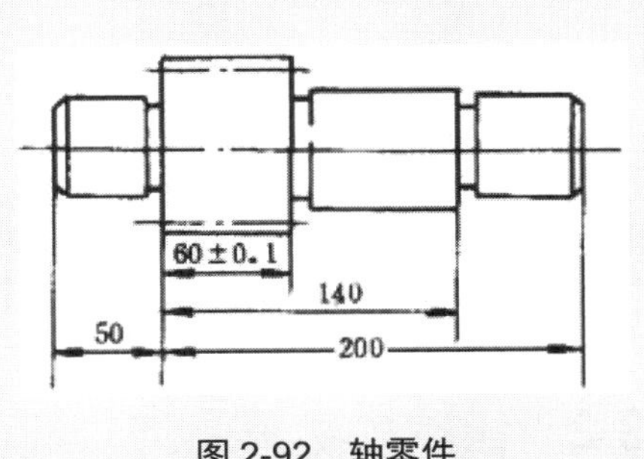

图 2-92 轴零件

矩形命令的功能是绘制四边形，同时也可以绘制有倒角或者圆角的四边形，甚至可以设置厚度和宽度。

执行【矩形】命令有以下 3 种方法。

(1) 单击【默认】选项卡的【绘图】面板中的【矩形】按钮。

(2) 在命令行中输入“rectang”命令后按 Enter 键。

(3) 在菜单栏中选择【绘图】|【矩形】命令。

执行以上任意一种操作方式，在命令行中出现提示，要求用户指定第一个角点，同时可以设置是否创建其他形式的矩形。绘制矩形的命令行窗口提示如下：

```
命令: _rectang
指定第一个角点或 [倒角(C)/标高(E)/圆角(F)/厚度(T)/宽度(W)]:
指定另一个角点或 [面积(A)/尺寸(D)/旋转(R)]: d
指定矩形的长度 <10.0000>: 20
指定矩形的宽度 <10.0000>: 10
指定另一个角点或 [面积(A)/尺寸(D)/旋转(R)]:
```

创建的矩形如图 2-93 所示。

在选择【矩形】命令后，设置倒角，创建有倒角的矩形，如图 2-94 所示。命令行窗口提示如下：

```
命令: _rectang
指定第一个角点或 [倒角(C)/标高(E)/圆角(F)/厚度(T)/宽度(W)]: c
指定矩形的第一个倒角距离 <0.0000>: 2
指定矩形的第二个倒角距离 <2.0000>: 2
指定第一个角点或 [倒角(C)/标高(E)/圆角(F)/厚度(T)/宽度(W)]:
指定另一个角点或 [面积(A)/尺寸(D)/旋转(R)]:
```

在选择【矩形】命令后，设置圆角，创建圆角的矩形，如图 2-95 所示。命令行窗口提示如下：

```
命令: _rectang
当前矩形模式:  倒角=2.0000 x 2.0000
指定第一个角点或 [倒角(C)/标高(E)/圆角(F)/厚度(T)/宽度(W)]: f
指定矩形的圆角半径 <2.0000>: 2
指定第一个角点或 [倒角(C)/标高(E)/圆角(F)/厚度(T)/宽度(W)]:
指定另一个角点或 [面积(A)/尺寸(D)/旋转(R)]:
```

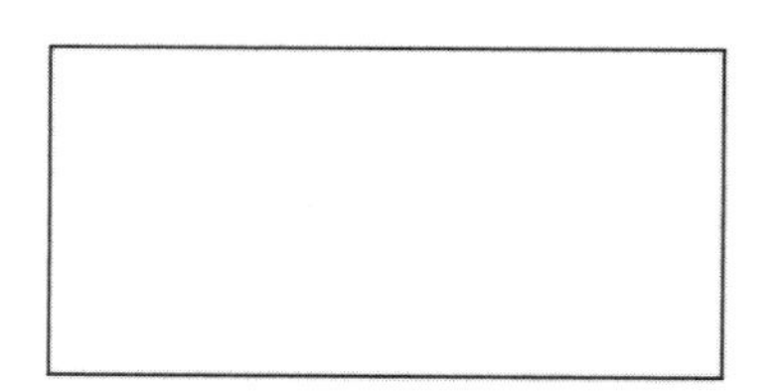

图 2-93　创建的普通矩形

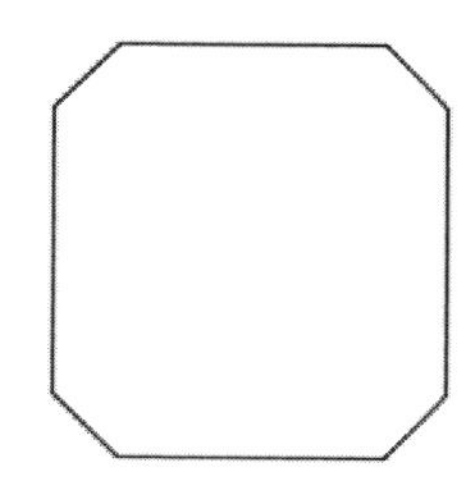

图 2-94　倒角矩形

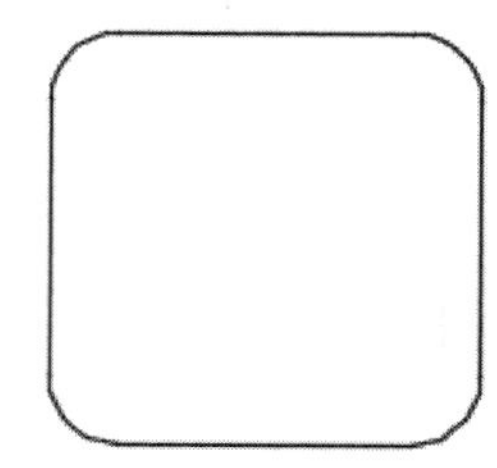

图 2-95　圆角矩形

2.3.2　绘制多边形

行业知识链接：摇臂用于机械行业的不规则运动场合，如图 2-96 所示是摇臂的平面图纸，在图纸的连接部分，需要使用【多边形】命令绘制。

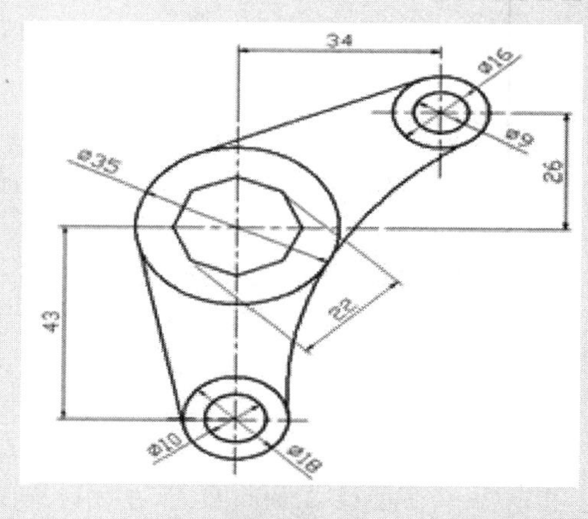

图 2-96　摇臂零件

【多边形】命令可以创建边长相等的多边形。

执行【多边形】命令有以下 3 种方法。

(1) 单击【默认】选项卡的【绘图】面板中的【多边形】按钮。

(2) 在命令行中输入“polygon”命令后按 Enter 键。

(3) 在菜单栏中选择【绘图】|【多边形】命令。

执行以上任意一种操作方式后，在命令行中出现提示，要求用户选择多边形中心点，随后设置内接或外切圆半径。命令行窗口提示如下：

```
命令: _polygon 输入侧面数 <4>: 6
指定正多边形的中心点或 [边(E)]:
```

```
输入选项 [内接于圆(I)/外切于圆(C)] <I>: i
指定圆的半径:
```

创建的六边形如图 2-97 所示。

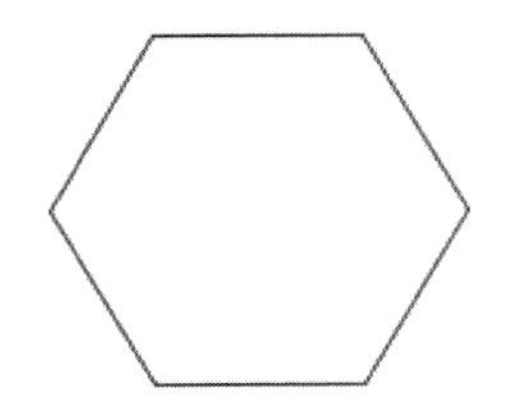

图 2-97　等边六边形

课后练习

案例文件：ywj\02\02.dwg
视频文件：光盘\视频课堂\第 2 教学日\2.3

练习案例分析及步骤如下。

本课后练习创建的轴零件草图，主要练习直线、矩形的命令使用，轴零件在工业行业非常普遍，一般用于传动，是一种效率较高的传动形式，如图 2-98 所示是完成的轴草图。

本课案例主要练习了绘制轴零件时的矩形和直线等命令，绘制的思路为使用【矩形】命令直接进行阶梯部分绘制。绘制草图的思路和步骤如图 2-99 所示。

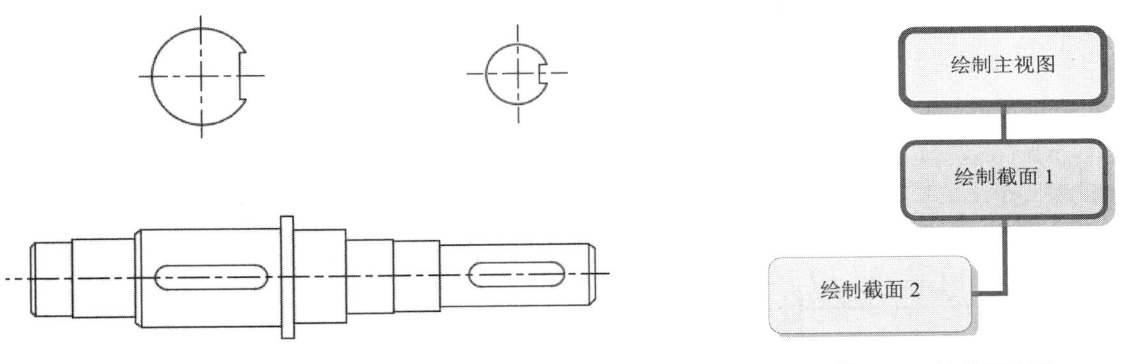

图 2-98　完成的轴草图

图 2-99　轴草图步骤

练习案例操作步骤如下。

step 01 先绘制阶梯轴主视图。选择中心线图层，单击【默认】选项卡的【绘图】面板中的【直线】按钮，绘制中心线，如图 2-100 所示。

step 02 单击【默认】选项卡的【绘图】面板中的【矩形】按钮，绘制尺寸为 1.7 × 3 的矩形，如图 2-101 所示。

step 03 单击【默认】选项卡的【绘图】面板中的【矩形】按钮，向右绘制尺寸为 2.5 × 3.2 的矩形，如图 2-102 所示。

step 04 单击【默认】选项卡的【绘图】面板中的【矩形】按钮，向右绘制尺寸为 5.8 × 4.0 的矩形，如图 2-103 所示。

图 2-100　绘制中心线

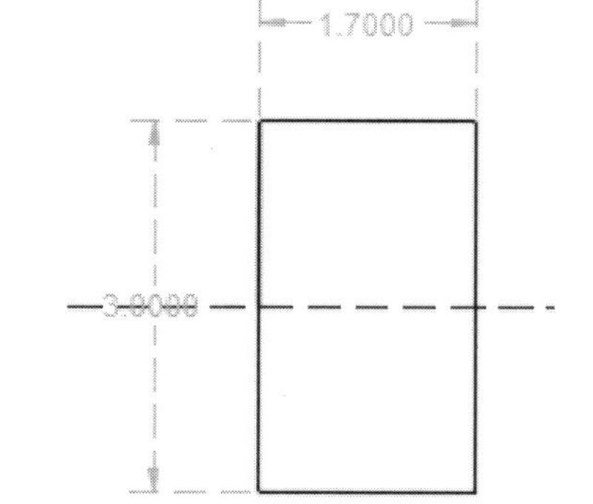

图 2-101　绘制尺寸为 1.7×3 的矩形

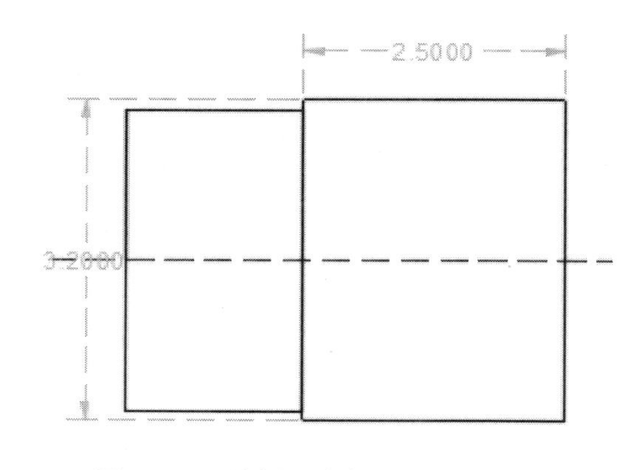

图 2-102　绘制尺寸为 2.5×3.2 的矩形

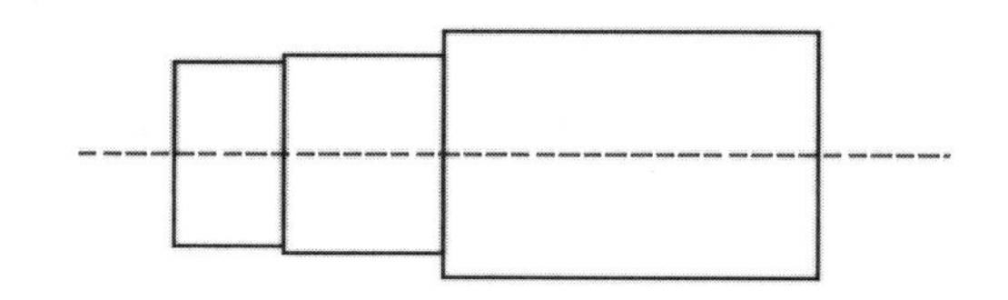

图 2-103　绘制尺寸为 5.8×4.0 的矩形

step 05 单击【默认】选项卡的【绘图】面板中的【矩形】按钮，向右绘制尺寸为 5 × 0.5 的矩形，如图 2-104 所示。

step 06 单击【默认】选项卡【绘图】面板中的【矩形】按钮，向右绘制尺寸为 3.8 × 2.1 的矩形，如图 2-105 所示。

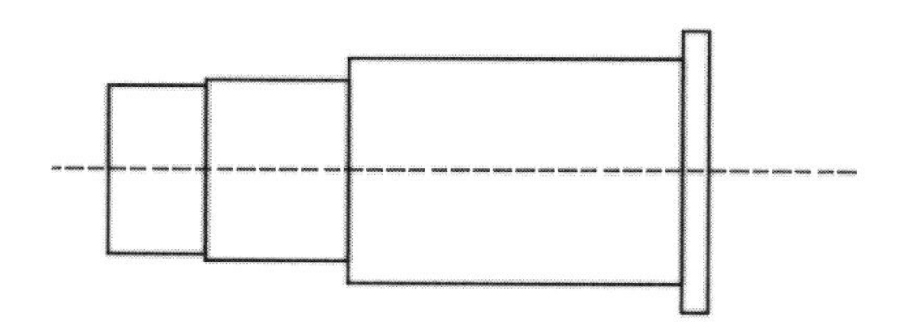

图 2-104　绘制尺寸为 5×0.5 的矩形

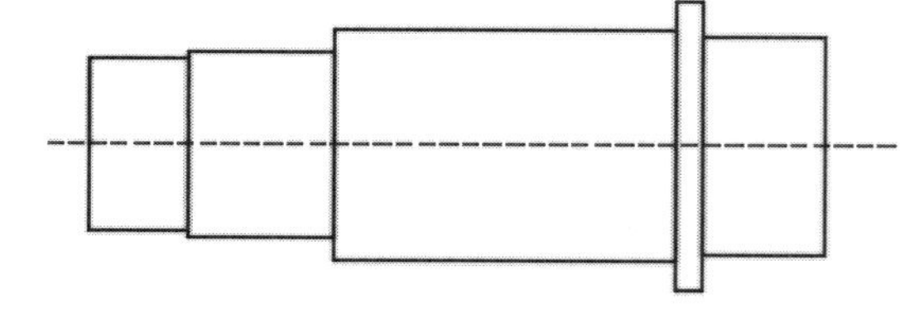

图 2-105　绘制尺寸为 3.8×2.1 的矩形

step 07 单击【默认】选项卡的【绘图】面板中的【矩形】按钮，向右绘制尺寸为 3.0 × 1.9 的矩形，如图 2-106 所示。

step 08 单击【默认】选项卡的【绘图】面板中的【矩形】按钮，向右绘制尺寸为 2.9 × 1.8 的矩形，如图 2-107 所示。

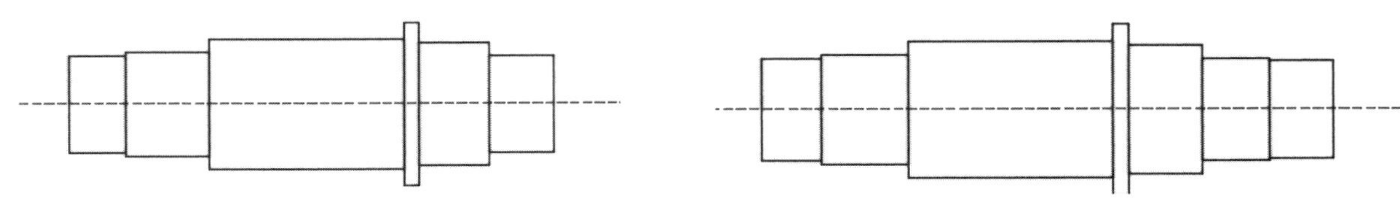

图 2-106　绘制尺寸为 3.0×1.9 的矩形　　　　图 2-107　绘制尺寸为 2.9×1.8 的矩形

step 09 单击【默认】选项卡的【绘图】面板中的【矩形】按钮，向右绘制尺寸为 6.2 × 2.5 的矩形，如图 2-108 所示。

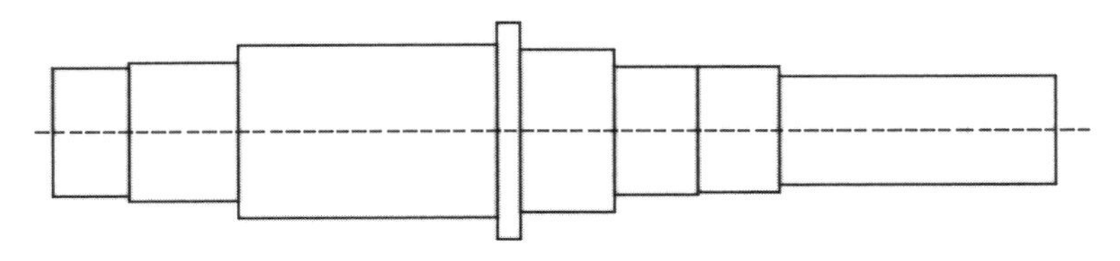

图 2-108　绘制尺寸为 6.2×2.5 的矩形

step 10 单击【默认】选项卡的【修改】面板中的【倒角】按钮，绘制距离为 0.2 的倒角，如图 2-109 所示。

step 11 单击【默认】选项卡的【绘图】面板中的【直线】按钮，绘制如图 2-110 所示的垂线。

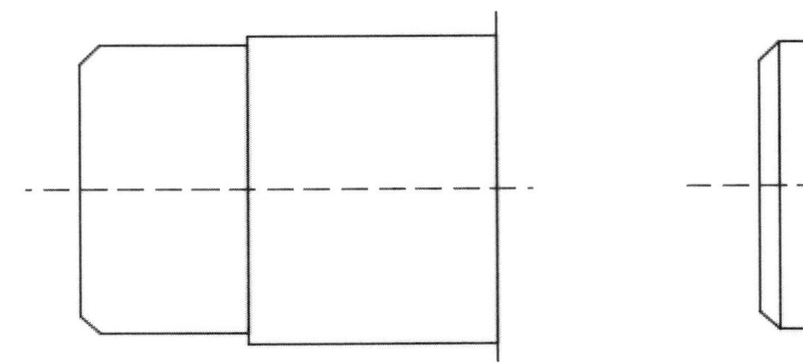

图 2-109　绘制倒角

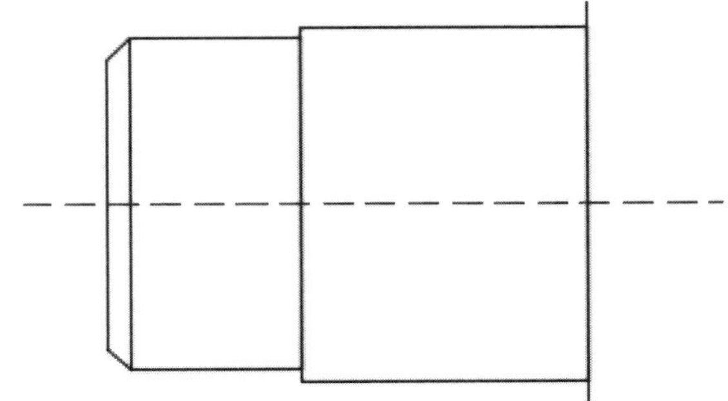

图 2-110　绘制垂线

step 12 单击【默认】选项卡的【修改】面板中的【倒角】按钮，绘制距离为 0.2 的倒角，如图 2-111 所示。

step 13 单击【默认】选项卡的【绘图】面板中的【直线】按钮，绘制如图 2-112 所示的垂线。

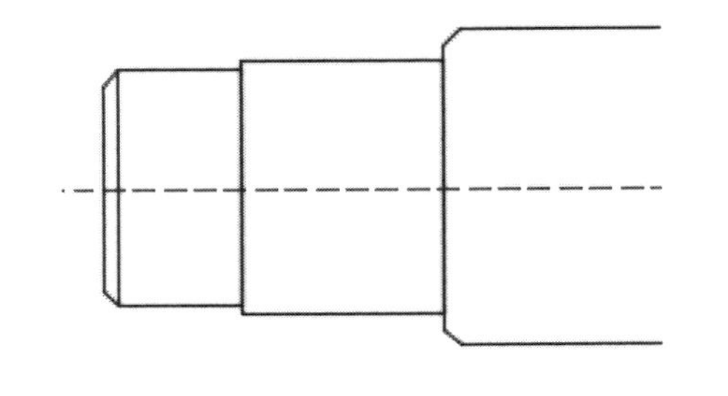

图 2-111　绘制倒角

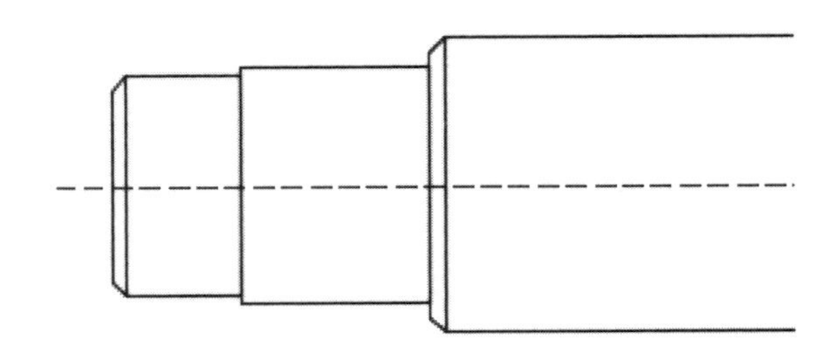

图 2-112　绘制垂线

step 14 单击【默认】选项卡的【修改】面板中的【倒角】按钮，在右端绘制距离为 0.2 的倒角，并单击【直线】按钮，绘制直线，如图 2-113 所示。

step 15 单击【默认】选项卡的【绘图】面板中的【矩形】按钮，绘制尺寸为 4.5 × 1.0 的矩形，如图 2-114 所示。

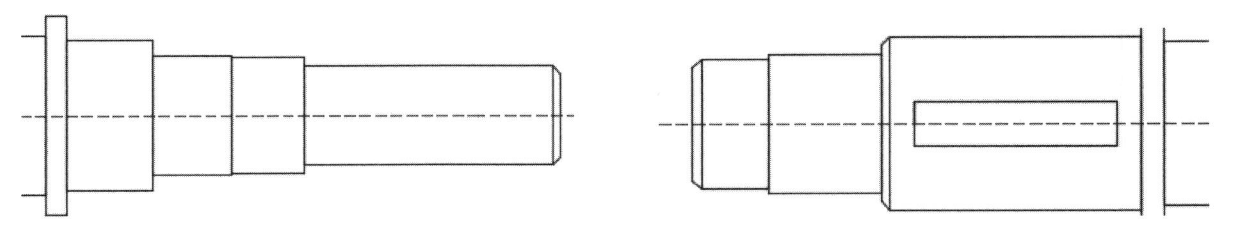

图 2-113　绘制右端的倒角　　图 2-114　绘制尺寸为 4.5×1.0 的矩形

step 16 单击【默认】选项卡的【绘图】面板中的【圆】按钮，绘制如图 2-115 所示的切线圆。

step 17 单击【默认】选项卡的【修改】面板中的【修剪】按钮，快速修剪图形，如图 2-116 所示。

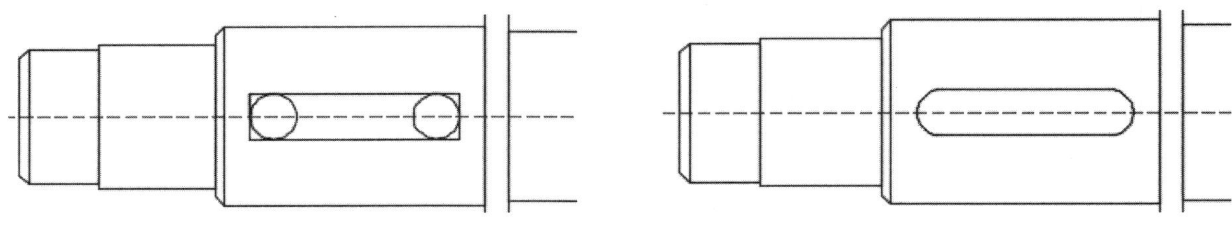

图 2-115　绘制切线圆　　图 2-116　修剪图形

step 18 单击【默认】选项卡的【绘图】面板中的【矩形】按钮，绘制尺寸为 4.5 × 1.0 的矩形，如图 2-117 所示。

step 19 单击【默认】选项卡的【绘图】面板中的【圆】按钮，绘制圆，单击【修改】面板中的【修剪】按钮，修剪图形，完成阶梯轴主视图的绘制，如图 2-118 所示。

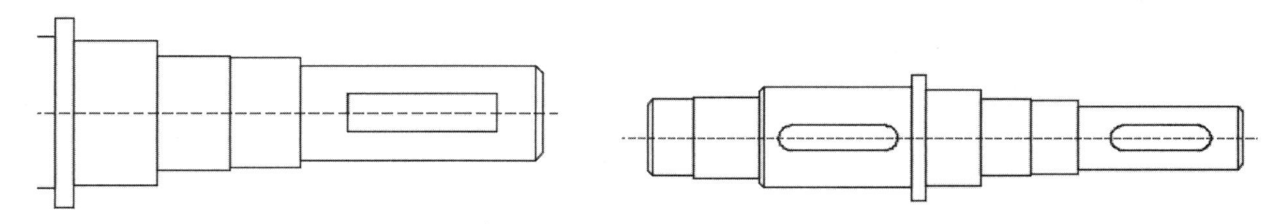

图 2-117　绘制尺寸为 4.5×1.0 的矩形　　图 2-118　完成主视图

step 20 开始绘制截面视图 1。选择中心线图层，单击【默认】选项卡的【绘图】面板中的【直线】按钮，绘制中心线，如图 2-119 所示。

step 21 单击【默认】选项卡的【绘图】面板中的【圆】按钮，绘制半径为 2 的圆，如图 2-120 所示。

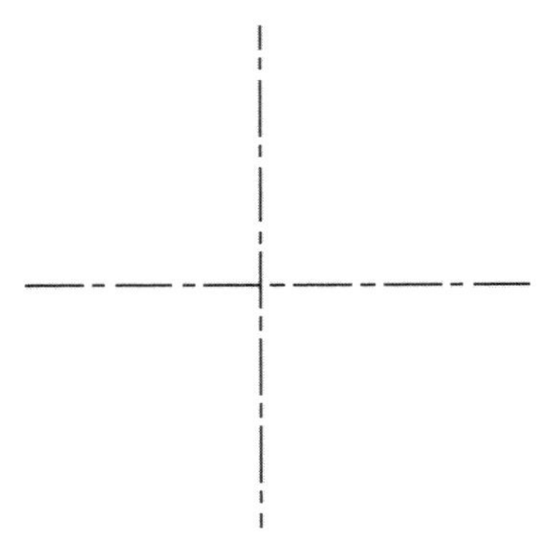

图 2-119　绘制中心线

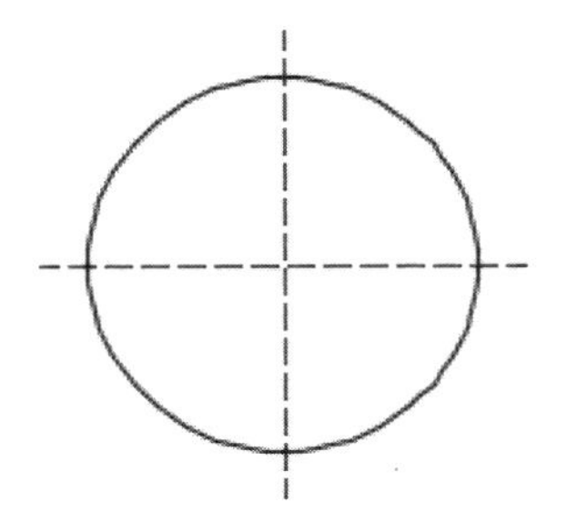

图 2-120　绘制半径为 2 的圆

step 22 单击【默认】选项卡的【绘图】面板中的【直线】按钮，绘制如图 2-121 所示的水平线，两线间距为 2。

step 23 单击【默认】选项卡的【绘图】面板中的【直线】按钮，绘制如图 2-122 所示的垂线，距离圆的左端点为 3.5。

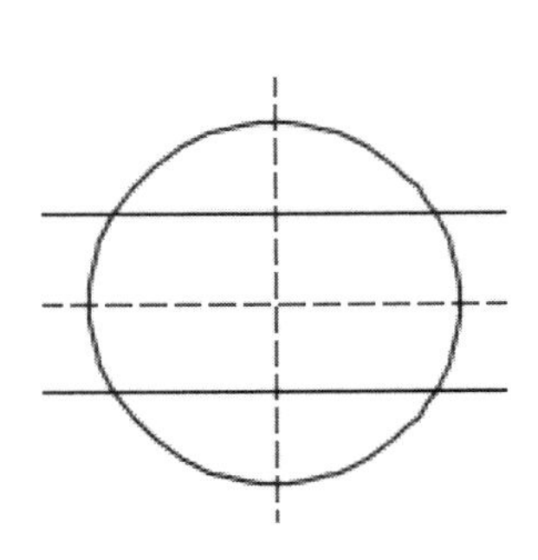

图 2-121　绘制水平线

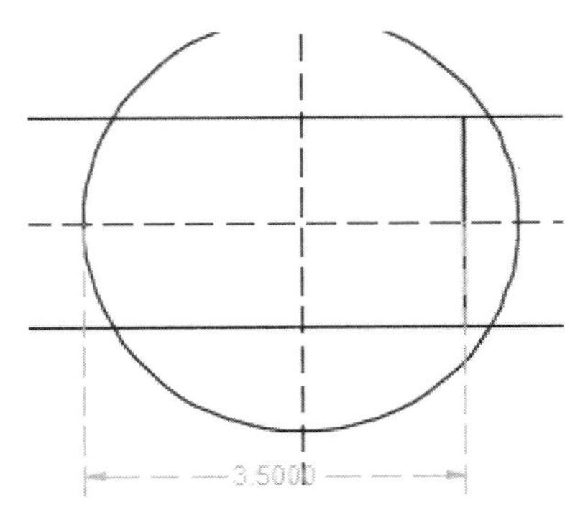

图 2-122　绘制垂线

step 24 单击【默认】选项卡的【修改】面板中的【修剪】按钮，快速修剪图形，完成截面视图 1 的绘制，如图 2-123 所示。

step 25 开始绘制截面视图 2。单击【默认】选项卡的【绘图】面板中的【圆】按钮，绘制半径为 1.25 的圆，如图 2-124 所示。

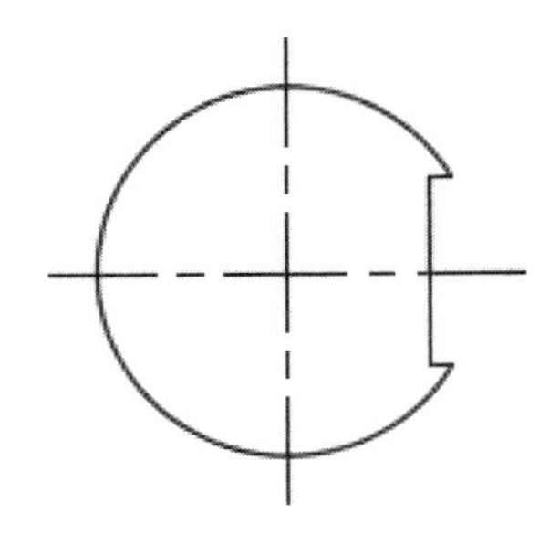

图 2-123　完成截面视图

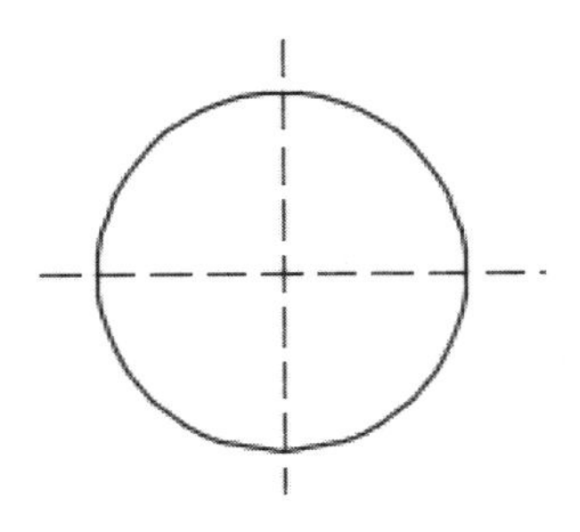

图 2-124　绘制半径为 1.25 的圆

step 26 单击【默认】选项卡的【绘图】面板中的【直线】按钮，绘制偏离中心线距离为 0.4 的水平线，如图 2-125 所示。

step 27 单击【默认】选项卡的【绘图】面板中的【直线】按钮，绘制如图 2-126 所示的垂线，距离圆形左端点为 2.1。

step 28 单击【默认】选项卡的【修改】面板中的【修剪】按钮，快速修剪图形，完成截面视图 2 的绘制，如图 2-127 所示。

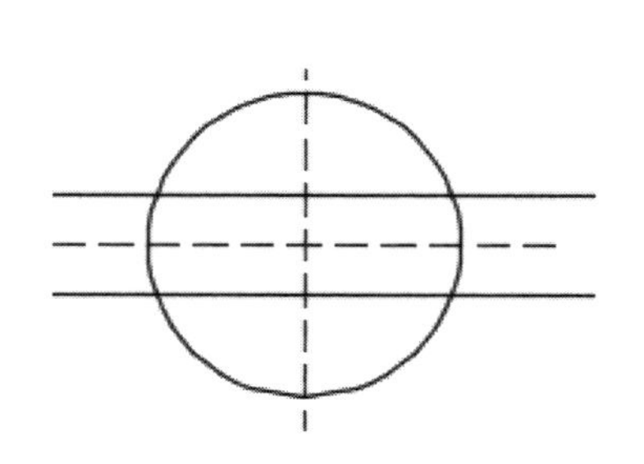

图 2-125　绘制水平线

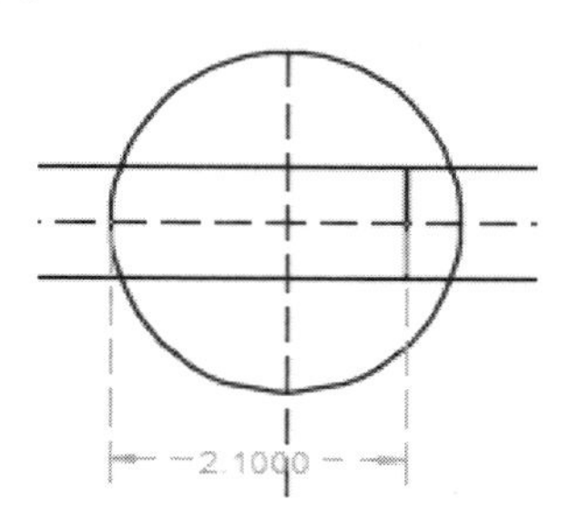

图 2-126　绘制垂线

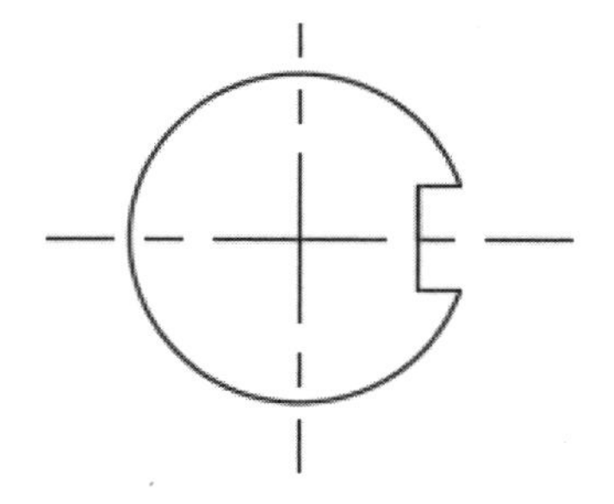

图 2-127　完成截面视图

step 29 完成轴草图的绘制，如图 2-128 所示。

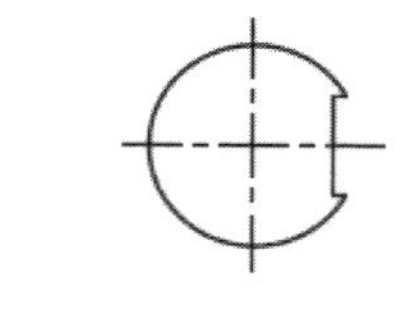

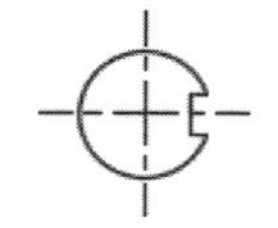

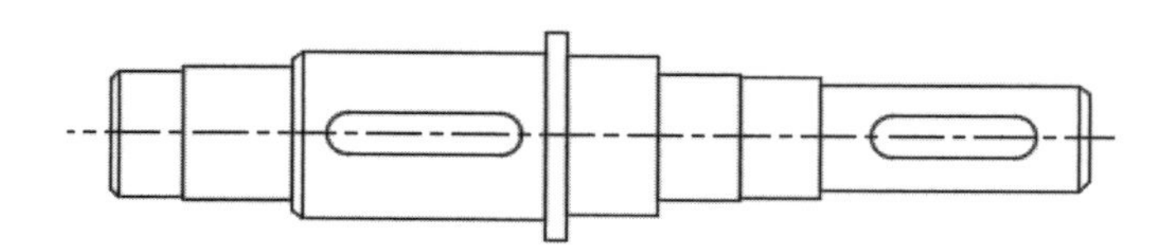

图 2-128　完成的轴草图

机械设计实践：轴是穿在轴承中间或车轮中间或齿轮中间的圆柱形物件，也有少部分是带轮齿的，如图 2-129 所示，是典型的轮齿轴零件生产图纸，它是支承转动零件并与之一起回转以传递运动、扭矩或弯矩的机械零件。绘制轴主要使用矩形命令。

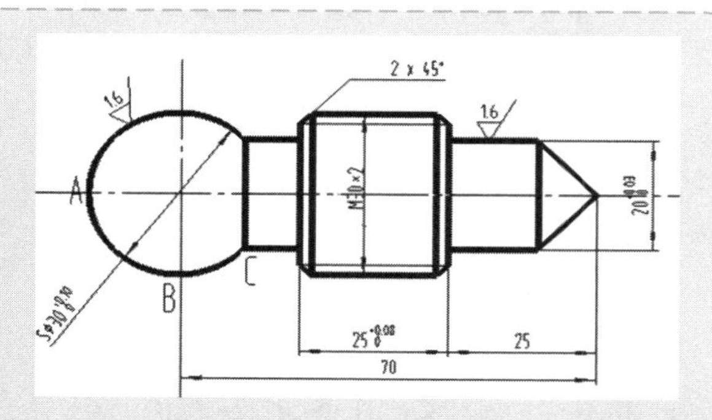

图 2-129　轮齿轴零件图纸

第4课 2课时 绘制圆、圆弧和圆环

圆是构成图形的基本元素之一。其绘制方法有多种，下面将依次介绍。

2.4.1 绘制圆

行业知识链接：垫板是用于压垫某种东西，机械行业中有增高或者密封的作用，一般非金属材料较多，如图 2-130 所示是圆和圆弧命令绘制的垫板零件。

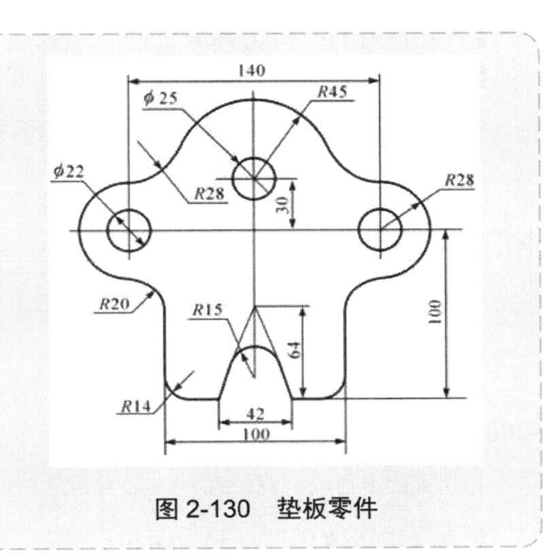

图 2-130 垫板零件

调用绘制圆命令的方法如下。

(1) 单击【默认】选项卡的【绘图】面板中的【圆】按钮。

(2) 在命令行中输入“circle”后按 Enter 键。

(3) 在菜单栏中选择【绘图】|【圆】命令。

绘制圆的方法有多种，下面来分别介绍。

1) 圆心和半径画圆(AutoCAD 默认的画圆方式)

选择命令后，命令行将提示用户指定圆的圆心或[三点(3P)/两点(2P)/切点、切点、半径(T)]。命令行窗口提示如下：

```
命令：_circle 指定圆的圆心或 [三点(3P)/两点(2P)/切点、切点、半径(T)]:
```

指定圆的圆心后绘图区如图 2-131 所示。

输入圆心坐标值后，命令行将提示用户指定圆的半径或[直径(D)]。命令行窗口提示如下：

```
指定圆的半径或 [直径(D)]:
```

绘制的图形如图 2-132 所示。

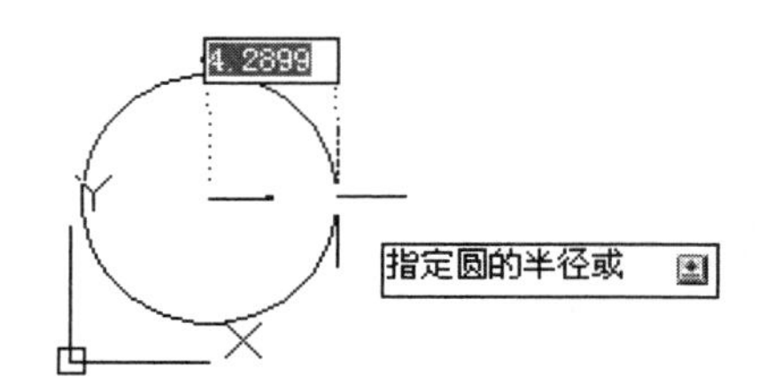

图 2-131 指定圆的圆心后绘图区所显示的图形

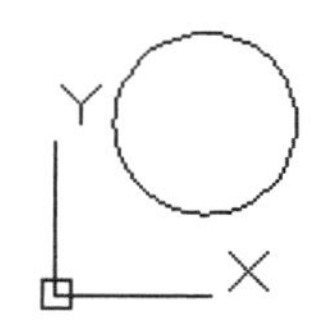

图 2-132 用圆心、半径命令绘制的圆

在执行【圆】命令时，会出现部分让用户选择的命令，下面将进行介绍。

【圆心】：基于圆心和直径(或半径)绘制圆。

【三点(3P)】：指定圆周上的三点绘制圆。

【两点(2P)】：指定直径的两点绘制圆。

【切点、切点、半径(T)】：根据与两个对象相切的指定半径绘制圆。

2) 圆心、直径画圆

选择命令后，命令行将提示用户指定圆的圆心或 [三点(3P)/两点(2P)/切点、切点、半径(T)]。命令行窗口提示如下：

```
命令: _circle 指定圆的圆心或 [三点(3P)/两点(2P)/切点、切点、半径(T)]:
```

指定圆的圆心后绘图区如图 2-133 所示。

输入圆心坐标值后，命令行将提示用户指定圆的半径或 [直径(D)] <100.0000>: _d 指定圆的直径 <200.0000>。命令行窗口提示如下：

```
指定圆的半径或 [直径(D)] <100.0000>: _d 指定圆的直径 <200.0000>: 160
```

绘制的图形如图 2-134 所示：

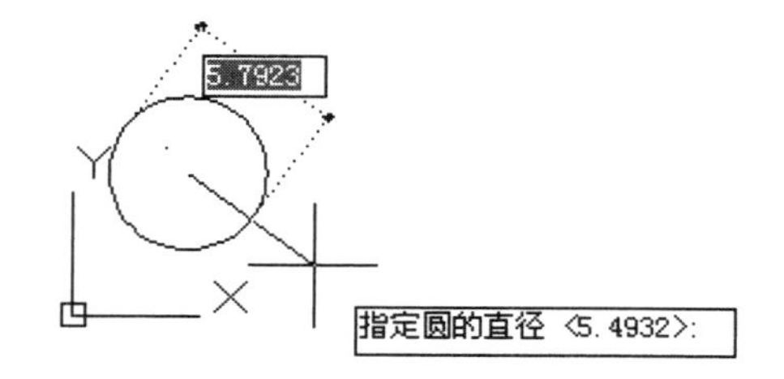

图 2-133 指定圆的圆心后绘图区所显示的图形

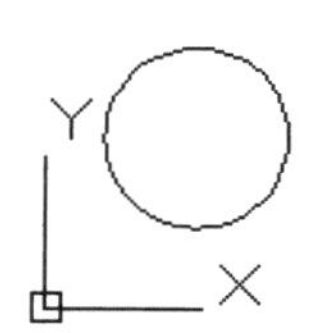

图 2-134 用圆心、直径命令绘制的圆

3) 两点画圆

选择命令后，命令行将提示用户指定圆的圆心或 [三点(3P)/两点(2P)/切点、切点、半径(T)]: _2p 指定圆直径的第一个端点。命令行窗口提示如下：

```
命令: _circle 指定圆的圆心或 [三点(3P)/两点(2P)/切点、切点、半径(T)]: _2p 指定圆直径的第一个
端点:
```

指定圆直径的第一个端点后绘图区如图 2-135 所示。

输入第一个端点的数值后，命令行将提示用户指定圆直径的第二个端点(在此 AutoCAD 认为首末两点的距离为直径)。命令行窗口提示如下：

指定圆直径的第二个端点：

绘制的图形如图 2-136 所示。

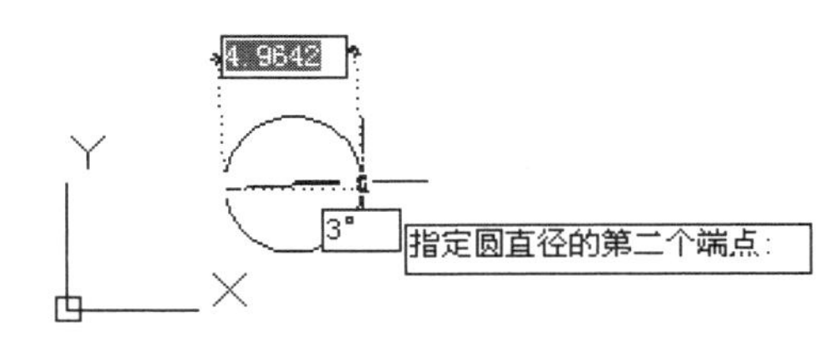

图 2-135 指定圆直径的第一端点后绘图区所显示的图形

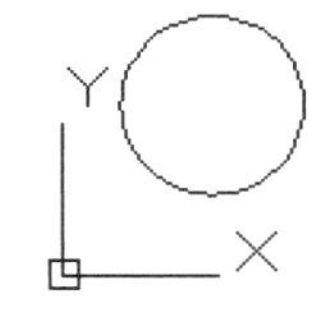

图 2-136 用两点命令绘制的圆

4) 三点画圆

选择命令后，命令行将提示用户指定圆的圆心或 [三点(3P)/两点(2P)/切点、切点、半径(T)]: _3p 指定圆上的第一个点。命令行窗口提示如下：

命令: _circle 指定圆的圆心或 [三点(3P)/两点(2P)/切点、切点、半径(T)]: _3p 指定圆上的第一个点:

指定圆上的第一个点后绘图区如图 2-137 所示。

指定第一个点的坐标值后，命令行将提示用户指定圆上的第二个点。命令行窗口提示如下：

指定圆上的第二个点:

指定圆上的第二个点后绘图区如图 2-138 所示。

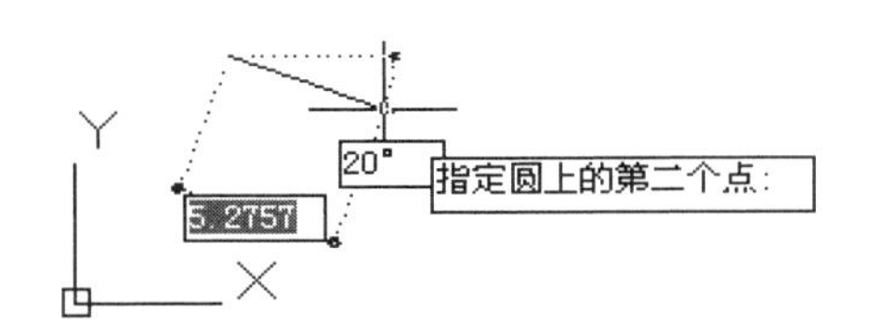

图 2-137 指定圆上的第一个点后绘图区所显示的图形

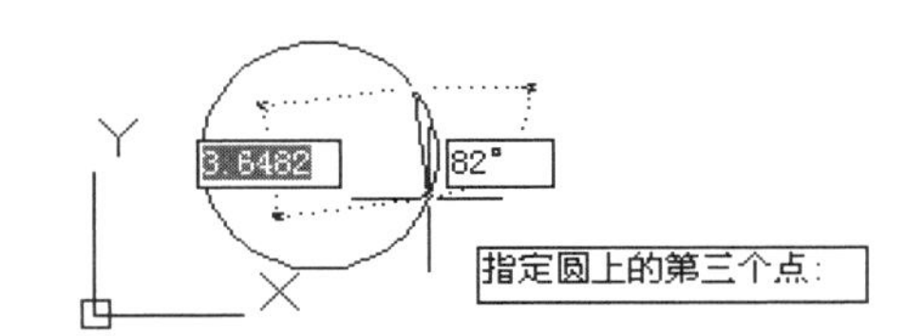

图 2-138 指定圆上的第二个点后绘图区所显示的图形

指定第二个点的坐标值后，命令行将提示用户指定圆上的第三个点。命令行窗口提示如下：

指定圆上的第三个点:

绘制的图形如图 2-139 所示。

5) 相切、相切、半径画圆

选择命令后，命令行将提示用户指定圆的圆心或 [三点(3P)/两点(2P)/切点、切点、半径(T)]。命令行窗口提示如下：

命令: _circle 指定圆的圆心或 [三点(3P)/两点(2P)/切点、切点、半径(T)]: _ttr

选取与之相切的实体。命令行将提示用户指定对象与圆的第一个切点，指定对象与圆的第二个切点。命令行窗口提示如下：

指定对象与圆的第一个切点:

指定第一个切点时绘图区如图 2-140 所示。

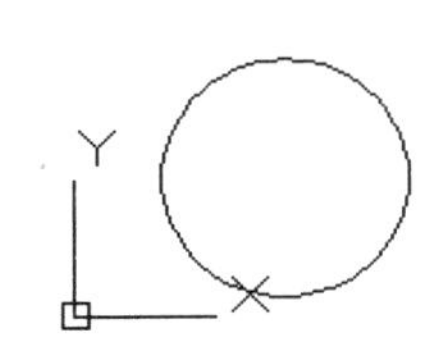

图 2-139　用三点命令绘制的圆

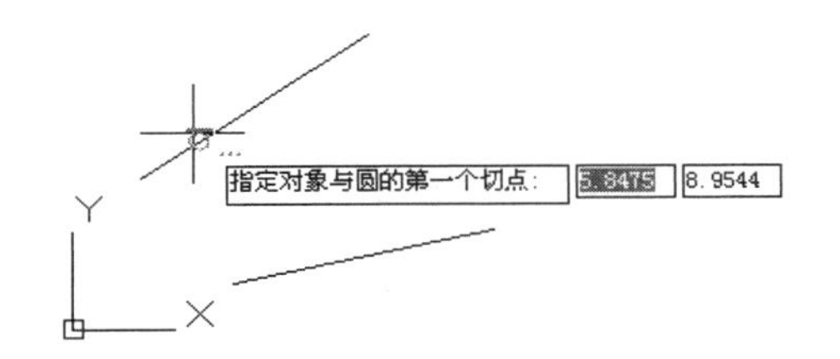

图 2-140　指定第一个切点时绘图区所显示的图形

指定对象与圆的第二个切点:

指定第二个切点时绘图区如图 2-141 所示。

指定两个切点后，命令行将提示用户指定圆的半径 <100.0000>。命令行窗口提示如下：

指定圆的半径 <119.1384>:　指定第二点:

指定圆的半径和第二点时绘图区如图 2-142 所示。

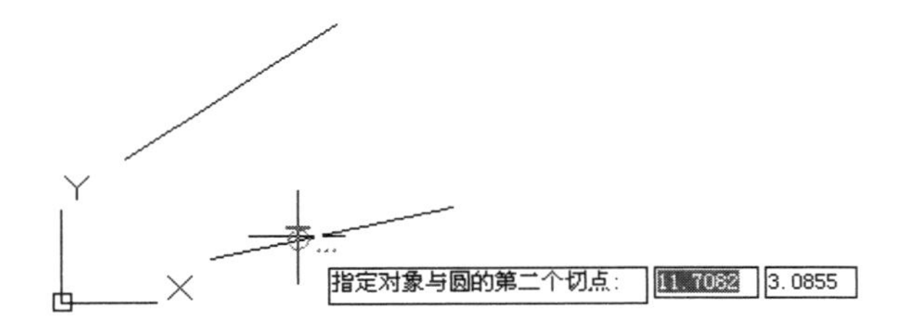

图 2-141　指定第二个切点时绘图区所显示的图形

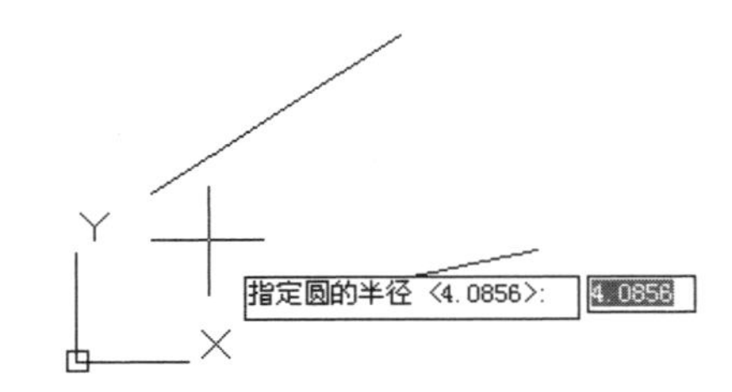

图 2-142　指定圆的半径和第二点时绘图区所显示的图形

绘制的图形如图 2-143 所示。

6)　相切、相切、相切画圆

选择命令后，选取与之相切的实体，命令行窗口提示如下：

命令: _circle 指定圆的圆心或 [三点(3P)/两点(2P)/切点、切点、半径(T)]: _3p 指定圆上的第一个点: _tan 到

指定圆上的第一个点时绘图区如图 2-144 所示。

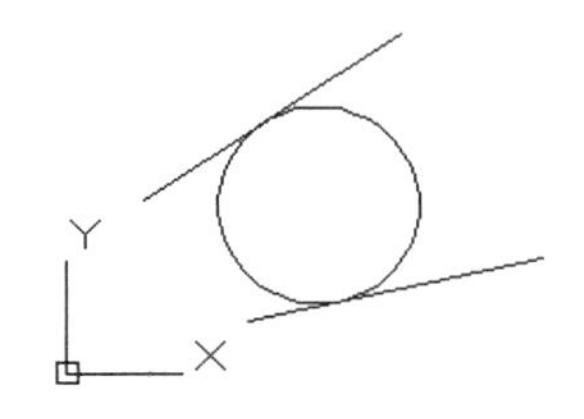

图 2-143　用相切、相切、半径命令绘制的圆

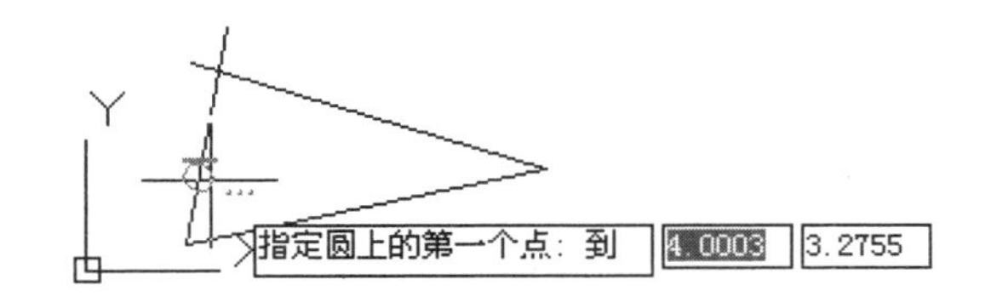

图 2-144　指定圆上的第一个点时绘图区所显示的图形

指定圆上的第二个点: _tan 到

指定圆上的第二个点时绘图区如图 2-145 所示。

指定圆上的第三个点: _tan 到

指定圆上的第三个点时绘图区如图 2-146 所示。

图 2-145　指定圆上的第二个点时绘图区所显示的图形

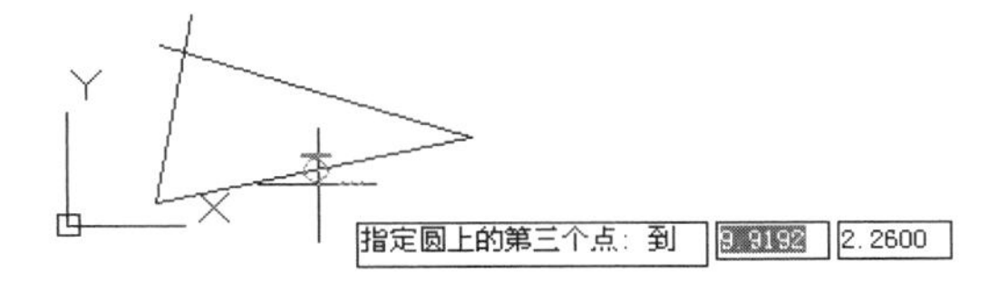

图 2-146　指定圆上的第三个点时绘图区所显示的图形

绘制的图形如图 2-147 所示。

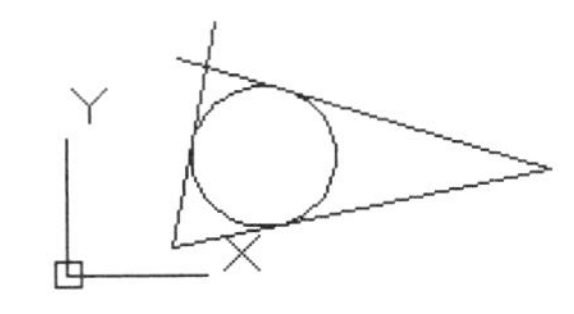

图 2-147　用相切、相切、相切命令绘制的圆

2.4.2　绘制圆弧

行业知识链接：AutoCAD 能以多种方式创建直线、圆、椭圆、多边形、样条曲线等基本图形对象，可以绘制多种机械、建筑、电气等行业图纸，如图 2-148 所示是机械零件中的圆弧和圆。

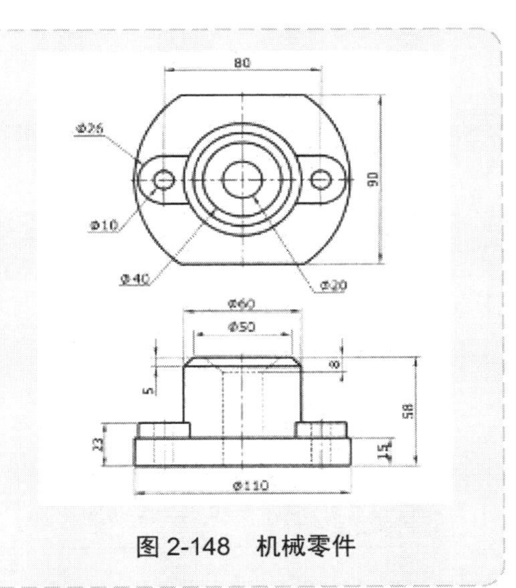

图 2-148　机械零件

调用绘制圆弧命令的方法如下。

(1) 单击【默认】选项卡的【绘图】面板中的【圆弧】按钮。

(2) 在命令行中输入“arc”后按 Enter 键。

(3) 在菜单栏中选择【绘图】|【圆弧】命令。

绘制圆弧的方法有多种，下面分别进行介绍。

1)　三点画弧

AutoCAD 提示用户输入起点、第二点和端点，顺时针或逆时针绘制圆弧，绘图区显示的图形如图 2-149(a)～(c)所示。用此命令绘制的图形如图 2-150 所示。

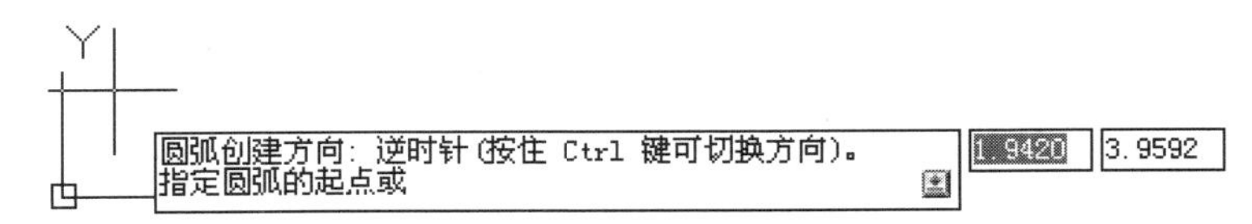

(a) 指定圆弧的起点时绘图区所显示的图形

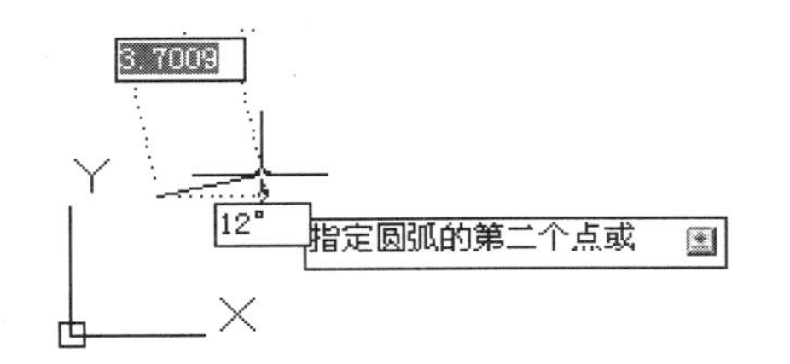

(b) 指定圆弧的第二个点时绘图区所显示的图形

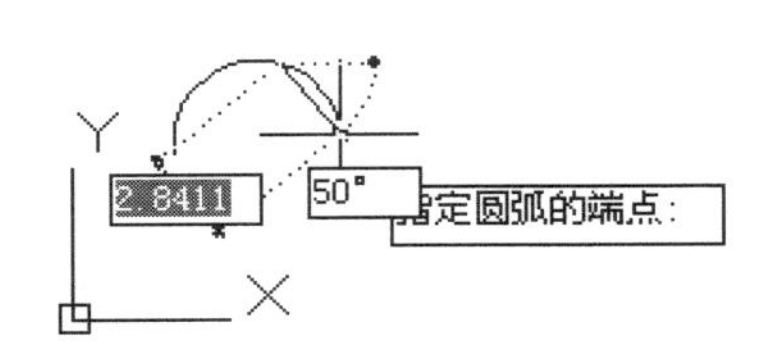

(c) 指定圆弧的端点时绘图区所显示的图形

图 2-149　三点画弧的绘制步骤

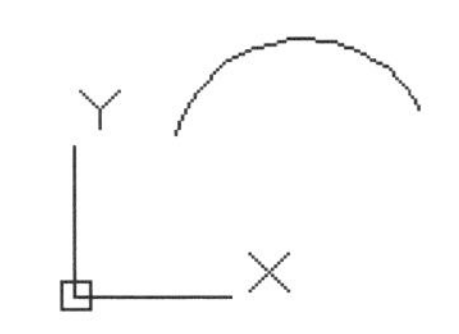

图 2-150　用三点命令绘制的圆弧

2)　起点、圆心、端点画弧

AutoCAD 提示用户输入起点、圆心、端点，绘图区显示的图形如图 2-151～图 2-153 所示。在给出圆弧的起点和圆心后，弧的半径就确定了，端点只是决定弧长，因此，圆弧不一定通过终点。用此命令绘制的圆弧如图 2-154 所示。

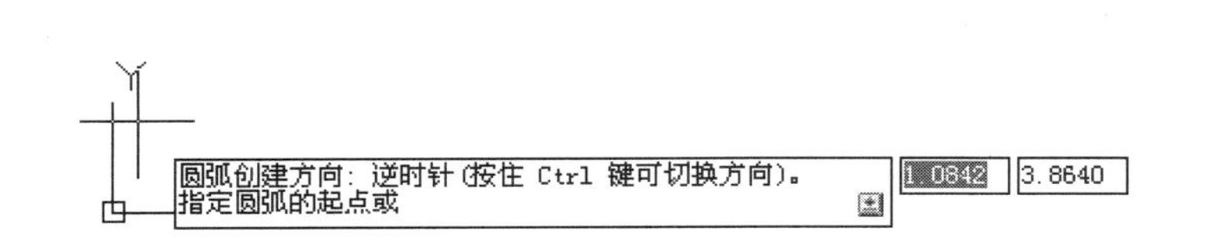

图 2-151　指定圆弧的起点时绘图区所显示的图形

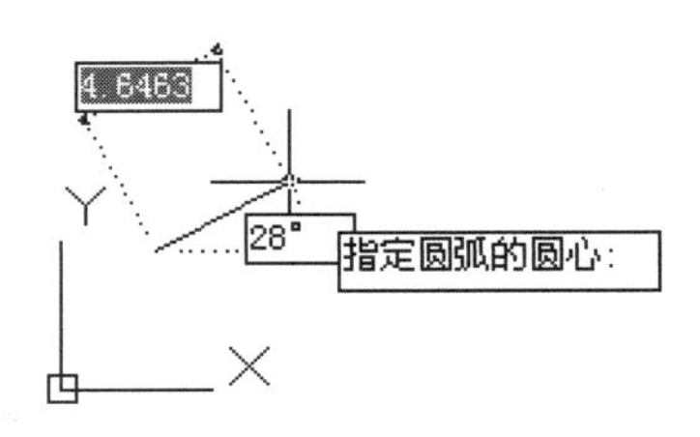

图 2-152　指定圆弧的圆心时绘图区所显示的图形

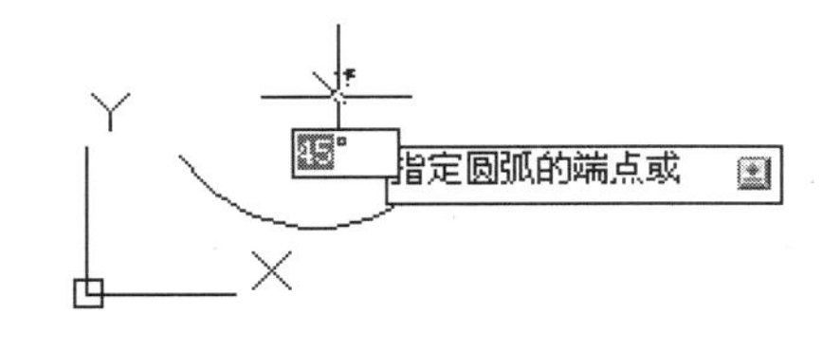

图 2-153　指定圆弧的端点时绘图区所显示的图形

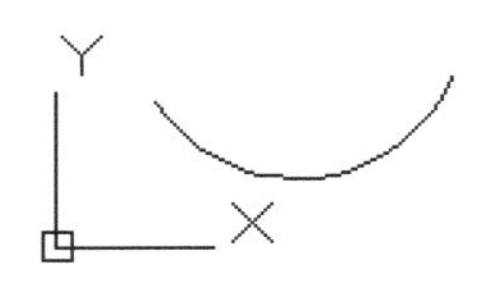

图 2-154　用起点、圆心、端点命令绘制的圆弧

3)　起点、圆心、角度画弧

AutoCAD 提示用户输入起点、圆心、角度(此处的角度为包含角，即为圆弧的中心到两个端点的

两条射线之间的夹角，如夹角为正值，按顺时针方向画弧；如为负值，则按逆时针方向画弧)，绘图区显示的图形如图 2-155～图 2-157 所示。用此命令绘制的圆弧如图 2-158 所示。

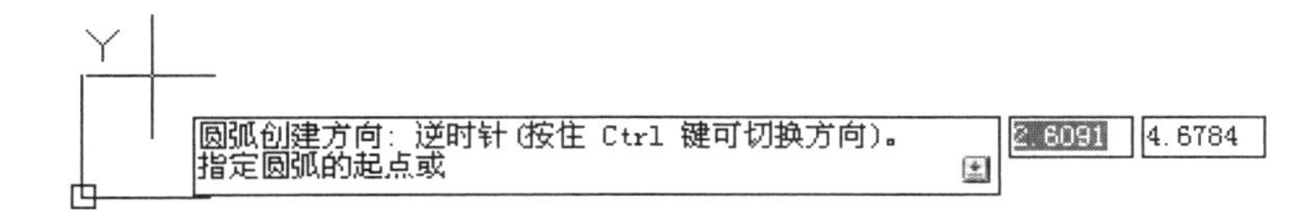

图 2-155　指定圆弧的起点时绘图区所显示的图形

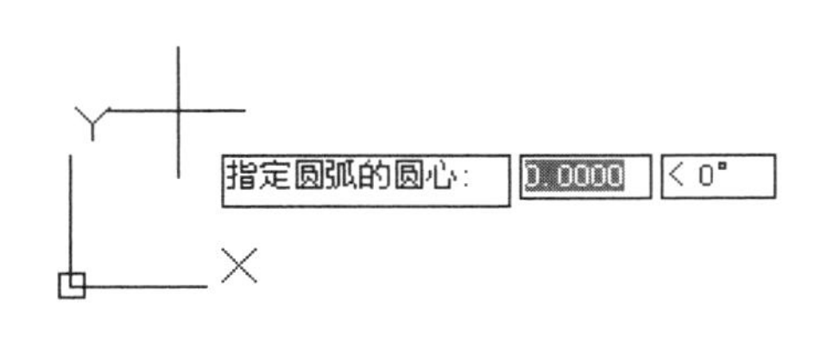

图 2-156　指定圆弧的圆心时绘图区所显示的图形

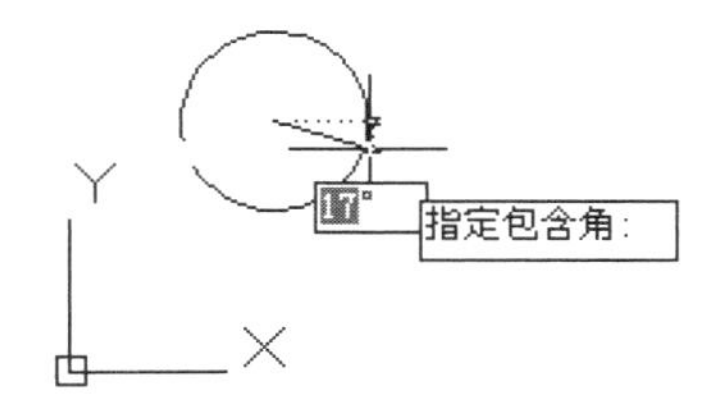

图 2-157　指定包含角时绘图区所显示的图形

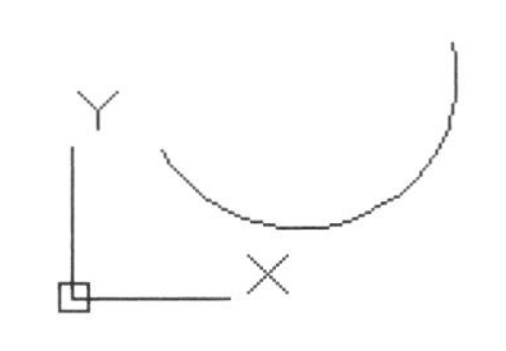

图 2-158　用起点、圆心、角度命令绘制的圆弧

4)　起点、圆心、长度画弧

AutoCAD 提示用户输入起点、圆心、弦长，绘图区显示的图形如图 2-159～图 2-161 所示。当逆时针画弧时，如果弦长为正值，则绘制的是与给定弦长相对应的最小圆弧，如果弦长为负值，则绘制的是与给定弦长相对应的最大圆弧；顺时针画弧则正好相反。用此命令绘制的图形如图 2-162 所示。

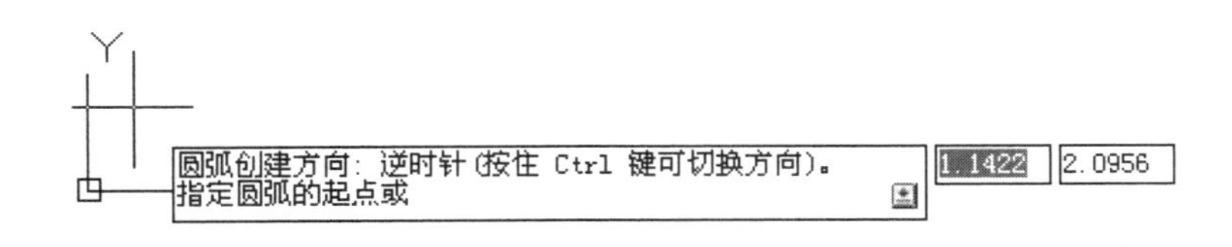

图 2-159　指定圆弧的起点时绘图区所显示的图形

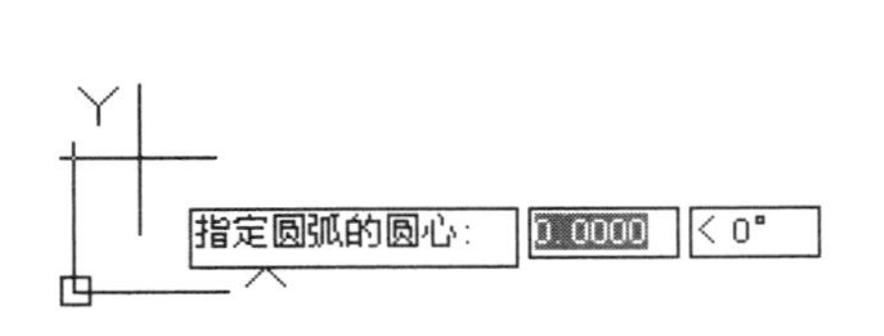

图 2-160　指定圆弧的圆心时绘图区所显示的图形

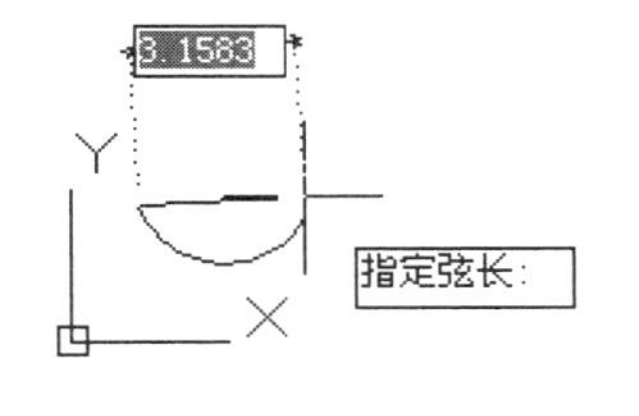

图 2-161　指定弦长时绘图区所显示的图形

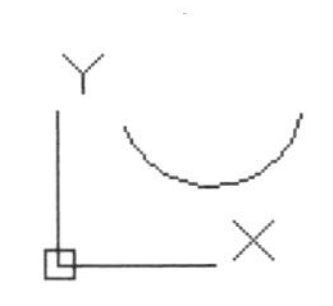

图 2-162　用起点、圆心、长度命令绘制的圆弧

5)　起点、端点、角度画弧

AutoCAD 提示用户输入起点、端点、角度(此角度也包含角)，绘图区显示的图形如图 2-163～图 2-165 所示。当角度为正值时，按逆时针画弧，否则按顺时针画弧。用此命令绘制的图形如图 2-166 所示。

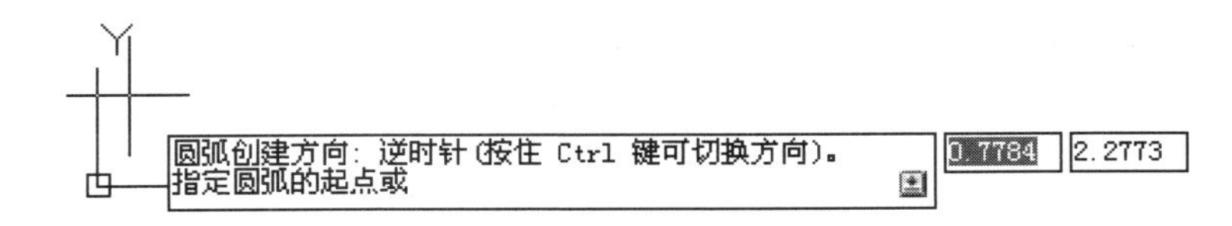

图 2-163　指定圆弧的起点时绘图区所显示的图形

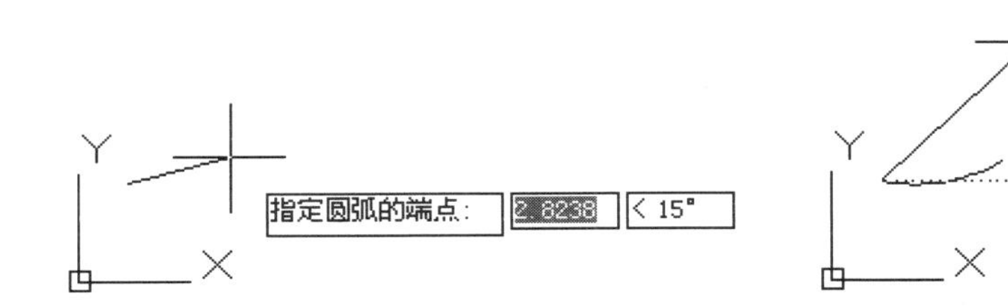

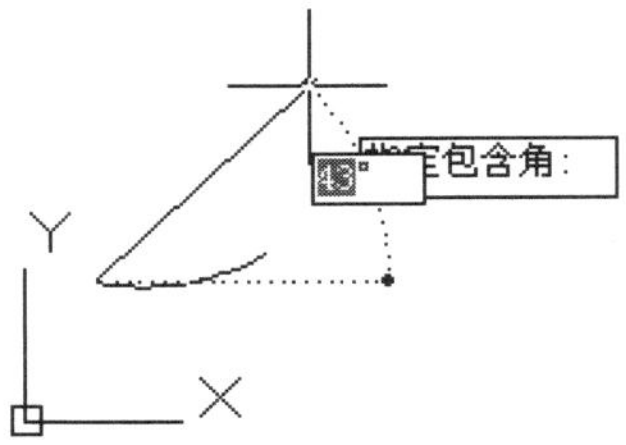

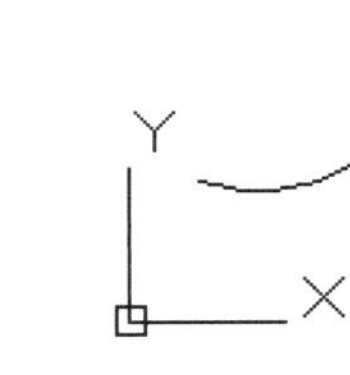

图 2-164　指定圆弧的端点时绘图区所显示的图形

图 2-165　指定包含角时绘图区所显示的图形

图 2-166　用起点、端点、角度命令绘制的圆弧

6)　起点、端点、方向画弧

AutoCAD 提示用户输入起点、端点、方向(所谓方向，指的是圆弧的起点切线方向，以度数来表示)，绘图区显示的图形如图 2-167～图 2-169 所示。用此命令绘制的图形如图 2-170 所示。

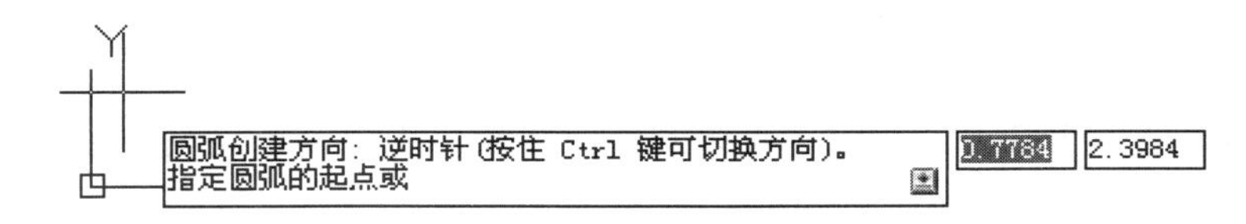

图 2-167　指定圆弧的起点时绘图区所显示的图形

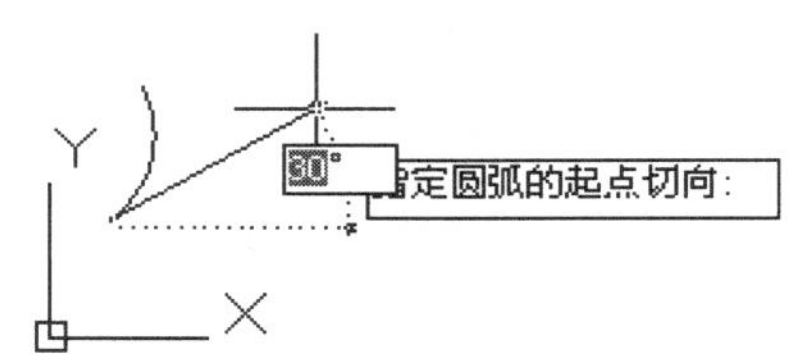

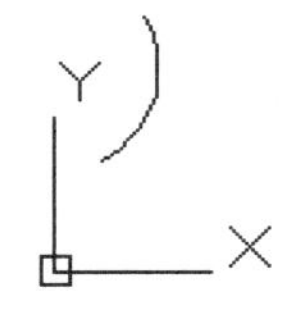

图 2-168　指定圆弧的端点时绘图区所显示的图形

图 2-169　指定圆弧的起点切向时绘图区所显示的图形

图 2-170　用起点、端点、方向命令绘制的圆弧

7)　起点、端点、半径画弧

AutoCAD 提示用户输入起点、端点、半径，绘图区显示的图形如图 2-171～图 2-173 所示。此命令绘制的图形如图 2-174 所示。

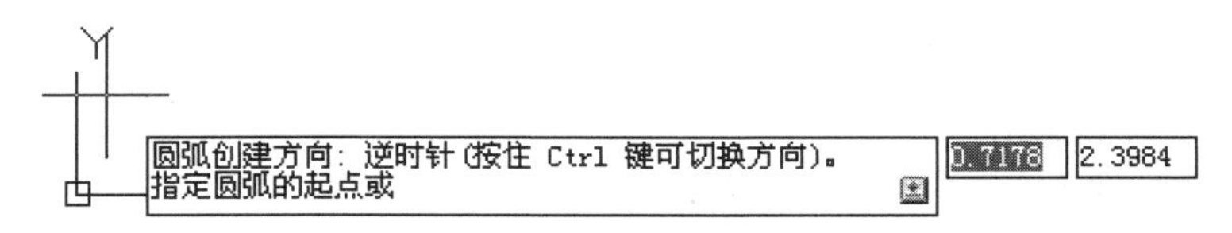

图 2-171　指定圆弧的起点时绘图区所显示的图形

图 2-172　指定圆弧的端点时绘图区所显示的图形

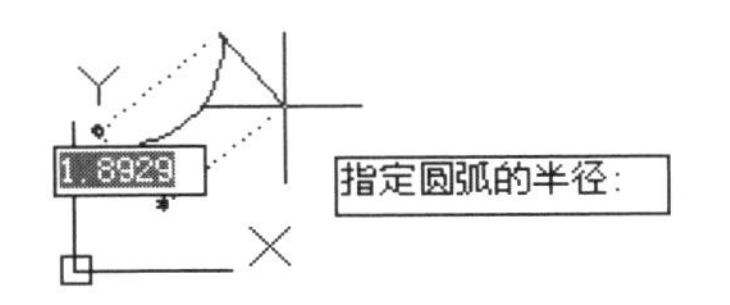

图 2-173　指定圆弧的半径时绘图区所显示的图形

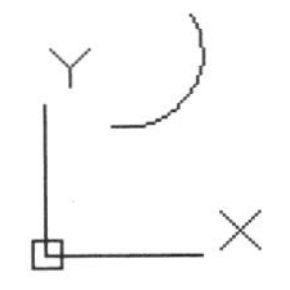

图 2-174　用起点、端点、半径命令绘制的圆弧

提示：在此情况下，用户只能沿逆时针方向画弧，如果半径是正值，则绘制的是起点与终点之间的短弧，否则为长弧。

8）　圆心、起点、端点画弧

AutoCAD 提示用户输入圆心、起点、端点，绘图区显示的图形如图 2-175～图 2-177 所示。此命令绘制的图形如图 2-178 所示。

图 2-175　指定圆弧的圆心时绘图区所显示的图形

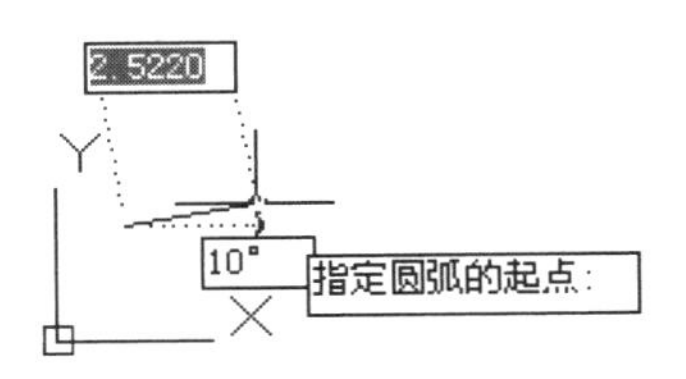

图 2-176　指定圆弧的起点时绘图区所显示的图形

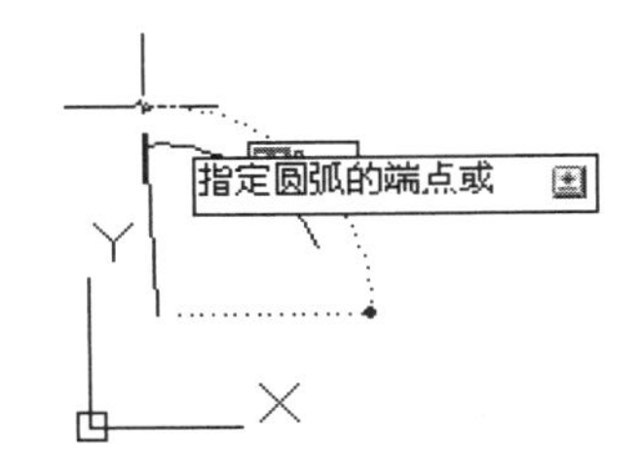

图 2-177　指定圆弧的端点时绘图区所显示的图形

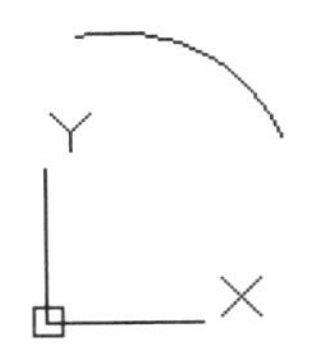

图 2-178　用圆心、起点、端点命令绘制的圆弧

9）　圆心、起点、角度画弧

AutoCAD 提示用户输入圆心、起点、角度，绘图区显示的图形如图 2-179～图 2-181 所示。此命令绘制的图形如图 2-182 所示。

图 2-179　指定圆弧的圆心时绘图区所显示的图形

图 2-180　指定圆弧的起点时绘图区所显示的图形

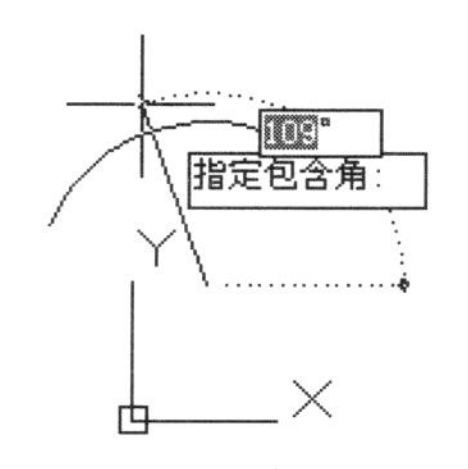

图 2-181　指定包含角时绘图区所显示的图形

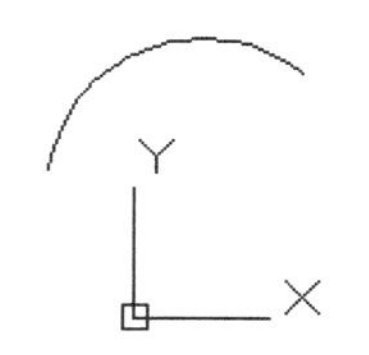

图 2-182　用圆心、起点、角度命令绘制的圆弧

10) 圆心、起点、长度画弧

AutoCAD 提示用户输入圆心、起点、长度(此长度也为弦长)，绘图区显示的图形如图 2-183～图 2-185 所示。此命令绘制的图形如图 2-186 所示。

图 2-183　指定圆弧的圆心时绘图区所显示的图形

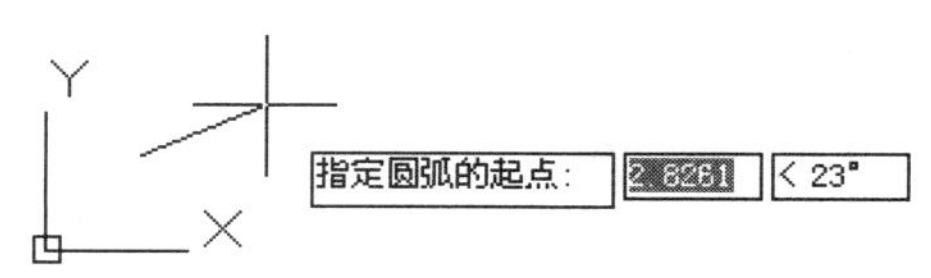

图 2-184　指定圆弧的起点时绘图区所显示的图形

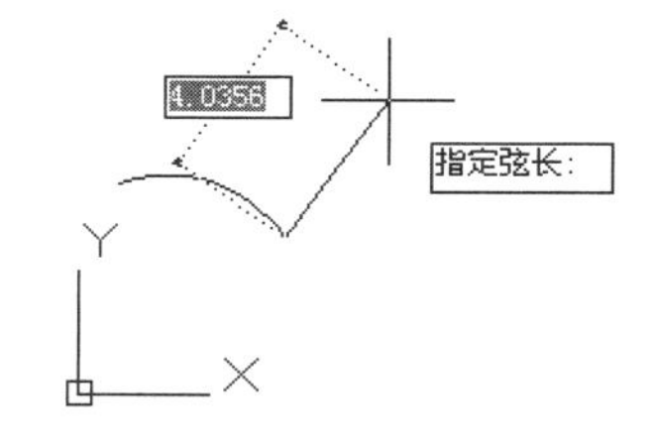

图 2-185　指定弦长时绘图区所显示的图形

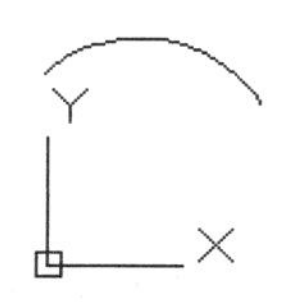

图 2-186　用圆心、起点、长度命令绘制的圆弧

11) 继续画弧

在这种方式下，用户可以从以前绘制的圆弧的终点开始继续下一段圆弧。在此方式下画弧时，每段圆弧都与以前的圆弧相切。以前圆弧或直线的终点和方向就是此圆弧的起点和方向。

2.4.3　绘制圆环

行业知识链接：AutoCAD 的【圆环】命令可以快速创建同心圆。如图 2-187 所示是压紧块零件，压紧块用于加紧机械零件，在创建固定孔时有同心度的要求。

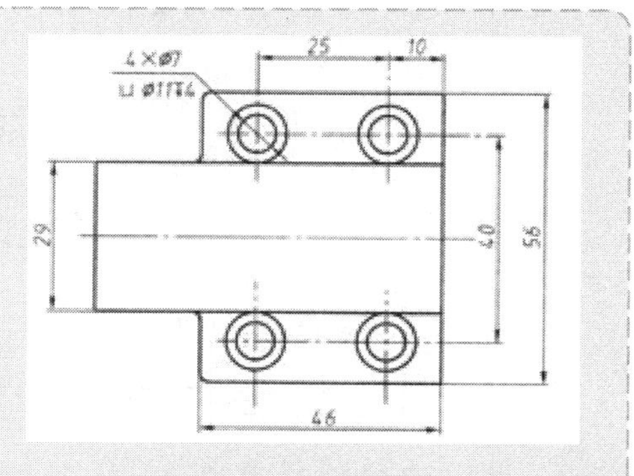

图 2-187　压紧块零件

调用绘制圆环命令的方法如下：

(1) 单击【默认】选项卡的【绘图】面板中的【圆环】按钮。

(2) 在命令行中输入“donut”后按 Enter 键。

(3) 在菜单栏中选择【绘图】|【圆环】命令。

选择命令后，命令行将提示用户指定圆环的内径。命令行窗口提示如下：

```
命令: _donut
指定圆环的内径 <50.0000>:
```

指定圆环的内径后绘图区如图 2-188 所示。

指定圆环的内径后，命令行将提示用户指定圆环的外径。命令行窗口提示如下：

```
指定圆环的外径 <60.0000>:
```

指定圆环的外径后绘图区如图 2-189 所示。

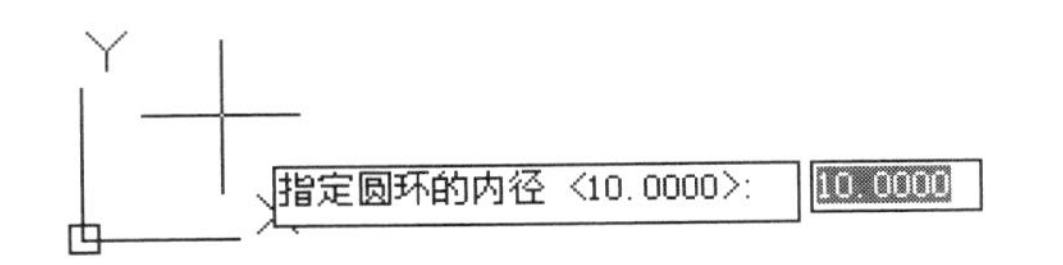

图 2-188　指定圆环的内径后绘图区所显示的图形

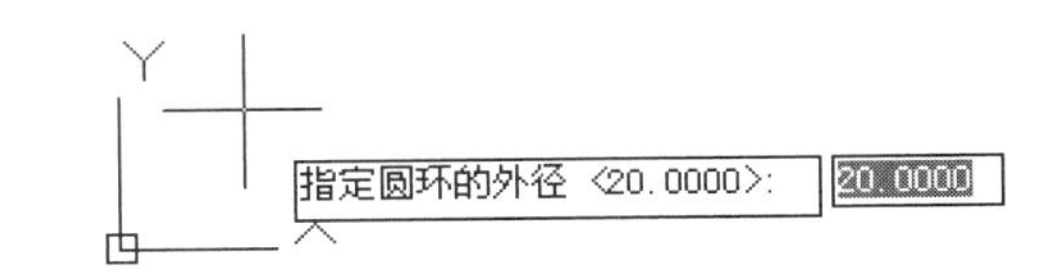

图 2-189　指定圆环的外径后绘图区所显示的图形

指定圆环的外径后，命令行将提示用户指定圆环的中心点或 <退出>。命令行窗口提示如下：

```
指定圆环的中心点或 <退出>:
```

指定圆环的中心点后绘图区如图 2-190 所示。

绘制的图形如图 2-191 所示。

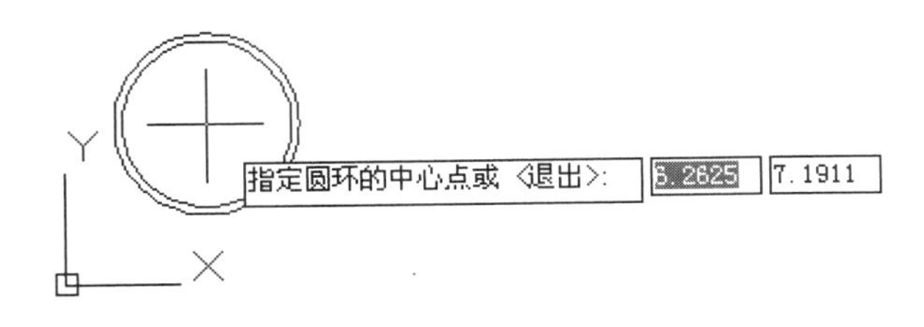

图 2-190　指定圆环的中心点后绘图区所显示的图形

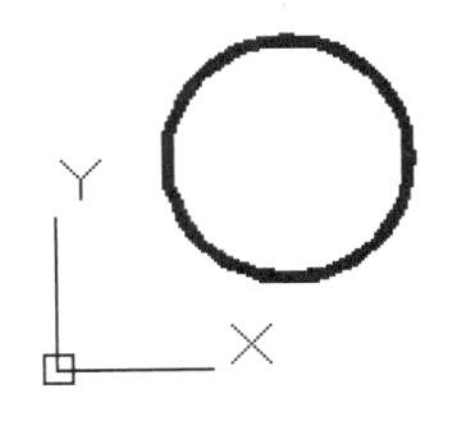

图 2-191　用 donut 命令绘制的圆环

课后练习

案例文件：ywj\02\03.dwg

视频文件：光盘\视频课堂\第 2 教学日\2.4

练习案例分析及步骤如下。

本课后练习创建飞轮零件草图，飞轮是安装在机器回转轴上的具有较大转动惯量的轮状蓄能器。当机器转速增高时，飞轮的动能增加，把能量储存起来；当机器转速降低时，飞轮动能减少，把能量释放出来。飞轮可以用来减少机械运转过程的速度波动。如图 2-192 所示是完成的飞轮草图。

本课案例主要练习了 AutoCAD 的圆类型命令，圆形也是机械零件的基本组成部分，大多数零件都需要用到。绘制的过程当中，使用【偏移】或者【圆环】命令，可以快速创建一些圆形。绘制飞轮草图的思路和步骤如图 2-193 所示。

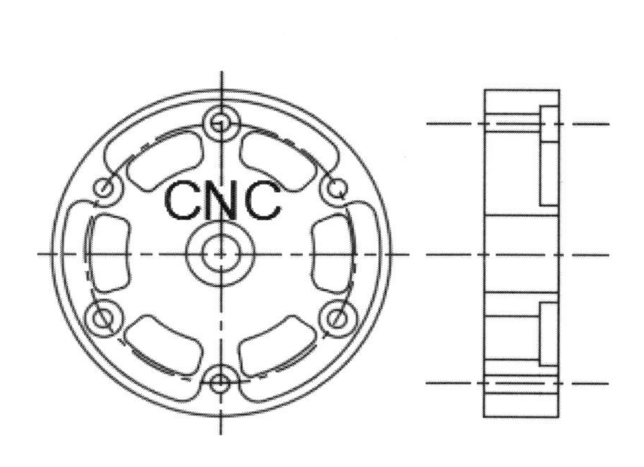

图 2-192　完成的飞轮草图

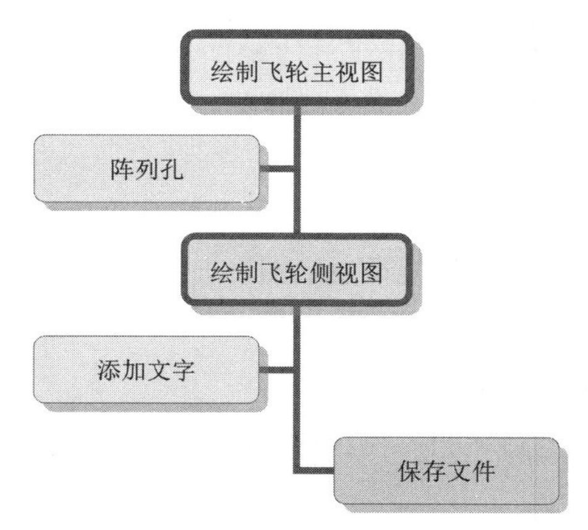

图 2-193　飞轮草图步骤

练习案例操作步骤如下。

step 01 绘制飞轮主视图。选择中心线图层，单击【默认】选项卡的【绘图】面板中的【直线】按钮，绘制中心线，如图 2-194 所示。

step 02 单击【默认】选项卡的【绘图】面板中的【圆】按钮，绘制半径为 0.5 和 0.9 的同心圆，如图 2-195 所示。

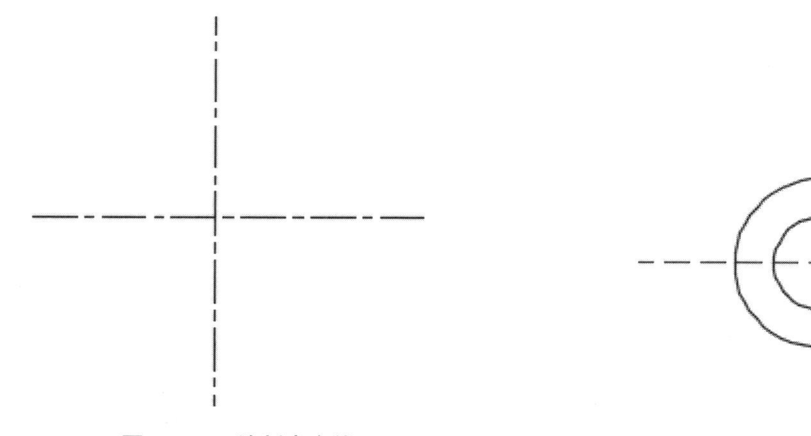

图 2-194　绘制中心线

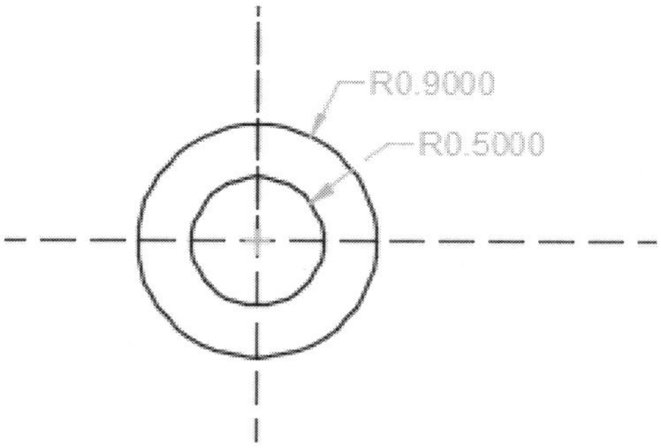

图 2-195　绘制半径为 0.5 和 0.9 的同心圆

step 03 选择中心线图层，单击【默认】选项卡的【绘图】面板中的【圆】按钮，绘制半径为 3.6 的圆，如图 2-196 所示。

step 04 单击【默认】选项卡的【绘图】面板中的【圆】按钮，绘制半径为 2.5 和 3.5 的同心圆，如图 2-197 所示。

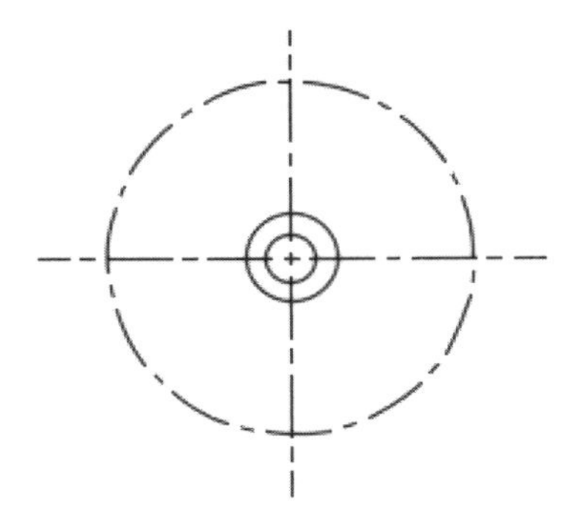

图 2-196　绘制半径为 3.6 的圆

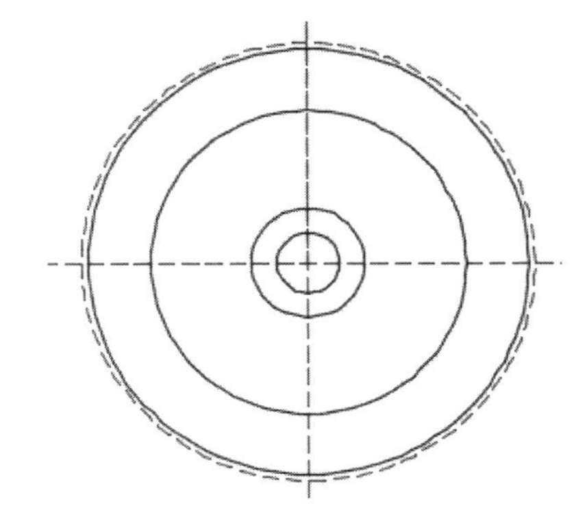

图 2-197　绘制半径为 2.5 和 3.5 的同心圆

step 05 单击【默认】选项卡的【绘图】面板中的【直线】按钮，绘制与水平线夹角分别为 20°的角度线，如图 2-198 所示。

step 06 单击【默认】选项卡的【修改】面板中的【圆角】按钮，绘制半径为 0.3 的圆角，如图 2-199 所示。

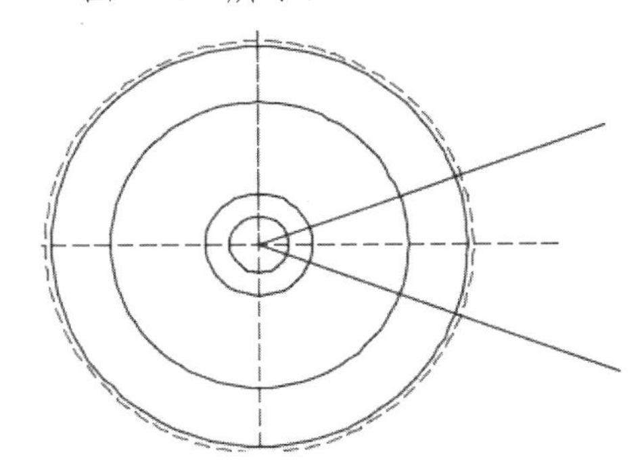

图 2-198　绘制角度线

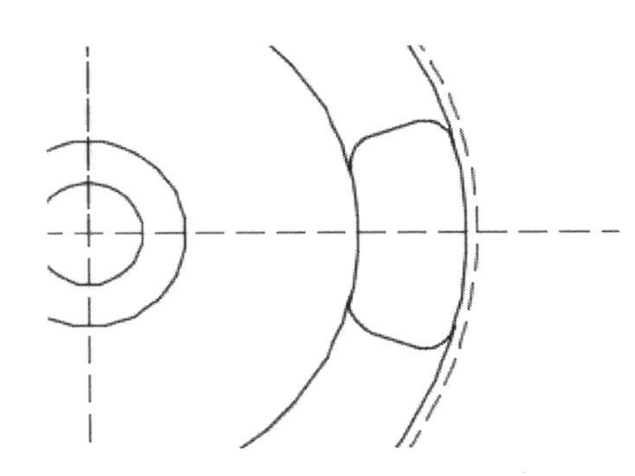

图 2-199　绘制半径为 0.3 的圆角

step 07 单击【默认】选项卡的【修改】面板中的【修剪】按钮，快速修剪图形，如图 2-200 所示。

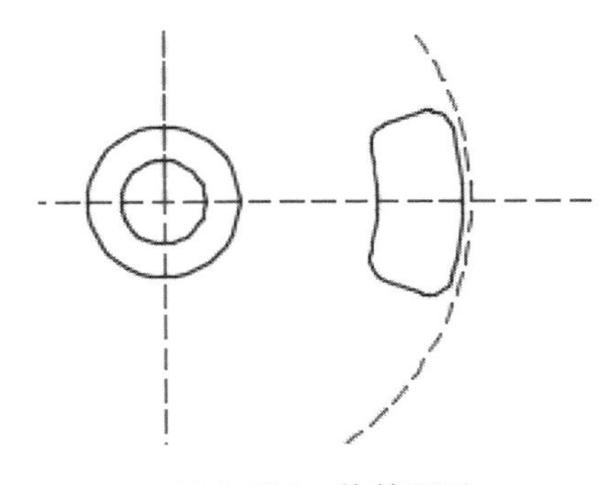

图 2-200　修剪图形

step 08 单击【默认】选项卡的【修改】面板中的【环形阵列】按钮，选择草图和基点，在弹出的【阵列创建】选项卡中设置阵列的参数，创建环形阵列，如图 2-201 所示。

图 2-201 【阵列创建】选项卡

step 09 完成环形阵列，如图 2-202 所示。

step 10 单击【默认】选项卡的【绘图】面板中的【圆】按钮，绘制半径为 0.25 的圆，并单击【环形阵列】按钮，完成如图 2-203 所示的阵列图形。

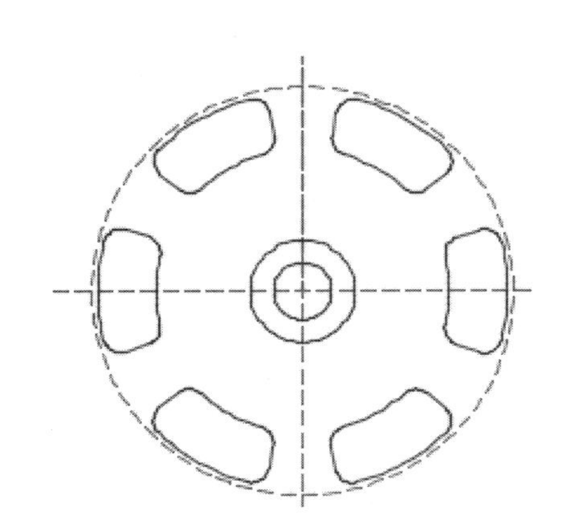

图 2-202 环形阵列图形

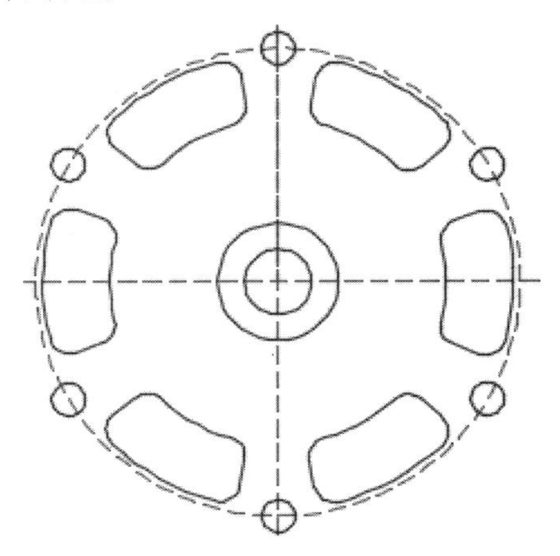

图 2-203 绘制圆并阵列

step 11 单击【默认】选项卡的【绘图】面板中的【圆】按钮，绘制半径为 0.5 的圆，如图 2-204 所示。

step 12 单击【默认】选项卡的【绘图】面板中的【圆】按钮，绘制半径为 4.25 的圆，如图 2-205 所示。

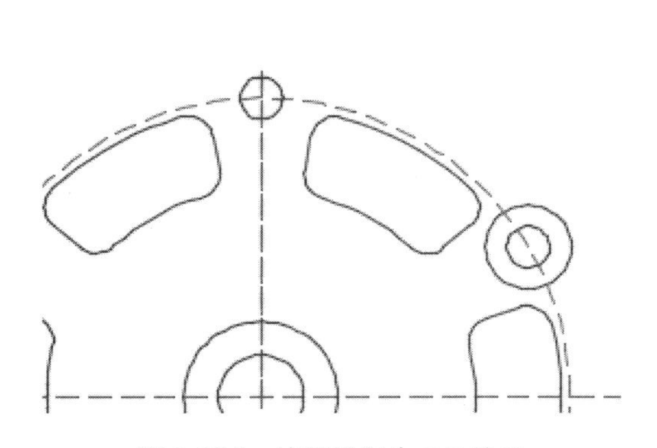

图 2-204 绘制半径为 0.5 的圆

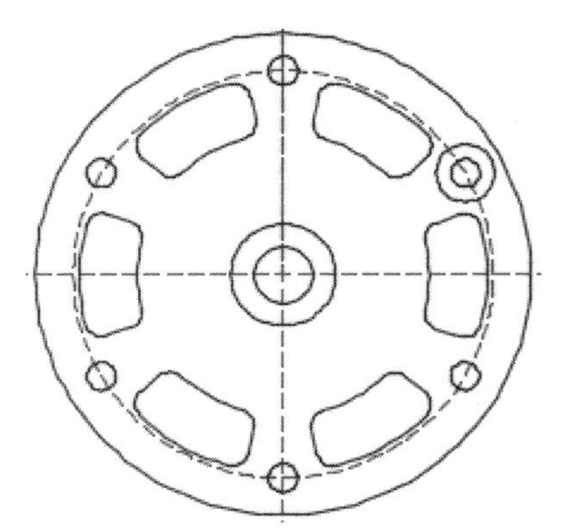

图 2-205 绘制半径为 4.25 的圆

step 13 单击【默认】选项卡的【绘图】面板中的【直线】按钮，绘制如图 2-206 所示的切线。

step 14 单击【默认】选项卡的【修改】面板中的【圆角】按钮，绘制半径为 0.5 的圆角，如图 2-207 所示。

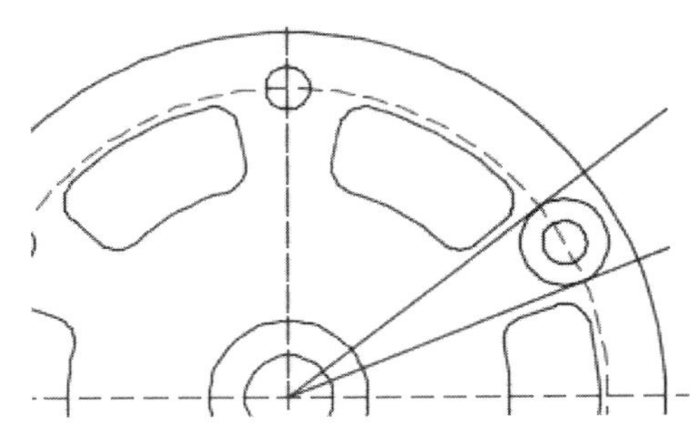

图 2-206　绘制切线

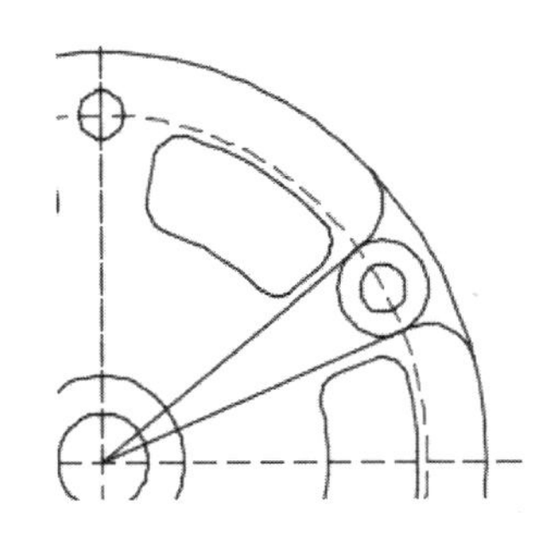

图 2-207　绘制半径为 0.5 的圆角

step 15 单击【默认】选项卡的【修改】面板中的【修剪】按钮，快速修剪图形，并单击【环形阵列】按钮，完成如图 2-208 所示的阵列图形。

step 16 单击【默认】选项卡的【修改】面板中的【修剪】按钮，快速修剪图形，如图 2-209 所示。

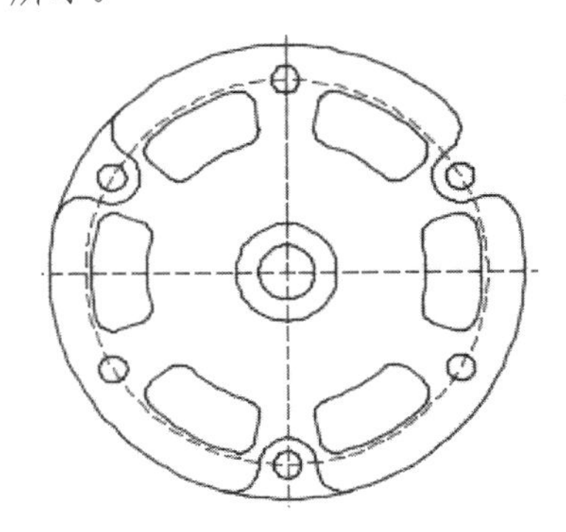

图 2-208　修剪并阵列图形

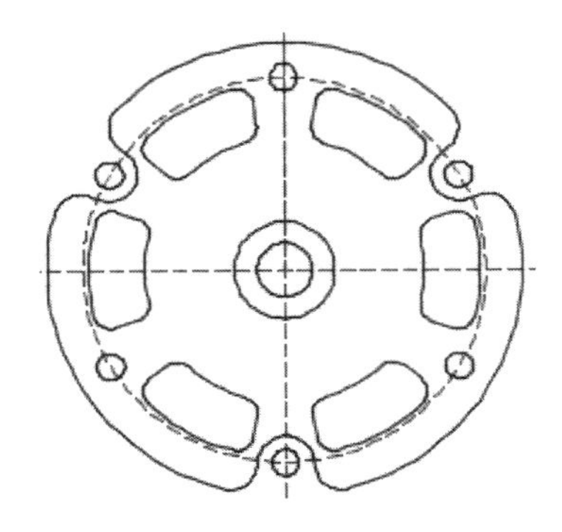

图 2-209　修剪图形

step 17 单击【默认】选项卡的【绘图】面板中的【圆】按钮，绘制半径为 0.5 的圆，并单击【环形阵列】按钮，完成如图 2-210 所示的阵列图形。

step 18 单击【默认】选项卡的【绘图】面板中的【圆】按钮，绘制半径为 4.5 的圆，完成飞轮主视图的绘制，如图 2-211 所示。

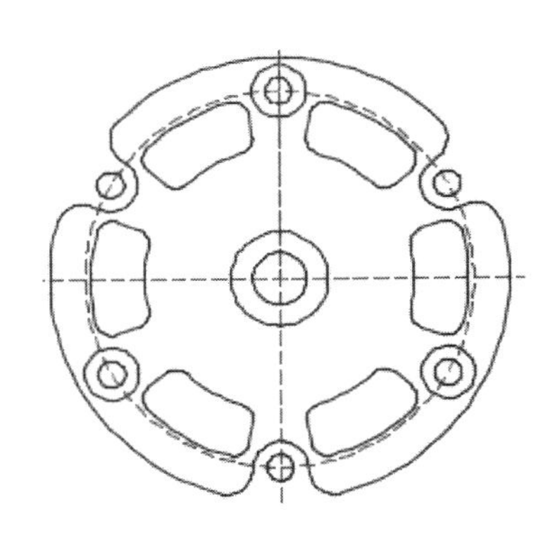

图 2-210　绘制圆并阵列

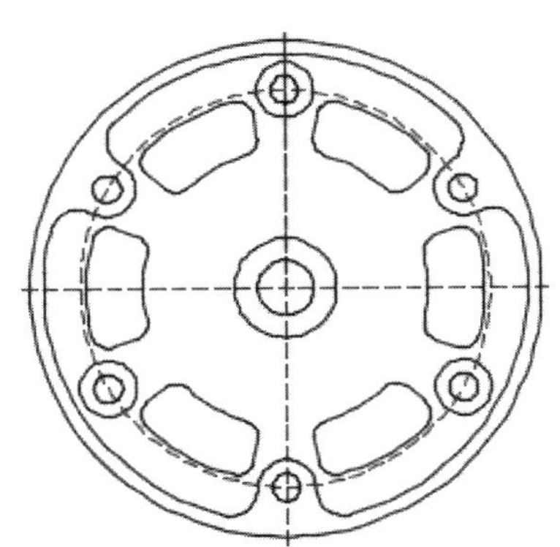

图 2-211　完成飞轮主视图

step 19 开始绘制飞轮侧视图。选择中心线图层，单击【默认】选项卡的【绘图】面板中的【直线】按钮，绘制中心线，如图 2-212 所示。

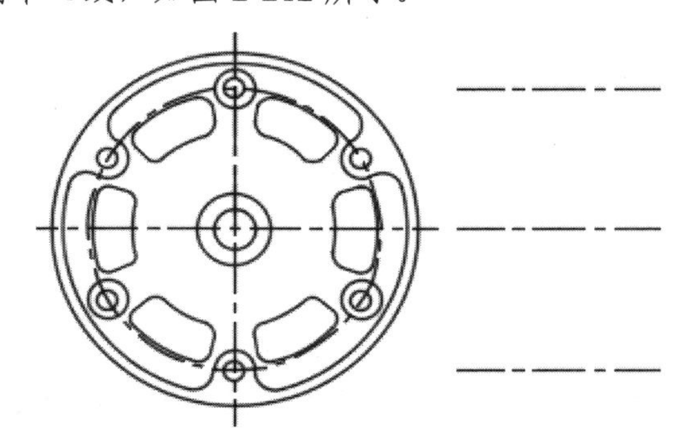

图 2-212　绘制中心线

step 20 单击【默认】选项卡的【绘图】面板中的【直线】按钮，绘制长度分别为 4.5、2、4.5 的 3 条直线，如图 2-213 所示。

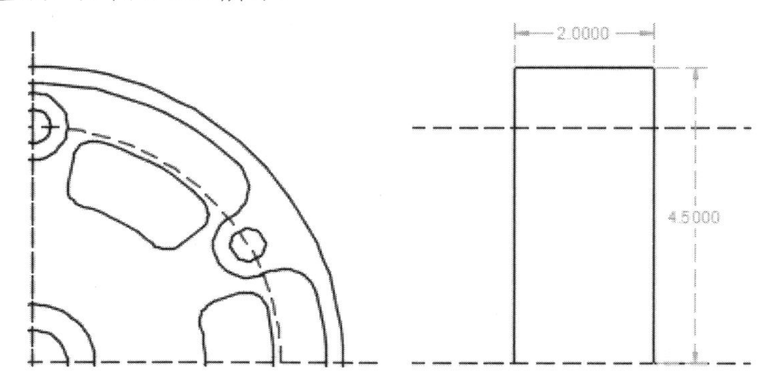

图 2-213　绘制 3 条直线

step 21 单击【默认】选项卡的【绘图】面板中的【直线】按钮，绘制如图 2-214 所示的 7 条水平线。

step 22 单击【默认】选项卡的【绘图】面板中的【直线】按钮，绘制如图 2-215 所示的两条垂线，距离最右侧垂线分别为 0.5 和 1。

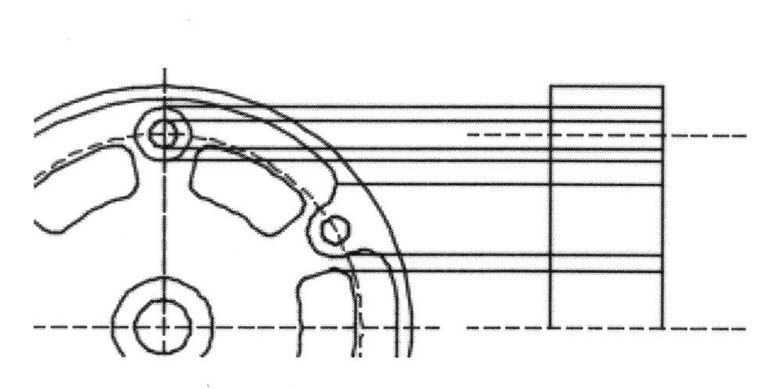

图 2-214　绘制 7 条水平线

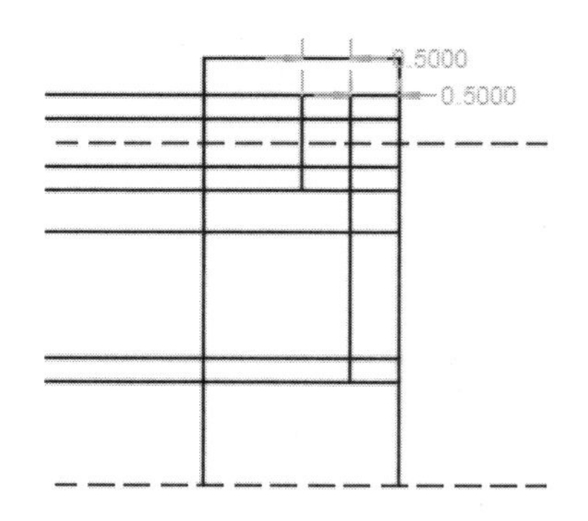

图 2-215　绘制两条垂线

step 23 单击【默认】选项卡的【修改】面板中的【修剪】按钮，快速修剪视图左侧多余的水平线，如图 2-216 所示。

step 24 单击【默认】选项卡的【修改】面板中的【修剪】按钮，快速修剪视图内部直线，如图 2-217 所示。

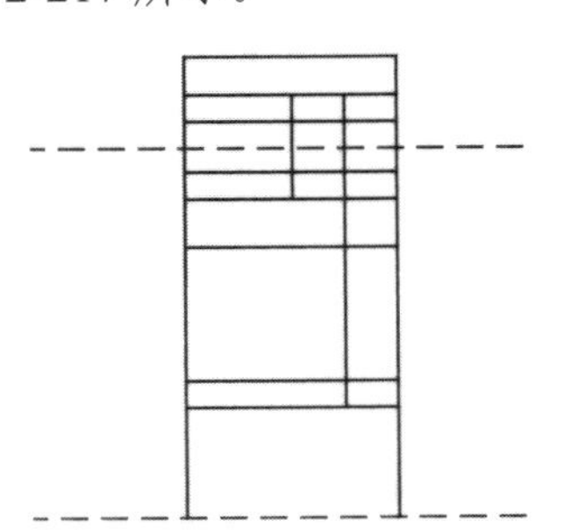

图 2-216　修剪视图左侧多余水平线

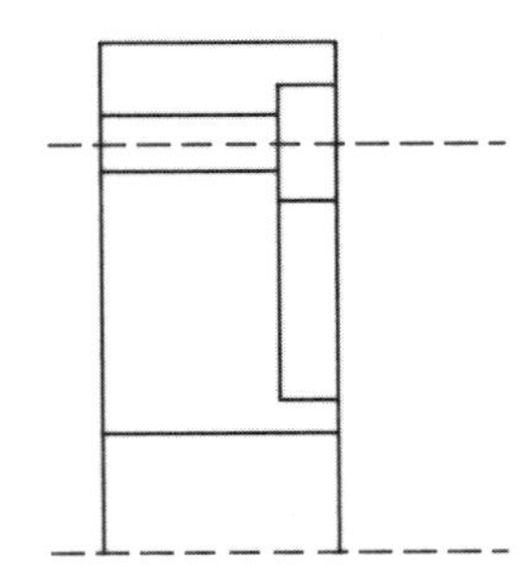

图 2-217　修剪视图内部直线

step 25 单击【默认】选项卡的【修改】面板中的【镜像】按钮，选择镜像的图形，向下创建如图 2-218 所示的镜像图形。

step 26 单击【默认】选项卡的【绘图】面板中的【直线】按钮，绘制如图 2-219 所示的两条水平线，完成侧视图的绘制。

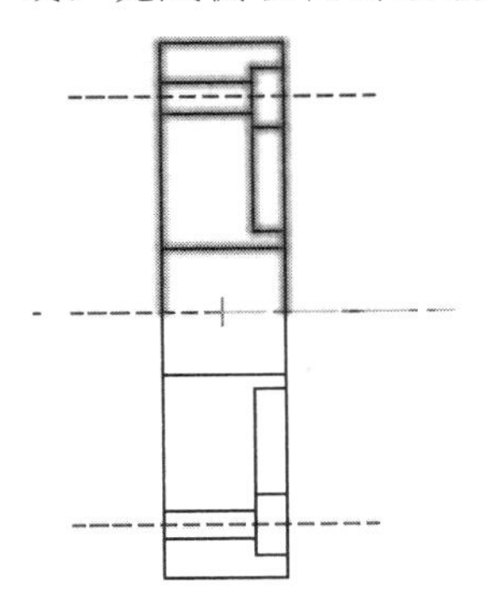

图 2-218　向下创建镜像草图

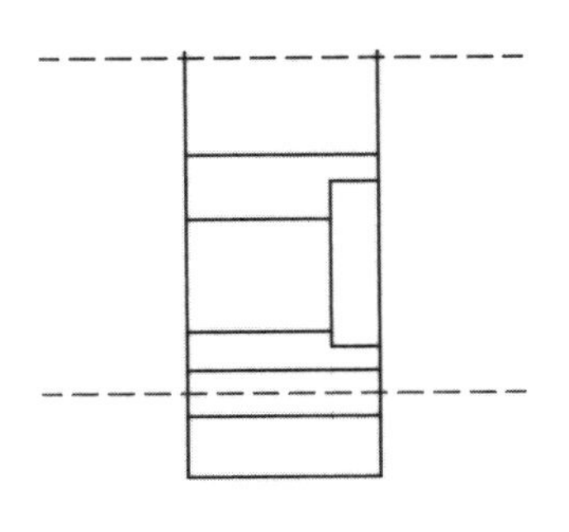

图 2-219　绘制两条水平线

step 27 单击【默认】选项卡的【注释】面板中的【文字】按钮A，添加如图 2-220 所示的文字。

step 28 完成飞轮草图的绘制，如图 2-221 所示。

图 2-220　添加文字

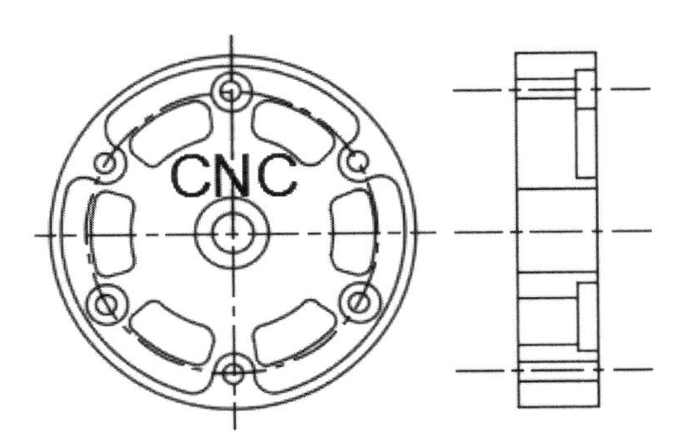

图 2-221　完成飞轮草图

机械设计实践： 垫片是两个物体之间的机械密封，通常用于防止两个物体之间受到压力、腐蚀和管路自然地热胀冷缩泄漏。由于机械加工表面不可能完美，使用垫片即可填补不规则性。如图 2-222 所示，是典型垫片零件，绘制时使用【圆】和【圆环】命令可以快速完成。

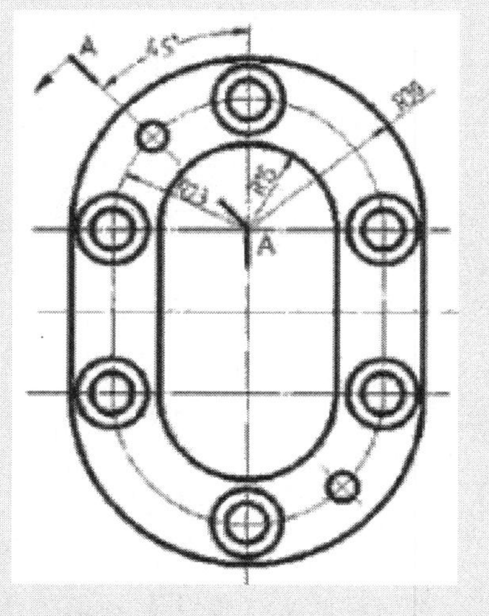

图 2-222　垫片零件图纸

第5课　2课时　图案填充、渐变色和云线

2.5.1　图案填充

行业知识链接： 在机械绘图中，经常需要将某种特定的图案填充至某个区域，从而表达该区域的特征，这种填充操作称为图案填充。图案填充的应用非常广泛，例如，在机械工程图中，可以用图案填充表达一个剖面的区域，也可以使用不同的图案填充来表达不同的零部件或材料。

1. 设置图案填充

在 AutoCAD 2016 中，可以通过以下 3 种方法设置图案填充。

(1) 在命令行中输入“hatch”命令并按 Enter 键。

(2) 在菜单栏中选择【绘图】|【图案填充】命令。

(3) 单击【默认】选项卡的【绘图】面板中的【图案填充】按钮。

使用以上任意一种方法，再在命令行输入“t”命令，按 Enter 键，均能打开【图案填充和渐变色】对话框，切换到【图案填充】选项卡中，可以设置图案填充时的类型和图案、角度和比例等特性，如图 2-223 所示。

图 2-223　【图案填充和渐变色】对话框

2．类型和图案

在【图案填充】选项卡的【类型和图案】选项组中，可以设置图案填充的类型和图案，其中各主要选项的含义如下。

【类型】下拉列表框：其中包括【预定义】、【用户定义】和【自定义】3 个选项。选择【预定义】选项，可以使用 AutoCAD 提供的图案；选择【用户定义】选项，则需要临时定义图案，该图案由一组平行线或者相互垂直的两组平行线组成；选择【自定义】选项，可以使用事先定义好的图案。

【图案】下拉列表框：设置填充的图案，当在【类型】下拉列表框中选择【预定义】选项时该选项可用。在该下拉列表框中可以根据图案名称选择图案，也可以单击其右侧的按钮，打开【填充图案选项板】对话框，如图 2-224 所示，在其中用户可根据需要进行相应的选择。

【样例】预览框：显示当前选中的图案样例，单击该预览框，也可以打开【填充图案选项板】对话框。

【自定义图案】下拉列表框：在【类型】下拉列表框中选择【自定义】选项时，该选项可用。

3．角度和比例

在【图案填充】选项卡的【角度和比例】选项组中，可以设置用户所定义类型的图案填充的角度和比例等参数，其中各主要选项的含义如下。

【角度】下拉列表框：设置图案填充的旋转角度。

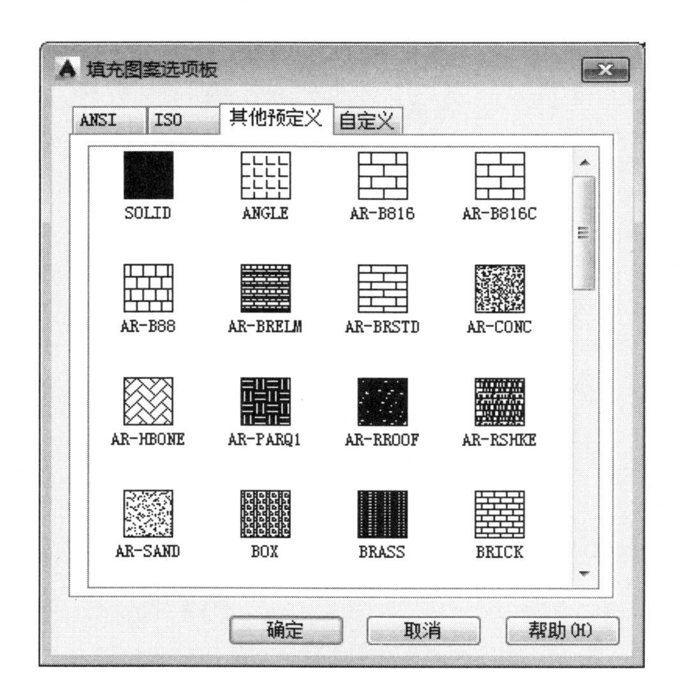

图 2-224 【填充图案选项板】对话框

【比例】下拉列表框：设置图案填充时的比例值。

【相对图纸空间】复选框：设置填充平行线之间的距离。当在【类型】下拉列表框中选择【用户定义】选项时，该选项才可用。

【ISO 笔宽】下拉列表框：设置笔的宽度。当填充图案采用 ISO 图案时，该选项才可用。

4. 图案填充原点

在【图案填充】选项卡的【图案填充原点】选项组中，可以设置图案填充原点的位置，因为许多图案填充需要对齐边界上的某一个点。该选项组中各主要选项的含义如下。

【使用当前原点】单选按钮：可以使用当前 UCS 的坐标原点(0,0)作为图案填充原点。

【指定的原点】单选按钮：可以指定一个点作为图案填充原点。

5. 边界

在【图案填充】选项卡的【边界】选项组中包括【添加：拾取点】、【添加：选择对象】等按钮，各主要按钮的含义如下。

【添加：拾取点】按钮：以拾取点的形式来指定填充区域的边界。

【添加：选择对象】按钮：单击该按钮，将切换到绘图区域，可以通过选择对象的方式来定义填充区域。

【删除边界】按钮：单击该按钮，可以取消系统自动计算或用户指定的边界，如图 2-225 所示为包含边界与删除边界的效果对比图。

【重新创建边界】按钮：重新创建图案填充的边界。

【查看选择集】按钮：查看已定义的填充边界，单击该按钮，将切换到绘图区域，已定义的填充边界将亮显。

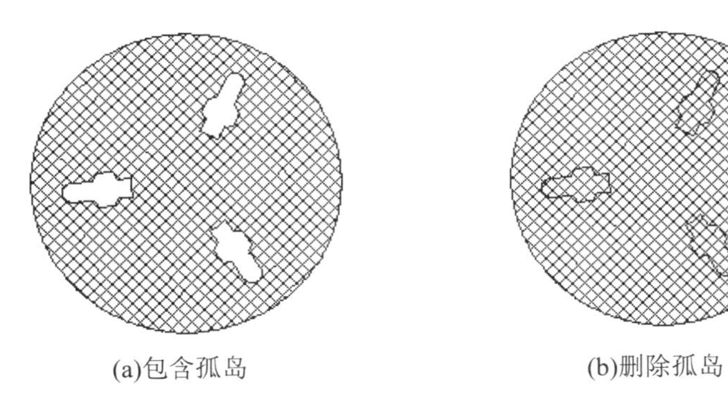

(a)包含孤岛　　(b)删除孤岛

图 2-225　图案填充效果对比图

6．选项

【图案填充】选项卡的【选项】选项组中各主要选项的含义如下。

【注释性】复选框：该复选框用于将图案定义为可注释对象。

【关联】复选框：该复选框用于创建边界时随之更新的图案和填充。

【创建独立的图案填充】复选框：该复选框用于创建独立的图案填充。

【绘图次序】下拉列表框：该下拉列表框用于指定图案填充的绘图顺序，图案填充可以放在图案填充边界及所有其他对象之后或之前。

7．设置孤岛

在进行图案填充时，通常将位于一个已定义好的填充区域内的封闭区域称为孤岛，单击【图案填充和渐变色】对话框右下角的【更多选项】按钮，将显示更多选项，可以对孤岛和边界进行设置，如图 2-226 所示。

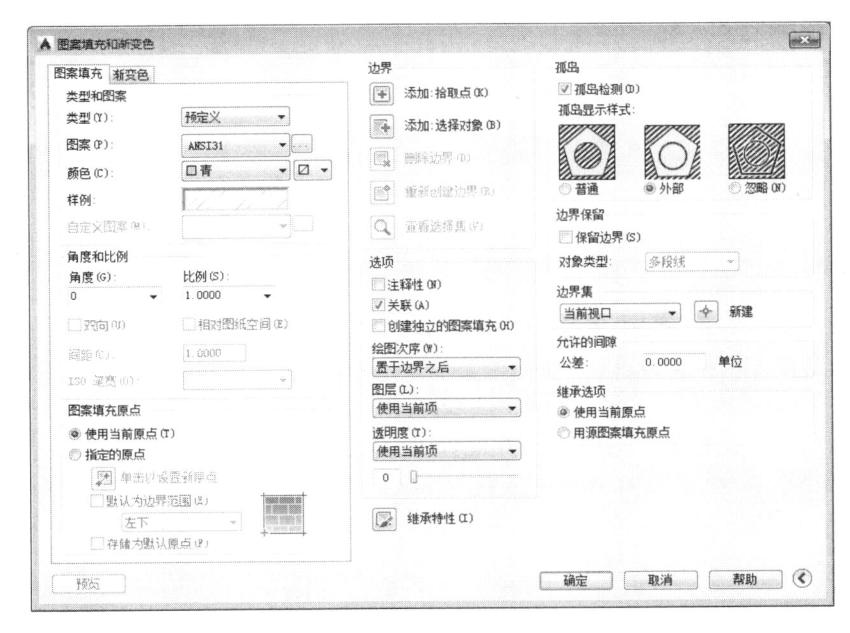

图 2-226　展开的【图案填充和渐变色】对话框

在【孤岛】选项组中，选中【孤岛检测】复选框，可以指定在最外层边界内填充对象的方法，包括【普通】、【外部】和【忽略】3 种填充方法，各填充方法的效果如图 2-227 所示。

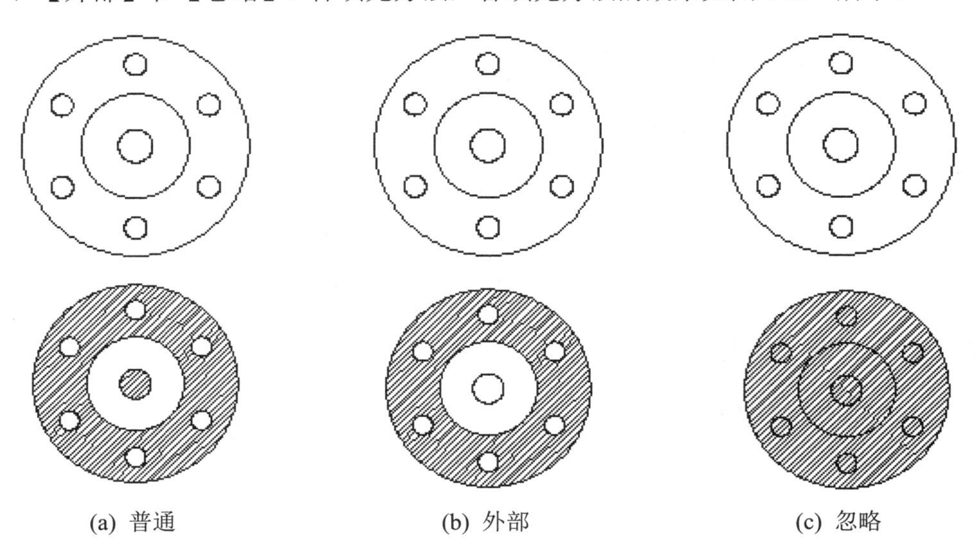

(a) 普通　　(b) 外部　　(c) 忽略

图 2-227　孤岛的 3 种填充效果

【普通】方式：从最外边界向里填充图形，遇到与之相交的内部边界时断开填充线，遇到下一个内部边界时再继续绘制填充线，系统变量 HPNAME 设置为 N。以【普通】方式填充图形时，如果填充边界内有诸如文字、属性这样的特殊对象，且在选择填充边界时也选择了它们，填充时图案填充在这些对象处会自动断开，如图 2-228 所示。

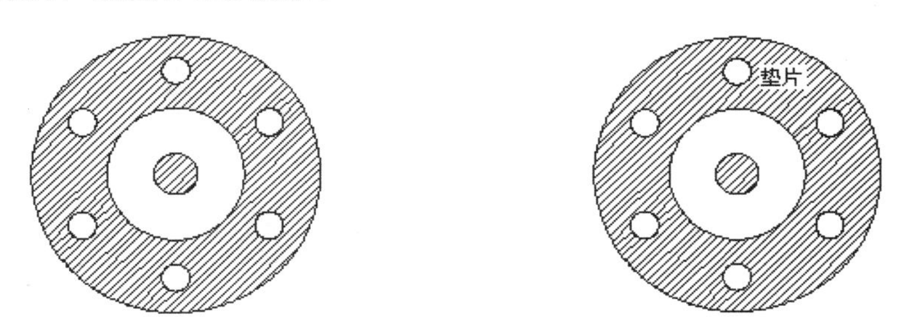

图 2-228　包含文字对象的图案填充

【外部】方式：从最外边界向里填充图形，遇到与之相交的内部边界时断开填充线，不再继续往里填充图形，系统变量 HPNAME 设置为 0。

【忽略】方式：忽略边界内的对象，所有内部结构都被填充线覆盖，系统变量 HPNAME 设置为 1。

展开【图案填充和渐变色】对话框后，其他各主要选项的含义如下。

【边界集】选项组：可以定义填充的对象集，AutoCAD 将根据这些对象来确定填充边界。默认情况下，系统根据【当前视口】中的所有可见对象确定填充边界。也可以单击【新建】按钮，切换到绘图区域，然后通过指定对象类型定义边界集，此时【边界集】下拉列表框中将显示【现有集合】选项。

【允许的间隙】选项组：通过【公差】文本框设置填充时填充区域所允许的间隙大小。在该参数范围内，可以将一个几乎封闭的区域看作是一个封闭的填充边界，默认值为“0”，这时填充对象必须是完全封闭的区域。

【继承选项】选项组：用于确定在使用继承属性创建图案填充时图案填充原点的位置，可以是当前原点或原图案填充的原点。

8. 编辑图案填充

创建图案填充后，如果需要修改填充区域的边界，可以选择【修改】|【对象】|【图案填充】命令，然后在绘图区域中单击需要编辑的图案填充对象，这时将弹出【图案填充编辑】对话框，如图 2-229 所示，可以看出【图案填充编辑】对话框与【图案填充和渐变色】对话框的内容基本相同，只是某些选项被禁止使用，在其中只能修改图案、比例、旋转角度和关联性等，而不能修改其边界。

图 2-229 【图案填充编辑】对话框

在编辑图案填充时，系统变量 PICKSTYLE 起着重要的作用，其值有 4 个，各值的主要作用如下。

0：禁止编组或关联图案选择，即当用户选择图案时仅选择了图案自身，而不会选择与之关联的对象。

1：允许编组对象，即图案可以被加入到对象编组中，是 PICKSTYLE 的默认设置。

2：允许关联的图案选择。

3：允许编组和关联的图案选择。

9．分解填充的图案

图案是一种特殊的块，称为匿名块，无论形状多么复杂，它都是一个单独的对象。可以选择【修改】|【分解】命令，来分解一个已存在的关联图案。图案被分解后，它将不再是一个单一的对象，而是一组组成图案的线条，同时，分解后图案也失去了与图形的关联性，因此将无法再使用【修改】|【对象】|【图案填充】命令来编辑。

2.5.2 渐变色填充

行业知识链接：渐变色填充用于填充需要特殊效果的场合，如广告、特殊的机械零件等，如图 2-230 所示是字体的渐变色填充。

123456

图 2-230　渐变色填充

在【图案填充和渐变色】对话框中切换到【渐变色】选项卡，如图 2-231 所示，在其中可以创建单色或双色渐变，并对图形进行填充。其中各主要选项的含义如下。

图 2-231　【渐变色】选项卡

【单色】单选按钮：选中该单选按钮，可以使用颜色从较深着色到较浅着色调平滑过渡的单色填充。

【双色】单选按钮：选中该单选按钮，可以指定在两种颜色之间平滑过渡的双色渐变填充，如图 2-232 所示。

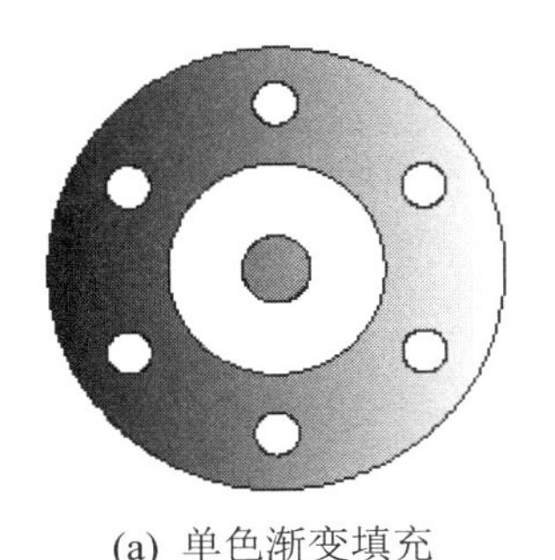

(a) 单色渐变填充

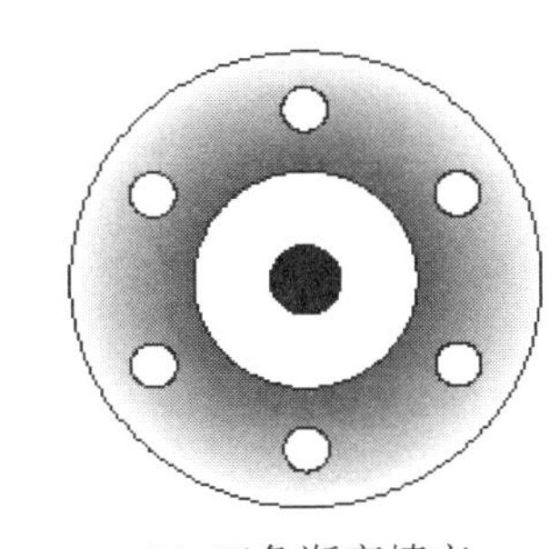

(b) 双色渐变填充

图 2-232　渐变色填充图形

【渐变图案】预览框：在该预览框中显示当前设置的渐变色效果。

【角度】下拉列表框：在该下拉列表框中选择相应的选项，可以相对当前 UCS 指定渐变色的角度。

2.5.3　修订云线

行业知识链接： 云线用于标注突出或者绘制不规则图形，如图 2-233 所示是建筑平面图中使用云线标示的特殊区域。

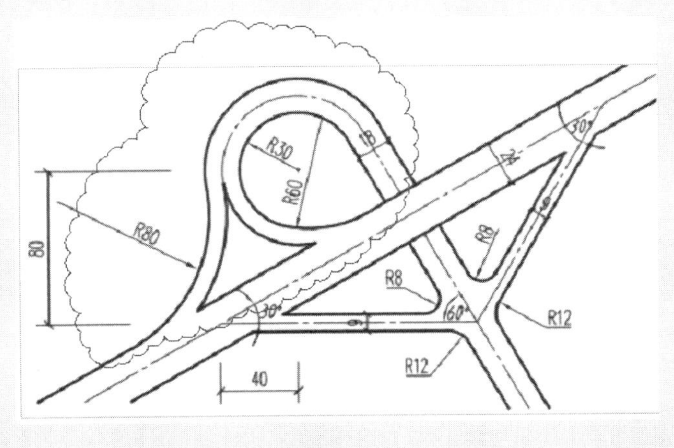

图 2-233　云线标示

修订云线是由连续圆弧组成的多段线，用于在检查阶段提醒用户注意图形的某个部分。

在检查或用红线圈阅图形时，可以使用修订云线功能亮显标记以提高工作效率。REVCLOUD 用于创建由连续圆弧组成的多段线以构成云线形对象。用户可以为修订云线选择样式：【普通】或【手绘】。如果选择【手绘】样式，修订云线看起来像是用画笔绘制的。

可以从头开始创建“修订云线”，也可以将对象(例如圆、椭圆、多段线或样条曲线)转换为修订云线。将对象转换为修订云线时，如果 DELOBJ 设置为 1(默认值)时，原始对象将被删除。

可以为修订云线的弧长设置默认的最小值和最大值。绘制修订云线时，可以使用拾取点选择较短的弧线段来更改圆弧的大小，也可以通过调整拾取点来编辑修订云线的单个弧长和弦长。

REVCLOUD 用于存储上一次使用的圆弧长度作为多个 DIMSCALE 系统变量的值，这样就可以统一使用不同比例因子的图形。

在执行此命令之前，请确保能够看见要使用 REVCLOUD 添加轮廓的整个区域。REVCLOUD 不支持透明以及实时平移和缩放。

下面将介绍几种创建修订云线的方法。

(1) 使用普通样式创建修订云线。

(2) 使用手绘样式创建修订云线。

(3) 将对象转换为修订云线。

1. 使用普通样式创建修订云线的步骤

单击【默认】选项卡的【绘图】面板中的【修订云线】按钮。

或在命令行中输入“revcloud”后按 Enter 键。

或在菜单栏中选择【绘图】|【修订云线】命令。

创建修订云线的方法如下。

执行【修订云线】命令后，命令行窗口提示如下：

```
命令: _revcloud
最小弧长: 15   最大弧长: 15   样式: 手绘
指定起点或 [弧长(A)/对象(O)/样式(S)] <对象>: s
选择圆弧样式 [普通(N)/手绘(C)] <手绘>:n
圆弧样式 = 普通
指定起点或 [弧长(A)/对象(O)/样式(S)] <对象>:
沿云线路径引导十字光标...
```

修订云线完成。

使用普通样式创建的修订云线如图 2-234 所示。

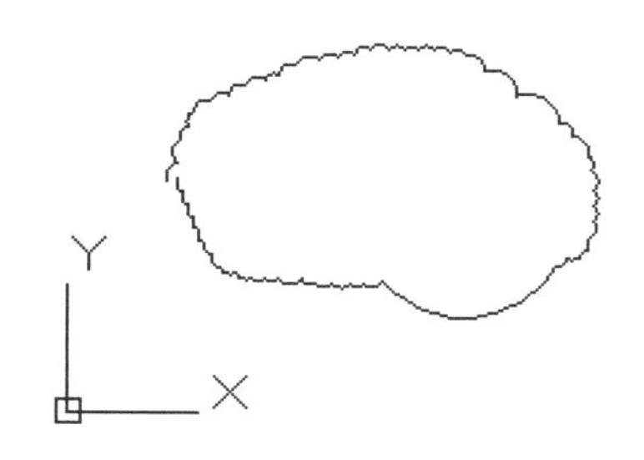

图 2-234 使用普通样式创建的修订云线

> **提示：**默认的弧长最小值和最大值设置为 0.5 个单位。弧长的最大值不能超过最小值的三倍。

可以随时按 Enter 键停止绘制修订云线。
要闭合修订云线，请返回到它的起点。

2．使用手绘样式创建修订云线的步骤

单击【默认】选项卡的【绘图】面板中的【修订云线】按钮。
或在命令行中输入“revcloud”后按 Enter 键。
或在菜单栏中选择【绘图】|【修订云线】命令。
创建修订云线的方法如下。
执行【修订云线】命令后，命令行窗口提示如下：

```
命令: _revcloud
最小弧长: 15   最大弧长: 15   样式: 手绘
指定起点或 [弧长(A)/对象(O)/样式(S)] <对象>: a
指定最小弧长 <15>: 30
指定最大弧长 <30>: 30
指定起点或 [弧长(A)/对象(O)/样式(S)] <对象>: s
选择圆弧样式 [普通(N)/手绘(C)] <手绘>:c
圆弧样式 = 手绘
指定起点或 [弧长(A)/对象(O)/样式(S)] <对象>:
沿云线路径引导十字光标...
```

修订云线完成。
使用手绘样式创建的修订云线如图 2-235 所示。

3．将对象转换为修订云线的步骤

绘制一个要转换为修订云线的圆、椭圆、多段线或样条曲线。
单击【默认】选项卡的【绘图】面板中的【修订云线】按钮。
或在命令行中输入“revcloud”后按 Enter 键。
或在菜单栏中选择【绘图】|【修订云线】命令。
将对象转换为修订云线：
在这里我们绘制一个圆形来转换为修订云线，如图 2-236 所示。

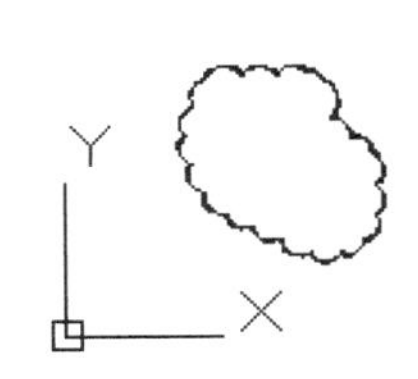

图 2-235　使用手绘样式创建的修订云线

图 2-236　将要转换为修订云线的圆

执行【修订云线】命令后，命令行窗口提示如下：

```
命令: _revcloud
最小弧长: 30   最大弧长: 30   样式: 手绘
指定起点或 [弧长(A)/对象(O)/样式(S)] <对象>: a
指定最小弧长 <30>: 60
```

```
指定最大弧长 <60>: 60
指定起点或 [弧长(A)/对象(O)/样式(S)] <对象>: o
选择对象:
反转方向 [是(Y)/否(N)] <否>: N
```

修订云线完成。

将圆转换为修订云线后如图 2-237 所示。

将多段线转换为修订云线如图 2-238 和图 2-239 所示。

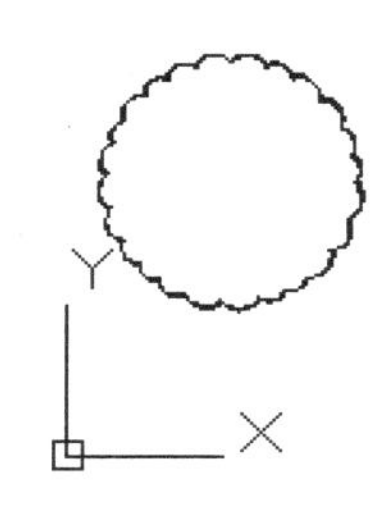

图 2-237 将圆转换为修订云线

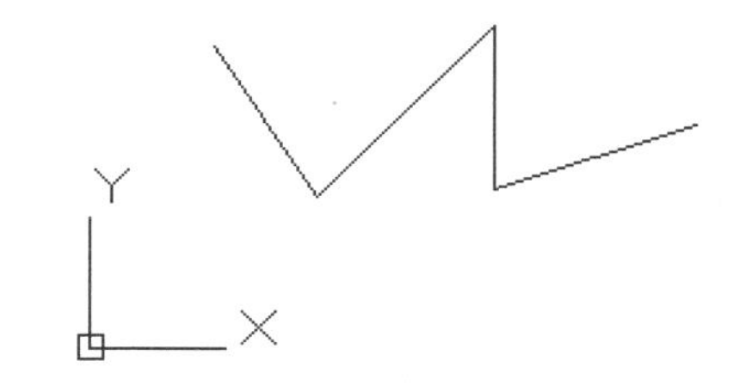

图 2-238 多段线

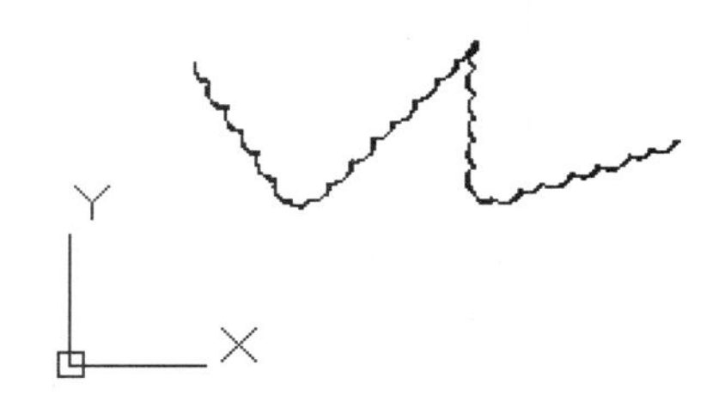

图 2-239 多段线转换为修订云线

课后练习

案例文件：ywj\02\04.dwg

视频文件：光盘\视频课堂\第 2 教学日\2.5

练习案例分析及步骤如下。

本课后练习创建的支撑板零件草图的填充，主要练习【填充】命令，支撑板在工业行业起到对部件的固定和限位作用，如图 2-240 所示是完成的支撑板草图。

本课案例主要练习了 AutoCAD 的直线等草绘命令，绘制过程中对 3 个图形进行填充。绘制支撑板填充草图的思路和步骤如图 2-241 所示。

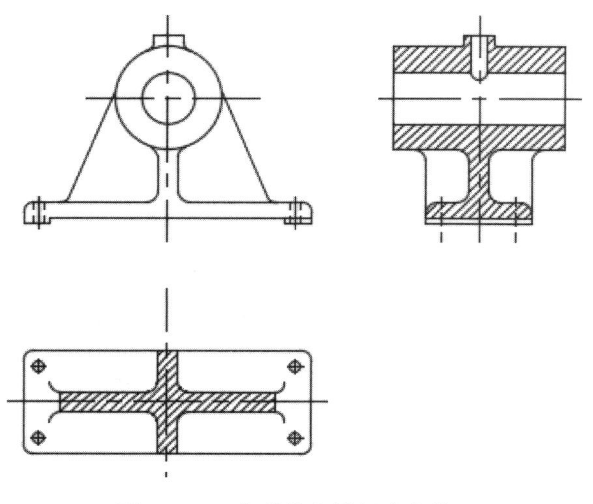

图 2-240 完成的支撑板填充草图

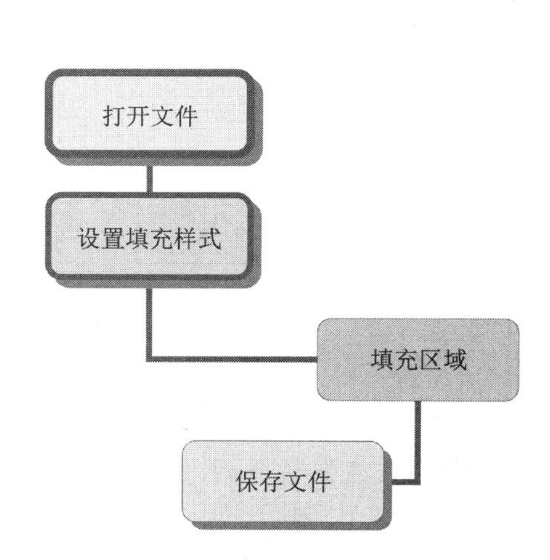

图 2-241 支撑板填充步骤

练习案例操作步骤如下。

step 01 打开文件。选择【文件】|【打开】命令，弹出【选择文件】对话框，选择文件“01”，如图 2-242 所示，单击【打开】按钮。

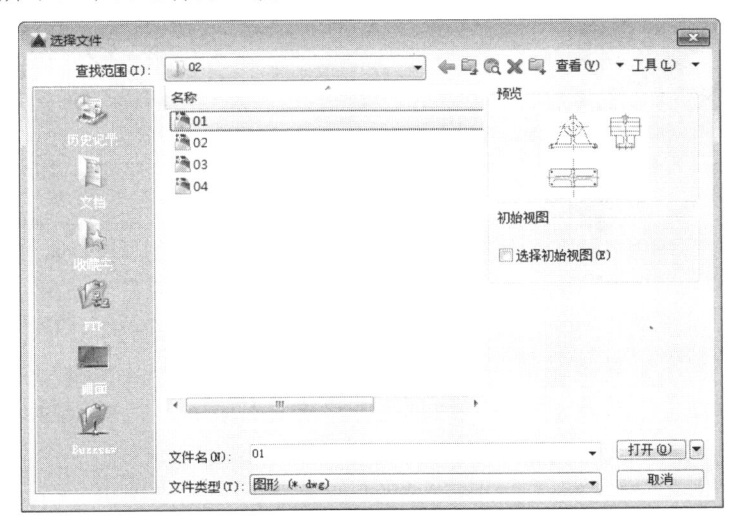

图 2-242 【选择文件】对话框

step 02 打开要填充图案的图形，如图 2-243 所示。

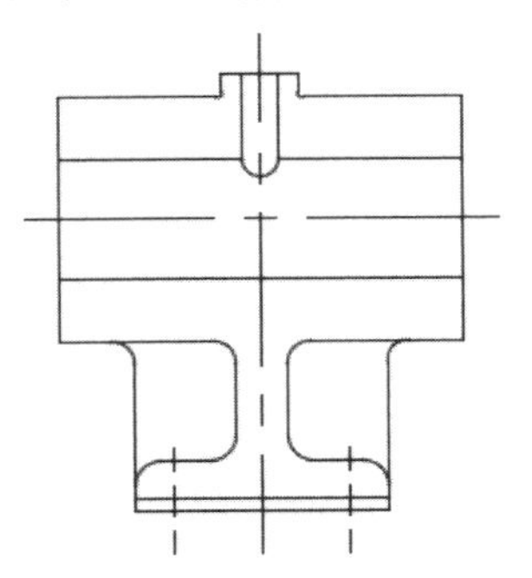

图 2-243 打开的图形

step 03 设置填充样式。单击【默认】选项卡的【绘图】面板中的【图案填充】按钮，在弹出的【图案填充创建】选项卡中设置填充参数，如图 2-244 所示。

图 2-244 【图案填充创建】选项卡

step 04 在【图案填充创建】选项卡中单击【图案填充图案】按钮，在下拉菜单中选择 ANSI31 样式，如图 2-245 所示。

step 05 选择侧视图上部要填充图案的位置，单击进行填充，如图 2-246 所示。

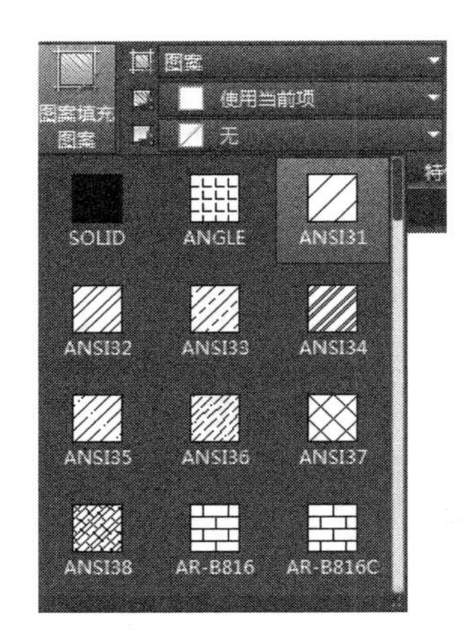

图 2-245　选择填充样式

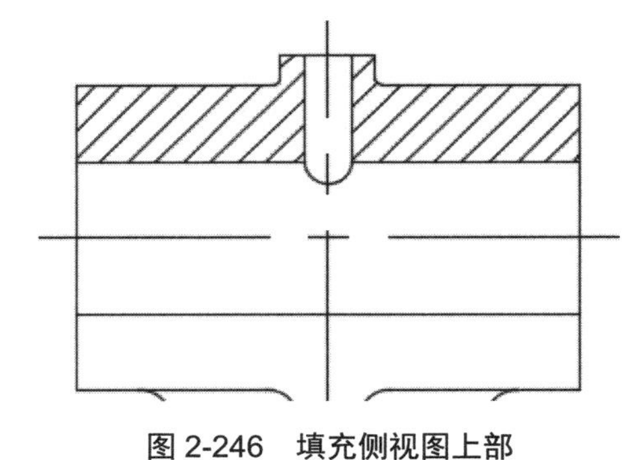

图 2-246　填充侧视图上部

step 06 选择侧视图下部要填充图案的位置，单击进行填充，如图 2-247 所示。

step 07 选择俯视图左下边要填充图案的位置，单击进行填充，如图 2-248 所示。

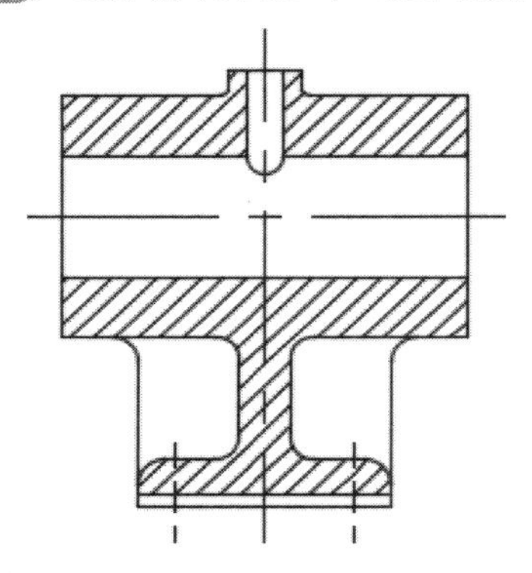

图 2-247　填充侧视图下部

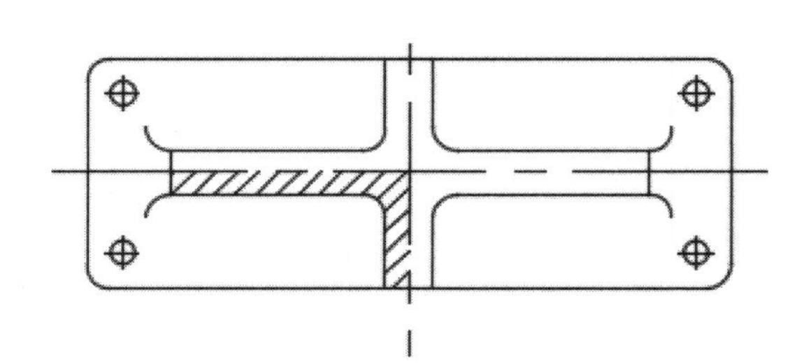

图 2-248　填充俯视图左下边

step 08 选择俯视图其他要填充图案的位置，单击进行填充，如图 2-249 所示。

step 09 完成支撑板草图的填充，如图 2-250 所示。

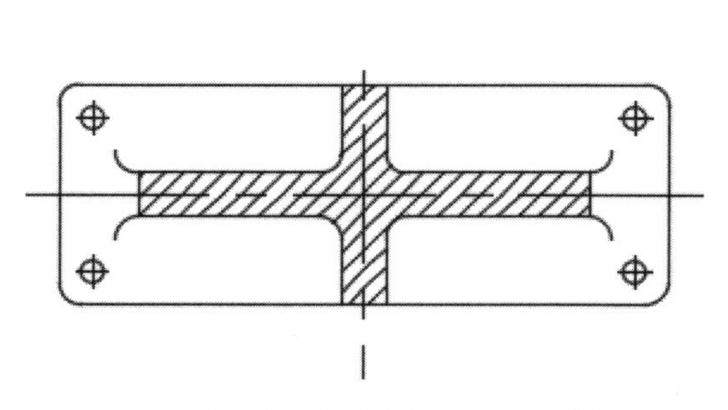

图 2-249　填充俯视图其他位置

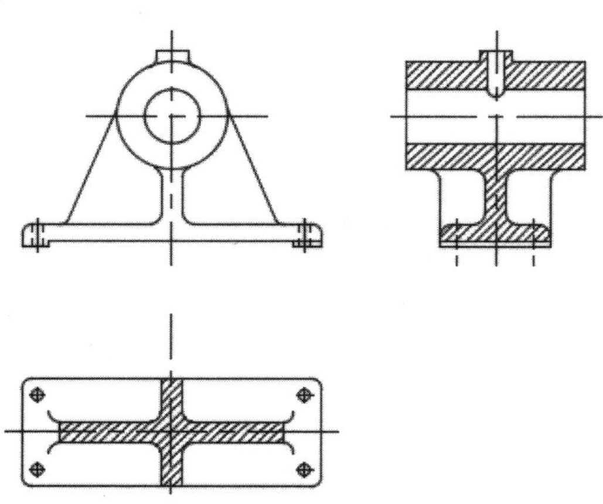

图 2-250　完成支撑板填充

机械设计实践：区域填充指的是在输出平面的闭合区域内，完整地填充某种颜色或图案。在机械图纸当中用于表示被剖开的区域，如图 2-251 所示是导轮的剖面区域填充。

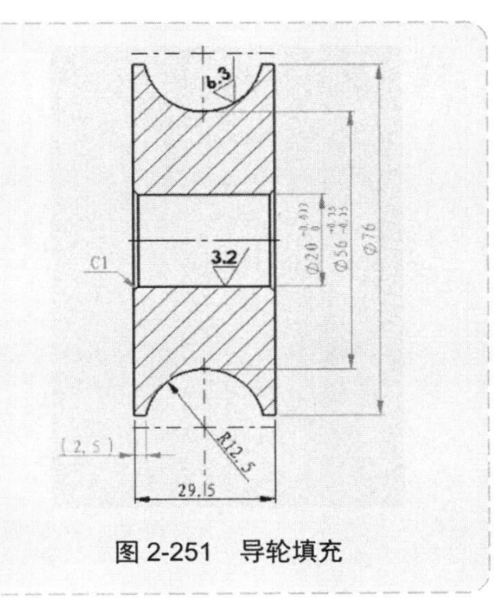

图 2-251　导轮填充

阶段进阶练习

本教学日主要介绍了 AutoCAD 2016 中二维平面绘图命令，并对 AutoCAD 绘制平面图形的技巧进行了详细的讲解。通过本教学日的学习，读者应该熟练掌握 AutoCAD 2016 中绘制基本二维图形的方法。

如图 2-252 所示，为使用本教学日学过的各种命令来创建传动轴图纸。

创建步骤和方法如下。

(1) 使用【矩形】命令绘制主轴。

(2) 绘制剖切区域进行填充。

(3) 标注零件。

(4) 绘制图框。

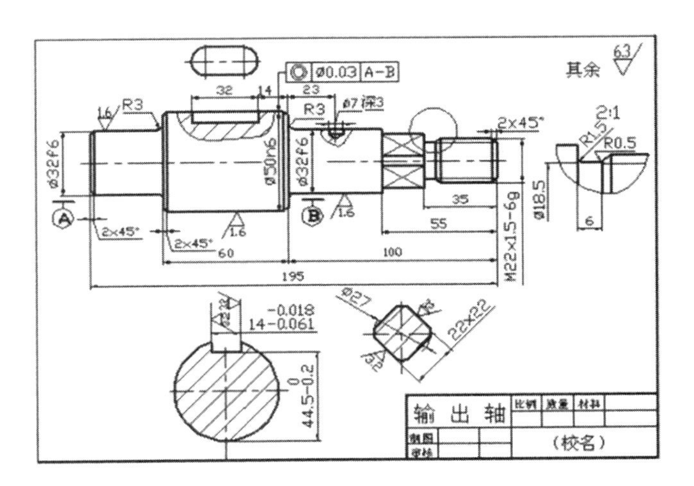

图 2-252　传动轴图纸

设计师职业培训教程

第3教学日

上一教学日介绍了如何绘制一些基本的图形。在绘图的过程中，会发现某些图形不是一次就可以绘制出来的，并且不可避免地会出现一些错误操作，这时就要用到编辑命令。通过本教学日的学习，读者应学会一些基本的编辑命令，如镜像、偏移、阵列、移动、旋转、缩放、拉伸等。

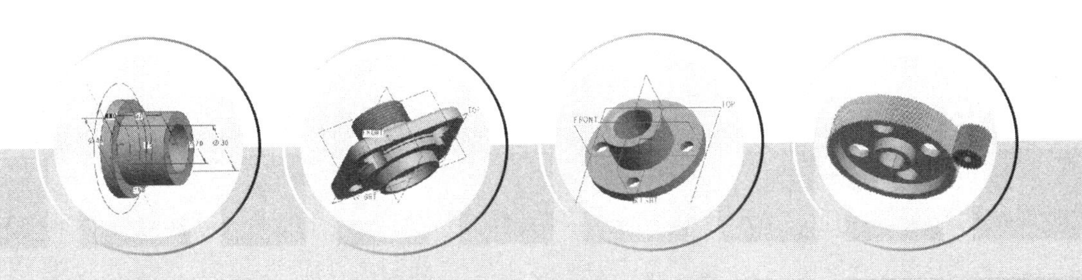

第1课 1课时 设计师职业知识——生产用图纸

如图3-1所示，在图样上标注尺寸时，必须严格遵守制图标准中的有关规定。

1. 基本规则

(1) 机件的真实大小应以图样上所标注的尺寸数值为依据；与图形的大小及绘图的准确度无关。

(2) 图样中(包括技术要求和其他说明)的尺寸，以毫米为单位时，不需标注计量单位的代号或名称，如采用其他单位，则必须注明相应的计量单位的代号或名称。

(3) 图样中所标注的尺寸，为该图样所示机件的最后完工的尺寸，否则应另加说明。

(4) 机件的每一尺寸，一般只标注一次，并应标注在反映该结构最清晰的图形上。

2. 尺寸的组成

尺寸一般由尺寸界线、尺寸线和尺寸数字等组成。

(1) 尺寸界线。尺寸界线用来表示所标注尺寸的范围。尺寸界线用细实线绘制，并应自图形轮廓线、轴线或对称中心线处引出；也可利用轮廓线、轴线或对称中心线做尺寸界线，如图3-1所示。

(2) 尺寸线。尺寸线用来表示所标注尺寸的量度方向。尺寸线用细实线绘制，且不得与其他图线重台或在其延长线上，其终端有两种形式，即箭头和斜线，如图3-1所示。

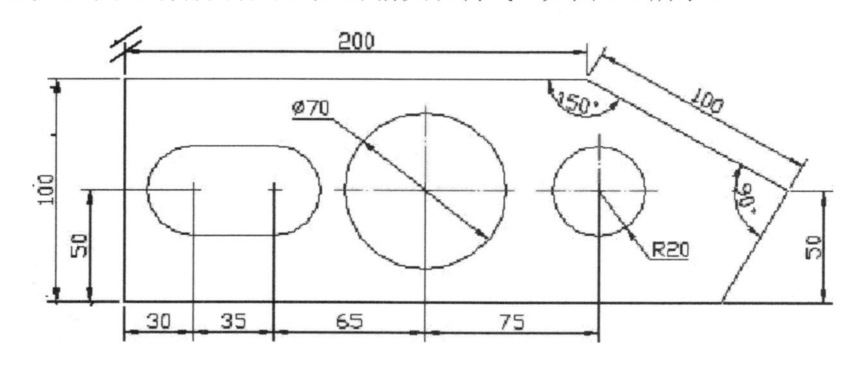

图3-1 尺寸标注示例

采用箭头时箭头的尖端应画到与尺寸界线接触，不得超过或留有间隙，在一张图样中，箭头的大小应尽可能保持一致。箭头的形式适用于各种类型的图样。

采用斜线时斜线用细实线绘制。当尺寸线的终端采用斜线形式时，尺寸线与尺寸边界线必须相互垂直。

(3) 尺寸数字。尺寸数字用以表示所标注机件尺寸的实际大小。线性尺寸数字一般应注写在尺寸线的上方，也允许注写在尺寸线的中断处。

3．尺寸标注的基本方法

1）　合理选择基准

根据基准的作用不同，可把零件的尺寸基准分成两类：

(1)　设计基准。

在设计零件时，为保证功能、确定结构形状和相对位置时所选用的基准。用来作为设计基准的，大多是工作时确定零件在机器或机构中位置的面、线或点。

(2)　工艺基准。

在加工零件时，为保证加工精度和方便加工及测量而选用的基准。用作工艺基准的，一般是加工时用作零件定位和对刀起点及测量起点的面、线或点。

2）　功能尺寸应从设计基准直接注出

功能尺寸是指直接影响机器装配精度和工作性能的尺寸。这些尺寸应从设计基准出发直接注出，而不应用其他尺寸推算出来。

3）　避免出现封闭尺寸链

当几个尺寸构成封闭尺寸链时，应当从链中挑选出一个最次要的尺寸空出不注。若因某种原因必须将其注出时，应将此尺寸数值用圆括号括起，称为“参考尺寸”。

4．尺寸标注的简化表示法(GB/T 16675.3—1996)

标注尺寸时，应尽可能使用的符号和缩写如表 3-1 所示。

表 3-1　标注尺寸使用的符号和缩写词

名　称	直径	半径	球直径	球半径	厚度
符号和缩写词	Φ	R	SΦ	SR	t
名　称	45°倒角	正方形	斜度	埋头孔	均布
符号和缩写词	C	□	∠	∨	EQS

(1)　45°倒角按 Cn 的形式标注，n 为倒角的轴向长度，如 C2；非 45°的倒角应按“长度×角度”的形式标注，如 1.5×30°。

(2)　若图样中圆角或倒角的尺寸全部相同或多数相同时，可在图样空白处集中标注。如“全部圆角 R4”、“全部倒角 C1.5”、“其余圆角 R4”和“其余倒角 C1”等。

(3)　一般的退刀槽可按“槽宽×直径”或“槽宽×槽深”的形式标注。

(4)　在同一图形中，对于尺寸相同的孔、槽等成组要素，可仅在一个要素上注出其尺寸和数量。当成组要素的定位和分布情况在图形中已明确时，可不标注其定位尺寸，并省略“均布”字样。

(5)　对不连续的同一表面，可用细实线连接后标注一次尺寸。

(6)　图形具有对称中心线时，分布在对称中心线两边的相同结构，可仅标注其中一边的结构尺寸。

5．标注要点

(1)　重要尺寸，如总体的长、宽、高尺寸，孔的中心位置等应直接注出，而不应由其他尺寸计算求得。

(2) 不能注成封闭尺寸链，应选择允许误差最大处作开环。

(3) 对称结构应将对称中心线两边的结构合起来标注，不可只标注一边。

(4) 尽量避免在虚线处标注尺寸(不清晰，易误解)。

(5) 对斜角、凸台和槽等结构应将尺寸标注在反映其特征的图形上。

(6) 相互平行并列的尺寸应使大尺寸在外、小尺寸在内，不得互相穿插。

(7) 零件上的相贯线、截交线处不标注尺寸(可由投影关系求得)，尽量将尺寸集中标注在主视图上。

第2课 2课时 镜像、偏移与阵列

3.2.1 镜像图形

行业知识链接：镜像是机械绘图中使用频率相当高的命令，如图3-2所示是一个固定件的草图，在机械中起到固定位置的作用，绘制时先绘制上半部分，使用【镜像】命令可以迅速得到整个图形。

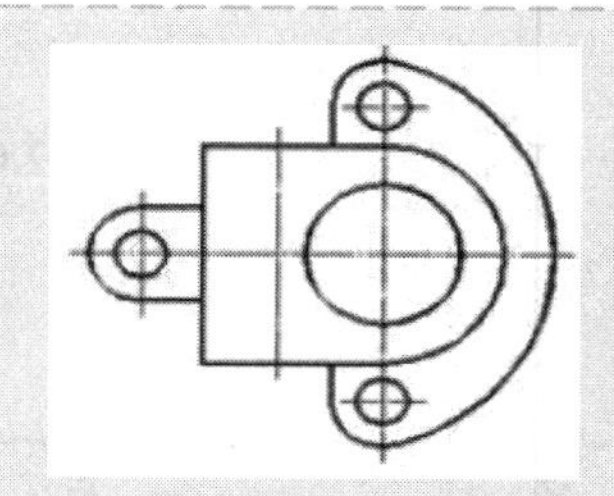

图3-2　镜像固定件草图

AutoCAD为用户提供了【镜像】命令，把已绘制好的图形复制到其他的地方。

执行【镜像】命令有以下3种方法。

(1) 单击【默认】选项卡的【修改】面板中的【镜像】按钮。

(2) 在命令行中输入“mirror”命令后按Enter键。

(3) 在菜单栏中选择【修改】|【镜像】命令。

命令行窗口提示如下：

```
命令: _mirror
选择对象: 找到 1 个
```

选取实体后绘图区如图3-3所示。

```
选择对象:
```

在AutoCAD中，此命令默认用户会继续选择下一个实体，右击或按下Enter键即可结束选择。然后在提示下选取镜像线的第一点和第二点。

```
指定镜像线的第一点:
指定镜像线的第二点:
```

指定镜像线的第一点后绘图区如图3-4所示。

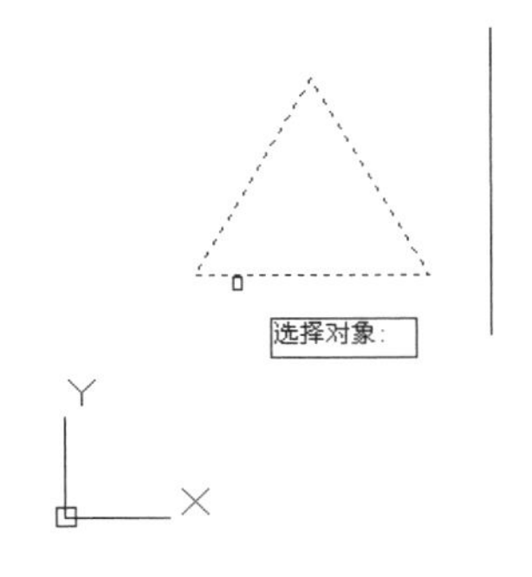

图 3-3 选取实体后绘图区所显示的图形

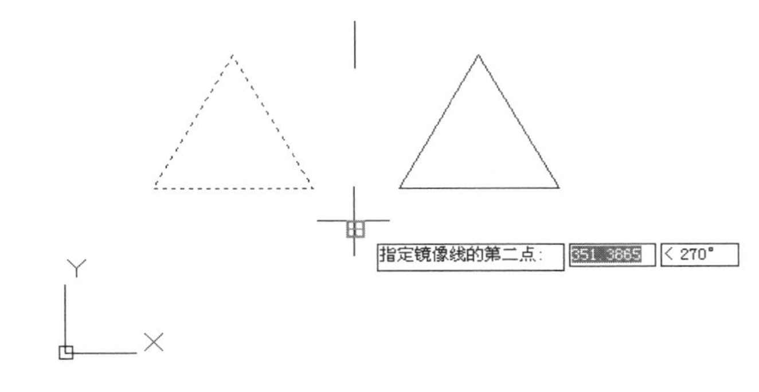

图 3-4 指定镜像线的第一点后绘图区所显示的图形

AutoCAD 会询问用户是否要删除原图形，在此输入“n”后按 Enter 键：

要删除源对象吗？[是(Y)/否(N)] <否>: n

用此命令绘制的图形如图 3-5 所示。

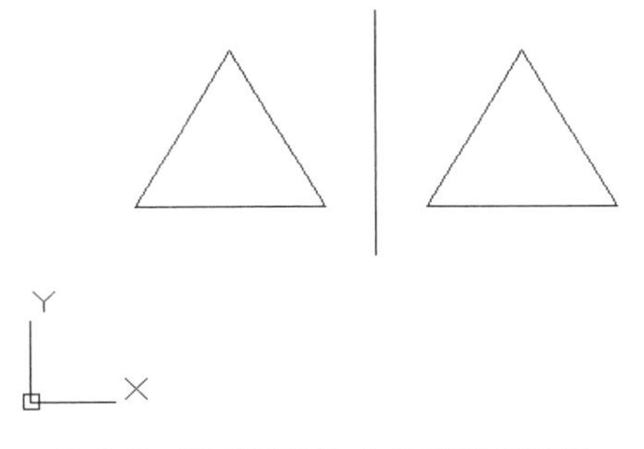

图 3-5 用【镜像】命令绘制的图形

3.2.2 偏移图形

行业知识链接：【偏移】命令用于对直线或者曲线的等距离平行移动复制，如图 3-6 所示是一个壳类零件半剖视图草图，壳类零件一般用于形成密封空间的场合，绘制时使用【偏移】命令可以得到等距的壳体部分。

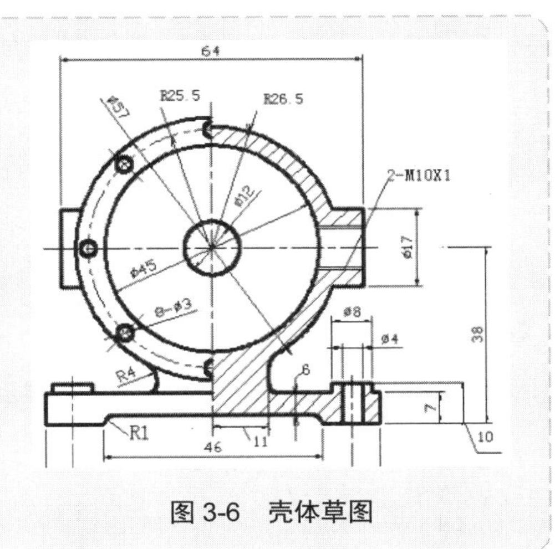

图 3-6 壳体草图

当两个图形严格相似，只是在位置上有偏差时，可以用【偏移】命令。AutoCAD 提供了【偏移】命令使用户可以很方便地绘制此类图形，特别是要绘制许多相似的图形时，此命令要比使用【复制】命令快捷。

执行【偏移】命令有以下 3 种方法。

(1) 单击【默认】选项卡的【修改】面板中的【偏移】按钮。

(2) 在命令行中输入“offset”命令后按 Enter 键。

(3) 在菜单栏中选择【修改】|【偏移】命令。

命令行窗口提示如下：

```
命令: _offset
当前设置: 删除源=否  图层=源  OFFSETGAPTYPE=0
指定偏移距离或 [通过(T)/删除(E)/图层(L)] <10.0000>:  20
```

指定偏移距离绘图区如图 3-7 所示。

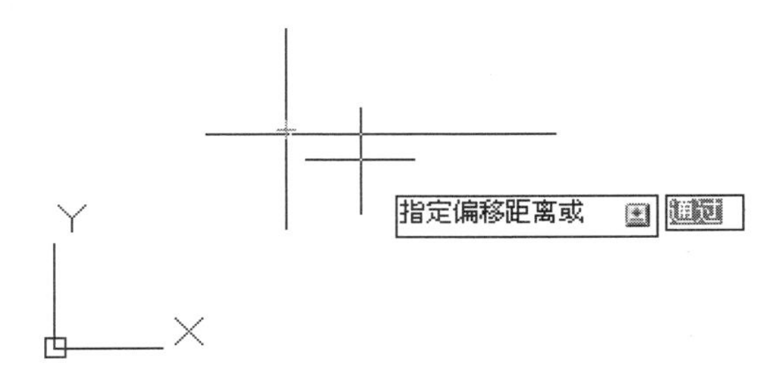

图 3-7　指定偏移距离绘图区所显示的图形

```
选择要偏移的对象，或 [退出(E)/放弃(U)] <退出>:
```

选择要偏移的对象后绘图区如图 3-8 所示。

```
指定要偏移的那一侧上的点，或 [退出(E)/多个(M)/放弃(U)] <退出>:
```

指定要偏移的那一侧上的点后绘制的图形如图 3-9 所示。

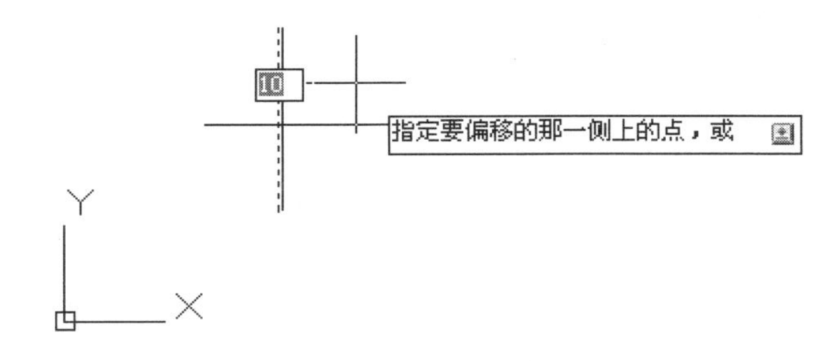

图 3-8　选择要偏移的对象后绘图区所显示的图形

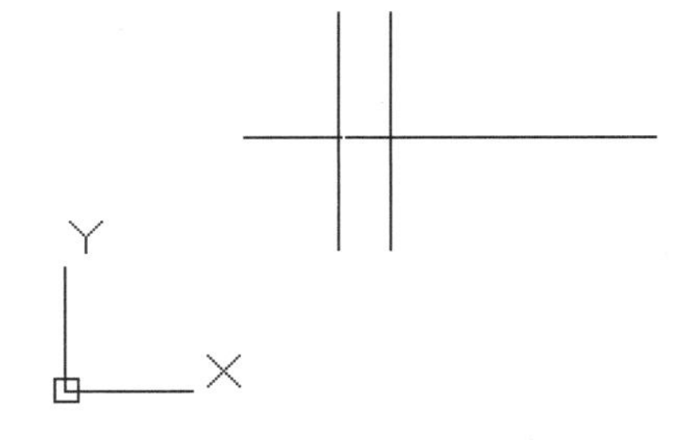

图 3-9　用【偏移】命令绘制的图形

3.2.3 阵列图形

行业知识链接：【阵列】命令用于快速复制草图特征，无论是线性阵列还是圆形阵列，在机械零件中十分常用，如图 3-10 所示是一个齿轮的草图，齿轮用于传递运动，绘制时使用【阵列】命令得到一圈齿牙。

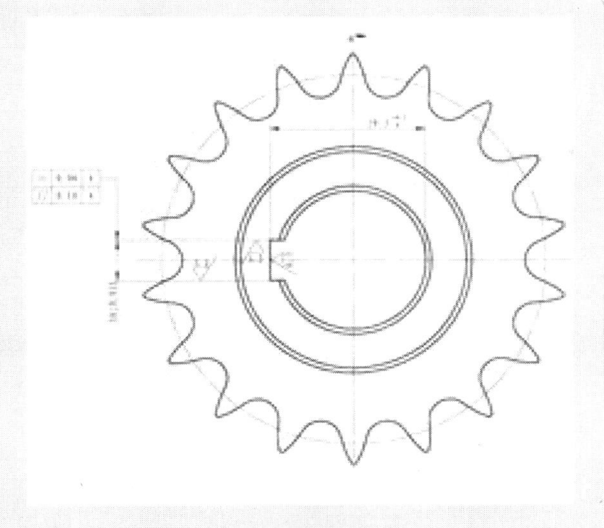

图 3-10　齿轮草图

AutoCAD 为用户提供了【阵列】命令，可方便地把已绘制的图形复制到其他的地方。

执行【阵列】命令有以下 3 种方法。

(1) 单击【默认】选项卡的【修改】面板中的【矩形阵列】按钮。

(2) 在命令行中输入“arrayrect”命令后按 Enter 键。

(3) 在菜单栏中选择【修改】|【阵列】命令。

AutoCAD 会自动打开如图 3-11 所示的【阵列创建】选项卡。命令行窗口提示如下：

```
命令: _arrayrect
选择对象: 找到 1 个
选择对象:
类型 = 矩形  关联 = 是
选择夹点以编辑阵列或 [关联(AS)/基点(B)/计数(COU)/间距(S)/列数(COL)/行数(R)/层数(L)/退出(X)]
<退出>:
```

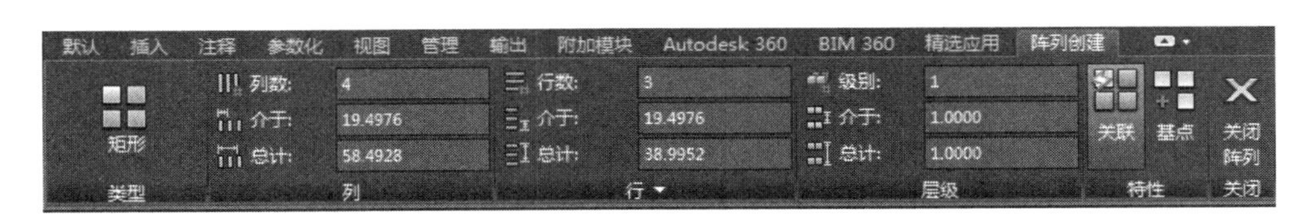

图 3-11　【阵列创建】选项卡

下面介绍【阵列创建】选项卡中各参数项的设置。

在左边有【矩形】按钮，是阵列的方式。使用【矩形】选项创建选定对象的副本的行和列阵列。

选项卡中的【行数】和【列数】文本框可输入阵列的行数和列数。

【介于】文本框：按单位指定行或列间距。要向下添加行，指定负值。

【基点】按钮：指定阵列基点。

用【矩形】命令绘制的图形如图 3-12 所示。

图 3-12　矩形阵列的图形

当单击【环形阵列】按钮后，【阵列创建】选项卡将如图 3-13 所示。命令行窗口提示如下：

```
命令： _arraypolar
选择对象：找到 1 个
选择对象：
类型 = 极轴  关联 = 是
指定阵列的中心点或 [基点(B)/旋转轴(A)]:
选择夹点以编辑阵列或 [关联(AS)/基点(B)/项目(I)/项目间角度(A)/填充角度(F)/行(ROW)/层(L)/旋转项目(ROT)/退出(X)] <退出>:
```

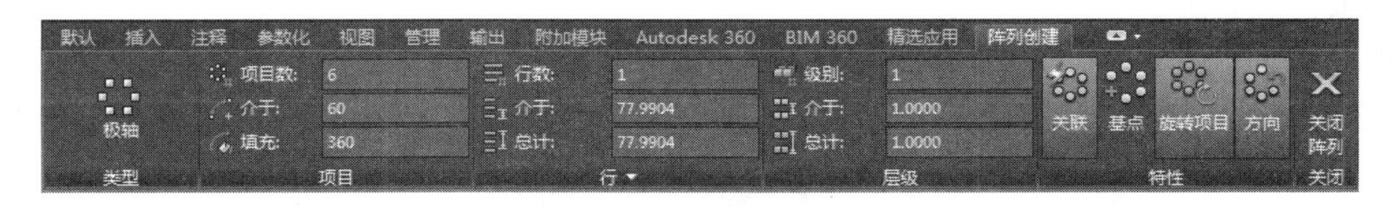

图 3-13　单击【环形阵列】按钮后的【阵列创建】选项卡

【项目数】文本框：设置在结果阵列中显示的对象数目，默认值为 6。

用【环形阵列】命令创建的阵列图形如图 3-14 所示。

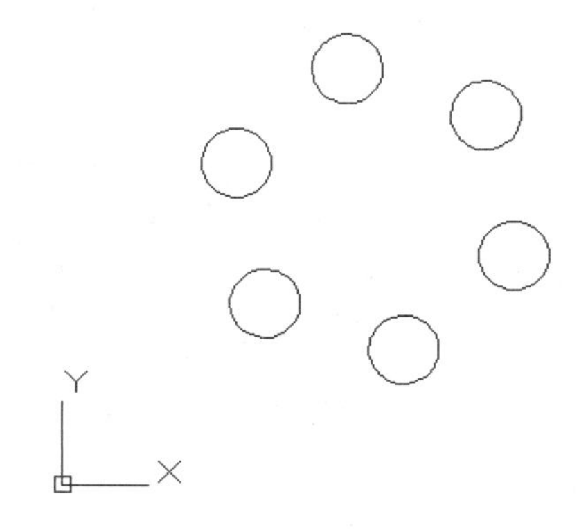

图 3-14　环形阵列的图形

课后练习

案例文件：ywj\03\01.dwg
视频文件：光盘\视频课堂\第3教学日\3.2

练习案例分析及步骤如下。

本课后练习创建的散热器零件草图，对散热器来说，最重要的是其底座能够在短时间内能尽可能多地吸收释放热量，即瞬间吸热能力，这只有具备高热传导系数的金属才能胜任，如图3-15所示是完成的散热器草图。

本课案例主要练习AutoCAD的【镜像】、【偏移】和【阵列】命令，绘制过程中有3个视图图形，具有相互对应的关系，因此要使用中心线定位。绘制散热器草图的思路和步骤如图3-16所示。

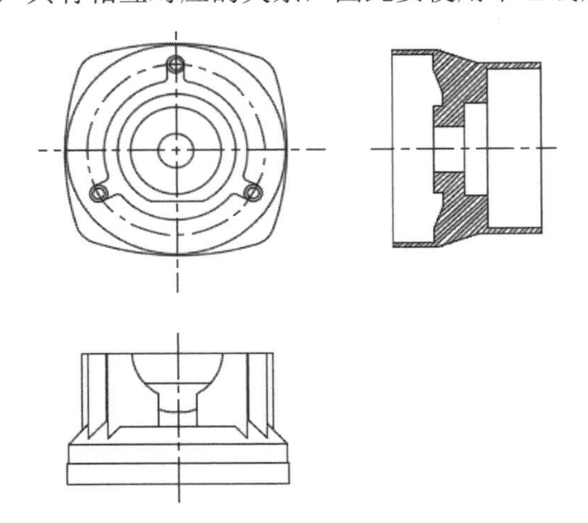

图3-15　完成的散热器草图

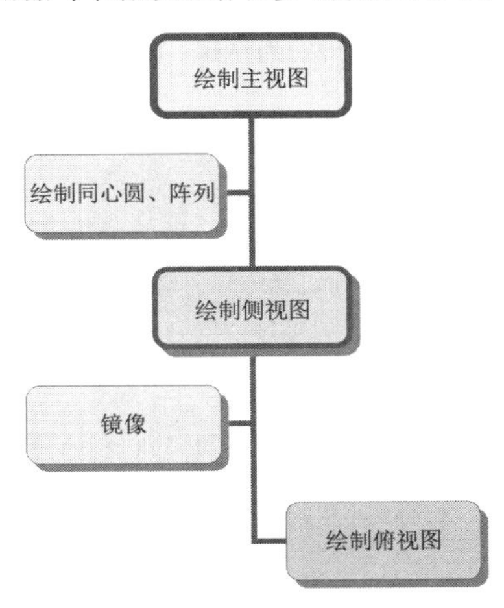

图3-16　散热器草图步骤

练习案例操作步骤如下。

step 01 绘制主视图。选择中心线图层，单击【默认】选项卡的【绘图】面板中的【直线】按钮，绘制如图3-17所示的中心线。

step 02 单击【默认】选项卡的【绘图】面板中的【圆】按钮，绘制半径为3.7的圆，如图3-18所示。

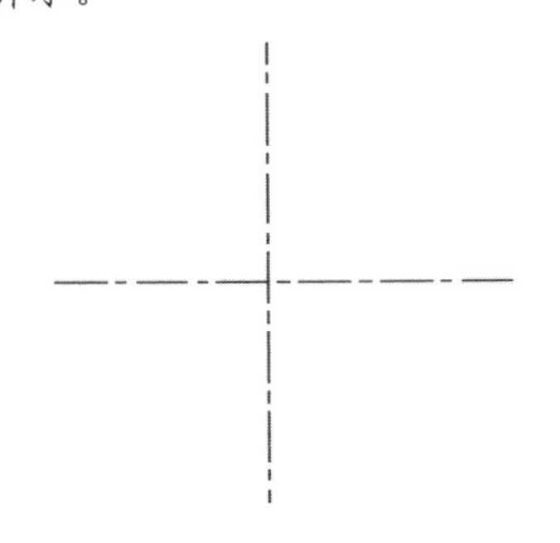

图3-17　绘制中心线

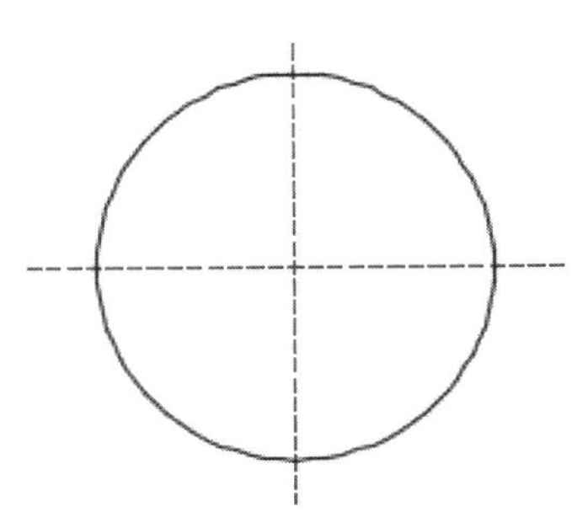

图3-18　绘制半径为3.7的圆

step 03 单击【默认】选项卡的【绘图】面板中的【圆】按钮，绘制半径分别为 0.6、1.5、2.0、2.43 的圆，如图 3-19 所示。

step 04 单击【默认】选项卡的【绘图】面板中的【直线】按钮，绘制距离中心线为 1.8 的水平线，如图 3-20 所示。

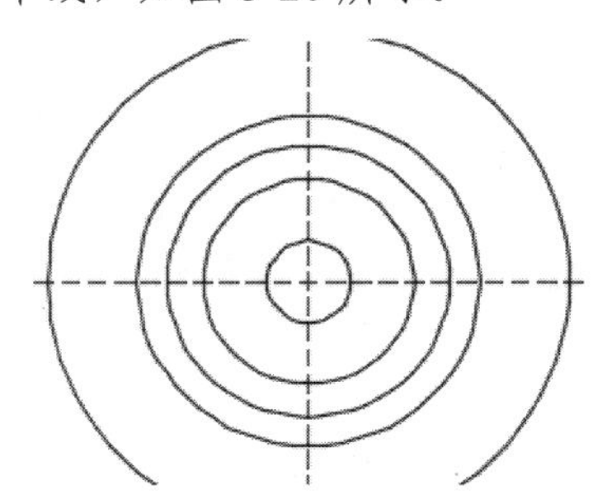

图 3-19　绘制半径分别为 0.6、1.5、2.0、2.43 的圆

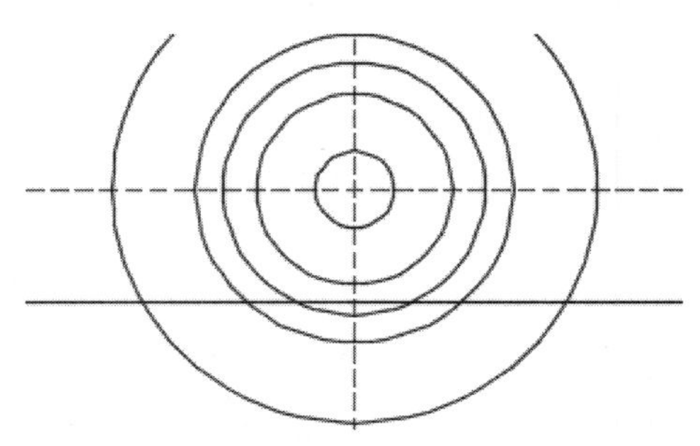

图 3-20　绘制水平线

step 05 单击【默认】选项卡的【修改】面板中的【修剪】按钮，快速修剪图形，如图 3-21 所示。

step 06 选择中心线图层，单击【默认】选项卡的【绘图】面板中的【圆】按钮，绘制半径为 3.0 的圆，如图 3-22 所示。

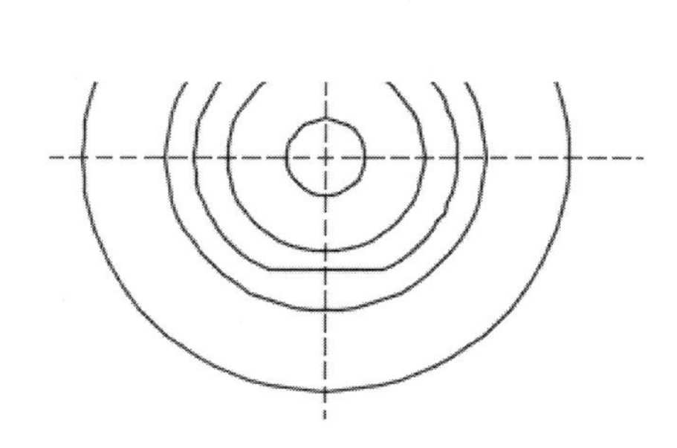

图 3-21　修剪图形

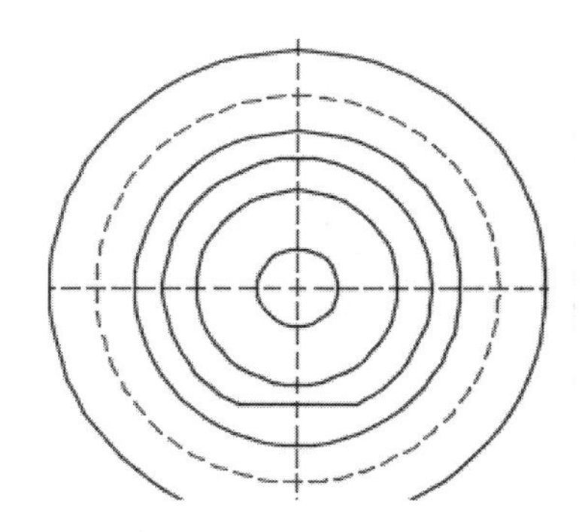

图 3-22　绘制半径为 3.0 的圆

step 07 单击【默认】选项卡的【绘图】面板中的【圆】按钮，绘制半径为 0.2 和 0.3 的同心圆，如图 3-23 所示。

step 08 单击【默认】选项卡的【绘图】面板中的【直线】按钮，绘制如图 3-24 所示的垂线。

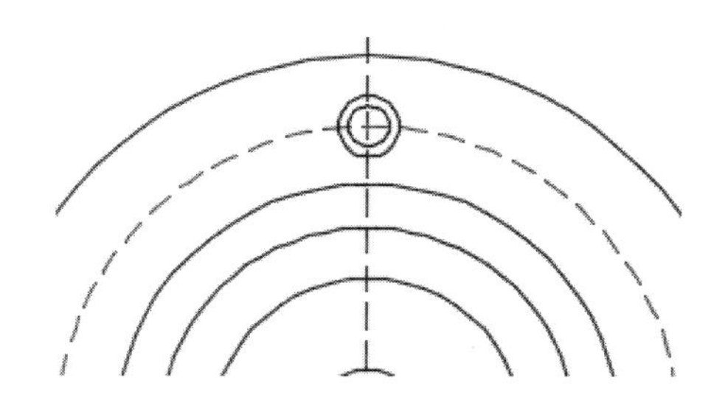

图 3-23　绘制半径为 0.2 和 0.3 的同心圆

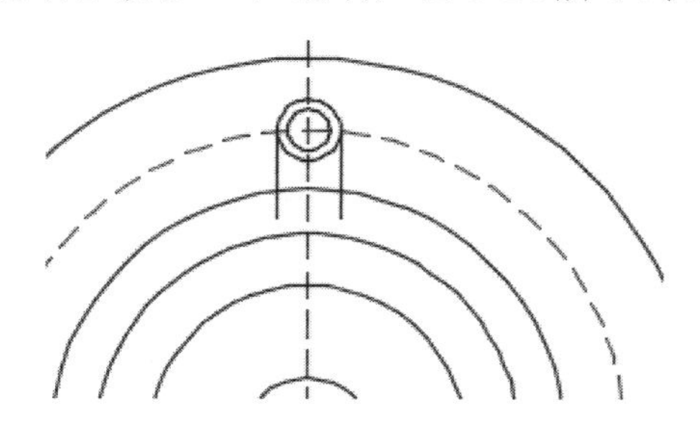

图 3-24　绘制垂线

step 09 单击【默认】选项卡的【修改】面板中的【圆角】按钮，绘制半径为 0.2 的圆角，如图 3-25 所示。

step 10 单击【默认】选项卡的【修改】面板中的【环形阵列】按钮，选择草图和基点，完成如图 3-26 所示的阵列图形。

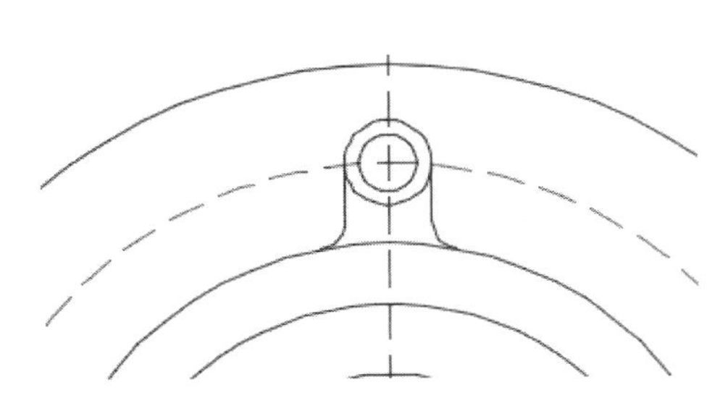

图 3-25 绘制半径为 0.2 的圆角

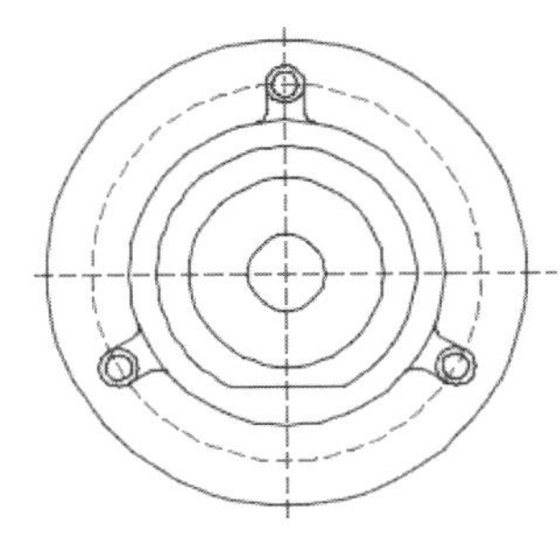

图 3-26 阵列图形

step 11 单击【默认】选项卡的【修改】面板中的【修剪】按钮，快速修剪图形，如图 3-27 所示。

step 12 单击【默认】选项卡的【绘图】面板中的【矩形】按钮，绘制边长为 7.5 的正方形，如图 3-28 所示。

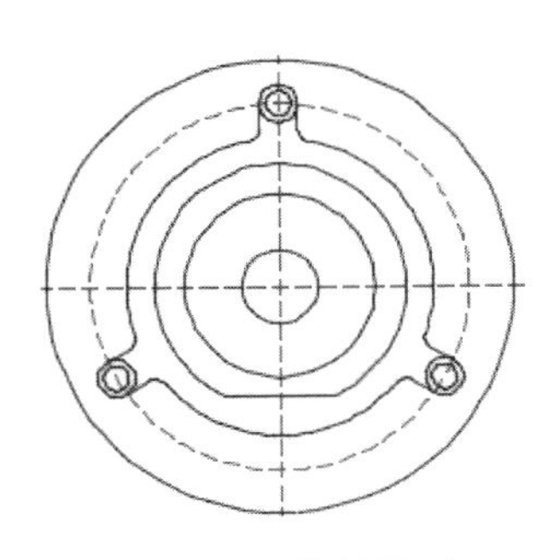

图 3-27 修剪图形

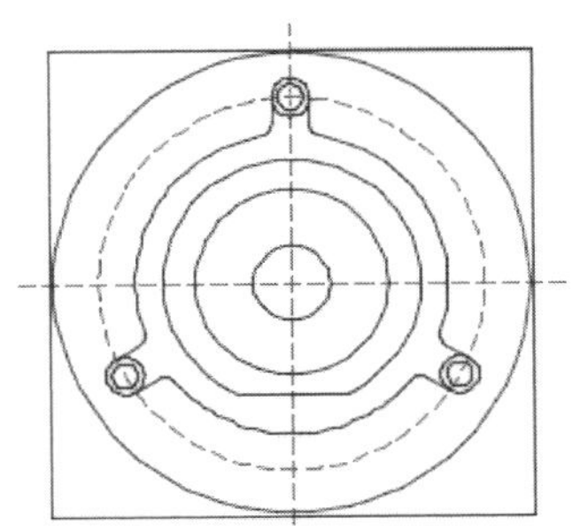

图 3-28 绘制正方形

step 13 单击【默认】选项卡的【绘图】面板中的【圆弧】按钮，绘制如图 3-29 所示的圆弧。

step 14 单击【默认】选项卡的【修改】面板中的【环形阵列】按钮，选择圆弧和基点，完成如图 3-30 所示的阵列圆弧。

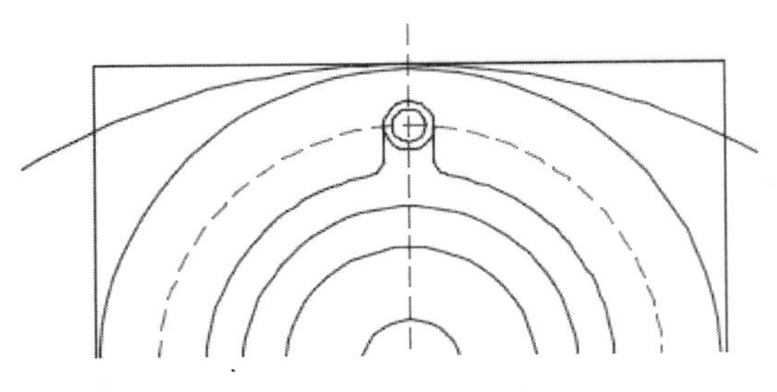

图 3-29 绘制圆弧

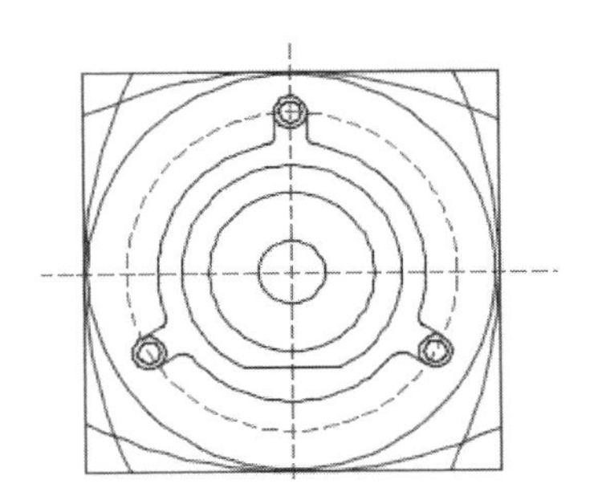

图 3-30 阵列圆弧

step 15 单击【默认】选项卡的【修改】面板中的【圆角】按钮，绘制半径为 1.0 的圆角，如图 3-31 所示。

step 16 单击【默认】选项卡的【修改】面板中的【修剪】按钮，快速修剪图形，完成主视图的绘制，如图 3-32 所示。

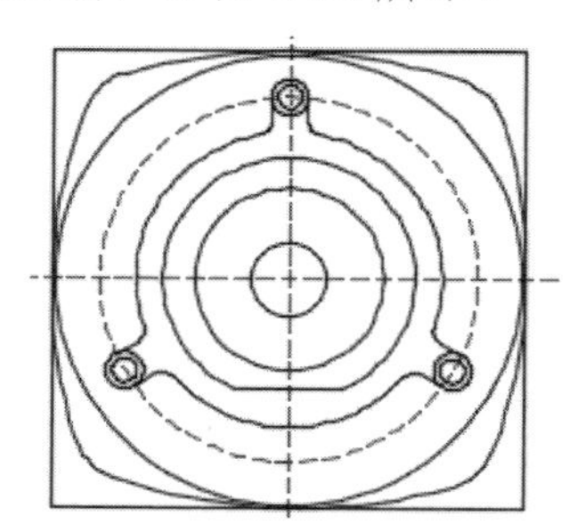

图 3-31　绘制半径为 1.0 的圆角

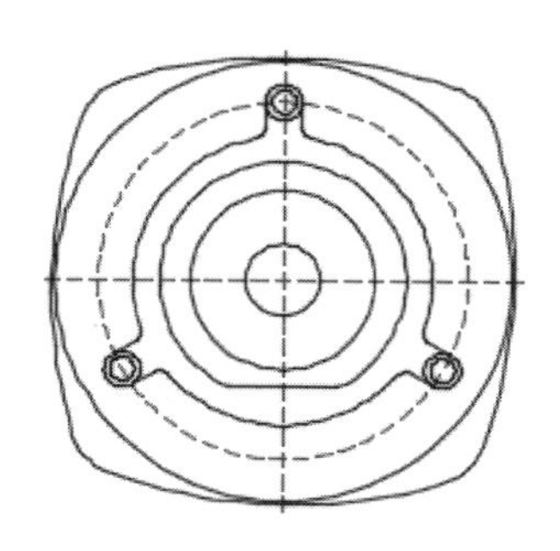

图 3-32　完成主视图

step 17 开始绘制侧视图，单击【默认】选项卡的【绘图】面板中的【直线】按钮，绘制长度为 3.5 和 1.5 的直线，如图 3-33 所示。

step 18 单击【默认】选项卡的【绘图】面板中的【直线】按钮，绘制长度为 1.5 和 2.1 的直线，如图 3-34 所示。

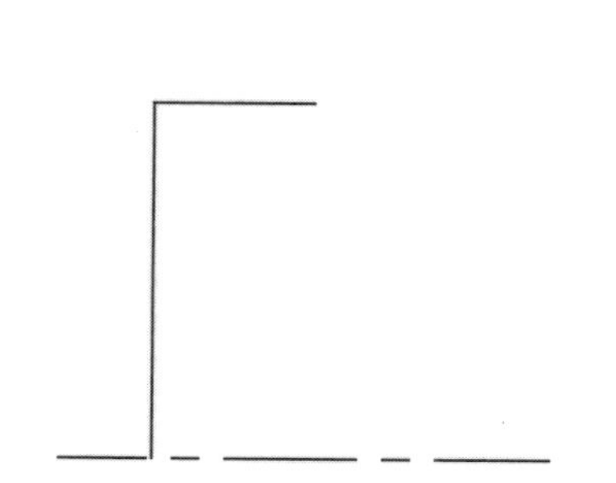

图 3-33　绘制长度为 3.5 和 1.5 的直线

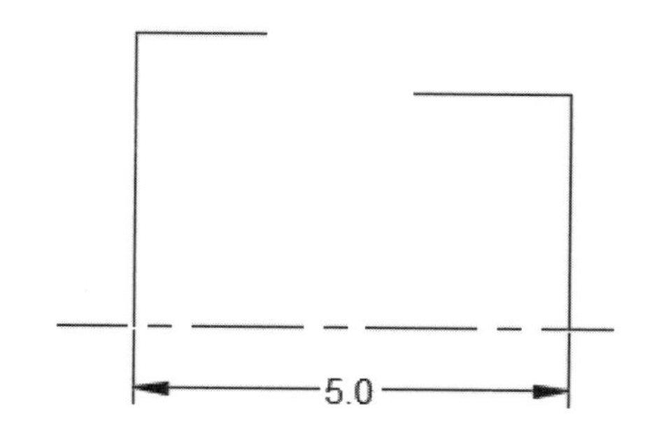

图 3-34　绘制长度为 1.5 和 2.1 的直线

step 19 单击【默认】选项卡的【绘图】面板中的【直线】按钮，绘制斜线和长为 1.8 的直线，如图 3-35 所示。

step 20 单击【默认】选项卡的【绘图】面板中的【直线】按钮，绘制如图 3-36 所示的 2 条直线，长为 1.2 和 0.8。

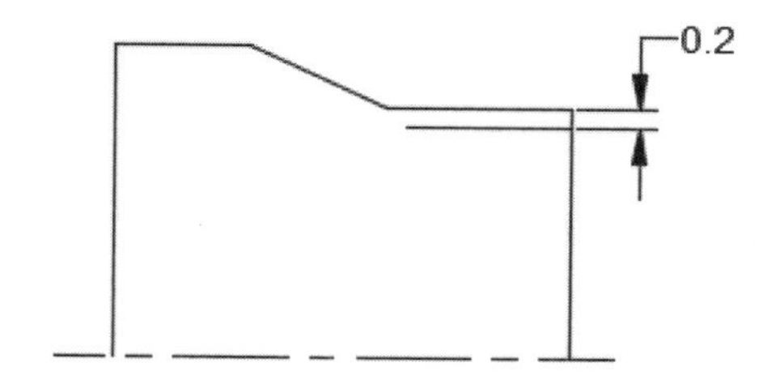

图 3-35　绘制斜线和长度为 1.8 的直线

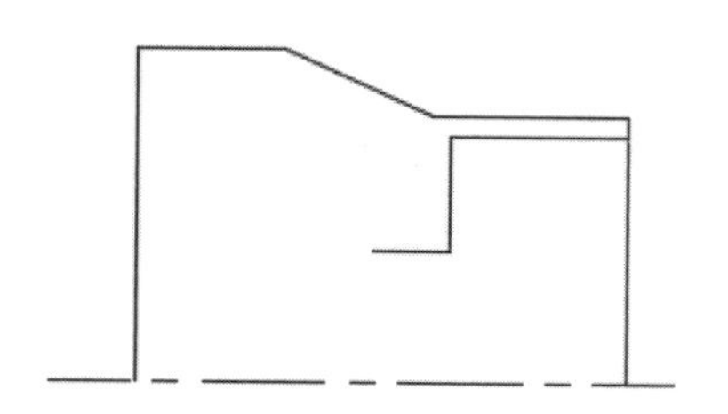

图 3-36　绘制长度为 1.2 和 0.8 的直线

step 21 单击【默认】选项卡的【绘图】面板中的【直线】按钮，绘制如图 3-37 所示的直线，长为 0.8 和 1。

step 22 单击【默认】选项卡的【绘图】面板中的【直线】按钮，绘制长度为 0.7、0.3 和 0.5 的直线，如图 3-38 所示。

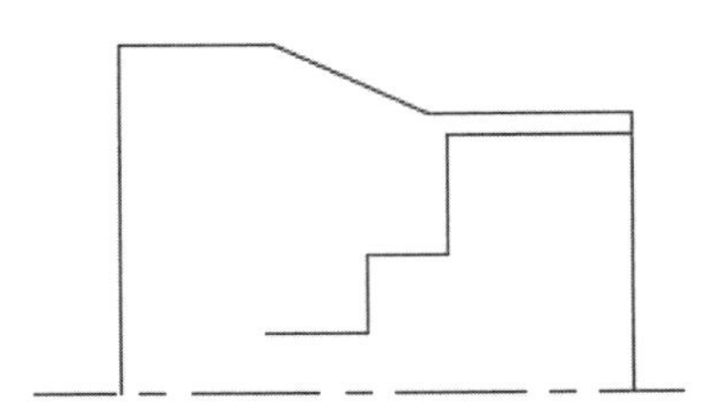
图 3-37　绘制长度为 0.8 和 1 的直线

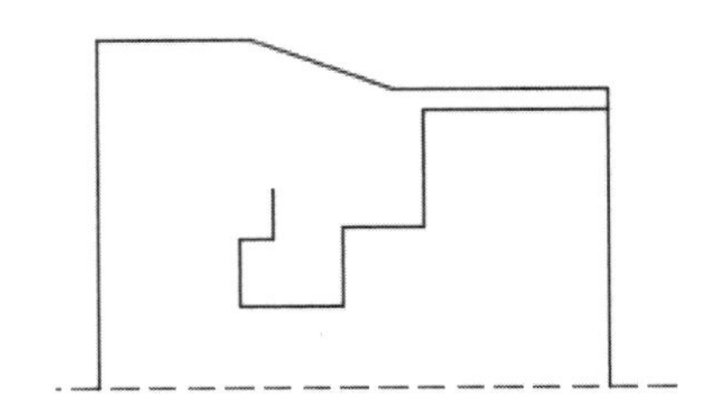
图 3-38　绘制长度为 0.7、0.3 和 0.5 的直线

step 23 单击【默认】选项卡的【绘图】面板中的【直线】按钮，绘制如图 3-39 所示的直线，长为 1.4 和 0.5。

step 24 单击【默认】选项卡的【绘图】面板中的【直线】按钮，绘制如图 3-40 所示的斜线。

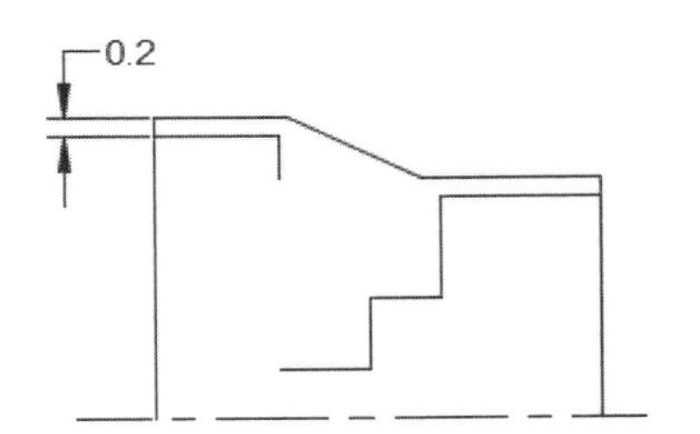

图 3-39　绘制长度为 1.4 和 0.5 的直线

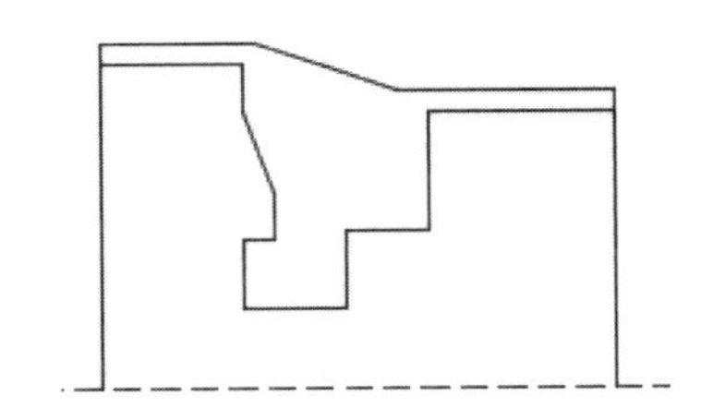
图 3-40　绘制斜线

step 25 单击【默认】选项卡的【修改】面板中的【延伸】按钮，选择线段进行延伸，如图 3-41 所示。

step 26 单击【默认】选项卡的【修改】面板中的【镜像】按钮，选择镜像的图形，绘制如图 3-42 所示的镜像图形。

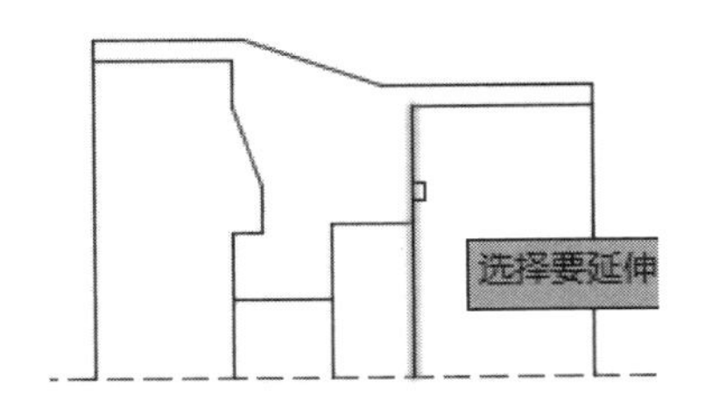

图 3-41　延伸线段

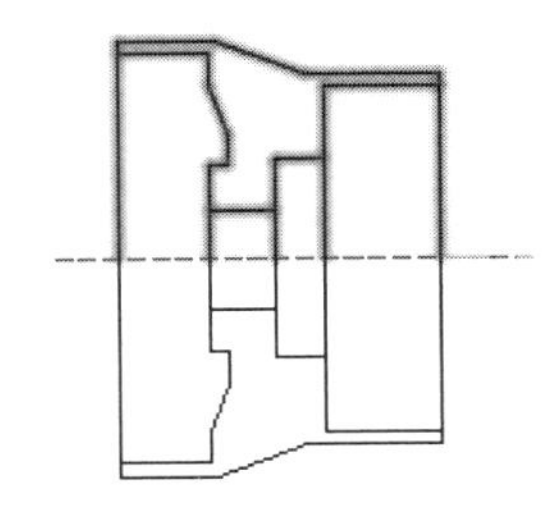
图 3-42　镜像图形

step 27 单击【默认】选项卡的【绘图】面板中的【图案填充】按钮，填充如图 3-43 所示的图案，完成侧视图的绘制。

step 28 开始绘制俯视图。选择中心线图层，单击【默认】选项卡的【绘图】面板中的【直线】

按钮，绘制如图 3-44 所示的中心线。

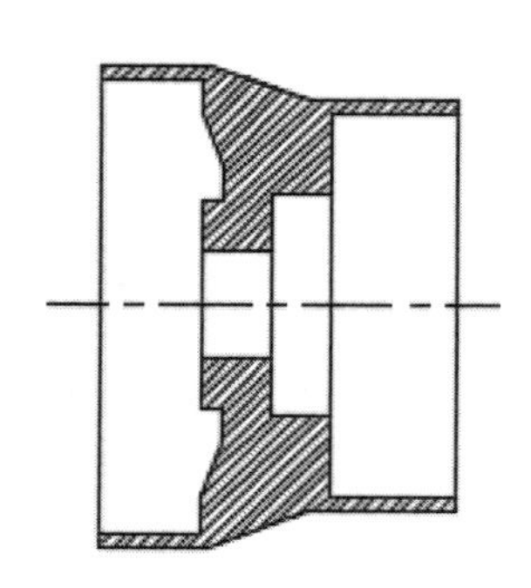

图 3-43　完成侧视图

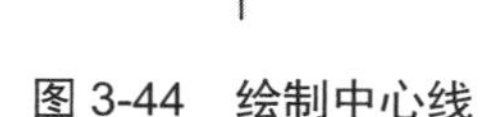

图 3-44　绘制中心线

step 29 单击【默认】选项卡的【绘图】面板中的【直线】按钮，绘制如图 3-45 所示的直线，长度分别为 3.75、0.7、3.75。

step 30 单击【默认】选项卡的【绘图】面板中的【直线】按钮，向上绘制如图 3-46 所示的直线，长度分别为 0.7、3.7。

图 3-45　绘制长度分别为 3.75、0.7、3.75 的直线

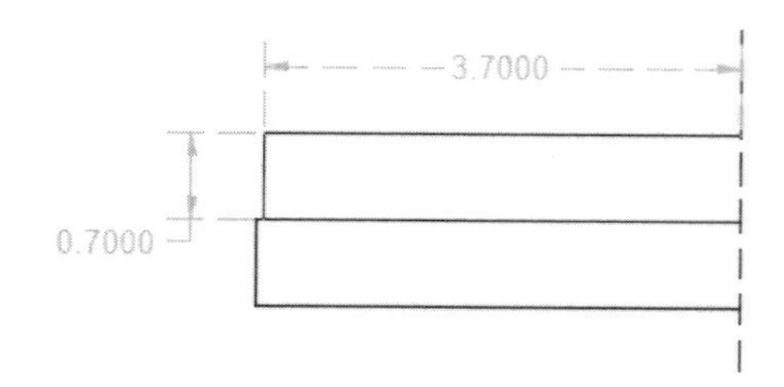

图 3-46　绘制长度分别为 0.7、3.7 的直线

step 31 单击【默认】选项卡的【绘图】面板中的【直线】按钮，向上绘制如图 3-47 所示的直线，长度分别为 3.1、3.2。

step 32 单击【默认】选项卡的【绘图】面板中的【圆】按钮，绘制如图 3-48 所示的同心圆，半径分别为 1.5 和 2。

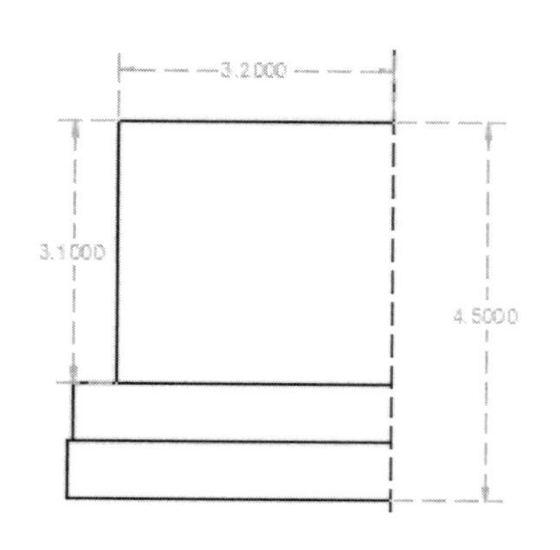

图 3-47　绘制长度分别为 3.1、3.2 的直线

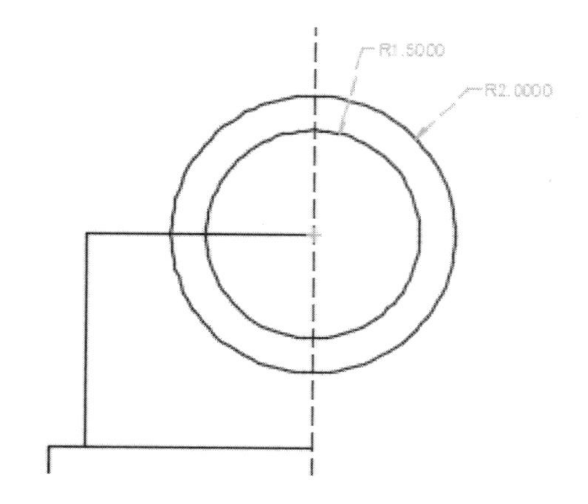

图 3-48　绘制半径为 1.5 和 2 的同心圆

step 33 单击【默认】选项卡的【绘图】面板中的【直线】按钮，绘制距离中心线为 0.65 的 2 条垂线，如图 3-49 所示。

step 34 单击【默认】选项卡的【修改】面板中的【修剪】按钮，快速修剪图形，如图 3-50 所示。

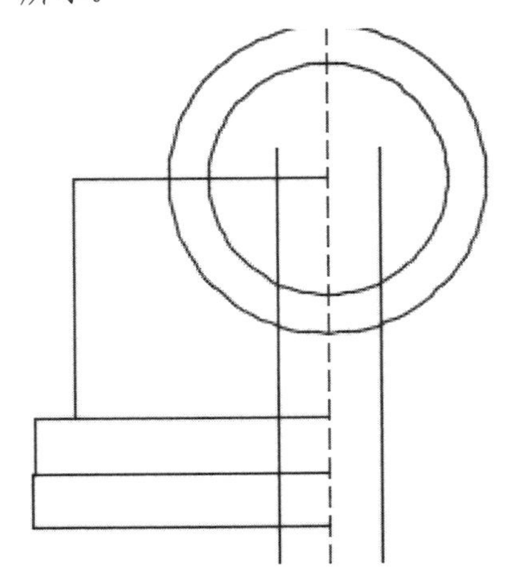

图 3-49　绘制 2 条垂线

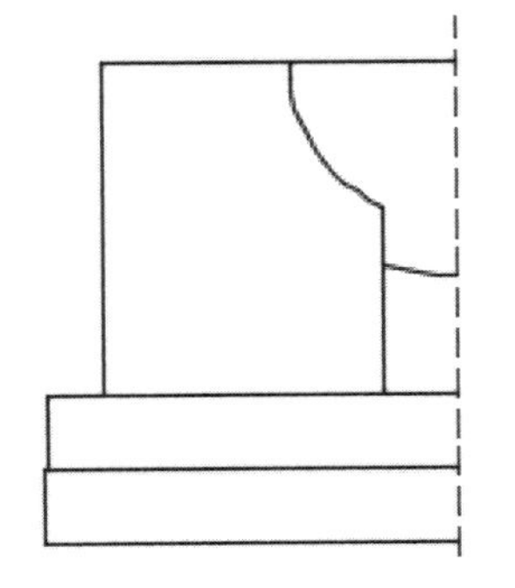

图 3-50　修剪图形

step 35 单击【默认】选项卡的【绘图】面板中的【直线】按钮，绘制 3 条直线，距离右侧中心线为 2.35、2.4、3.0，如图 3-51 所示。

step 36 单击【默认】选项卡的【修改】面板中的【修剪】按钮，快速修剪图形，如图 3-52 所示。

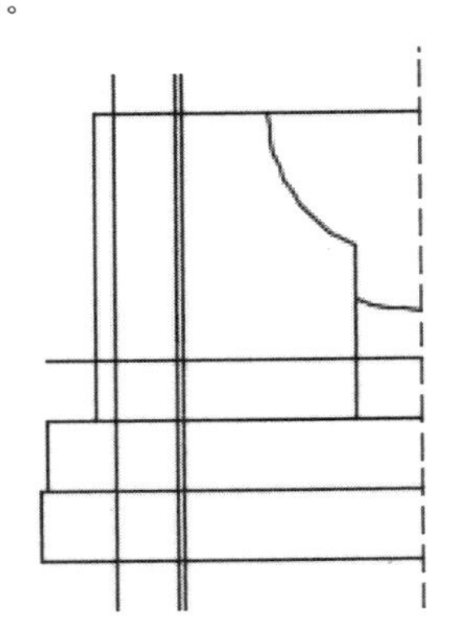

图 3-51　绘制 3 条直线

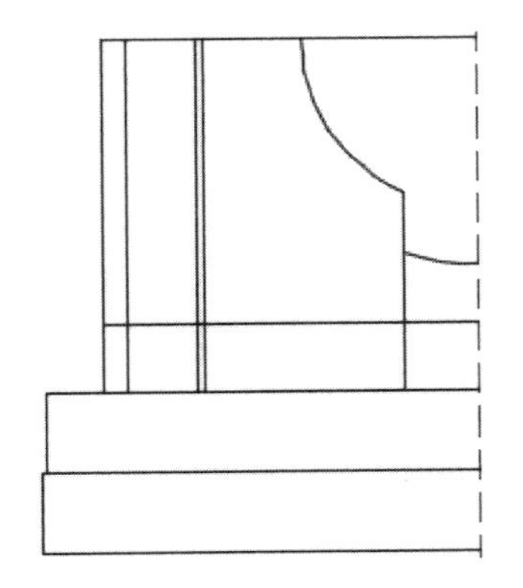

图 3-52　修剪图形

step 37 单击【默认】选项卡的【绘图】面板中的【直线】按钮，绘制如图 3-53 所示的直线和斜线。

step 38 单击【默认】选项卡的【修改】面板中的【修剪】按钮，快速修剪图形，如图 3-54 所示。

step 39 单击【默认】选项卡的【修改】面板中的【镜像】按钮，选择镜像的图形，绘制如图 3-55 所示镜像图形，完成俯视图的绘制。

step 40 完成散热器草图的绘制，如图 3-56 所示。

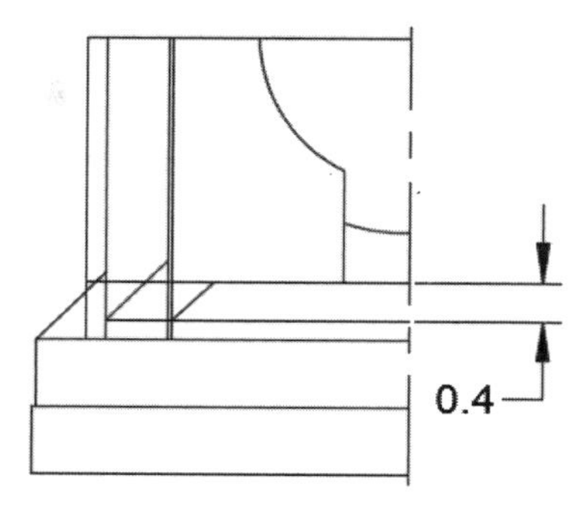

图 3-53　绘制直线和斜线

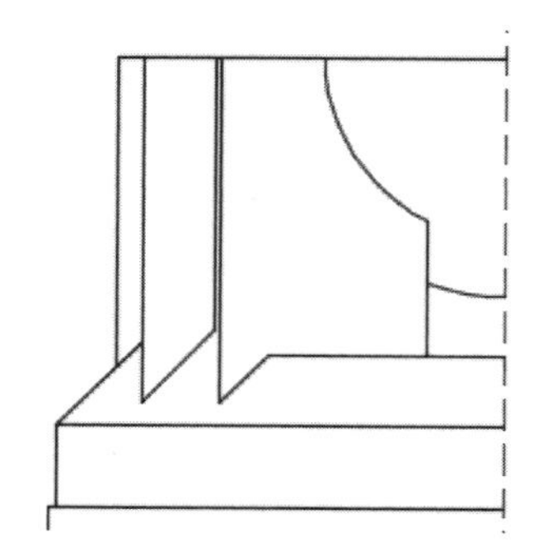

图 3-54　修剪图形

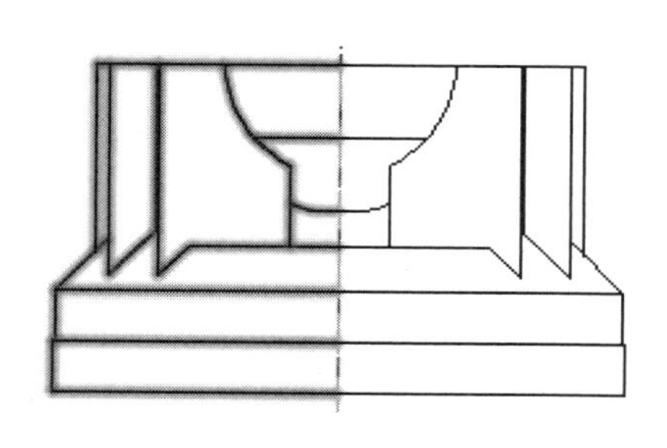

图 3-55　完成俯视图

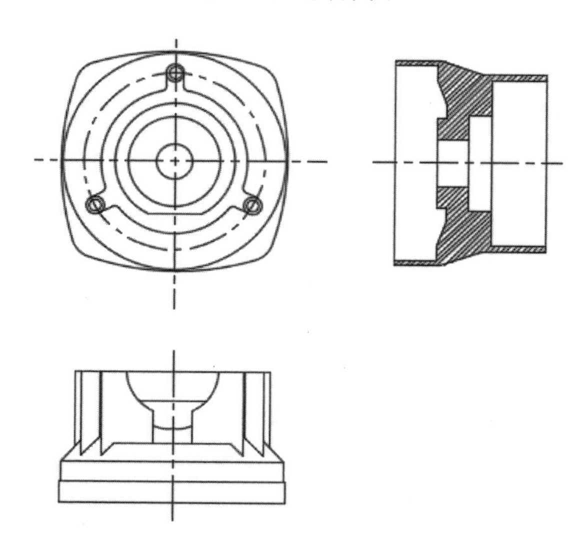

图 3-56　完成散热器图形

机械设计实践： 在机械图纸当中，三视图是常用到的视图布局方法。使用三视图绘制零件，就需要使用【镜像】、【偏移】、【阵列】等命令，如图 3-57 所示，要保证零件视图的尺寸精确就要使用不同的编辑命令。

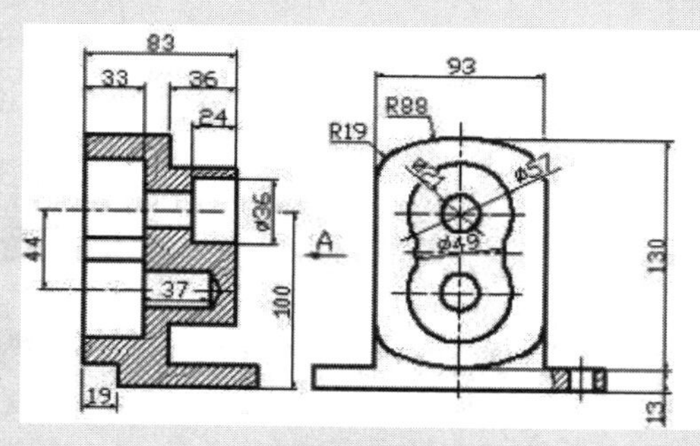

图 3-57　端盖图纸

第3课 2课时 移动、旋转和缩放

在绘制图形过程中，经常需要调整图形的位置和方向，这就会涉及对图形对象进行移动、旋转等操作。

3.3.1 移动图形

行业知识链接：【移动】命令是草绘当中的编辑命令，是对已有图形的位置进行改变，如图 3-58 所示是一个端盖类零件的草图，用于封闭设备的一端或者进行连通，绘制完成后使用【移动】命令调节视图位置。

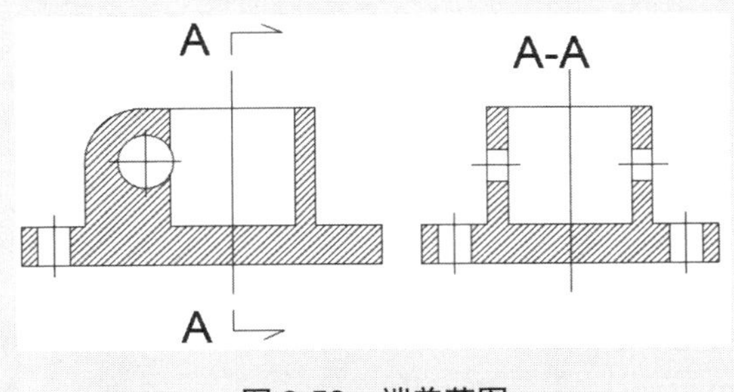

图 3-58 端盖草图

移动图形对象是使某一图形沿着基点移动一段距离，使对象到达合适的位置。

执行【移动】命令有以下 3 种方法。

(1) 单击【默认】选项卡的【修改】面板中的【移动】按钮。

(2) 在命令行中输入“m”命令后按 Enter 键。

(3) 在菜单栏中选择【修改】|【移动】命令。

选择【移动】命令后光标变为□图标，移动光标到要移动图形对象的位置。单击选择需要移动的图形对象，然后右击。AutoCAD 提示用户选择基点，选择基点后移动鼠标至相应的位置，命令行窗口提示如下：

```
命令：_move
选择对象：找到 1 个
```

选取实体后绘图区如图 3-59 所示。

```
选择对象：
指定基点或 [位移(D)] <位移>：
指定第二个点或 <使用第一个点作为位移>：
```

指定基点后绘图区如图 3-60 所示。

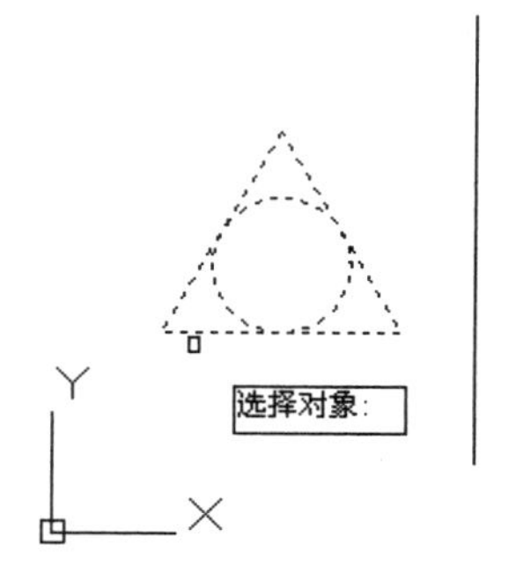

图 3-59　选取实体后绘图区所显示的图形

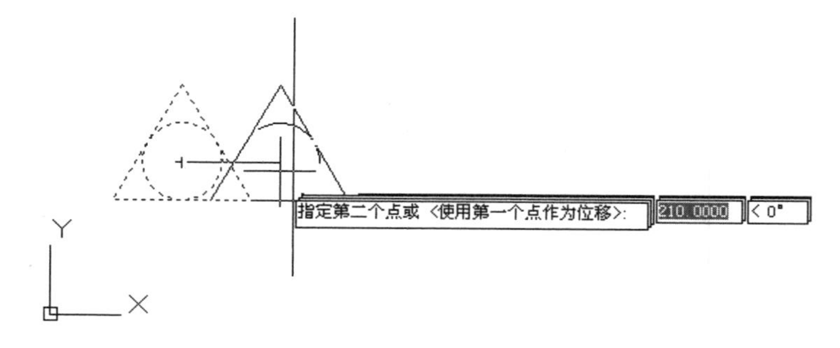

图 3-60　指定基点后绘图区所显示的图形

最终绘制的图形如图 3-61 所示。

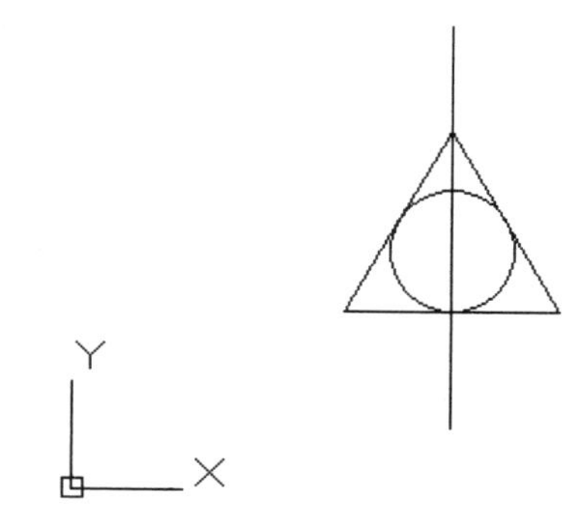

图 3-61　用【移动】命令将图形对象由原来位置移动到需要的位置

3.3.2　旋转图形

行业知识链接：【旋转】命令是对图形的绕轴移动操作，可以生成特定角度的图形，如图 3-62 所示是一个连接件的草图，用于不同角度位置的连接，绘制时使用【旋转】命令可以得到相应倾斜角度的特征。

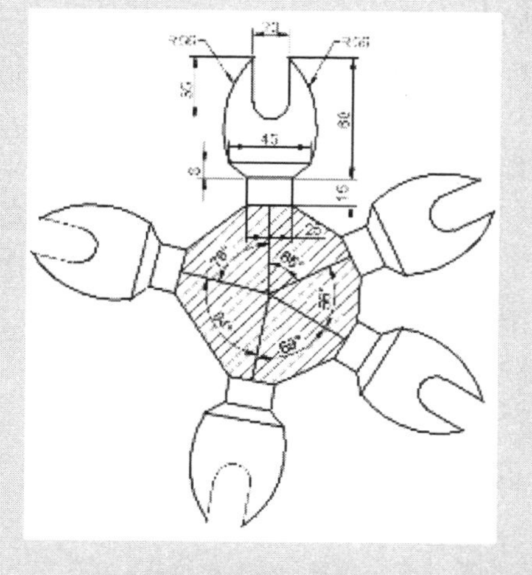

图 3-62　连接件草图

旋转对象是指用户将图形对象旋转一个角度使之符合用户的要求，旋转后的对象与原对象的距离取决于旋转的基点与被旋转对象的距离。

执行【旋转】命令有以下 3 种方法。

(1) 单击【默认】选项卡的【修改】面板中的【旋转】按钮。

(2) 在命令行中输入“rotate”命令后按 Enter 键。

(3) 在菜单栏中选择【修改】|【旋转】命令。

执行此命令后光标变为□图标，移动光标到要旋转的图形对象的位置，单击选择完需要移动的图形对象后右击，AutoCAD 提示用户选择基点，选择基点后移动鼠标至相应的位置，命令行窗口提示如下：

```
命令： _rotate
UCS 当前的正角方向： ANGDIR=逆时针  ANGBASE=0
选择对象：找到 1 个
```

此时绘图区如图 3-63 所示。

```
选择对象：
指定基点：
```

指定基点后绘图区如图 3-64 所示。

```
指定旋转角度，或 [复制(C)/参照(R)] <0>:
```

最终绘制的图形如图 3-65 所示。

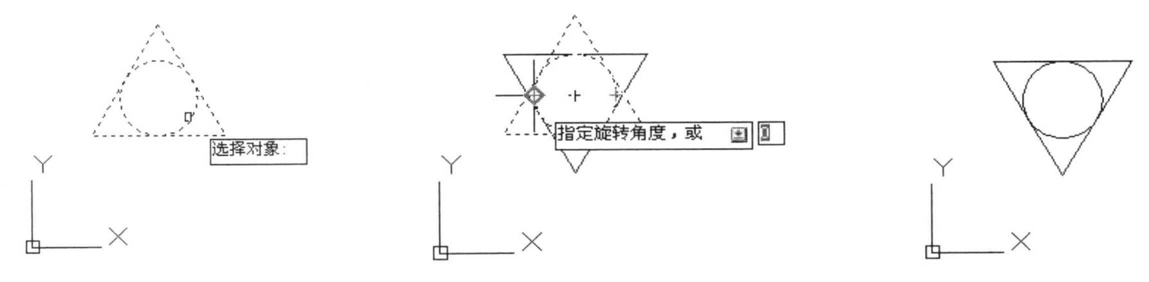

图 3-63 选取实体绘图区所显示的图形　图 3-64 指定基点后绘图区所显示的图形　图 3-65 用【旋转】命令绘制的图形

3.3.3 缩放图形

行业知识链接：【缩放】命令可以放大或者缩小草图图形，是方便绘制相同外形但是比例不同的方法，如图 3-66 所示是一个轴类零件的截面草图，轴类用于传动或者连接，绘制时使用【缩放】命令可以得到同外形草图。

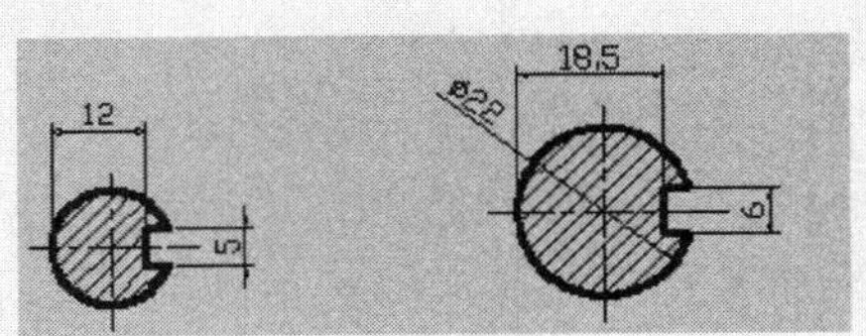

图 3-66 轴截面草图

在 AutoCAD 中，可以通过【缩放】命令来使实际的图形对象放大或缩小。

执行【缩放】命令有以下 3 种方法。

(1) 单击【默认】选项卡的【修改】面板中的【缩放】按钮。

(2) 在命令行中输入“scale”命令后按 Enter 键。

(3) 在菜单栏中选择【修改】|【缩放】命令。

执行此命令后光标变为□图标，AutoCAD 提示用户选择需要缩放的图形对象后移动鼠标到要缩放的图形对象位置。单击选择需要缩放的图形对象后右击，AutoCAD 提示用户选择基点。选择基点后在命令行中输入缩放比例系数后按下 Enter 键，缩放完毕。命令行窗口提示如下：

```
命令: _scale
选择对象: 找到 1 个
```

选取实体后绘图区如图 3-67 所示。

```
选择对象:
指定基点:
```

指定基点后绘图区如图 3-68 所示。

```
指定比例因子或 [复制(C)/参照(R)] <1.5000>:
```

绘制的图形如图 3-69 所示。

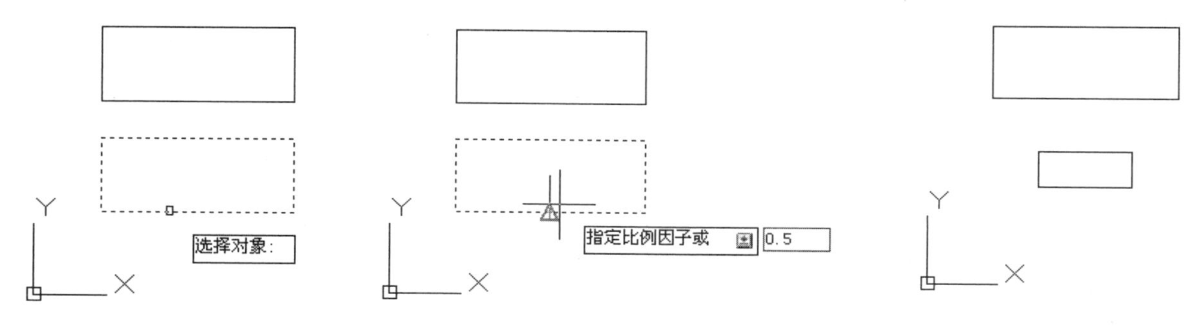

图 3-67 选取实体绘图区所显示的图形

图 3-68 指定基点后绘图区所显示的图形

图 3-69 用【缩放】命令将图形对象缩小的最终效果

课后练习

案例文件： ywj\03\02.dwg

视频文件： 光盘\视频课堂\第 3 教学日\3.3

练习案例分析及步骤如下。

本课后练习创建行车构架草图，行车和现在我们所称的起重机基本一样。行车驱动方式基本有两类：一为集中驱动，即用一台电动机带动长传动轴驱动两边的主动车轮；二为分别驱动，即两边的主动车轮各用一台电动机驱动，如图 3-70 所示是完成的行车构架草图。

本课案例主要练习了 AutoCAD 的移动、旋转等草绘命令，绘制过程中有 2 个图形，是两个方向的视图。绘制行车构架的思路和步骤如图 3-71 所示。

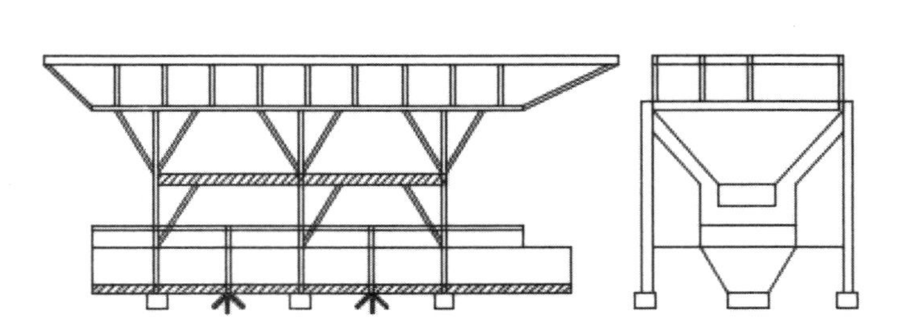

图 3-70　完成的行车构架草图

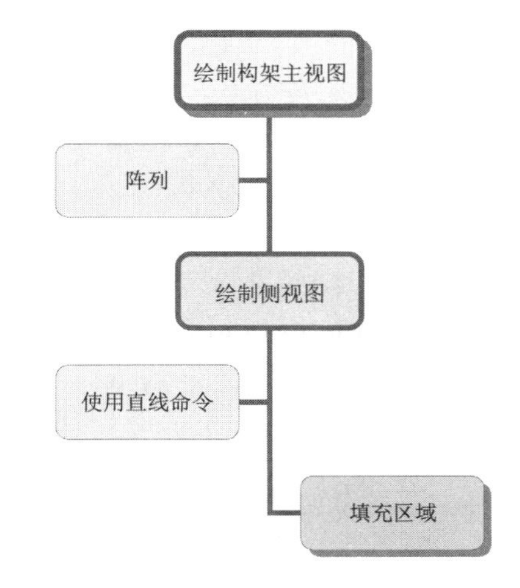

图 3-71　行车构架绘制步骤

练习案例操作步骤如下。

step 01 首先绘制构架主视图。单击【默认】选项卡的【绘图】面板中的【直线】按钮，绘制如图 3-72 所示 2 条直线，长为 10，间距为 0.2。

step 02 单击【默认】选项卡的【绘图】面板中的【直线】按钮，向上绘制如图 3-73 所示的 1 条直线，长为 10。

图 3-72　绘制 2 条直线

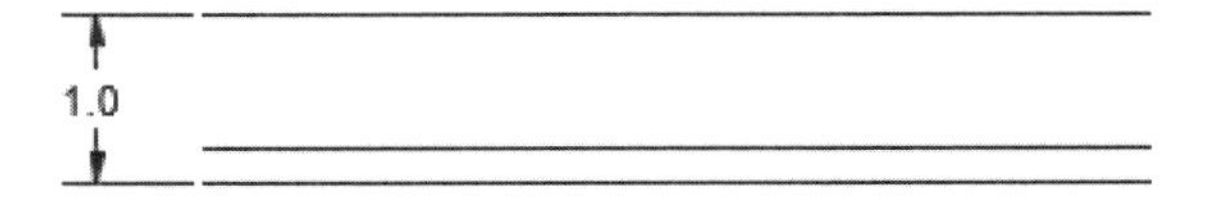

图 3-73　向上绘制 1 条直线

step 03 单击【默认】选项卡的【绘图】面板中的【直线】按钮，向上绘制如图 3-74 所示 2 条平行线，长为 10。

step 04 单击【默认】选项卡的【绘图】面板中的【直线】按钮，绘制如图 3-75 所示垂线，长为 1.4。

图 3-74　向上绘制 2 条平行线

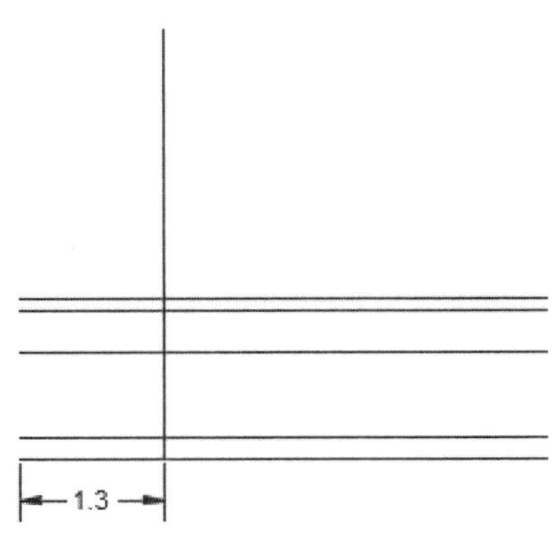

图 3-75　绘制长度为 1.4 的垂线

step 05 单击【默认】选项卡的【绘图】面板中的【直线】按钮，向右绘制如图 3-76 所示的垂线，距离为 0.1。

step 06 单击【默认】选项卡的【绘图】面板中的【直线】按钮，绘制如图 3-77 所示的矩形，尺寸为 0.3 × 0.4。

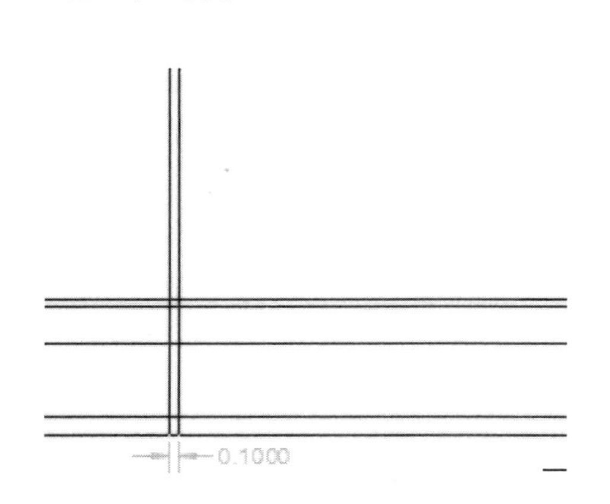

图 3-76　绘制距离为 0.1 的垂线

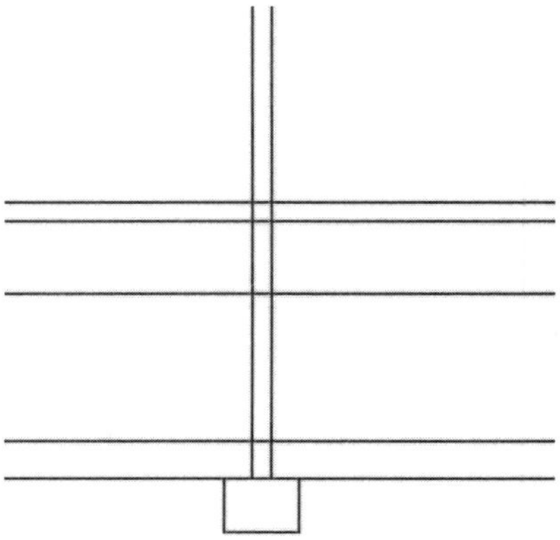

图 3-77　绘制矩形

step 07 单击【默认】选项卡的【绘图】面板中的【直线】按钮，绘制如图 3-78 所示的水平线，长为 6。

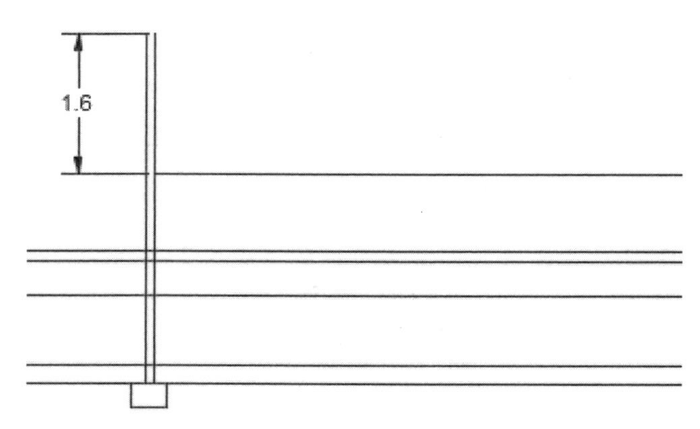

图 3-78　绘制长度为 6 的水平线

step 08 单击【默认】选项卡的【绘图】面板中的【直线】按钮，绘制如图 3-79 所示直线图形。

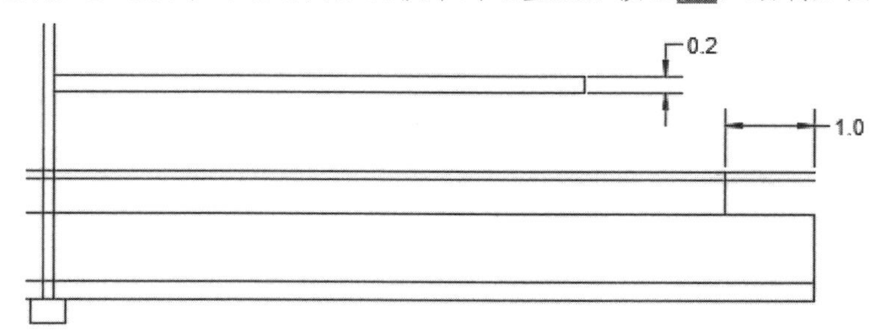

图 3-79　绘制直线图形

step 09 单击【默认】选项卡的【修改】面板中的【修剪】按钮，快速修剪直线图形，如图 3-80 所示。

图 3-80　修剪直线图形

step 10 单击【默认】选项卡的【绘图】面板中的【直线】按钮，绘制如图 3-81 所示的 30°的角度线。

step 11 单击【默认】选项卡的【修改】面板中的【复制】按钮，选择复制直线，复制距离为 0.1，如图 3-82 所示。

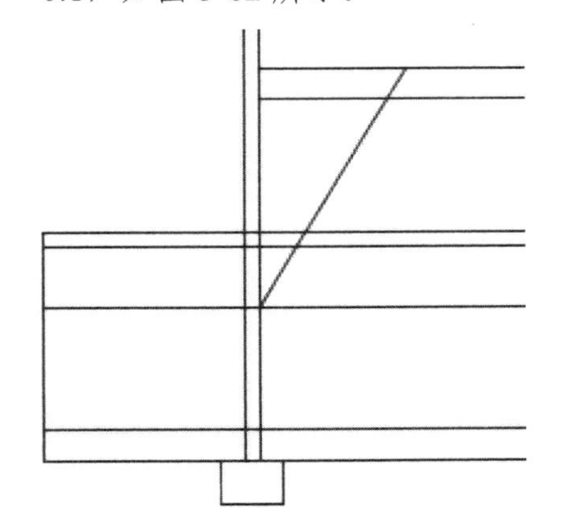

图 3-81　绘制 30°的角度线

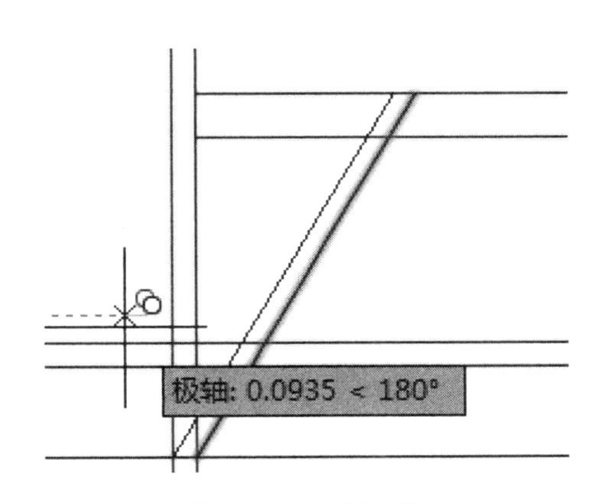

图 3-82　复制直线

step 12 单击【默认】选项卡的【修改】面板中的【修剪】按钮，快速修剪图形，如图 3-83 所示。

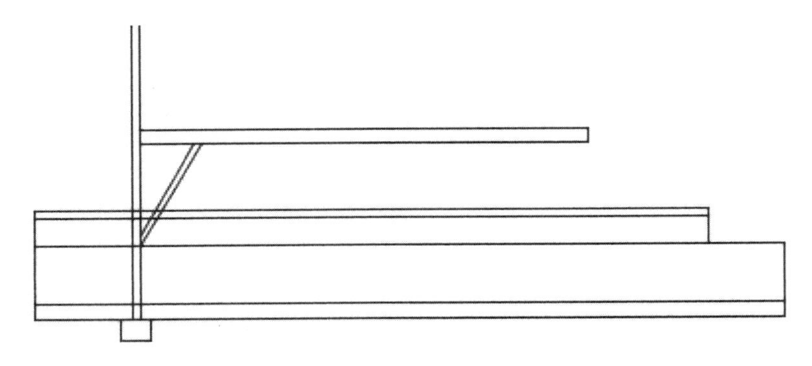

图 3-83　修剪图形

step 13 单击【默认】选项卡的【修改】面板中的【复制】按钮，选择复制2条斜线，如图3-84所示。

step 14 单击【默认】选项卡的【修改】面板中的【复制】按钮，向上复制2条水平线，如图3-85所示。

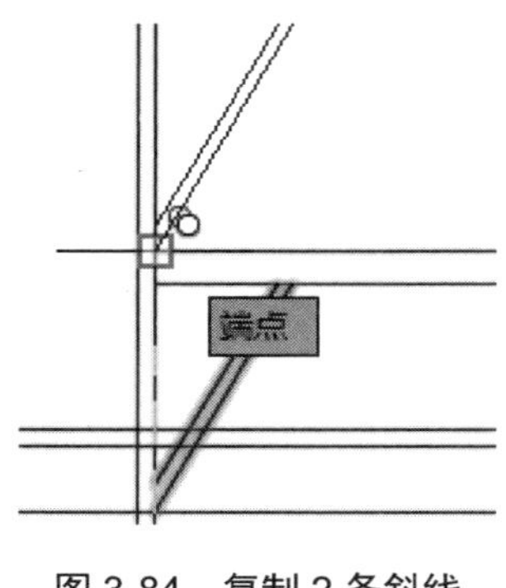

图3-84 复制2条斜线

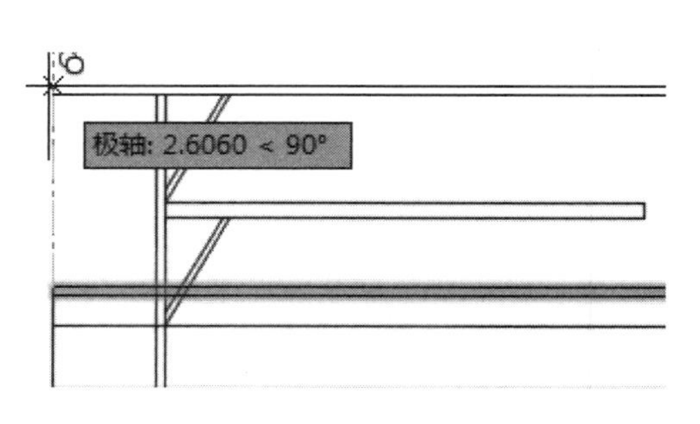

图3-85 复制2条水平线

step 15 单击【默认】选项卡的【绘图】面板中的【图案填充】按钮，选择图案进行填充，如图3-86所示。

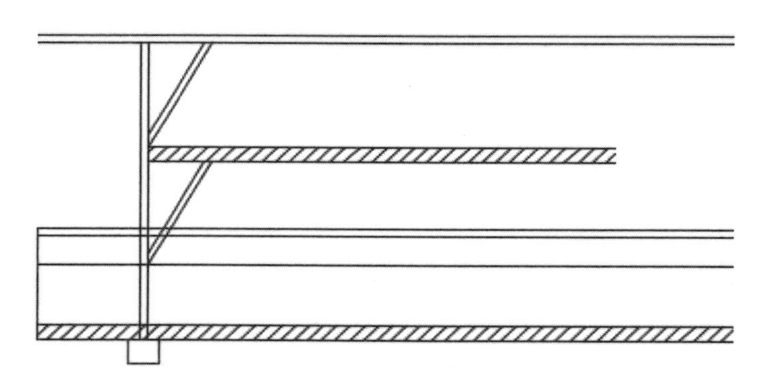

图3-86 填充图案

step 16 单击【默认】选项卡的【修改】面板中的【镜像】按钮，选择斜线，创建如图3-87所示的镜像图形。

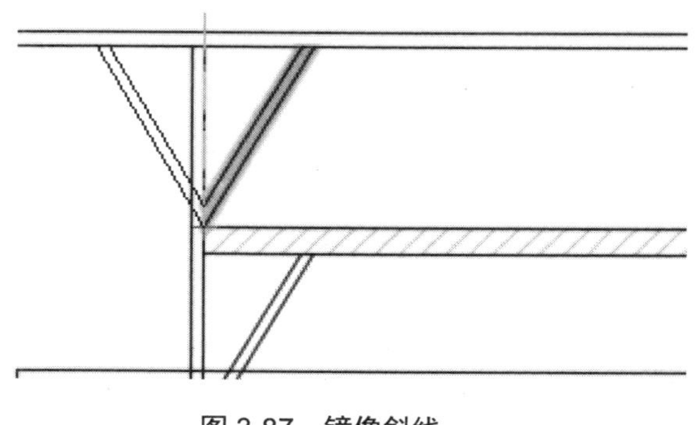

图3-87 镜像斜线

step 17 单击【默认】选项卡的【修改】面板中的【移动】按钮，选择移动图形，移动距离为0.1，如图3-88所示。

step 18 完成移动的图形，如图3-89所示。

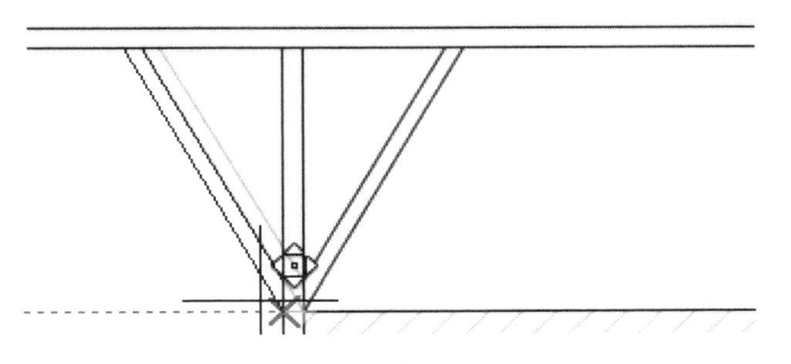

图3-88 移动图形

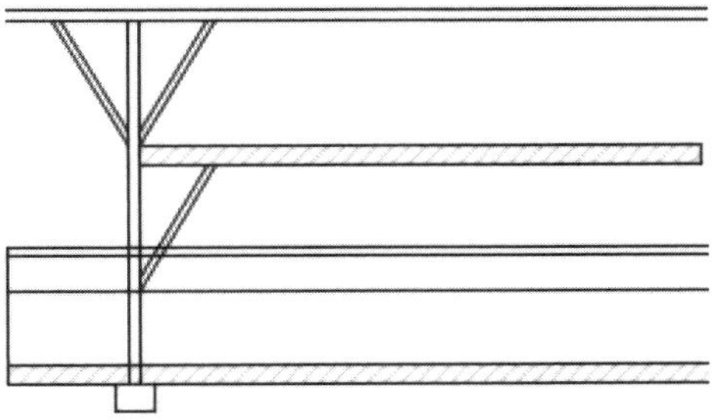

图3-89 完成移动图形

step 19 单击【默认】选项卡的【修改】面板中的【复制】按钮，复制支撑柱图形，如图3-90所示。

step 20 单击【默认】选项卡的【修改】面板中的【镜像】按钮，选择斜线图形，创建如图3-91所示镜像图形。

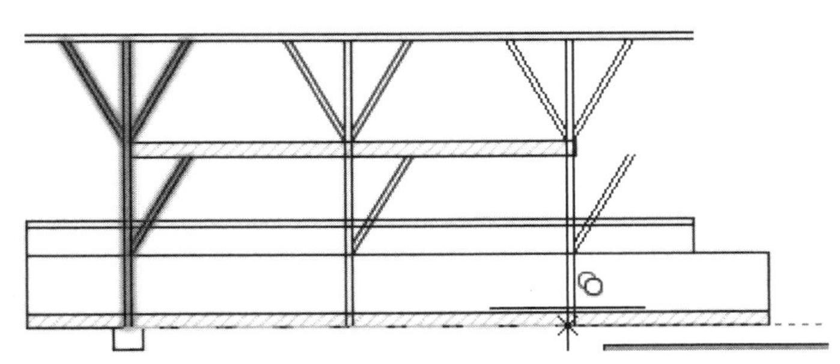

图3-90 复制支撑柱图形

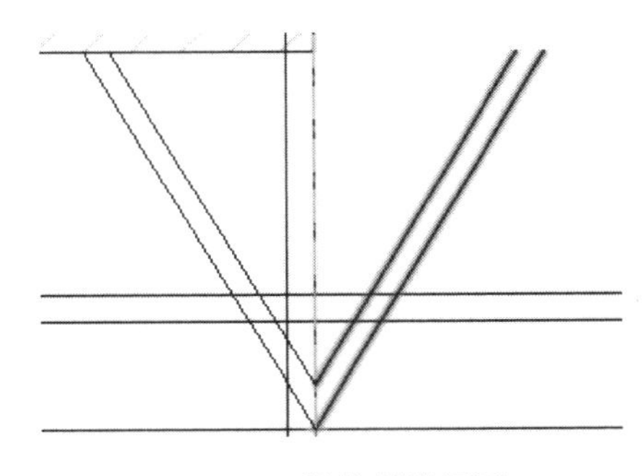

图3-91 镜像斜线图形

step 21 单击【默认】选项卡的【修改】面板中的【修剪】按钮，快速修剪斜线图形，如图3-92所示。

step 22 单击【默认】选项卡的【修改】面板中的【移动】按钮，选择斜线，向左移动0.1，如图3-93所示。

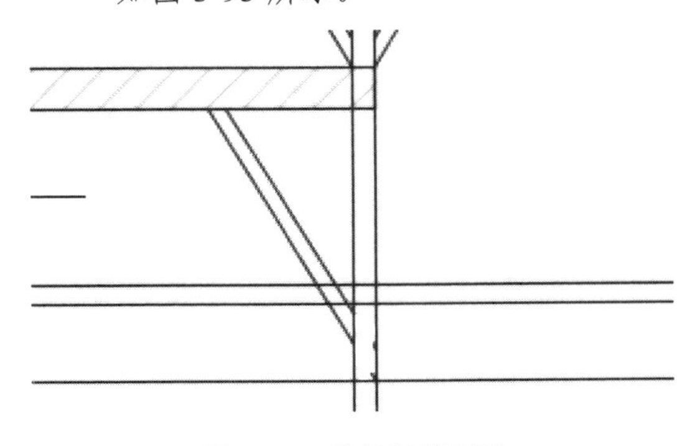

图3-92 修剪斜线图形

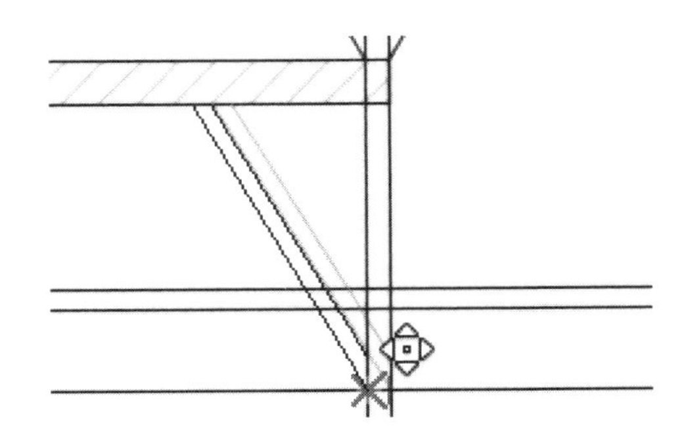

图3-93 向左移动斜线

step 23 单击【默认】选项卡的【绘图】面板中的【直线】按钮，绘制如图 3-94 所示的直线，长为 12。

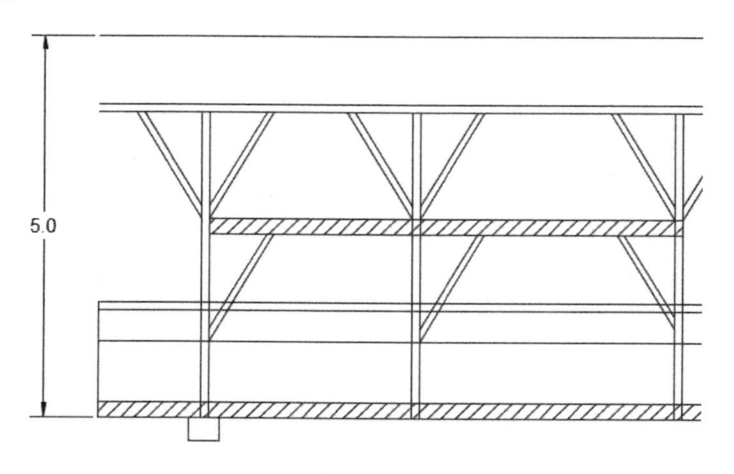

图 3-94　绘制长度为 12 的直线

step 24 单击【默认】选项卡的【修改】面板中的【移动】按钮，向左移动直线，距离为 1，如图 3-95 所示。

step 25 单击【默认】选项卡的【绘图】面板中的【直线】按钮，向上绘制如图 3-96 所示的水平线，长为 12。

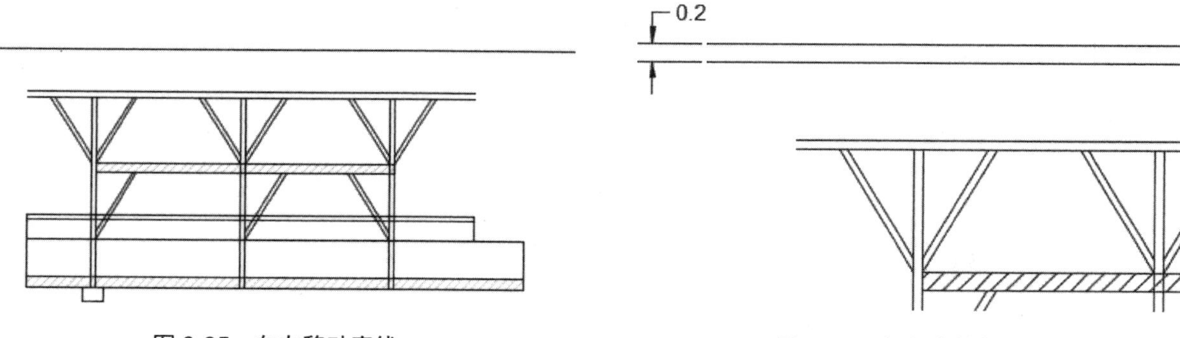

图 3-95　向左移动直线

图 3-96　向上绘制水平线

step 26 单击【默认】选项卡的【绘图】面板中的【直线】按钮，绘制如图 3-97 所示斜线。

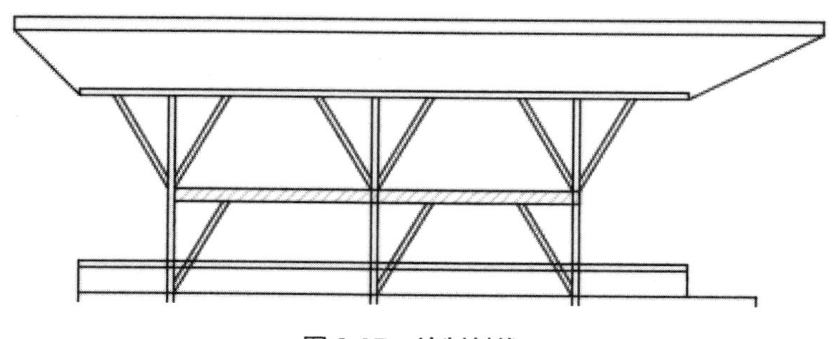

图 3-97　绘制斜线

step 27 单击【默认】选项卡的【绘图】面板中的【直线】按钮，绘制如图 3-98 所示的平行斜线。

step 28 单击【默认】选项卡的【绘图】面板中的【直线】按钮，绘制如图 3-99 所示 2 条垂线。

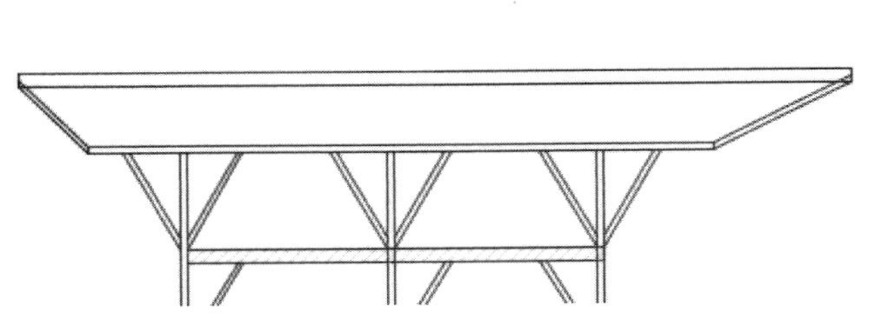

图 3-98　绘制平行斜线

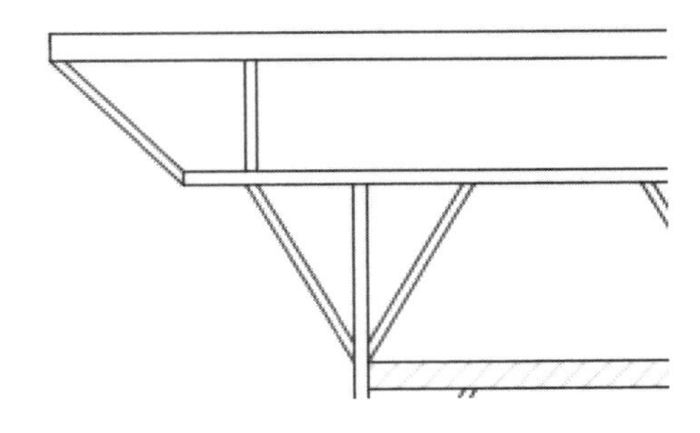

图 3-99　绘制 2 条垂线

step 29 单击【默认】选项卡的【修改】面板中的【矩形阵列】按钮，选择 2 条垂线，在弹出的【阵列创建】选项卡中，设置阵列的参数，如图 3-100 所示。

图 3-100　设置阵列的参数

step 30 完成矩形阵列图形，如图 3-101 所示。

step 31 单击【默认】选项卡的【修改】面板中的【复制】按钮，复制第二个矩形，如图 3-102 所示。

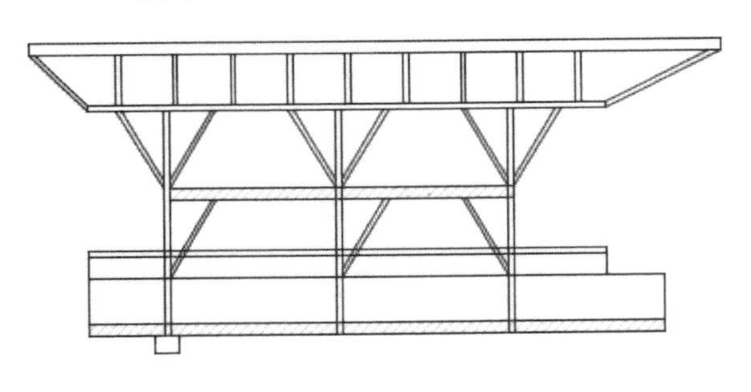

图 3-101　阵列图形

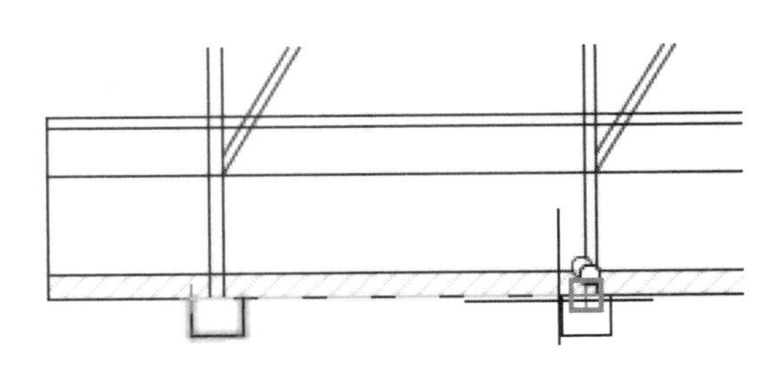

图 3-102　复制第二个矩形

step 32 单击【默认】选项卡的【修改】面板中的【复制】按钮，复制第三个矩形，如图 3-103 所示。

step 33 单击【默认】选项卡的【绘图】面板中的【直线】按钮，绘制如图 3-104 所示的 2 条垂线。

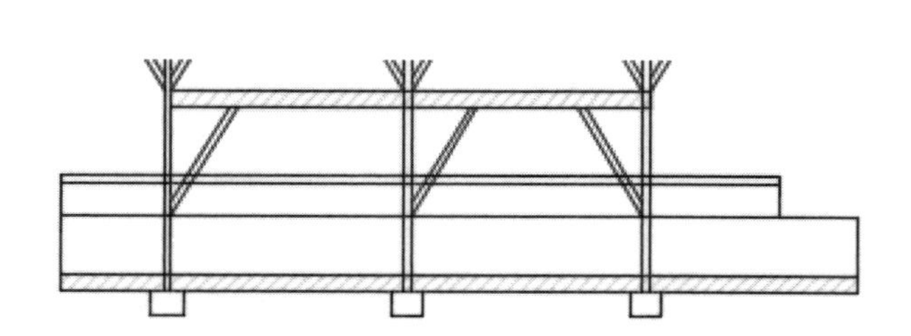

图 3-103　复制第三个矩形

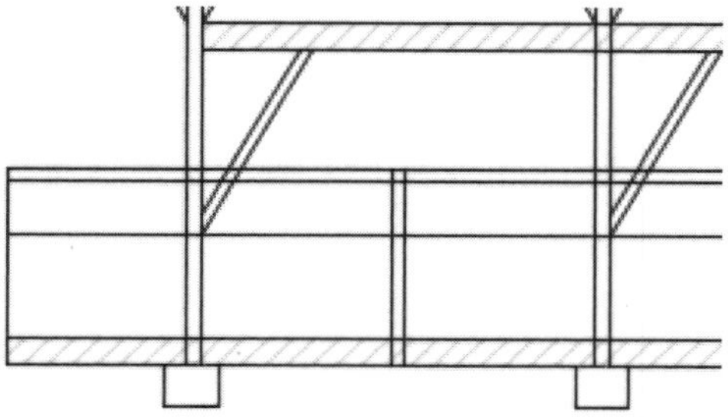

图 3-104　绘制 2 条垂线

step 34 单击【默认】选项卡的【绘图】面板中的【矩形】按钮，绘制尺寸为 0.4 × 0.05 的矩形，如图 3-105 所示。

step 35 单击【默认】选项卡的【修改】面板中的【旋转】按钮，选择矩形，旋转角度为 45°，如图 3-106 所示。

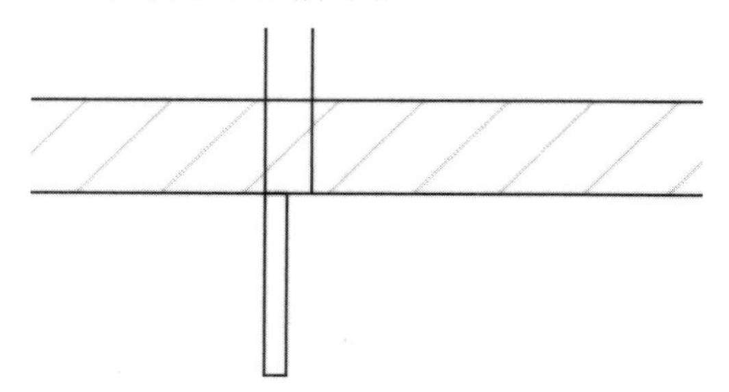

图 3-105　绘制 0.4×0.05 的矩形

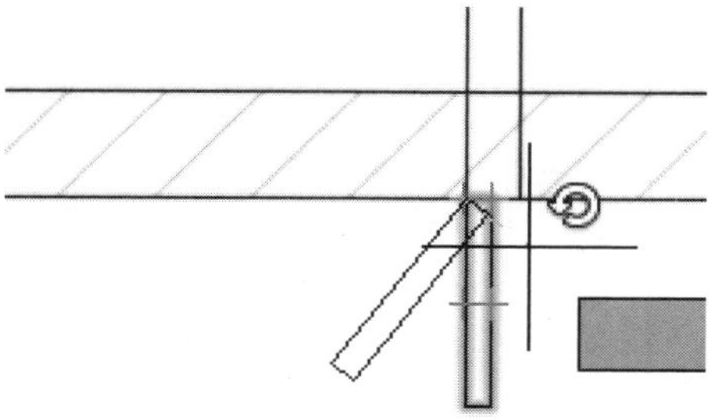

图 3-106　旋转矩形 45°

step 36 单击【默认】选项卡的【绘图】面板中的【矩形】按钮，绘制第二个尺寸为 0.4 × 0.05 的矩形，如图 3-107 所示。

step 37 单击【默认】选项卡的【修改】面板中的【旋转】按钮，选择矩形，旋转角度为-45°，如图 3-108 所示。

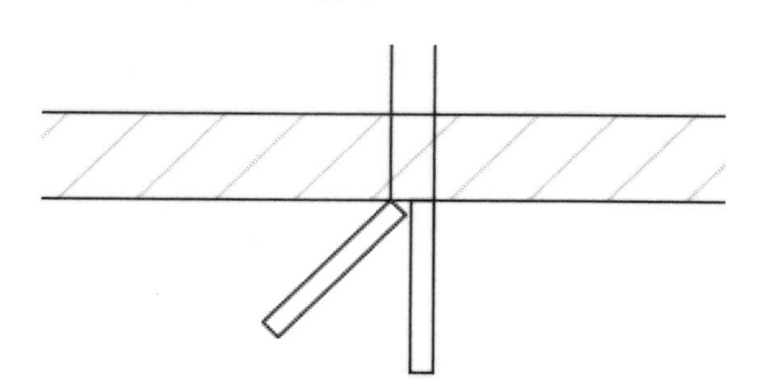

图 3-107　绘制第二个 0.4×0.05 的矩形

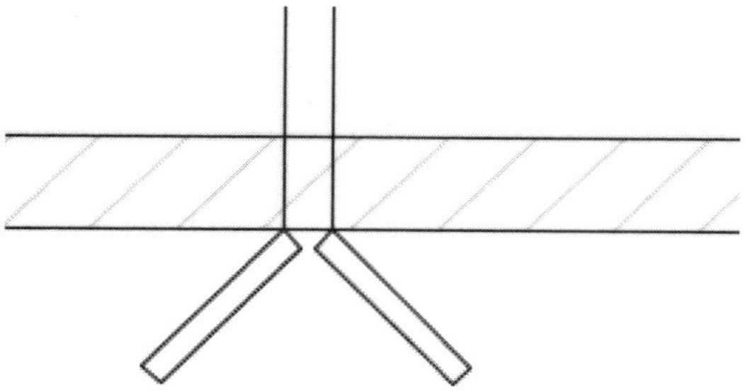

图 3-108　旋转矩形-45°

step 38 单击【默认】选项卡的【绘图】面板中的【矩形】按钮，绘制第三个尺寸为 0.4 × 0.05 的矩形，如图 3-109 所示。

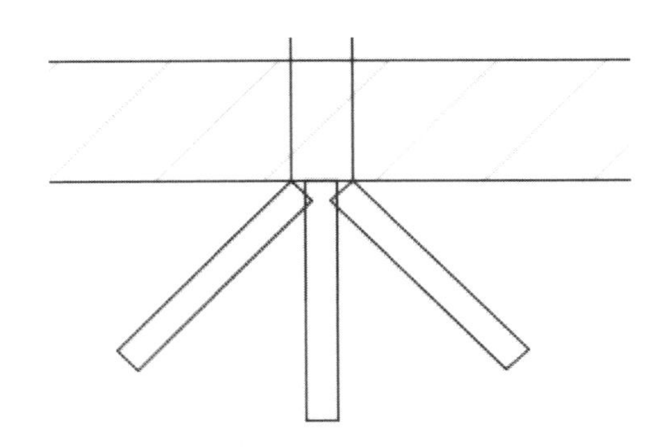

图 3-109　绘制第三个矩形

step 39 单击【默认】选项卡的【绘图】面板中的【图案填充图案】按钮，在【图案填充创建】选项卡中，选择 SOLID 选项，如图 3-110 所示。

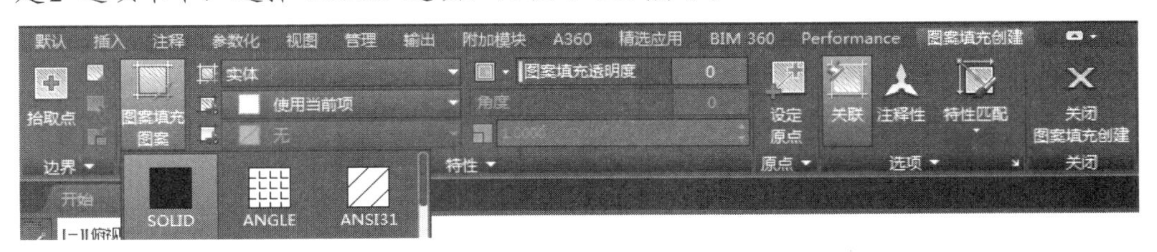

图 3-110　【图案填充创建】选项卡

step 40 依次单击矩形区域进行填充，完成如图 3-111 所示的图案填充。

step 41 单击【默认】选项卡的【修改】面板中的【复制】按钮，复制支柱图形，完成主构架的绘制，如图 3-112 所示。

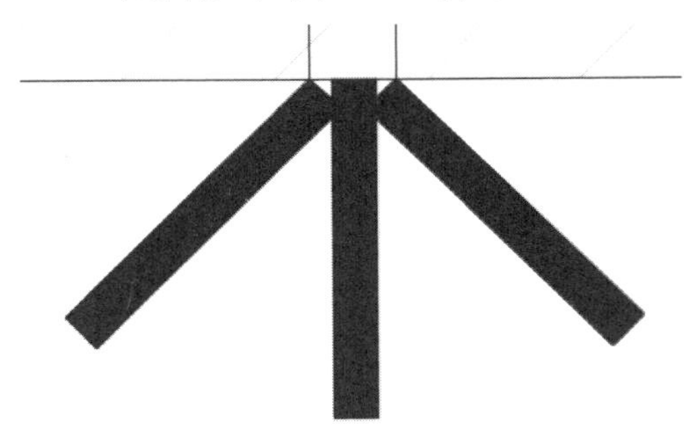

图 3-111　图案填充

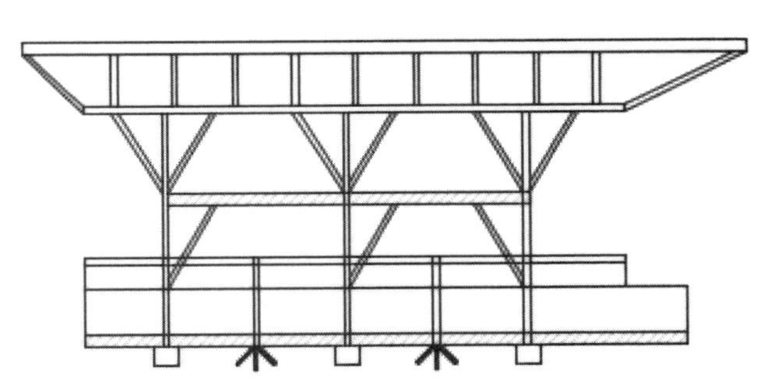

图 3-112　复制支柱图形

step 42 开始绘制侧视图。单击【默认】选项卡的【绘图】面板中的【直线】按钮，绘制如图 3-113 所示的平行线，长为 4。

step 43 单击【默认】选项卡的【绘图】面板中的【直线】按钮，绘制如图 3-114 所示的垂直平行线，长为 5，间距为 0.2。

step 44 单击【默认】选项卡的【修改】面板中的【复制】按钮，选择矩形，复制到指定位置，如图 3-115 所示。

step 45 单击【默认】选项卡的【修改】面板中的【复制】按钮，选择直线和矩形，完成复制，如图 3-116 所示。

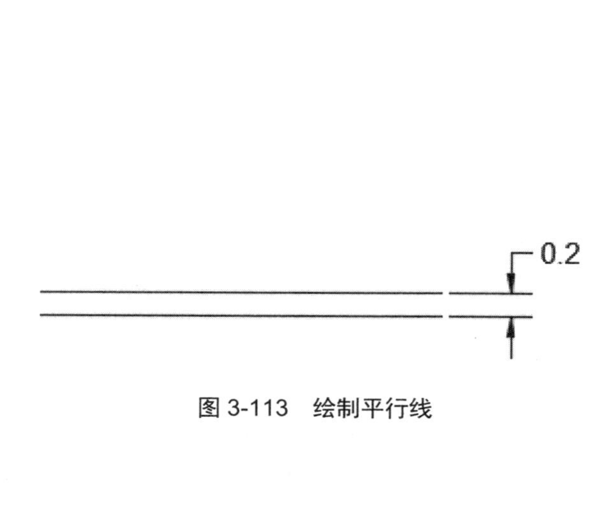

图 3-113　绘制平行线

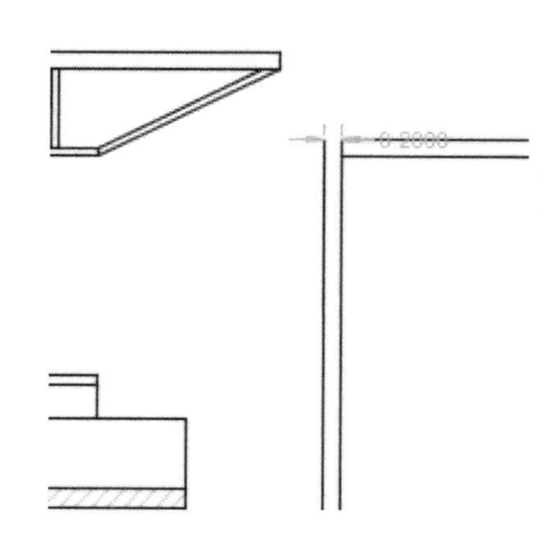

图 3-114　绘制垂直平行线

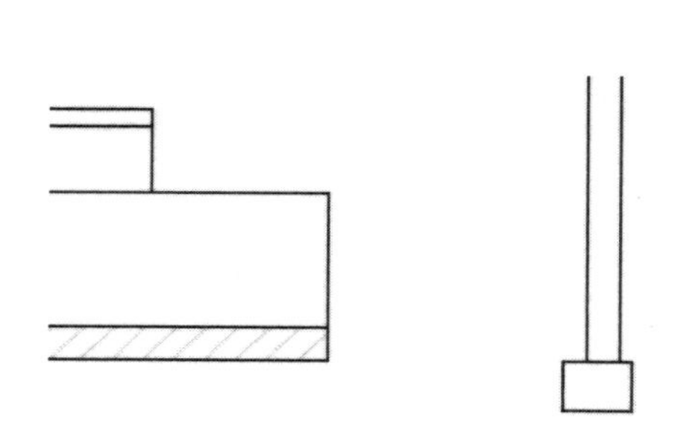

图 3-115　复制矩形

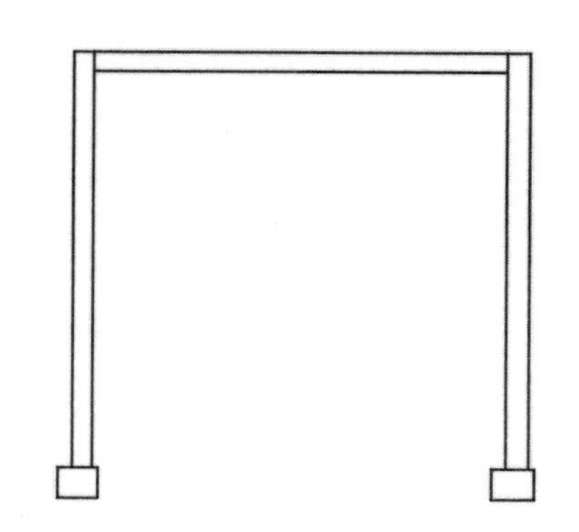

图 3-116　复制直线和矩形

step 46 单击【默认】选项卡的【绘图】面板中的【直线】按钮，绘制如图 3-117 所示的水平平行线，长为 4，间距为 0.2。

step 47 单击【默认】选项卡的【绘图】面板中的【直线】按钮，绘制如图 3-118 所示 4 条垂线，两两间距为 0.1。

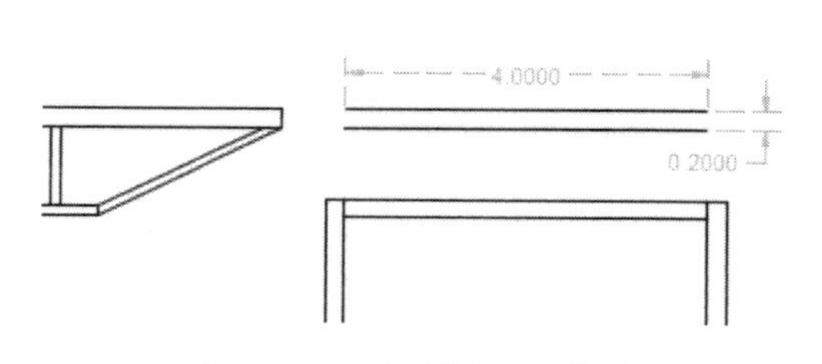

图 3-117　绘制水平平行线

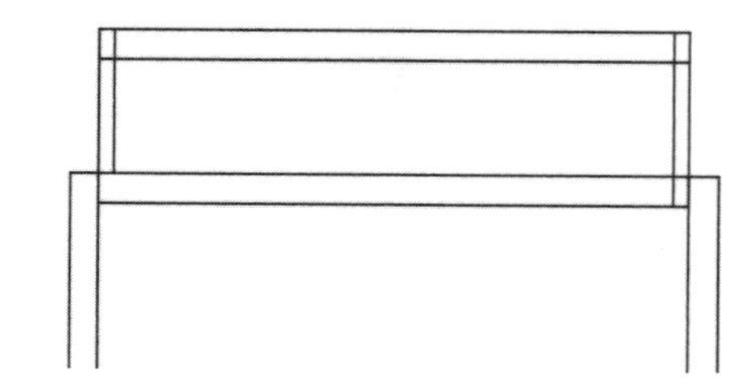

图 3-118　绘制 4 条垂线

step 48 单击【默认】选项卡的【修改】面板中的【矩形阵列】按钮，完成如图 3-119 所示的阵列图形。

step 49 单击【默认】选项卡的【绘图】面板中的【直线】按钮，绘制如图 3-120 所示的水平直线。

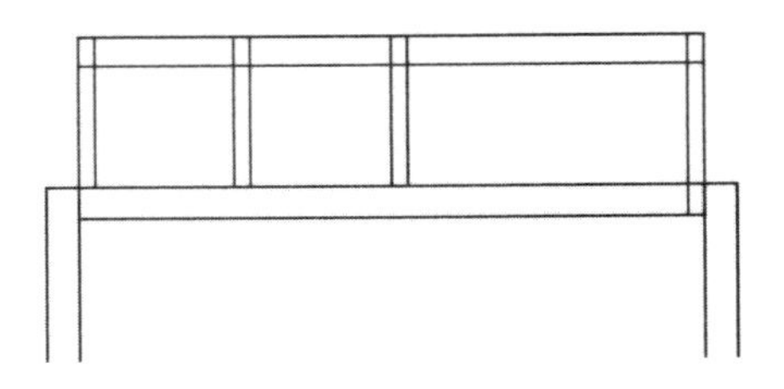

图 3-119　阵列图形

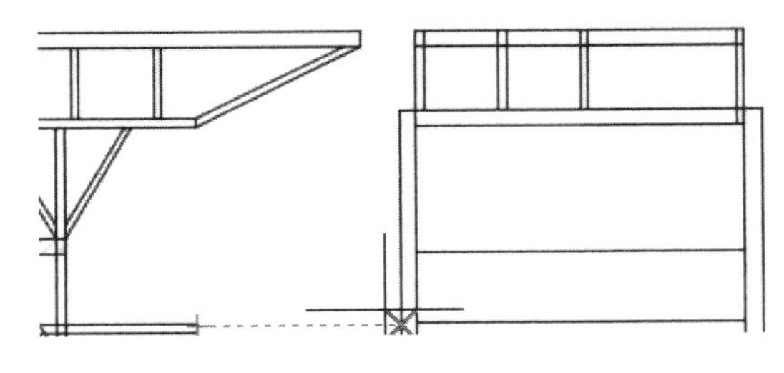

图 3-120　绘制水平直线

step 50 单击【默认】选项卡的【绘图】面板中的【直线】按钮，绘制如图 3-121 所示的 2 条垂线。

step 51 单击【默认】选项卡的【绘图】面板中的【直线】按钮，绘制如图 3-122 所示的 3 条直线。

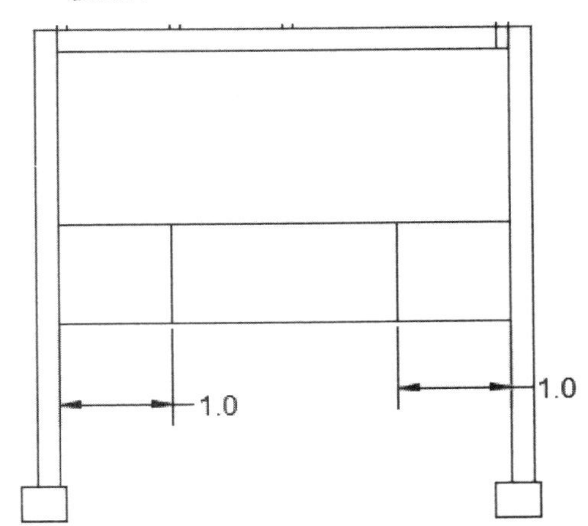

图 3-121　绘制 2 条垂线

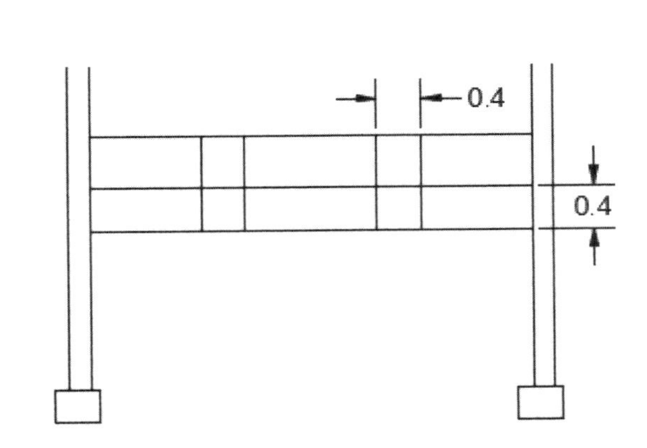

图 3-122　绘制 3 条直线

step 52 单击【默认】选项卡的【绘图】面板中的【直线】按钮，绘制如图 3-123 所示的斜线。

step 53 单击【默认】选项卡的【修改】面板中的【修剪】按钮，快速修剪图形，如图 3-124 所示。

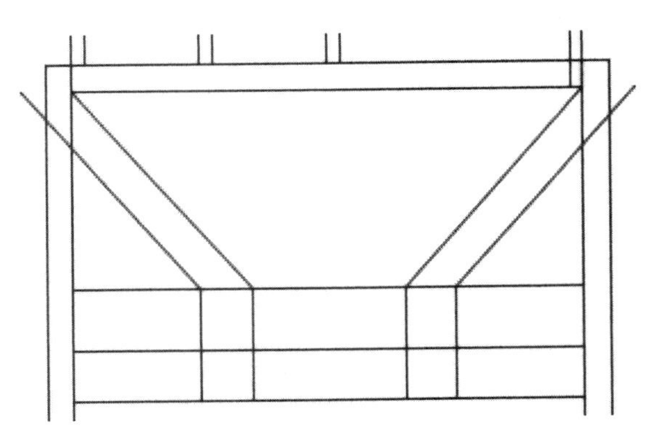

图 3-123　绘制斜线

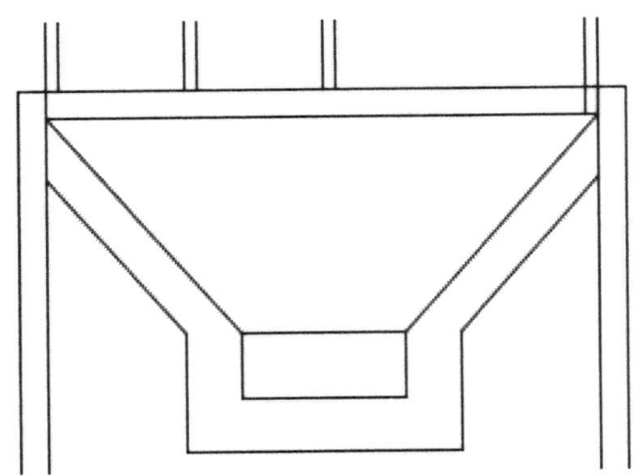

图 3-124　修剪图形 2

step 54 单击【默认】选项卡的【绘图】面板中的【直线】按钮，绘制如图 3-125 所示的对齐直线。

step 55 单击【默认】选项卡的【绘图】面板中的【直线】按钮，绘制底部 2 条水平线，如图 3-126 所示。

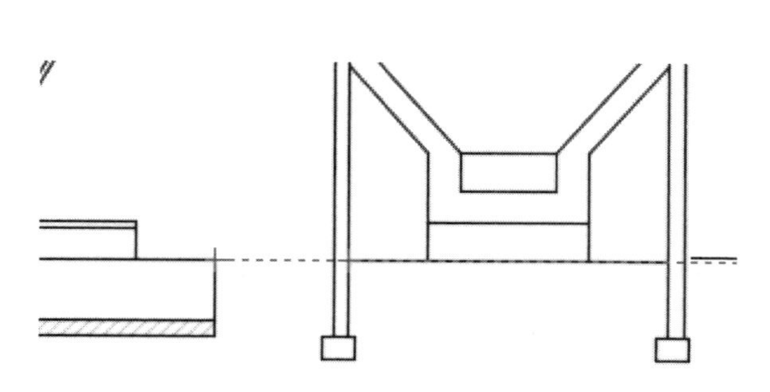

图 3-125　绘制对齐直线

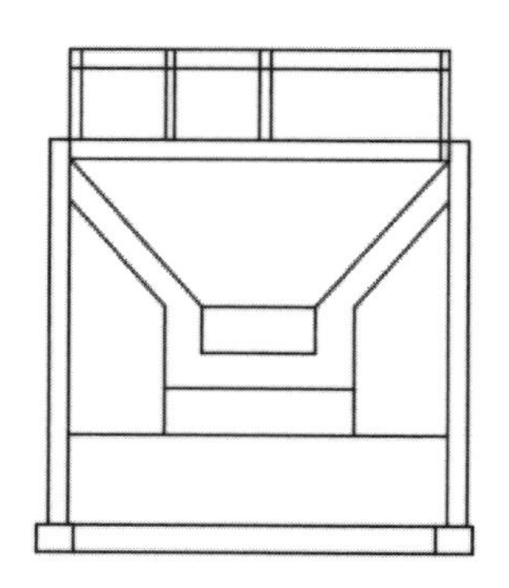

图 3-126　绘制底部 2 条水平线

step 56 单击【默认】选项卡的【绘图】面板中的【直线】按钮，绘制如图 3-127 所示 2 条斜线。

step 57 单击【默认】选项卡的【修改】面板中的【修剪】按钮，快速修剪图形，完成侧视图的绘制，如图 3-128 所示。

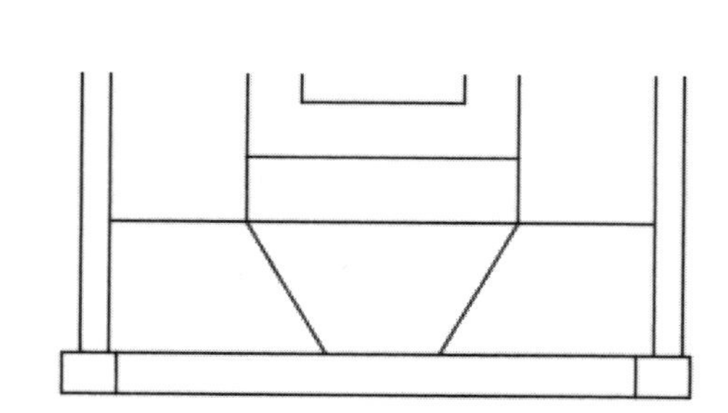

图 3-127　绘制 2 条斜线

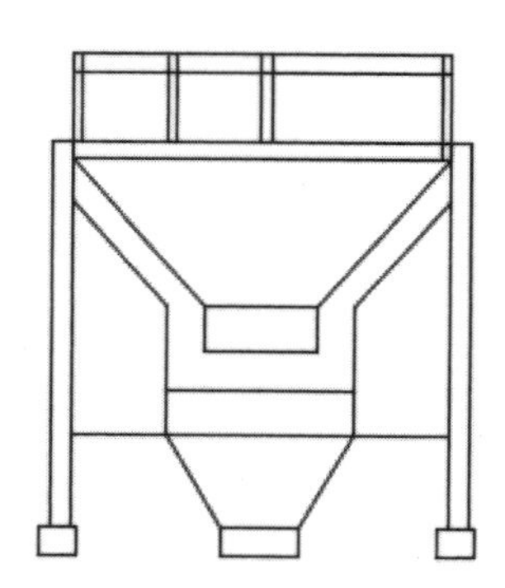

图 3-128　修剪图形

step 58 完成行车构架草图的绘制，如图 3-129 所示。

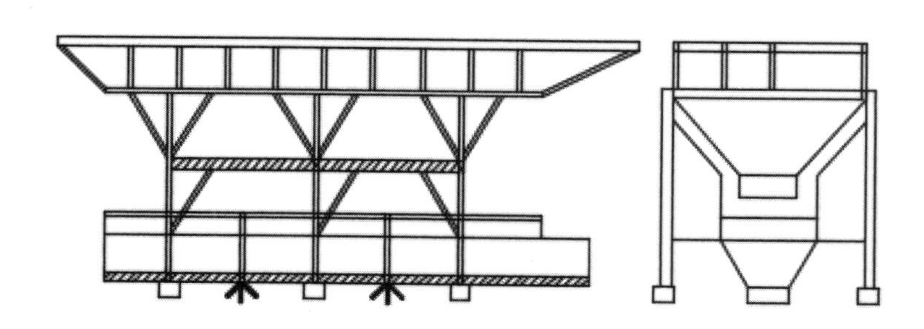

图 3-129　完成绘制行车构架草图

机械设计实践：板材类零件通常做成标准大小的扁平矩形建筑材料板，作墙壁、天花板或地板的构件。也多指锻造、轧制或铸造而成的金属板。如图 3-130 所示，是压板板材的一种，图纸仅绘制了局部，表达需要的尺寸部分，绘制时可以使用【缩放】或【移动】命令。

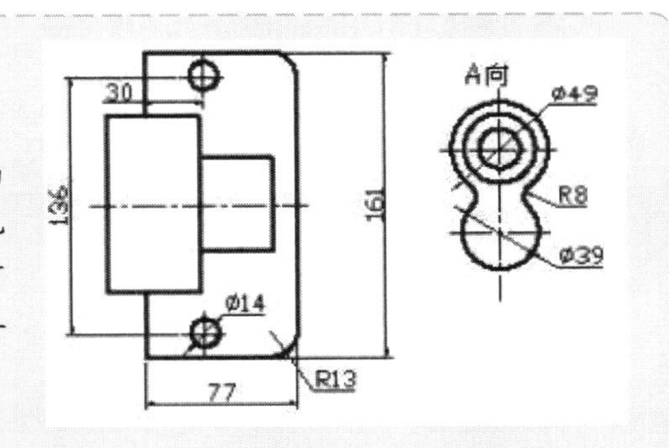

图 3-130　压板图纸

第 4 课　2 课时　拉伸、延伸与修剪

3.4.1　拉伸图形

行业知识链接：【拉伸】命令可以延长草图图形，同时外形不发生变化，如图 3-131 所示是一个管道的草图，管道使用在通水、气、油等的场合，绘制完成后使用【拉伸】命令可以得到不同长度的外形。

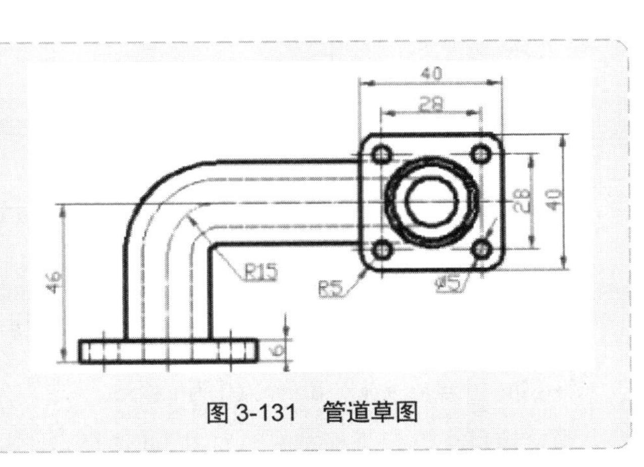

图 3-131　管道草图

在 AutoCAD 中，允许将对象端点拉伸到不同的位置。当将对象的端点放在交选框的内部时，可以单方向拉伸图形对象，而将新的对象与原对象的关系保持不变。

执行【拉伸】命令有以下 3 种方法。

(1) 单击【默认】选项卡的【修改】面板中的【拉伸】按钮。

(2) 在命令行中输入“stretch”命令后按 Enter 键。

(3) 在菜单栏中选择【修改】|【拉伸】命令。

选择【拉伸】命令后光标变为□图标，命令行窗口提示如下：

```
命令: _stretch
以交叉窗口或交叉多边形选择要拉伸的对象...
选择对象:
```

选择对象后绘图区如图 3-132 所示。

指定对角点：找到 1 个，总计 1 个

指定对角点后绘图区如图 3-133 所示。

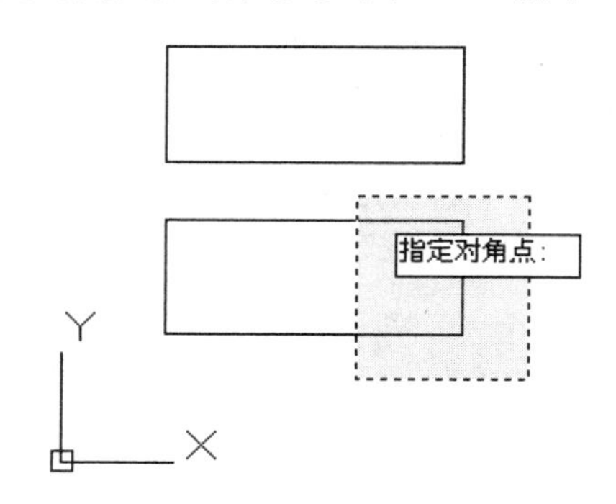

图 3-132　选择对象后绘图区所显示的图形

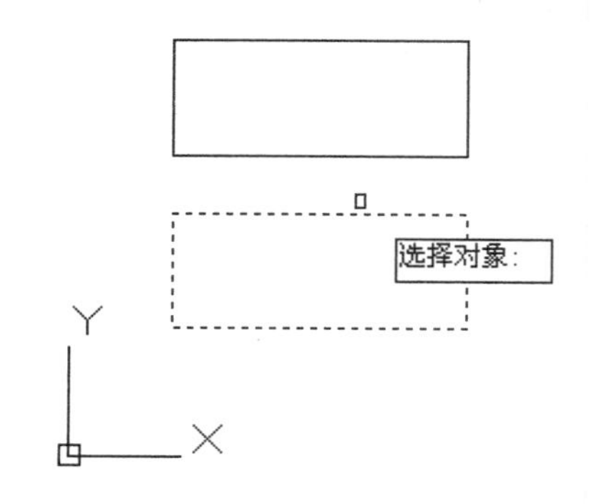

图 3-133　指定对角点后绘图区所显示的图形

选择对象：
指定基点或 [位移(D)] <位移>：

指定基点后绘图区如图 3-134 所示。

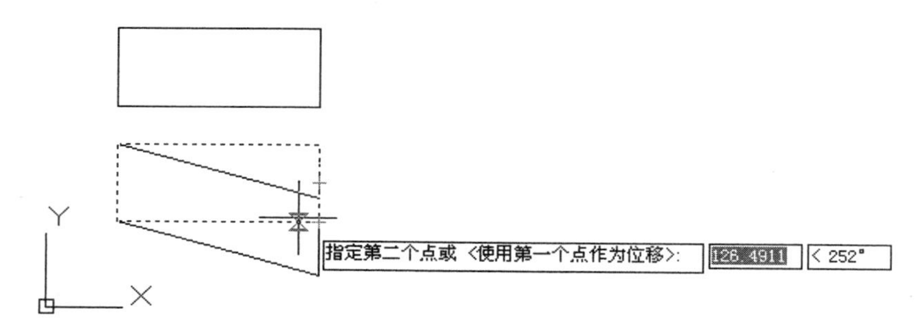

图 3-134　指定基点后绘图区所显示的图形

指定第二个点或 <使用第一个点作为位移>：

指定第二个点后绘制的图形如图 3-135 所示。

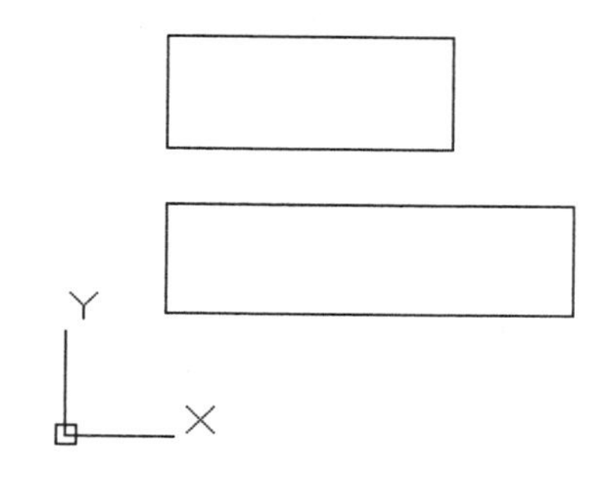

图 3-135　用【拉伸】命令绘制的图形

提示：圆等不能拉伸，选择【拉伸】命令时圆、点、块以及文字是特例，当基点在圆心、点的中心、块的插入点或文字行的最左边的点时是移动图形对象而不会拉伸。当基点在此中心之外，不会产生任何影响。

3.4.2　延伸图形

行业知识链接：【延伸】命令用于加长直线或者曲线，以到达某一位置，如图 3-136 所示是一个支撑件的草图，支撑件是固定和支撑零件的必要零件，绘制右视图时合理使用延伸直线命令进行定位。

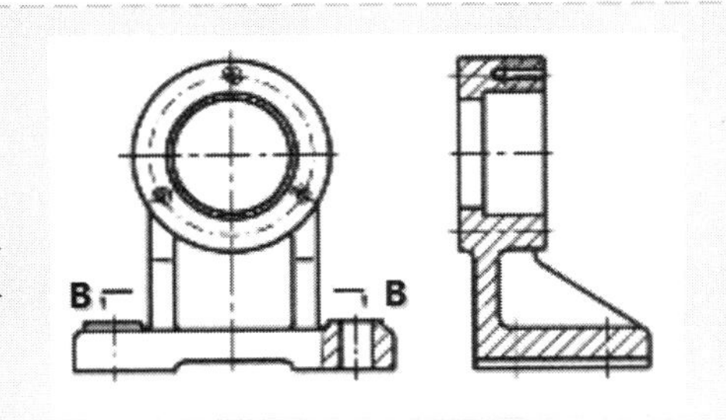

图 3-136　支撑件草图

AutoCAD 提供的【延伸】命令正好与【修剪】命令相反，它是将一个对象或它的投影面作为边界进行延长编辑。

执行【延伸】命令有以下 3 种方法。

(1)　单击【默认】选项卡的【修改】面板中的【延伸】按钮。

(2)　在命令行中输入“extend”命令后按 Enter 键。

(3)　在菜单栏中选择【修改】|【延伸】命令。

执行【延伸】命令后光标变为□图标，在命令行中出现如下提示，要求用户选择实体作为将要被延伸的边界，这时可选取延伸实体的边界。

命令行窗口提示如下：

```
命令: _extend
当前设置:投影=视图，边=延伸
选择边界的边...
选择对象或 <全部选择>:  找到 1 个
```

选取对象后绘图区如图 3-137 所示。

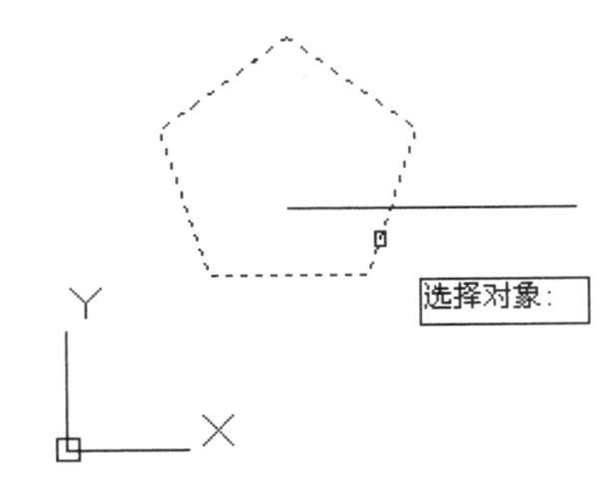

图 3-137　选择对象后绘图区所显示的图形

```
选择对象:
选择要延伸的对象，或按住 Shift 键选择要修剪的对象，或
[栏选(F)/窗交(C)/投影(P)/边(E)/放弃(U)]:  e
```

选择边(E)绘图区如图 3-138 所示。

```
输入隐含边延伸模式 [延伸(E)/不延伸(N)] <延伸>:e
选择要延伸的对象，或按住 Shift 键选择要修剪的对象，或[栏选(F)/窗交(C)/投影(P)/边(E)/放弃(U)]:
```

用【延伸】命令绘制的图形如图 3-139 所示。

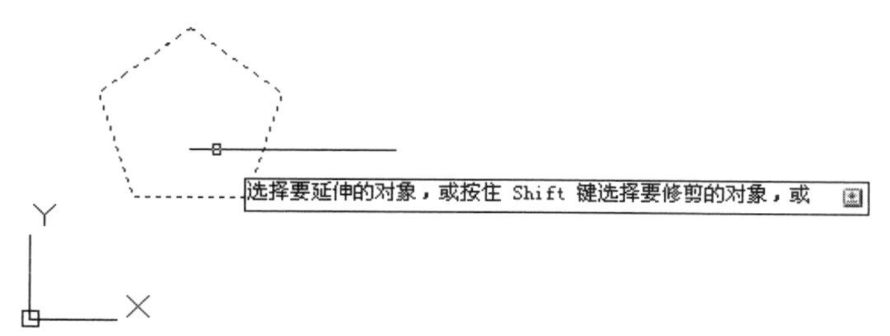

图 3-138　选择边(E)绘图区所显示的图形

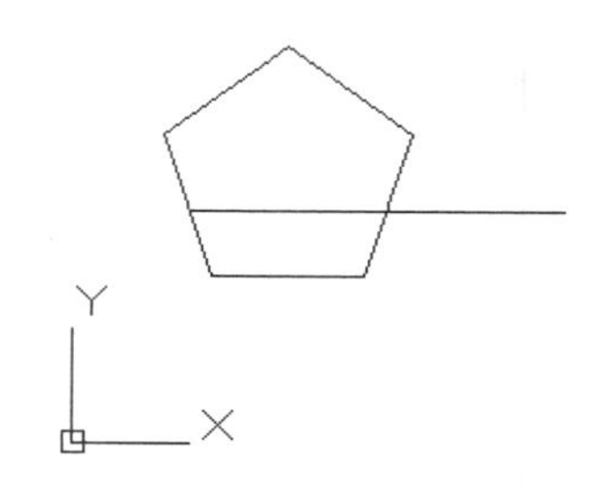

图 3-139　用【延伸】命令绘制的图形

提示：在【延伸】命令中，AutoCAD 会一直认为用户要延伸实体，直至用户按下空格键或 Enter 键为止。

3.4.3　修剪图形

行业知识链接：修剪是完成草图线条绘制后的步骤，用于对多余线条的去除，如图 3-140 所示是一个三通的局部草图，三通用于管路中的连接部分，绘制后对交界部分要进行修剪。

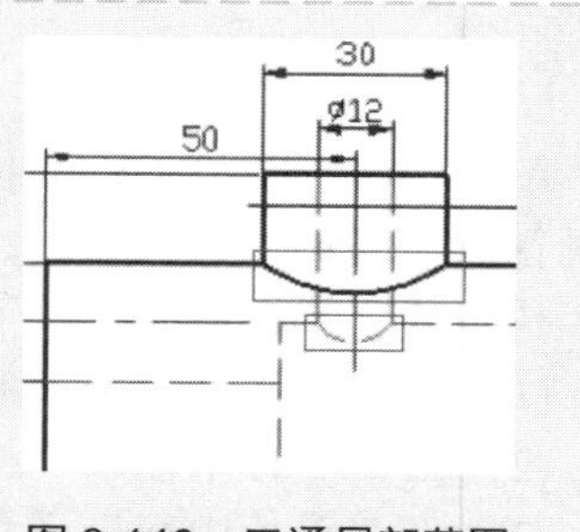

图 3-140　三通局部草图

【修剪】命令的功能是将一个对象以另一个对象或它的投影面作为边界进行精确的修剪编辑。

执行【修剪】命令有以下 3 种方法。

(1) 单击【默认】选项卡的【修改】面板中的【修剪】按钮。

(2) 在命令行中输入“trim”命令后按 Enter 键。

(3) 在菜单栏中选择【修改】|【修剪】命令。

选择【修剪】命令后光标变为□图标，在命令行中出现如下提示，要求用户选择实体作为将要被修剪实体的边界，这时可选取修剪实体的边界。

命令行窗口提示如下：

```
命令: _trim
当前设置:投影=UCS，边=延伸
选择剪切边...
选择对象或 <全部选择>:  找到 1 个
```

选择对象后绘图区如图 3-141 所示。

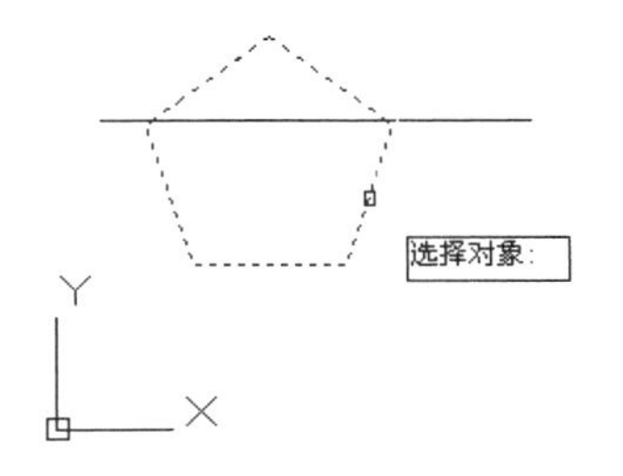

图 3-141　选择对象后绘图区所显示的图形

```
选择对象:
选择要修剪的对象，或按住 Shift 键选择要延伸的对象，或
[栏选(F)/窗交(C)/投影(P)/边(E)/删除(R)/放弃(U)]:  e
```

选择边(E)绘图区如图 3-142 所示。

```
输入隐含边延伸模式 [延伸(E)/不延伸(N)] <延伸>: N
选择要修剪的对象，或按住 Shift 键选择要延伸的对象，或[栏选(F)/窗交(C)/投影(P)/边(E)/删除(R)/
放弃(U)]:
```

选择要修剪的对象后绘制的图形如图 3-143 所示。

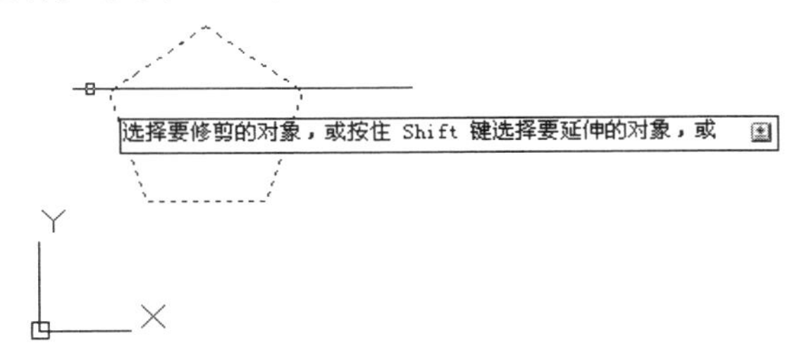

图 3-142　选择边(E)绘图区所显示的图形

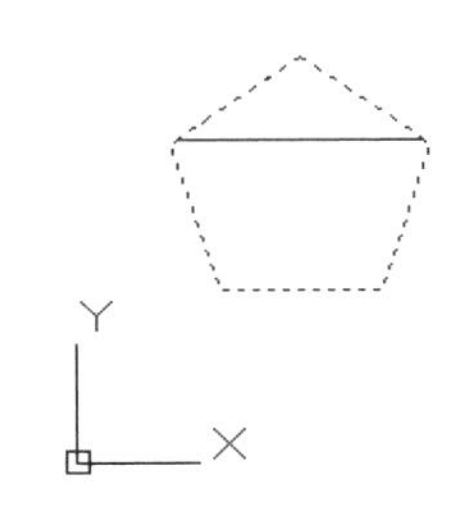

图 3-143　用【修剪】命令绘制的图形

提示：在修剪命令中，AutoCAD 会一直认为用户要修剪实体，直至按下空格键或 Enter 键为止。

课后练习

案例文件：ywj\03\03.dwg

视频文件：光盘\视频课堂\第 3 教学日\3.4

练习案例分析及步骤如下。

本课后练习创建皮带轮零件草图，皮带轮属于盘毂类零件，一般相对尺寸比较大，制造工艺上一般以铸造、锻造为主。一般尺寸较大的设计用铸造的方法，材料一般都是铸铁(铸造性能较好)，很少用铸钢(钢的铸造性能不佳)；一般尺寸较小的，可以设计为锻造，材料为钢，如图 3-144 所示是完成的皮带轮零件草图。

本课案例主要练习了 AutoCAD 的拉伸、修剪等草绘命令，绘制过程中有 3 个图形，其中一个为放大视图。绘制皮带轮草图的思路和步骤如图 3-145 所示。

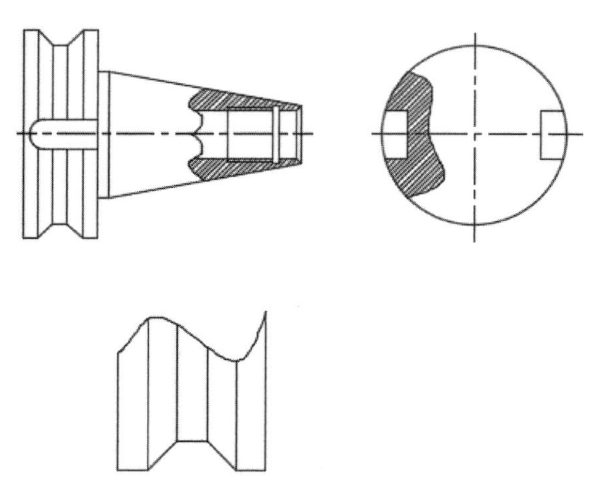

图 3-144　完成的皮带轮草图

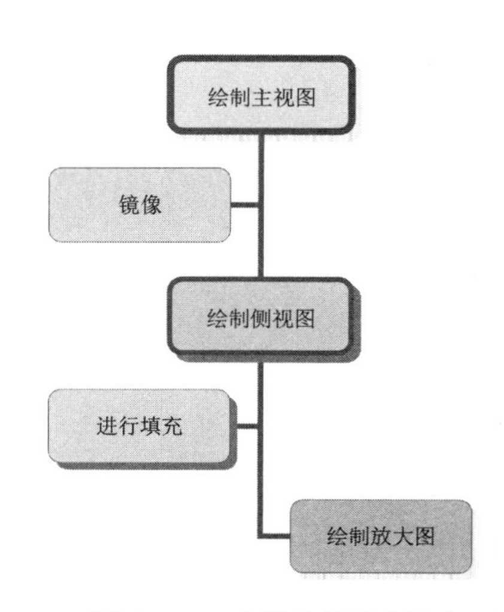

图 3-145　皮带轮草图步骤

练习案例操作步骤如下。

step 01 首先绘制皮带轮主视图。选择中心线图层，单击【默认】选项卡【绘图】面板中的【直线】按钮，绘制如图 3-146 所示的中心线。

step 02 单击【默认】选项卡的【绘图】面板中的【直线】按钮，绘制长度为 3.15 的直线，如图 3-147 所示。

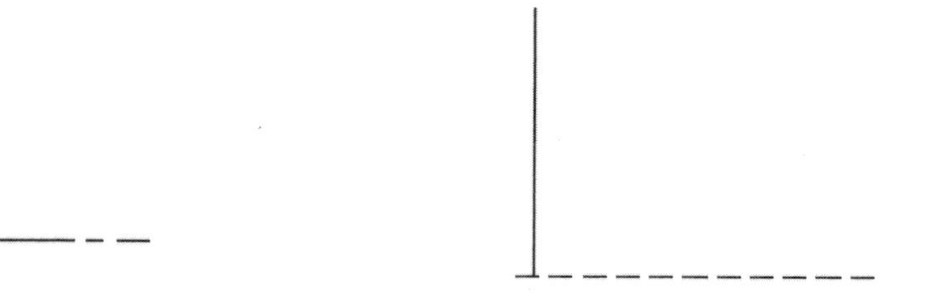

图 3-146　绘制中心线

图 3-147　绘制长度为 3.15 的直线

step 03 单击【默认】选项卡的【绘图】面板中的【直线】按钮，绘制长度为 2.5、3.15 的 2 条直线，如图 3-148 所示。

step 04 单击【默认】选项卡的【绘图】面板中的【直线】按钮，绘制如图 3-149 所示的 3 条线段，长为 0.41、3.75、1。

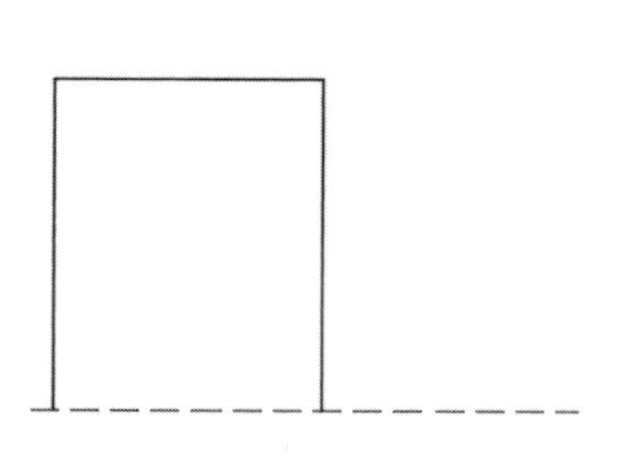

图 3-148　绘制 2 条直线

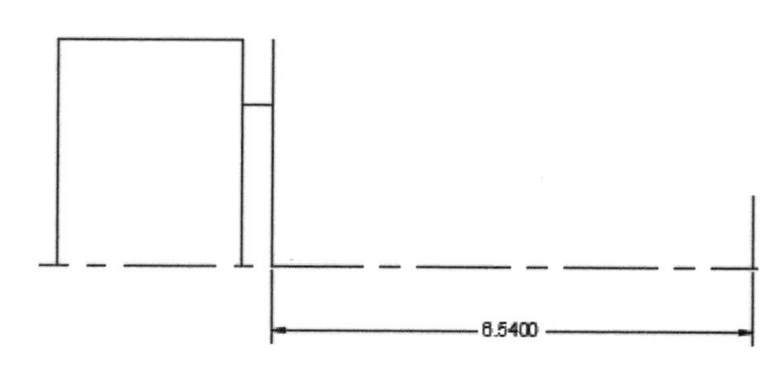

图 3-149　绘制 3 条线段

step 05 单击【默认】选项卡的【绘图】面板中的【直线】按钮，绘制如图 3-150 所示的斜线。

step 06 单击【默认】选项卡的【修改】面板中的【修剪】按钮，快速修剪图形，如图 3-151 所示。

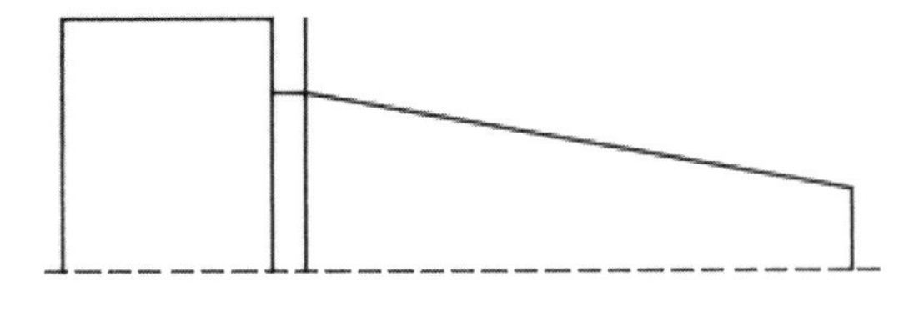

图 3-150 绘制斜线

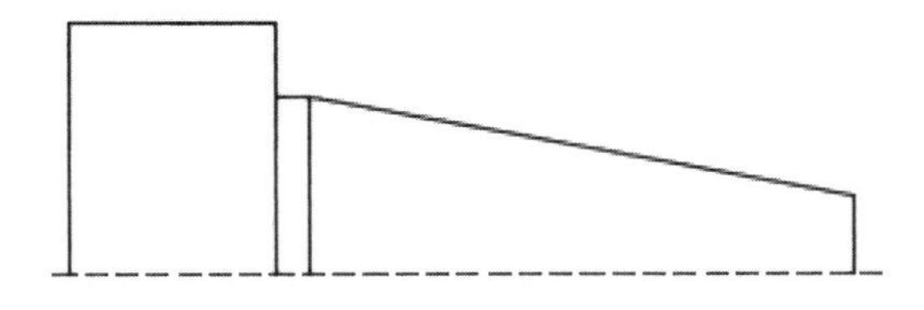

图 3-151 修剪图形

step 07 单击【默认】选项卡的【绘图】面板中的【直线】按钮，向上绘制如图 3-152 所示的 3 条线段，长分别为 0.5、2.5、0.5，围成小的矩形。

step 08 单击【默认】选项卡的【绘图】面板中的【直线】按钮，绘制如图 3-153 所示的 2 条斜线。

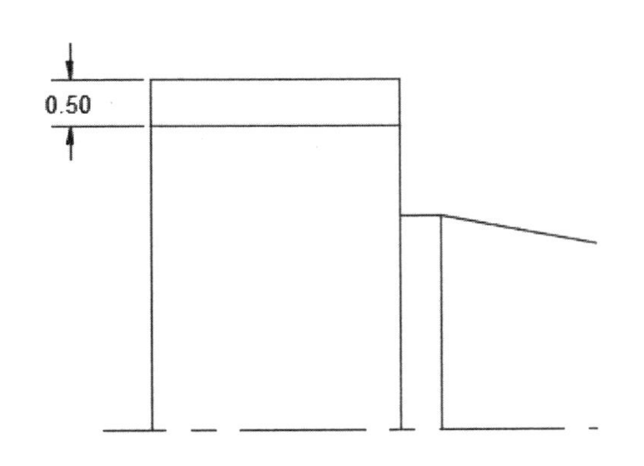

图 3-152 绘制 3 条线段

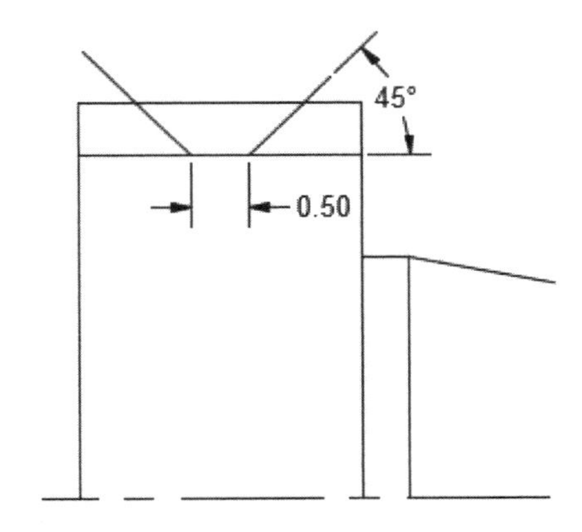

图 3-153 绘制斜线

step 09 单击【默认】选项卡的【修改】面板中的【修剪】按钮，快速修剪图形，如图 3-154 所示。

step 10 单击【默认】选项卡的【绘图】面板中的【直线】按钮，绘制如图 3-155 所示的延长直线。

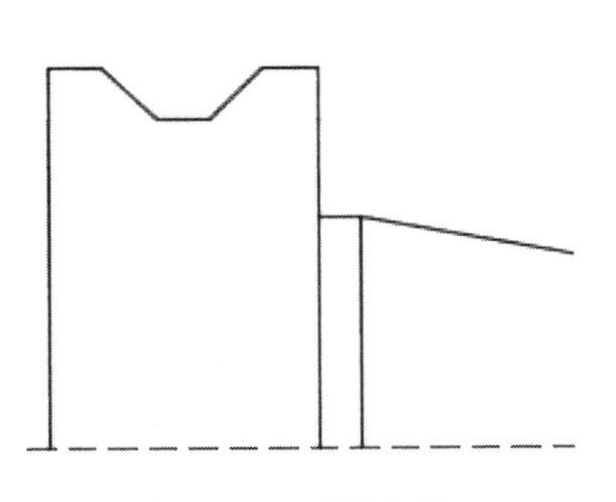

图 3-154 修剪图形

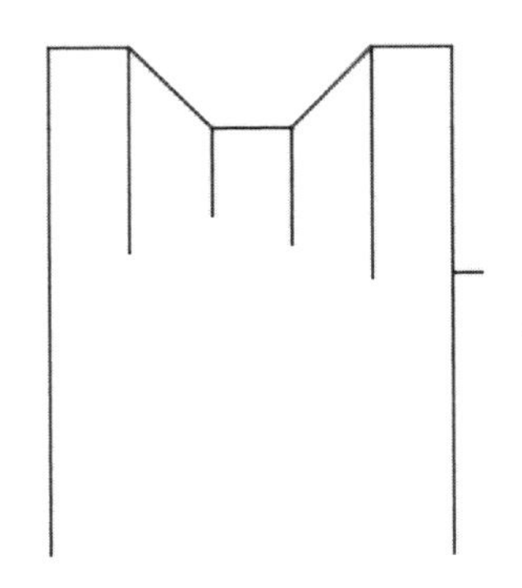

图 3-155 绘制延长直线

step 11 单击【默认】选项卡的【绘图】面板中的【直线】按钮，绘制如图 3-156 所示的水平线。

step 12 单击【默认】选项卡的【修改】面板中的【圆角】按钮，绘制如图 3-157 所示的圆角，圆角半径为 0.5。

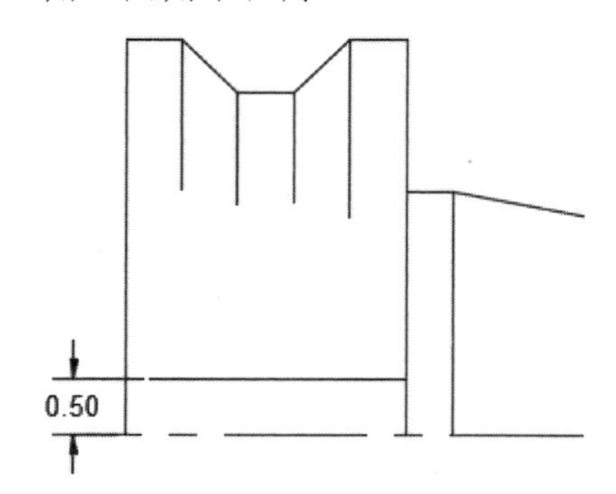

图 3-156 绘制水平线

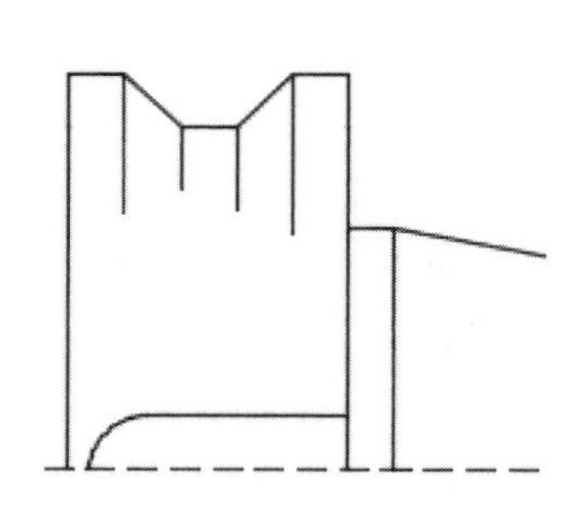

图 3-157 绘制圆角

step 13 单击【默认】选项卡的【修改】面板中的【延伸】按钮，选择延伸的线段，延伸如图 3-158 所示的直线。

step 14 单击【默认】选项卡的【绘图】面板中的【矩形】按钮，绘制如图 3-159 所示矩形，尺寸为 1 × 0.2。

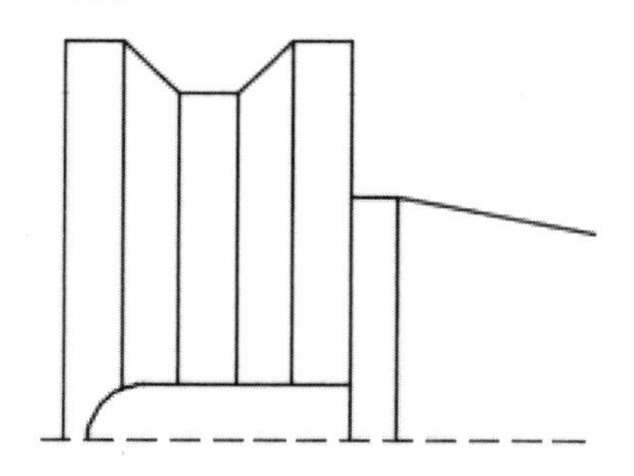

图 3-158 延伸线段

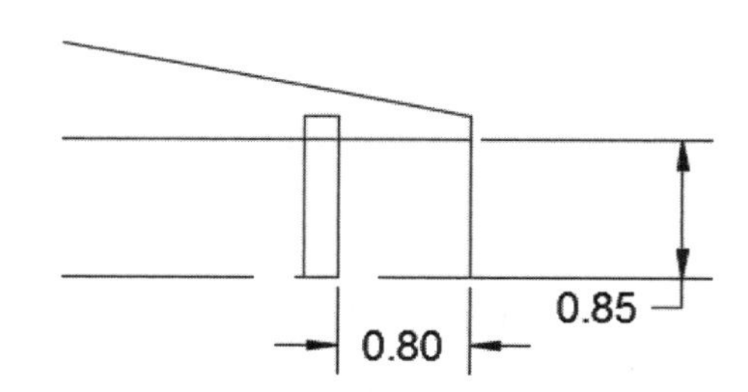

图 3-159 绘制 1×0.2 的矩形

step 15 单击【默认】选项卡的【绘图】面板中的【直线】按钮，绘制如图 3-160 所示的 2 条直线，垂线长为 0.95。

step 16 单击【默认】选项卡的【绘图】面板中的【样条曲线拟合】按钮，绘制如图 3-161 所示的曲线。

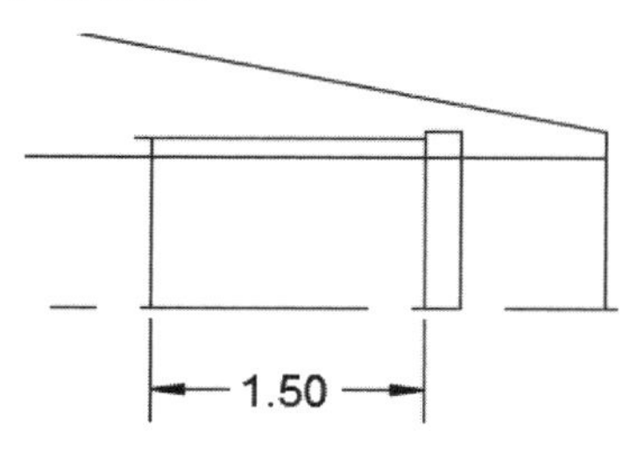

图 3-160 绘制 2 条直线

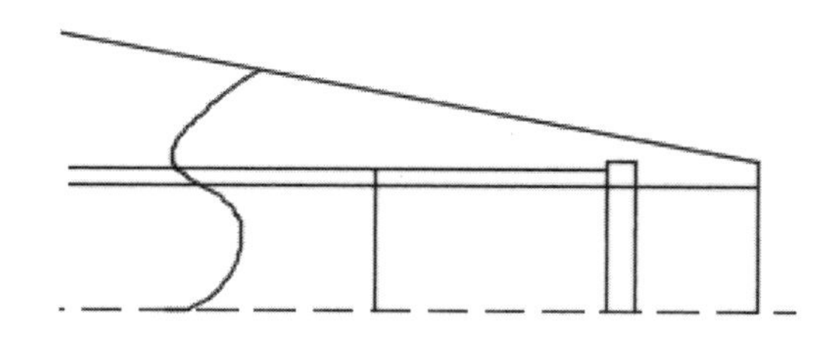

图 3-161 绘制曲线

step 17 单击【默认】选项卡的【修改】面板中的【修剪】按钮，快速修剪图形，如图 3-162 所示。

step 18 单击【默认】选项卡的【绘图】面板中的【直线】按钮，绘制如图 3-163 所示的 45°角度线。

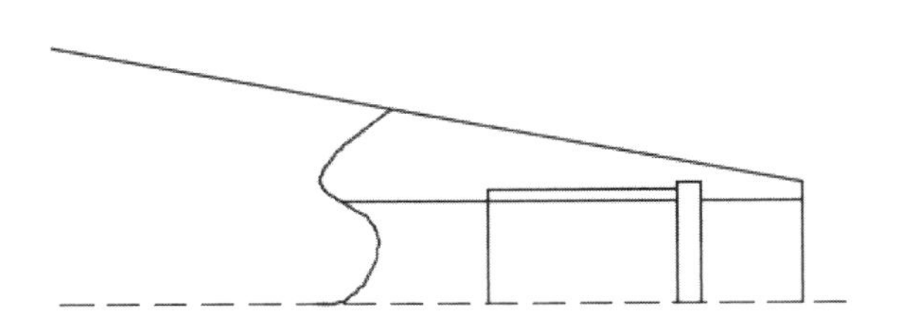

图 3-162　修剪图形

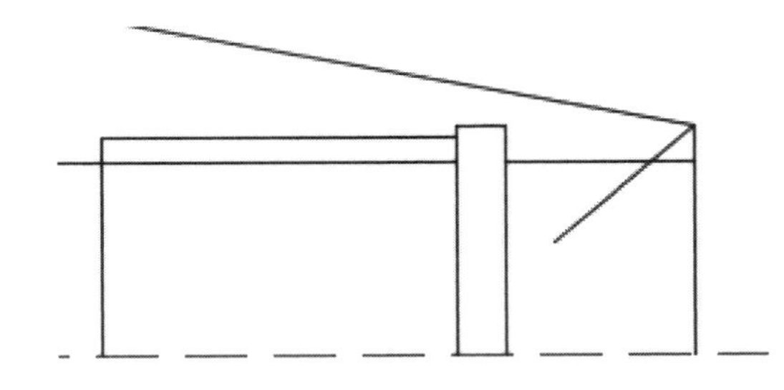

图 3-163　绘制角度线

step 19 单击【默认】选项卡的【修改】面板中的【修剪】按钮，快速修剪图形，如图 3-164 所示。

step 20 单击【默认】选项卡的【绘图】面板中的【直线】按钮，绘制如图 3-165 所示的直线。

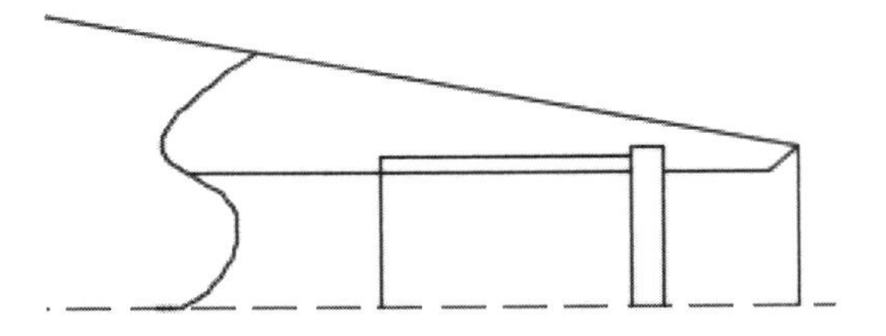

图 3-164　修剪图形

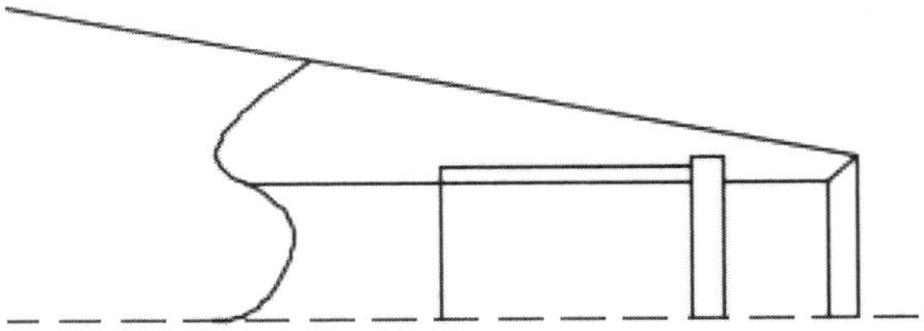

图 3-165　绘制直线

step 21 单击【默认】选项卡的【修改】面板中的【镜像】按钮，选择镜像的图形，绘制如图 3-166 所示镜像图形，完成主视图的绘制。

step 22 开始绘制侧视图，单击【默认】选项卡的【绘图】面板中的【圆】按钮，绘制半径为 3.15 的圆，如图 3-167 所示。

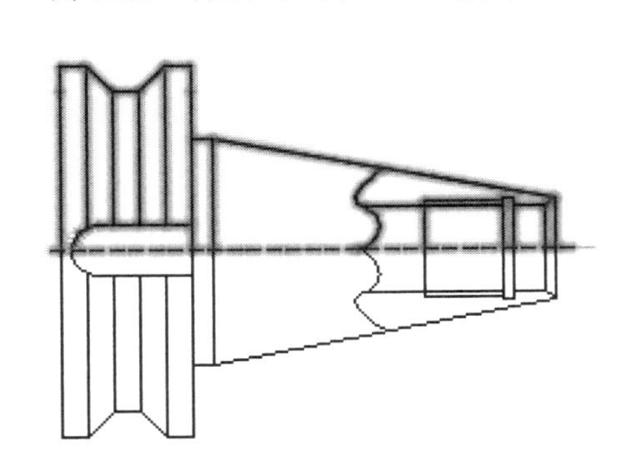

图 3-166　完成主视图

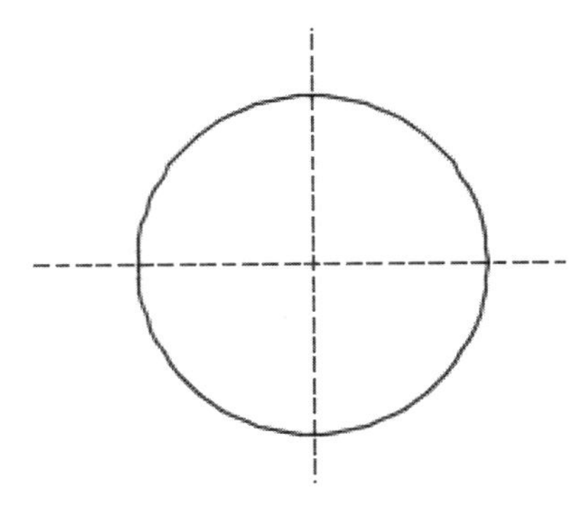

图 3-167　绘制圆

step 23 单击【默认】选项卡的【绘图】面板中的【直线】按钮，绘制平行的 2 条水平线，距离中心线为 0.85，如图 3-168 所示。

step 24 单击【默认】选项卡的【绘图】面板中的【直线】按钮，绘制平行的2条垂直线，距离中心线为2.26，如图3-169所示。

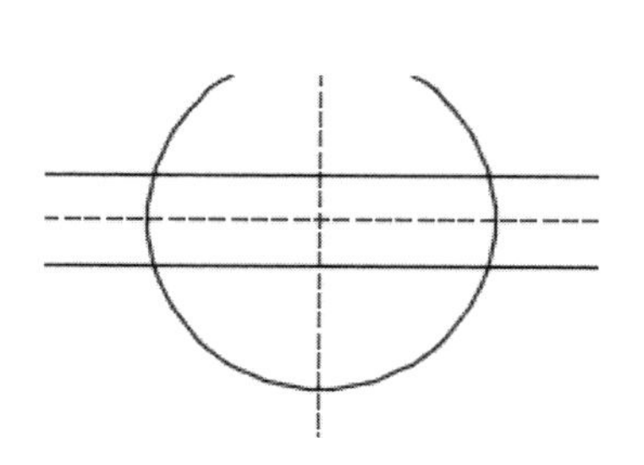

图3-168 绘制水平线

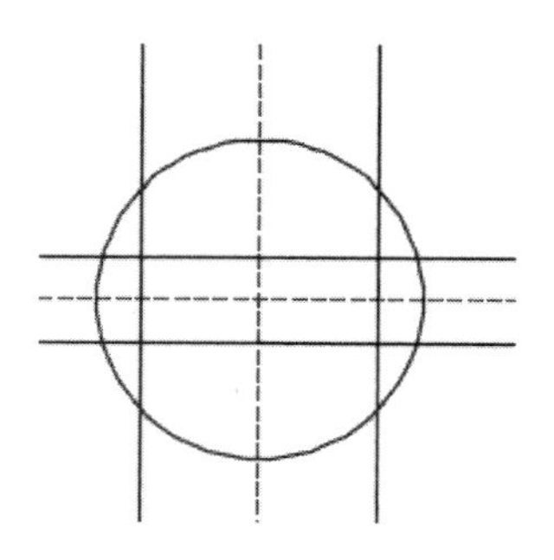

图3-169 绘制垂直线

step 25 单击【默认】选项卡的【绘图】面板中的【样条曲线拟合】按钮，绘制如图3-170所示曲线。

step 26 单击【默认】选项卡的【修改】面板中的【修剪】按钮，快速修剪图形，如图3-171所示。

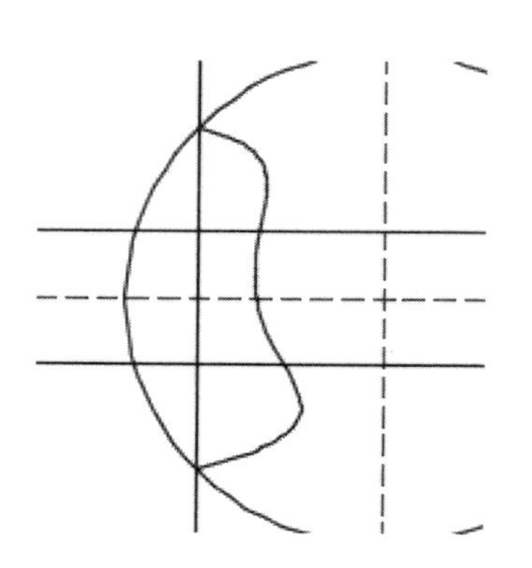

图3-170 绘制曲线

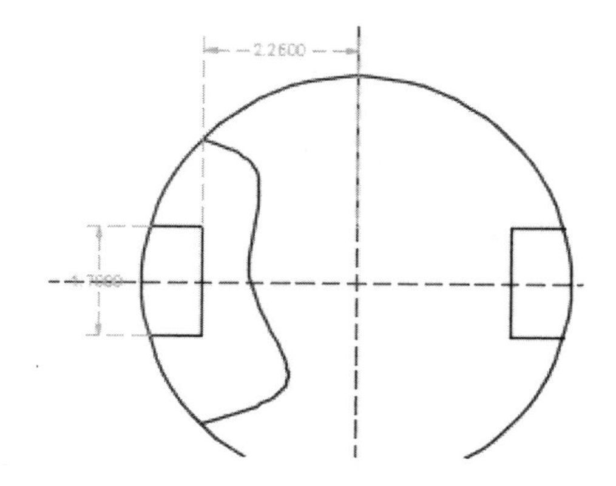

图3-171 修剪图形

step 27 单击【默认】选项卡的【绘图】面板中的【图案填充】按钮，填充如图3-172所示的图案，完成侧视图的绘制。

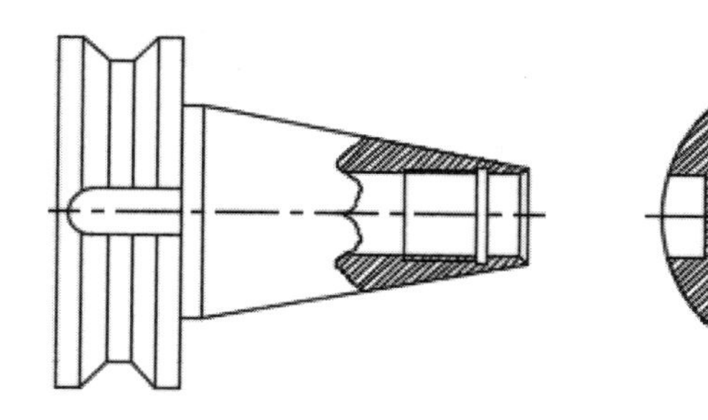

图3-172 填充图案

step 28 开始绘制放大视图。单击【默认】选项卡的【修改】面板中的【复制】按钮，选择复制图形，完成复制，如图 3-173 所示。

step 29 单击【默认】选项卡的【绘图】面板中的【样条曲线拟合】按钮，绘制如图 3-174 所示的曲线。

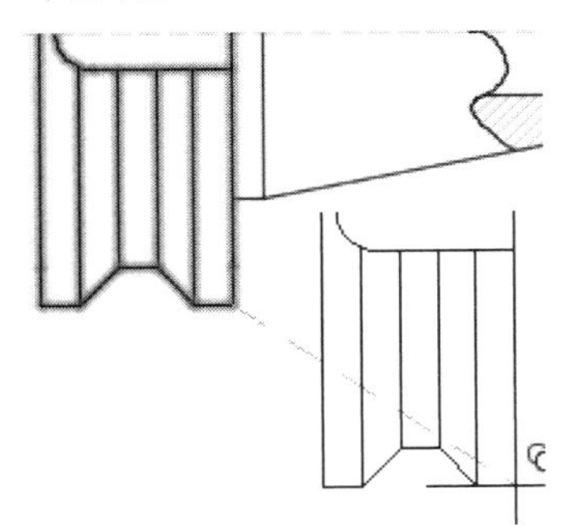

图 3-173　复制图案

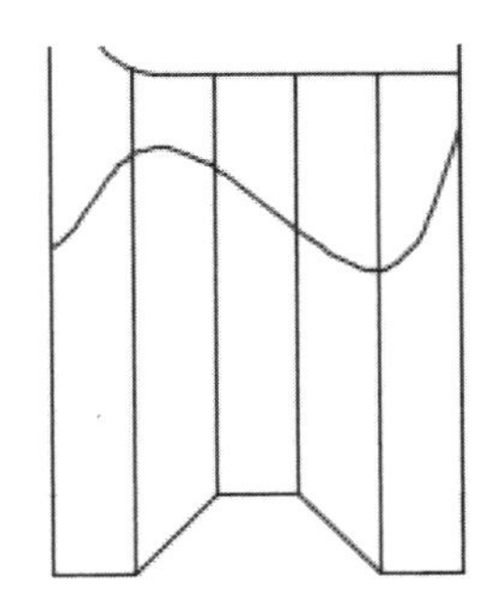

图 3-174　绘制曲线

step 30 单击【默认】选项卡的【修改】面板中的【修剪】按钮，快速修剪图形，如图 3-175 所示。

step 31 单击【默认】选项卡的【修改】面板中的【缩放】按钮，选择图形和原点，放大 2 倍，如图 3-176 所示的圆，完成放大视图的绘制。

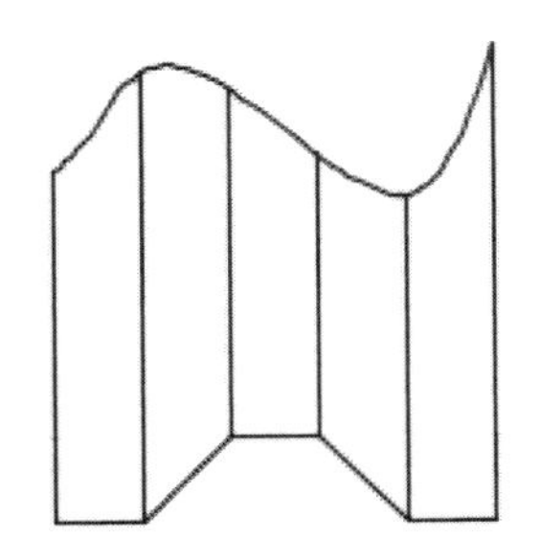

图 3-175　修剪图形

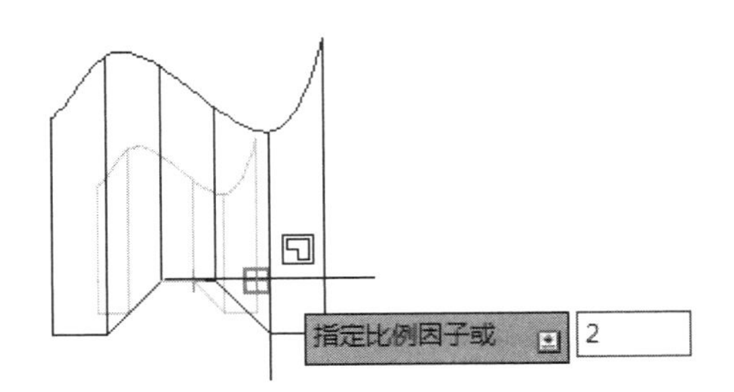

图 3-176　完成放大视图

step 32 完成皮带轮草图的绘制，如图 3-177 所示。

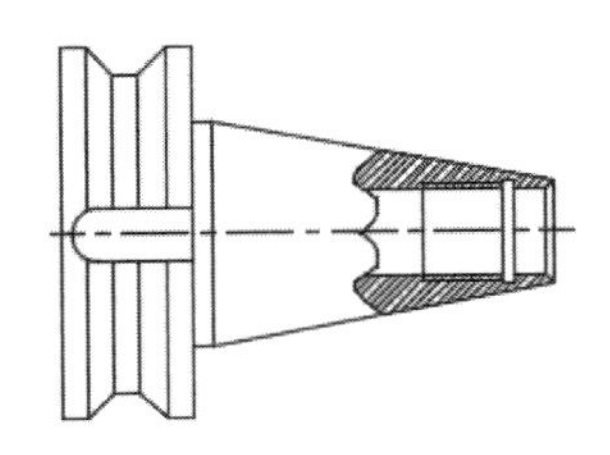

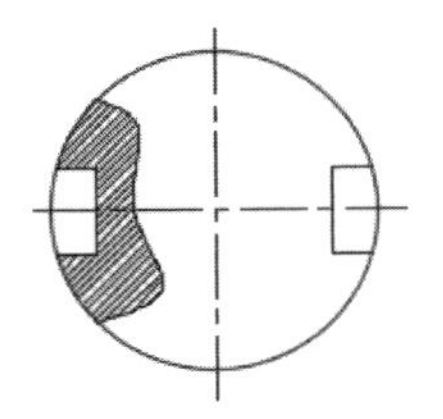

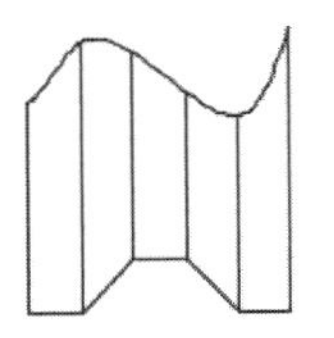

图 3-177　完成皮带轮草图

机械设计实践：轴的结构设计是确定轴的合理外形和全部结构尺寸，为轴设计的重要步骤。它由轴上安装零件类型、尺寸及其位置、零件的固定方式，载荷的性质、方向、大小及分布情况，轴承的类型与尺寸，轴的毛坯、制造和装配工艺、安装及运输，对轴的变形等因素有关。如图 3-178 所示，是轴零件的侧视图，在绘制的时候使用到了【拉伸】和【延伸】命令。

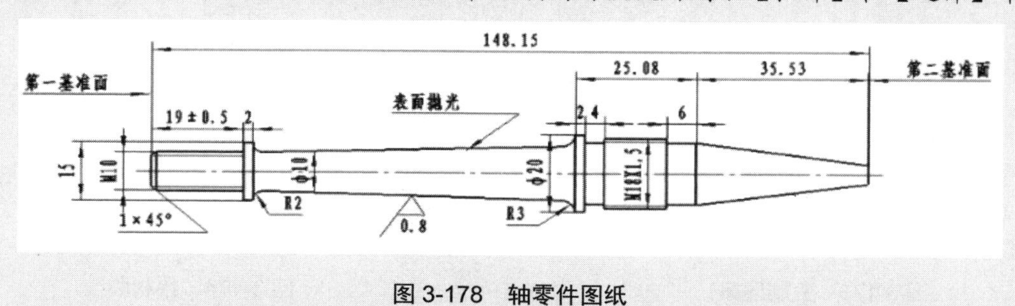

图 3-178　轴零件图纸

第5课　2课时　倒角与倒圆角

3.5.1　倒角

行业知识链接：倒角用于对线条连接部分的直线连接，如图 3-179 所示是一个端盖草图，端盖是安装在电机等机壳后面的一个后盖，绘制时使用【倒角】命令进行线条连接比较快捷。

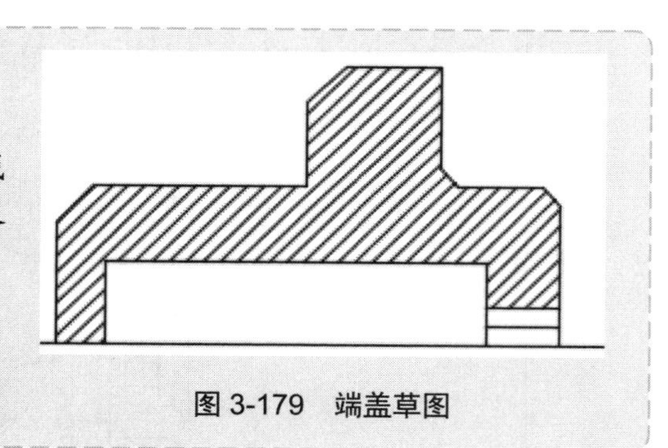

图 3-179　端盖草图

【倒角】命令将按照要求的角度和距离对两条线进行连接。

执行【倒角】命令有以下 3 种方法。

(1)　单击【默认】选项卡的【修改】面板中的【倒角】按钮。

(2)　在命令行中输入“chamfer”命令后按 Enter 键。

(3)　在菜单栏中选择【修改】|【倒角】命令。

选择【倒角】命令后，在命令行中出现如下提示，要求用户选择倒角直线，这时可选取倒角形式。

命令行窗口提示如下：

```
命令: _chamfer
("修剪"模式) 当前倒角长度 = 45.0000，角度 = 45
选择第一条直线或 [放弃(U)/多段线(P)/距离(D)/角度(A)/修剪(T)/方式(E)/多个(M)]: a
指定第一条直线的倒角长度 <45.0000>: 2
指定第一条直线的倒角角度 <45>: 45
选择第一条直线或 [放弃(U)/多段线(P)/距离(D)/角度(A)/修剪(T)/方式(E)/多个(M)]:
```

完成后绘图区如图 3-180 所示。

使用距离倒角绘制的图形，如图 3-181 所示。命令行窗口提示如下：

```
命令: _chamfer
("修剪"模式) 当前倒角长度 = 2.0000，角度 = 45
选择第一条直线或 [放弃(U)/多段线(P)/距离(D)/角度(A)/修剪(T)/方式(E)/多个(M)]: d
指定 第一个 倒角距离 <0.0000>: 2
指定 第二个 倒角距离 <2.0000>: 1
选择第一条直线或 [放弃(U)/多段线(P)/距离(D)/角度(A)/修剪(T)/方式(E)/多个(M)]:
选择第二条直线，或按住 Shift 键选择直线以应用角点或 [距离(D)/角度(A)/方法(M)]:
```

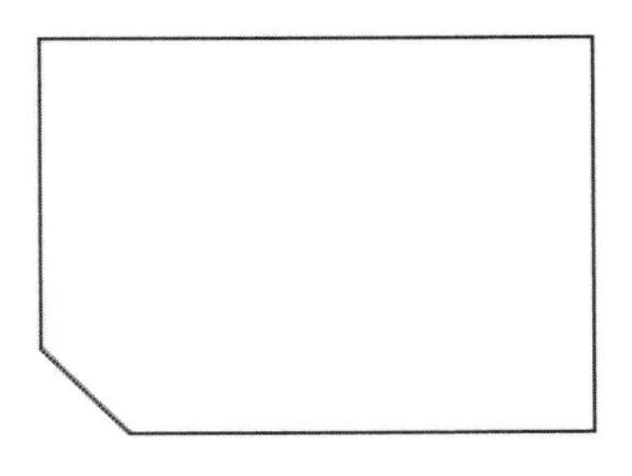

图 3-180　倒角图形

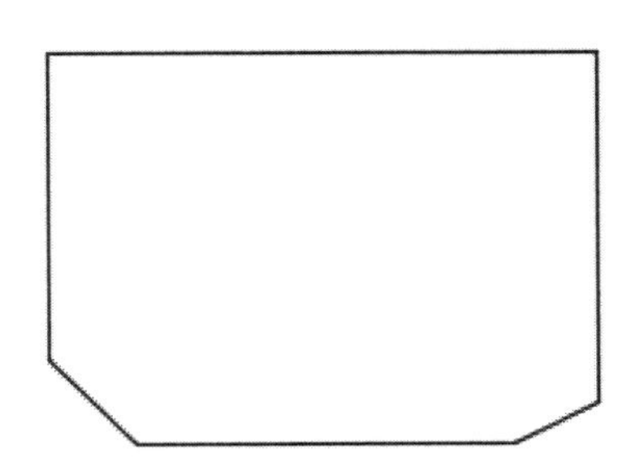

图 3-181　距离倒角

3.5.2　圆角

行业知识链接：【圆角】命令用于对线条连接部分的圆弧连接，如图 3-182 所示是一个底板草图，底板用于固定或者连接部分，绘制时使用【圆角】命令创建 4 角的圆角部分。

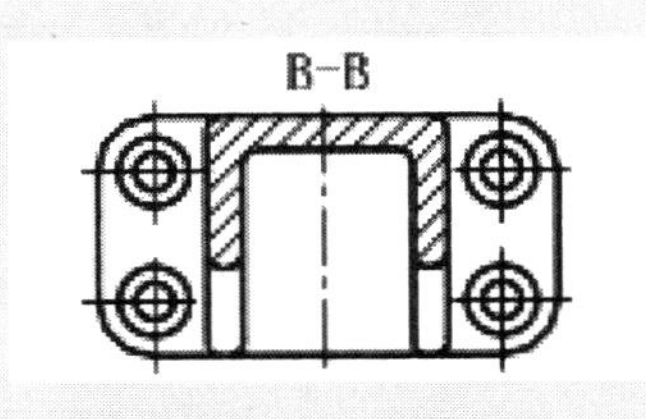

图 3-182　底板草图

【圆角】命令可以以一定半径的圆弧连接直线。

执行【圆角】命令有以下 3 种方法。

(1)　单击【默认】选项卡的【修改】面板中的【圆角】按钮。

(2)　在命令行中输入"fillet"命令后按 Enter 键。

(3) 在菜单栏中选择【修改】|【圆角】命令。

选择【圆角】命令后，在命令行中出现如下提示，要求用户选择圆角对象，这时可选取圆角形式。

命令行窗口提示如下：

```
命令: _fillet
当前设置: 模式 = 修剪, 半径 = 0.0000
选择第一个对象或 [放弃(U)/多段线(P)/半径(R)/修剪(T)/多个(M)]: r
指定圆角半径 <0.0000>: 3
选择第一个对象或 [放弃(U)/多段线(P)/半径(R)/修剪(T)/多个(M)]:
选择第二个对象, 或按住 Shift 键选择对象以应用角点或 [半径(R)]:
```

完成后绘图区如图 3-183 所示。

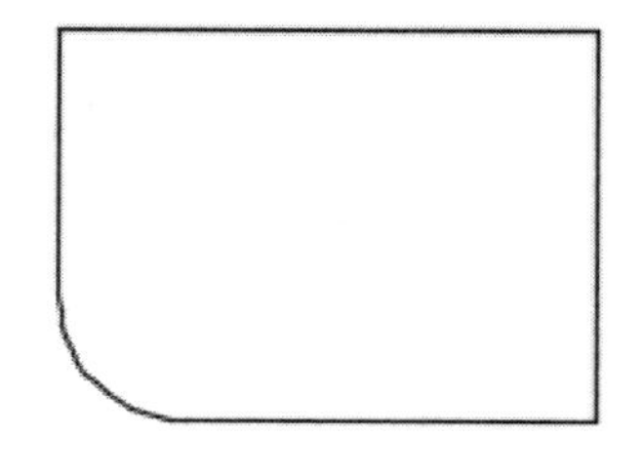

图 3-183　圆角图形

课后练习

案例文件：ywj\03\04.dwg

视频文件：光盘\视频课堂\第 3 教学日\3.5

练习案例分析及步骤如下。

本课后练习创建的轴零件草图，轴是穿在轴承中间或车轮中间或齿轮中间的圆柱形物件，但也有少部分是方形的。轴是支承转动零件并与之一起回转以传递运动、扭矩或弯矩的机械零件，如图 3-184 所示是完成的轴零件草图。

本课案例主要练习了 AutoCAD 的倒角、圆角等草绘命令，绘制 3 个视图图形，并且进行绘制后的区域填充。绘制轴零件草图的思路和步骤如图 3-185 所示。

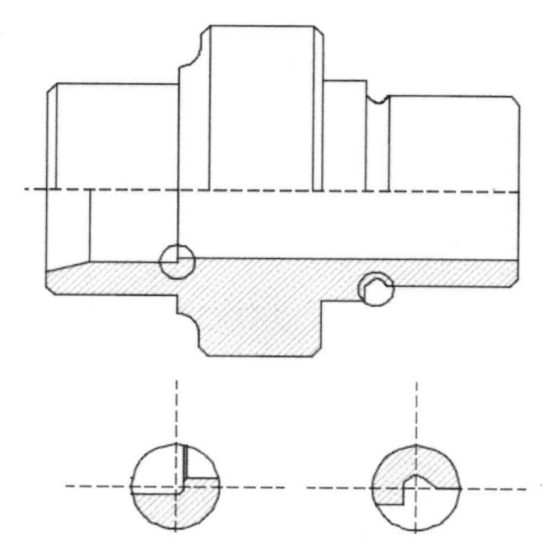

图 3-184　完成的轴零件草图

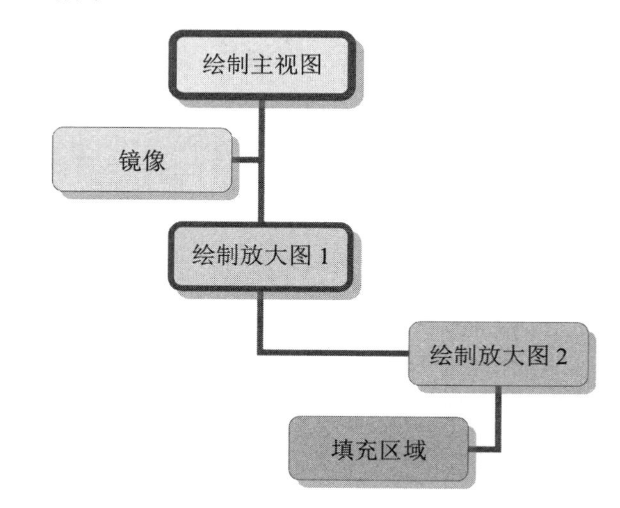

图 3-185　轴零件草图步骤

练习案例操作步骤如下。

step 01 开始绘制主视图。选择中心线图层，单击【默认】选项卡的【绘图】面板中的【直线】按钮，绘制如图 3-186 所示的中心线。

step 02 单击【默认】选项卡的【绘图】面板中的【直线】按钮，分别绘制 3 条垂直直线，长为 3.9，如图 3-187 所示。

图 3-186　绘制中心线

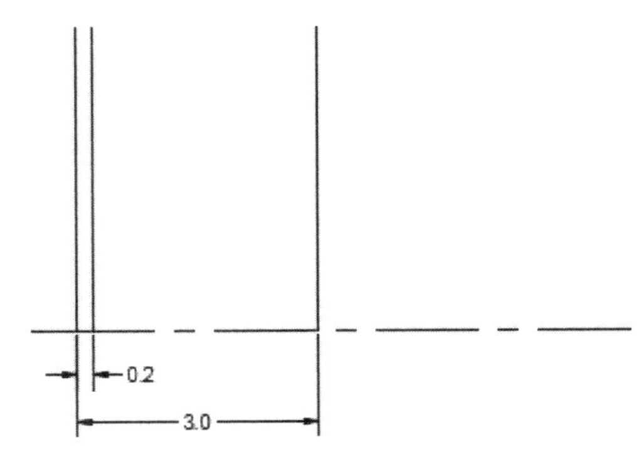

图 3-187　绘制 3 条垂直直线

step 03 单击【默认】选项卡的【绘图】面板中的【直线】按钮，分别向右绘制如图 3-188 所示的 3 条垂线。

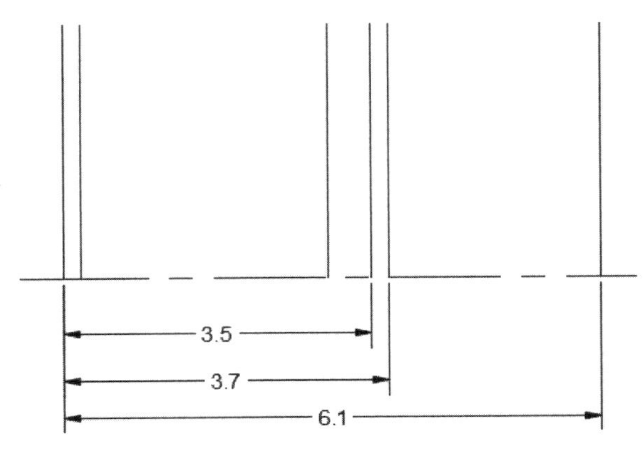

图 3-188　向右绘制 3 条垂线

step 04 单击【默认】选项卡的【绘图】面板中的【直线】按钮，分别向右绘制如图 3-189 所示的 4 条垂线。

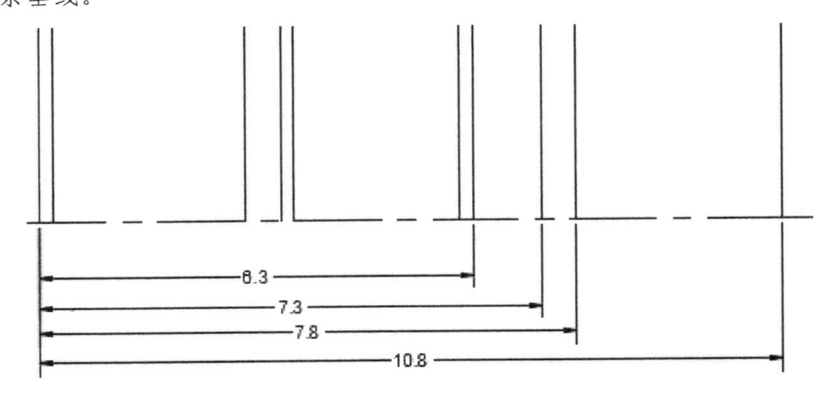

图 3-189　绘制 4 条垂线

step 05 单击【默认】选项卡的【修改】面板中的【偏移】按钮，向上偏移中心线，距离分别为 2.25、2.5、2.6 和 2.9，如图 3-190 所示。

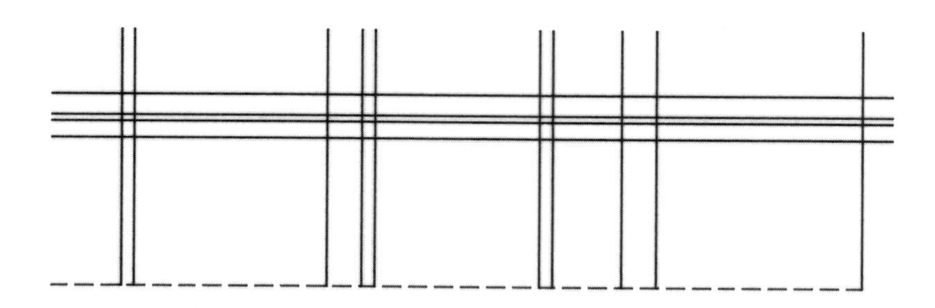

图 3-190 向上偏移中心线

step 06 单击【默认】选项卡的【绘图】面板中的【直线】按钮，绘制最上边的水平线，如图 3-191 所示。

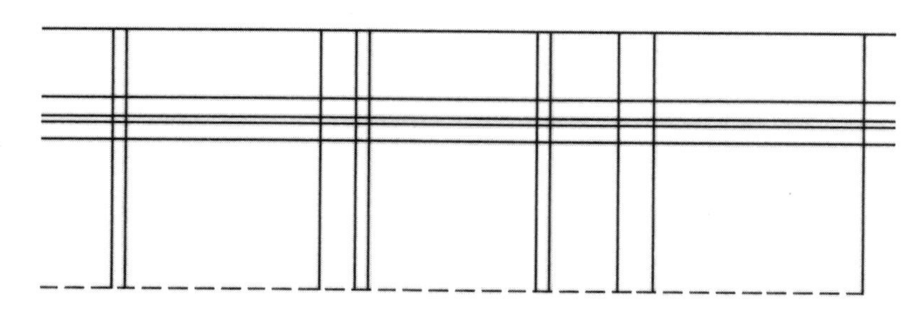

图 3-191 绘制最上边的水平线

step 07 单击【默认】选项卡的【修改】面板中的【修剪】按钮，修剪自上而下的第一条直线，如图 3-192 所示。

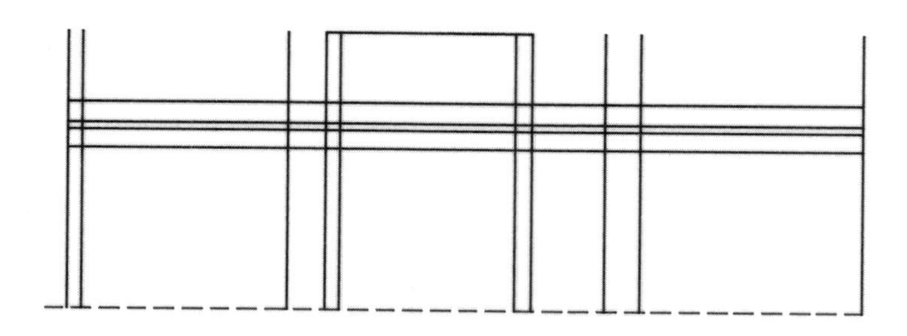

图 3-192 修剪自上而下的第一条直线

step 08 单击【默认】选项卡的【修改】面板中的【修剪】按钮，修剪自上而下的第二条直线，如图 3-193 所示。

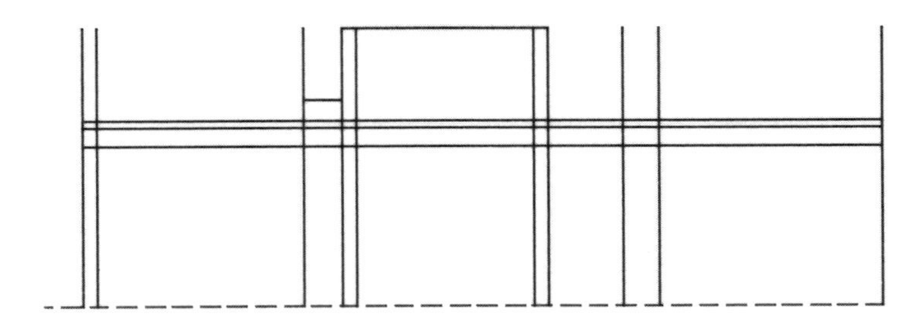

图 3-193　修剪自上而下的第二条直线

step 09 单击【默认】选项卡的【修改】面板中的【修剪】按钮，修剪自上而下的第三条直线，如图 3-194 所示。

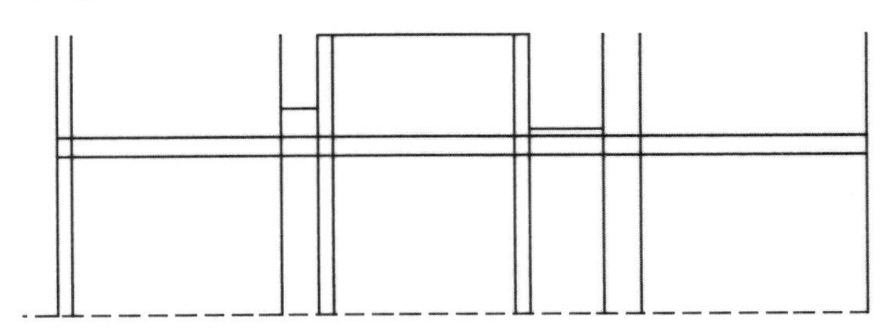

图 3-194　修剪自上而下的第三条直线

step 10 单击【默认】选项卡的【修改】面板中的【修剪】按钮，修剪自上而下的第四条直线，如图 3-195 所示。

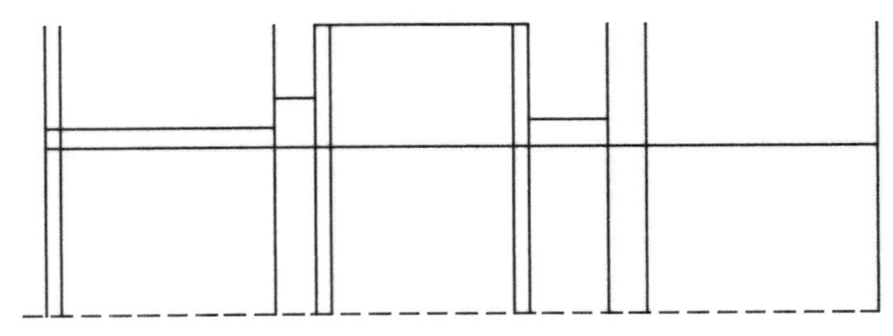

图 3-195　修剪自上而下的第四条直线

step 11 单击【默认】选项卡的【修改】面板中的【修剪】按钮，修剪自上而下的第五条直线，如图 3-196 所示。

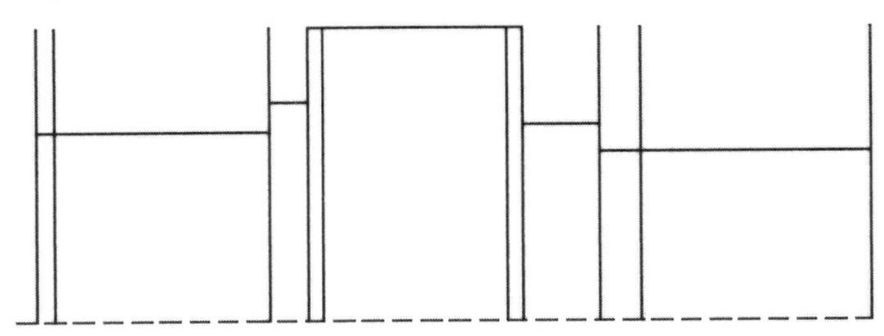

图 3-196　修剪自上而下的第五条直线

step 12 单击【默认】选项卡的【绘图】面板中的【样条曲线拟合】按钮，绘制如图 3-197 所示的曲线。

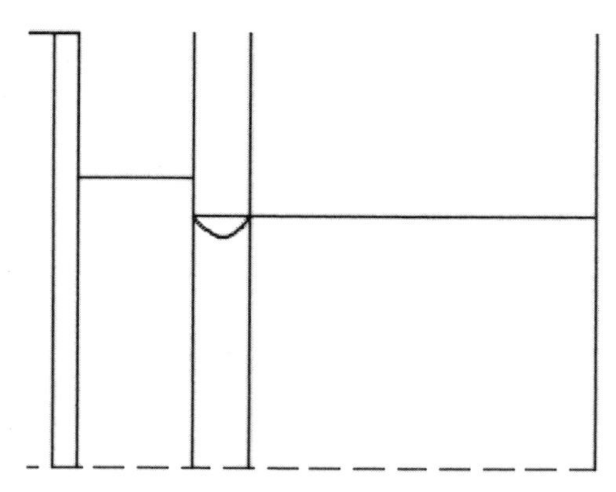

图 3-197　绘制曲线

step 13 单击【默认】选项卡的【修改】面板中的【修剪】按钮，快速修剪直线，如图 3-198 所示。

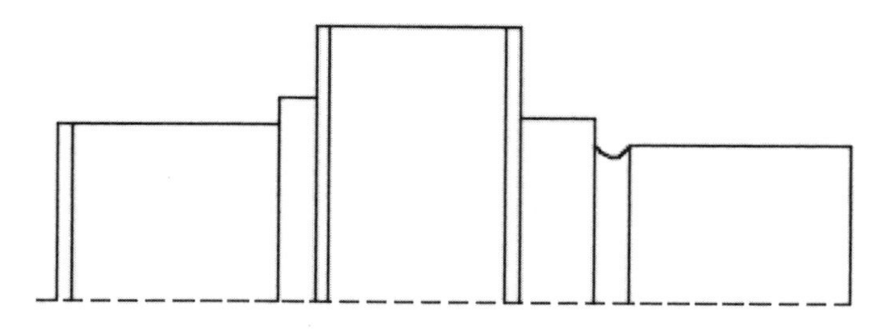

图 3-198　修剪直线

step 14 单击【默认】选项卡的【修改】面板中的【倒角】按钮，绘制轴的左侧倒角，倒角距离为 0.2，如图 3-199 所示。

step 15 单击【默认】选项卡的【修改】面板中的【倒角】按钮，绘制轴的右侧倒角，倒角距离为 0.2，如图 3-200 所示。

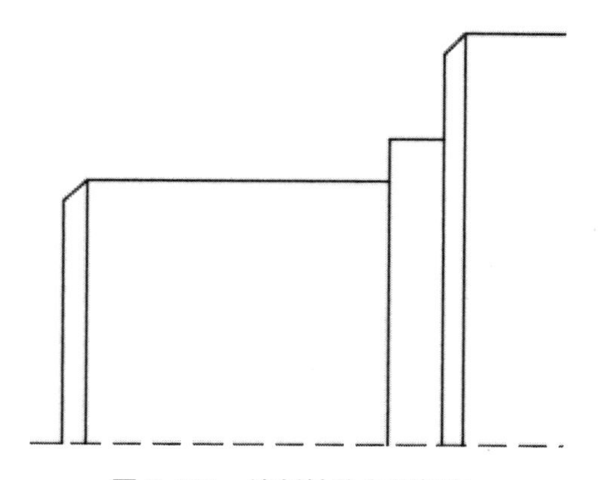

图 3-199　绘制轴的左侧倒角

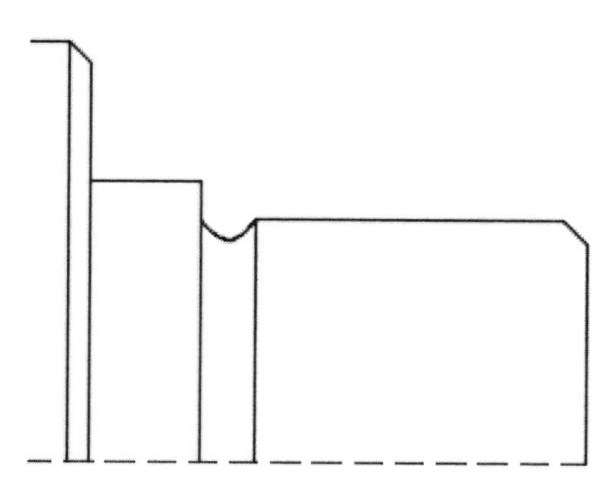

图 3-200　绘制轴的右侧倒角

step 16 单击【默认】选项卡的【修改】面板中的【圆角】按钮，绘制半径为 0.5 的圆角，如图 3-201 所示。

step 17 单击【默认】选项卡的【修改】面板中的【镜像】按钮，选择镜像的图形，绘制如图 3-202 所示的镜像图形。

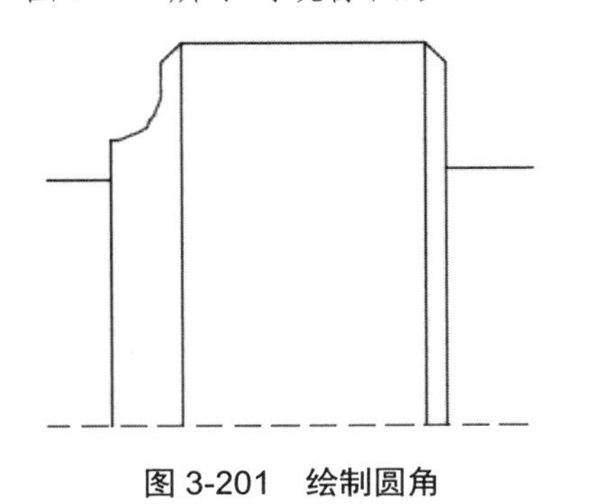

图 3-201　绘制圆角

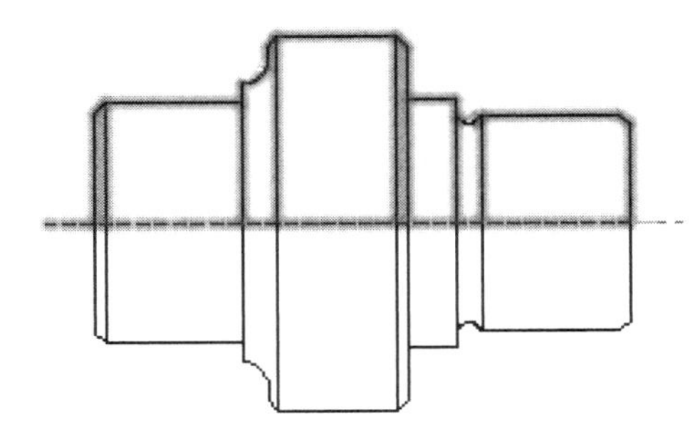

图 3-202　镜像图形

step 18 单击【默认】选项卡的【修改】面板中的【修剪】按钮，快速修剪图形，如图 3-203 所示。

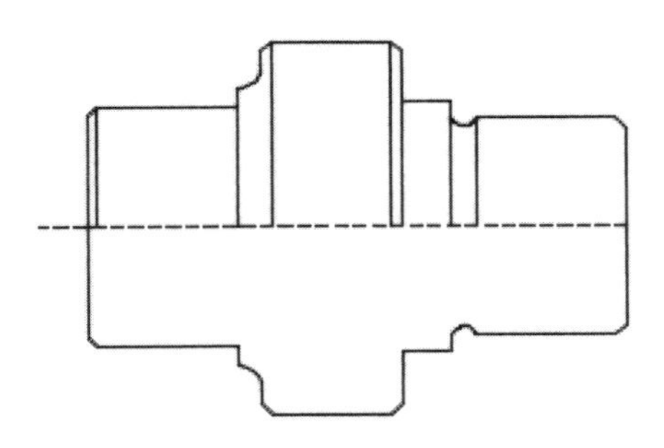

图 3-203　修剪图形

step 19 单击【默认】选项卡的【绘图】面板中的【直线】按钮，分别绘制如图 3-204 所示的水平线，距离中心线为 1.6 和 1.7。

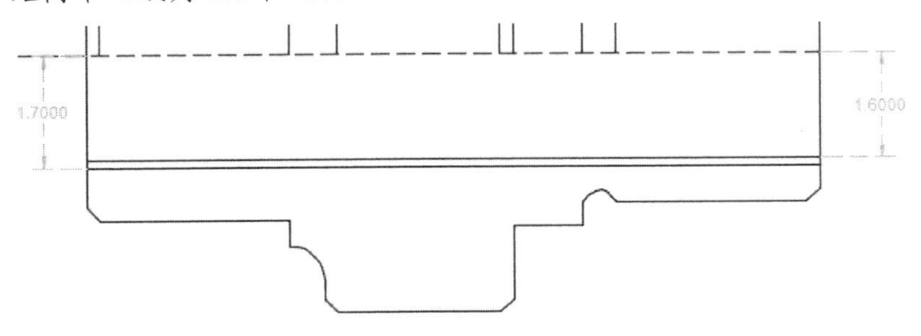

图 3-204　绘制水平线

step 20 单击【默认】选项卡的【绘图】面板中的【直线】按钮，分别绘制如图 3-205 所示的垂线，距离左侧为 1 和 3。

step 21 单击【默认】选项卡的【绘图】面板中的【直线】按钮，绘制 165° 的斜线，如图 3-206 所示。

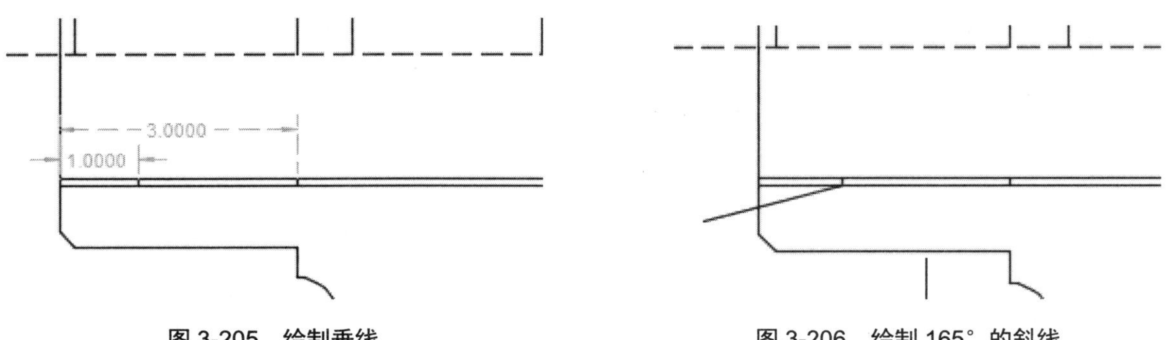

图 3-205　绘制垂线　　　　图 3-206　绘制 165° 的斜线

step 22 单击【默认】选项卡的【修改】面板中的【修剪】按钮，快速修剪图形，如图 3-207 所示。

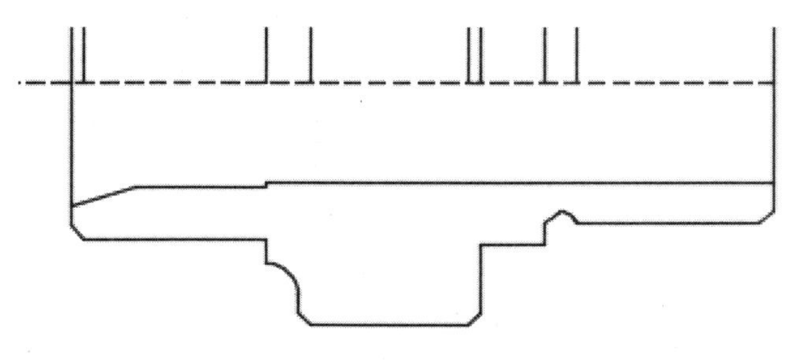

图 3-207　修剪图形

step 23 单击【默认】选项卡的【绘图】面板中的【直线】按钮，分别绘制如图 3-208 所示的 2 条垂线。

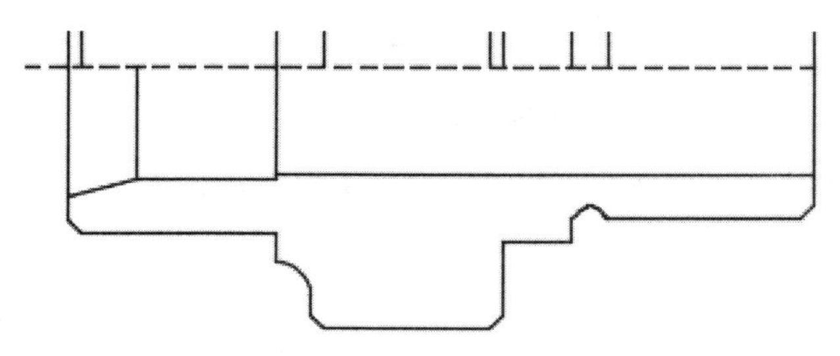

图 3-208　绘制 2 条垂线

step 24 单击【默认】选项卡的【绘图】面板中的【圆】按钮，绘制如图 3-209 所示的圆，完成主视图的绘制。

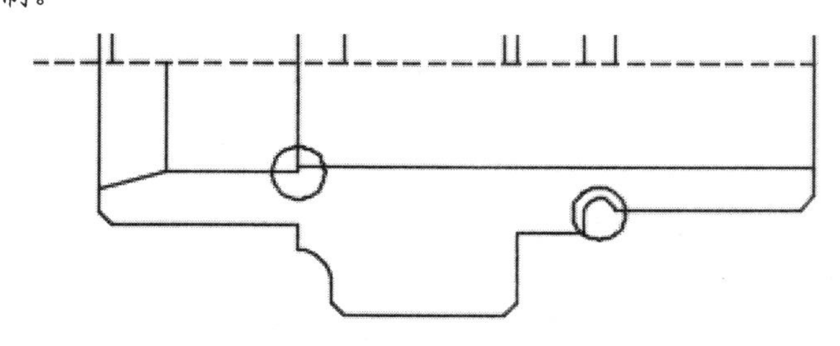

图 3-209　完成主视图的绘制

step 25 开始绘制放大视图。选择中心线图层，单击【默认】选项卡【绘图】面板中的【直线】按钮，绘制如图 3-210 所示的中心线。

step 26 单击【默认】选项卡的【绘图】面板中的【圆】按钮，绘制半径为 1 的圆，如图 3-211 所示。

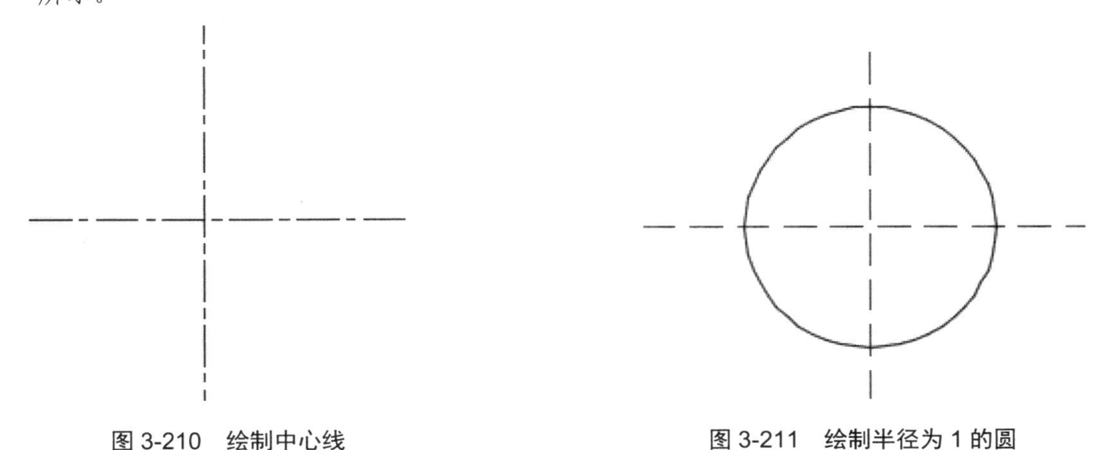

图 3-210 绘制中心线

图 3-211 绘制半径为 1 的圆

step 27 单击【默认】选项卡的【绘图】面板中的【直线】按钮，绘制 2 条水平线，距离中心线 0.2，如图 3-212 所示。

step 28 单击【默认】选项卡的【绘图】面板中的【圆】按钮，绘制如图 3-213 所示的切线圆。

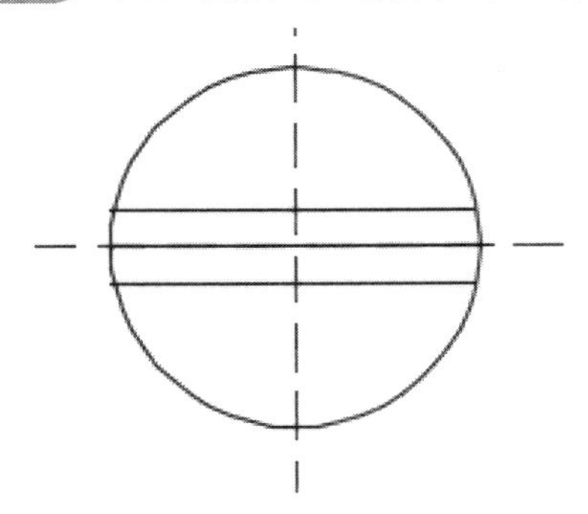

图 3-212 绘制两条水平线

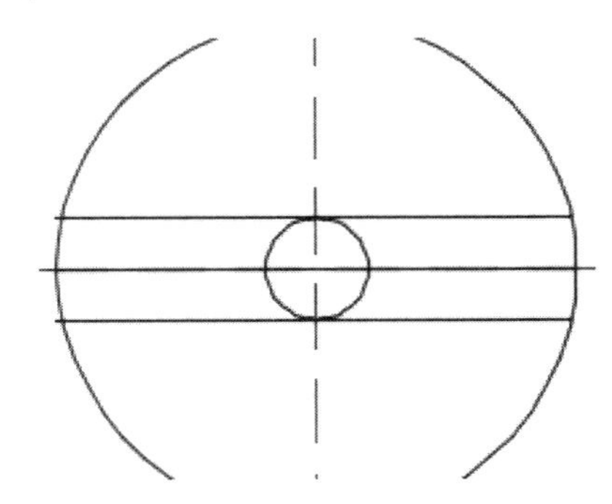

图 3-213 绘制切线圆

step 29 单击【默认】选项卡的【修改】面板中的【修剪】按钮，快速修剪图形，如图 3-214 所示。

step 30 单击【默认】选项卡的【修改】面板中的【倒角】按钮，绘制倒角距离为 0.05 的倒角，如图 3-215 所示。

step 31 单击【默认】选项卡的【绘图】面板中的【直线】按钮，分别绘制如图 3-216 所示的直线。

step 32 单击【默认】选项卡的【绘图】面板中的【图案填充】按钮，在【图案填充创建】选项卡中选择 ANSI31 选项，如图 3-217 所示。

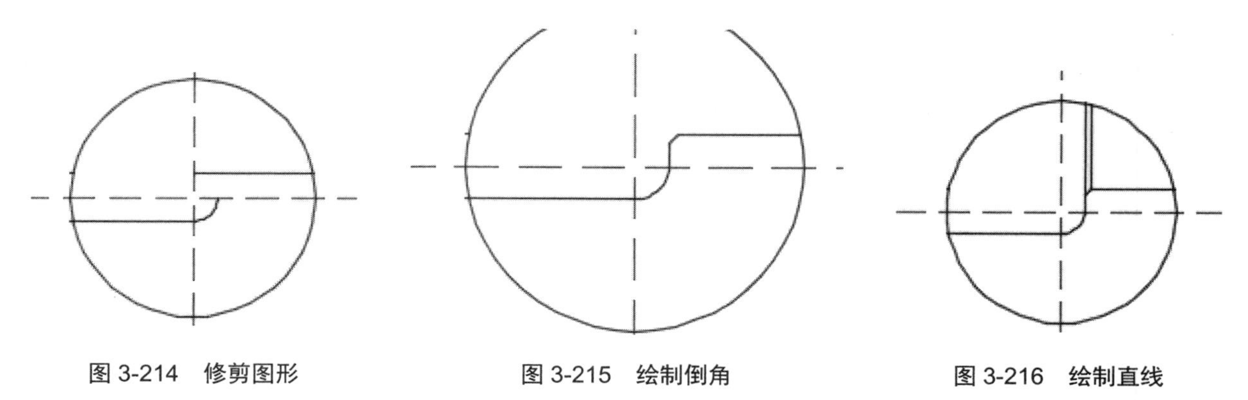

图 3-214 修剪图形　　图 3-215 绘制倒角　　图 3-216 绘制直线

图 3-217 【图案填充创建】选项卡

step 33 在绘图区单击填充图形区域，完成如图 3-218 所示的图案填充。

step 34 单击【默认】选项卡的【绘图】面板中的【圆】按钮，绘制半径为 0.3 和 1 的同心圆，如图 3-219 所示。

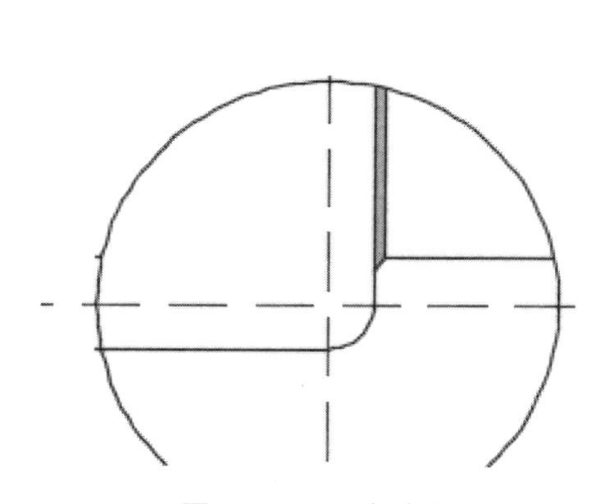

图 3-218 图案填充

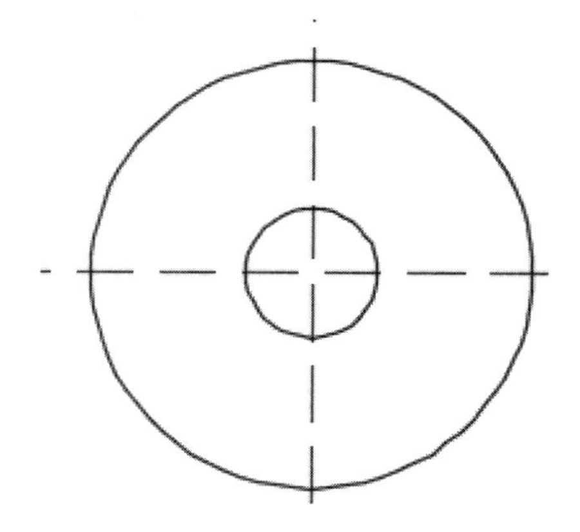

图 3-219 绘制同心圆

step 35 单击【默认】选项卡的【绘图】面板中的【直线】按钮，分别绘制如图 3-220 所示的 2 条直线。

step 36 单击【默认】选项卡的【绘图】面板中的【直线】按钮，绘制如图 3-221 所示的切线。

step 37 单击【默认】选项卡的【修改】面板中的【修剪】按钮，快速修剪图形，如图 3-222 所示。

step 38 单击【默认】选项卡的【绘图】面板中的【图案填充】按钮，填充如图 3-223 所示的区域，完成放大视图。

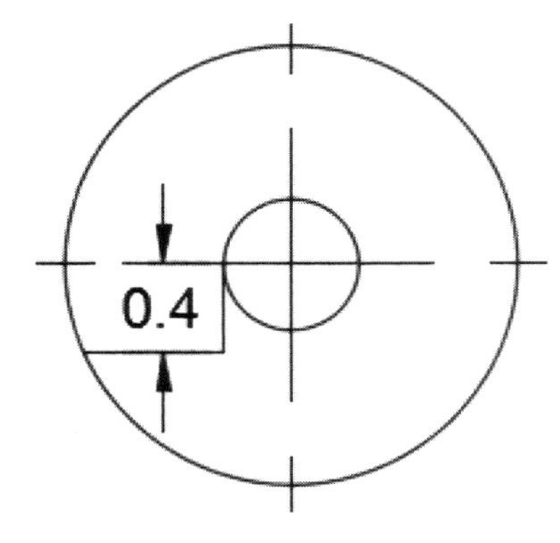

图 3-220　绘制 2 条直线

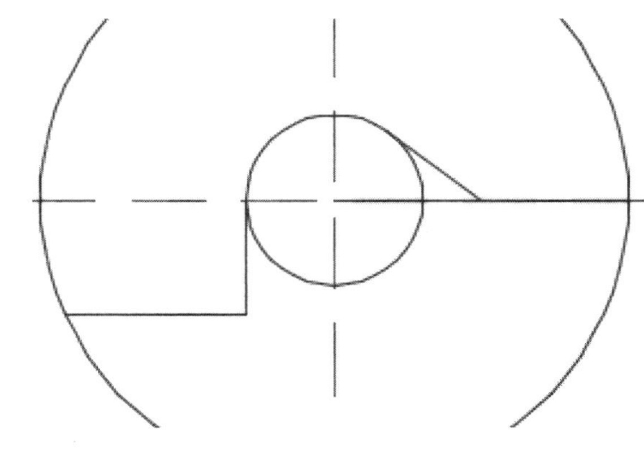

图 3-221　绘制切线

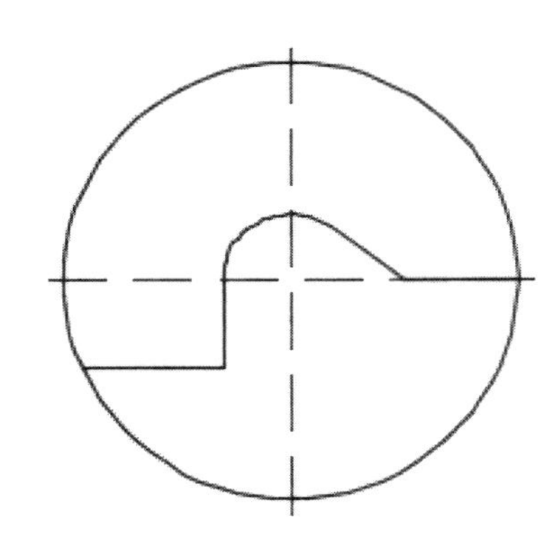

图 3-222　修剪图形

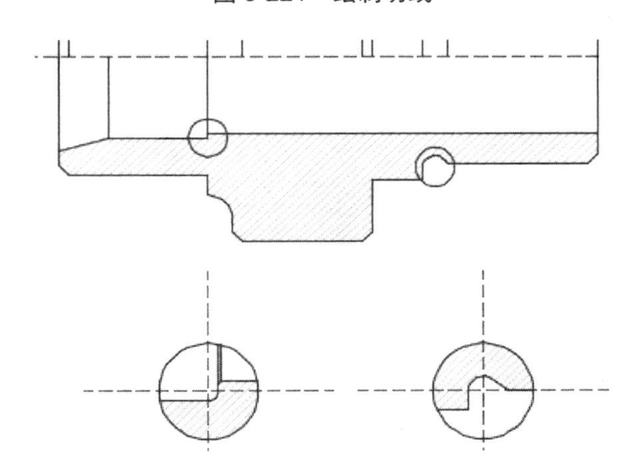

图 3-223　创建填充

step 39 完成轴零件草图的绘制，如图 3-224 所示。

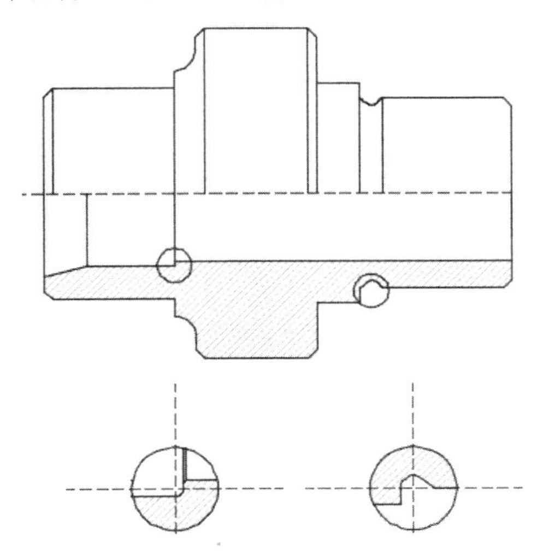

图 3-224　完成轴零件草图

机械设计实践：壳体主要以沿厚度均匀分布的中面应力，而不是以沿厚度变化的弯曲应力来抵抗外荷载。壳体的这种内力特征使得它比平板能更充分地利用材料强度，从而具有更大的承载能力。如图 3-225 所示，是壳体零件的截面图纸，表达相同的壁厚，壳体边角都要进行圆角处理。

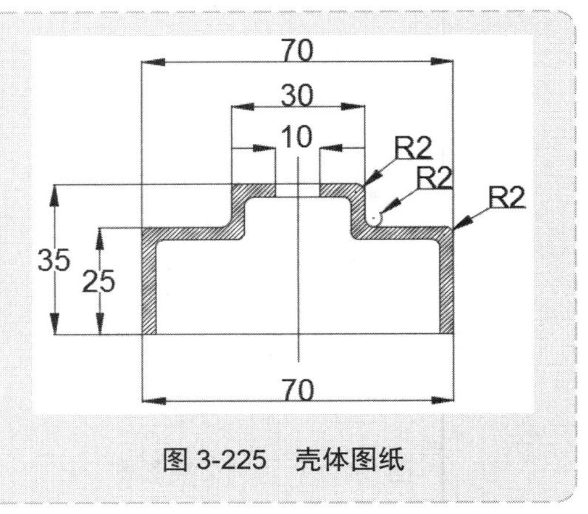

图 3-225　壳体图纸

阶段进阶练习

本教学日主要介绍了在 AutoCAD 2016 中更加快捷地选择图形以及图形编辑的命令，并对 AutoCAD 的图形编辑技巧进行了详细的讲解，包括删除图形、恢复图形、复制图形、镜像图形以及修改图形等。通过本教学日的学习，读者应该可以熟练掌握 AutoCAD 2016 中选择、编辑图形的方法。

如图 3-226 所示，使用本教学日学过的各种命令来创建阀盖图纸。

一般创建步骤和方法如下。

(1) 绘制主视图部分，使用【镜像】命令完成视图。

(2) 延伸直线绘制侧视图。

(3) 标注零件。

(4) 绘制图框。

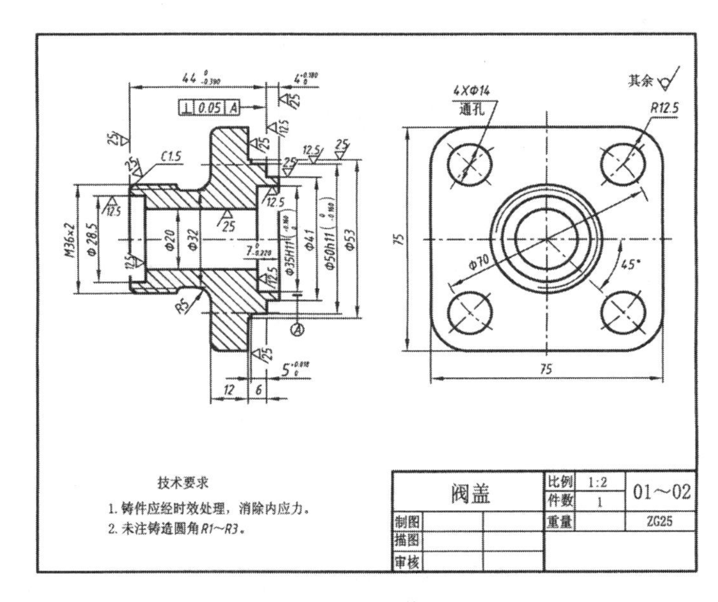

图 3-226　阀盖图纸

设计师职业培训教程

第4教学日

创建文字和表格是图形绘制的一个重要组成部分，它是图形的文字表达。AutoCAD 提供了多种文字和表格的方法，可以满足建筑、机械、电子等大多数应用领域的要求。在绘图时使用位置标注，能够对图形的各个部分添加提示和解释等辅助信息，既方便用户绘制，又方便使用者阅读。本教学日将讲述设置文字样式、创建表格，以及修改和编辑文字及表格的方法与技巧。

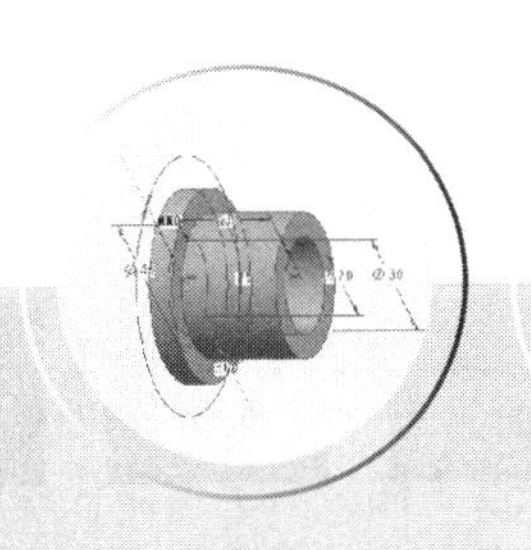

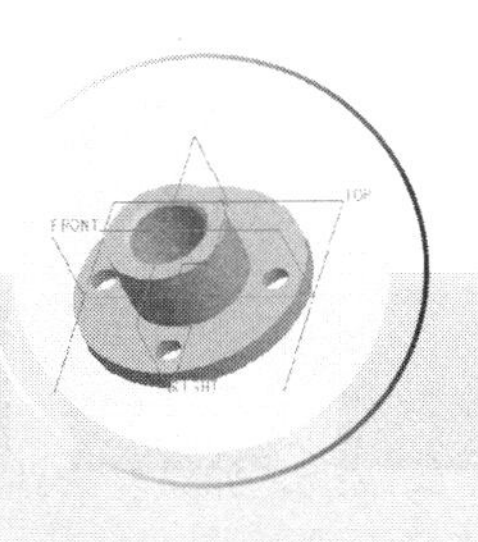

第1课 1课时 设计师职业知识——图纸的要素

1. 表面粗糙度符号、代号及其注法

表面粗糙度的符号及画法如图 4-1 所示，表面粗糙度参数的注写位置如图 4-2 所示。

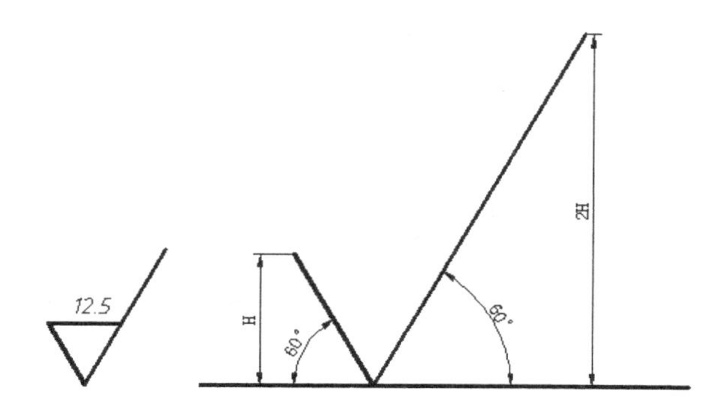

图 4-1 表面粗糙度符号的画法

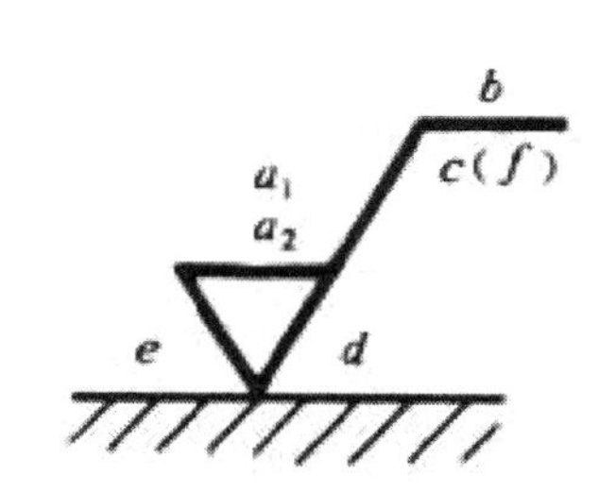

图 4-2 表面粗糙度参数的注写位置

表面粗糙度的标注规则如下。

(1) 在同一图样上，每一表面一般只标注一次。

(2) 表面粗糙度符号应标注在可见轮廓线、尺寸线、尺寸界线或其延长线上。若位置不够时，可引出标注。

(3) 符号的尖端必须与所注的表面(或指引线)相接触，并且必须从材料外指向被标注表面。表面粗糙度的标注方法如表 4-1 所示。

表 4-1 表面粗糙度的标注方法

标注示例	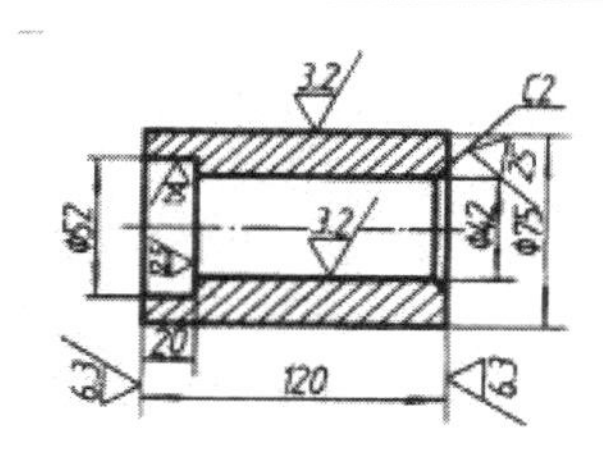 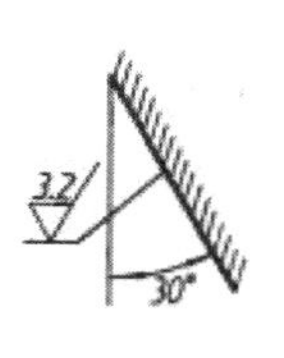	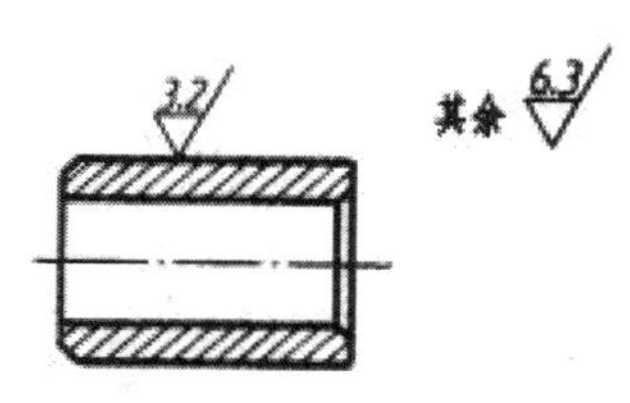
规定及说明	(1)符号尖端必须从材料外面指向表面。符号、代号一般注在轮廓线、尺寸界线或其延长线上。如果轮廓线处在右图所示 30°范围内，可应用指引线引出标注 (2)参数数值书写方向与尺寸数字的书写方向一致	当零件的大部分表面具有相同的粗糙度要求时，可将代号统一注写在图样右上角，代号前加“其余”二字，这时的代号及文字高度应是图上代号和文字的 1.4 倍

续表

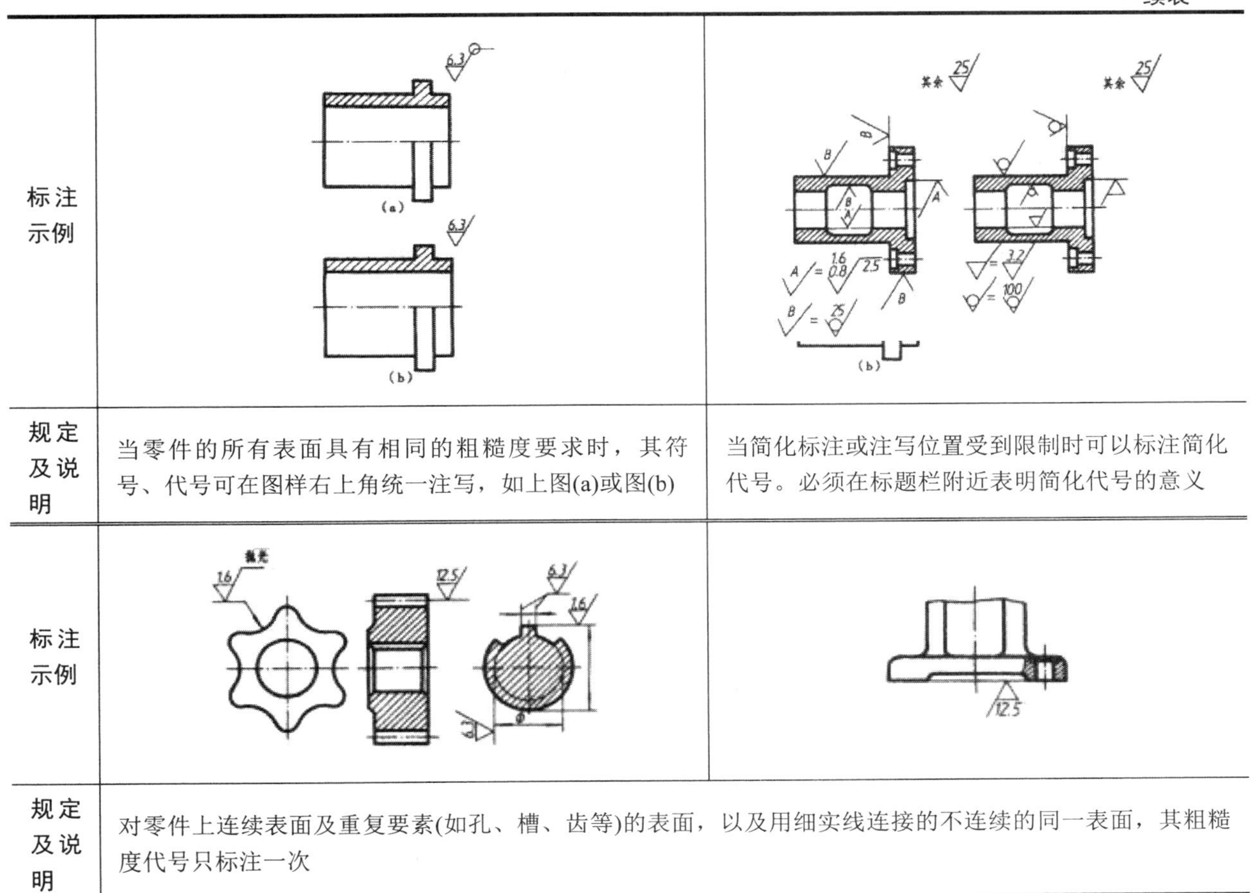

标注示例	(a) (b)	(b)
规定及说明	当零件的所有表面具有相同的粗糙度要求时，其符号、代号可在图样右上角统一注写，如上图(a)或图(b)	当简化标注或注写位置受到限制时可以标注简化代号。必须在标题栏附近表明简化代号的意义
标注示例		
规定及说明	对零件上连续表面及重复要素(如孔、槽、齿等)的表面，以及用细实线连接的不连续的同一表面，其粗糙度代号只标注一次	

2. 形位公差标注规定

形位公差应采用代号标注在图样上，当无法用代号标注时；允许在技术要求中用文字说明。框格高度为1h，用细实线绘制，在图样中的位置应水平或垂直放置。指引线箭头应指向被测要素，并垂直于轮廓线或其延长线。形位公差的各个符号如表4-2所示。

表4-2　形位公差的符号

公　差	特征项目	符　号	基准要求
形状	直线度	—	无
	平面度	▱	无
	圆度	○	无
	圆柱度	⌭	无

续表

公差		特征项目	符号	基准要求
形状或位置	轮廓	线轮廓度	⌒	有或无
		面轮廓度	⌓	有或无
位置	定向	平行度	//	无
		垂直度	⊥	无
		倾斜度	∠	无
	定位	位置度	⌖	有或无
		同轴(同心)度	◎	无
		对称度	⌯	无
	跳动	圆跳动	↗	无
		全跳动	⌰	无

基准代号：对应于形位公差框格的标注，在图样中应同时标注基准代号。基准代号构成如图 4-3 所示。基准符号应靠近轮廓线或其延长线。基准字母应水平书写。

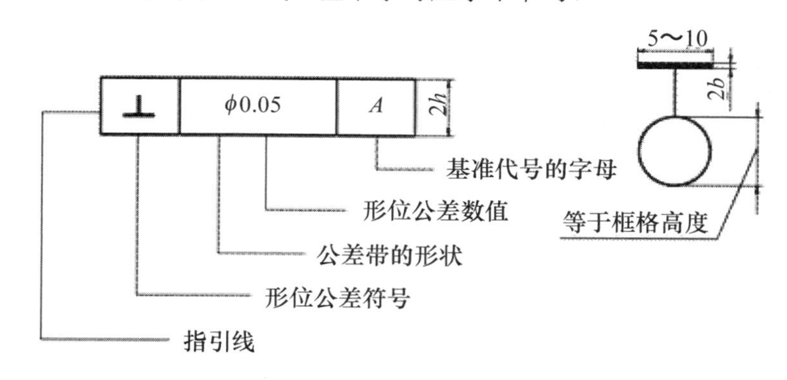

图 4-3 形位公差代号和基准代号

标注规定如下。

(1) 当被测要素或基准要素为轮廓线或表面时，应将箭头或基准符号与尺寸线箭头明显错开。

(2) 当被测要素或基准要素为轴线、中心平面等中心要素时，应将箭头或基准符号与尺寸线箭头对齐。

(3) 当同一被测要素有多个公差项目时，可以共用一条指引线；当同一公差项目有多个被测要素时，可以在同一公差框上画多条指引线。

(4) 当基准要素或被测要素为实际表面时，基准符号、箭头可置于带点的参考线上。

在 AutoCAD 中如何实现上述尺寸的标注将在后面的章节中详细介绍。

第2课 2课时 创建文字

4.2.1 创建单行文字

行业知识链接：单行文字是独立的对象，可以进行单独修改，用于文字较少的地方。如图4-4所示是一个端盖的剖面图，某些尺寸使用单行文字进行了标注。

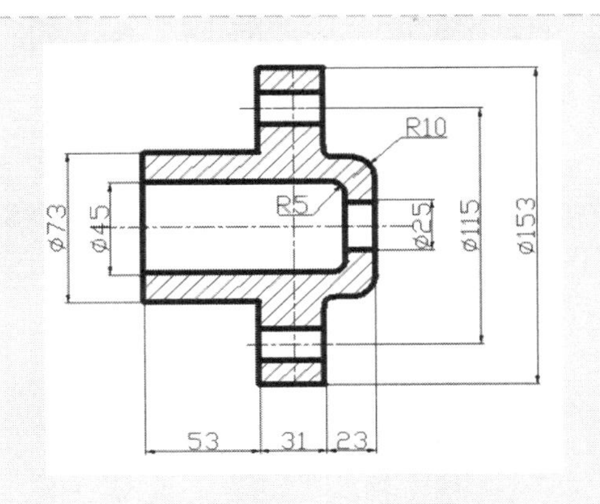

图4-4 端盖的剖面图

单行文字一般用于对图形对象的规格说明、标题栏信息和标签等，也可以作为图形的一个有机组成部分。对于这种不需要使用多种字体的简短内容，可以使用【单行文字】命令建立单行文字。

创建单行文字的几种方法如下。

(1) 在【默认】选项卡的【注释】面板中或【注释】选项卡的【文字】面板中单击【单行文字】按钮A。

(2) 在命令行中输入“dtext”命令后按Enter键。

(3) 在菜单栏中选择【绘图】|【文字】|【单行文字】命令。

每行文字都是独立的对象，可以重新定位、调整格式或进行其他修改。

创建单行文字时，要指定文字样式并设置对正方式。文字样式设置文字对象的默认特征。对正决定字符的哪一部分与插入点对正。

执行此命令后，命令行窗口提示如下：

```
命令: _dtext
当前文字样式: "Standard" 文字高度: 2.5000 注释性: 否
指定文字的起点或 [对正(J)/样式(S)]:
```

此命令行各选项的含义如下。

(1) 默认情况下提示用户输入单行文字的起点。

(2) 【对正(J)】：用来设置文字对齐的方式，AutoCAD默认的对齐方式为左对齐。由于此项的内容较多，在后面会有详细的说明。

(3) 【样式(S)】：用来选择文字样式。

在命令行中输入“s”并按 Enter 键，执行此命令，AutoCAD 会出现如下信息：

```
输入样式名或 [?] <Standard>:
```

此信息提示用户在输入样式名或 [?] <Standard>后输入一种文字样式的名称(默认值是当前样式名)。

输入样式名称后，AutoCAD 又会出现指定文字的起点或 [对正(J)/样式(S)]的提示，提示用户输入起点位置。输入完起点坐标后按下 Enter 键，AutoCAD 会出现如下提示：

```
指定高度 <2.5000>:
```

提示用户指定文字的高度。指定高度后按下 Enter 键，命令行窗口提示如下：

```
指定文字的旋转角度 <0>:
```

指定角度后按下 Enter 键，这时用户就可以输入文字内容。

在指定文字的起点或 [对正(J)/样式(S)]后输入 j 后按下 Enter 键，AutoCAD 会在命令行中出现如下信息：

```
输入选项
[对齐(A)/布满(F)/居中(C)/中间(M)/右(R)/左上(TL)/中上(TC)/右上(TR)/左中(ML)/正中(MC)/右中(MR)/左下(BL)/中下(BC)/右下(BR)]:
```

即用户可以有以上多种对齐方式选择，各种对齐方式及其说明如表 4-3 所示。

表 4-3　各种对齐方式及其说明

对齐方式	说　明
对齐(A)	提供文字基线的起点和终点，文字在此基线上均匀排列，这时可以调整字高比例以防止字符变形
布满(F)	给定文字基线的起点和终点。文字在此基线上均匀排列，而文字的高度保持不变，这时字形的间距要进行调整
居中(C)	给定一个点的位置，文字在该点为中心水平排列
中间(M)	指定文字串的中间点
右(R)	指定文字串的右基线点
左上(TL)	指定文字串的顶部左端点与大写字母顶部对齐
中上(TC)	指定文字串的顶部中心点与大写字母顶部为中心点
右上(TR)	指定文字串的顶部右端点与大写字母顶部对齐
左中(ML)	指定文字串的中部左端点与大写字母和文字基线之间的线对齐
正中(MC)	指定文字串的中部中心点与大写字母和文字基线之间的中心线对齐
右中(MR)	指定文字串的中部右端点与大写字母和文字基线之间的一点对齐
左下(BL)	指定文字左侧起始点，与水平线的夹角为字体的选择角，且过该点的直线就是文字中最低字符字底的基线
中下(BC)	指定文字沿排列方向的中心点，最低字符字底基线与 BL 相同
右下(BR)	指定文字串的右端底部是否对齐

提示：要结束单行输入，在一个空白行处按下 Enter 键即可。

如图 4-5 所示的即为 4 种对齐方式的示意图，分别为对齐方式、中间方式、右上方式、左下方式。

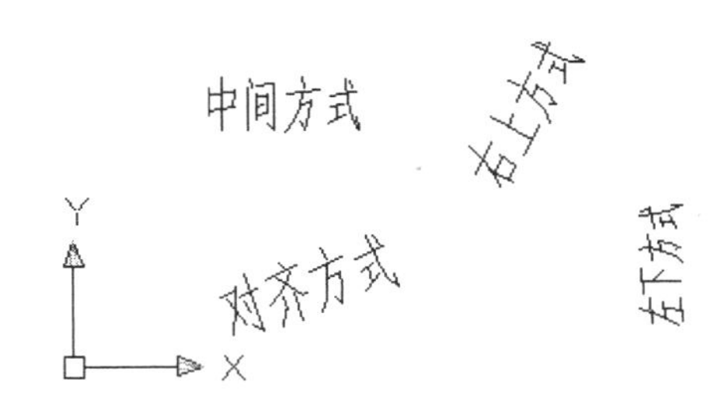

图 4-5　单行文字的 4 种对齐方式

4.2.2　创建多行文字

行业知识链接：图纸技术要求一般使用多行文字编写，它着重编写与受检计量器具的计量性能，使用寿命等有关的技术内容与要求，如准确度等级灵敏度、稳定度等计量性能，抗干扰等理化性能，表面粗糙度、刻度清晰度、表面划痕、毛刺、裂纹、气泡等要求。如图 4-6 所示是一个零件截面的技术要求草图。

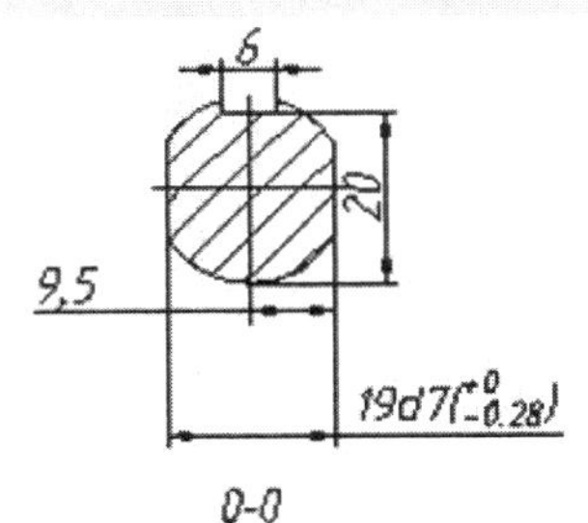

图 4-6　零件截面的技术要求草图

对于较长和较为复杂的内容，可以使用【多行文字】命令来创建多行文字。多行文字可以布满指定的宽度，在垂直方向上无限延伸。用户可以自行设置多行文字对象中的单个字符的格式。

多行文字由任意数目的文字行或段落组成，与单行文字不同的是在一个多行文字编辑任务中创建的所有文字行或段落都被当作同一个多行文字对象。多行文字可以被移动、旋转、删除、复制、镜像、拉伸或比例缩放。

可以将文字高度、对正、行距、旋转、样式和宽度应用到文字对象中或将字符格式应用到特定的字符中。对齐方式要考虑文字边界以决定文字要插入的位置。

与单行文字相比，多行文字具有更多的编辑选项。可以将下划线、字体、颜色和高度变化应用到段落中的单个字符、词语或词组。

可以通过以下几种方式创建多行文字：

(1) 在【默认】选项卡的【注释】面板或【注释】选项卡的【文字】面板中单击【多行文字】按钮A。

(2) 在命令行中输入“mtext”后按 Enter 键。

(3) 在菜单栏中选择【绘图】|【文字】|【多行文字】命令。

> **提示：**创建多行文字对象的高度取决于输入的文字总量。

命令行窗口提示如下：

```
命令: _mtext 当前文字样式: "Standard"  文字高度:2.5  注释性: 否
指定第一角点:
指定对角点或 [高度(H)/对正(J)/行距(L)/旋转(R)/样式(S)/宽度(W) /栏(C)]: h
指定高度 <2.5>: 60
指定对角点或 [高度(H)/对正(J)/行距(L)/旋转(R)/样式(S)/宽度(W) /栏(C)]: w
指定宽度:100
```

此时绘图区如图 4-7 所示。

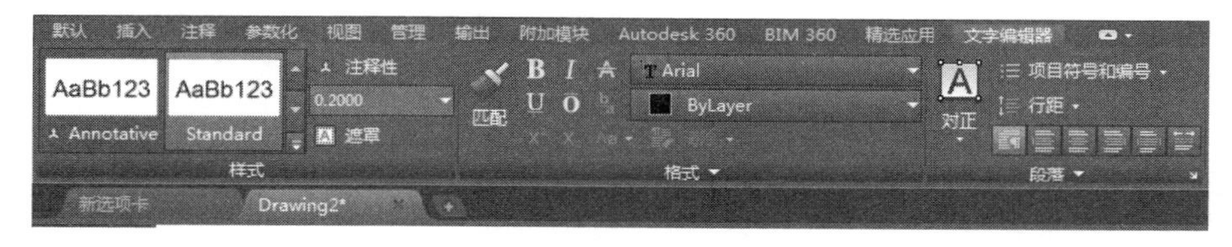

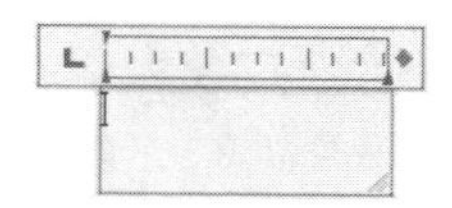

图 4-7　选择宽度(W)后绘图区所显示的图形

用【多行文字】命令创建的文字如图 4-8 所示。

云杰漫步多
媒体

图 4-8　用【多行文字】命令创建的文字

其中，在【文字编辑器】选项卡中包括【样式】、【格式】、【段落】、【插入】、【拼写检查】、【工具】、【选项】、【关闭】8 个面板，可以根据不同的需要对多行文字进行编辑和修改，下面进行具体介绍。

1. 【样式】面板

在【样式】面板中可以选择文字样式，选择或输入文字高度，其中【文字高度】下拉列表如图 4-9 所示。

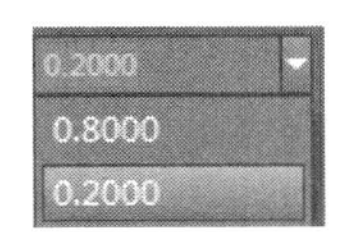

图 4-9 【文字高度】下拉列表

2. 【格式】面板

在【格式】面板中可以对字体进行设置，如可以修改为粗体、斜体等。用户还可以选择自己需要的字体及颜色，其【字体】下拉列表如图 4-10 所示，【颜色】下拉列表如图 4-11 所示。

图 4-10 【字体】下拉列表

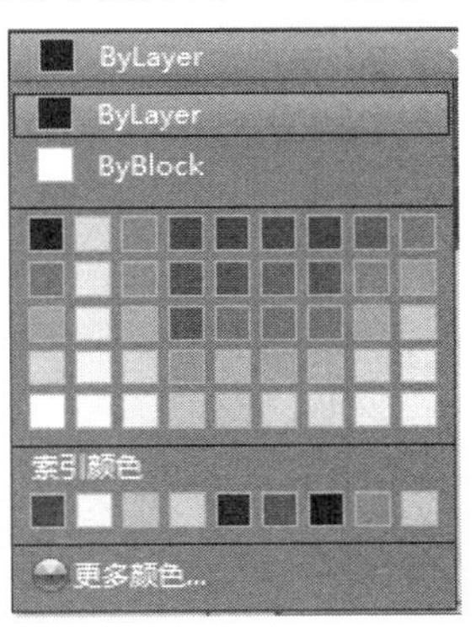

图 4-11 【颜色】下拉列表

3. 【段落】面板

在【段落】面板中可以对段落进行设置，包括对正、编号、分布、对齐等的设置，其中【对正】下拉列表如图 4-12 所示。

4. 【插入】面板

在【插入】面板中可以插入符号、字段，进行分栏设置，其中【符号】下拉列表如图 4-13 所示。

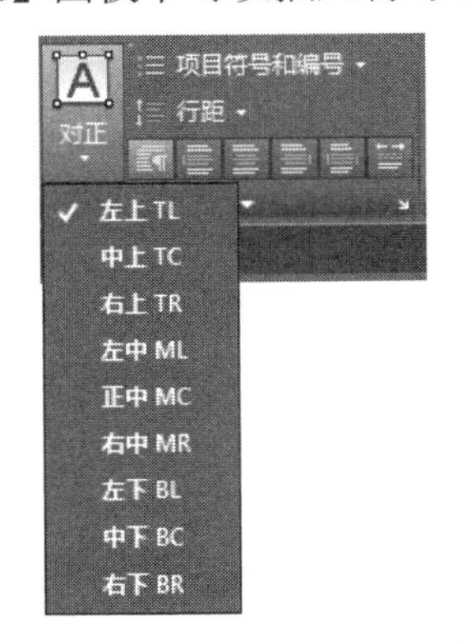

图 4-12 【对正】下拉列表

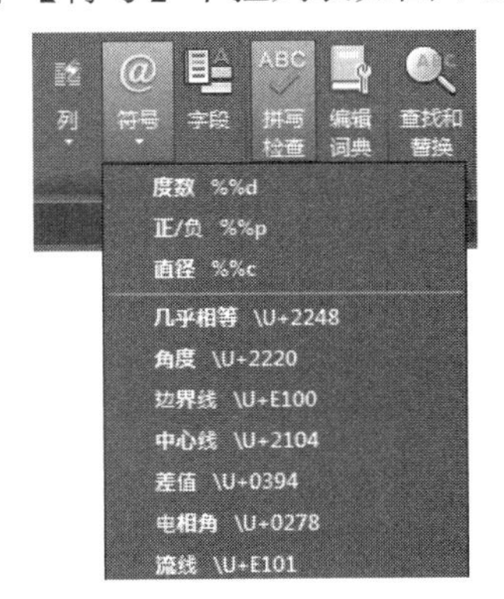

图 4-13 【符号】下拉列表

5. 【拼写检查】面板

在【拼写检查】面板中将文字输入图形中时可以检查所有文字的拼写。也可以指定已使用的特定语言的词典并自定义和管理多个自定义拼写词典。

可以检查图形中所有文字对象的拼写，包括：

(1) 单行文字和多行文字；

(2) 标注文字；

(3) 多重引线文字；

(4) 块属性中的文字；

(5) 外部参照中的文字。

使用拼写检查，将搜索用户指定的图形或图形的文字区域中拼写错误的词语。如果找到拼写错误的词语，则将亮显该词语并且绘图区域将缩放为便于读取该词语的比例。

6. 【工具】面板

在【工具】面板中可以搜索指定的文字字符串并用新文字进行替换。

7. 【选项】面板

在【选项】面板中可以显示其他文字选项列表，如图 4-14 所示。也可以用此对话框中的命令来编辑多行文字，它和【多行文字】选项卡下的几个面板提供的命令是一样的。

图 4-14 【选项】下拉列表

8. 【关闭】面板

单击【关闭文字编辑器】按钮可以退回到原来的主窗口，完成多行文字的编辑操作。

课后练习

案例文件：ywj\04\01.dwg

视频文件：光盘\视频课堂\第 4 教学日\4.2

练习案例分析及步骤如下。

本课后练习创建的蝶阀零件草图，蝶阀又叫翻板阀，是一种结构简单的调节阀，可用于低压管道介质的开关控制的蝶阀是指关闭件(阀瓣或蝶板)为圆盘，围绕阀轴旋转来达到开启与关闭的一种阀，阀门可用于控制空气、水、蒸汽、各种腐蚀性介质、泥浆、油品、液态金属和放射性介质等各种类型流体的流动，如图 4-15 所示是完成的蝶阀草图。

本课案例主要练习 AutoCAD 的文字命令，绘制过程首先要创建蝶阀草图，之后进行文字标注。绘制蝶阀草图的思路和步骤如图 4-16 所示。

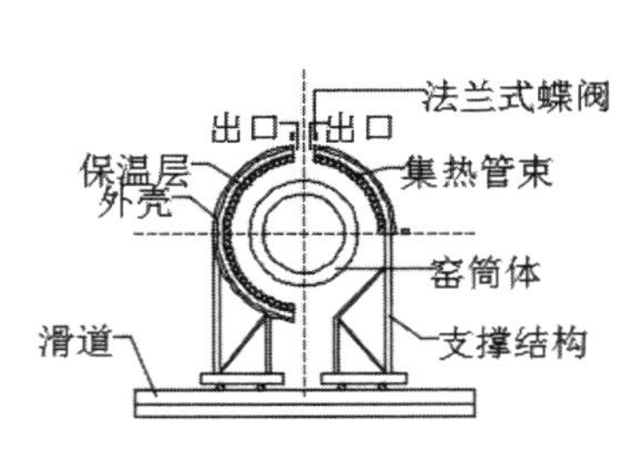

图 4-15　蝶阀草图

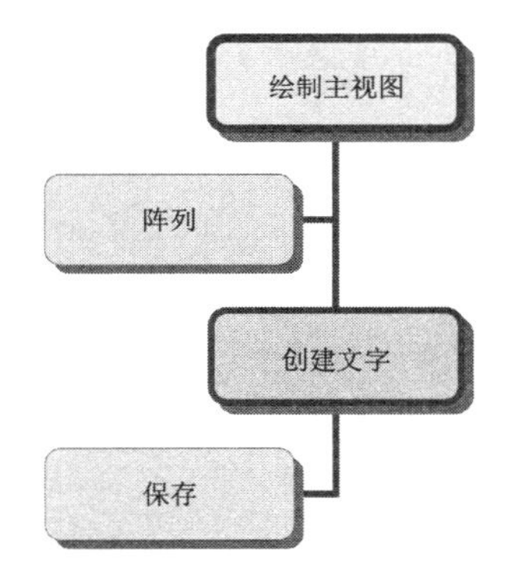

图 4-16　蝶阀草图步骤

练习案例操作步骤如下。

step 01 开始绘制主视图。选择中心线图层，单击【默认】选项卡的【绘图】面板中的【直线】按钮，绘制如图 4-17 所示的中心线。

step 02 单击【默认】选项卡的【绘图】面板中的【圆】按钮，绘制半径为 1.2 和 1.6 的同心圆，如图 4-18 所示。

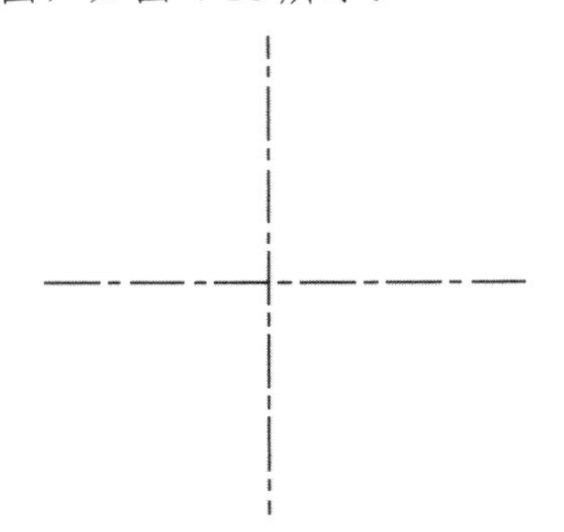

图 4-17　绘制中心线

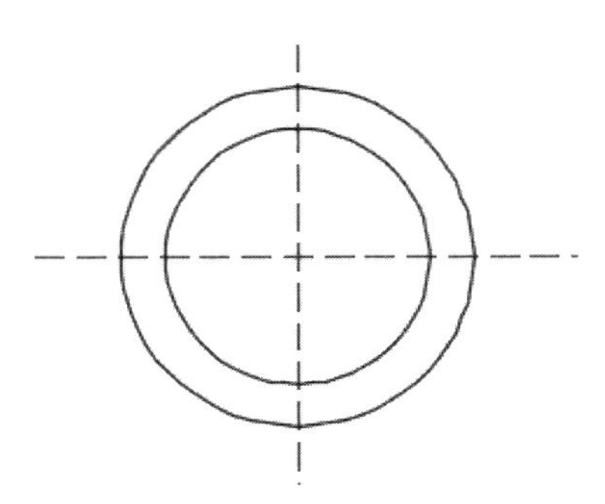

图 4-18　绘制半径为 1.2 和 1.6 的同心圆

step 03 单击【默认】选项卡的【绘图】面板中的【圆】按钮，绘制半径为 2.4、2.6 和 2.7 的同心圆，如图 4-19 所示。

step 04 单击【默认】选项卡的【绘图】面板中的【直线】按钮，绘制垂线，距离中心线为 0.3，如图 4-20 所示。

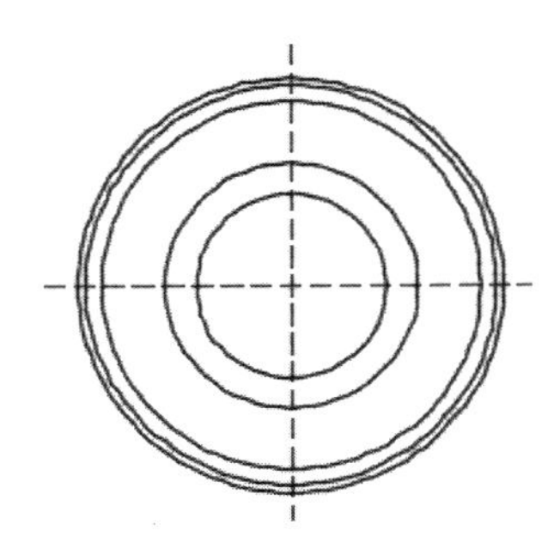

图 4-19　绘制半径为 2.4、2.6 和 2.7 的同心圆

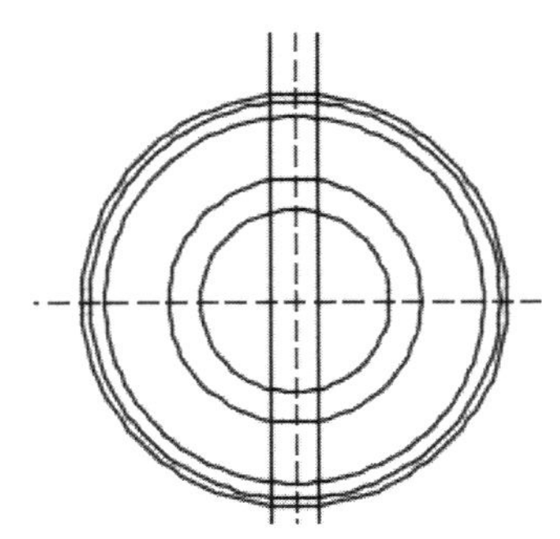

图 4-20　绘制垂线

step 05 单击【默认】选项卡的【绘图】面板中的【圆】按钮，绘制如图 4-21 所示的切线圆。

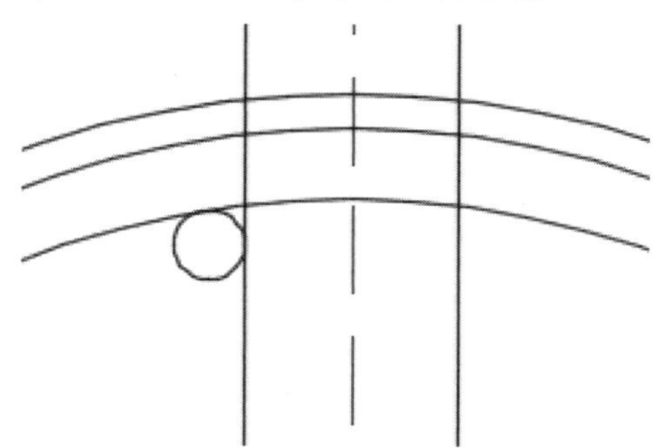

图 4-21　绘制切线圆

step 06 单击【默认】选项卡的【修改】面板中的【环形阵列】按钮，选择圆形和中心点，在弹出的【阵列创建】选项卡中修改阵列的参数，如图 4-22 所示。

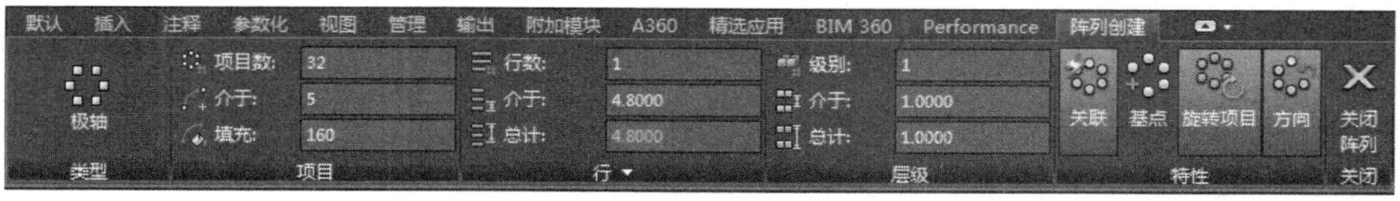

图 4-22　【阵列创建】选项卡

step 07 完成的阵列圆形，如图 4-23 所示。

step 08 单击【默认】选项卡的【修改】面板中的【镜像】按钮，选择图形，绘制如图 4-24 所示的镜像图形。

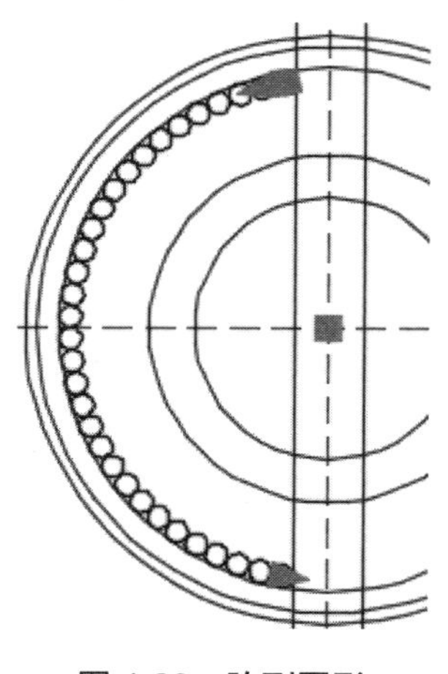

图 4-23　阵列圆形

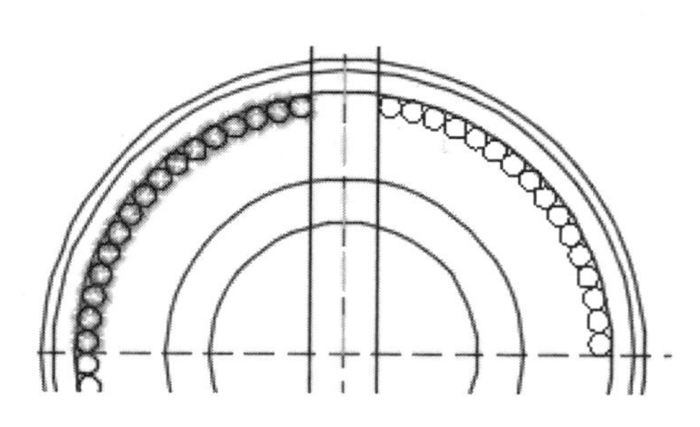

图 4-24　镜像图形

step 09 单击【默认】选项卡的【修改】面板中的【修剪】按钮，快速修剪图形，如图 4-25 所示。

step 10 单击【默认】选项卡的【绘图】面板中的【直线】按钮，绘制如图 4-26 所示的平行垂线，长为 4.3。

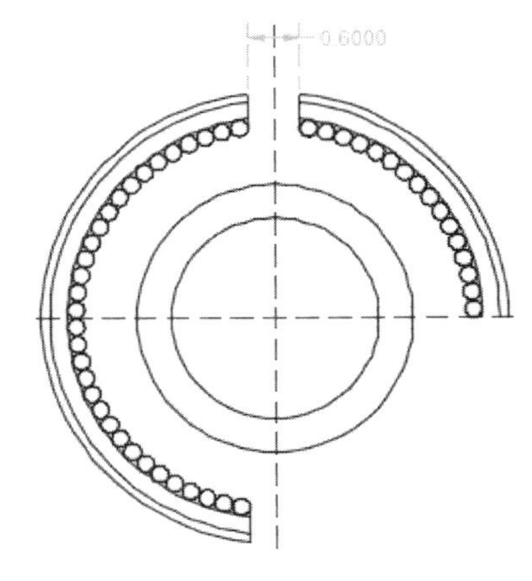

图 4-25　修剪图形

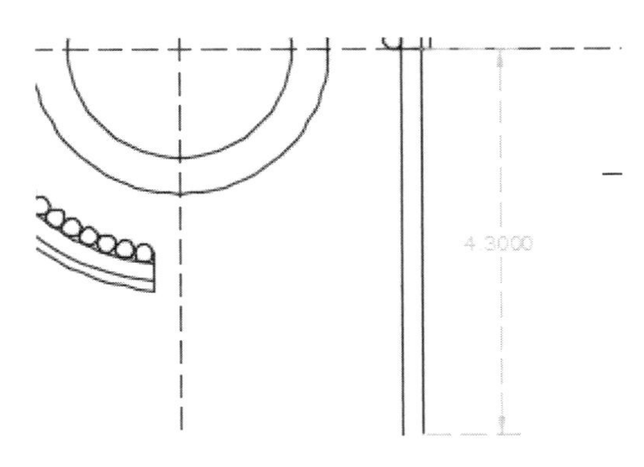

图 4-26　绘制平行垂线

step 11 单击【默认】选项卡的【绘图】面板中的【直线】按钮，绘制如图 4-27 所示的平行线段，间距为 0.1。

step 12 单击【默认】选项卡的【绘图】面板中的【直线】按钮，绘制如图 4-28 所示的斜线。

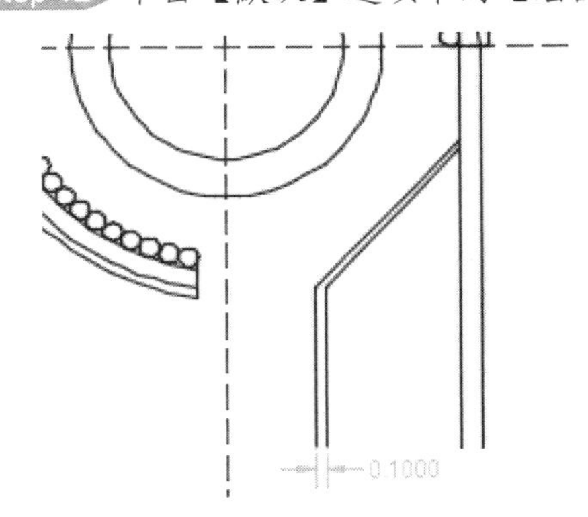

图 4-27　绘制平行线段

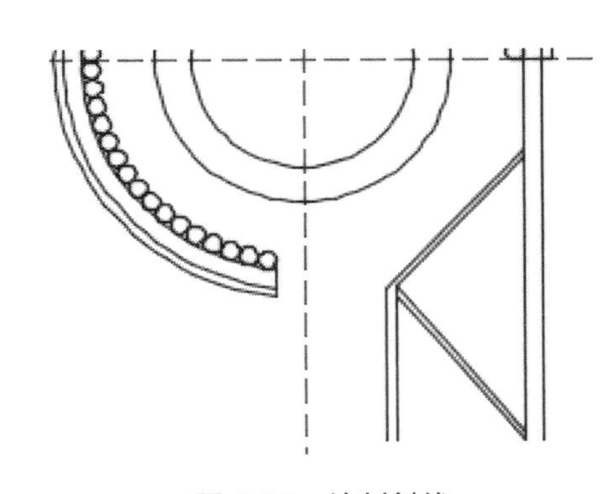

图 4-28　绘制斜线

step 13 单击【默认】选项卡的【绘图】面板中的【矩形】按钮，绘制矩形，尺寸为 2.5×0.3，如图 4-29 所示。

step 14 单击【默认】选项卡的【绘图】面板中的【圆】按钮，绘制半径为 0.1 的圆，如图 4-30 所示。

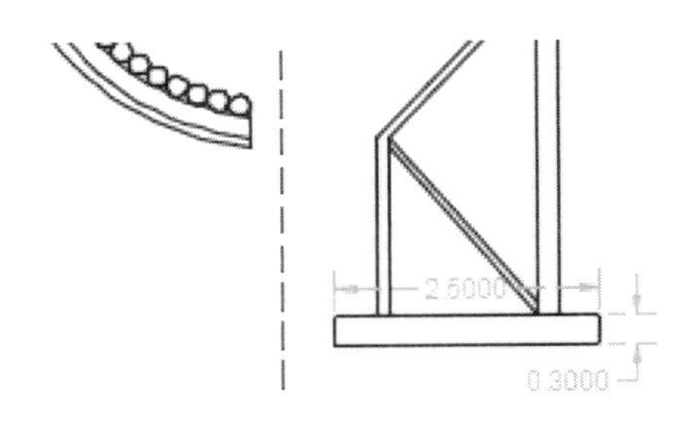

图 4-29　绘制矩形

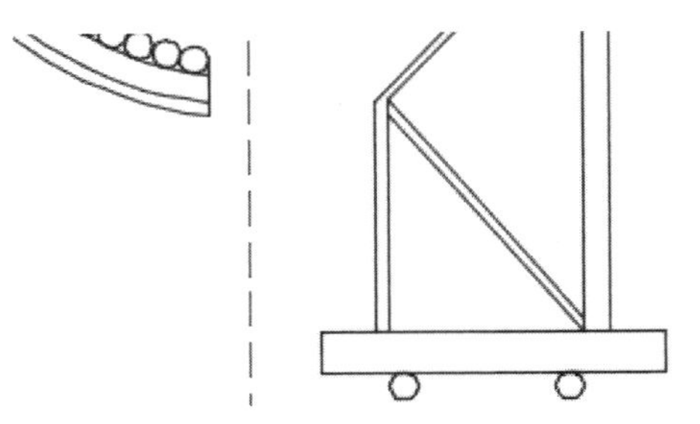

图 4-30　绘制半径为 0.1 的圆

step 15 单击【默认】选项卡的【绘图】面板中的【直线】按钮，绘制如图 4-31 所示的垂直平行线，间距为 0.1。

step 16 单击【默认】选项卡的【绘图】面板中的【直线】按钮，绘制如图 4-32 所示的两条斜线。

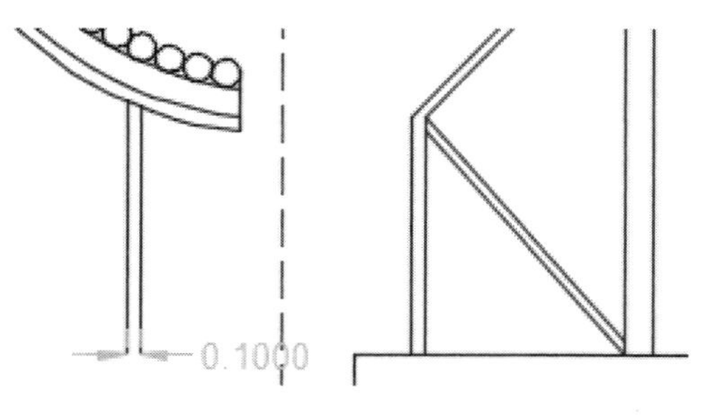

图 4-31　绘制垂直平行线

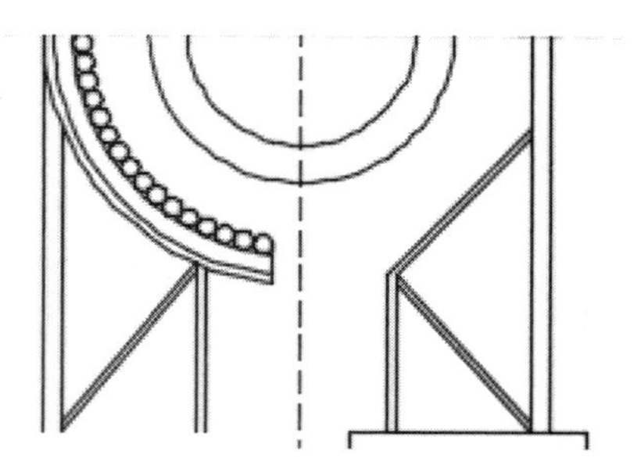
图 4-32　绘制 2 条斜线

step 17 单击【默认】选项卡的【修改】面板中的【复制】按钮，复制矩形和圆形，如图 4-33 所示。

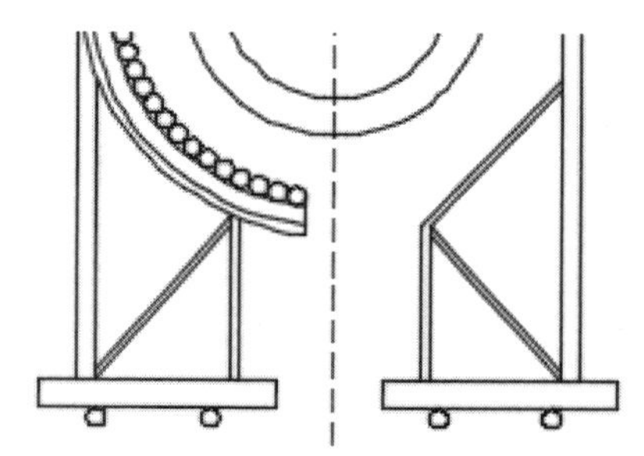
图 4-33　复制矩形和圆形

step 18 单击【默认】选项卡的【绘图】面板中的【矩形】按钮，绘制 2 个矩形，尺寸都为 10×0.4，如图 4-34 所示。

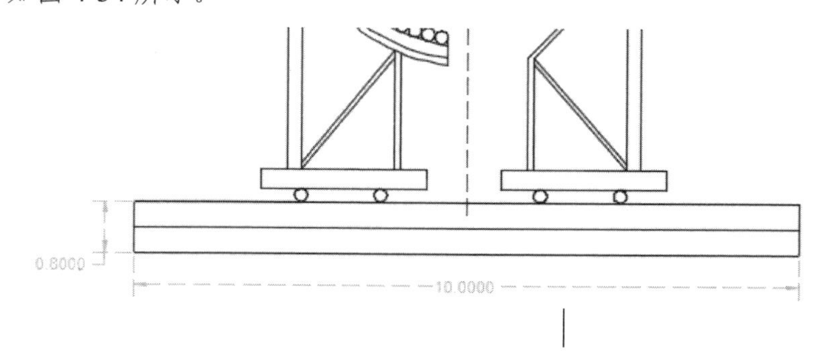

图 4-34　绘制 2 个矩形

step 19 单击【默认】选项卡的【绘图】面板中的【矩形】按钮，绘制上边尺寸 0.2×0.1 的矩形，如图 4-35 所示。

step 20 单击【默认】选项卡的【绘图】面板中的【矩形】按钮，绘制右边尺寸 0.2×0.1 的矩形，完成主视图的绘制，如图 4-36 所示。

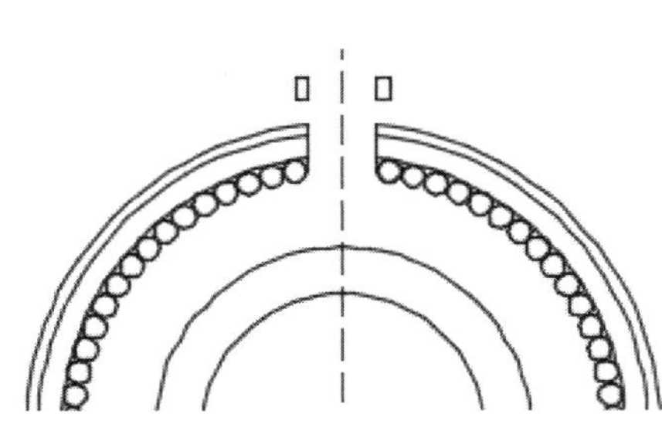

图 4-35 绘制上边的矩形

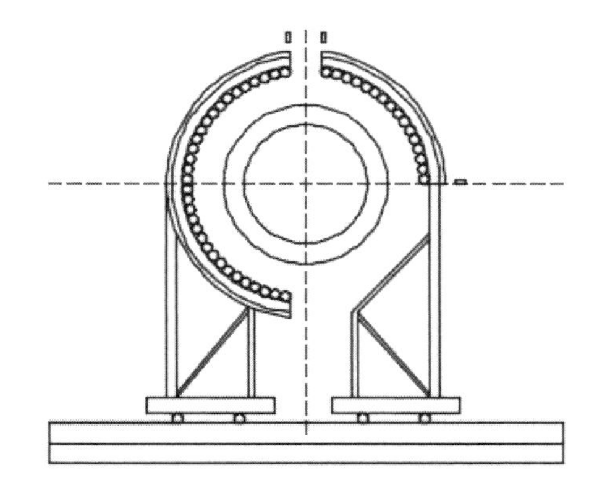

图 4-36 绘制右边的矩形

step 21 最后添加文字。单击【默认】选项卡的【绘图】面板中的【直线】按钮，绘制线段，并单击【默认】选项卡的【注释】面板中的【多行文字】按钮，添加“滑道”文字，如图 4-37 所示。

step 22 单击【默认】选项卡的【注释】面板中的【多行文字】按钮，添加“外壳”文字，如图 4-38 所示。

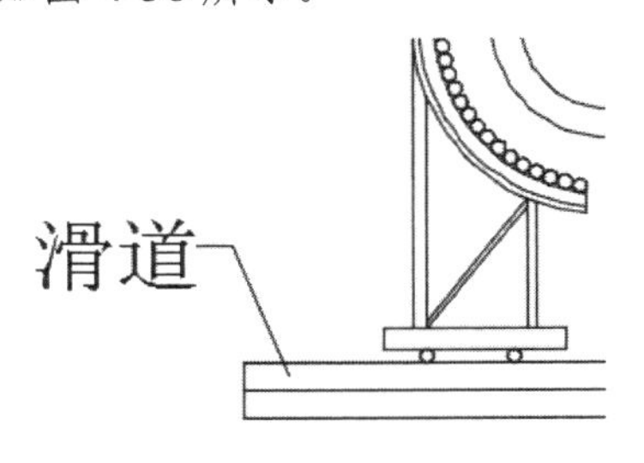

图 4-37 添加“滑道”

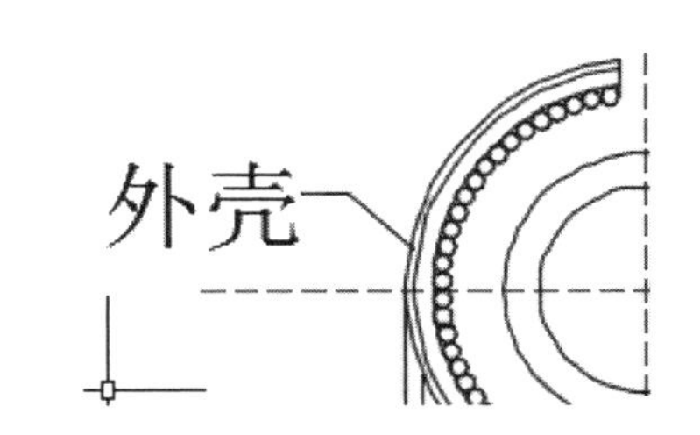

图 4-38 添加“外壳”

step 23 单击【默认】选项卡的【注释】面板中的【多行文字】按钮，添加“保温层”文字，如图 4-39 所示。

step 24 单击【默认】选项卡的【注释】面板中的【多行文字】按钮，添加“出口”文字，如图 4-40 所示。

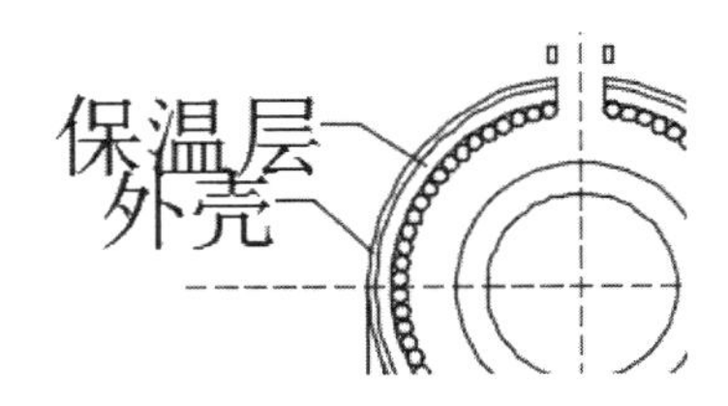

图 4-39 添加“保温层”

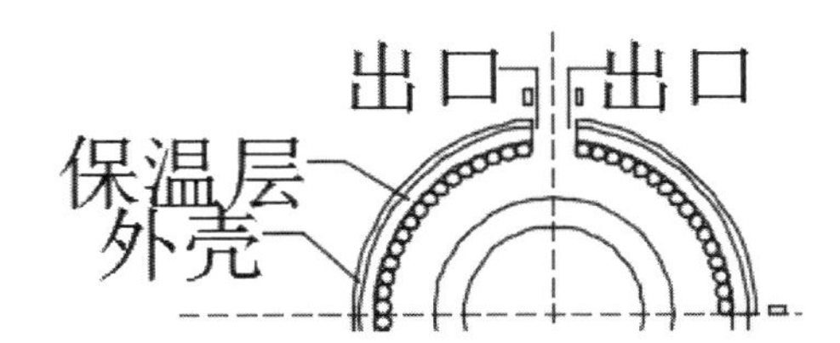

图 4-40 添加“出口”

step 25 单击【默认】选项卡的【注释】面板中的【多行文字】按钮，添加“法兰式蝶阀”文字，如图 4-41 所示。

step 26 单击【默认】选项卡的【注释】面板中的【多行文字】按钮，添加“集热管束”文字，如图 4-42 所示。

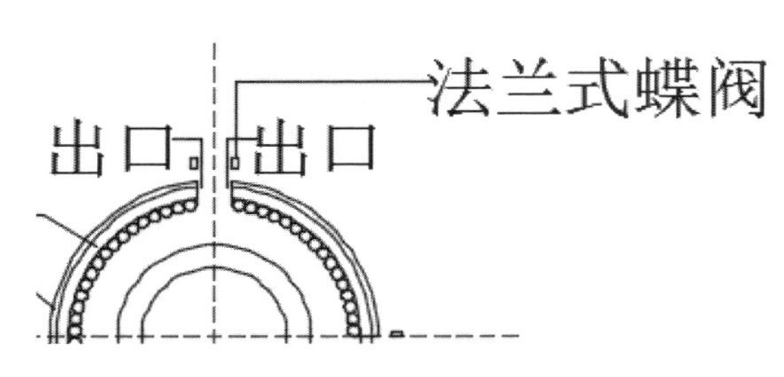

图 4-41　添加“法兰式蝶阀”

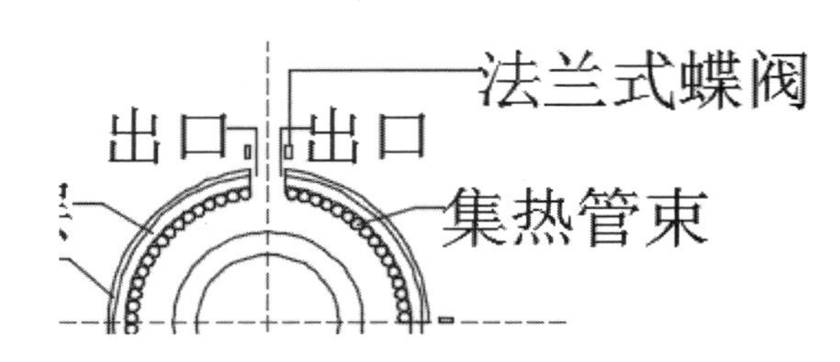

图 4-42　添加“集热管束”

step 27 单击【默认】选项卡的【注释】面板中的【多行文字】按钮A，添加“窑筒体”文字，如图 4-43 所示。

step 28 完成草图蝶阀的绘制，如图 4-44 所示。

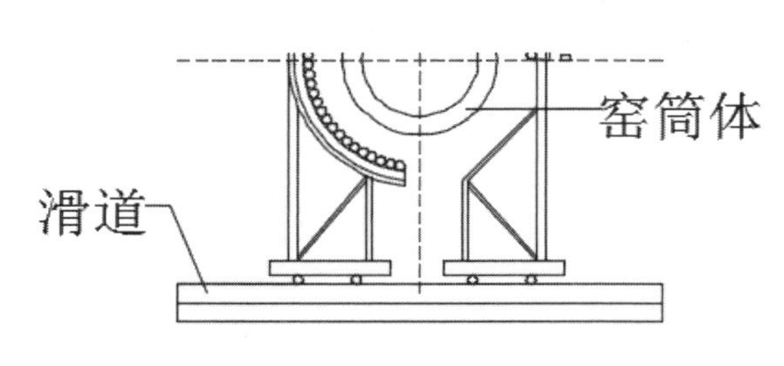

图 4-43　添加“窑筒体”

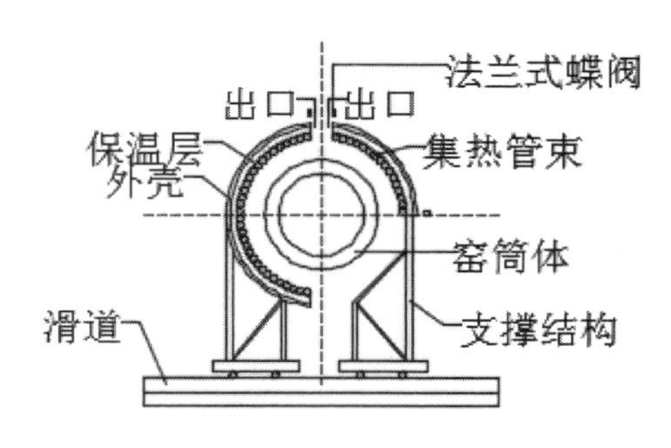

图 4-44　完成蝶阀草图绘制

机械设计实践：图纸是用标明尺寸的图形和文字来说明工程建筑、机械、设备等的结构、形状、尺寸及其他要求的一种技术文件，是指记录图形字的媒介，如图 4-45 所示，是轴类零件的技术图纸，需要绘制完成后进行技术文字的添加。

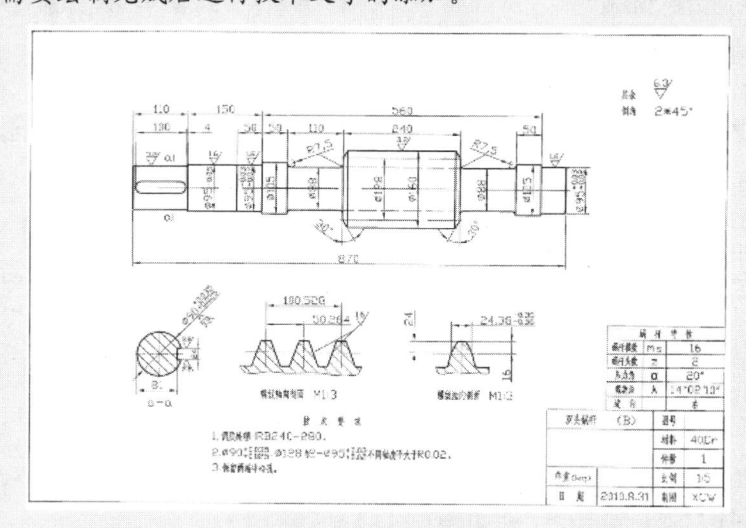

图 4-45　轴类图纸

第3课 2课时 设置文字样式

行业知识链接：AutoCAD 软件中，可以利用的字库有两类。一类是存放在 AutoCAD 安装目录下的 Fonts 中，字库的扩展名为“.shx”，这一类是 AutoCAD 的专有字库，英语字母和汉字分属于不同的字库。第二类是存放在 Windows 系统的目录下的 Fonts 中，字库的扩展名为“.ttf”，这一类是 Windows 系统的通用字库，除了 AutoCAD 以外，其他软件，如 Office 和聊天软件等，也都是采用的这个字库。其中，汉字字库都已包含了英文字母。如图 4-46 所示是一个标题栏表格和明细表表格，使用了不同的文字样式。

3									
2									
1									
						V带传动设计			0808107
标记	处数	分区	更改文件号	签名	年、月、日				
设计	(签名)	(年月日)	标准化	(签名)	(年月日)	阶段标记	重量	比例	
								1:1	1080810715
审核									
工艺			批准			共 张 第 页			

图 4-46 标题栏表格

在 AutoCAD 图形中，所有的文字都有与之相关的文字样式。当输入文字时，AutoCAD 会使用当前的文字样式作为其默认的样式，该样式可以包括字体、样式、高度、宽度比例和其他文字特性。

打开文字样式对话框有以下几种方法。

(1) 在【默认】选项卡的【注释】面板中单击【文字样式】按钮。

(2) 在命令行中输入“style”后按 Enter 键。

(3) 在菜单栏中选择【格式】|【文字样式】命令。

【文字样式】对话框如图 4-47 所示，它包含了 4 组参数选项组：【样式】选项组、【字体】选项组、【大小】选项组和【效果】选项组。由于【大小】选项组中的参数通常会按照默认进行设置，不做修改，因此，下面着重介绍一下其他 3 个选项组的参数设置方法。

1. 【样式】选项组参数设置

在【样式】选项组中可以新建、重命名和删除文字样式。用户可以从左边的下拉列表框中选择相应的文字样式名称，可以单击【新建】按钮来新建一种文字样式的名称，可以右击选择的样式，在弹出的快捷菜单中选择【重命名】命令为某一文字样式重新命名，还可以单击【删除】按钮删除某一文字样式的名称。

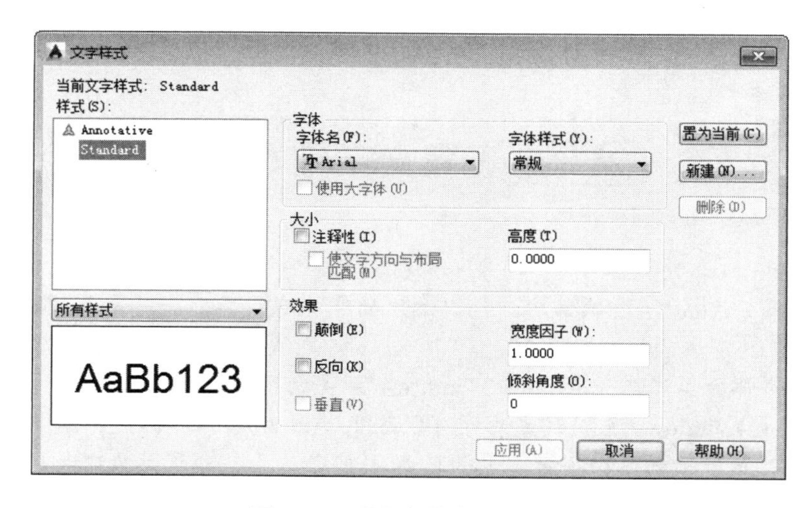

图 4-47 【文字样式】对话框

当用户所需的文字样式不够使用时，需要创建一个新的文字样式，具体操作步骤如下。

(1) 在命令输入行中输入“style”命令后按下 Enter 键。或者在打开的【文字样式】对话框中，单击【新建】按钮，打开如图 4-48 所示的【新建文字样式】对话框。

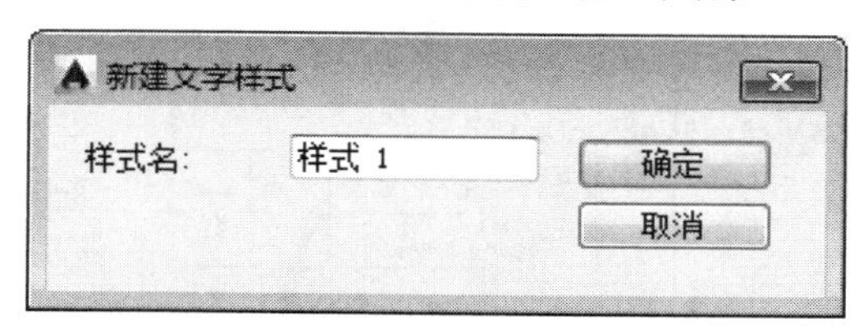

图 4-48 【新建文字样式】对话框

(2) 在【样式名】文本框中输入新创建的文字样式的名称后，单击【确定】按钮。若未输入文字样式的名称，则 AutoCAD 会自动将该样式命名为样式 1(AutoCAD 会自动地为每一个新命名的样式加 1)。

2. 【字体】选项组参数设置

在【字体】选项组中可以设置字体的名称和字体样式等。AutoCAD 为用户提供了许多不同的字体，用户可以在如图 4-49 所示的【字体名】下拉列表框中选择要使用的字体，可以在【字体样式】下拉列表框中选择要使用的字体样式。

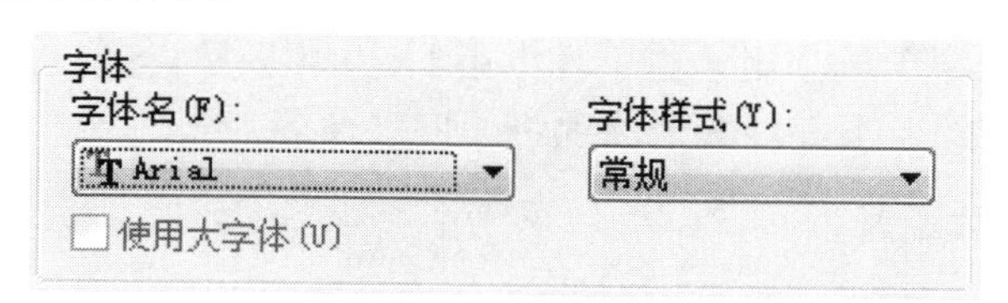

图 4-49 【字体】选项组

3. 【效果】选项组参数设置

在【效果】选项组中可以设置字体的排列方法和距离等。用户可以启用【颠倒】、【反向】和

【垂直】复选框来分别设置文字的排列样式，也可以在【宽度因子】和【倾斜角度】文本框中输入相应的数值来设置文字的辅助排列样式。下面介绍一下选中【颠倒】、【反向】和【垂直】复选框来分别设置样式和设置后的文字效果。

当选中【颠倒】复选框时，显示如图 4-50 所示，显示的颠倒文字效果如图 4-51 所示。

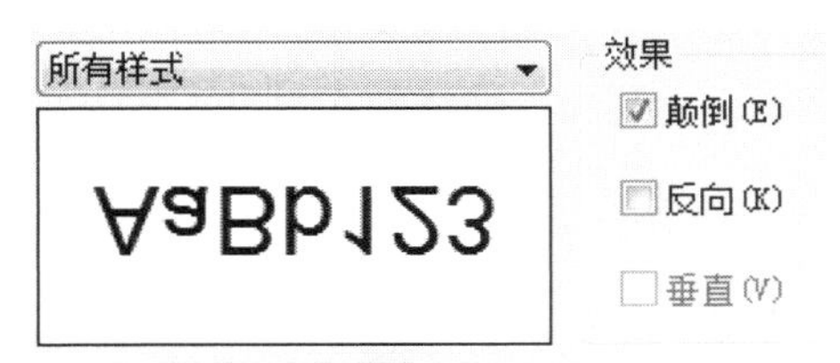

图 4-50　选中【颠倒】复选框

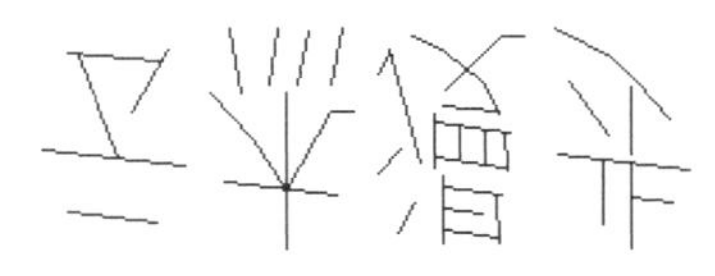

图 4-51　显示的颠倒文字效果

当选中【反向】复选框时，显示如图 4-52 所示，显示的反向文字效果如图 4-53 所示。

图 4-52　选中【反向】复选框

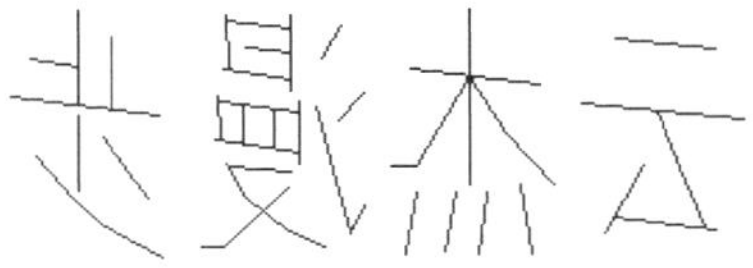

图 4-53　显示的反向文字效果

当选中【垂直】复选框时，显示如图 4-54 所示，显示的垂直文字效果如图 4-55 所示。

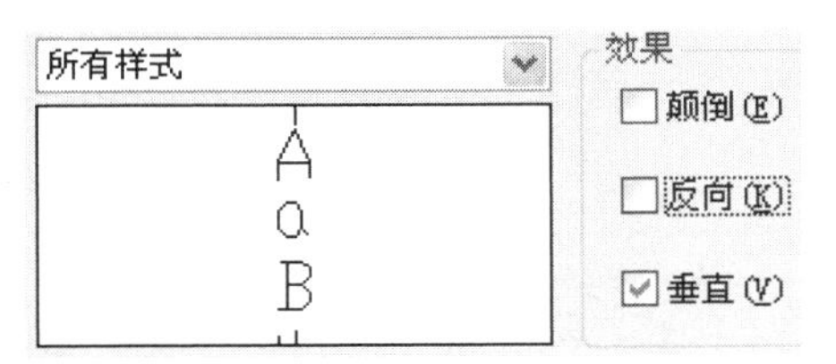

图 4-54　选中【垂直】复选框

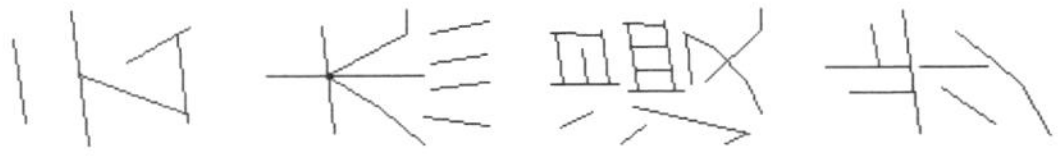

图 4-55　显示的垂直文字效果

课后练习

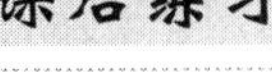

案例文件：ywj\04\02.dwg

视频文件：光盘\视频课堂\第 4 教学日\4.3

练习案例分析及步骤如下。

本课后练习创建摆线针轮减速机零件装配草图，摆线针轮减速机是一种应用行星式传动原理，采用摆线针齿啮合的新颖传动装置。摆线针轮减速机全部传动装置可分为三部分：输入部分、减速部分、输出部分，如图 4-56 所示是完成的减速机草图。

本课案例主要练习了 AutoCAD 的草绘命令以及文字的添加，绘制首先要完成剖面视图，最后进行文字标注。绘制减速机草图的思路和步骤如图 4-57 所示。

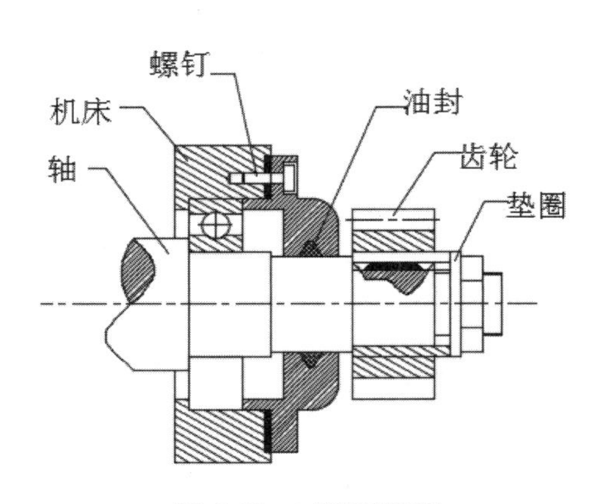

图 4-56　减速机草图

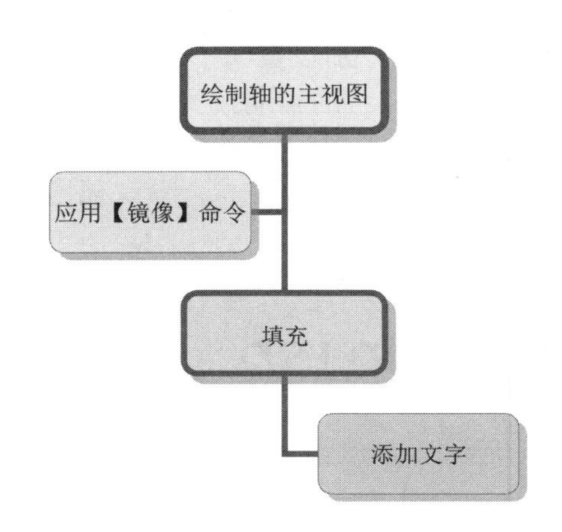

图 4-57　减速机草图步骤

练习案例操作步骤如下。

step 01 开始绘制轴的主视图。选择中心线图层，单击【默认】选项卡的【绘图】面板中的【直线】按钮，绘制如图 4-58 所示的中心线。

step 02 单击【默认】选项卡的【绘图】面板中的【直线】按钮，绘制如图 4-59 所示的直线，长为 2 和 2.5。

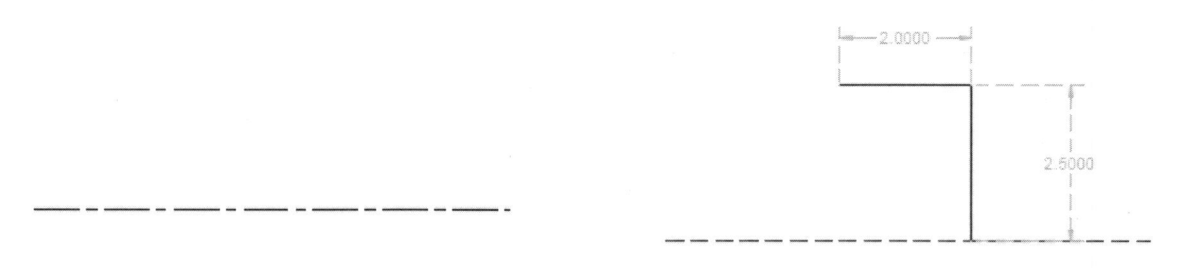

图 4-58　绘制中心线

图 4-59　绘制直线

step 03 单击【默认】选项卡的【修改】面板中的【镜像】按钮，选择直线，创建如图 4-60 所示镜像图形。

step 04 单击【默认】选项卡的【绘图】面板中的【样条曲线拟合】按钮，绘制如图 4-61 所示的曲线。

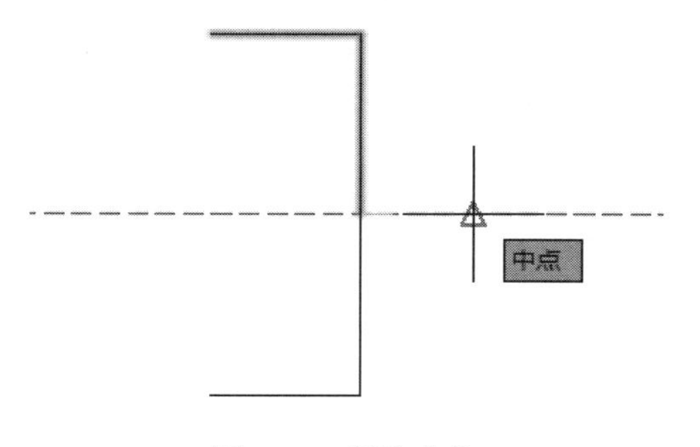

图 4-60　镜像直线

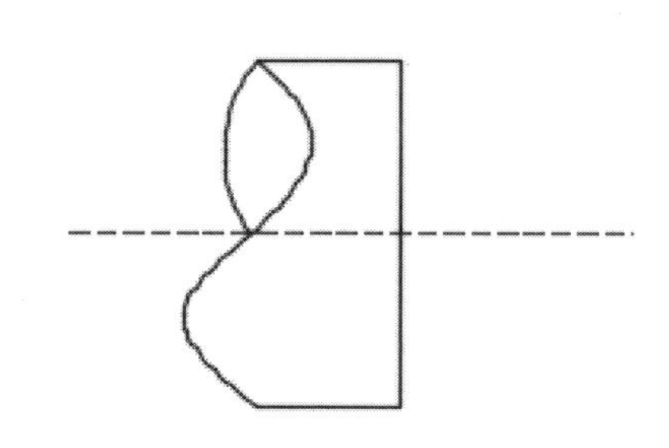

图 4-61　绘制曲线

step 05 单击【默认】选项卡的【修改】面板中的【偏移】按钮，偏移中心线，距离为 1.6、1.8 和 2.0，如图 4-62 所示。

step 06 单击【默认】选项卡的【修改】面板中的【偏移】按钮，偏移左侧垂线，距离垂线为 3.0、6.0 和 9.0，如图 4-63 所示。

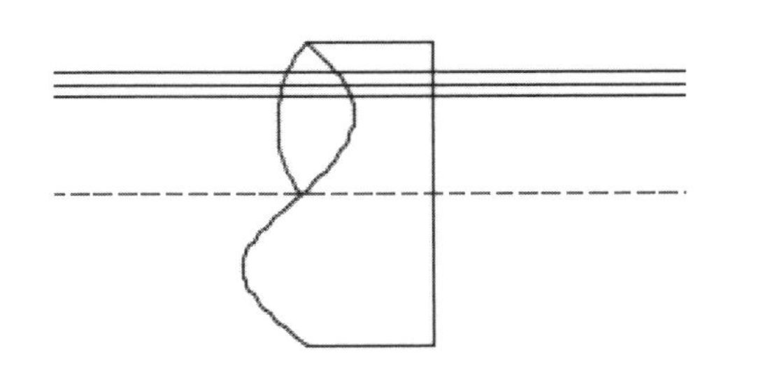

图 4-62　偏移中心线

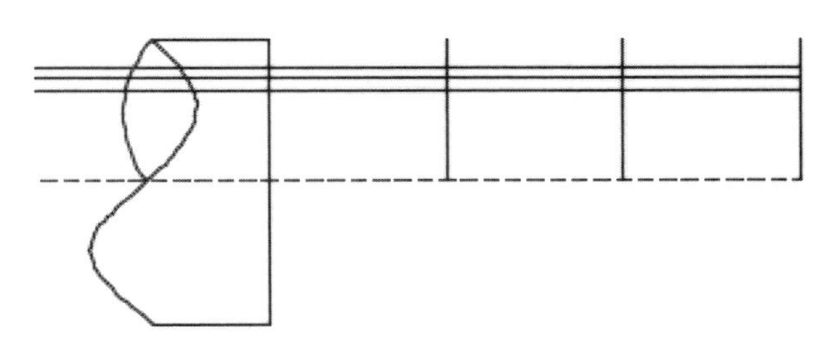

图 4-63　偏移左侧垂线

step 07 单击【默认】选项卡的【修改】面板中的【修剪】按钮，快速修剪图形，如图 4-64 所示。

step 08 单击【默认】选项卡的【修改】面板中的【偏移】按钮，向上偏移最右侧水平线，偏移距离为 0.4、1.2、2，如图 4-65 所示。

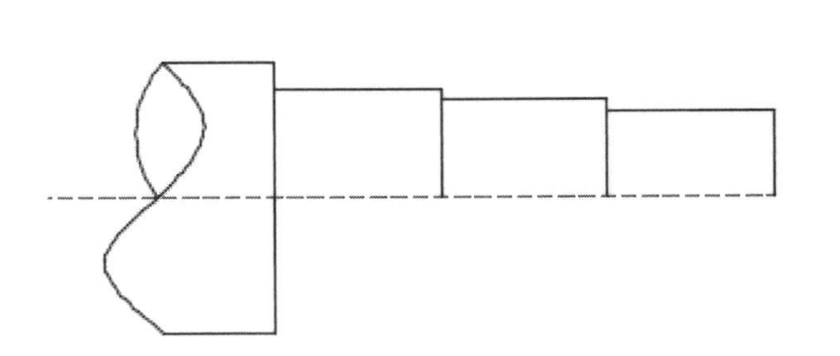

图 4-64　修剪图形

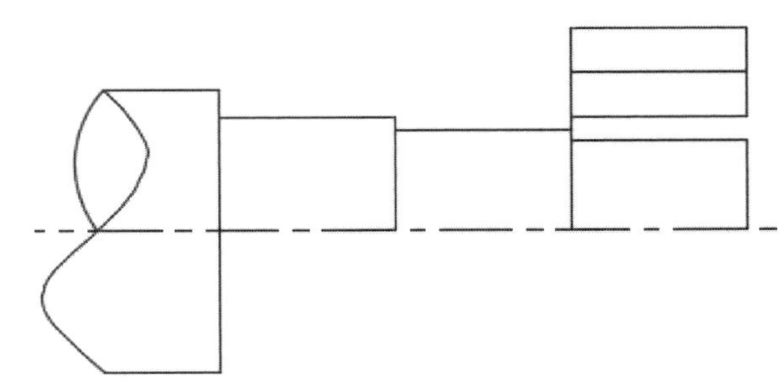

图 4-65　偏移最右侧水平线

step 09 单击【默认】选项卡的【绘图】面板中的【直线】按钮，绘制如图 4-66 所示的右侧 2 条线段，长为 1 和 2。

step 10 单击【默认】选项卡的【绘图】面板中的【直线】按钮，绘制内部 2 条直线，如图 4-67 所示。

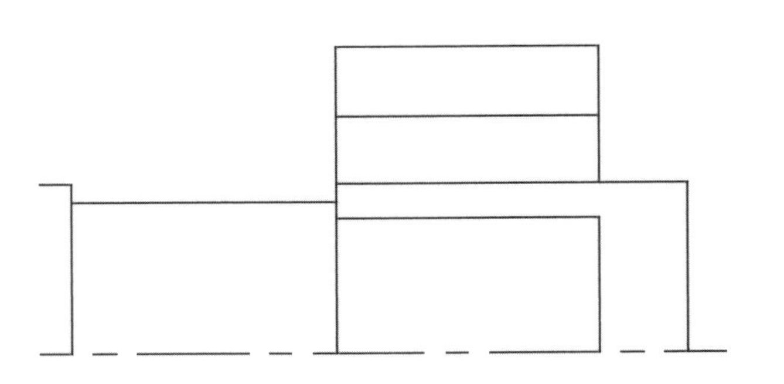

图 4-66　绘制右侧 2 条线段

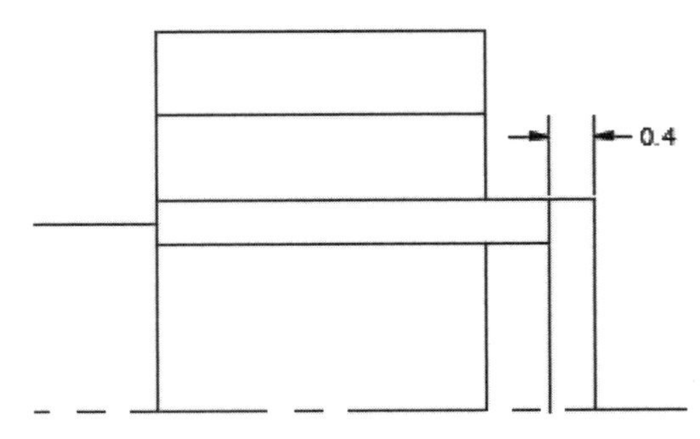

图 4-67　绘制内部 2 条直线

step 11 单击【默认】选项卡的【绘图】面板中的【直线】按钮，绘制最右侧的直线，长为0.8和1.8，如图4-68所示。

step 12 单击【默认】选项卡的【绘图】面板中的【直线】按钮，绘制2条水平线，长为2.5、0.8，如图4-69所示。

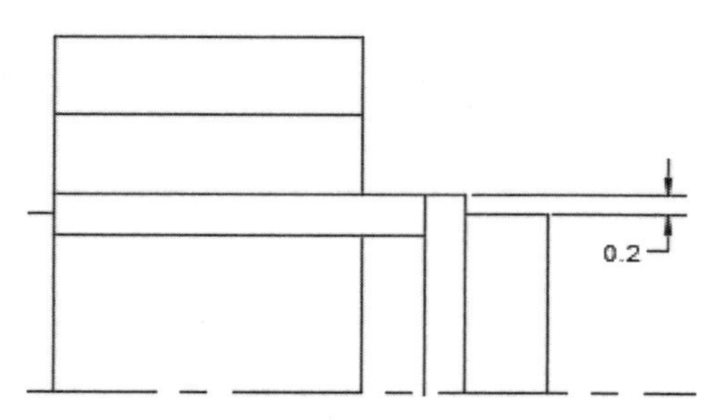

图4-68　绘制最右侧的直线

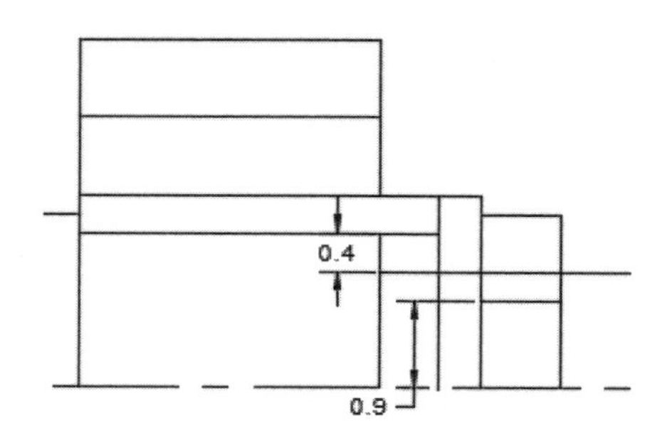

图4-69　绘制2条水平线

step 13 单击【默认】选项卡的【绘图】面板中的【直线】按钮，绘制最右侧的2条直线，如图4-70所示。

step 14 单击【默认】选项卡的【修改】面板中的【修剪】按钮，快速修剪图形，如图4-71所示。

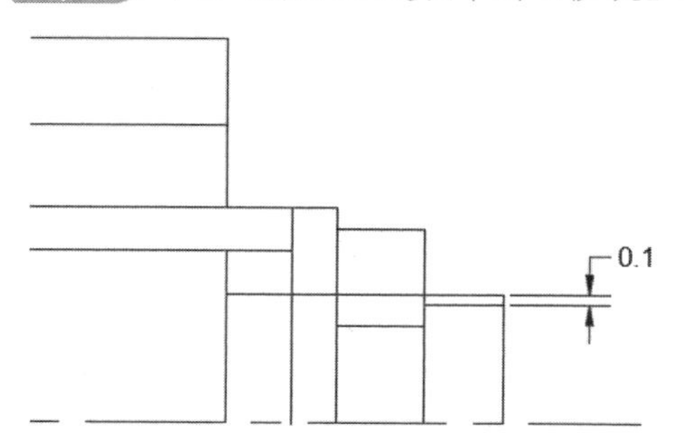

图4-70　绘制最右侧的2条直线

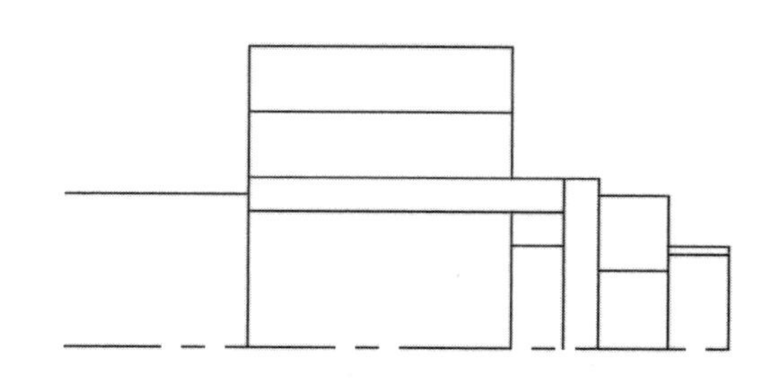

图4-71　修剪图形

step 15 单击【默认】选项卡的【绘图】面板中的【矩形】按钮，绘制尺寸为2×2的矩形，如图4-72所示。

step 16 单击【默认】选项卡的【绘图】面板中的【直线】按钮，绘制如图4-73所示的2条直线，距离最上方的水平线为0.6、1.4。

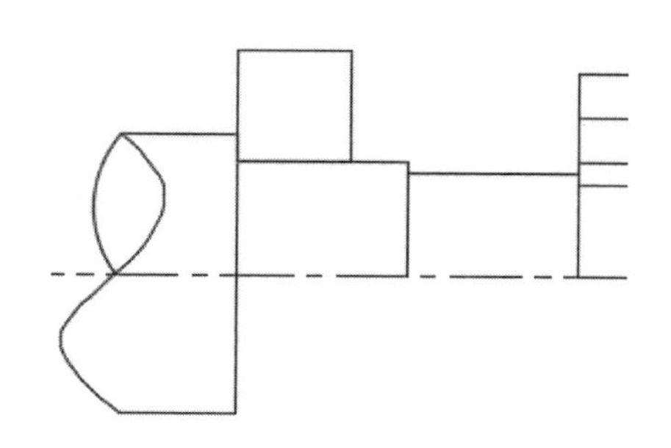

图4-72　绘制尺寸为2×2的矩形

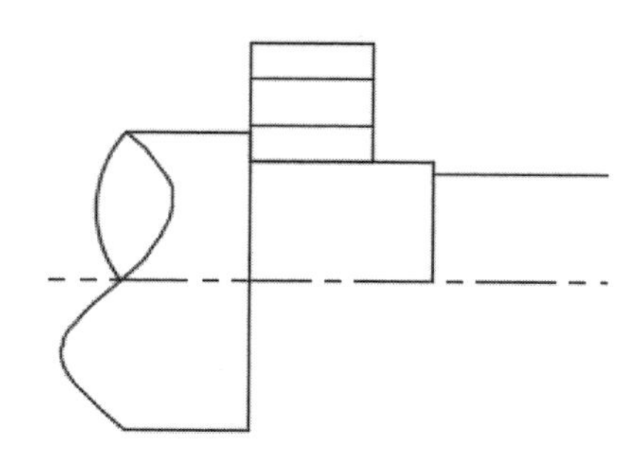

图4-73　绘制2条直线

step 17 单击【默认】选项卡的【绘图】面板中的【圆】按钮，绘制半径为 0.5 的圆，如图 4-74 所示。

step 18 单击【默认】选项卡的【修改】面板中的【修剪】按钮，快速修剪直线，如图 4-75 所示。

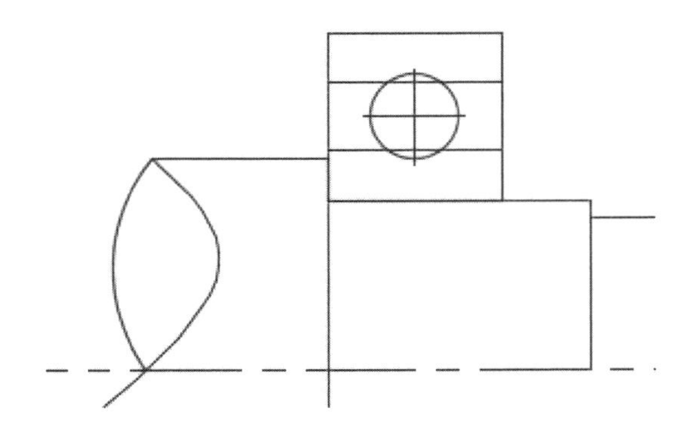

图 4-74　绘制半径为 0.5 的圆

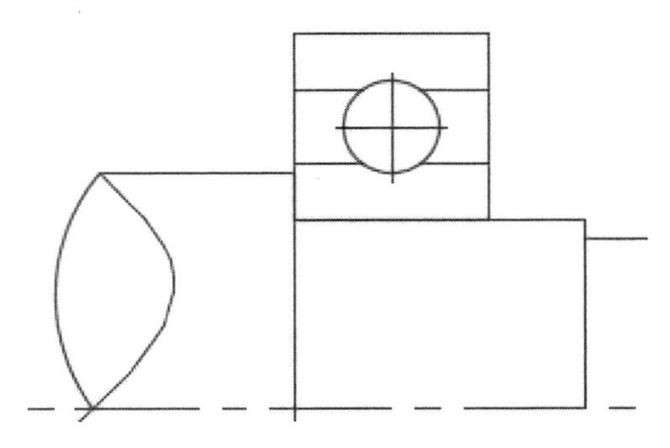

图 4-75　修剪直线

step 19 单击【默认】选项卡的【绘图】面板中的【直线】按钮，绘制右侧水平线，长度为 1.5，如图 4-76 所示。

step 20 单击【默认】选项卡的【绘图】面板中的【直线】按钮，绘制直线草图，尺寸如图 4-77 所示。

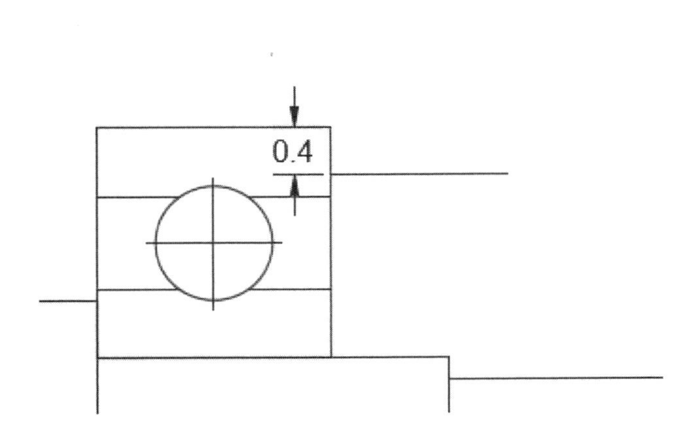

图 4-76　绘制右侧水平线

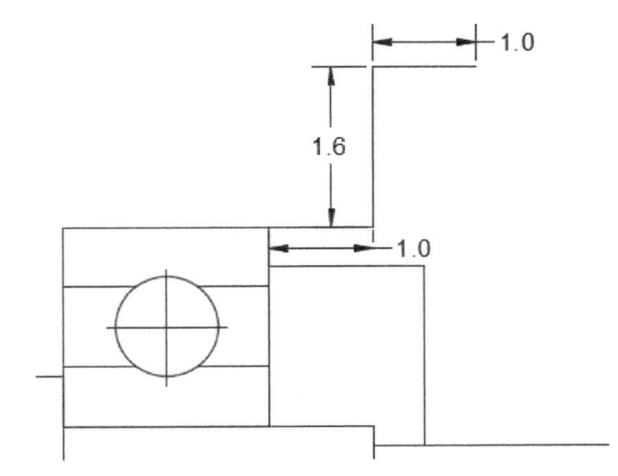

图 4-77　绘制直线草图

step 21 单击【默认】选项卡的【绘图】面板中的【直线】按钮，绘制封闭草图，如图 4-78 所示。

step 22 单击【默认】选项卡的【修改】面板中的【圆角】按钮，绘制半径为 1 的圆角，如图 4-79 所示。

step 23 单击【默认】选项卡的【绘图】面板中的【直线】按钮，绘制右侧线段，如图 4-80 所示。

step 24 单击【默认】选项卡的【绘图】面板中的【直线】按钮，绘制左侧线段，如图 4-81 所示。

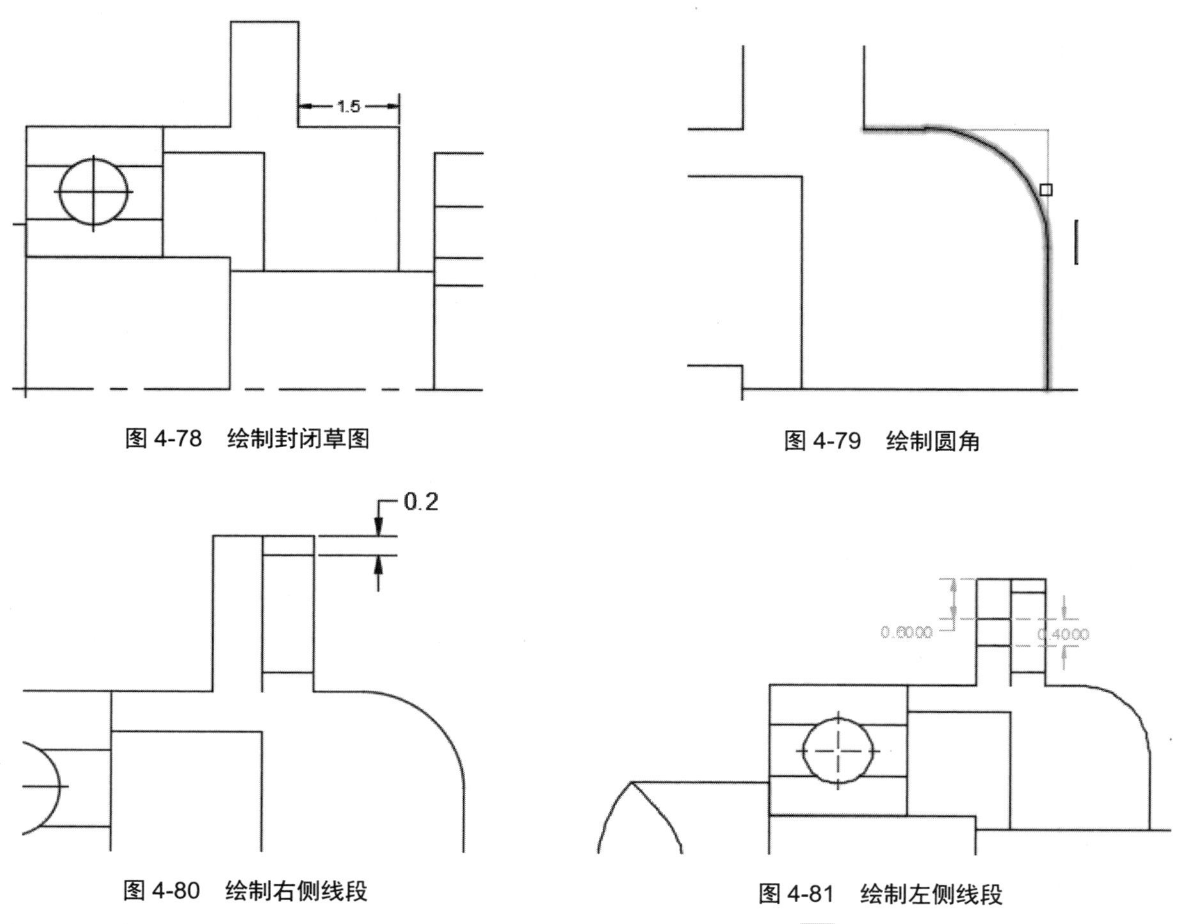

图 4-78　绘制封闭草图

图 4-79　绘制圆角

图 4-80　绘制右侧线段

图 4-81　绘制左侧线段

step 25 单击【默认】选项卡的【修改】面板中的【修剪】按钮，快速修剪图形，如图 4-82 所示。

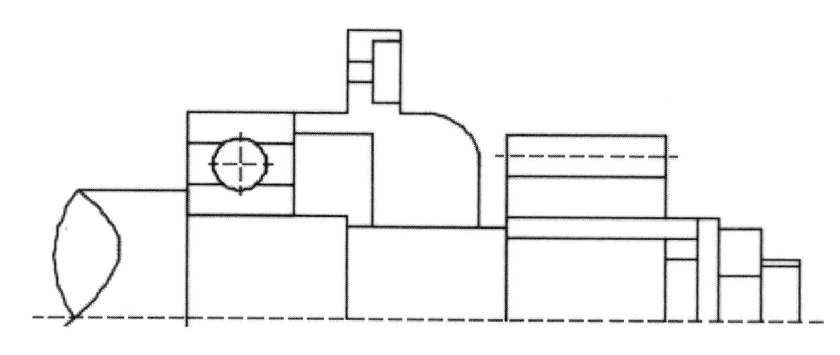

图 4-82　修剪图形

step 26 单击【默认】选项卡的【绘图】面板中的【直线】按钮，绘制内部矩形，尺寸为 0.4 × 1，如图 4-83 所示。

step 27 单击【默认】选项卡的【绘图】面板中的【直线】按钮，绘制左侧矩形，尺寸为 0.4 × 1，如图 4-84 所示。

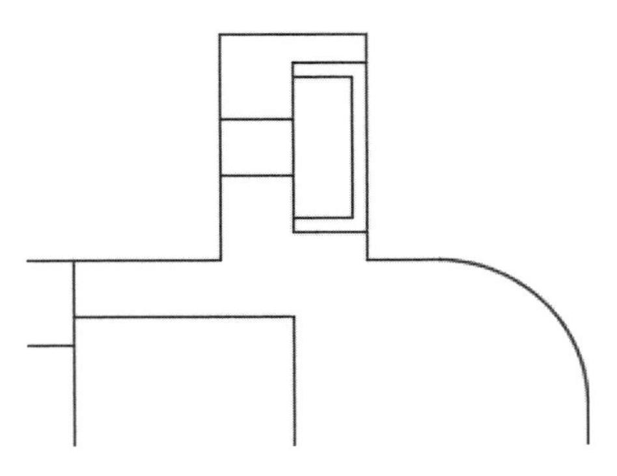

图 4-83　绘制内部矩形

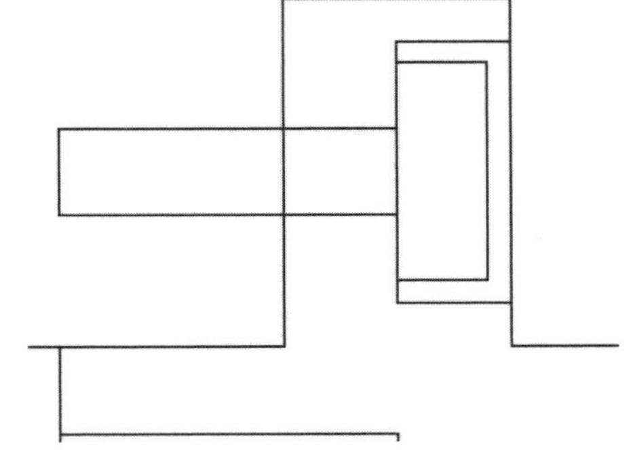

图 4-84　绘制左侧矩形

step 28 单击【默认】选项卡的【修改】面板中的【倒角】按钮，绘制倒角距离为 0.05 的倒角，如图 4-85 所示。

step 29 单击【默认】选项卡的【绘图】面板中的【直线】按钮，绘制如图 4-86 所示的垂线。

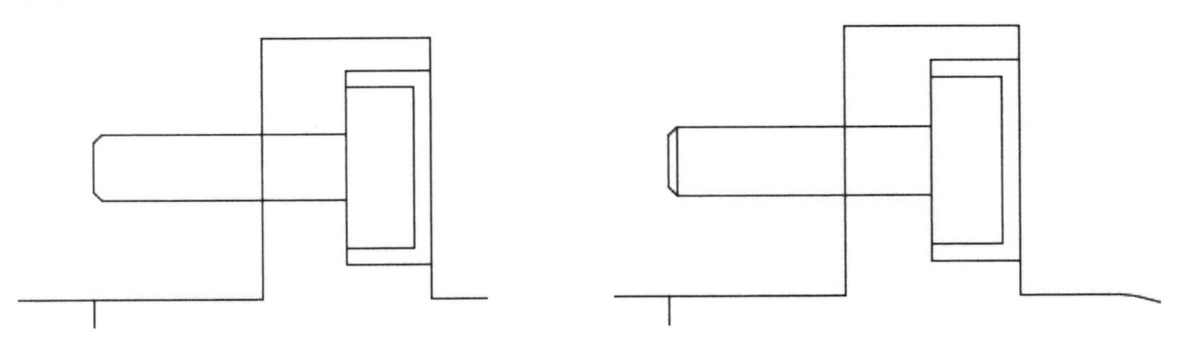

图 4-85　绘制倒角　　图 4-86　绘制垂线

step 30 单击【默认】选项卡的【绘图】面板中的【直线】按钮，绘制如图 4-87 所示的锥体草图。

step 31 单击【默认】选项卡的【绘图】面板中的【直线】按钮，绘制如图 4-88 所示的 3 条直线。

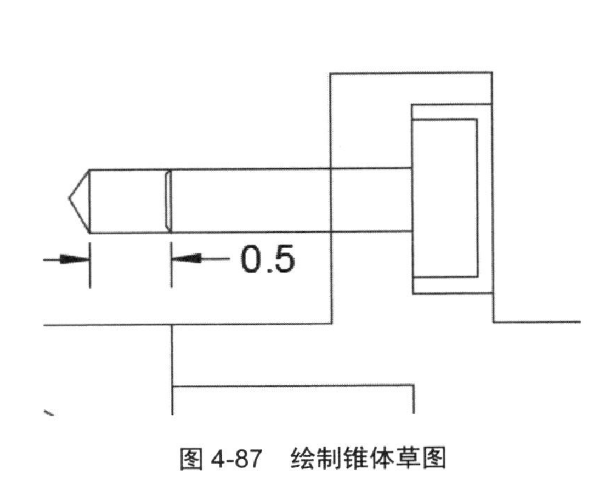

图 4-87　绘制锥体草图

图 4-88　绘制 3 条直线

step 32 单击【默认】选项卡的【修改】面板中的【旋转】按钮，选择直线，将其分别旋转30°，如图4-89所示。

step 33 单击【默认】选项卡的【修改】面板中的【修剪】按钮，快速修剪图形，如图4-90所示。

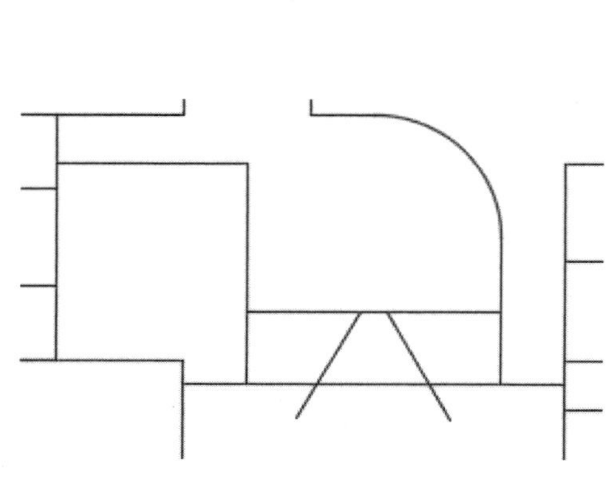

图4-89 旋转直线

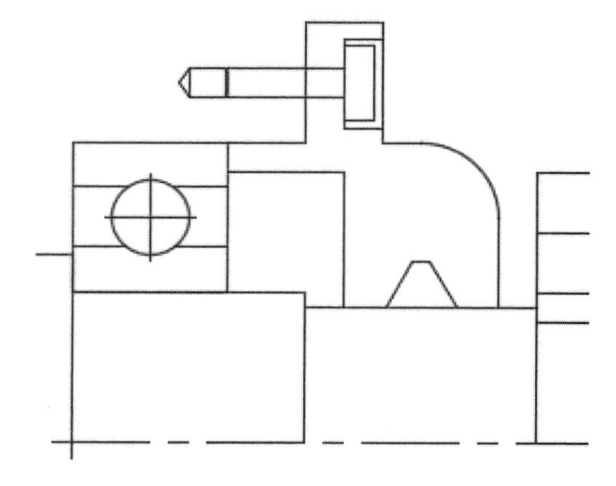

图4-90 修剪图形

step 34 单击【默认】选项卡的【绘图】面板中的【直线】按钮，绘制左侧直线草图，如图4-91所示。

step 35 单击【默认】选项卡的【绘图】面板中的【直线】按钮，绘制水平线，如图4-92所示。

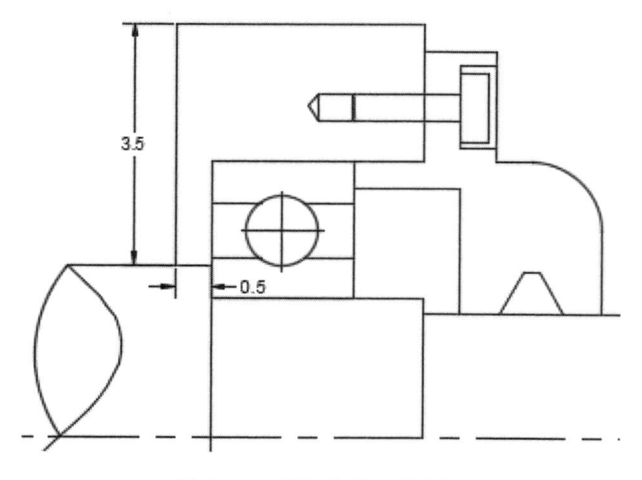

图4-91 绘制左侧直线草图

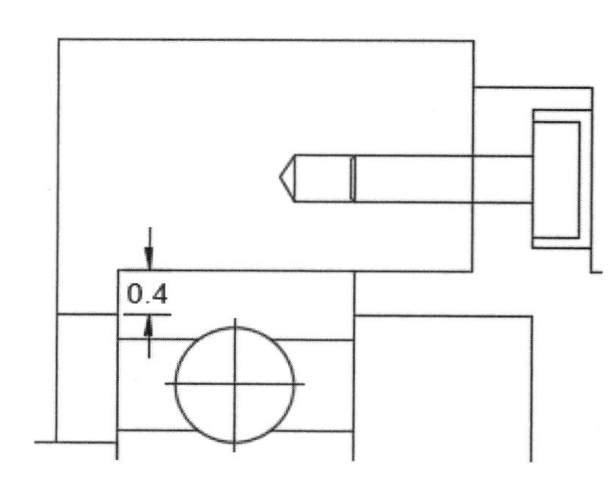

图4-92 绘制水平线

step 36 单击【默认】选项卡的【绘图】面板中的【直线】按钮，绘制直线草图，如图4-93所示。

step 37 单击【默认】选项卡的【修改】面板中的【镜像】按钮，选择镜像的图形，绘制如图4-94所示的镜像图形。

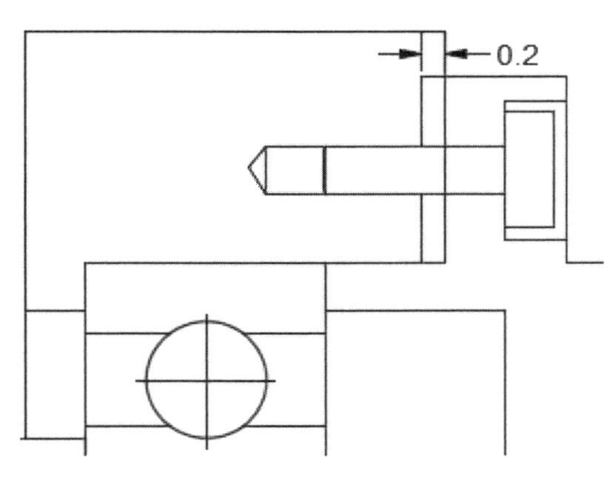

图 4-93　绘制直线草图

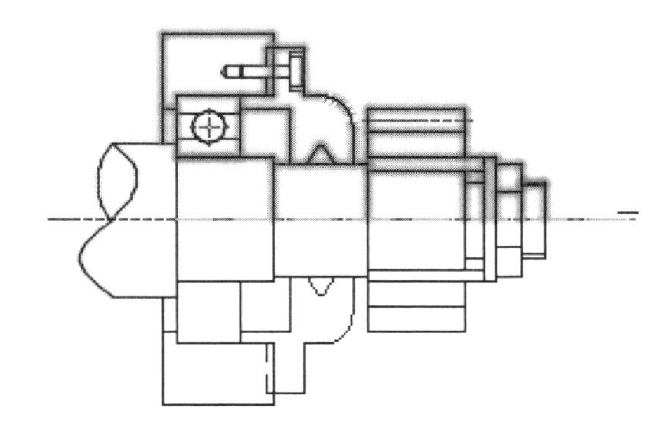

图 4-94　镜像图形

step 38 单击【默认】选项卡的【绘图】面板中的【样条曲线拟合】按钮，绘制如图 4-95 所示的曲线。

step 39 单击【默认】选项卡的【绘图】面板中的【直线】按钮，绘制如图 4-96 所示的 2 条垂线。

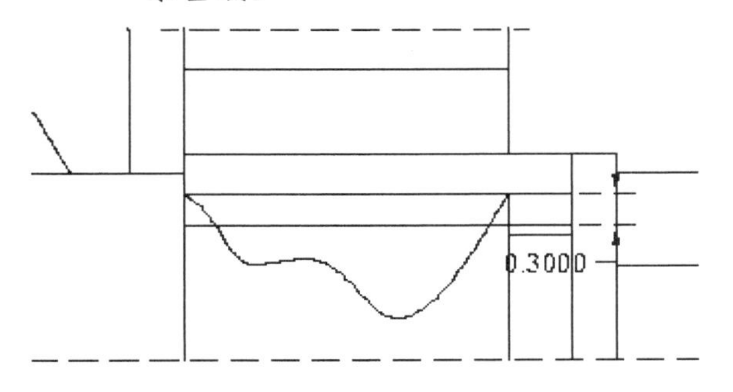

图 4-95　绘制曲线

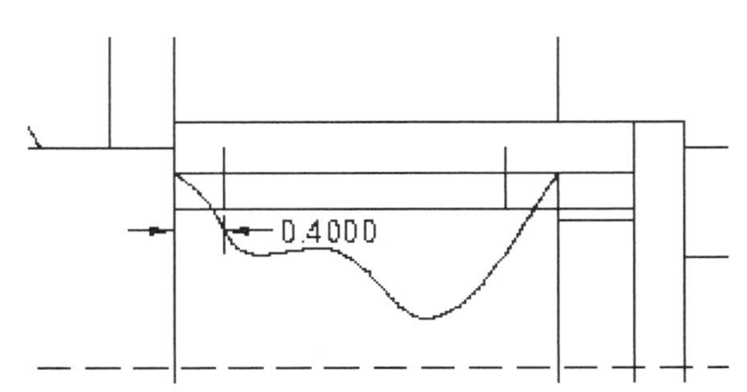

图 4-96　绘制 2 条垂线

step 40 单击【默认】选项卡的【修改】面板中的【旋转】按钮，选择线段，将线段旋转±45°，如图 4-97 所示。

step 41 单击【默认】选项卡的【修改】面板中的【修剪】按钮，快速修剪图形，如图 4-98 所示。

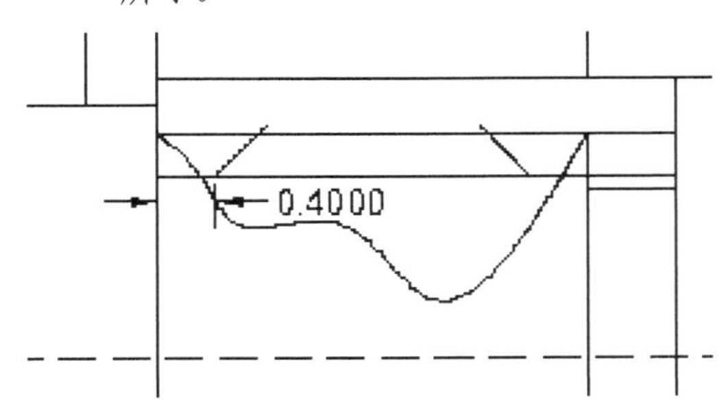

图 4-97　旋转线段

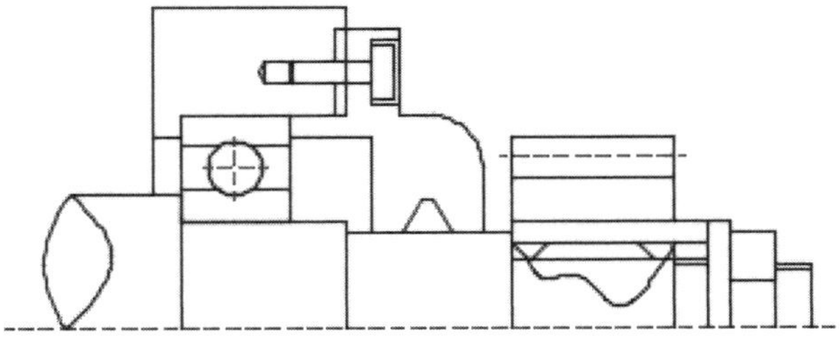

图 4-98　修剪图形

step 42 开始填充。单击【默认】选项卡的【绘图】面板中的【图案填充】按钮，选择【图案填充创建】选项卡中的右斜线样式，填充如图 4-99 所示的图案。

step 43 单击【默认】选项卡的【绘图】面板中的【图案填充】按钮，选择【图案填充创建】选项卡中的左斜线样式，填充如图 4-100 所示的图案。

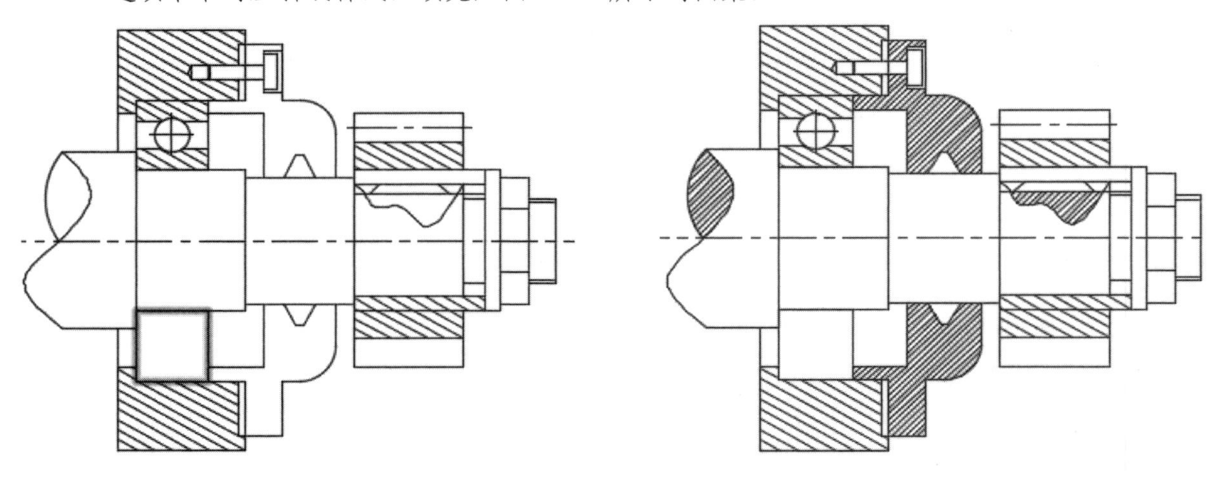

图 4-99　右斜线填充　　图 4-100　左斜线填充

step 44 单击【默认】选项卡的【绘图】面板中的【图案填充】按钮，选择【图案填充创建】选项卡中的网格样式，填充如图 4-101 所示的图案。

step 45 单击【默认】选项卡的【绘图】面板中的【图案填充】按钮，选择【图案填充创建】选项卡中的实心样式，填充如图 4-102 所示的图案，完成主视图的绘制。

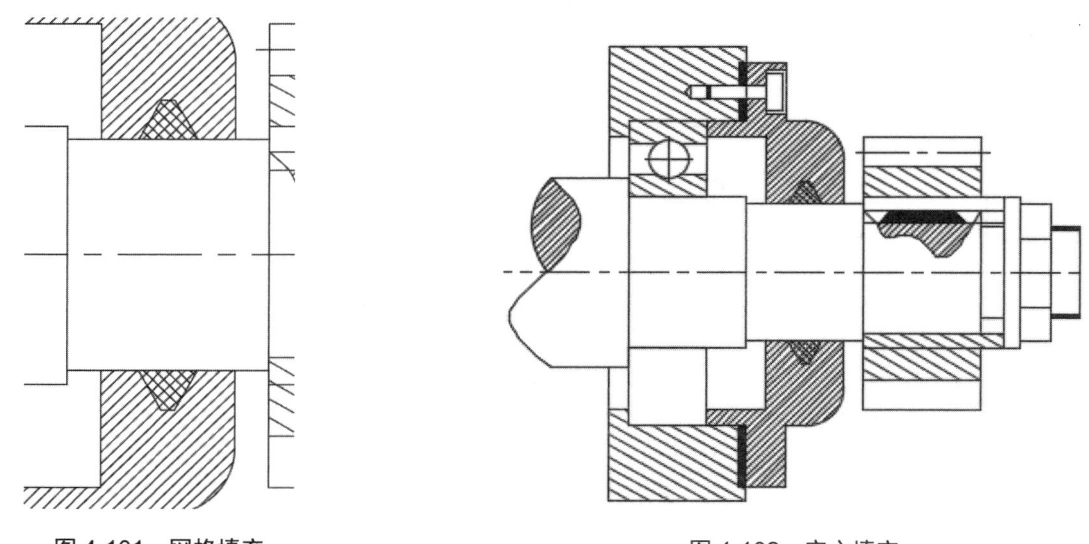

图 4-101　网格填充　　图 4-102　实心填充

step 46 最后添加文字。单击【默认】选项卡的【绘图】面板中的【直线】按钮，绘制文字引线，并单击【默认】选项卡的【注释】面板中的【文字】按钮，添加“轴”文字，如图 4-103 所示。

step 47 使用【直线】按钮和【文字】按钮，添加“机床”文字，如图 4-104 所示。

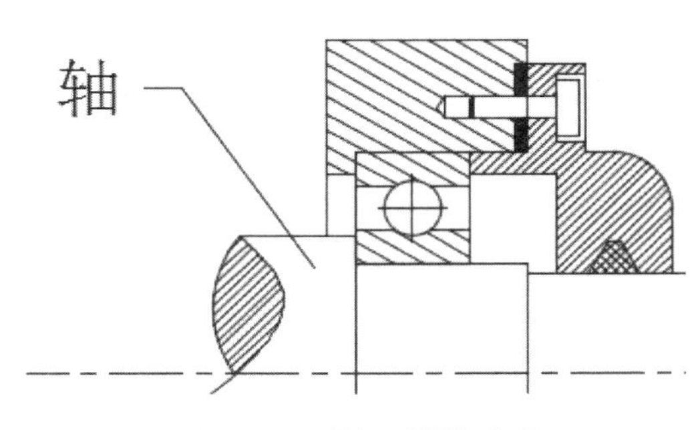

图 4-103 添加“轴”文字

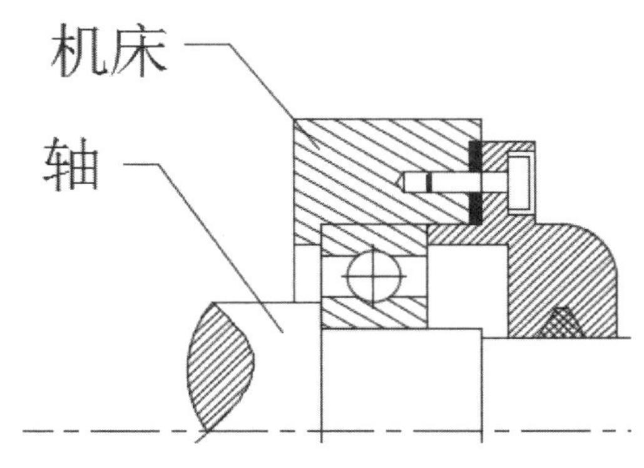

图 4-104 添加“机床”文字

step 48 使用【直线】按钮和【文字】按钮，添加“螺钉”文字，如图 4-105 所示。

step 49 使用【直线】按钮和【文字】按钮，添加“油封”文字，如图 4-106 所示。

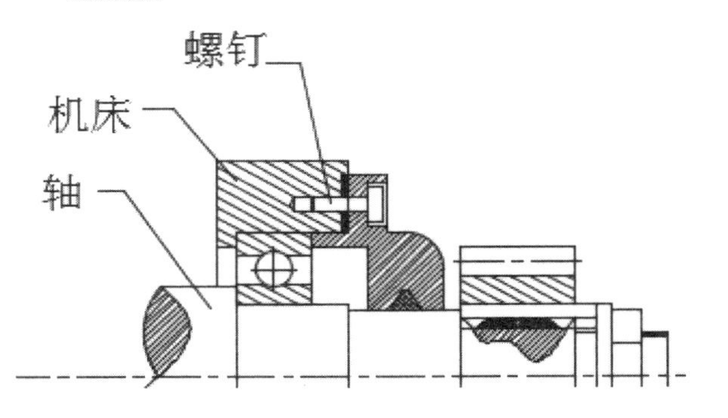

图 4-105 添加“螺钉”文字

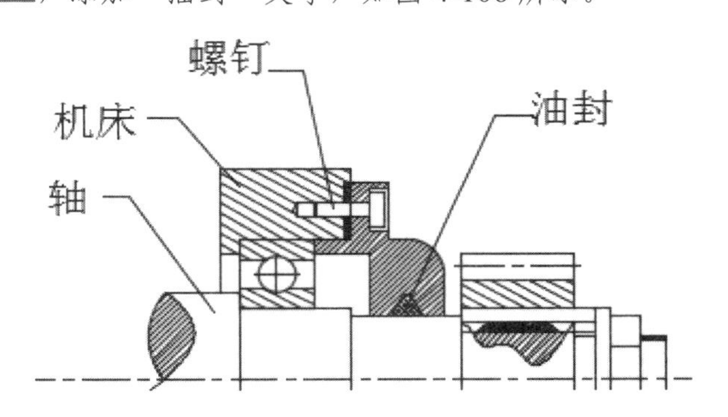

图 4-106 添加“油封”文字

step 50 使用【直线】按钮和【文字】按钮，添加“齿轮”文字，如图 4-107 所示。

step 51 使用【直线】按钮和【文字】按钮，添加“垫圈”文字，如图 4-108 所示。

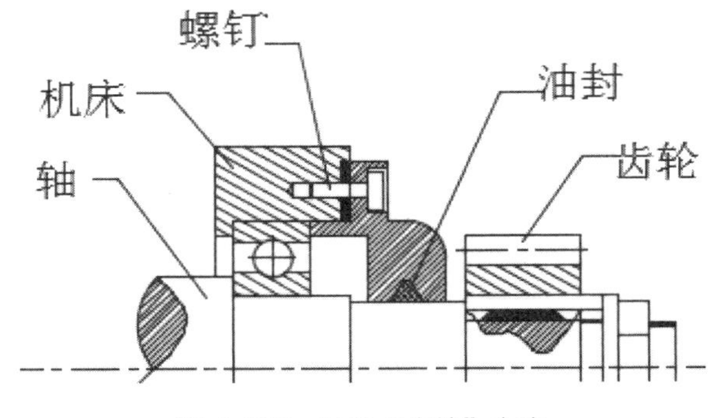

图 4-107 添加“齿轮”文字

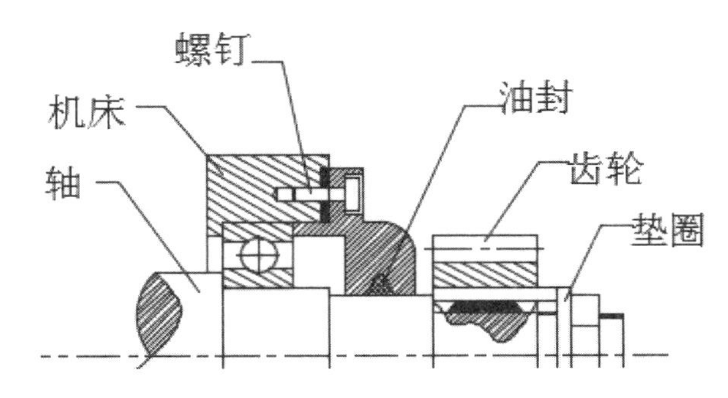

图 4-108 添加“垫圈”文字

step 52 完成减速机草图的绘制，如图 4-109 所示。

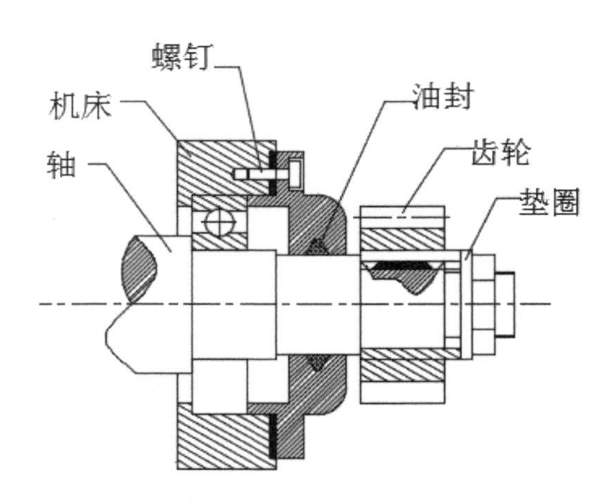

图 4-109　完成减速机草图绘制

机械设计实践：轴类零件是连接、传动的部件，在图纸当中应当绘制一部分截面，便于观察应力等信息，如图 4-110 所示，绘制轴类零件后，绘制截面部分，再进行各种样式文字和标注的添加。

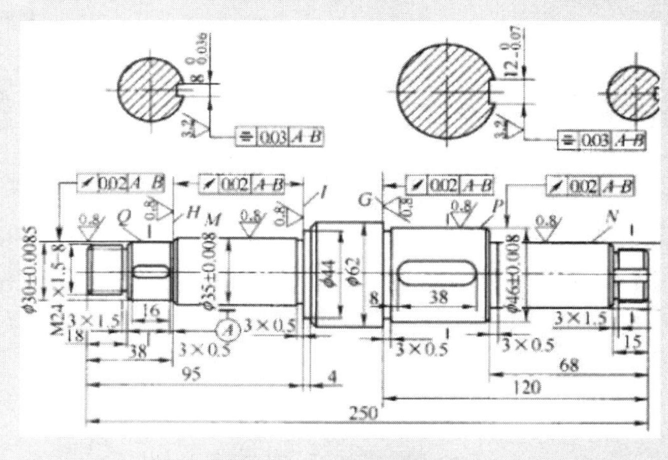

图 4-110　轴类零件图纸

第 4 课　2 课时　创建表格

在 AutoCAD 中，可以使用【表格】命令创建表格，还可以从 Microsoft Excel 中直接复制表格，并将其作为 AutoCAD 表格对象粘贴到图形中，也可以从外部直接导入表格对象。此外，还可以输出来自 AutoCAD 的表格数据，以供 Microsoft Excel 或其他应用程序使用。

4.4.1 新建表格

行业知识链接：在正规的图纸上，标题栏和表格的格式和尺寸应按照 GB 10609.1—1989 的规定绘制，如图 4-111 所示是一个零件表格。

序号	图号	名称	数量	材料	单重	总重	附注
11	GB/T825-1988	螺钉 M20	2	25	0.47	0.94	
10	X037206	压紧法兰	1	45		31.5	借用
9	T0016	限位套	1	Q215-A·F		0.5	
8	T0015	四分环	1	38CrMoAlA		4.45	
7	T0014	均压环	1	38CrMoAlA		0.8	
6	T0013	密封圈	1	石棉橡胶		0.6	
5	X037205	填料室	1	ZG230-450		45	借用
4	X037204	弹簧	1	50CrVA		1.91	借用
3	X037203	衬套	1	QA19-2		0.72	借用
2	X037202GS	阀瓣	1	25		18.7	
1	X037201GS	阀体	1	ZG230-450		295	

图 4-111　零件表格

1．新建表格样式

使用表格可以使信息表达得很有条理、便于阅读，同时表格也具备计算功能。表格在建筑类图纸中经常用于门窗表、钢筋表、原料单和下料单等；在机械类图纸中常用于装配图中零件明细栏、标题栏和技术说明栏等。

在 AutoCAD 2016 中，可以通过以下 2 种方法创建表格样式：

(1) 在命令行中输入“tablestyle”命令后按 Enter 键。

(2) 在菜单栏中选择【格式】|【表格样式】命令。

使用以上任意一种方法，均会打开如图 4-112 所示的【表格样式】对话框。此对话框可以设置当前表格样式，以及创建、修改和删除表格样式。

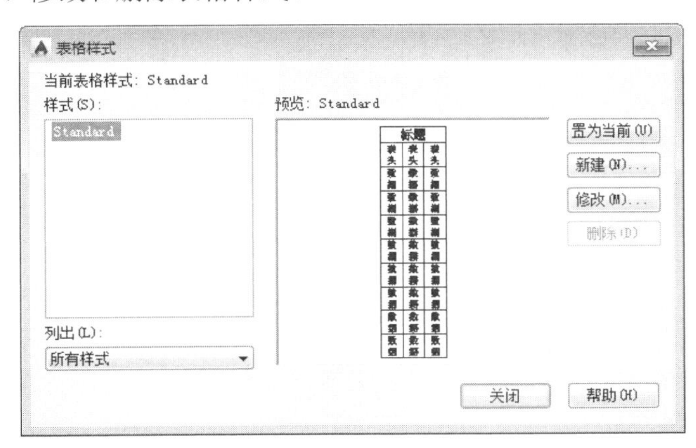

图 4-112　【表格样式】对话框

下面介绍此对话框中各选项的主要功能。

【当前表格样式】文本框：显示应用于所创建表格的表格样式的名称。默认表格样式为Standard。

【样式】列表框：显示表格样式列表格。当前样式被反白显示。

【列出】下拉列表框：控制【样式】列表框中的内容。

- 【所有样式】选项：显示所有表格样式。
- 【正在使用的样式】选项：仅显示被当前图形中的表格引用的表格样式。

【预览】列表框：显示【样式】列表框中选定样式的预览图像。

【置为当前】按钮：将【样式】列表框中选定的表格样式设置为当前样式。所有新表格都将使用此表格样式创建。

【新建】按钮：显示【创建新的表格样式】对话框，从中可以定义新的表格样式。

【修改】按钮：显示【修改表格样式】对话框，从中可以修改表格样式。

【删除】按钮：删除【样式】列表框中选定的表格样式。不能删除图形中正在使用的样式。

单击【新建】按钮，出现如图 4-113 所示的【创建新的表格样式】对话框，定义新的表格样式。

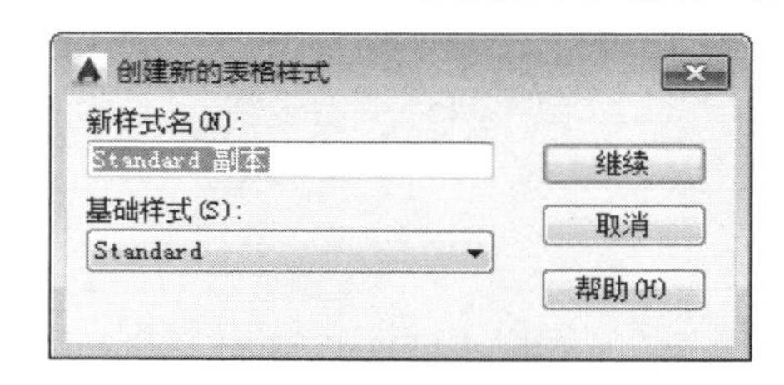

图 4-113　【创建新的表格样式】对话框

2. 插入表格

在 AutoCAD 2016 中，可以通过以下 2 种方法创建表格样式。

(1) 在命令行中输入“Table”命令后按 Enter 键。

(2) 单击【注释】选项卡的【表格】面板中的【表格】按钮。

使用以上任意一种方法，均可打开如图 4-114 所示的【插入表格】对话框。

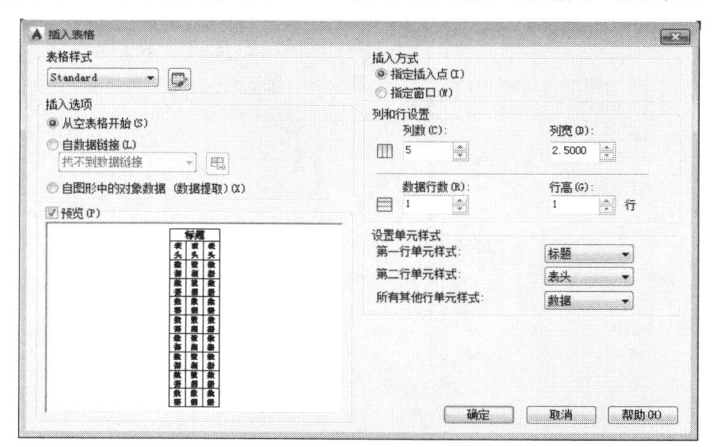

图 4-114　【插入表格】对话框

下面介绍【插入表格】对话框中各选项的功能。

(1) 【表格样式】选项组：在要从中创建表格的当前图形中选择表格样式。 通过单击下拉列表框右侧的按钮，用户可以创建新的表格样式。

(2) 【插入选项】选项组：指定插入表格的方式。

【从空表格开始】单选按钮：创建可以手动填充数据的空表格。

【自数据链接】单选按钮：从外部电子表格中的数据创建表格。

【自图形中的对象数据(数据提取)】单选按钮：启动“数据提取”向导。

(3) 【预览】选项组：在预览框中显示当前表格样式的样例。

(4) 【插入方式】选项组：指定表格位置。

【指定插入点】单选按钮：指定表格左上角的位置。可以使用定点设备，也可以在命令行提示下输入坐标值。如果表格样式将表格的方向设置为由下而上读取，则插入点位于表格的左下角。

【指定窗口】单选按钮：指定表格的大小和位置。可以使用定点设备，也可以在命令行提示下输入坐标值。选定此选项时，行数、列数、列宽和行高取决于窗口的大小以及列和行设置。

(5) 【列和行设置】选项组：设置列和行的数目及大小。

【表示列】按钮：表示列。

【表示行】按钮：表示行。

【列数】单选按钮：指定列数。选中【指定窗口】单选按钮并选中【列数】单选按钮时，【列宽】微调框默认为【自动】选项，且列数由表格的宽度控制，如图 4-115 所示。如果已指定包含起始表格的表格样式，则可以选择要添加到此起始表格的其他列的数量。

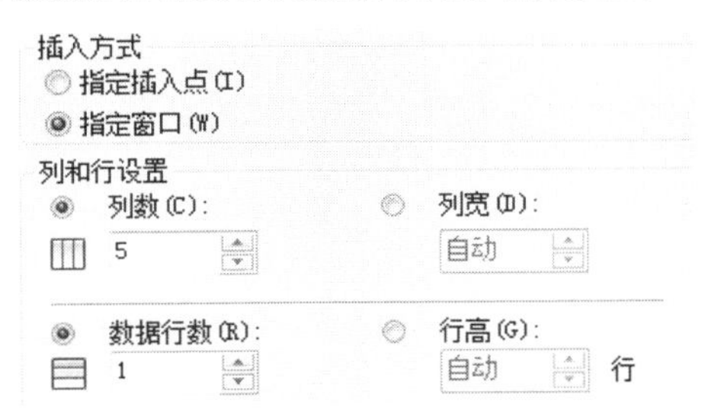

图 4-115 选中【指定窗口】单选按钮的【插入表格】对话框

【列宽】单选按钮：指定列的宽度。选中【指定窗口】单选按钮并选中【列宽】单选按钮时，【列数】微调框默认为【自动】选项，且列宽由表格的宽度控制。最小列宽为一个字符。

【数据行数】单选按钮：指定行数。选中【指定窗口】单选按钮并选中【数据行数】单选按钮时，【行高】微调框默认为【自动】选项，且行数由表格的高度控制。带有标题行和表格头行的表格样式最少应有 3 行。最小行高为一个文字行。如果已指定包含起始表格的表格样式，则可以选择要添加到此起始表格的其他数据行的数量。

【行高】单选按钮：按照行数指定行高。文字行高基于文字高度和单元边距，这两项均在表格样式中设置。选中【指定窗口】单选按钮并选中【行高】单选按钮时，【数据行数】微调框默认为【自动】选项，且行高由表格的高度控制。

(6) 【设置单元样式】选项组：对于那些不包含起始表格的表格样式，需指定新表格中行的单元格式。

【第一行单元样式】下拉列表框：指定表格中第一行的单元样式。默认情况下，使用【标题】单元样式。

【第二行单元样式】下拉列表框：指定表格中第二行的单元样式。默认情况下，使用【表头】单元样式。

【所有其他行单元样式】下拉列表框：指定表格中所有其他行的单元样式。默认情况下，使用【数据】单元样式。

4.4.2 编辑表格

行业知识链接： 标题栏用来填写零部件的名称、所用材料、图形比例、图号、单位名称及设计、审核、批准等有关人员的签字。每张图纸的右下角都应有标题栏。如图 4-116 所示是一个标准样式的标题栏表格。

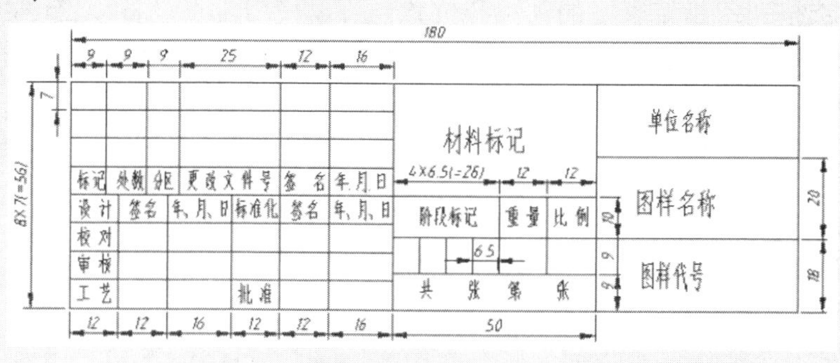

图 4-116 标题栏

1. 设置表格样式

在【创建新的表格样式】对话框【新样式名】文本框中输入要建立的表格名称，然后单击【继续】按钮，出现如图 4-117 所示的【新建表格样式】对话框，在对话框中通过对起始表格、常规、单元样式等格式设置，完成对表格样式的设置。

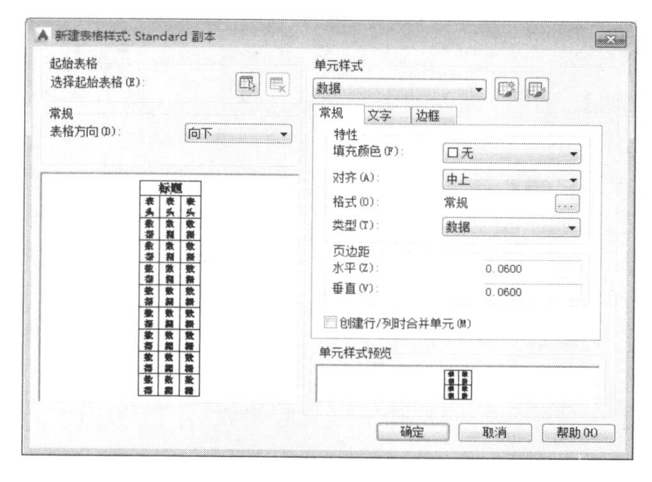

图 4-117 【新建表格样式】对话框

在【新建表格样式】对话框中各选项的主要功能如下。

(1) 【起始表格】选项组：起始表格式图形中用来设置新表格样式格式的样例的表格。一旦选定表格，用户即可指定要从此表格复制到表格样式的结构和内容。创建新的表格样式时，可以指定一个起始表格，也可以从表格样式中删除起始表格。

(2) 【常规】选项组：可以完成对表格方向的设置。

【表格方向】下拉列表框：设置表格方向。

【向下】选项：将创建由上而下读取的表格，标题行和列标题位于表格的顶部，如图 4-118 所示。

【向上】选项：将创建由下而上读取的表格，标题行和列标题位于表格的底部，如图 4-119 所示。

如图 4-4 所示表格方式设置的方法和表格样式预览窗口的变化。

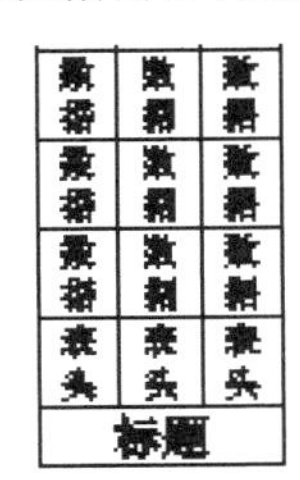

图 4-118 【向上】选项

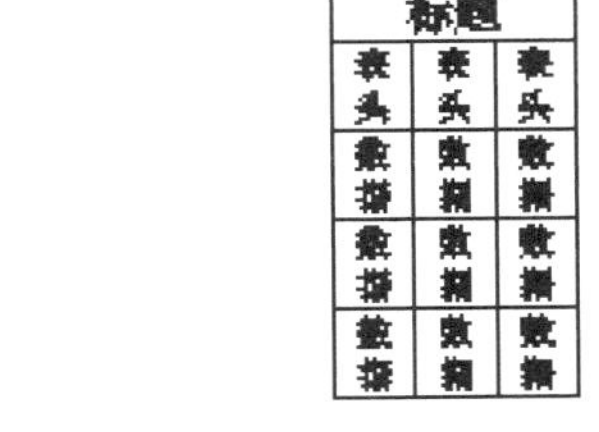

图 4-119 【向下】选项

(3) 【单元样式】选项组：定义新的单元样式或修改现有单元样式。可以创建任意数量的单元样式。

【单元样式】下拉列表框：显示表格中的单元样式。

【创建新单元样式】按钮：启动【创建新单元样式】对话框。

【管理单元样式】按钮：启动【管理单元样式】对话框。

设置数据单元、单元文字和单元边界的外观，取决于处于活动状态的选项卡：【常规】选项卡、【文字】选项卡和【边框】选项卡。

【常规】选项卡：包括【特性】、【页边距】选项组和【创建行/列时合并单元】复选框的设置，如图 4-120 所示。

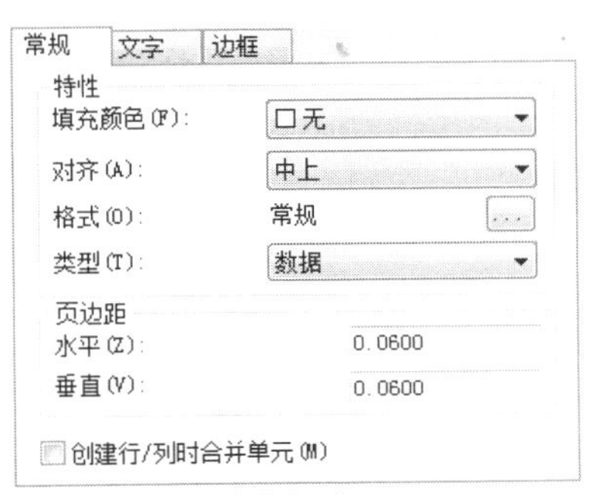

图 4-120 【常规】选项卡

- 【特性】选项组：定义单元的背景色、单元中的文字对正和对齐方式以及设置单元类型。
  - ◆ 【填充颜色】下拉列表框：指定单元的背景色。默认值为【无】，可以在其下拉列表框中选择【选择颜色】选项以显示【选择颜色】对话框。

◆ 【对齐】下拉列表框：设置表格单元中文字的对正和对齐方式。文字相对于单元的顶部边框和底部边框进行居中对齐、上对齐或下对齐。文字相对于单元的左边框和右边框进行居中对正、左对正或右对正。
◆ 【格式】按钮：为表格中的“数据”、“列标题”或“标题行”设置数据类型和格式。单击该按钮将显示【表格单元格式】对话框，从中可以进一步定义格式选项。
◆ 【类型】下拉列表框：将单元样式指定为标签或数据。

- 【页边距】选项组：控制单元边界和单元内容之间的间距。单元边距设置应用于表格中的所有单元。默认设置为0.06(英制)和1.5(公制)。
  ◆ 【水平】文本框：设置单元中的文字或块与左右单元边界之间的距离。
  ◆ 【垂直】文本框：设置单元中的文字或块与上下单元边界之间的距离。
- 【创建行/列时合并单元】复选框：将使用当前单元样式创建的所有新行或新列合并为一个单元。可以使用此选项在表格的顶部创建标题行。

【文字】选项卡：包括表格内文字的样式、高度、颜色和角度的设置，如图4-121所示。

图4-121 【文字】选项卡

- 【文字样式】下拉列表框：列出图形中的所有文字样式。单击 ... 按钮将显示【文字样式】对话框，从中可以创建新的文字样式。
- 【文字高度】文本框：设置文字高度。数据和列标题单元的默认文字高度为0.1800。表标题的默认文字高度为0.25。
- 【文字颜色】下拉列表框：指定文字颜色。在其下拉列表框中选择【选择颜色】选项可显示【选择颜色】对话框。
- 【文字角度】文本框：设置文字角度。默认的文字角度为0°。可以输入-359°～+359°之间的任意角度。

【边框】选项卡：包括表格边框的线宽、线型和边框的颜色，还可以将表格内的线设置成双线形式，单击表格边框按钮可以将选定的特性应用到边框，如图4-122所示。

- 【线宽】下拉列表框：通过单击边框按钮，设置将要应用于指定边界的线宽。如果使用粗线宽，可能必须增加单元边距。
- 【线型】下拉列表框：通过单击边框按钮，设置将要应用于指定边界的线型。将显示标准线型随块、随层和连续，或者可以选择【其他】选项加载自定义线型。

图 4-122 【边框】选项卡

- 【颜色】下拉列表框：通过单击边框按钮，设置将要应用于指定边界的颜色。在其下拉列表框中选择【选择颜色】选项可显示【选择颜色】对话框。
- 【双线】复选框：将表格边框显示为双线。
- 【间距】文本框：确定双线边框的间距。默认间距为 0.1800。
- 【所有边框】按钮：将边框特性设置应用到指定单元样式的所有边框。
- 【外边框】按钮：将边框特性设置应用到指定单元样式的外部边框。
- 【内边框】按钮：将边框特性设置应用到指定单元样式的内部边框。
- 【底部边框】按钮：将边框特性设置应用到指定单元样式的底部边框。
- 【左边框】按钮：将边框特性设置应用到指定的单元样式的左边框。
- 【上边框】按钮：将边框特性设置应用到指定单元样式的上边框。
- 【右边框】按钮：将边框特性设置应用到指定单元样式的右边框。
- 【无边框】按钮：隐藏指定单元样式的边框。
- 【单元样式预览】预览框：显示当前表格样式设置效果的样例。

提示：边框设置好后一定要单击表格边框按钮应用选定的特征，如不应用，表格中的边框线在打印和预览时都看不见。

2. 编辑表格

在绘图中选择表格后，在表格的四周、标题行上将显示若干个夹点，用户可以根据这些夹点来编辑表格，如图 4-123 所示。

	A	B	C	D	E
1					
2					
3					
4					
5					
6					
7					

图 4-123 选择表格

在 AutoCAD 2016 中，用户还可以使用快捷菜单来编辑表格。当选择整个表格时右击，将弹出一个快捷菜单，如图 4-124 所示。在其中选择所需的选项，可以对整个表格进行相应的操作；选择表格单元格时右击，将弹出一个快捷菜单，如图 4-125 所示，在其中选择相应的选项，可对某个表格单元格进行操作。

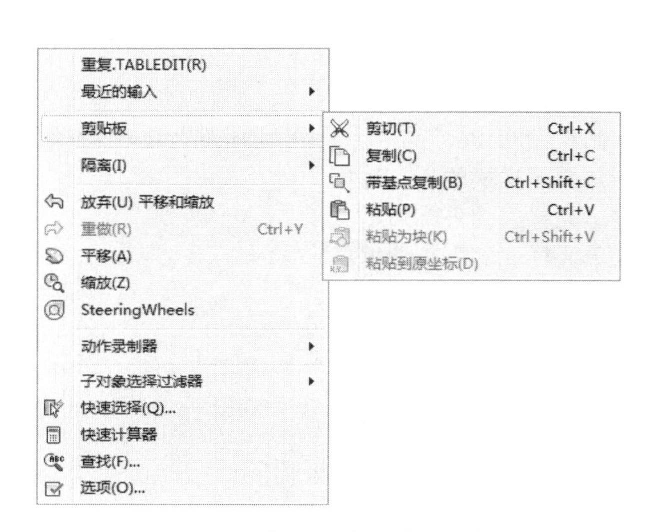

图 4-124　选择整个表格时的快捷菜单

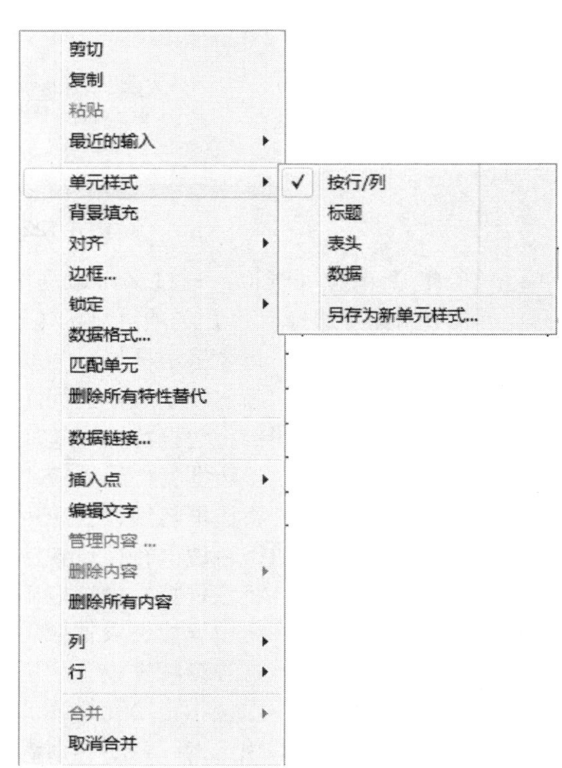

图 4-125　选择表格单元格时的快捷菜单

从选择整个表格时的快捷菜单中可以看出，用户可以对表格进行剪切、复制、删除、移动、缩放和旋转等简单的操作。

从选择表格单元格时的快捷菜单中可以看出，用户可以对表格单元格进行编辑，该快捷菜单中各主要选项的含义如下。

【对齐】命令：选择该命令，可以选择表格单元对齐方式。

【边框】命令：选择该命令，弹出【单元边框特性】对话框，在该对话框中可以设置单元格边框的线宽、颜色等特性，如图 4-126 所示。

【匹配单元】命令：用当前选择的表格单元格式匹配其他单元，此时鼠标指针变为格式刷形状，单击目标对象即可进行匹配。

【插入点】命令：选择【插入点】|【块】菜单命令，弹出【在表格单元中插入块】对话框，如图 4-127 所示。用户可以从中选择插入到表格中的图块，并设置图块在单元格中的对齐方法、比例及旋转角度等特性。

【合并】命令：当选中多个连续的单元后，选择该选项可以全部、按行或按列合并表格单元，如图 4-128 所示。

图 4-126 【单元边框特性】对话框

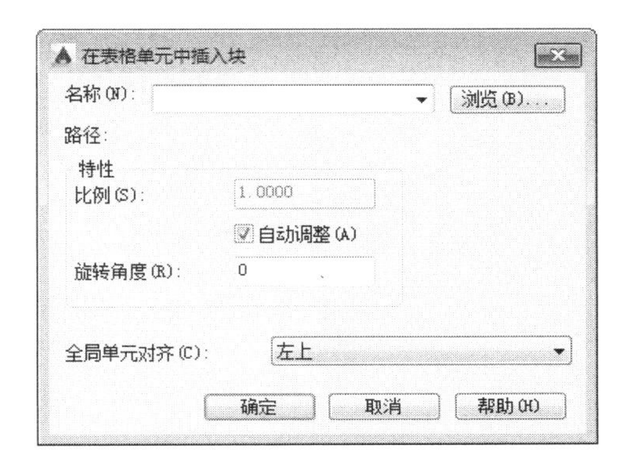

图 4-127 【在表格单元中插入块】对话框

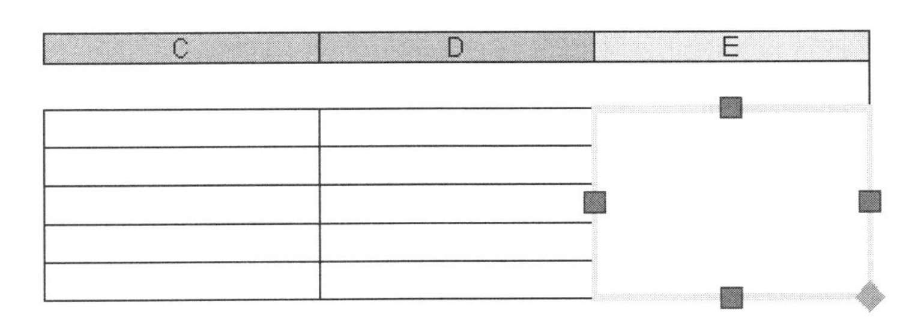

图 4-128 合并单元格

课后练习

案例文件： ywj\04\03.dwg

视频文件： 光盘\视频课堂\第 4 教学日\4.4

练习案例分析及步骤如下。

本课后练习创建锥齿轮零件草图，锥齿轮也叫伞齿轮，广泛应用于工业传动设备、车辆差速器、机车、船舶、电厂、钢厂、铁路轨道检测等。具有寿命长，高负荷承载力，耐化学和腐蚀性强，如图 4-129 所示是完成的锥齿轮草图。

本课案例主要练习了 AutoCAD 的【表格】命令，首先创建齿轮截面图，后添加内径截面图和表格。绘制锥齿轮草图的思路和步骤如图 4-130 所示。

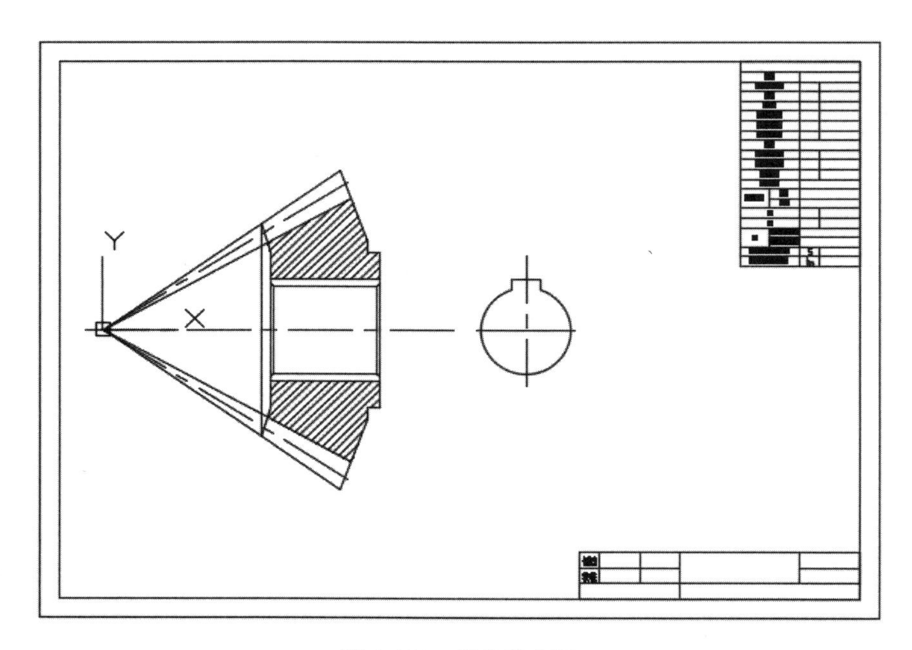

图 4-129　锥齿轮草图

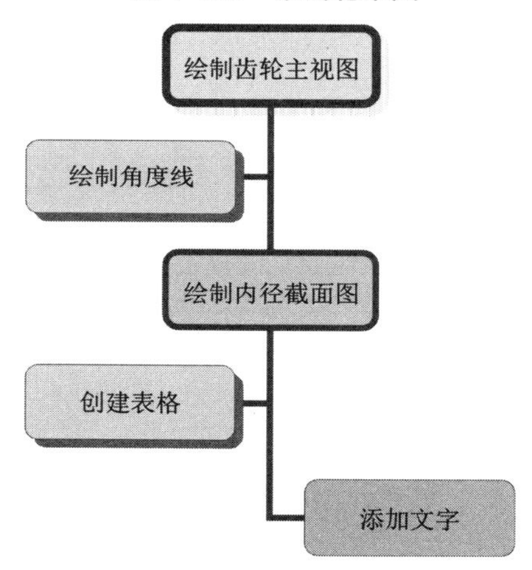

图 4-130　锥齿轮草图步骤

练习案例操作步骤如下。

step 01 首先绘制齿轮主视图。选择中心线图层，单击【默认】选项卡的【绘图】面板中的【直线】按钮，绘制如图 4-131 所示的中心线。

step 02 单击【默认】选项卡的【绘图】面板中的【直线】按钮，绘制长为 14.47 的直线，如图 4-132 所示。

图 4-131　绘制中心线

图 4-132　绘制长度为 14.47 的直线

step 03 单击【默认】选项卡的【修改】面板中的【旋转】按钮，选择直线，将线段旋转 28°，如图 4-133 所示。

step 04 绘制直线，单击【默认】选项卡的【修改】面板中的【旋转】按钮，选择旋转线段，将线段旋转 32°，如图 4-134 所示。

图 4-133　旋转直线　　图 4-134　绘制直线并旋转 32°

step 05 绘制直线。单击【默认】选项卡的【修改】面板中的【旋转】按钮，选择旋转线段，将线段旋转 34°，如图 4-135 所示。

step 06 单击【默认】选项卡的【绘图】面板中的【直线】按钮，绘制最右侧的直线，如图 4-136 所示。

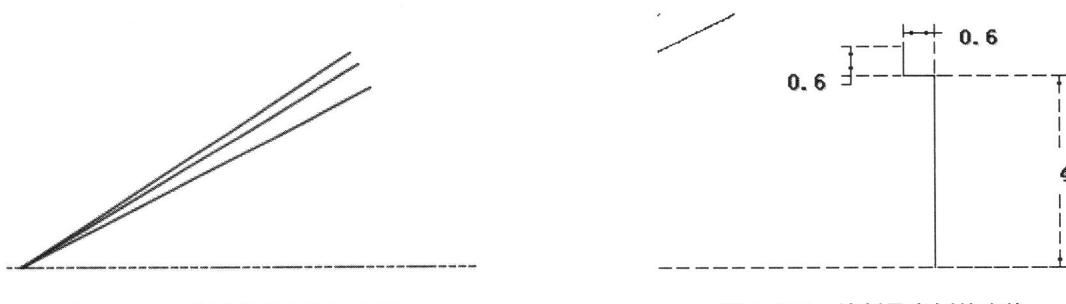

图 4-135　绘制直线并旋转 34°　　图 4-136　绘制最右侧的直线

step 07 单击【默认】选项卡的【绘图】面板中的【直线】按钮，绘制斜线，如图 4-137 所示。

step 08 单击【默认】选项卡的【绘图】面板中的【直线】按钮，绘制水平线，距离中心线为 2.25 和 2.63，如图 4-138 所示。

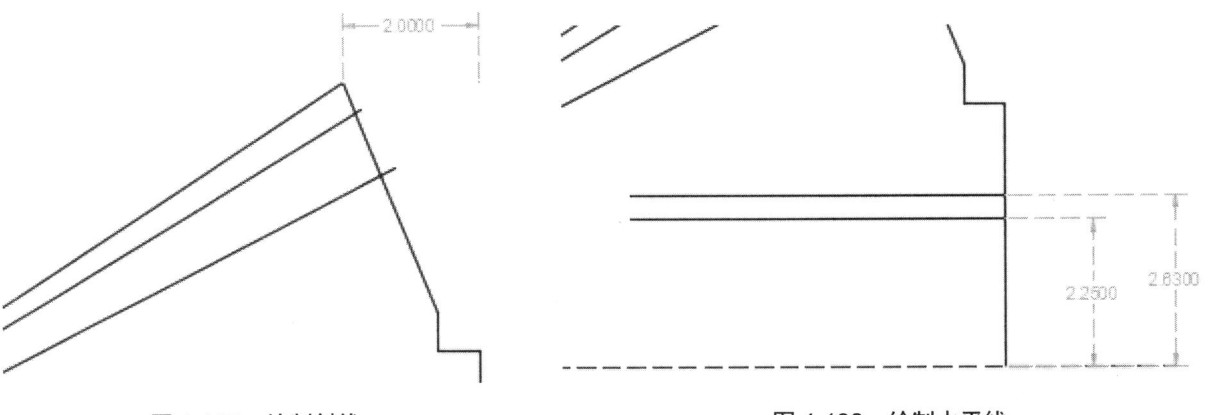

图 4-137　绘制斜线　　图 4-138　绘制水平线

step 09 单击【默认】选项卡的【修改】面板中的【复制】按钮，复制垂线，如图4-139所示。

step 10 单击【默认】选项卡的【绘图】面板中的【直线】按钮，绘制如图4-140所示的直线。

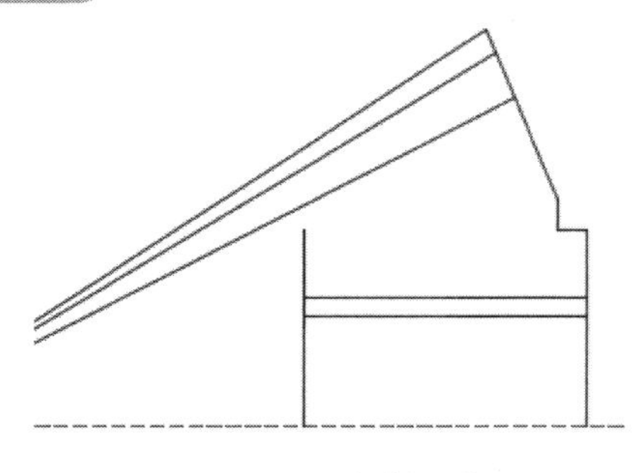

图4-139 复制垂线

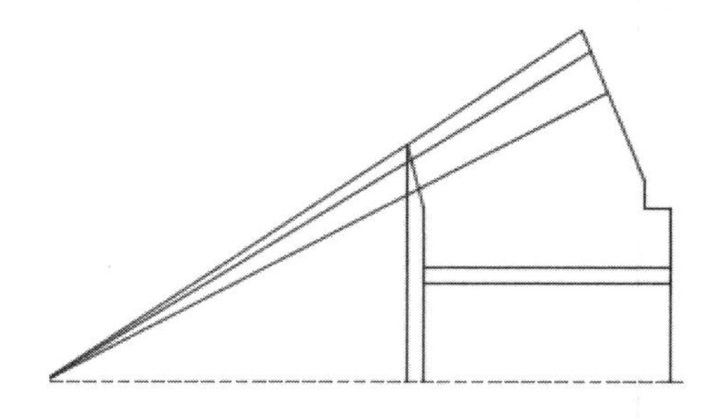

图4-140 绘制直线

step 11 单击【默认】选项卡的【绘图】面板中的【直线】按钮，绘制如图4-141所示的垂线。

step 12 绘制直线，单击【默认】选项卡的【修改】面板中的【旋转】按钮，选择直线，将直线旋转45°，如图4-142所示。

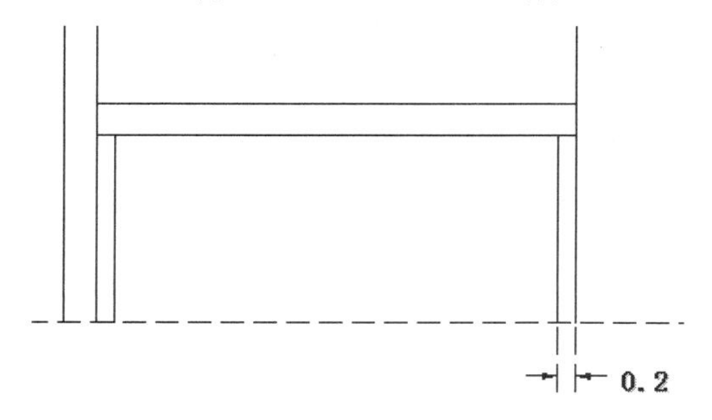

图4-141 绘制垂线

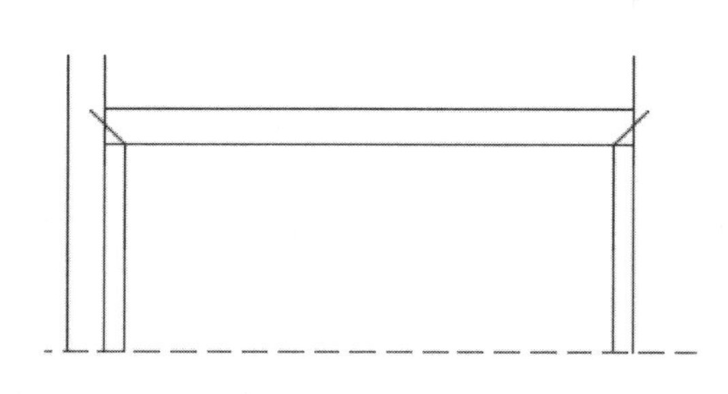

图4-142 绘制直线并旋转

step 13 单击【默认】选项卡的【修改】面板中的【修剪】按钮，快速修剪图形，如图4-143所示。

step 14 单击【默认】选项卡的【修改】面板中的【倒角】按钮，绘制距离为0.2的倒角，如图4-144所示。

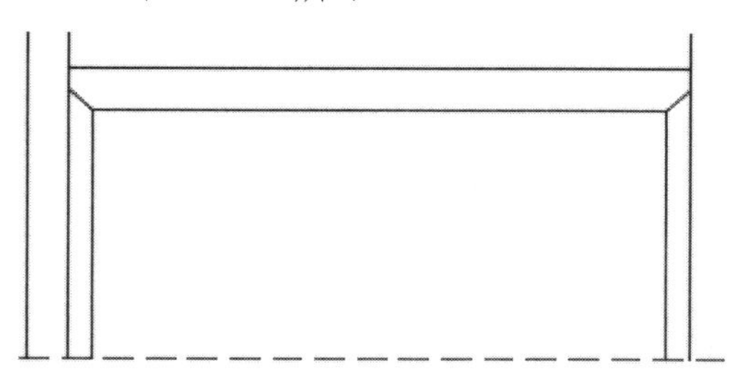

图4-143 修剪图形

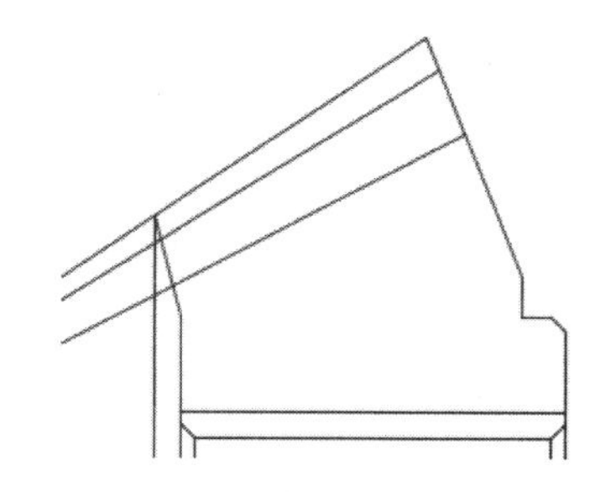

图4-144 绘制倒角

step 15 单击【默认】选项卡的【修改】面板中的【镜像】按钮，选择图形，绘制如图4-145所示的镜像图形。

step 16 单击【默认】选项卡的【绘图】面板中的【直线】按钮，绘制水平线，如图4-146所示。

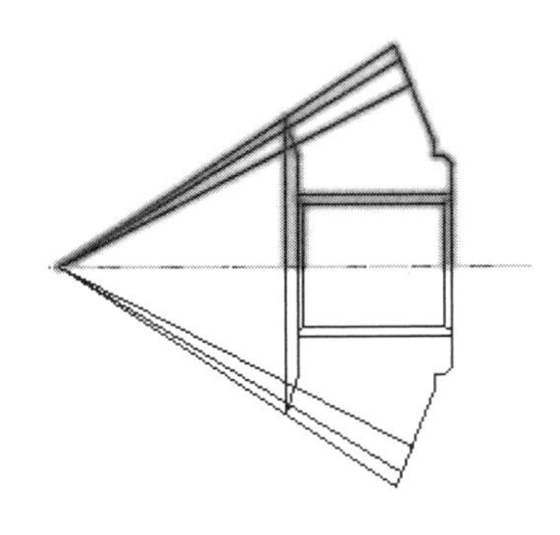

图 4-145 镜像图形

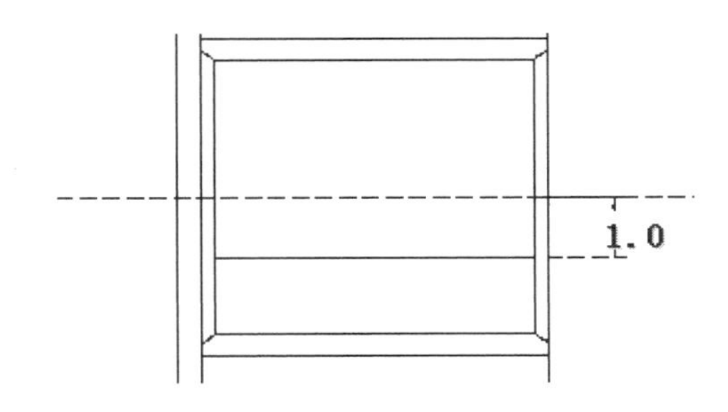

图 4-146 绘制水平线

step 17 单击【默认】选项卡的【绘图】面板中的【直线】按钮，绘制 45° 的斜线，如图 4-147 所示。

step 18 单击【默认】选项卡的【修改】面板中的【修剪】按钮，快速修剪图形，如图 4-148 所示。

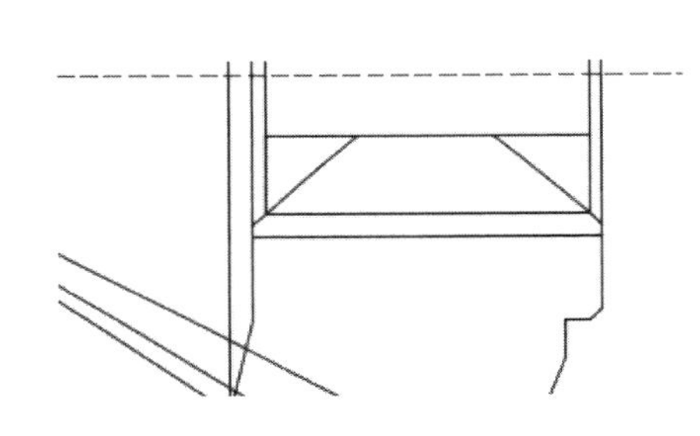

图 4-147 绘制斜线

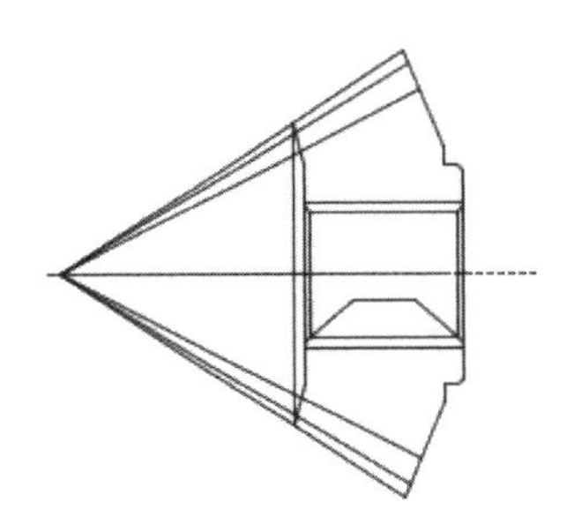

图 4-148 修剪图形

step 19 单击【默认】选项卡的【绘图】面板中的【图案填充】按钮，填充如图 4-149 所示的图案，完成齿轮主视图。

step 20 开始绘制内径截面图。单击【默认】选项卡的【绘图】面板中的【圆】按钮，绘制半径为 2.25 的圆，如图 4-150 所示。

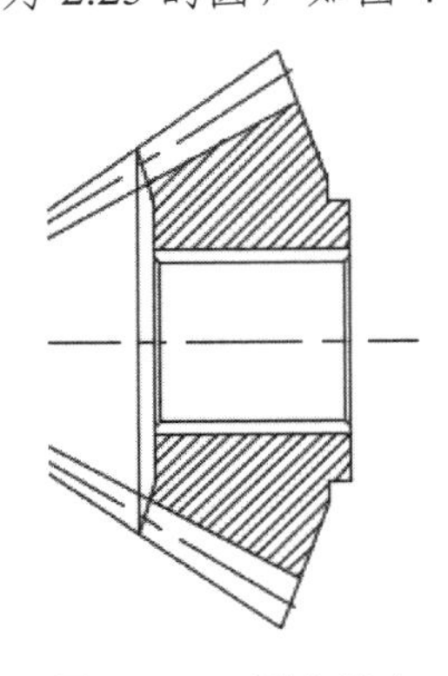

图 4-149 图案填充

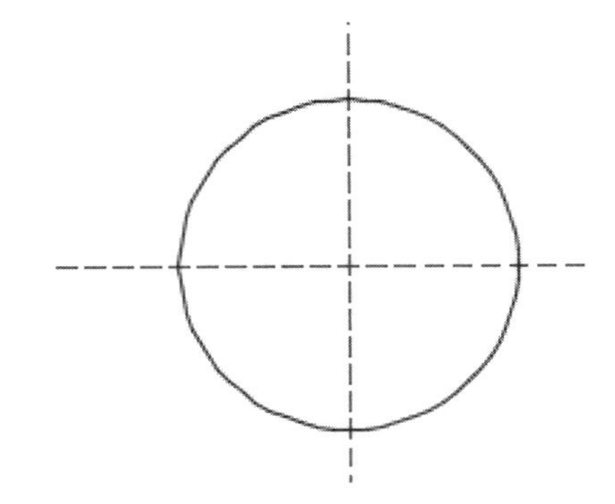

图 4-150 绘制圆

step 21 单击【默认】选项卡的【绘图】面板中的【直线】按钮，绘制 2 条直线，距离中心线为 0.7，如图 4-151 所示。

step 22 单击【默认】选项卡的【绘图】面板中的【直线】按钮，绘制水平线，距离中心线为2.63，如图4-152所示。

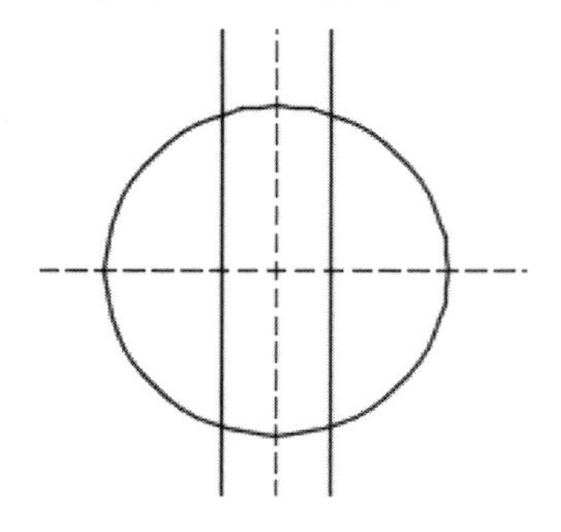

图4-151　绘制2条直线

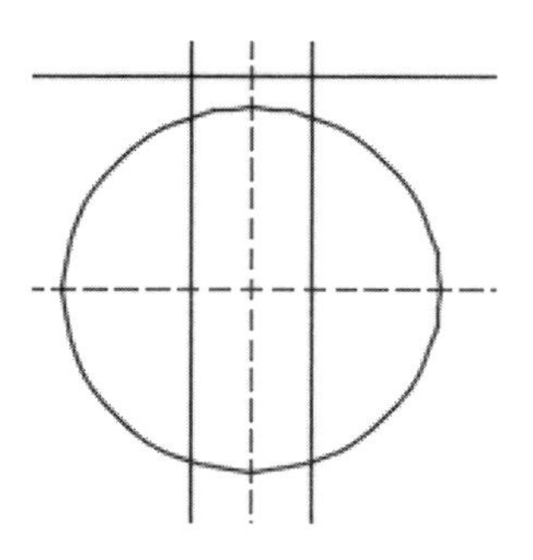

图4-152　绘制水平线

step 23 单击【默认】选项卡的【修改】面板中的【修剪】按钮，快速修剪图形，如图4-153所示，完成内径截面图。

step 24 完成锥齿轮草图的绘制，如图4-154所示。

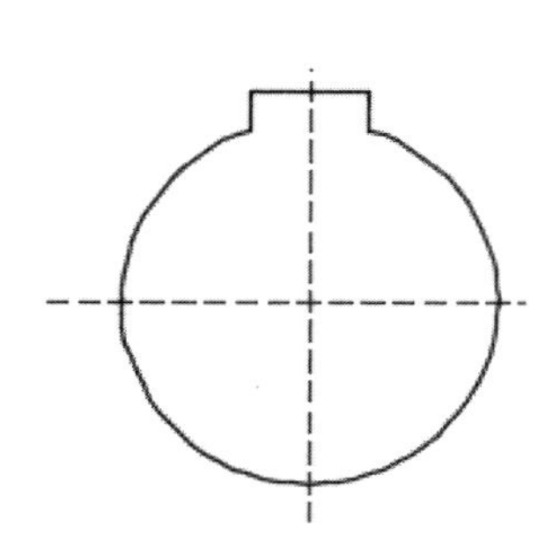

图4-153　修剪图形

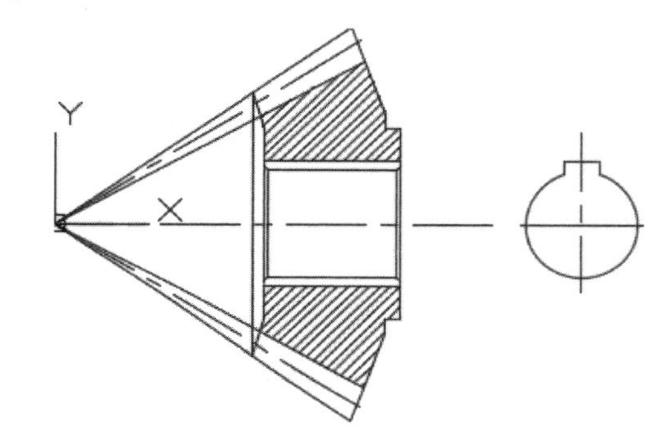

图4-154　完成锥齿轮草图

step 25 最后创建表格。单击【注释】选项卡的【表格】面板中的【表格】按钮，打开【插入表格】对话框，设置表格参数，如图4-155所示。

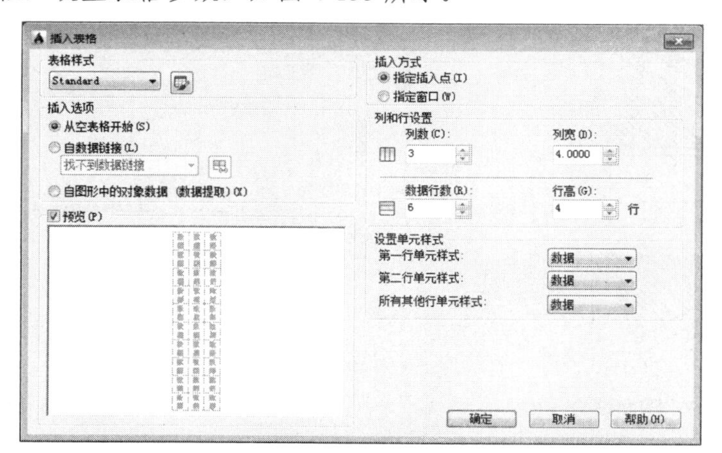

图4-155　插入表格

step 26 在绘图区单击放置表格并修改，如图 4-156 所示。

step 27 双击表格空白，填写文字，如图 4-157 所示。

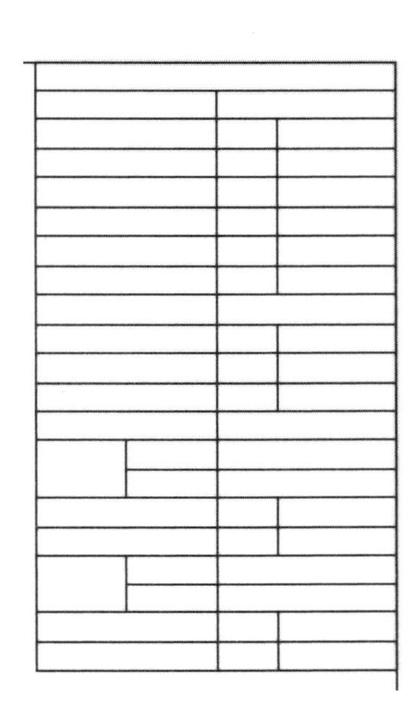

图 4-156　放置表格

齿制			
大端端面模数			
齿数			
齿形角			
齿顶高系数			
齿顶隙系数			
中点螺旋角			
旋向			
切向变位系数			
径向变位系数			
大端齿高			
精度等级			
配对齿轮	图号		
	齿数		
Ⅰ			
Ⅱ			
Ⅲ	沿齿长接触率		
	沿齿高接触率		
大端分度圆弦齿厚		S	
大端分度圆弦齿高		h_{oe}	

图 4-157　填写文字

step 28 完成锥齿轮草图的绘制，如图 4-158 所示。

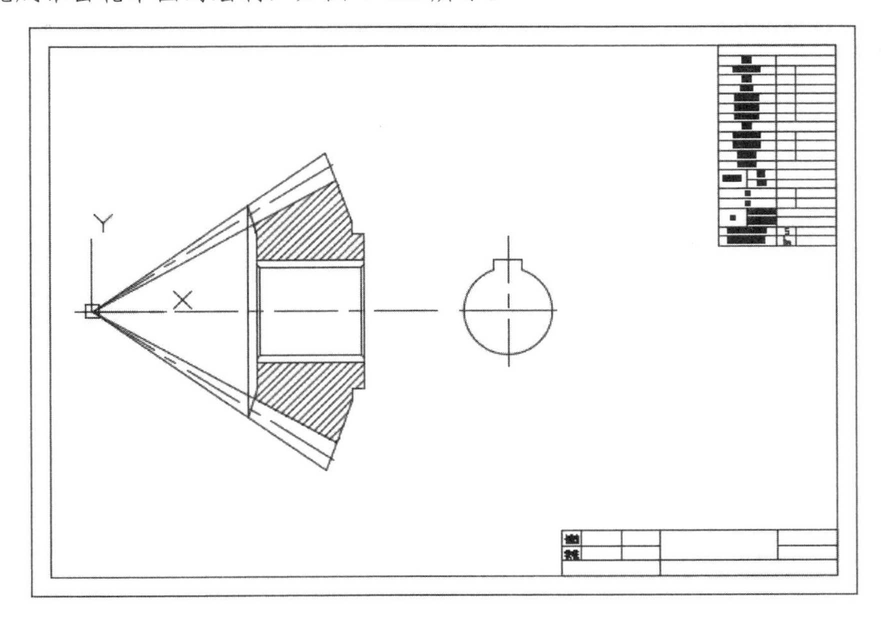

图 4-158　完成的锥齿轮草图

机械设计实践：机械制图中，标题栏一般位于右下角，显示本图纸的相关信息，包括“制图”、“审图”、“零件材料”、图名等信息。如图 4-159 所示，是图纸标题栏的简化画法，在使用当中便于学习和归类。

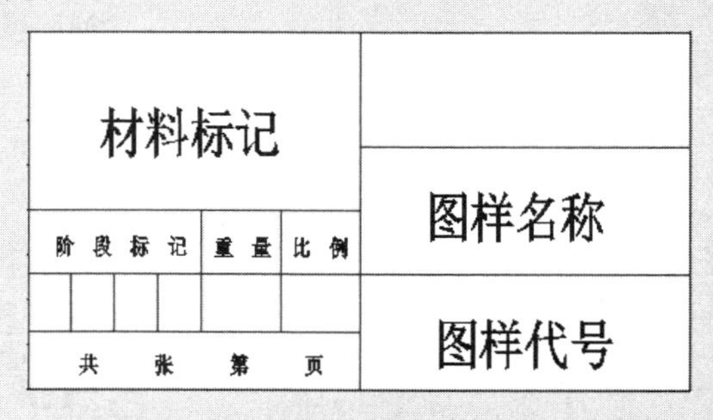

图 4-159 图纸标题栏

阶段进阶练习

本教学日主要介绍了 AutoCAD 2016 的创建表格与文字等命令，从而使绘制的图形更加完整和准确。通过本教学日的学习，读者应该可以熟练掌握 AutoCAD 2016 中表格和文字创建的方法。

如图 4-160 所示，使用本教学日学过的各种命令来创建传动轴图纸。

创建步骤和方法如下。

(1) 使用【矩形】命令绘制主轴。

(2) 绘制轴端斜体部分。

(3) 标注零件。

(4) 增加公差标注和标题栏。

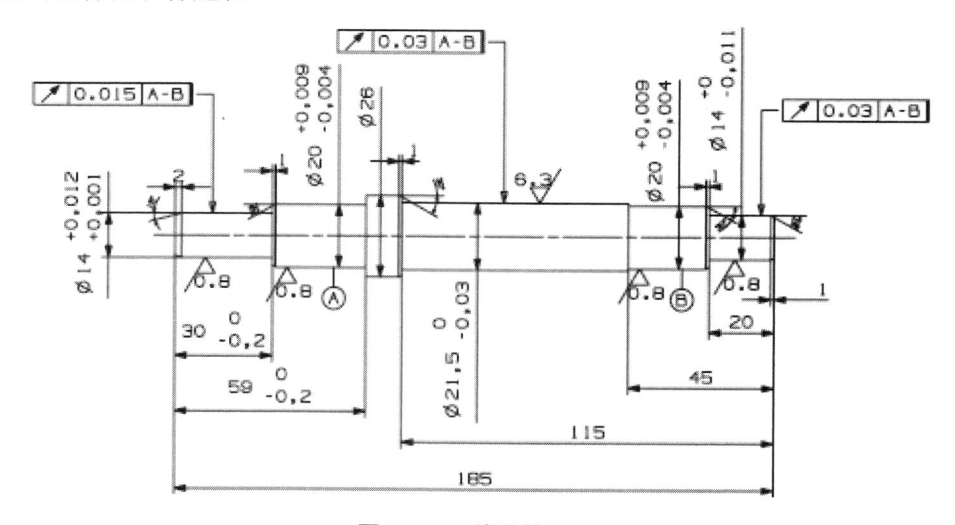

图 4-160 传动轴图纸

设计师职业培训教程

第5教学日

尺寸标注是图形绘制的一个重要组成部分，它是图形的测量注释，可以测量和显示对象的长度、角度等测量值。AutoCAD 2016 提供了多种标注样式和多种设置标注的方法，可以满足建筑、机械、电子等大多数应用领域的要求。在绘图时使用尺寸标注，能够对图形的各个部分添加提示和解释等辅助信息，既方便用户绘制，又方便使用者阅读。本教学日将讲述设置尺寸标注样式的方法以及对图形进行尺寸标注的方法。

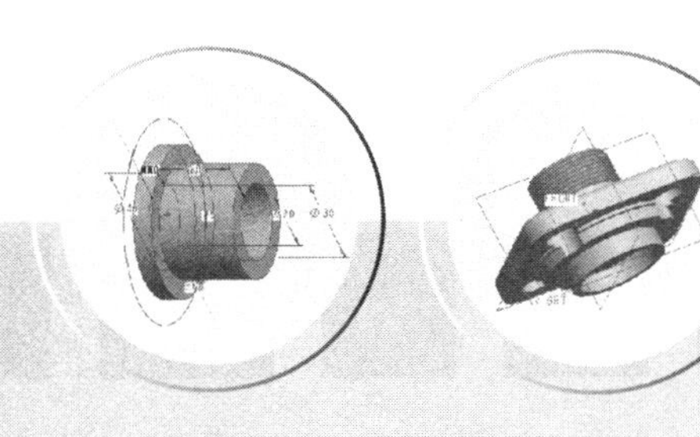
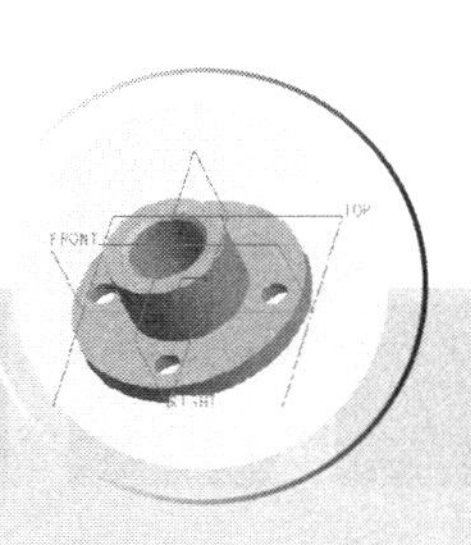

第1课 1课时 设计师职业知识——尺寸标注基础

图样中，图形只能表示物体的形状，不能确定其大小，因此，图样中必须标注尺寸来确定其大小。

1. 尺寸数字

尺寸数字表示所注尺寸的数值。

线性尺寸的数字一般应注写在尺寸线的上方，也允许注写在尺寸线的中断处，如图 5-1 所示。

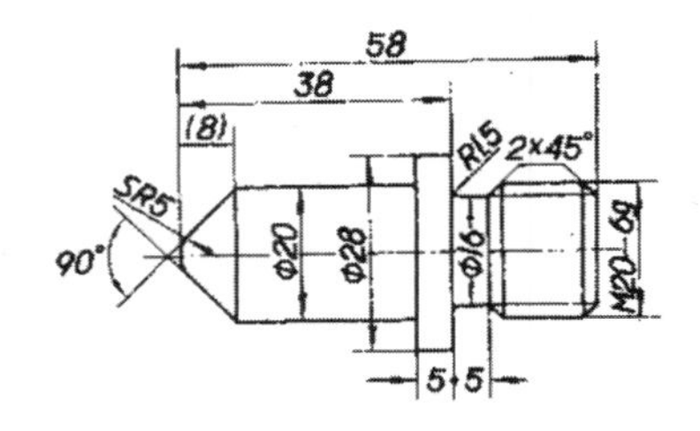

图 5-1 尺寸数字

线性尺寸数字的方向，一般应采用第一种方法注写。在不致引起误解时，也允许采用第二种方法。但在一张图样中，应尽可能采用一种方法。

方法 1：数字应按图 5-2 左上所示的方向注写，并尽可能避免在图示 30° 范围内标注尺寸，当无法避免时可按图 5-2 右上的形式标注。

方法 2：对于非水平方向的尺寸，其数字可水平地注写在尺寸线的中断处，如图 5-2 下图所示。

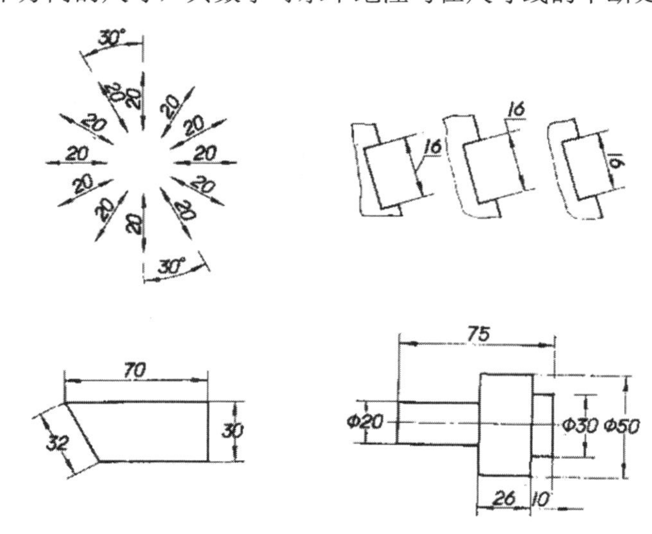

图 5-2 尺寸的样式

角度的数字一律写成水平方向，一般注写在尺寸线的中断处，如图 5-3(a)所示。必要时也可按图 5-3(b)所示的形式标注在尺寸线的上方或外侧，角度较小时也可用指引线引出标注。注意角度尺寸必须注出单位。

尺寸数字不可被任何图线所通过，否则必须将该图线断开。

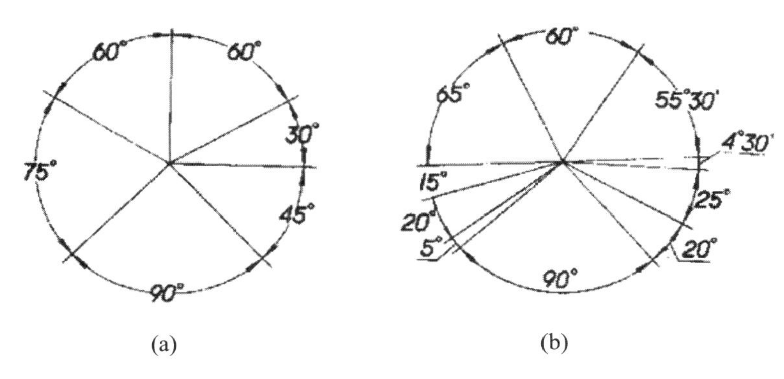

(a) (b)

图 5-3 角度数字

2. 尺寸线

尺寸线用细实线绘制，其终端用箭头的形式表示。在位置不够的情况下，允许用圆点或斜线代替箭头，如图 5-4 所示。

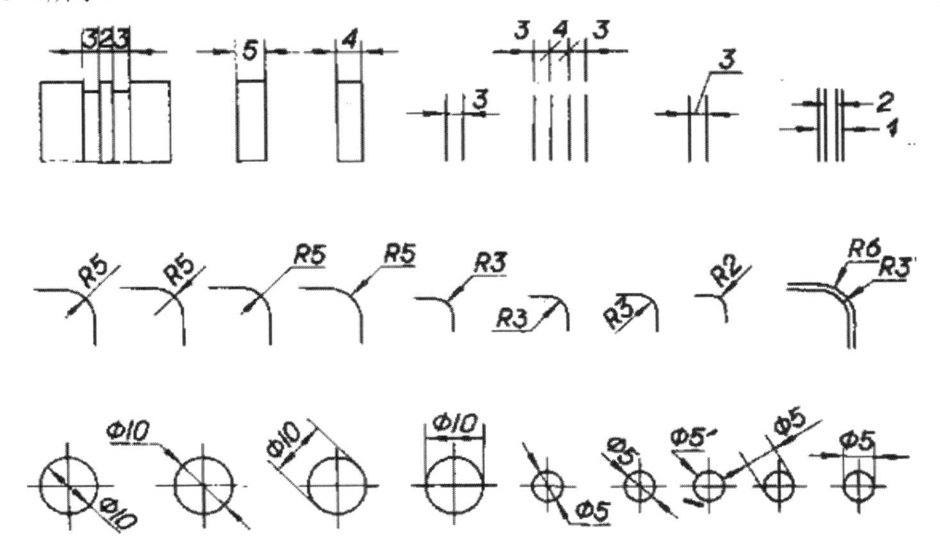

图 5-4 尺寸线样式

标注线性尺寸时，尺寸线必须与所标注的线段平行。尺寸线不能用其他图线代替，一般也不得与其他图线重合或画在其延长线上。

圆的直径和圆弧半径的尺寸线的终端应画成箭头，当圆弧的半径过大或在图纸范围内无法标出其圆心位置时，可按图 5-5 所示的形式标注，若不需要标出其圆心位置时，可按图 5-6 所示的形式标注。

标注角度时，尺寸线应画成圆弧，其圆心是该角的顶点。

当对称机件的图形只画出一半或略大于一半时，尺寸线应略超过对称中心线或断裂处的边界线，此时仅在尺寸线的一端画出箭头，如图 5-7 所示。

在没有足够的位置画箭头或注写数字时，可按图 5-7 右图的形式标注，箭头用圆点或斜线代替，尺寸数字写在尺寸界线的外侧或引出标注。

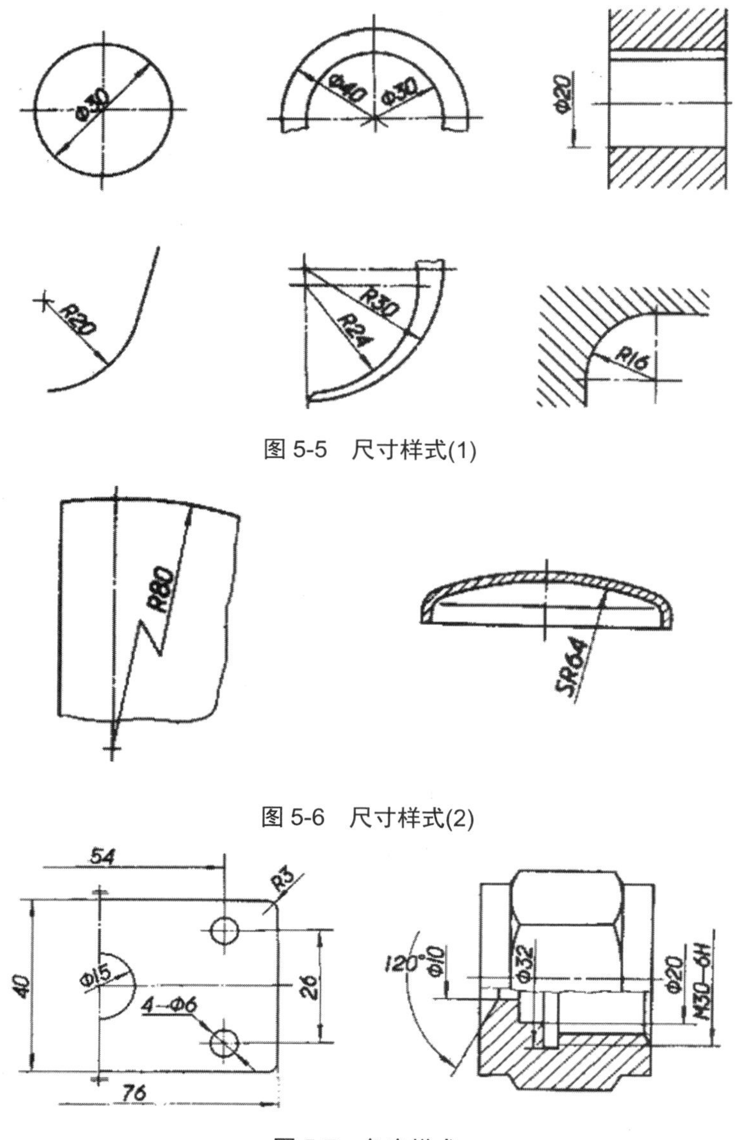

图 5-5　尺寸样式(1)

图 5-6　尺寸样式(2)

图 5-7　角度样式

3. 尺寸界线

尺寸界线用细实线绘制，并应由图形的轮廓线、轴线或对称中心线处引出，也可利用轮廓线、轴线或对称中心线作尺寸界线，如图 5-8 所示。

尺寸界线应该与尺寸线垂直，必要时才允许倾斜，如图 5-9 所示。

在光滑过渡处标注尺寸时，必须用细实线将轮廓线延长，从它们的交点处引出尺寸界线，如图 5-10 所示。

标注角度的尺寸界线应沿径向引出；标注弦长或弧长的尺寸界线应平行于该弦的垂直平分线，当弧度较大时，可沿径向引出，如图 5-11 所示。

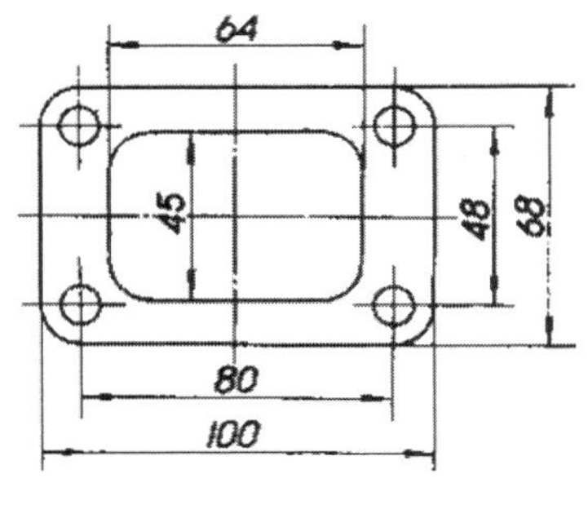

图 5-8　尺寸界线

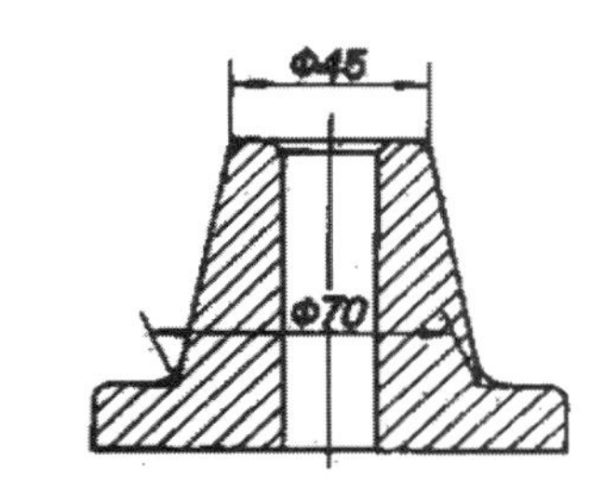

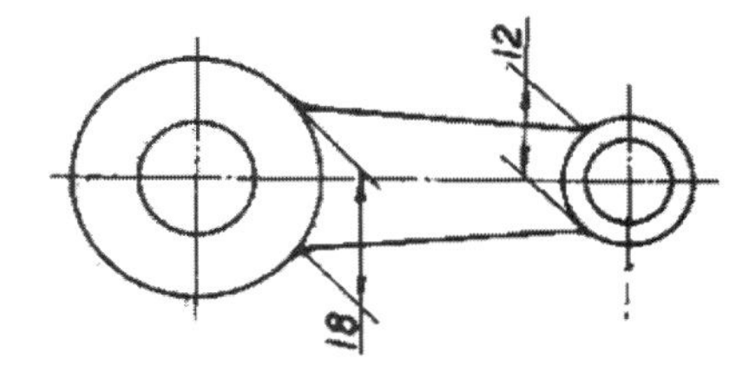

图 5-9　尺寸线角度

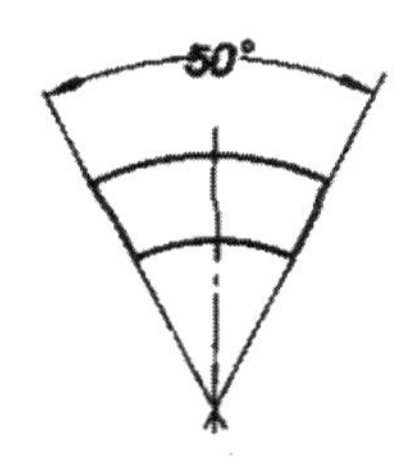

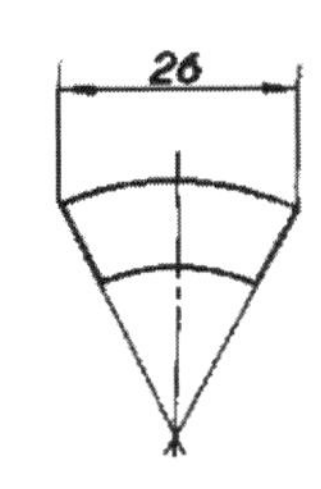

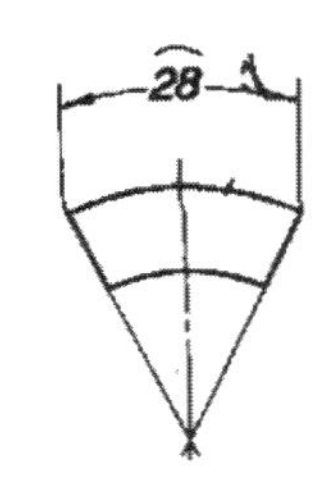

图 5-10　引出界线

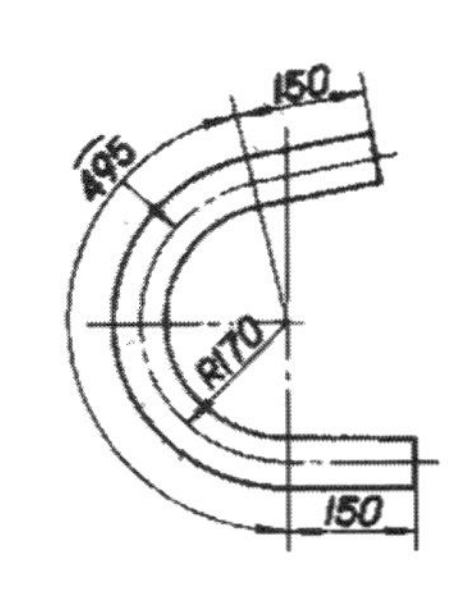

图 5-11　径向引出

4．标注尺寸的符号

标注直径时，应在尺寸数字前加注符号“Φ”；标注半径时，应在尺寸数字前加注符号“R”；标注球面的直径或半径时，应在符号“Φ”或“R”前再加注符号“S”。对于螺钉、铆钉的头部，轴(包括螺杆)的端部以及手柄的端部等，在不致引起误解的情况下可省略符号“S”。

标注弧长时，应在尺寸数字上方加注符号“⌒”，如图 5-12 所示。

标注参考尺寸时，应将尺寸数字加上圆括弧。

标注剖面为正方形结构的尺寸时，可在正方形边长尺寸数字前加注符号“□”或用“B×B”注出。

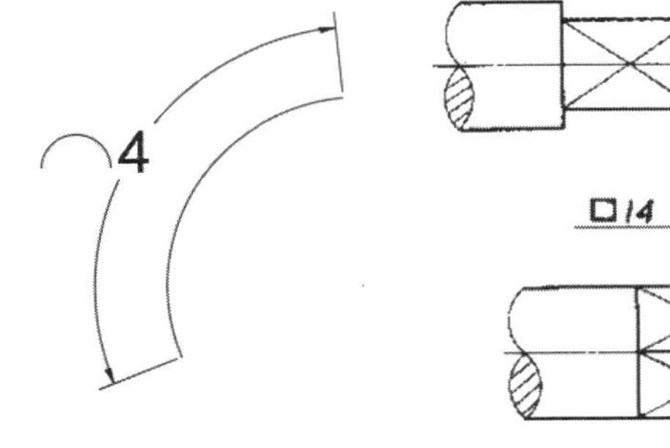

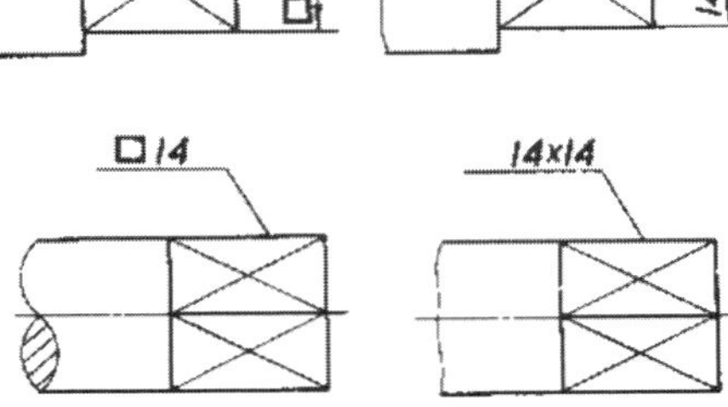

图 5-12　尺寸符号

标注板状零件的厚度时，可在尺寸数字前加注符号“δ”。

标注斜度或锥度时，可按图 5-13 所示的方法标注，符号的方向应与斜度、锥度的方向一致。必要时可在标注锥度的同时，在括号中注出其角度值，如图 5-13 所示，左侧一列为锥度标注示例，右侧一列为斜度标注示例。

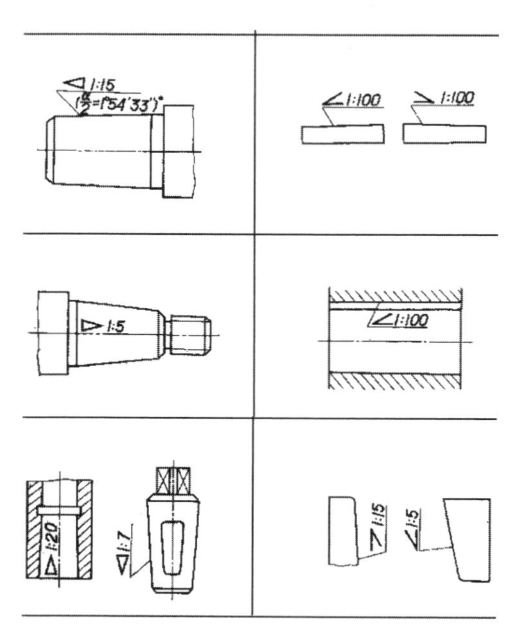

图 5-13　锥度和斜度标注

尺寸标注是图形设计中基本的设计步骤和过程，它随图形的多样性而有多种不同的标注，AutoCAD 提供了多种标注类型，包括线性尺寸标注、对齐尺寸标注等，通过了解这些尺寸标注，可以灵活地给图形添加尺寸标注。下面就来介绍 AutoCAD 2016 的尺寸标注方法和规则。

5.2.1　创建标注

行业知识链接：在 AutoCAD 中，标注是重要的环节，它包含线性、弧长、坐标、对齐、半径、直径等多种标注方式。标注需字体大小适中、清晰明了。如图 5-14 所示是一个垫圈的标注草图，垫圈是薄板(通常中间有孔)紧固件。

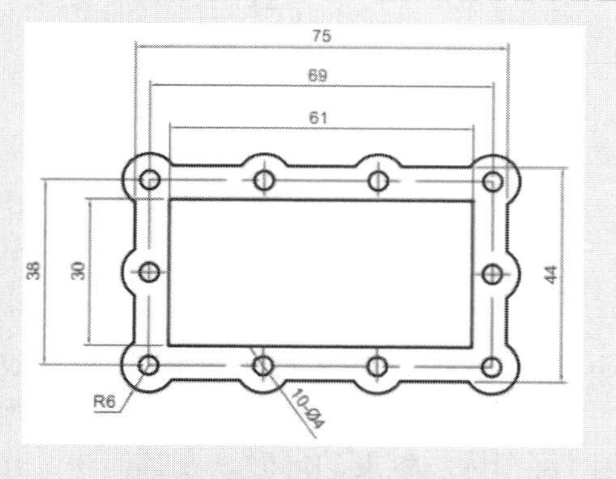

图 5-14　垫圈标注草图

1. 线性标注

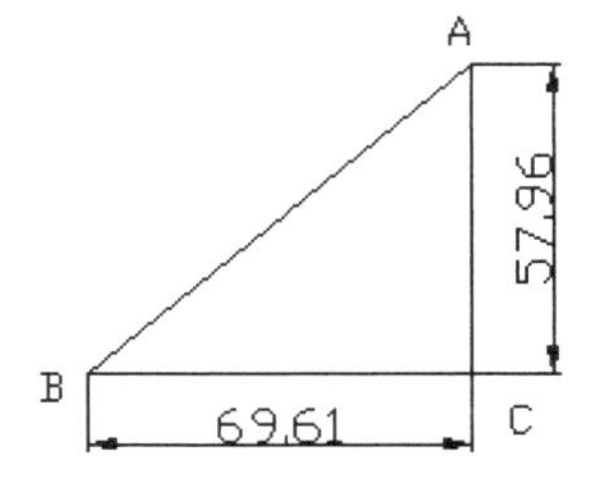

图 5-15　线性尺寸标注

线性尺寸标注用来标注图形的水平尺寸、垂直尺寸，如图 5-15 所示。

创建线性尺寸标注有以下 3 种方法。

(1)　单击【默认】选项卡的【注释】面板中的【线性】按钮。

(2)　在命令行中输入“dimlinear”命令后按下 Enter 键。

(3)　在菜单栏中选择【标注】|【线性】命令。

执行上述任一操作后，命令行窗口提示如下：

```
命令: _dimlinear
指定第一条尺寸界线原点或 <选择对象>:       //选择 A 点后单击
指定第二条尺寸界线原点:                   //选择 C 点后单击
指定尺寸线位置或[多行文字(M)/文字(T)/角度(A)/水平(H)/垂直(V)/旋转(R)]:  标注文字 = 57.96
//按住鼠标左键不放拖动尺寸线到合适的位置后单击
```

以上命令行窗口提示选项的解释如下。

【多行文字(M)】：用户可以在标注的同时输入多行文字。

【文字(T)】：用户只能输入一行文字。

【角度(A)】：输入标注文字的旋转角度。

【水平(H)】：标注水平方向距离尺寸。

【垂直(V)】：标注垂直方向距离尺寸。

【旋转(R)】：输入尺寸线的旋转角度。

在 AutoCAD 标注文字时，有很多特殊的字符和标注，这些特殊字符和标注由控制字符来实现，AutoCAD 的特殊字符及其对应的控制字符如表 5-1 所示。

表 5-1　特殊字符及其对应的控制字符表

特殊符号或标注	控制字符	示　例
圆直径标注符号(Ø)	%%c	Ø48
百分号	%%%	%30
正/负公差符号(±)	%%p	20±0.8
度符号(°)	%%d	48°
字符数 nnn	%%nnn	Abc
加上划线	%%o	$\overline{123}$
加下划线	%%u	$\underline{123}$

在 AutoCAD 实际操作中也会遇到要求对数据标注上下标的问题，下面介绍一下数据标注上下标的方法。

(1)　上标：通过【多行文字】命令编辑文字时，输入 2^，然后选中 2^，单击【文字编辑器】选项卡的【格式】面板中的 $\frac{b}{a}$ 按钮即可。

(2)　下标：通过【多行文字】命令编辑文字时，输入^2，然后选中^2，单击【文字编辑器】选项卡的【格式】面板中的 $\frac{b}{a}$ 按钮即可。

(3) 上下标：通过【多行文字】命令编辑文字时，输入 2^2，然后选中 2^2，单击【文字编辑器】选项卡的【格式】面板中的 $\frac{b}{a}$ 按钮即可。

2．对齐标注

对齐尺寸标注是指标注两点间的距离，标注的尺寸线平行于两点间的连线，如图 5-16 所示为线性尺寸标注与对齐尺寸标注的区别。

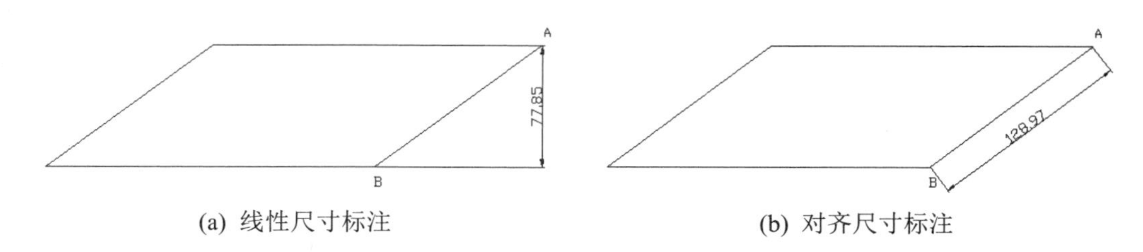

(a) 线性尺寸标注　　(b) 对齐尺寸标注

图 5-16　线性尺寸标注与对齐尺寸标注的对比

创建对齐尺寸标注有以下 3 种方法。

(1) 单击【默认】选项卡的【注释】面板中的【对齐】按钮。

(2) 在命令行中输入“dimaligned”命令后按 Enter 键。

(3) 在菜单栏中选择【标注】|【对齐】命令。

执行上述任一操作后，命令行窗口提示如下：

```
命令: _dimaligned
指定第一条尺寸界线原点或 <选择对象>:    //选择 A 点后单击
指定第二条尺寸界线原点:                 //选择 B 点后单击
指定尺寸线位置或[多行文字(M)/文字(T)/角度(A)]:  标注文字 = 128.97
//按住鼠标左键不放拖动尺寸线到合适的位置后单击
```

3．半径标注

半径尺寸标注用来标注圆或圆弧的半径，如图 5-17 所示。

创建半径尺寸标注有以下 3 种方法。

(1) 单击【默认】选项卡的【注释】面板中的【半径】按钮。

(2) 在命令行中输入“dimradius”命令后按下 Enter 键。

(3) 在菜单栏中选择【标注】|【半径】命令。

执行上述任一操作后，命令行窗口提示如下：

```
命令: _dimradius
选择圆弧或圆:                                  //选择圆弧 AB 后单击
标注文字 = 33.76
指定尺寸线位置或 [多行文字(M)/文字(T)/角度(A)]:   //移动尺寸线至合适位置后单击
```

4．直径标注

直径尺寸标注用来标注圆的直径，如图 5-18 所示。

创建直径尺寸标注有以下 3 种方法。

(1) 单击【默认】选项卡的【注释】面板中的【直径】按钮。

(2) 在命令行中输入“dimdiameter”命令后按下 Enter 键。

(3) 在菜单栏中选择【标注】|【直径】命令。

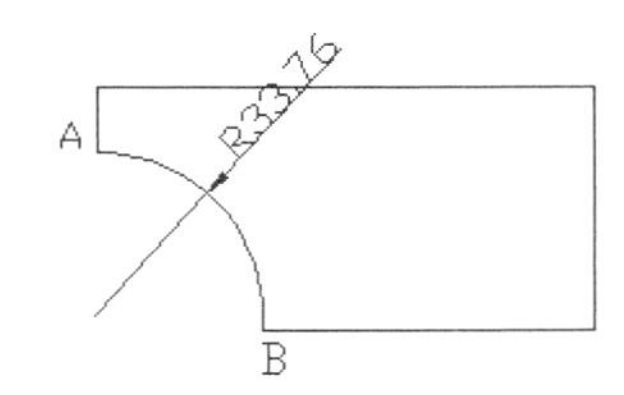

图 5-17 半径尺寸标注

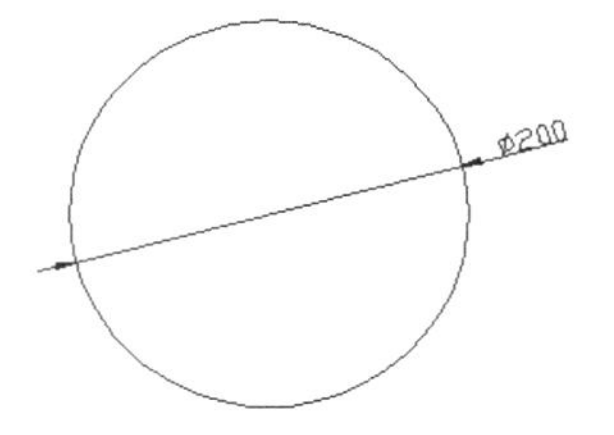

图 5-18 直径尺寸标注

执行上述任一操作后，命令行窗口提示如下：

```
命令: _dimdiameter
选择圆弧或圆:                                          //选择圆后单击
标注文字 = 200
指定尺寸线位置或 [多行文字(M)/文字(T)/角度(A)]:         //移动尺寸线至合适位置后单击
```

5. 角度标注

角度尺寸标注用来标注两条不平行线的夹角或圆弧的夹角，如图 5-19 所示为不同图形的角度尺寸标注。

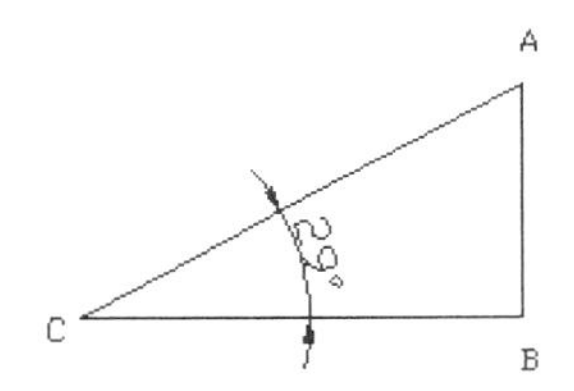

(a) 选择两条直线的角度尺寸标注

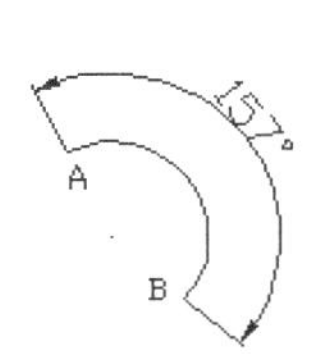

(b) 选择圆弧的角度尺寸标注

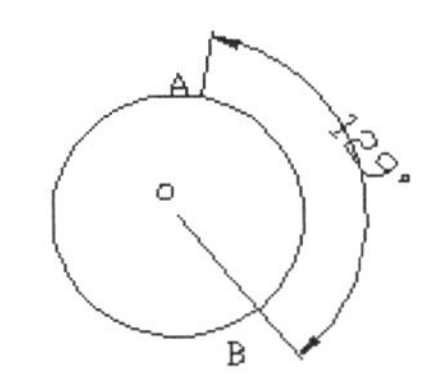

(c) 选择圆的角度尺寸标注

图 5-19 角度尺寸标注

创建角度尺寸标注有以下 3 种方法。

(1) 单击【默认】选项卡的【注释】面板中的【角度】按钮。

(2) 在命令行中输入“dimangular”命令后按 Enter 键。

(3) 在菜单栏中选择【标注】|【角度】命令。

如果选择直线，执行上述任一操作后，命令行窗口提示如下：

```
命令: _dimangular
选择圆弧、圆、直线或 <指定顶点>:                        //选择直线 AC 后单击
选择第二条直线:                                        //选择直线 BC 后单击
指定标注弧线位置或 [多行文字(M)/文字(T)/角度(A)]:       //选定标注位置后单击
标注文字 = 29
```

如果选择圆弧，执行上述任一操作后，命令行窗口提示如下：

```
命令: _dimangular
选择圆弧、圆、直线或 <指定顶点                          //选择直线 AB 后单击
```

```
指定标注弧线位置或 [多行文字(M)/文字(T)/角度(A)]:    //选定标注位置后单击
标注文字 = 157
```

如果选择圆，执行上述任一操作后，命令行窗口提示如下：

```
命令: _dimangular
选择圆弧、圆、直线或 <指定顶点>:                          //选择圆 O 并指定 A 点后单击
指定角的第二个端点:                                       //选择点 B 后单击
指定标注弧线位置或 [多行文字(M)/文字(T)/角度(A)]:     //选定标注位置后单击
标注文字 = 129
```

5.2.2 设置标注样式

行业知识链接：图样上的尺寸由尺寸界线、尺寸线、尺寸起止符号和尺寸数字组成。尺寸界线应用细实线绘画，一般应与被注长度垂直，其一端应距离图样的轮廓线不小于 2mm，另一端宜超出尺寸线 2～3mm。必要时可利用轮廓线作为尺寸界线。如图 5-20 所示是一个平板件的尺寸标注草图。

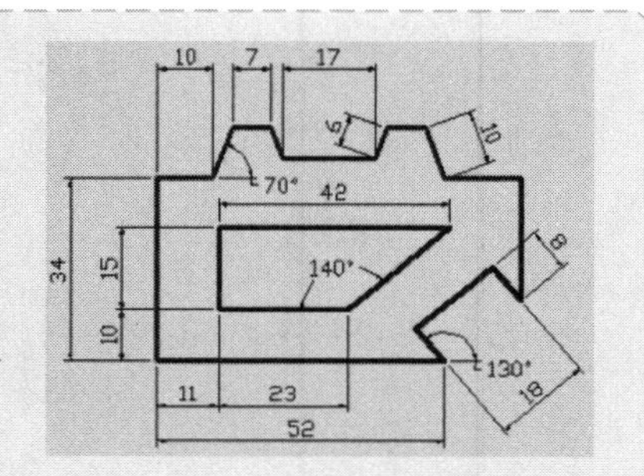

图 5-20 平板件标注草图

选择【格式】|【标注样式】命令，可以打开【标注样式管理器】对话框，单击【修改】按钮，在打开的【修改标注样式】对话框中可以对标注样式进行设置，它有 7 个选项卡，在此对其设置作详细的讲解。

1. 【线】选项卡

【线】选项卡用来设置尺寸线和尺寸界线的格式和特性。

单击【修改标注样式】对话框中的【线】标签，切换到【线】选项卡，如图 5-21 所示。在此选项卡中，用户可以设置尺寸的几何变量。

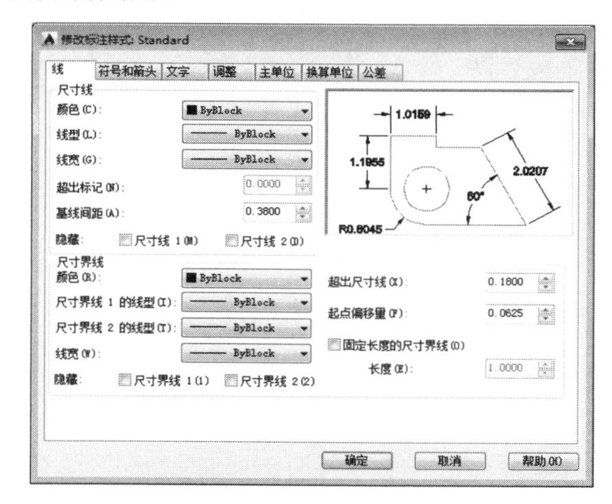

图 5-21 【线】选项卡

【线】选项卡中各选项的含义如下。

(1) 【尺寸线】选项组：设置尺寸线的特性。在此选项组中，AutoCAD 提供了 6 项内容供用户设置。

- 【颜色】下拉列表框：显示并设置尺寸线的颜色。用户可以选择该下拉列表框中的某种颜色作为尺寸线的颜色，或在下拉列表框中直接输入颜色的名称来获得尺寸线的颜色。如果选择【颜色】下拉列表框中的【选择颜色】选项，则会打开【选择颜色】对话框，用户可以从 288 种 AutoCAD 颜色索引(ACI)颜色、真彩色和配色系统颜色中选择颜色。
- 【线型】下拉列表框：设置尺寸线的线型。用户可以选择该下拉列表框中的某种线型作为尺寸线的线型。
- 【线宽】下拉列表框：设置尺寸线的线宽。用户可以选择该下拉列表框中的某种属性来设置线宽，如 ByLayer(随层)、ByBlock(随块)及默认或一些固定的线宽等。
- 【超出标记】微调框：显示的是当用短斜线代替尺寸箭头使用倾斜、建筑标记、积分和无标记时尺寸线超过尺寸界线的距离，用户可以在此微调框中输入自己的预定值。默认情况下为“0”，如图 5-22 所示为预定值设定为“3”时尺寸线超出尺寸界线的距离。

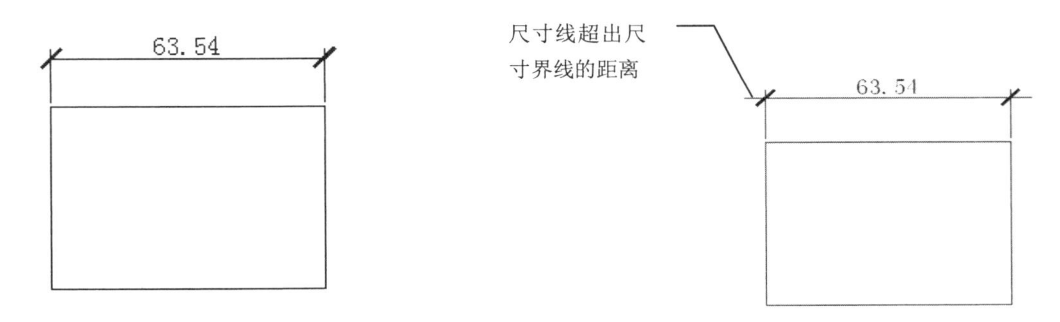

(a) 【超出标记】预定值为 0 时的效果　　(b) 【超出标记】预定值为 3 时的效果

图 5-22　输入超出标记预定值的前后对比

- 【基线间距】微调框：显示的是两尺寸线之间的距离，用户可以在此微调框中输入自己的预定值。该值将在进行连续和基线尺寸标注时用到。
- 【隐藏】选项：不显示尺寸线。当标注文字在尺寸线中间时，如果选中【尺寸线 1】复选框，将隐藏前半部分尺寸线，如果选中【尺寸线 2】复选框，则隐藏后半部分尺寸线。如果同时选中两个复选框，则尺寸线将被全部隐藏，如图 5-23 所示。

(a) 隐藏前半部分尺寸线的尺寸标注　　(b) 隐藏后半部分尺寸线的尺寸标注

图 5-23　隐藏部分尺寸线的尺寸标注

(2) 【尺寸界线】选项组：控制尺寸界线的外观。在此选项组中，AutoCAD 为用户提供了 8 项内容供用户设置。

- 【颜色】下拉列表框：显示并设置尺寸界线的颜色。用户可以选择该下拉列表框中的某种颜色作为尺寸界线的颜色，或在下拉列表框中直接输入颜色名称来获得尺寸界线的颜色。如果选择【颜色】下拉列表框中的【选择颜色】选项，则会打开【选择颜色】对话框，用户可以从 288 种 AutoCAD 颜色索引(ACI)颜色、真彩色和配色系统颜色中选择颜色。
- 【尺寸界线 1 的线型】及【尺寸界线 2 的线型】下拉列表框：设置尺寸界线的线型。用户可以选择其下拉列表框中的某种线型作为尺寸界线的线型。
- 【线宽】下拉列表框：设置尺寸界线的线宽。用户可以选择该下拉列表框中的某种属性来设置线宽，如 ByLayer(随层)、ByBlock(随块)及默认或一些固定的线宽等。
- 【隐藏】选项：不显示尺寸界线。如果选中【尺寸界线 1】复选框，将隐藏第一条尺寸界线，如果选中【尺寸界线 2】复选框，则隐藏第二条尺寸界线。如果同时选中两个复选框，则尺寸界线将被全部隐藏，如图 5-24 所示。

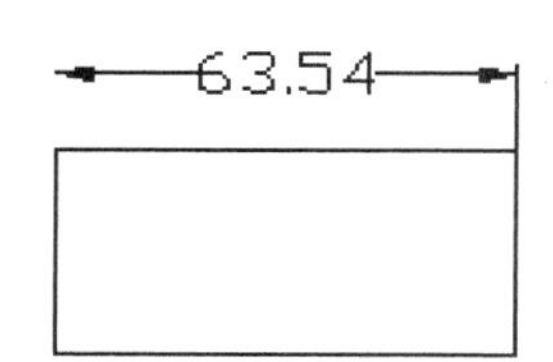

(a) 隐藏第一条尺寸界线的尺寸标注

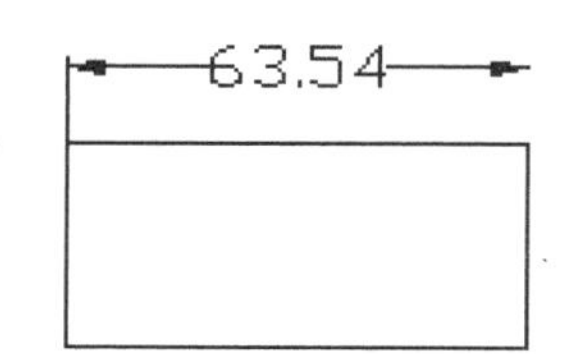

(b) 隐藏第二条尺寸界线的尺寸标注

图 5-24　隐藏部分尺寸界线的尺寸标注

- 【超出尺寸线】微调框：显示的是尺寸界线超过尺寸线的距离。用户可以在此微调框中输入自己的预定值。如图 5-25 所示为预定值设定为 3 时尺寸界线超出尺寸线的距离。

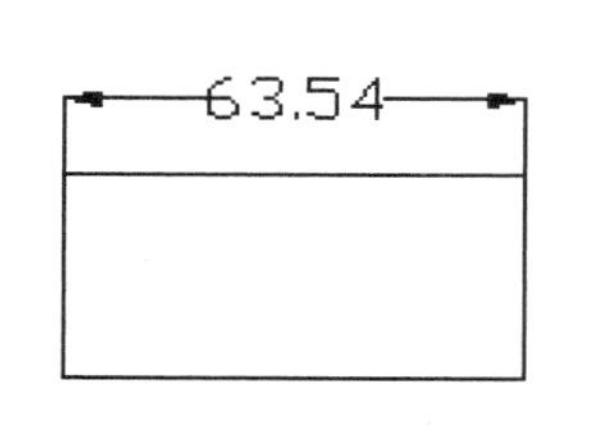

(a) 【超出尺寸线】预定值为 0 时的效果

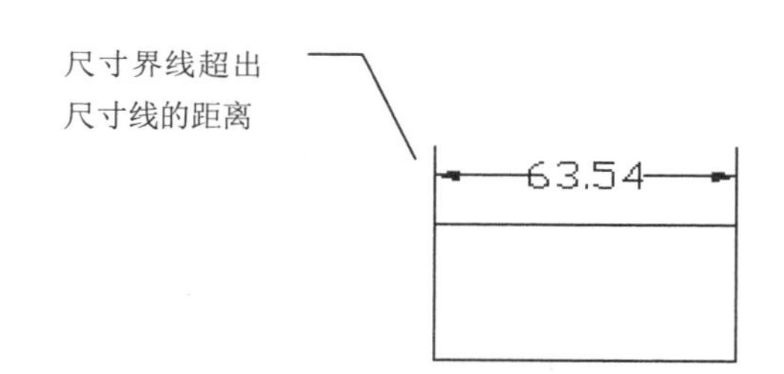

(b) 【超出尺寸线】预定值为 3 时的效果

图 5-25　输入超出尺寸线预定值的前后对比

- 【起点偏移量】微调框：用于设置图形中定义标注的点到尺寸界线的偏移距离。一般来说，尺寸界线与所标注的图形之间有间隙，该间隙即为起点偏移量，即在【起点偏移量】微调框中所显示的数值，用户也可以把它设为另外一个值。
- 【固定长度的尺寸界线】选项：用于设置尺寸界线从尺寸线开始到标注原点的总长度，如图 5-26 所示为设定固定长度的尺寸界线前后的对比。无论是否设置了固定长度的尺寸界线，尺寸界线偏移都将设置从尺寸界线原点开始的最小偏移距离。

(a) 设定固定长度的尺寸界线前　　(b) 设定固定长度的尺寸界线后

图 5-26　设定固定长度的尺寸界线前后

2. 【符号和箭头】选项卡

【符号和箭头】选项卡用来设置箭头、圆心标记、折断标注、弧长符号、半径折弯标注和线性弯折标注的格式和位置。

单击【修改标注样式】对话框中的【符号和箭头】标签，切换到【符号和箭头】选项卡，如图 5-27 所示。

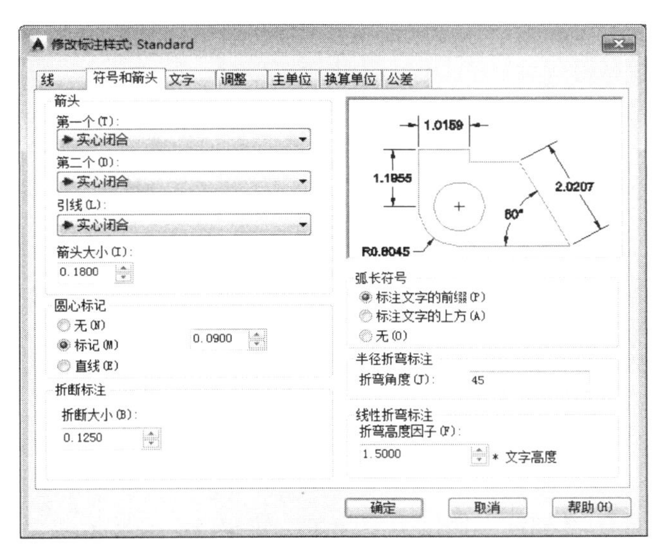

图 5-27　【符号和箭头】选项卡

【符号和箭头】选项卡中各选项的含义如下。

(1) 【箭头】选项组：控制标注箭头的外观。在此选项组中，AutoCAD 提供了 4 项内容供用户设置。

- 【第一个】下拉列表框：用于设置第一条尺寸线的箭头。当改变第一个箭头的类型时，第二个箭头将自动改变以便同第一个箭头相匹配。
- 【第二个】下拉列表框：用于设置第二条尺寸线的箭头。
- 【引线】下拉列表框：用于设置引线尺寸标注的指引箭头类型。
  若用户要指定自己定义的箭头块，可分别选择上述三项下拉列表框中的【用户箭头】选项，则显示【选择自定义箭头块】对话框，用户可选择自己定义的箭头块的名称(该块必须在图形中)。
- 【箭头大小】微调框：在此微调框中显示的是箭头的大小值，用户可以单击上下三角按钮选择相应的大小值，或直接在微调框中输入数值以确定箭头的大小值。

另外，在 AutoCAD 2016 版本中有 “翻转标注箭头”的功能，用户可以更改标注上每个箭头的方向，如图 5-28 所示，先选择要改变其方向的箭头，然后将光标移至箭头处，在弹出的快捷菜单中选择【翻转箭头】命令。翻转后的箭头如图 5-29 所示。

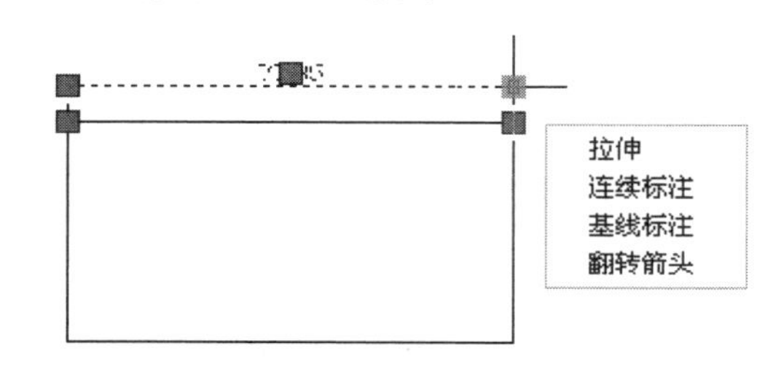

图 5-28　翻转箭头

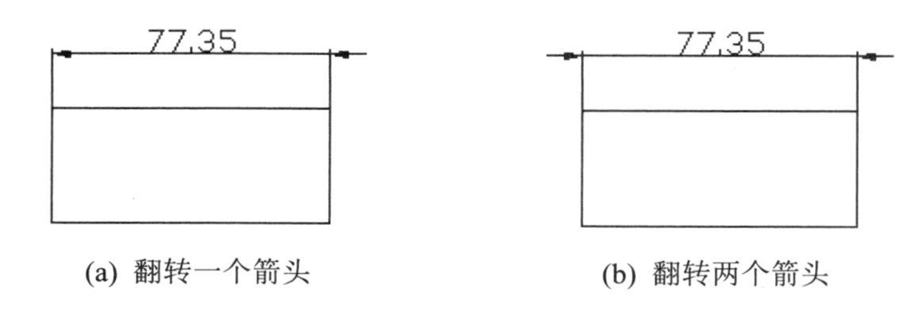

(a) 翻转一个箭头　　(b) 翻转两个箭头

图 5-29　翻转后的箭头

(2)　【圆心标记】选项组：控制直径标注和半径标注的圆心标记和中心线的外观。在此选项组中，AutoCAD 提供了 3 项内容供用户设置。

- 【无】单选按钮：不创建圆心标记或中心线，其存储值为 0。
- 【标记】单选按钮：创建圆心标记，其大小存储为正值。
- 【直线】单选按钮：创建中心线，其大小存储为负值。

(3)　【折断标注】选项组：在此选项组的微调框可以显示和设置圆心标记或中心线的大小。

用户可以在【折断大小】微调框中通过上下三角按钮选择一个数值或直接在微调框中输入相应的数值来表示圆心标记的大小。

(4)　【弧长符号】选项组：控制弧长标注中圆弧符号的显示。在此选项组中，AutoCAD 为用户提供了 3 项内容供用户设置。

- 【标注文字的前缀】单选按钮：将弧长符号放置在标注文字的前面。
- 【标注文字的上方】单选按钮：将弧长符号放置在标注文字的上方。
- 【无】单选按钮：不显示弧长符号。

(5)　【半径折弯标注】选项组：控制折弯(Z 字形)半径标注的显示。折弯半径标注通常在中心点位于页面外部时创建。

【折弯角度】文本框：用于确定连接半径标注的尺寸界线和尺寸线的横向直线的角度，如图 5-30 所示。

(6)　【线性折弯标注】选项组：控制线性标注折弯的显示。

用户可以在【折弯高度因子】微调框中通过上下三角按钮选择一个数值或直接在微调框中输入相应的数值来表示文字高度的大小。

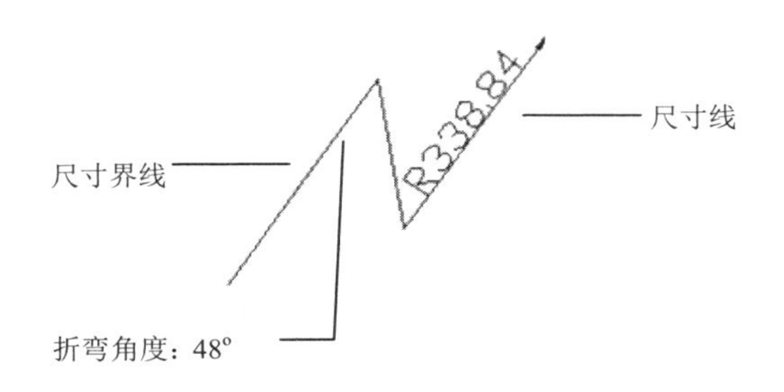

图 5-30　折弯角度

3. 【文字】选项卡

【文字】选项卡用来设置标注文字的外观、位置和对齐。

单击【修改标注样式】对话框中的【文字】标签，切换到【文字】选项卡，如图 5-31 所示。

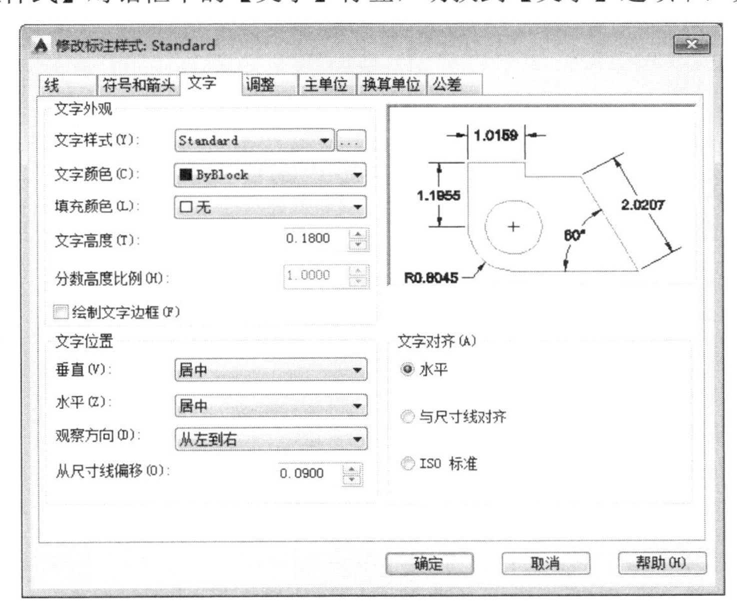

图 5-31　【文字】选项卡

【文字】选项卡中各选项的含义如下。

(1) 【文字外观】选项组：设置标注文字的样式、颜色和大小等属性。在此选项组中，AutoCAD 提供了 6 项内容供用户设置。

- 【文字样式】下拉列表框：用于显示和设置当前标注文字的样式。用户可以从其下拉列表框中选择一种样式。若用户要创建和修改标注文字样式，可以单击下拉列表框右侧的【文字样式】按钮…，打开【文字样式】对话框，如图 5-32 所示，从中进行标注文字样式的创建和修改。
- 【文字颜色】下拉列表框：用于设置标注文字的颜色。用户可以选择其下拉列表框中的某种颜色作为标注文字的颜色，或在下拉列表框中直接输入颜色名称来获得标注文字的颜色。如果选择其下拉列表框中的【选择颜色】选项，则会打开【选择颜色】对话框，用户可以从 288 种 AutoCAD 颜色索引(ACI)颜色、真彩色和配色系统颜色中选择颜色。

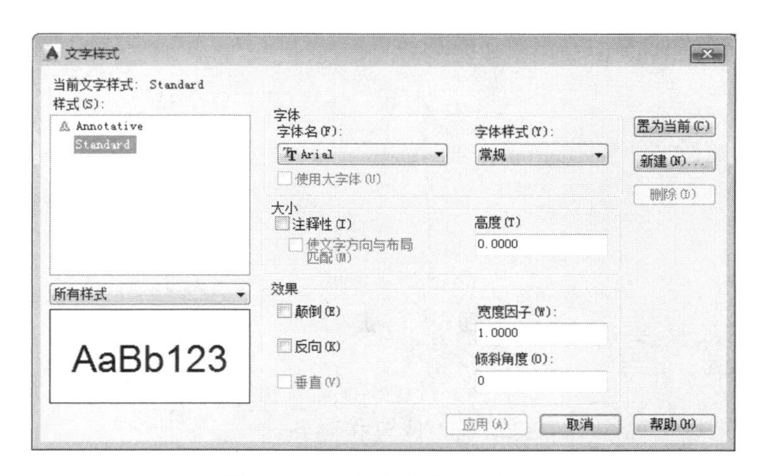

图 5-32 【文字样式】对话框

- 【填充颜色】下拉列表框：用于设置标注文字背景的颜色。用户可以选择其下拉列表框中的某种颜色作为标注文字背景的颜色，或在下拉列表框中直接输入颜色名称来获得标注文字背景的颜色。如果选择其下拉列表框中的【选择颜色】选项，则会打开【选择颜色】对话框，用户可以从 288 种 AutoCAD 颜色索引(ACI)颜色、真彩色和配色系统颜色中选择颜色。
- 【文字高度】微调框：用于设置当前标注文字样式的高度。用户可以直接在文本框中输入需要的数值。如果用户在【文字样式】对话框中将文字高度设置为固定值(即文字样式高度大于 0)，则该高度将替代此处设置的文字高度。如果要使用在【文字】选项卡中设置的高度，必须确保【文字样式】对话框中的文字高度设置为 0。
- 【分数高度比例】微调框：用于设置相对于标注文字的分数比例在公差标注中，当公差样式有效时可以设置公差的上下偏差文字与公差的尺寸高度的比例值。另外，只有在【主单位】选项卡的【单位格式】下拉列表框中选择【分数】选项时，此选项才可应用。在此微调框中输入的值乘以文字高度，可确定标注分数相对于标注文字的高度。
- 【绘制文字边框】复选框：某种特殊的尺寸需要使用文字边框。例如基本公差，如果选中此复选框将在标注文字周围绘制一个边框。如图 5-33 所示为有文字边框和无文字边框的尺寸标注效果。

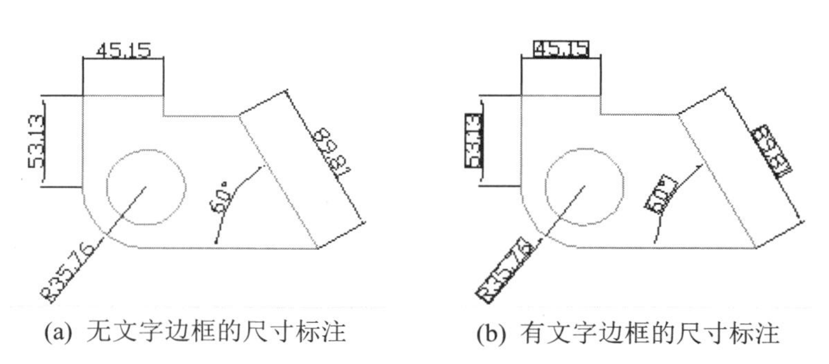

(a) 无文字边框的尺寸标注　　(b) 有文字边框的尺寸标注

图 5-33 有无文字边框尺寸标注的比较

(2) 【文字位置】选项组：用于设置标注文字的位置。在此选项组中，AutoCAD 提供了 4 项内容供用户设置：

- 【垂直】下拉列表框：用来调整标注文字与尺寸线在垂直方向的位置。用户可以在此下拉列表框中选择当前的垂直对齐位置。此下拉列表框中共有 4 个选项供用户选择。
  - 【居中】：将文本置于尺寸线的中间。
  - 【上方】：将文本置于尺寸线的上方。从尺寸线到文本的最低基线的距离就是当前的文字间距。
  - 【外部】：将文本置于尺寸线上远离第一个定义点的一边。
  - “JIS”：按日本工业标准放置。
- 【水平】下拉列表框：用来调整标注文字与尺寸线在平行方向的位置。用户可以在此下拉列表框中选择当前的水平对齐位置。此下拉列表框中共有 5 个选项供用户选择。
  - 【居中】：将文本置于尺寸界线的中间。
  - 【第一条尺寸界线】：将标注文字沿尺寸线与第一条尺寸界线左对正。尺寸界线与标注文字的距离是箭头大小加上文字间距之和的两倍。
  - 【第二条尺寸界线】：将标注文字沿尺寸线与第二条尺寸界线右对正。尺寸界线与标注文字的距离是箭头大小加上文字间距之和的两倍。
  - 【第一条尺寸界线上方】：沿第一条尺寸界线放置标注文字或将标注文字放置在第一条尺寸界线之上。
  - 【第二条尺寸界线上方】：沿第二条尺寸界线放置标注文字或将标注文字放置在第二条尺寸界线之上。
- 【观察方向】下拉列表框：用于控制标注文字的观察方向。该下拉列表框中包括以下两个选项。
  - 【从左到右】：按从左到右阅读的方式放置文字。
  - 【从右到左】：按从右到左阅读的方式放置文字。
- 【从尺寸线偏移】微调框：用于调整标注文字与尺寸线之间的距离，即文字间距。此值也可用作尺寸线段所需的最小长度。

  另外，只有当生成的线段至少与文字间隔同样长时，才会将文字放置在尺寸界线内侧。当箭头、标注文字以及页边距有足够的空间容纳文字间距时，才会将尺寸线上方或下方的文字置于内侧。

(3) 【文字对齐】选项组：用于控制标注文字放在尺寸界线外边或里边时的方向是保持水平还是与尺寸界线平行。在此选项组中，AutoCAD 提供了 3 项内容供用户设置。

- 【水平】单选按钮：选中此单选按钮表示无论尺寸标注为何种角度，其标注文字总是水平的。
- 【与尺寸线对齐】单选按钮：选中此单选按钮表示尺寸标注为何种角度时，它的标注文字即为何种角度，文字方向总是与尺寸线平行。
- 【ISO 标准】单选按钮：选中此单选按钮表示标注文字方向遵循 ISO 标准。当文字在尺寸界线内时，文字与尺寸线对齐；当文字在尺寸界线外时，文字水平排列。

国家制图标准专门对文字标注做出了规定，其主要内容如下。

字体的号数有 20、14、10、7、8、3.8、2.8 七种，其号数即为字的高度(单位为 mm)。字的宽度约等于字体高度的 2/3。对于汉字，因笔画较多，不宜采用 2.8 号字。

文字中的汉字应采用长仿宋体；拉丁字母分大、小写两种，而这两种字母又可分别写成直体(正体)和斜体形式，斜体字的字头向右侧倾斜，与水平线约成 78°角；阿拉伯数字也有直体和斜体两种形式，斜体数字与水平线也成 78°角。实际标注中，有时需要将汉字、字母和数字组合起来使用。例如，标注“4-M8 深 18”时，就用到了汉字、字母和数字。

以上简要介绍了国家制图标准对文字标注要求的主要内容，其详细要求请参考相应的国家制图标准。下面介绍如何为 AutoCAD 创建符合国标要求的文字样式。

要创建符合国标要求的文字样式，关键是要有相应的字库。AutoCAD 支持 TrueType 字体，如果用户的计算机中已安装 TrueType 形式的长仿宋体，按前面创建 STHZ 文字样式的方法创建相应的文字样式，即可标注出长仿宋体字。此外，用户也可以采用宋体或仿宋体作为近似字体，但此时要设置合适的宽度比例。

4. 【调整】选项卡

【调整】选项卡用来设置标注文字、箭头、引线和尺寸线的放置位置。

单击【修改标注样式】对话框中的【调整】标签，切换到【调整】选项卡，如图 5-34 所示。

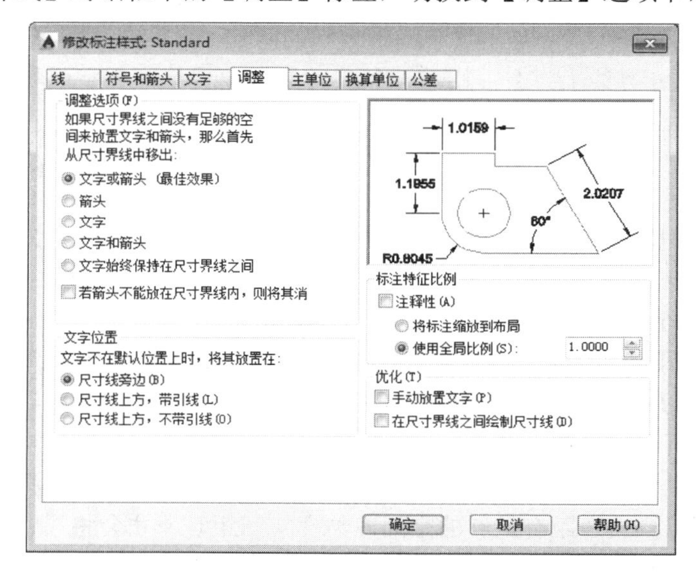

图 5-34 【调整】选项卡

【调整】选项卡中各选项的含义如下。

(1) 【调整选项】选项组：用于在特殊情况下调整尺寸的某个要素的最佳表现方式。在此选项组中，AutoCAD 提供了 6 项内容供用户设置。

- 【文字或箭头(最佳效果)】单选按钮：选中此单选按钮表示 AutoCAD 会自动选取最佳的效果，当没有足够的空间放置文字和箭头时，AutoCAD 会自动把文字或箭头移出尺寸界线。
- 【箭头】单选按钮：选中此单选按钮表示在尺寸界线之间如果没有足够的空间放置文字和箭头时，将首先把箭头移出尺寸界线。
- 【文字】单选按钮：选中此单选按钮表示在尺寸界线之间如果没有足够的空间放置文字和箭头时，将首先把文字移出尺寸界线。

- 【文字和箭头】单选按钮：选中此单选按钮表示在尺寸界线之间如果没有足够的空间放置文字和箭头时，将会把文字和箭头同时移出尺寸界线。
- 【文字始终保持在尺寸界线之间】单选按钮：选中此单选按钮表示在尺寸界线之间如果没有足够的空间放置文字和箭头时，文字将始终留在尺寸界线内。
- 【若箭头不能放在尺寸界线内，则将其消】复选框：启用此复选框，表示当文字和箭头在尺寸界线放置不下时，则消除箭头，即不画箭头。如图 5-35 所示的 R11.17 的半径标注为启用此复选框的前后对比。

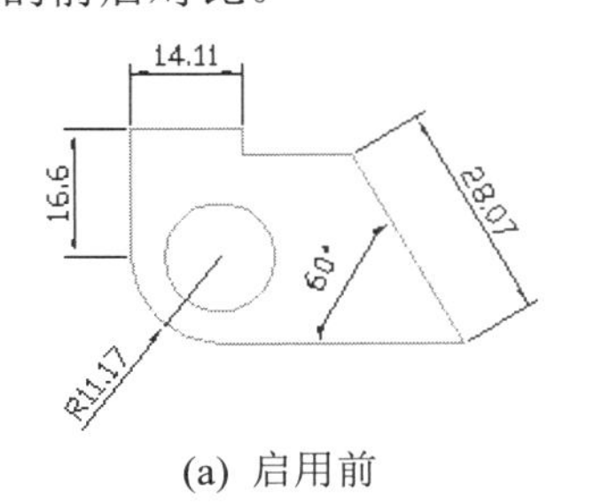

(a) 启用前

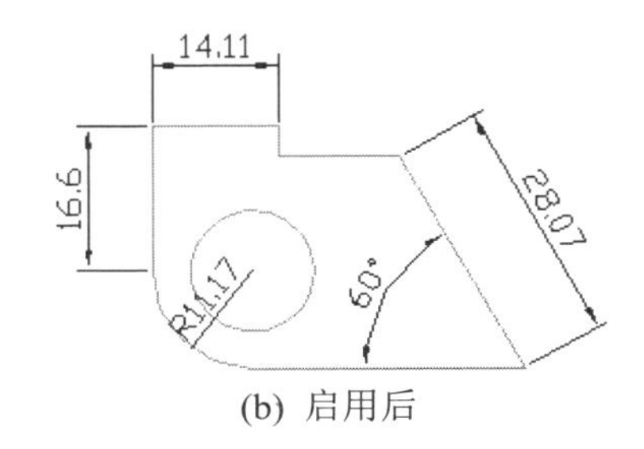

(b) 启用后

图 5-35　选中【若箭头不能放在尺寸界线内，则将其消】复选框的前后对比

(2) 【文字位置】选项组：用于设置标注文字从默认位置(由标注样式定义的位置)移动时标注文字的位置。在此选项组中，AutoCAD 提供了 3 项内容供用户设置。

- 【尺寸线旁边】单选按钮：当标注文字不在默认位置时，将文字标注在尺寸线旁。这是默认的选项。
- 【尺寸线上方，带引线】单选按钮：当标注文字不在默认位置时，将文字标注在尺寸线的上方，并加一条引线。
- 【尺寸线上方，不带引线】单选按钮：当标注文字不在默认位置时，将文字标注在尺寸线的上方，不加引线。

(3) 【标注特征比例】选项组：用于设置全局标注比例值或图纸空间比例。在此选项组中，AutoCAD 提供了 3 项内容供用户设置。

- 【注释性】复选框：指定标注为注释性。单击信息图标以了解有关注释性对象的详细信息。
- 【将标注缩放到布局】单选按钮：表示以相对于图纸的布局比例来缩放尺寸标注。
- 【使用全局比例】单选按钮：表示整个图形的尺寸比例，比例值越大，表示尺寸标注的字体越大。选中此单选按钮后，用户可以在其微调框中选择某一个比例或直接在微调框中输入一个数值表示全局的比例。

(4) 【优化】选项组：提供用于放置标注文字的其他选项。在此选项组中，AutoCAD 提供了两项内容供用户设置。

- 【手动放置文字】复选框：选中此复选框表示每次标注时总是需要用户设置放置文字的位置，反之则在标注文字时使用默认设置。
- 【在尺寸界线之间绘制尺寸线】复选框：选中该复选框表示当尺寸界线距离比较近时，在界线之间也要绘制尺寸线，反之则不绘制。

5. 【主单位】选项卡

【主单位】选项卡用来设置主标注单位的格式和精度，并设置标注文字的前缀和后缀。

单击【修改标注样式】对话框中的【主单位】标签，切换到【主单位】选项卡，如图5-36所示。

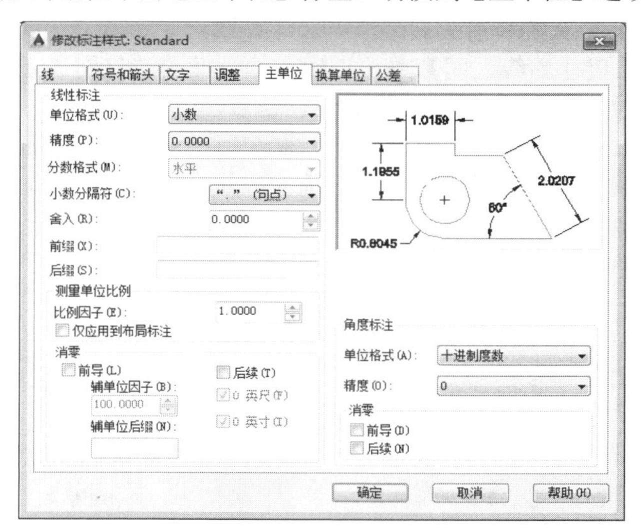

图5-36 【主单位】选项卡

【主单位】选项卡中各选项的含义如下。

(1) 【线性标注】选项组：用于设置线性标注的格式和精度。在此选项组中，AutoCAD提供了7项内容供用户设置。

- 【单位格式】下拉列表框：设置除角度之外的所有尺寸标注类型的当前单位格式。其中共有6个选项，它们是：【科学】、【小数】、【工程】、【建筑】、【分数】和【Windows桌面】。
- 【精度】下拉列表框：设置尺寸标注的精度。用户可以通过在其下拉列表框中选择某一项作为标注精度。
- 【分数格式】下拉列表框：设置分数的表现格式。此下拉列表框只有当【单位格式】下拉列表框选择的是【分数】选项时才有效，它包括【水平】、【对角】、【非堆叠】3个选项。
- 【小数分隔符】下拉列表框：设置用于十进制格式的分隔符。此下拉列表框只有当【单位格式】下拉列表框选择的是【小数】选项时才有效，它包括【“.”(句点)】、【“,”(逗点)】、【“ ”(空格)】3个选项。
- 【舍入】微调框：设置四舍五入的位数及具体数值。用户可以在其微调框中直接输入相应的数值来设置。如果输入0.28，则所有标注距离都以0.28为单位进行舍入；如果输入1.0，则所有标注距离都将舍入为最接近的整数。小数点后显示的位数取决于【精度】下拉列表框的设置。
- 【前缀】文本框：在此文本框中用户可以为标注文字输入一定的前缀，可以输入文字或使用控制代码显示特殊符号。如图5-37所示，在【前缀】文本框中输入“%%C”后，标注文字前加表示直径的前缀“Ø”号。
- 【后缀】文本框：在此文本框中用户可以为标注文字输入一定的后缀，可以输入文字或使用控制代码显示特殊符号。如图5-38所示，在【后缀】文本框中输入“cm”后，标注文字后加后缀“cm”。

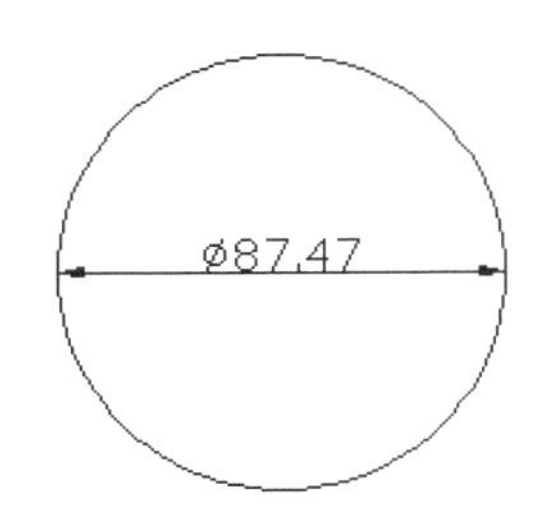

图 5-37　加入前缀“Ø”的尺寸标注

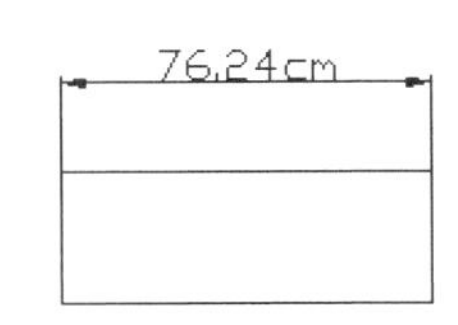

图 5-38　加入后缀“cm”的尺寸标注

提示：当输入前缀或后缀时，输入的前缀或后缀将覆盖在直径和半径等标注中使用的任何默认前缀或后缀。如果指定了公差，前缀或后缀将添加到公差和主标注中。

(2)　【测量单位比例】选项组：定义线性比例选项，主要应用于传统图形。

用户可以通过在【比例因子】微调框中输入相应的数字表示设置比例因子。但是建议不要更改此值的默认值 1.00。例如，如果输入“2”，则 1 英寸直线的尺寸将显示为 2 英寸。该值不应用到角度标注，也不应用到舍入值或者正负公差值。

用户也可以选中【仅应用到布局标注】复选框或禁用使设置应用到整个图形文件中。

(3)　【消零】选项组：用来控制不输出前导零、后续零，以及零英尺、零英寸部分，即在标注文字中不显示前导零、后续零，以及零英尺、零英寸部分。

(4)　【角度标注】选项组：用于显示和设置角度标注的当前角度格式。在此选项组中，AutoCAD 提供了 2 项内容供用户设置。

- 【单位格式】下拉列表框：设置角度单位格式。其中共有 4 个选项，它们是：【十进制度数】、【度/分/秒】、【百分度】和【弧度】。
- 【精度】下拉列表框：设置角度标注的精度。用户可以通过在其下拉列表框中选择某一项作为标注精度。

(5)　【消零】选项组：用来控制不输出前导零、后续零，即在标注文字中不显示前导零、后续零。

6. 【换算单位】选项卡

【换算单位】选项卡用来设置标注测量值中换算单位的显示并设置其格式和精度。

单击【修改标注样式】对话框中的【换算单位】标签，切换到【换算单位】选项卡，如图 5-39 所示。

【换算单位】选项卡中各选项的含义如下。

(1)　【显示换算单位】复选框：用于向标注文字添加换算测量单位。只有当用户选中此复选框时，【换算单位】选项卡的所有选项才有效；否则即为无效，即在尺寸标注中换算单位无效。

(2)　【换算单位】选项组：用于显示和设置换算单位。在此选项组中，AutoCAD 提供了 6 项内容供用户设置。

- 【单位格式】下拉列表框：设置换算单位格式。此选项与主单位的单位格式设置相同。
- 【精度】下拉列表框：设置换算单位的尺寸精度。此选项也与主单位的精度设置相同。
- 【换算单位倍数】微调框：设置换算单位之间的比例，用户可以指定一个乘数，作为主单位和换算单位之间的换算因子使用。例如，要将英寸转换为毫米，则输入 28.4。此值对角度标注没有影响，而且不会应用于舍入值或者正、负公差值。

- 【舍入精度】微调框：设置四舍五入的位数及具体数值。如果输入 0.28，则所有标注测量值都以 0.28 为单位进行舍入；如果输入 1.0，则所有标注测量值都将舍入为最接近的整数。小数点后显示的位数取决于【精度】下拉列表框的设置。
- 【前缀】文本框：在此文本框中用户可以为尺寸换算单位输入一定的前缀，可以输入文字或使用控制代码显示特殊符号。如图 5-40 所示，在【前缀】文本框中输入“%%C”后，换算单位前加表示直径的前缀“Ø”号。
- 【后缀】文本框：在此文本框中用户可以为尺寸换算单位输入一定的后缀，可以输入文字或使用控制代码显示特殊符号。如图 5-41 所示，在【后缀】文本框中输入“cm”后，换算单位后加后缀“cm”。

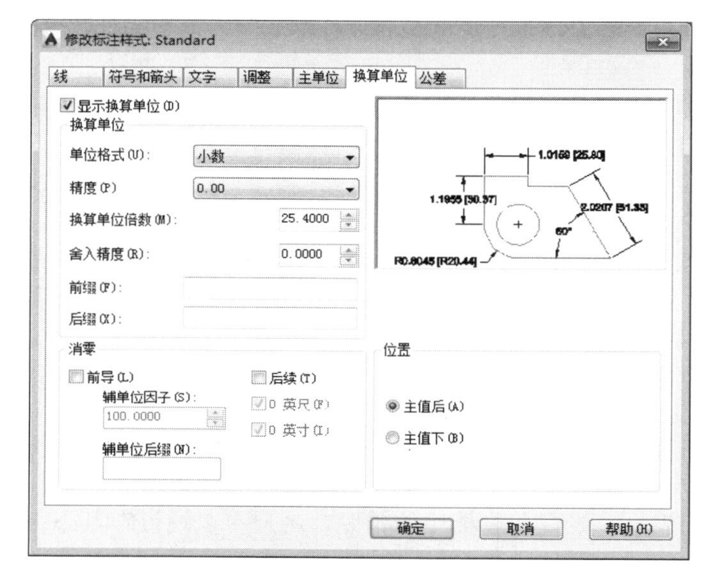

图 5-39 【换算单位】选项卡

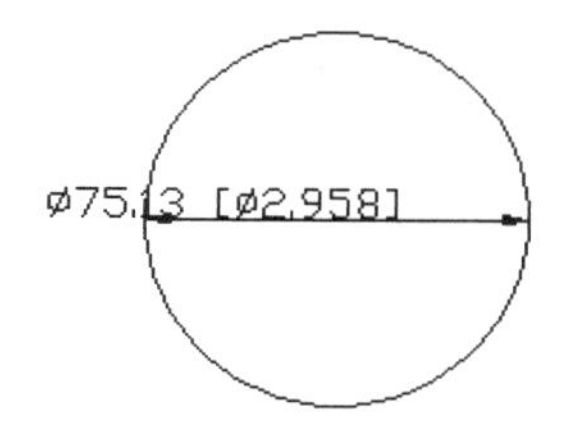

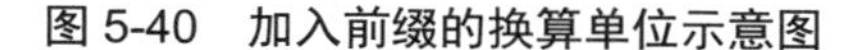
图 5-40 加入前缀的换算单位示意图

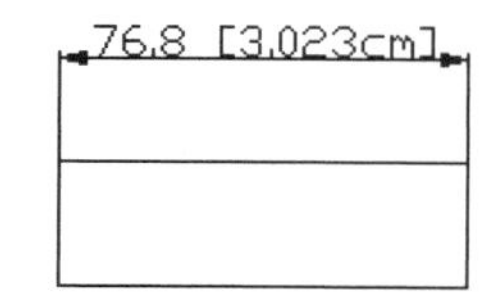

图 5-41 加入后缀的换算单位示意图

(3) 【消零】选项组：用来控制不输出前导零、后续零，以及零英尺、零英寸部分，即在换算单位中不显示前导零、后续零，以及零英尺、零英寸部分。

(4) 【位置】选项组：用于设置标注文字中换算单位的放置位置。在此选项组中，有 2 个单选按钮。

- 【主值后】单选按钮：选中此单选按钮表示将换算单位放在标注文字中的主单位之后。
- 【主值下】单选按钮：选中此单选按钮表示将换算单位放在标注文字中的主单位下面。

如图 5-42 所示为换算单位放置在主单位之后和主值下面的尺寸标注对比。

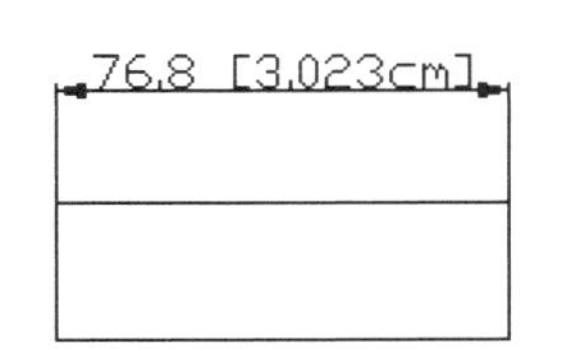

(a) 将换算单位放置在主单位之后的尺寸标注

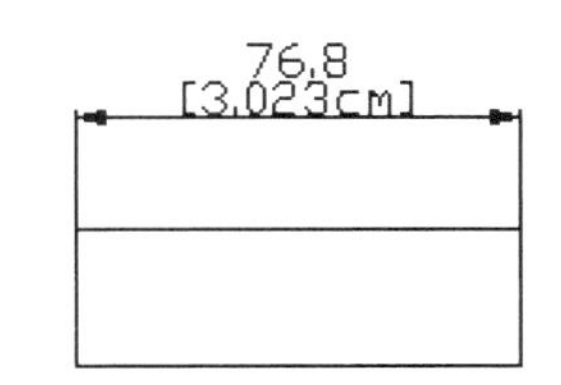

(b) 将换算单位放置在主值下面的尺寸标注

图 5-42　换算单位放置在主单位之后和主值下面的尺寸标注

7. 【公差】选项卡

【公差】选项卡用来设置公差格式及换算公差等。

单击【修改标注样式】对话框中的【公差】标签，切换到【公差】选项卡，如图 5-43 所示。

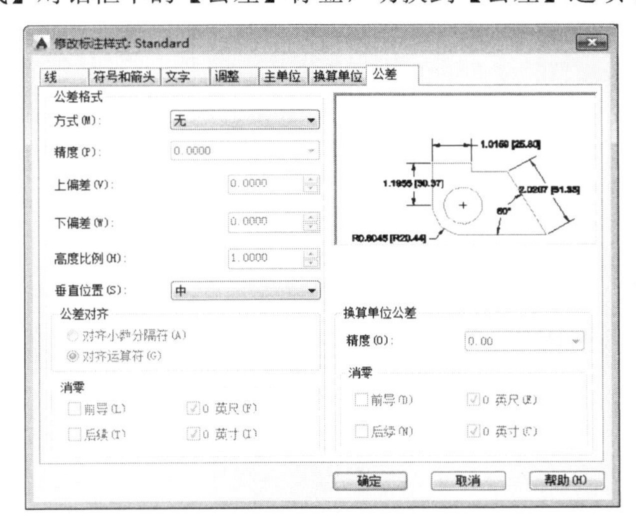

图 5-43　【公差】选项卡

【公差】选项卡中各选项的含义如下。

(1) 【公差格式】选项组：用于设置标注文字中公差的格式及显示。在此选项组中，AutoCAD 提供了 6 项内容供用户设置。

- 【方式】下拉列表框：设置公差格式。用户可以在其下拉列表框中选择其一作为公差的标注格式。其中共有 5 个选项，它们是：【无】、【对称】、【极限偏差】、【极限尺寸】和【基本尺寸】。
  - 【无】：不添加公差。
  - 【对称】：添加公差的正、负表达式，其中一个偏差量的值应用于标注测量值。标注后面将显示加号或减号。在【上偏差】微调框中输入公差值。
  - 【极限偏差】：添加正、负公差表达式。不同的正公差和负公差值将应用于标注测量值。在【上偏差】微调框中输入的公差值前面将显示正号(+)。在【下偏差】微调框中输入的公差值前面将显示负号(−)。

◆ 【极限尺寸】：创建极限标注。在此类标注中，将显示一个最大值和一个最小值，一个在上，另一个在下。最大值等于标注值加上在【上偏差】微调框中输入的值。最小值等于标注值减去在【下偏差】微调框中输入的值。
◆ 【基本尺寸】：创建基本标注，这将在整个标注范围周围显示一个框。

● 【精度】下拉列表框：设置公差的小数位数。
● 【上偏差】微调框：设置最大公差或上偏差。如果在【方式】下拉列表框中选择【对称】选项，则此微调框中的数值将用于公差。
● 【下偏差】微调框：设置最小公差或下偏差。
● 【高度比例】微调框：设置公差文字的当前高度。
● 【垂直位置】下拉列表框：设置对称公差和极限公差的文字对正。

(2) 【公差对齐】选项组：对齐小数分隔符或运算符。

(3) 【消零】选项组：用来控制不输出前导零、后续零，以及零英尺、零英寸部分，即在公差中不显示前导零、后续零，以及零英尺、零英寸部分。

(4) 【换算单位公差】选项组：用于设置换算公差单位的格式。在此选项组中的【精度】下拉列表框、【消零】子选项组的设置与前面的设置相同。

设置各选项后，单击任一选项卡中的【确定】按钮，然后单击【标注样式管理器】对话框中的【关闭】按钮即完成设置。

课后练习

案例文件：ywj\05\01.dwg
视频文件：光盘\视频课堂\第 5 教学日\5.2

练习案例分析及步骤如下。

本课后练习创建传动轴零件草图，传动轴是一个高转速、少支承的旋转体，因此它的动平衡是至关重要的。一般传动轴在出厂前都要进行动平衡试验，并在平衡机上进行调整，如图 5-44 所示是完成的传动轴零件草图。

本课案例主要练习了 AutoCAD 的矩形等草绘命令，在绘制完成后进行填充和尺寸标注。绘制传动轴零件草图的思路和步骤如图 5-45 所示。

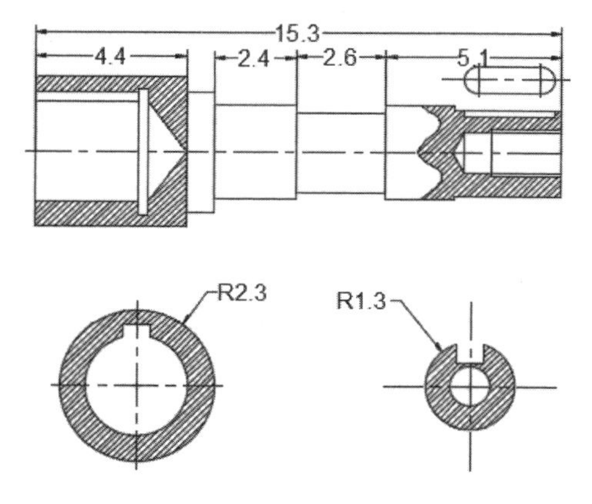

图 5-44 传动轴标注草图

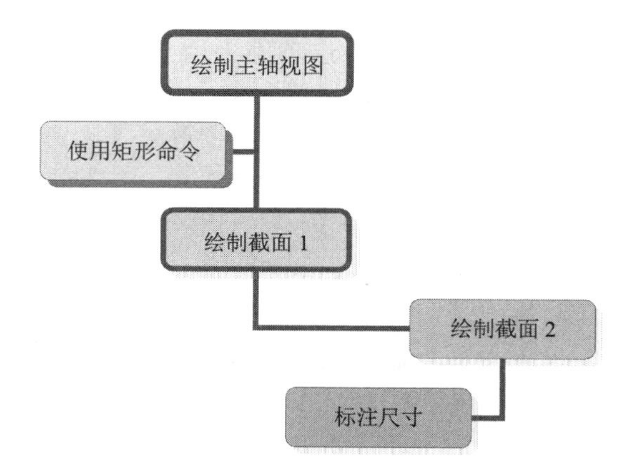

图 5-45 传动轴标注草图步骤

练习案例操作步骤如下。

step 01 绘制主轴视图。选择中心线图层，单击【默认】选项卡的【绘图】面板中的【直线】按钮，绘制如图 5-46 所示的中心线。

图 5-46　绘制中心线

step 02 单击【默认】选项卡的【绘图】面板中的【矩形】按钮，绘制尺寸为 4.4 × 4.5 的矩形，如图 5-47 所示。

step 03 单击【默认】选项卡的【绘图】面板中的【矩形】按钮，向右绘制尺寸为 3.6 × 0.8 的矩形，如图 5-48 所示。

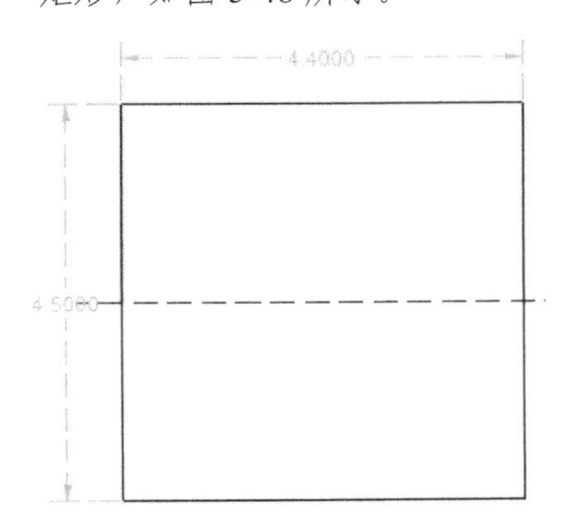

图 5-47　绘制尺寸为 4.4×4.5 的矩形

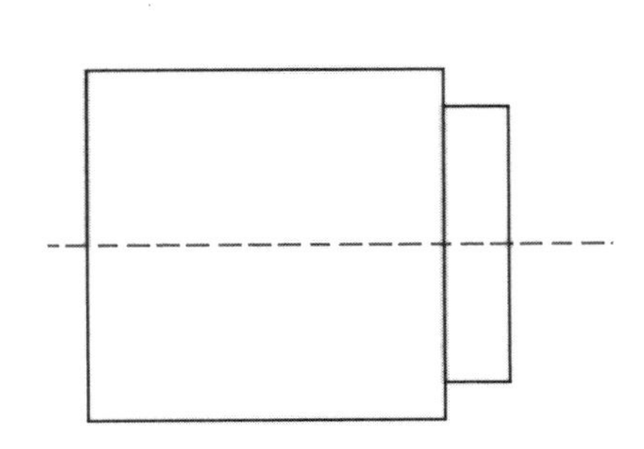

图 5-48　绘制尺寸为 3.6×0.8 的矩形

step 04 单击【默认】选项卡的【绘图】面板中的【矩形】按钮，绘制尺寸为 2.8 × 2.4 的矩形，如图 5-49 所示。

step 05 单击【默认】选项卡的【绘图】面板中的【矩形】按钮，绘制尺寸为 2.4 × 2.6 的矩形，如图 5-50 所示。

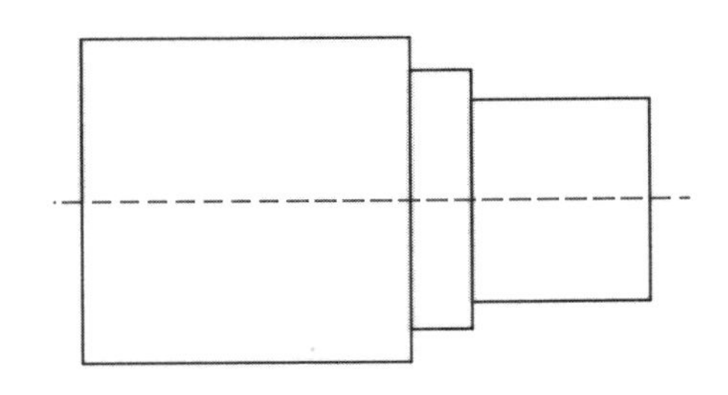

图 5-49　绘制尺寸为 2.8×2.4 的矩形

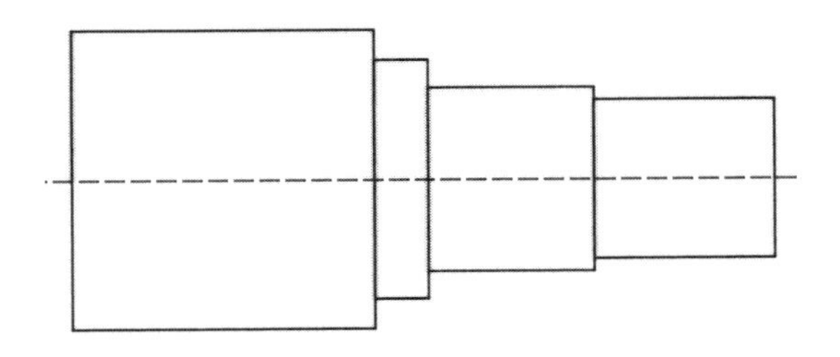

图 5-50　绘制尺寸为 2.4×2.6 的矩形

step 06 单击【默认】选项卡的【绘图】面板中的【矩形】按钮，绘制尺寸为 2.8 × 2.0 的矩形，如图 5-51 所示。

step 07 单击【默认】选项卡的【绘图】面板中的【矩形】按钮，绘制尺寸为 2.6 × 3.1 的矩形，如图 5-52 所示。

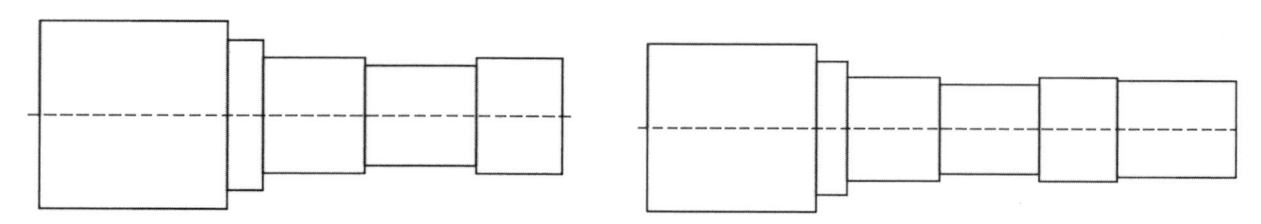

图 5-51　绘制尺寸为 2.8×2.0 的矩形　　图 5-52　绘制尺寸为 2.6×3.1 的矩形

step 08 单击【默认】选项卡的【绘图】面板中的【直线】按钮，绘制如图 5-53 所示的水平线，长度为 3。

step 09 单击【默认】选项卡的【修改】面板中的【偏移】按钮，绘制水平线的偏移线，距离为 0.3 和 3.3，如图 5-54 所示。

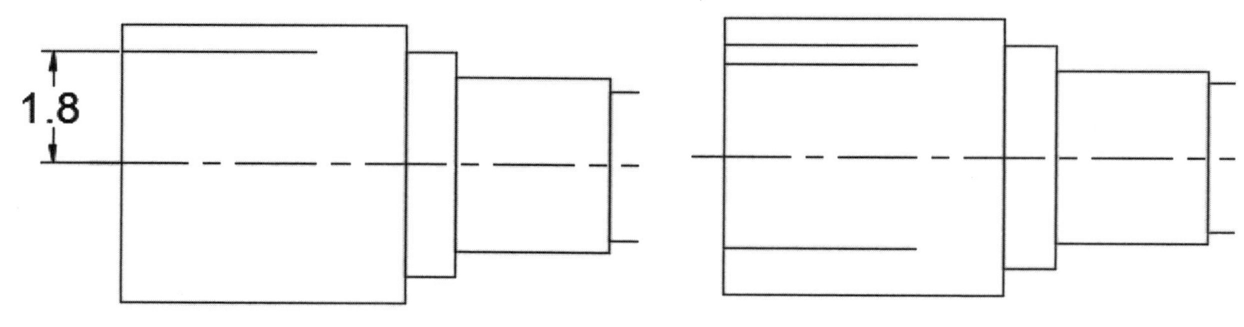

图 5-53　绘制水平线　　图 5-54　绘制偏移线

step 10 单击【默认】选项卡的【绘图】面板中的【直线】按钮，绘制平行垂线，间距为 0.3，如图 5-55 所示。

step 11 单击【默认】选项卡的【绘图】面板中的【直线】按钮，绘制 2 条水平线，如图 5-56 所示。

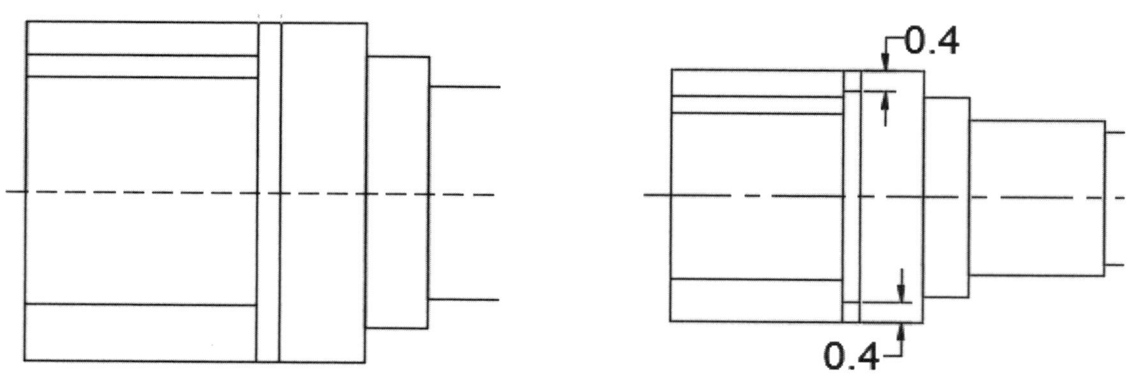

图 5-55　绘制平行垂线　　图 5-56　绘制 2 条水平线

step 12 单击【默认】选项卡的【修改】面板中的【修剪】按钮，快速修剪图形，如图 5-57 所示。

step 13 单击【默认】选项卡的【绘图】面板中的【直线】按钮，绘制如图 5-58 所示的斜线。

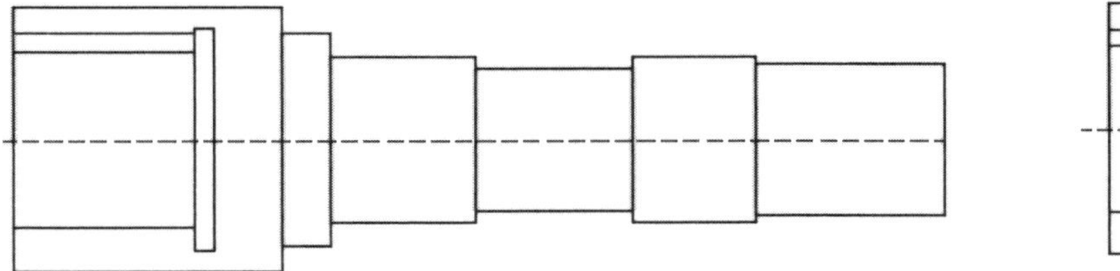

图 5-57　修剪图形

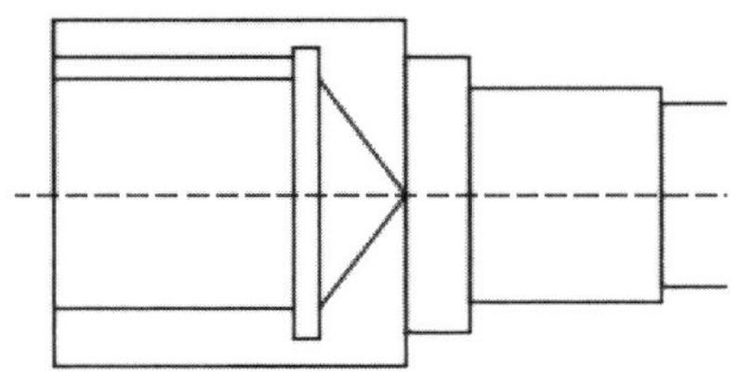

图 5-58　绘制斜线

step 14 单击【默认】选项卡的【绘图】面板中的【直线】按钮，绘制如图 5-59 所示的矩形，尺寸为 2.6 × 0.2。

step 15 单击【默认】选项卡的【绘图】面板中的【样条曲线拟合】按钮，绘制如图 5-60 所示的曲线。

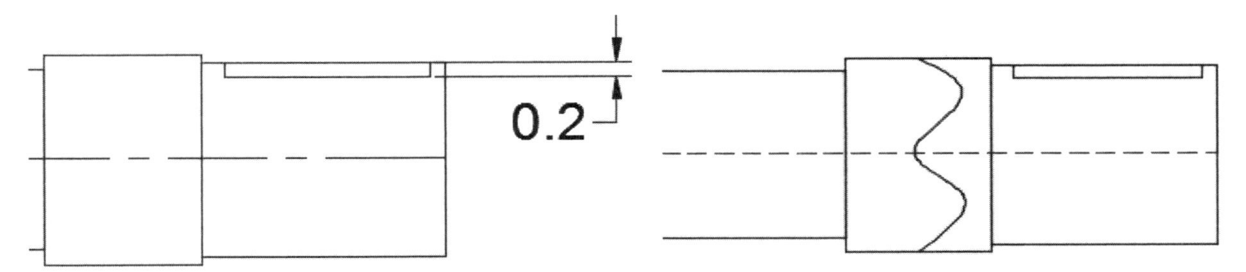

图 5-59　绘制尺寸为 2.6×0.2 的矩形

图 5-60　绘制曲线

step 16 单击【默认】选项卡的【修改】面板中的【修剪】按钮，快速修剪图形，如图 5-61 所示。

step 17 单击【默认】选项卡的【绘图】面板中的【直线】按钮，绘制右侧矩形，尺寸为 2.8 × 1.2，如图 5-62 所示。

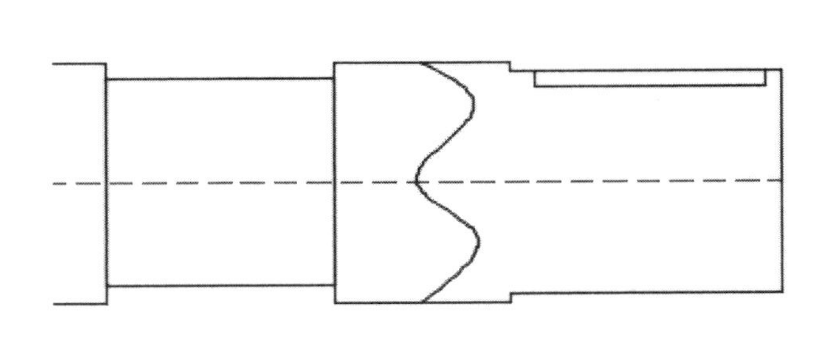

图 5-61　修剪图形

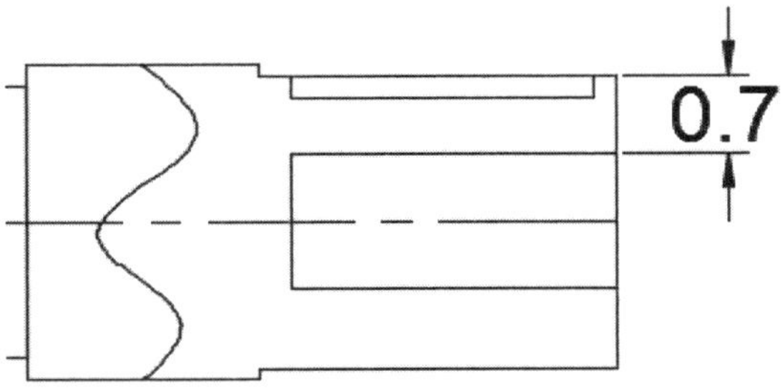

图 5-62　绘制矩形

step 18 单击【默认】选项卡的【绘图】面板中的【直线】按钮，绘制直线草图，如图 5-63 所示。

step 19 单击【默认】选项卡的【修改】面板中的【修剪】按钮，快速修剪图形，如图 5-64 所示。

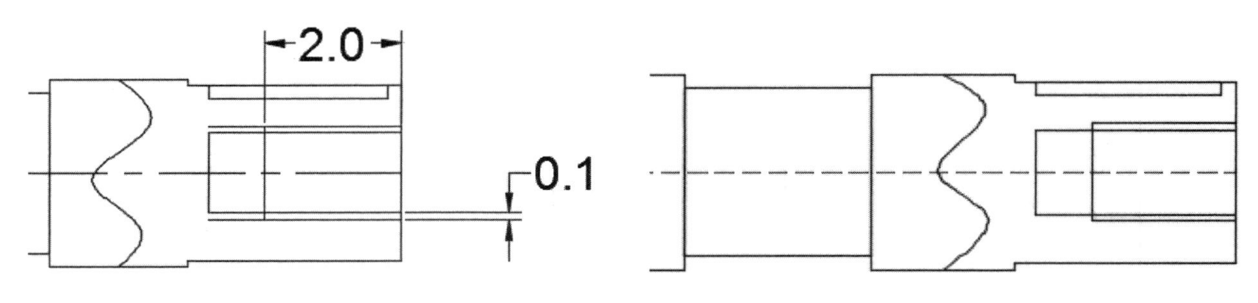

图 5-63　绘制直线草图　　　　图 5-64　修剪图形

step 20 单击【默认】选项卡的【绘图】面板中的【直线】按钮，绘制三角形，完成主视图的绘制，如图 5-65 所示。

step 21 单击【默认】选项卡的【绘图】面板中的【直线】按钮，绘制直线图形，如图 5-66 所示。

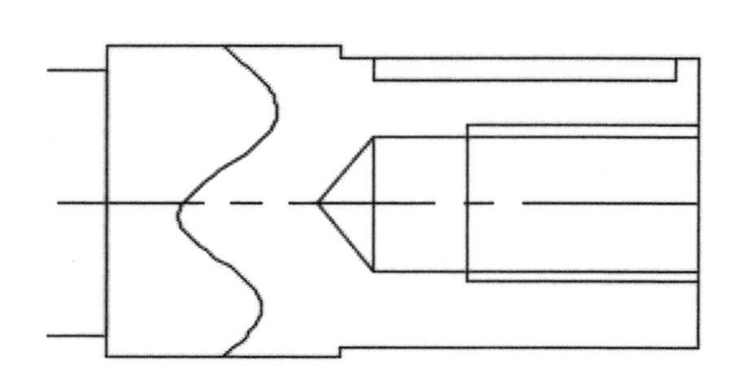

图 5-65　绘制三角形　　　　图 5-66　绘制直线图形

step 22 单击【默认】选项卡的【修改】面板中的【修剪】按钮，快速修剪图形，如图 5-67 所示。

step 23 单击【默认】选项卡的【绘图】面板中的【直线】按钮，绘制如图 5-68 所示的中心线。

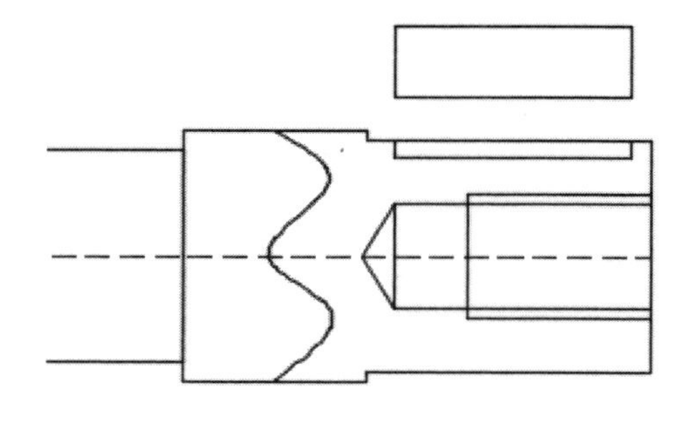

图 5-67　修剪图形

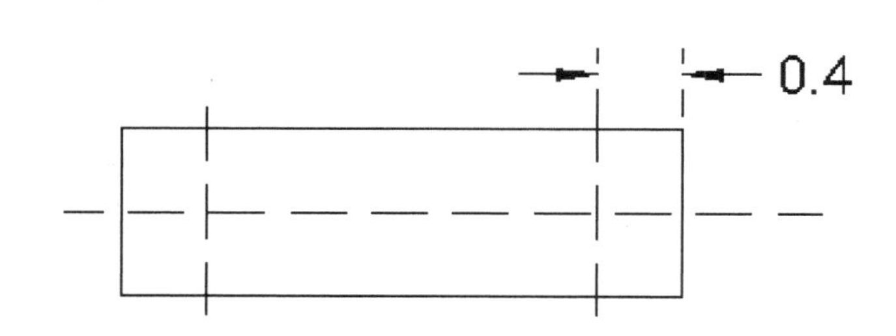

图 5-68　绘制中心线

step 24 单击【默认】选项卡的【绘图】面板中的【圆弧】按钮，绘制如图 5-69 所示的两个圆弧。

step 25 单击【默认】选项卡的【修改】面板中的【修剪】按钮，快速修剪图形，如图 5-70 所示。

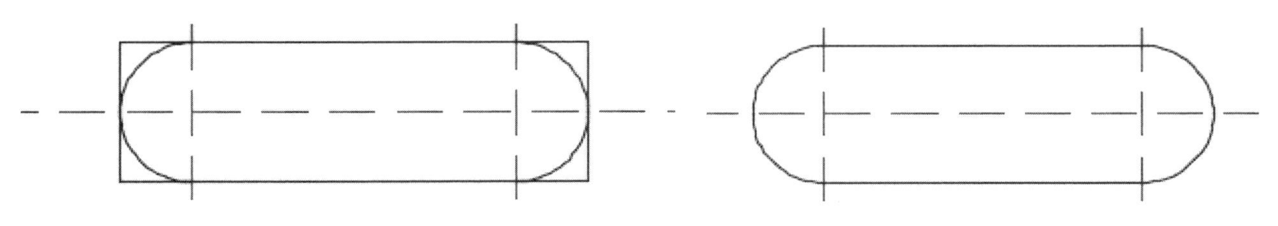

图 5-69　绘制两个圆弧　　　　图 5-70　修剪图形

step 26 开始绘制截面 1。选择中心线图层，单击【默认】选项卡的【绘图】面板中的【直线】按钮，绘制如图 5-71 所示的中心线。

step 27 单击【默认】选项卡的【绘图】面板中的【圆】按钮，绘制如图 5-72 所示的同心圆，半径分别为 1.5 和 2.3。

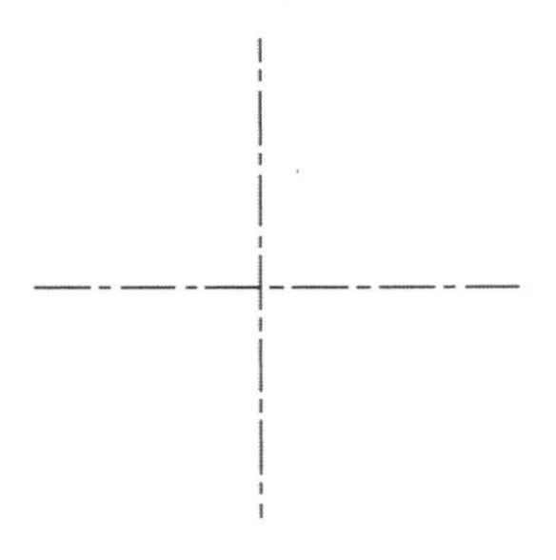

图 5-71　绘制中心线

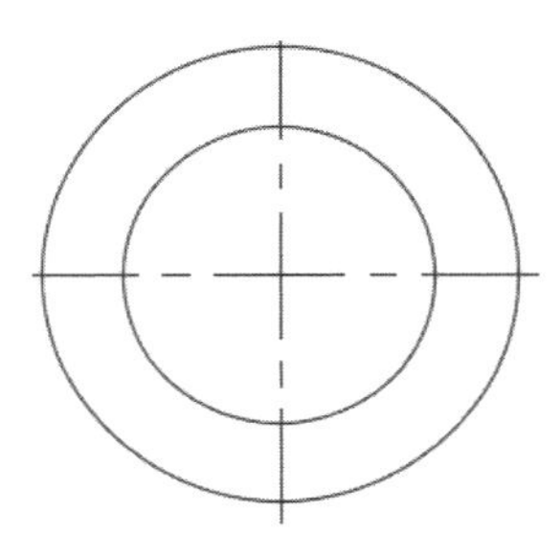

图 5-72　绘制同心圆

step 28 单击【默认】选项卡的【绘图】面板中的【直线】按钮，绘制 3 条直线，尺寸如图 5-73 所示。

step 29 单击【默认】选项卡的【修改】面板中的【修剪】按钮，快速修剪图形，如图 5-74 所示，完成截面 1 的绘制。

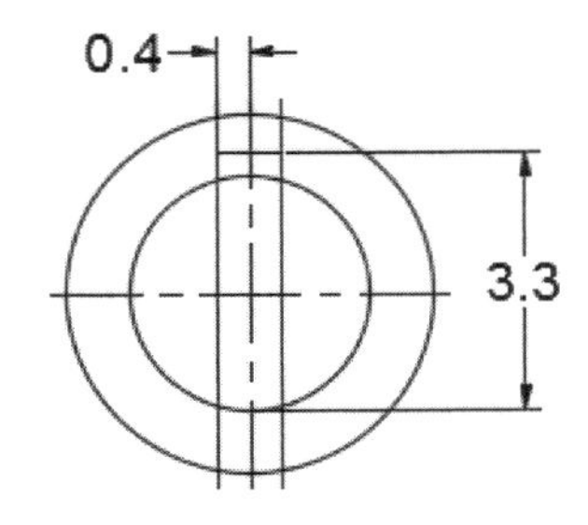

图 5-73　绘制 3 条直线

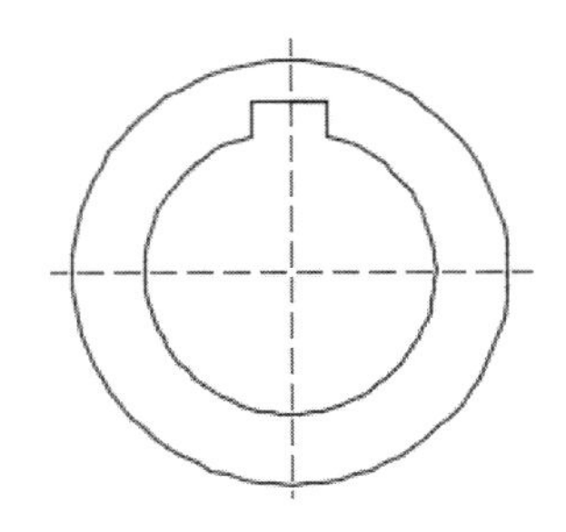

图 5-74　修剪图形

step 30 绘制截面 2。选择中心线图层，单击【默认】选项卡的【绘图】面板中的【直线】按钮，绘制如图 5-75 所示的中心线。

step 31 单击【默认】选项卡的【绘图】面板中的【圆】按钮，绘制半径为 0.6 和 1.3 的同心圆，如图 5-76 所示。

step 32 单击【默认】选项卡的【绘图】面板中的【直线】按钮，绘制 3 条直线，如图 5-77 所示。

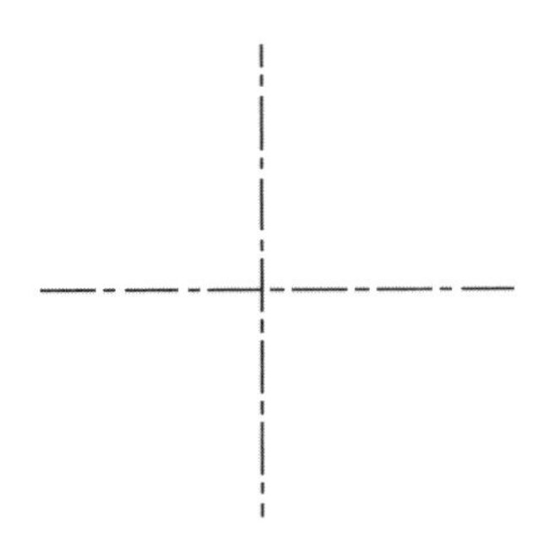

图 5-75　绘制中心线

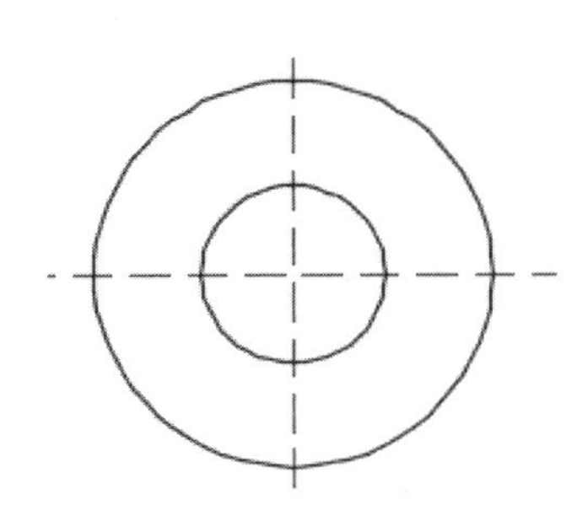

图 5-76　绘制同心圆

step 33 单击【默认】选项卡的【修改】面板中的【修剪】按钮，快速修剪图形，如图 5-78 所示，完成截面 2 的绘制。

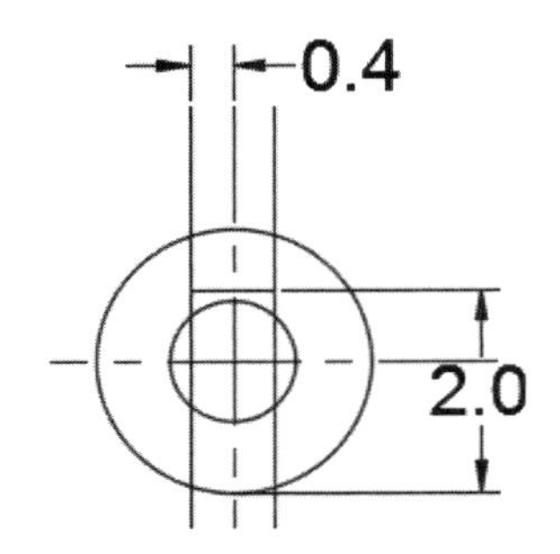

图 5-77　绘制 3 条直线

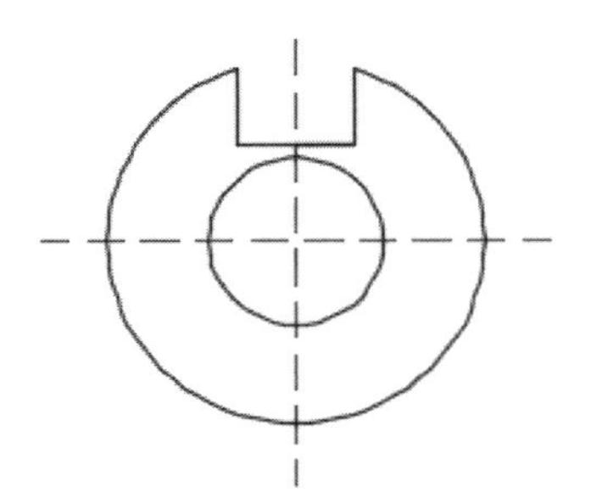

图 5-78　修剪图形

step 34 单击【默认】选项卡的【绘图】面板中的【图案填充】按钮，填充如图 5-79 所示的图案。

step 35 单击【默认】选项卡的【注释】面板中的【线性】按钮，添加视图尺寸，完成传动轴零件草图，如图 5-80 所示。

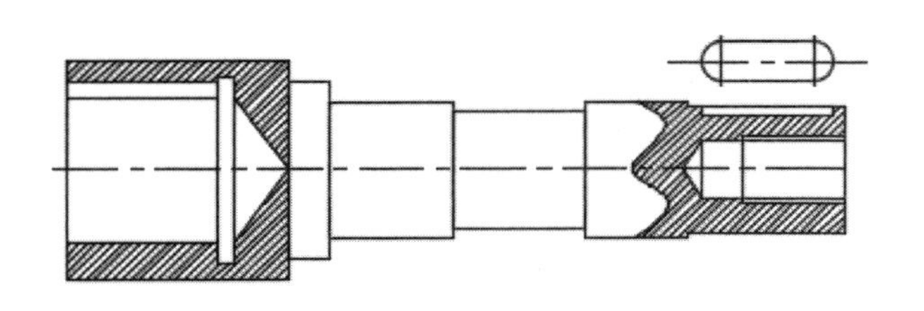

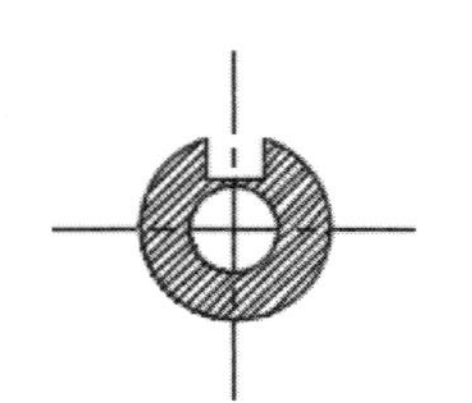

图 5-79　图案填充

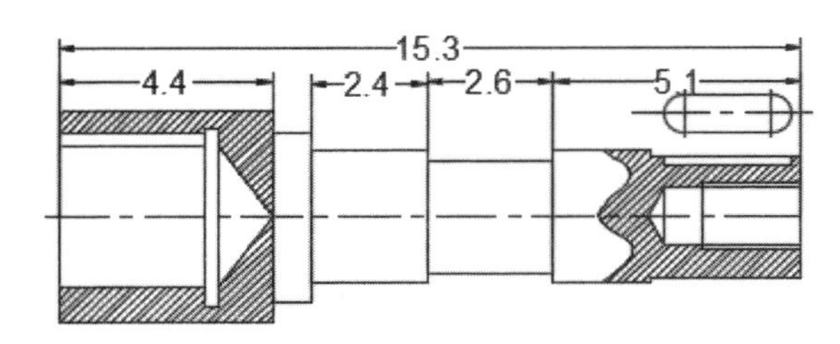

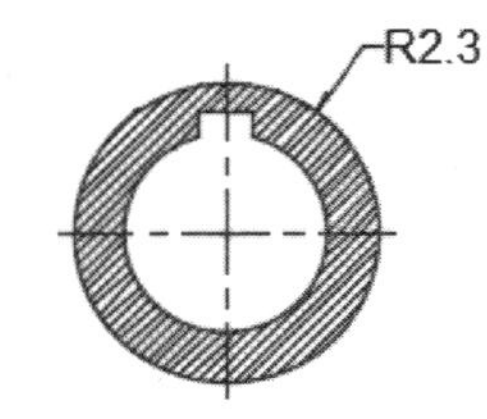

图 5-80　完成传动轴零件草图

机械设计实践：机件的真实大小应以图样上所注的尺寸数值为依据，与图形的大小及绘图的准确度无关。图样(包括技术要求和其他说明)中的尺寸，以毫米为单位时，不需标注计量单位的代号或名称，如采用其他单位，则必须注明相应的计量单位的代号或名称。如图 5-81 所示，是阀门零件的技术图纸，需要绘制剖面图并进行标注。

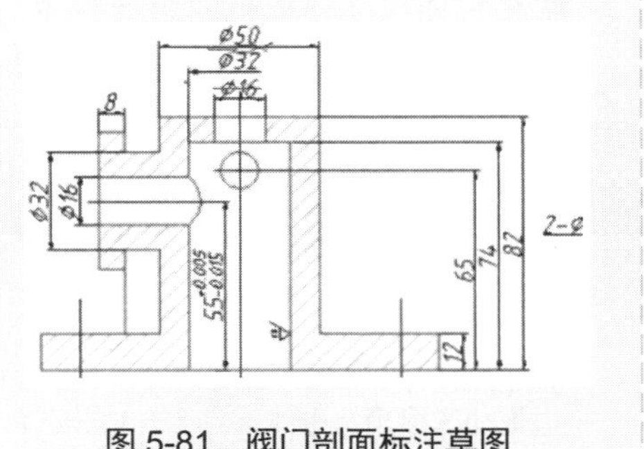

图 5-81　阀门剖面标注草图

第3课　2课时　创建坐标、折弯、基线标注

5.3.1　坐标标注

行业知识链接：国标规定，图样上标注的尺寸，除标高及总平面图以米(m)为单位外，其余一律以毫米(mm)为单位，图上尺寸数字都不再注写单位。如图 5-82 所示是一个图纸的坐标标注草图，坐标标注较为少用，在图纸中用于标明位置。

X=2814213.948

Y=406561.248

图 5-82　坐标标注草图

坐标尺寸标注用来标注指定点到用户坐标系(UCS)原点的坐标方向距离，如图 5-83 所示，圆心沿横向坐标方向的坐标距离为 13.24，圆心沿纵向坐标方向的坐标距离为 480.24。

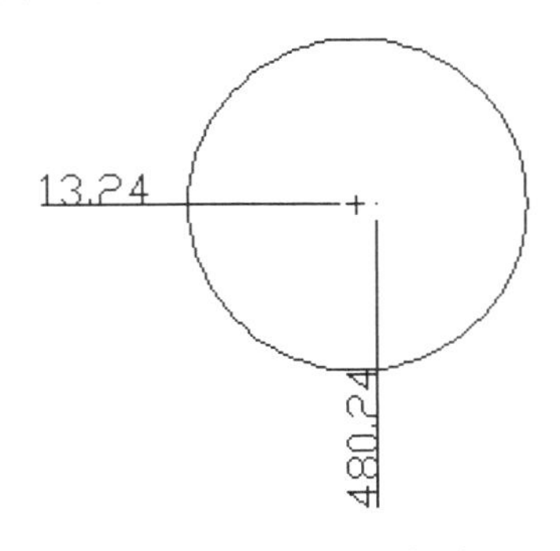

图 5-83　坐标尺寸标注

创建坐标尺寸标注有以下 3 种方法。

(1) 单击【默认】选项卡的【注释】面板中的【坐标】按钮。

(2) 在命令行中输入“dimordinate”命令后按 Enter 键。

(3) 在菜单栏中选择【标注】|【坐标】命令。

执行上述任一操作后，命令行窗口提示如下：

```
命令： _dimordinate
指定点坐标：                                  //选定圆心后单击
指定引线端点或 [X 基准(X)/Y 基准(Y)/多行文字(M)/文字(T)/角度(A)]： 标注文字 = 13.24
//拖动鼠标确定引线端点至合适位置后单击
```

5.3.2 基线标注

行业知识链接： 文字和图片中的数字，如没有特别注明单位的，一律以毫米为单位。图样上的尺寸，应以所注尺寸数字为准，不能从图上直接量取。如图 5-84 所示是一个垫板的草图，垫板起到间隔或者密封减震的作用，绘制的是基线标注。

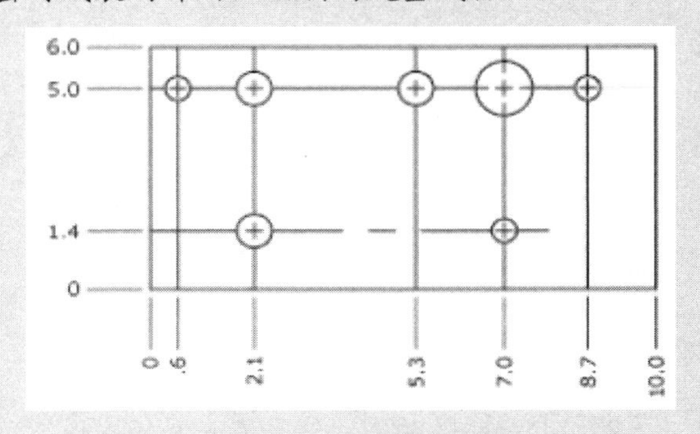

图 5-84 垫板标注草图

基线尺寸标注用来标注以同一基准为起点的一组相关尺寸，如图 5-85 所示。

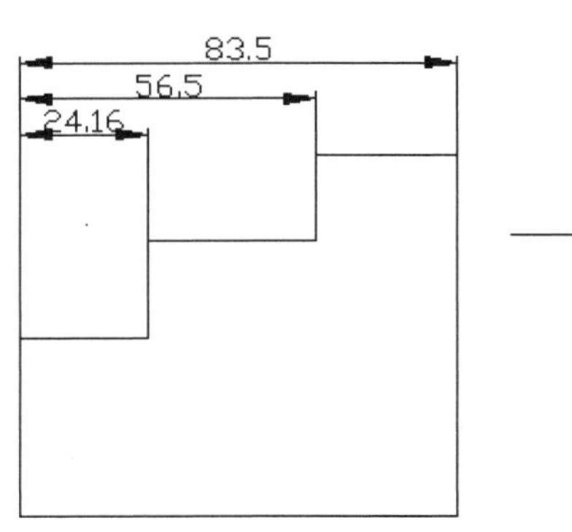

(a) 矩形的基线尺寸标注

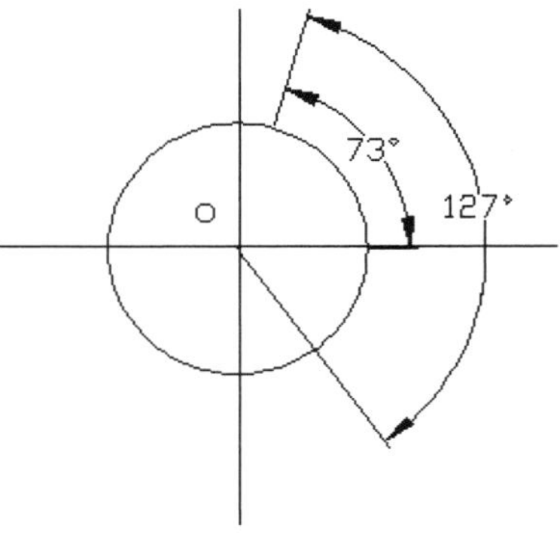

(b) 圆的基线尺寸标注

图 5-85 基线尺寸标注

创建基线尺寸标注有以下两种方法。

(1) 在菜单栏中选择【标注】|【基线】命令。

(2) 在命令行中输入“dimbaseline”命令后按 Enter 键。

如果当前任务中未创建任何标注，执行上述任一操作后，系统将提示用户选择线性标注、坐标标注或角度标注，以用作基线标注的基准。命令行窗口提示如下：

```
选择基准标注:       //选择线性标注、坐标标注或角度标注
```

否则，系统将跳过该提示，并使用上次在当前任务中创建的标注对象。如果基准标注是线性标注或角度标注，将显示下列提示：

```
命令: _dimbaseline
指定第二条尺寸界线原点或 [放弃(U)/选择(S)] <选择>:  //选定第二条尺寸界线原点后单击或按下 Enter 键
标注文字 = 55.5 或 127
指定第二条尺寸界线原点或 [放弃(U)/选择(S)] <选择>:  //选定第三条尺寸界线原点后按下 Enter 键
标注文字 = 83.5
```

如果基准标注是坐标标注，将显示下列提示：

```
指定点坐标或 [放弃(U)/选择(S)] <选择>:
```

课后练习

案例文件：ywj\05\02.dwg

视频文件：光盘\视频课堂\第 5 教学日\5.3

练习案例分析及步骤如下。

本课后练习创建吊臂零件草图，吊臂是利用单个零件来连接设备的一种零件，具有限位移动的作用，如图 5-86 所示是完成的吊臂草图。

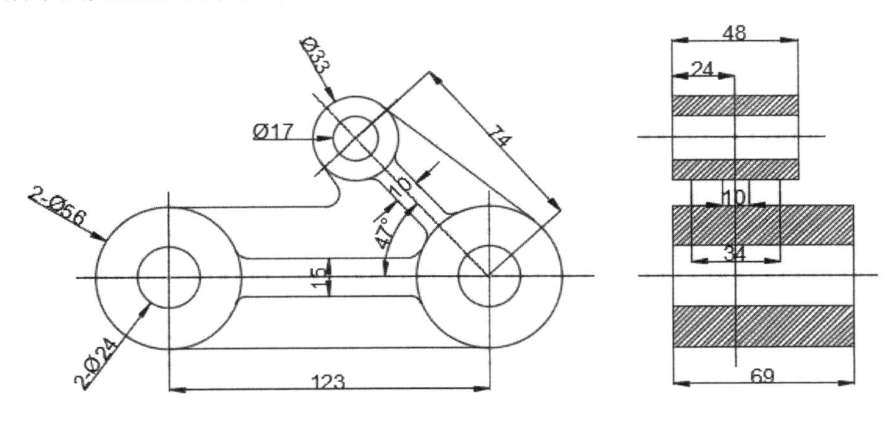

图 5-86 吊臂标注草图

本课案例主要练习 AutoCAD 2016 的各种草绘命令，如直线、圆形及编辑命令，以及偏移、修剪等。绘制吊臂草图的思路和步骤如图 5-87 所示。

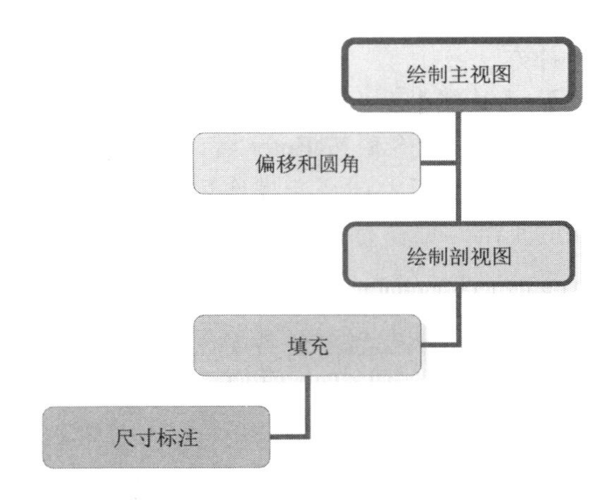

图 5-87　吊臂标注草图步骤

练习案例操作步骤如下。

step 01 绘制主视图。选择【格式】|【图层】命令，弹出【图层特性管理器】工具选项板，新增需要的绘图图层，如图 5-88 所示。

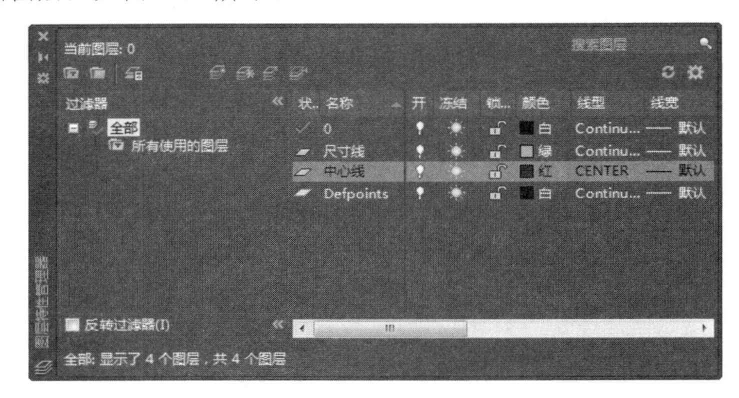

图 5-88　设置图层

step 02 单击【默认】选项卡的【绘图】面板中的【直线】按钮，绘制 3 条直线，垂线间隔为 123，如图 5-89 所示。

step 03 单击【默认】选项卡的【绘图】面板中的【圆】按钮，绘制同心圆，半径分别为 12、28，如图 5-90 所示。

图 5-89　绘制中心线

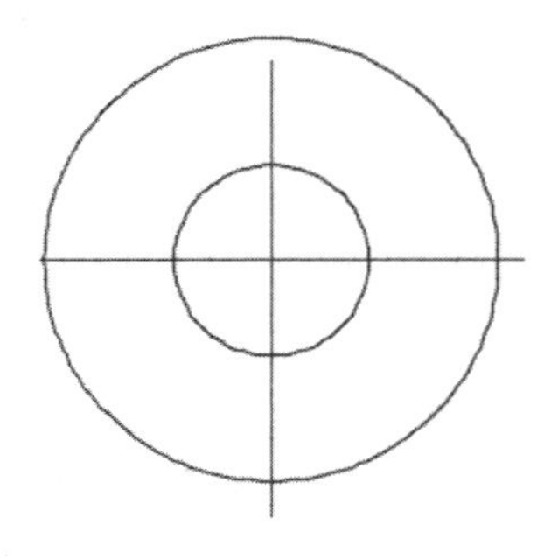

图 5-90　绘制同心圆

step 04 单击【默认】选项卡的【绘图】面板中的【圆】按钮，绘制另一组半径分别为 12、28 的对称同心圆，如图 5-91 所示。

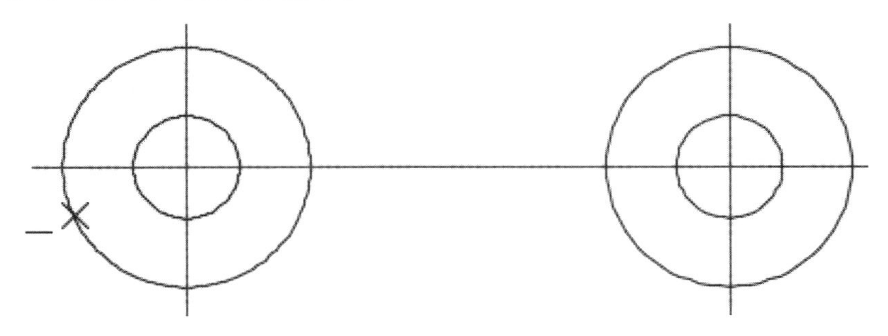

图 5-91　绘制对称同心圆

step 05 单击【默认】选项卡的【修改】面板中的【偏移】按钮，绘制偏移距离为 7.5 的直线，如图 5-92 所示。

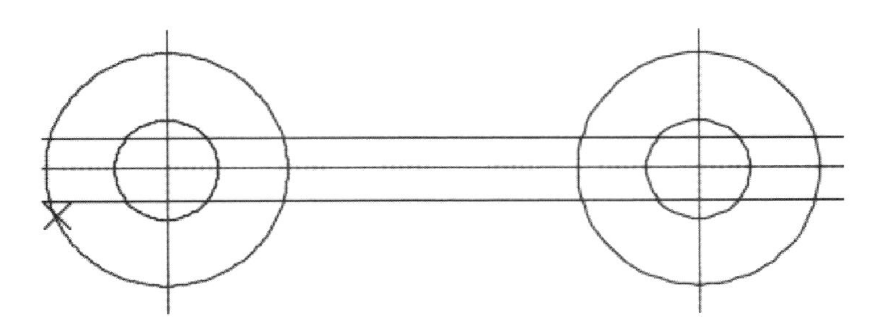

图 5-92　绘制偏移直线

step 06 单击【默认】选项卡的【修改】面板中的【圆角】按钮，绘制半径为 5 的圆角，如图 5-93 所示。

step 07 单击【默认】选项卡的【绘图】面板中的【直线】按钮，绘制长度为 75 的中心线，如图 5-94 所示。

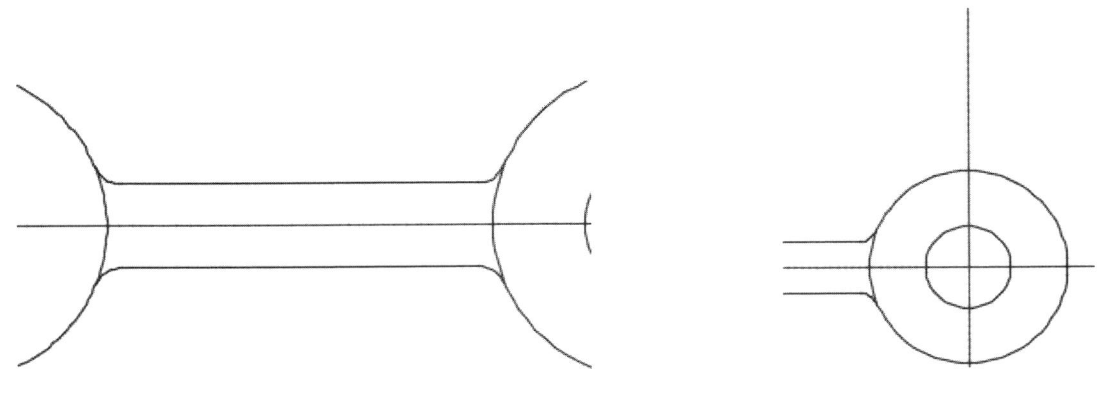

图 5-93　绘制圆角　　图 5-94　绘制中心线

step 08 单击【默认】选项卡的【修改】面板中的【旋转】按钮，旋转中心线，角度为 43°，如图 5-95 所示。

step 09 单击【默认】选项卡的【绘图】面板中的【圆】按钮，绘制同心圆，直径分别为17、33，如图5-96所示。

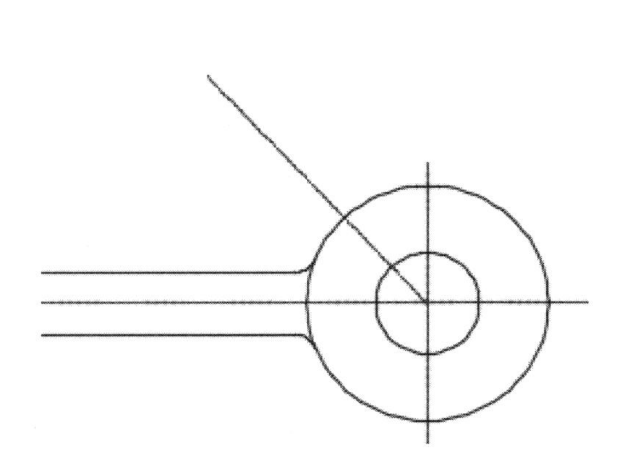

图5-95　旋转中心线

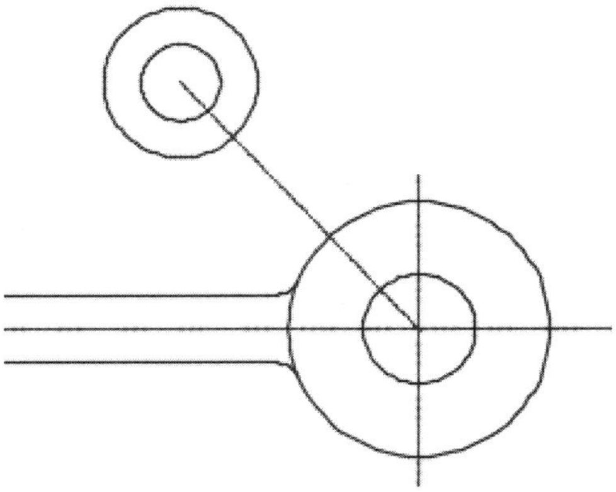

图5-96　绘制同心圆

step 10 单击【默认】选项卡的【绘图】面板中的【直线】按钮，输入命令“tan”，绘制切线，如图5-97所示。

step 11 单击【默认】选项卡的【绘图】面板中的【直线】按钮，绘制2条水平切线，如图5-98所示。

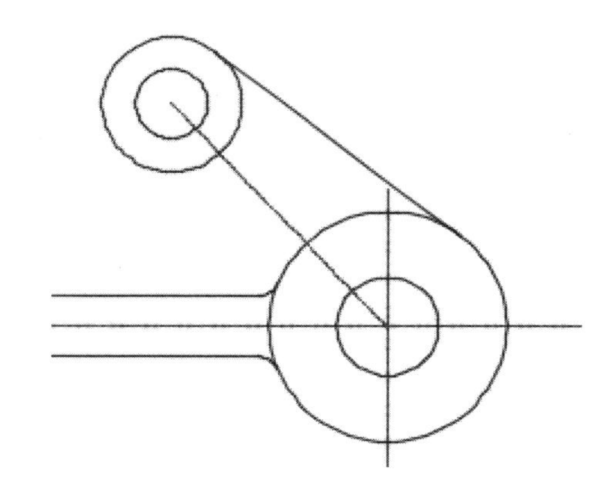

图5-97　绘制切线

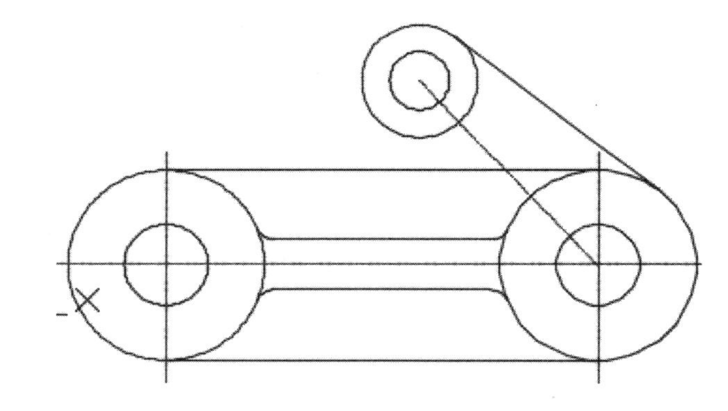

图5-98　绘制2条水平切线

step 12 单击【默认】选项卡的【绘图】面板中的【直线】按钮，绘制中心线，如图5-99所示。

step 13 单击【默认】选项卡的【绘图】面板中的【直线】按钮，输入命令“tan”，绘制斜切线，如图5-100所示。

step 14 单击【默认】选项卡的【修改】面板中的【圆角】按钮，绘制半径为5的圆角，如图5-101所示。

step 15 单击【默认】选项卡的【修改】面板中的【偏移】按钮，绘制距离为5的偏移线，如图5-102所示。

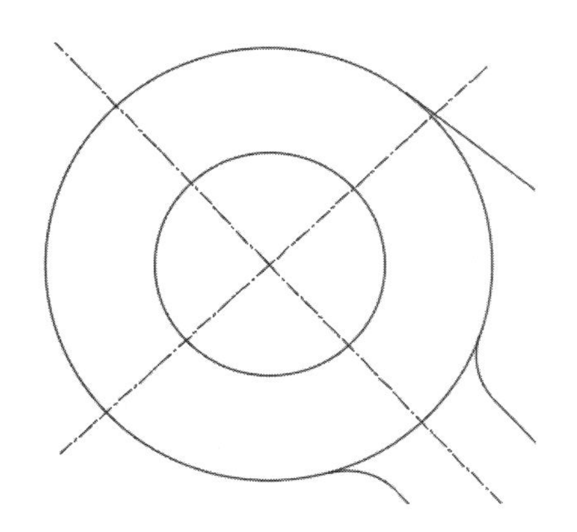

图 5-99　绘制中心线

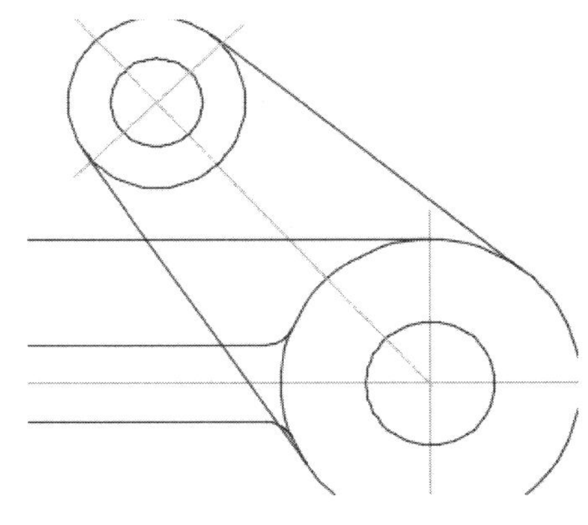

图 5-100　绘制斜切线

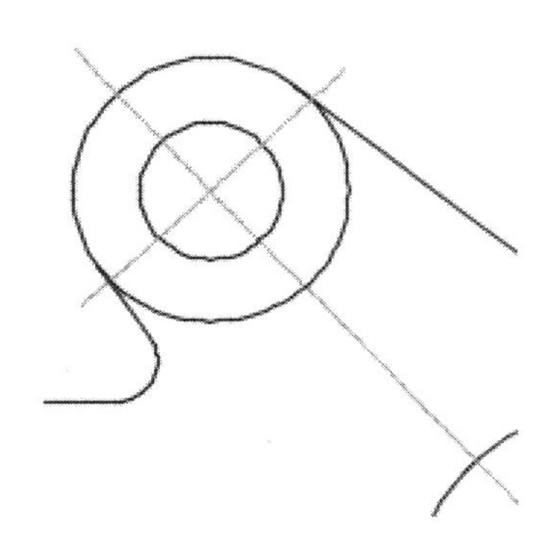

图 5-101　绘制半径为 5 的圆角

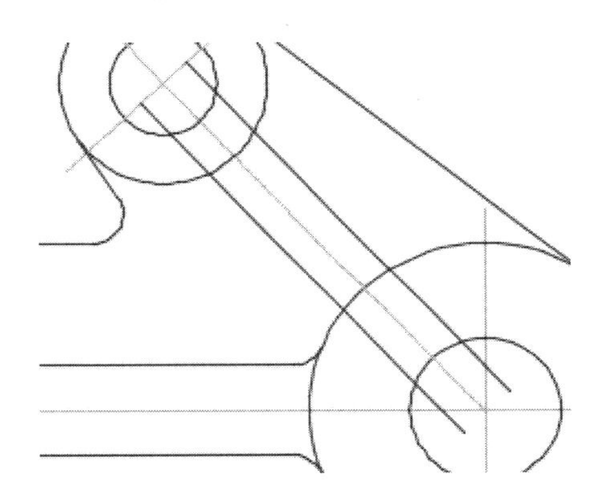

图 5-102　绘制偏移线

step 16 单击【默认】选项卡的【修改】面板中的【圆角】按钮，绘制半径为 5 的圆角，如图 5-103 所示，完成主视图的绘制。

step 17 开始绘制剖视图。单击【默认】选项卡的【绘图】面板中的【直线】按钮，绘制直线，如图 5-104 所示。

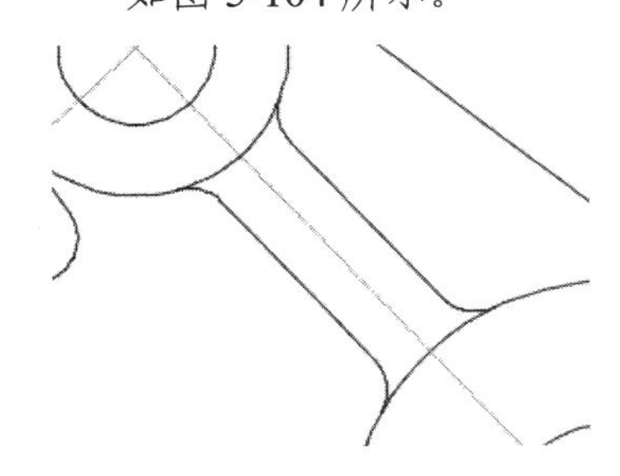

图 5-103　完成主视图

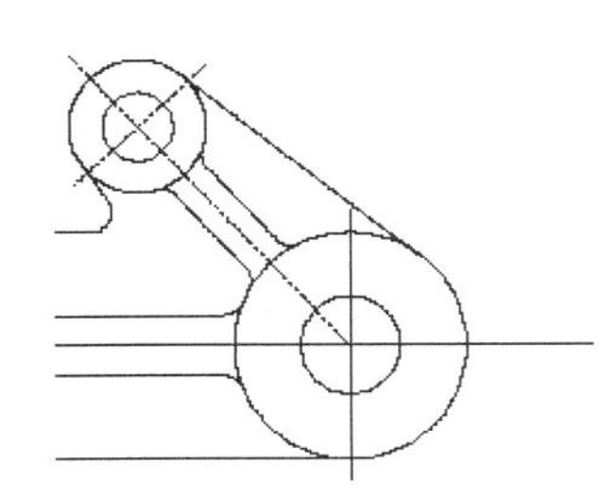

图 5-104　绘制直线

step 18 单击【默认】选项卡的【修改】面板中的【偏移】按钮，绘制距离为 24 的偏移线，如图 5-105 所示。

step 19 单击【默认】选项卡的【绘图】面板中的【直线】按钮，绘制水平直线，如图 5-106 所示。

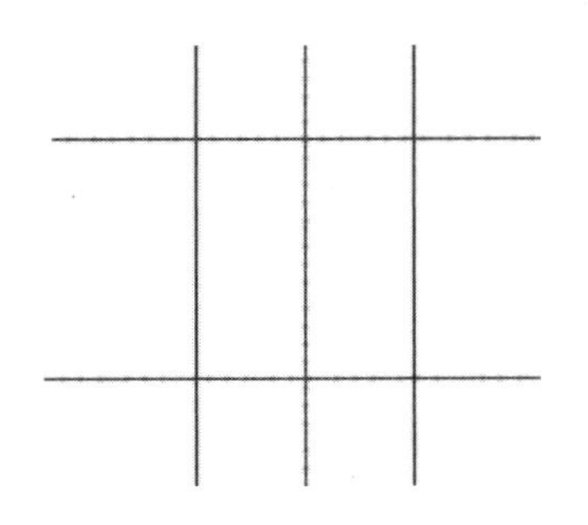

图 5-105 绘制偏移线

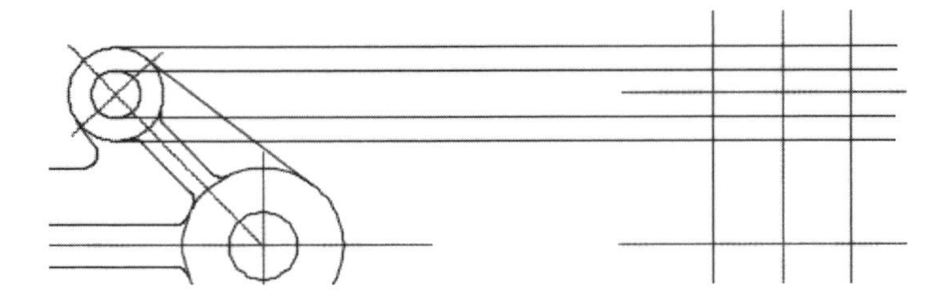

图 5-106 绘制水平直线

step 20 单击【默认】选项卡的【修改】面板中的【修剪】按钮，修剪草图，如图 5-107 所示。

step 21 单击【默认】选项卡的【绘图】面板中的【直线】按钮，绘制 4 条水平线，如图 5-108 所示。

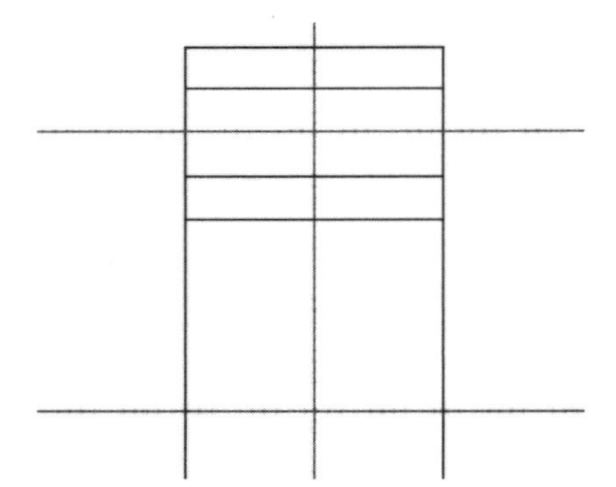

图 5-107 修剪草图

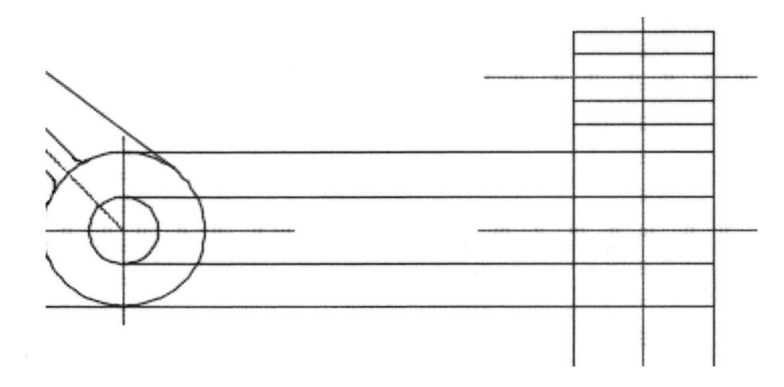

图 5-108 绘制 4 条水平线

step 22 单击【默认】选项卡的【修改】面板中的【修剪】按钮，修剪草图，如图 5-109 所示。

step 23 单击【默认】选项卡的【修改】面板中的【拉伸】按钮，拉伸图形，距离为 21，如图 5-110 所示。

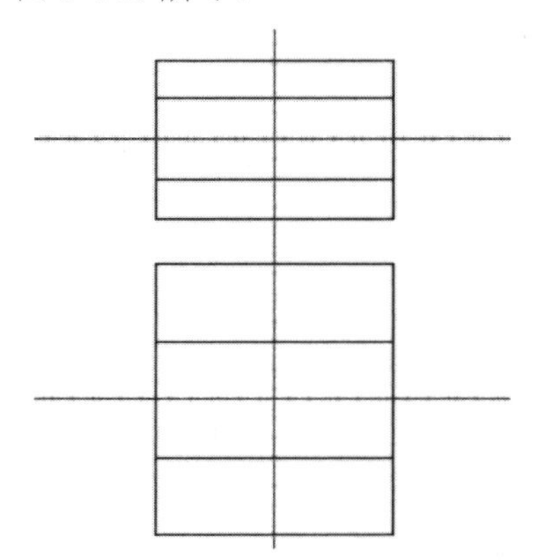

图 5-109 修剪草图

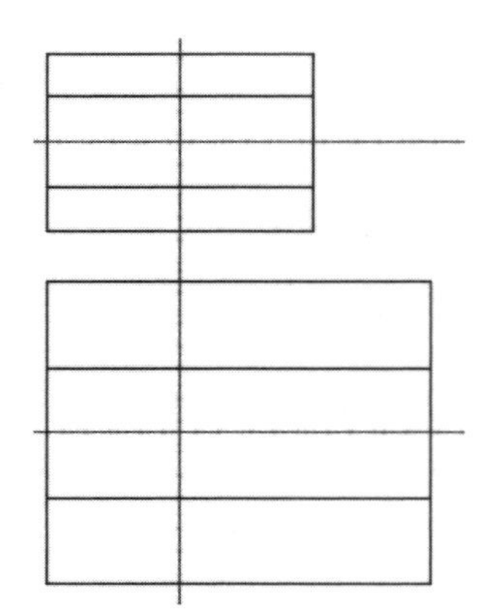

图 5-110 拉伸图形

step 24 单击【默认】选项卡的【修改】面板中的【偏移】按钮，绘制偏移距离为 5 的直线，如图 5-111 所示。

step 25 单击【默认】选项卡的【修改】面板中的【偏移】按钮，绘制偏移距离为 17 的直线，如图 5-112 所示。

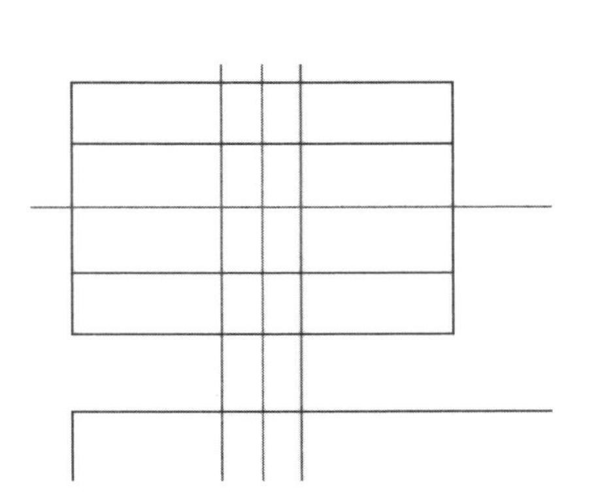

图 5-111　绘制偏移距离为 5 的直线

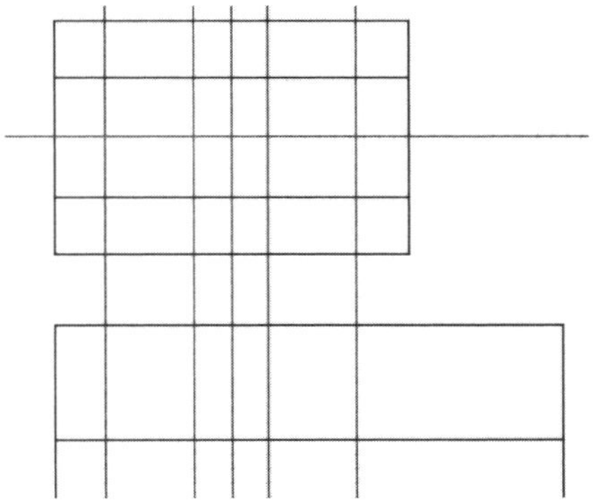

图 5-112　绘制偏移距离为 17 的直线

step 26 单击【默认】选项卡的【修改】面板中的【修剪】按钮，修剪草图，如图 5-113 所示。

step 27 创建填充。单击【默认】选项卡的【绘图】面板中的【图案填充】按钮，填充草图区域，如图 5-114 所示，完成剖视图的绘制。

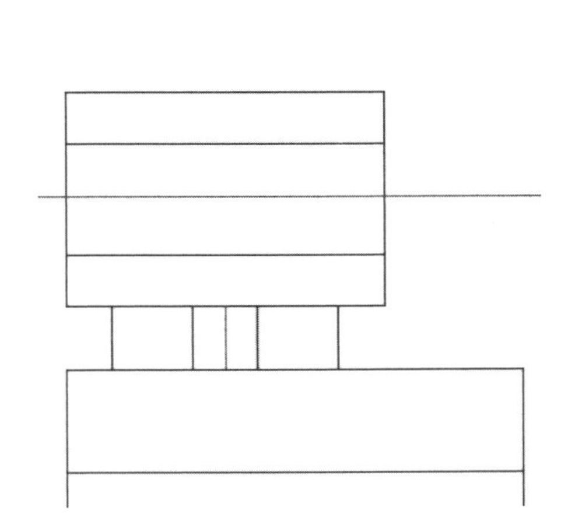

图 5-113　修剪草图

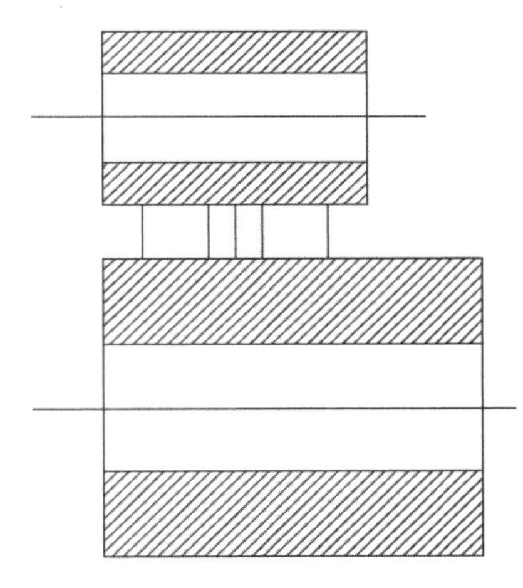

图 5-114　填充草图

step 28 开始尺寸标注。单击【默认】选项卡的【注释】面板中的【线性】按钮，创建视图的线性标注，如图 5-115 所示。

step 29 单击【默认】选项卡的【注释】面板中的【直径】按钮，创建视图的直径标注，如图 5-116 所示。

step 30 单击【默认】选项卡的【注释】面板中的【角度】按钮，创建视图的角度标注，如图 5-117 所示。

step 31 单击【默认】选项卡的【注释】面板中的【线性】按钮，标注剖视图，完成所有标注，如图 5-118 所示。

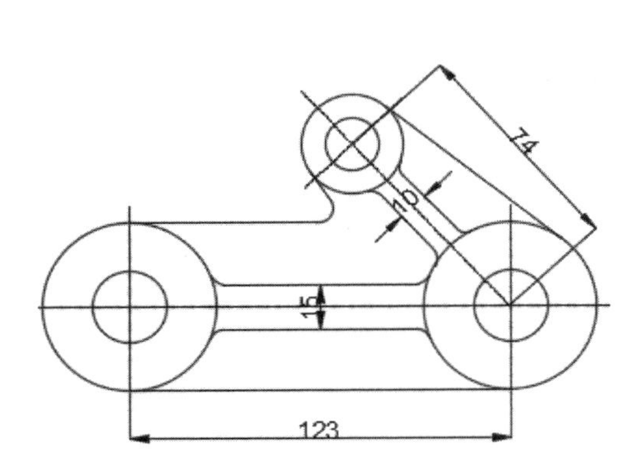

图 5-115 线性标注

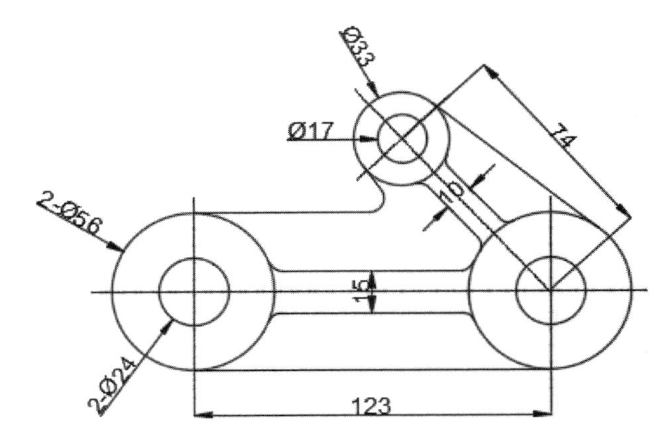

图 5-116 直径标注

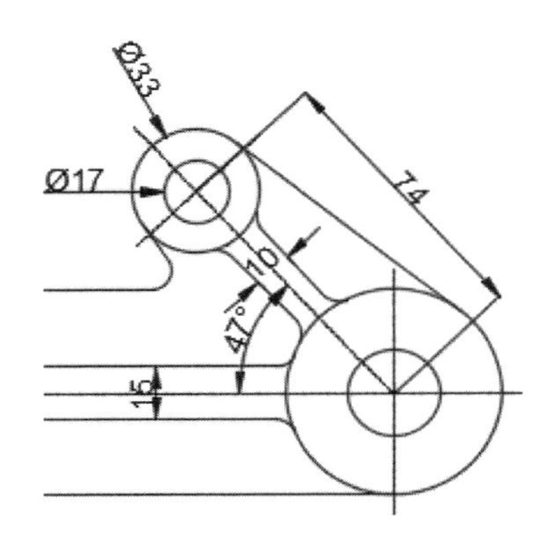

图 5-117 角度标注

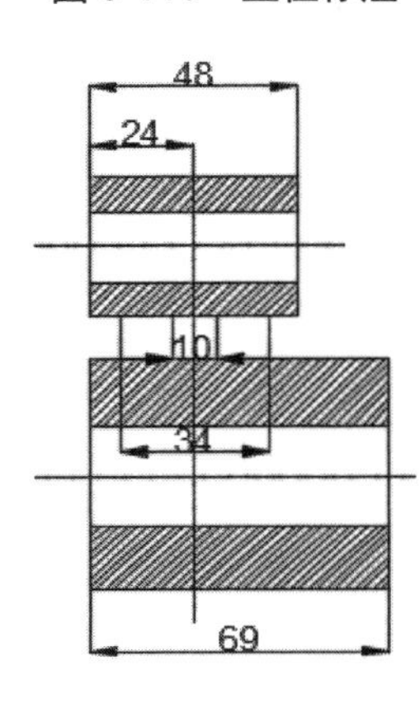

图 5-118 标注剖视图

step 32 完成的吊臂草图，如图 5-119 所示。

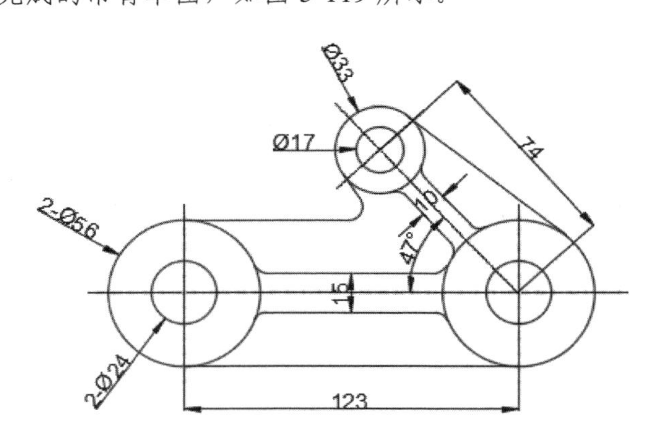

图 5-119 完成的吊臂标注草图

机械设计实践：图样中所标注的尺寸，为该图样所示机件的最后完工尺寸，否则应另加说明。机件的每一尺寸，一般只标注一次，并应标注在反映该结构最清晰的图形上。如图 5-120 所示，是三维壳体的剖面图纸，三维零件也可以进行标注，这样更为直观。

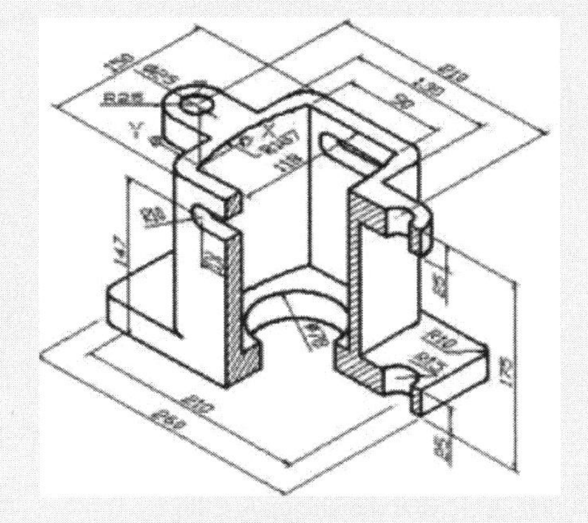

图 5-120　三维壳体标注草图

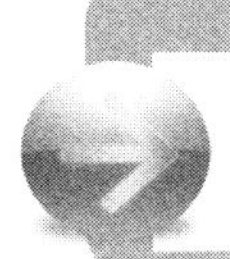

第 4 课　2 课时　创建其他标注

5.4.1　连续标注

行业知识链接：线性尺寸的数字一般应注写在尺寸线的上方，也允许注写在尺寸线的中断处。线性尺寸数字的方向，一般应从左到右或者从上到下。在一张图样中，应尽可能一致。如图 5-121 所示是一个轴零件连续标注的草图。

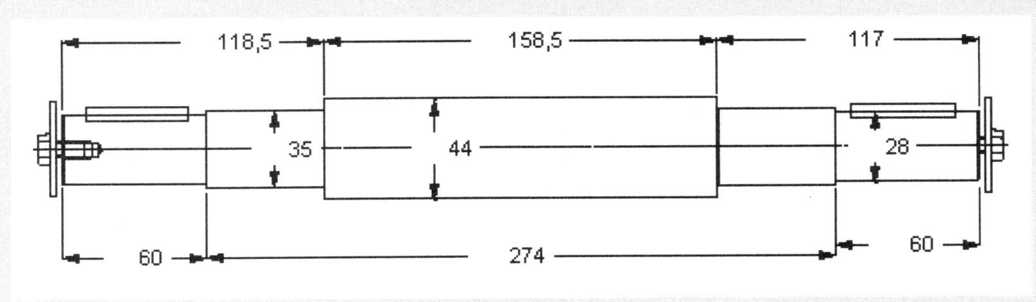

图 5-121　轴零件标注草图

连续尺寸标注用来标注一组连续相关尺寸，即前一尺寸标注是后一尺寸标注的基准，如图 5-122 所示。

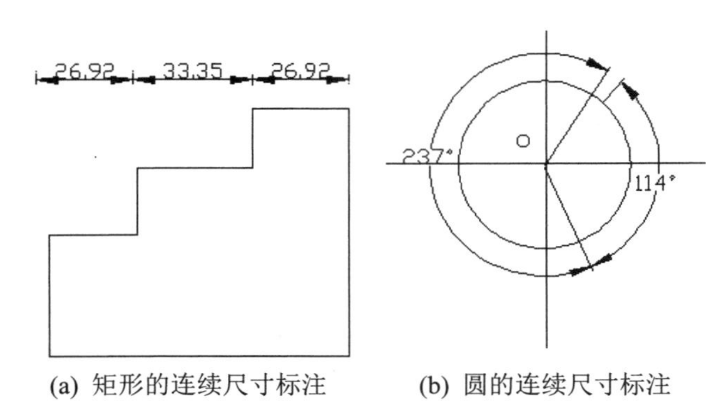

(a) 矩形的连续尺寸标注　　(b) 圆的连续尺寸标注

图 5-122　连续尺寸标注

创建连续尺寸标注有以下两种方法。

(1) 在菜单栏中选择【标注】|【连续】命令。

(2) 在命令行中输入“dimcontinue”命令后按 Enter 键。

如果当前任务中未创建任何标注，执行上述任一操作后，系统将提示用户选择线性标注、坐标标注或角度标注，以用作连续标注的基准。命令行窗口提示如下：

```
选择连续标注:      //选择线性标注、坐标标注或角度标注
```

否则，系统将跳过该提示，并使用上次在当前任务中创建的标注对象。如果基准标注是线性标注或角度标注，将显示下列提示：

```
命令: _dimcontinue
指定第二条尺寸界线原点或 [放弃(U)/选择(S)] <选择>: //选定第二条尺寸界线原点后单击或按下 Enter 键
标注文字 = 33.35 或 237
指定第二条尺寸界线原点或 [放弃(U)/选择(S)] <选择>:  //选定第三条尺寸界线原点后按下 Enter 键
标注文字 = 25.92
```

如果基准标注是坐标标注，将显示下列提示：

```
指定点坐标或 [放弃(U)/选择(S)] <选择>:
```

5.4.2　圆心标记

行业知识链接： 当表示曲线轮廓上各点的坐标时，可将尺寸线或其延长线作为尺寸界线。尺寸界线一般应与尺寸线垂直，必要时才允许倾斜。在光滑过渡处标注尺寸时，必须用细实线将轮廓线延长，从它们的交点处引出尺寸界线。如图 5-123 所示是一个壳体零件局部标注的草图，壳体零件提供封闭空间，标注圆心符号用于确定圆心位置。

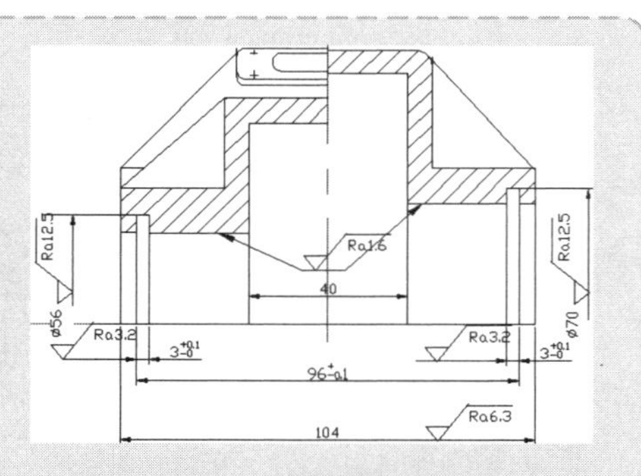

图 5-123　壳体剖面标注草图

圆心标记用来绘制圆或者圆弧的圆心十字形标记或是中心线。

如果用户既需要绘制十字形标记又需要绘制中心线，则首先必须在【修改标注样式】对话框的【符号和箭头】选项卡中选中【圆心标记】选项组中的【直线】单选按钮，并在微调框中输入相应的数值来设定圆心标记的大小(若只需要绘制十字形标记则选中【标记】单选按钮)，如图 5-124 所示。

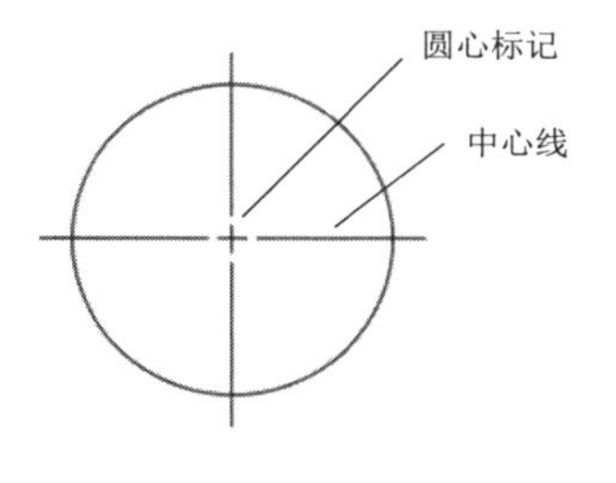

图 5-124　圆心标记

然后进行圆心标记的创建，方法有以下两种。

(1) 在菜单栏中选择【标注】|【圆心标记】命令。

(2) 在命令行中输入“dimcenter”命令后按 Enter 键。

执行上述任一操作后，命令行窗口提示如下：

```
命令: _dimcenter
选择圆弧或圆:                    //选择圆或圆弧后单击
```

5.4.3　引线标注

行业知识链接：标注线性尺寸时，尺寸线必须与所标注的线段平行。尺寸线不能用其他图线代替，一般也不得与其他图线重合或画在其延长线上。标注角度时，尺寸线应画成圆弧，其圆心是该角的顶点。如图 5-125 所示是一个矩形的引线标注草图，引线的文字一般是手动添加的。

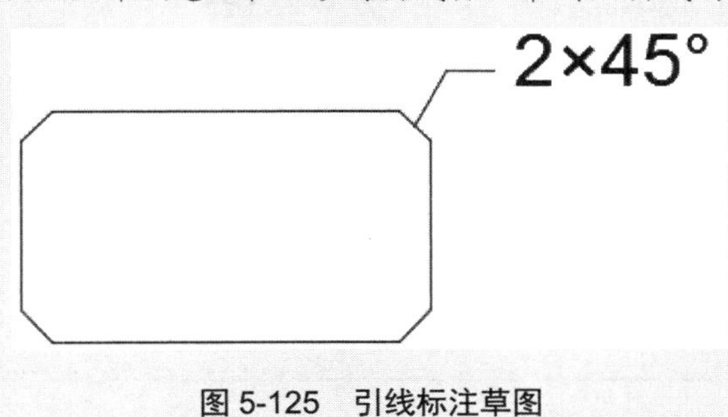

图 5-125　引线标注草图

引线尺寸标注是从图形上的指定点引出连续的引线，用户可以在引线上输入标注文字，如图 5-126 所示。

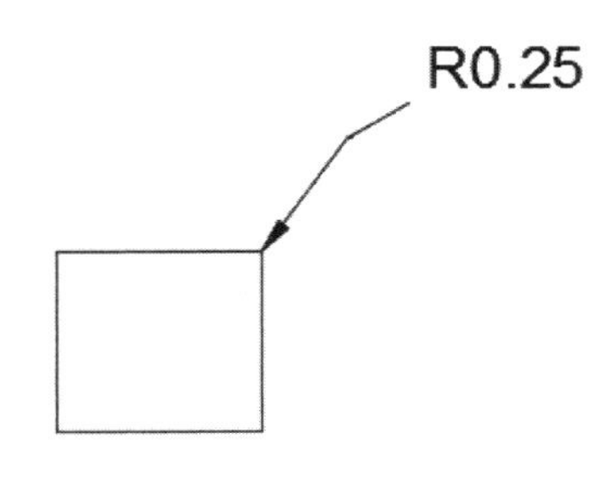

图 5-126　引线尺寸标注

创建引线尺寸标注的方法：在命令行中输入“qleader”命令后按Enter键。

执行上述操作后，命令行窗口提示如下：

```
命令: _qleader
指定第一个引线点或 [设置(S)] <设置>:          //选定第一个引线点
指定下一点:                                  //选定第二个引线点
指定下一点:
指定文字宽度 <0>:8                           //输入文字宽度 8
输入注释文字的第一行 <多行文字(M)>: R0.25     //输入注释文字 R0.25 后连续两次按下 Enter 键
```

若用户执行“设置”操作，即在命令行中输入“s”，命令行窗口提示如下：

```
命令: _qleader
指定第一个引线点或 [设置(S)] <设置>: s        //输入“s”后按下 Enter 键
```

此时打开【引线设置】对话框，如图5-127所示，在其中的【注释】选项卡中可以设置引线注释类型、指定多行文字选项，并指明是否需要重复使用注释；在【引线和箭头】选项卡中可以设置引线和箭头的格式；在【附着】选项卡中可以设置引线和多行文字注释的附着位置(只有在【注释】选项卡中选中【多行文字】单选按钮时，此选项卡才可用)。

图5-127 【引线设置】对话框

5.4.4 快速标注

行业知识链接：在同一图形中具有几种尺寸数值相近而又重复的要素(如孔等)时，采用标记(如涂色等)的方法，或采用标注字母的方法来区别，适合快速标注。如图5-128所示是一个梯形零件的草图标注，需要确定其位置和角度关系进行快速标注比较适合。

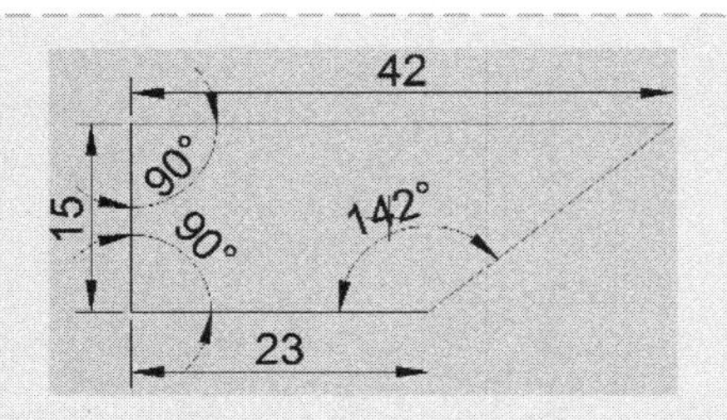

图5-128 梯形零件标注草图

快速尺寸标注用来标注一系列图形对象，比如为一系列的同心圆进行标注，如图 5-129 所示。

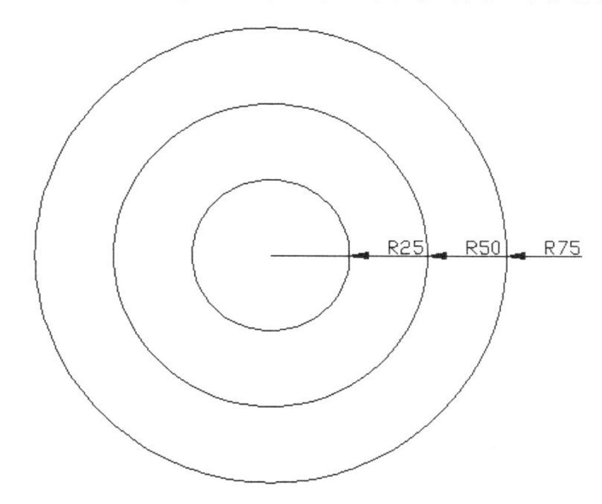

图 5-129　快速尺寸标注

创建快速尺寸标注有以下两种方法。

(1)　在菜单栏中选择【标注】|【快速标注】命令。

(2)　在命令行中输入“qdim”命令后按 Enter 键。

执行上述任一操作后，命令行窗口提示如下：

```
命令: _qdim
关联标注优先级 = 端点
选择要标注的几何图形: 找到 1 个
选择要标注的几何图形: 找到 1 个, 总计 2 个
选择要标注的几何图形: 找到 1 个, 总计 3 个
选择要标注的几何图形:
指定尺寸线位置或 [连续(C)/并列(S)/基线(B)/坐标(O)/半径(R)/直径(D)/基准点(P)/编辑(E)/设置(T)]
<半径>:          //标注一系列半径型尺寸标注并移动尺寸线至合适位置后单击
```

命令行中选项的含义如下。

【连续(C)】：标注一系列连续型尺寸标注。

【并列(S)】：标注一系列并列尺寸标注。

【基线(B)】：标注一系列基线型尺寸标注。

【坐标(O)】：标注一系列坐标型尺寸标注。

【半径(R)】：标注一系列半径型尺寸标注。

【直径(D)】：标注一系列直径型尺寸标注。

【基准点(P)】：为基线和坐标标注设置新的基准点。

【编辑(E)】：编辑标注。

课后练习

案例文件：ywj\05\03.dwg

视频文件：光盘\视频课堂\第 5 教学日\5.4

练习案例分析及步骤如下。

本课后练习创建阀盖零件草图。装有阀杆密封件的阀零件，用于连接或是支撑执行机构，阀盖与阀体可以是一个整体，也可以分离。阀盖主要起到压紧填料作用，如图 5-130 所示是完成的阀盖草图。

本课案例主要练习了 AutoCAD 的直线定位绘制方法，圆和圆弧的标注，零件尺寸的标注方法。绘制阀盖草图的思路和步骤如图 5-131 所示。

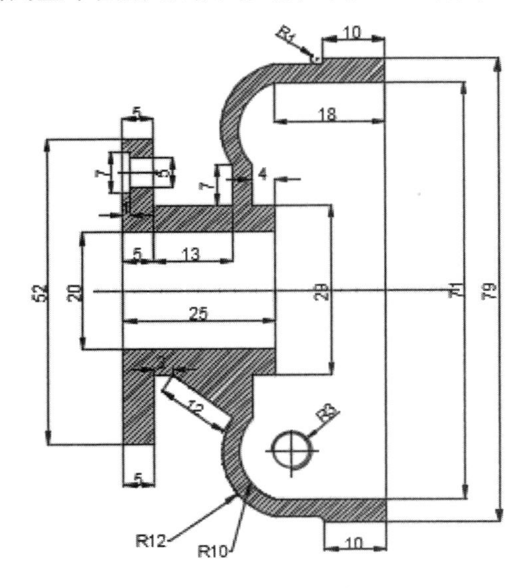

图 5-130　完成的阀盖草图

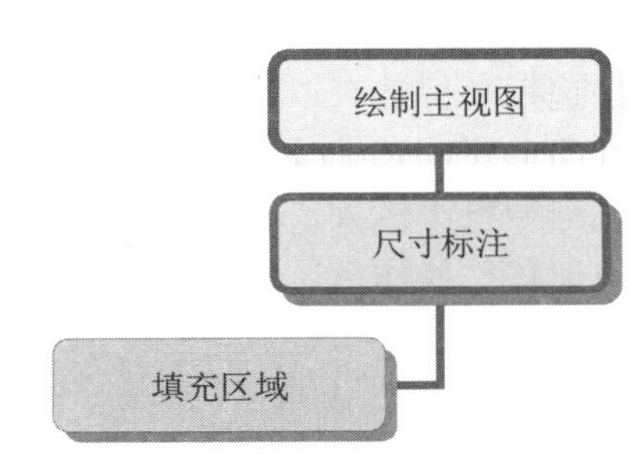

图 5-131　阀盖草图步骤

练习案例操作步骤如下。

step 01 绘制主视图。选择【格式】|【图层】命令，弹出【图层特性管理器】工具选项板，新增需要的图层，如图 5-132 所示。

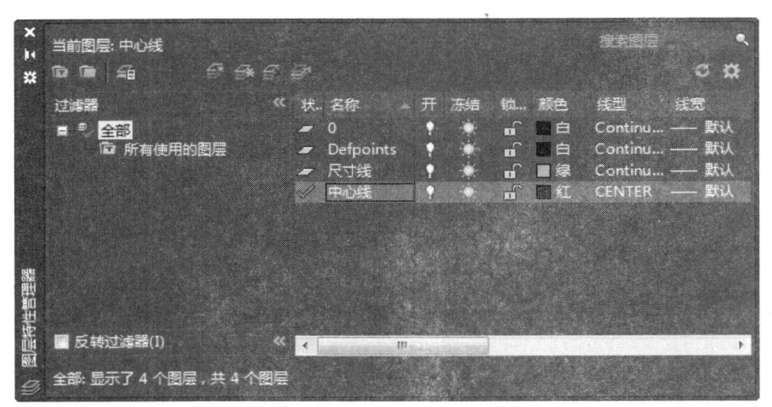

图 5-132　设置图层

step 02 单击【默认】选项卡的【绘图】面板中的【直线】按钮，绘制中心线，如图 5-133 所示。

step 03 单击【默认】选项卡的【绘图】面板中的【直线】按钮，绘制 2 条直线，长分别为 26、5，如图 5-134 所示。

图 5-133　绘制中心线　　　　图 5-134　绘制 2 条直线

step 04 单击【默认】选项卡的【修改】面板中的【偏移】按钮，绘制中心线的偏移线，距离为 10、14.5，如图 5-135 所示。

step 05 单击【默认】选项卡的【绘图】面板中的【直线】按钮，绘制 3 条直线，尺寸如图 5-136 所示。

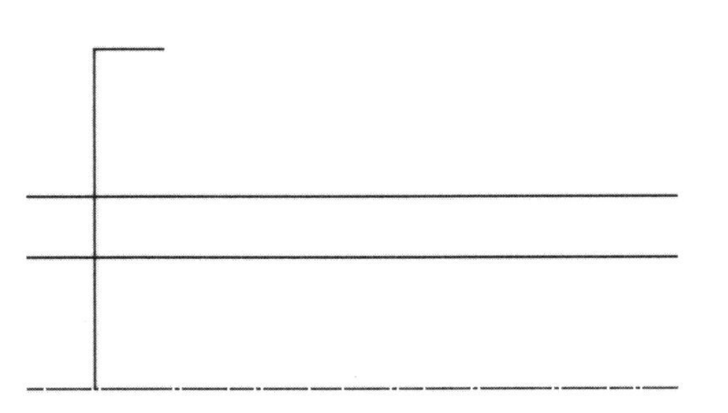

图 5-135　绘制偏移线

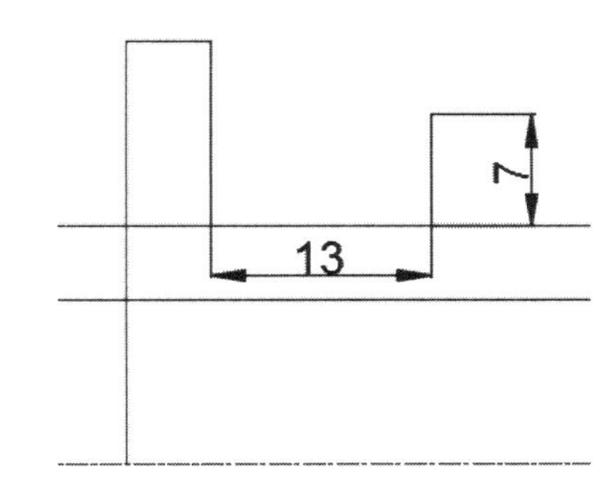

图 5-136　绘制 3 条直线

step 06 单击【默认】选项卡的【绘图】面板中的【直线】按钮，绘制 2 条垂线，尺寸如图 5-137 所示。

step 07 单击【默认】选项卡的【修改】面板中的【修剪】按钮，修剪草图，如图 5-138 所示。

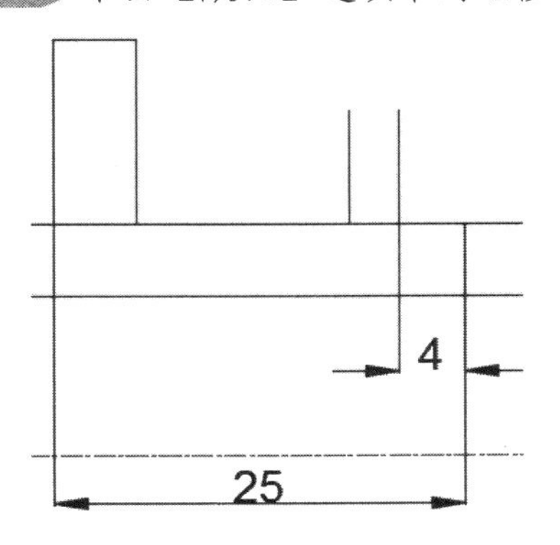

图 5-137　绘制 2 条垂线

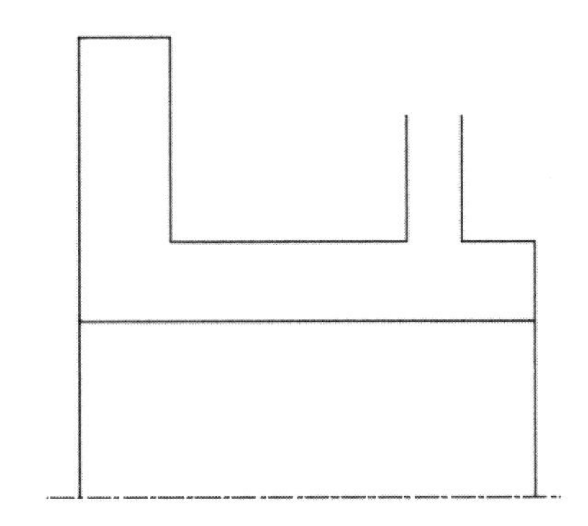

图 5-138　修剪草图

step 08 单击【默认】选项卡的【绘图】面板中的【直线】按钮，绘制过中点的直线，如图 5-139 所示。

step 09 单击【默认】选项卡的【修改】面板中的【偏移】按钮，绘制偏移距离为 2.5、3.5 的直线，如图 5-140 所示。

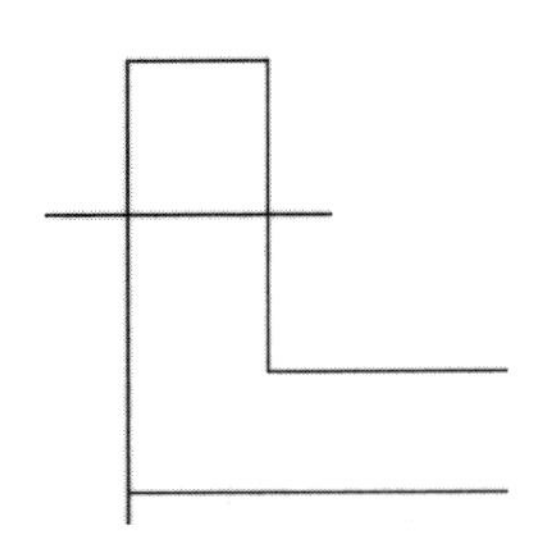

图 5-139　绘制过中点的直线

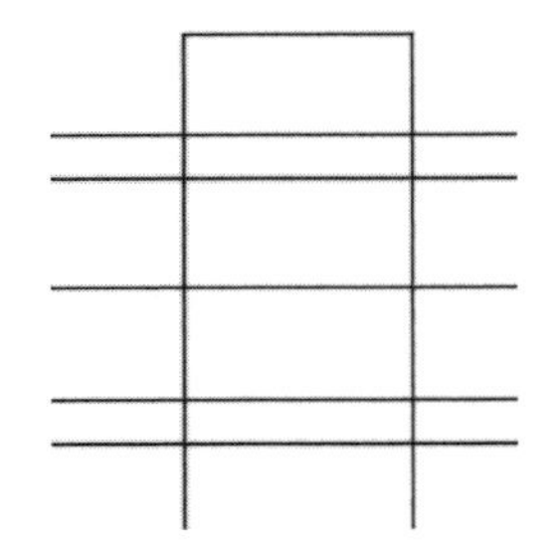

图 5-140　绘制偏移直线

step 10 单击【默认】选项卡的【修改】面板中的【偏移】按钮，绘制偏移距离为 1 的垂线，如图 5-141 所示。

step 11 单击【默认】选项卡的【修改】面板中的【修剪】按钮，修剪草图，如图 5-142 所示。

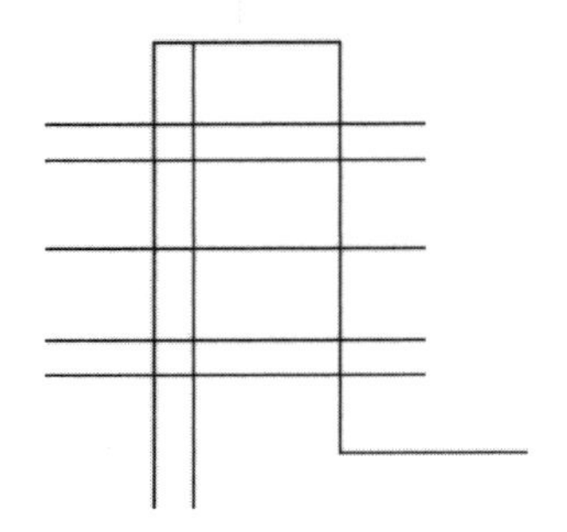

图 5-141　绘制偏移垂线

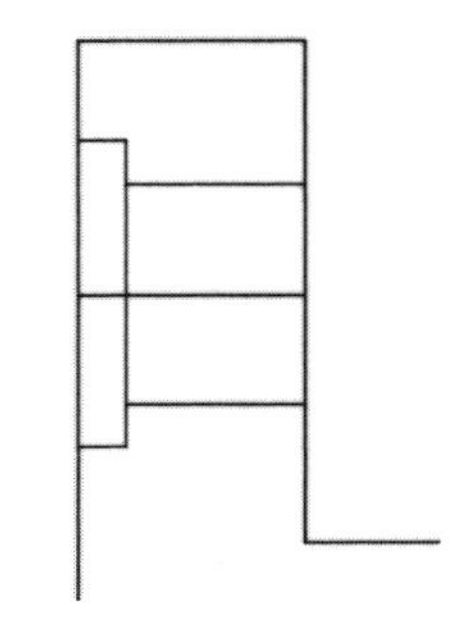

图 5-142　修剪草图

step 12 单击【默认】选项卡的【绘图】面板中的【直线】按钮，绘制中心直线，如图 5-143 所示。

step 13 单击【默认】选项卡的【绘图】面板中的【直线】按钮，绘制 2 条直线，尺寸如图 5-144 所示。

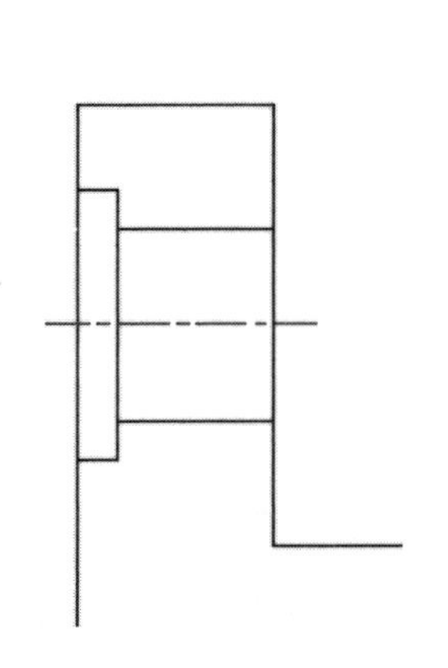

图 5-143　绘制中心线

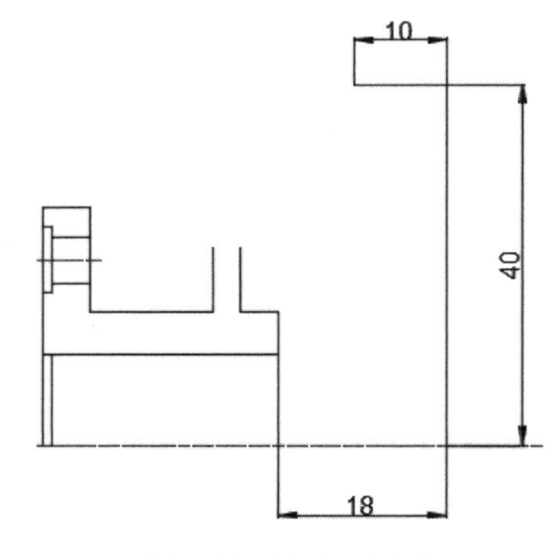

图 5-144　绘制 2 条直线

step 14 单击【默认】选项卡的【绘图】面板中的【直线】按钮，绘制长度为 18 的直线，如图 5-145 所示。

step 15 单击【默认】选项卡的【绘图】面板中的【直线】按钮，绘制 2 条直线，尺寸如图 5-146 所示。

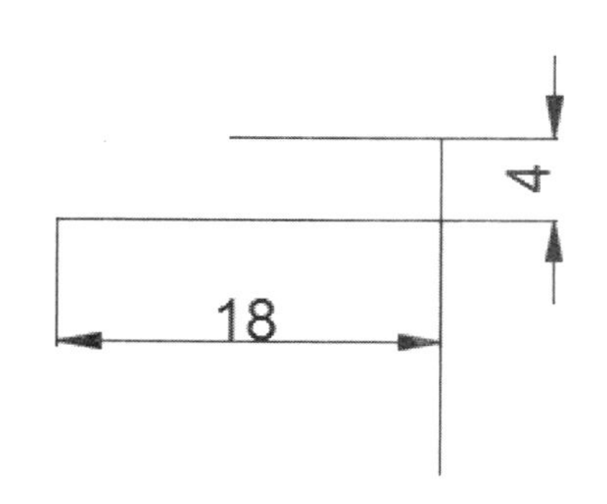

图 5-145 绘制长度为 18 的直线

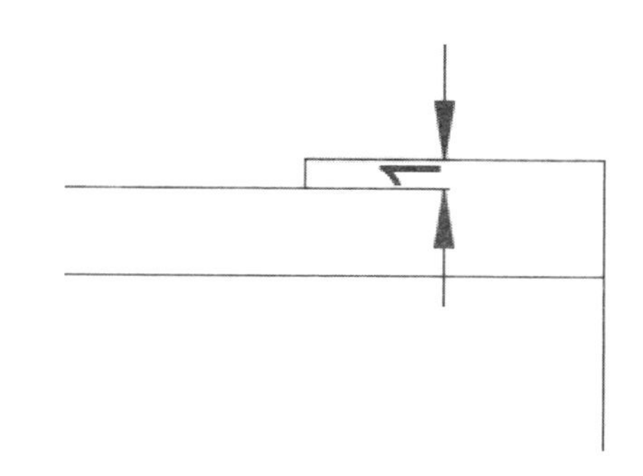

图 5-146 绘制 2 条直线

step 16 单击【默认】选项卡的【修改】面板中的【圆角】按钮，绘制半径为 1 的圆角，如图 5-147 所示。

step 17 单击【默认】选项卡的【绘图】面板中的【圆弧】按钮，绘制 2 个圆弧，如图 5-148 所示。

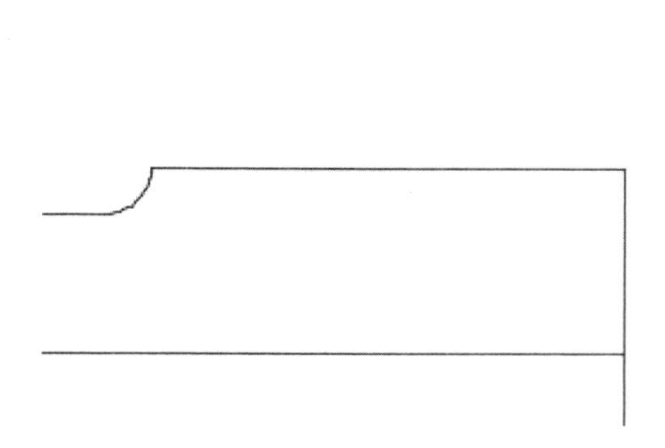
图 5-147 绘制半径为 1 的圆角

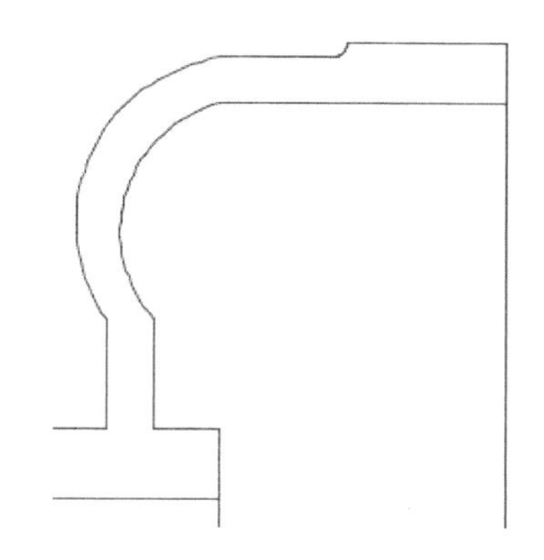
图 5-148 绘制圆弧

step 18 单击【默认】选项卡的【修改】面板中的【镜像】按钮，镜像草图，如图 5-149 所示。

step 19 选择草图直线，按 Delete 键进行删除，如图 5-150 所示。

step 20 单击【默认】选项卡的【绘图】面板中的【直线】按钮，绘制 2 条直线，尺寸如图 5-151 所示。

step 21 单击【默认】选项卡的【绘图】面板中的【圆】按钮，绘制圆形，半径为 3，如图 5-152 所示。

step 22 选择【标注】|【圆心标记】命令，对圆形进行圆心标记，如图 5-153 所示。

step 23 单击【默认】选项卡的【绘图】面板中的【直线】按钮，绘制中心直线，如图 5-154 所示。

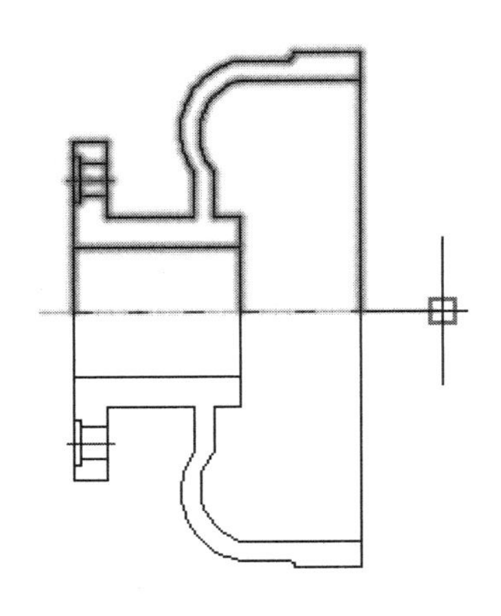

图 5-149　镜像草图

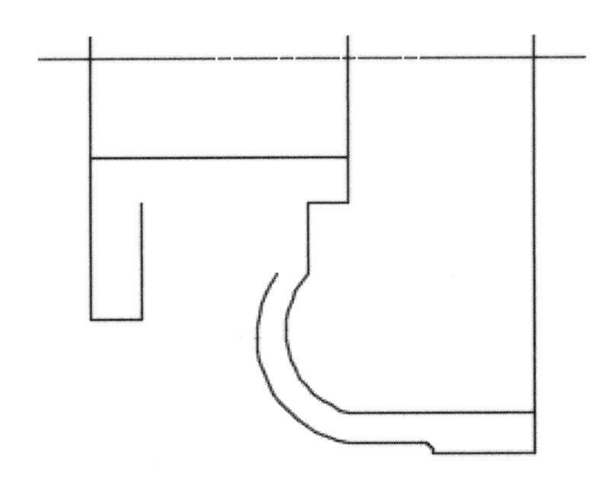

图 5-150　删除直线

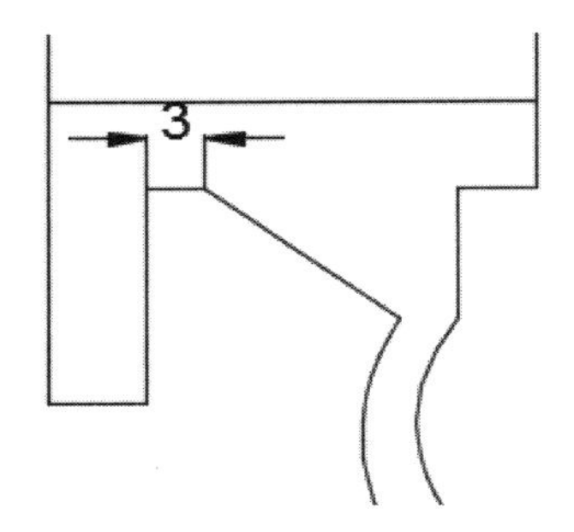

图 5-151　绘制 2 条直线

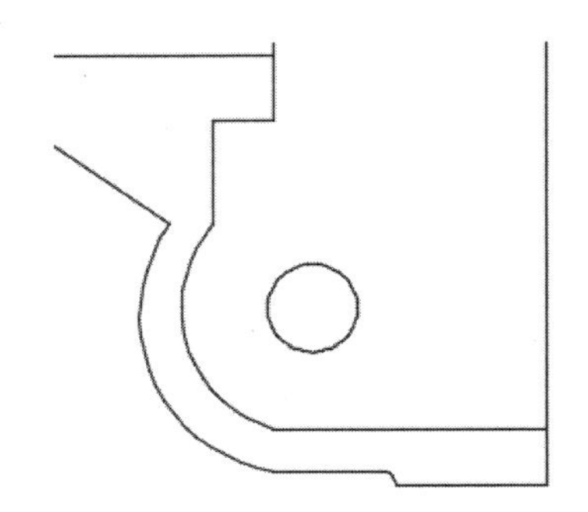

图 5-152　绘制圆形

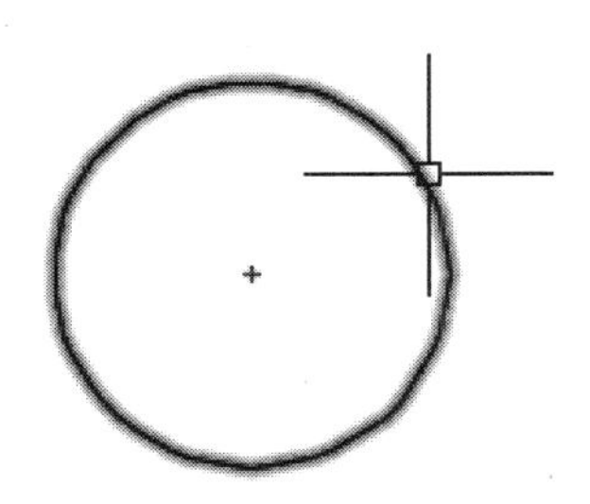

图 5-153　绘制圆心标记

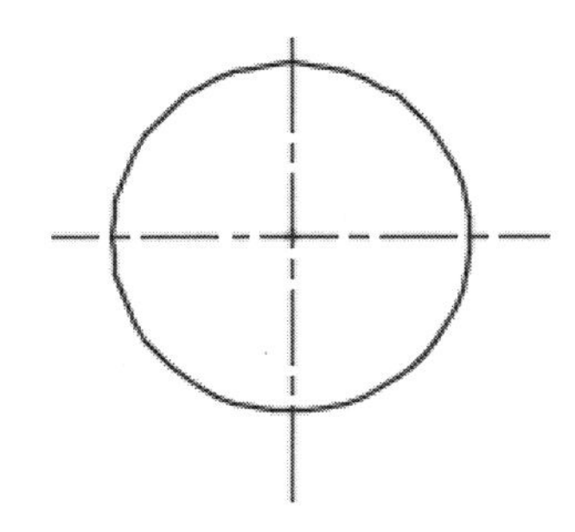

图 5-154　绘制中心线

step 24 单击【默认】选项卡的【修改】面板中的【偏移】按钮，绘制偏移距离为 0.2 的圆形并修剪，完成主视图的绘制，如图 5-155 所示。

step 25 开始尺寸标注，单击【默认】选项卡的【注释】面板中的【线性】按钮，创建主视图左侧的线性标注，如图 5-156 所示。

step 26 单击【默认】选项卡的【注释】面板中的【线性】按钮，创建主视图上部的线性标注，如图 5-157 所示。

step 27 单击【默认】选项卡的【注释】面板中的【半径】按钮，创建圆角标注，如图 5-158 所示。

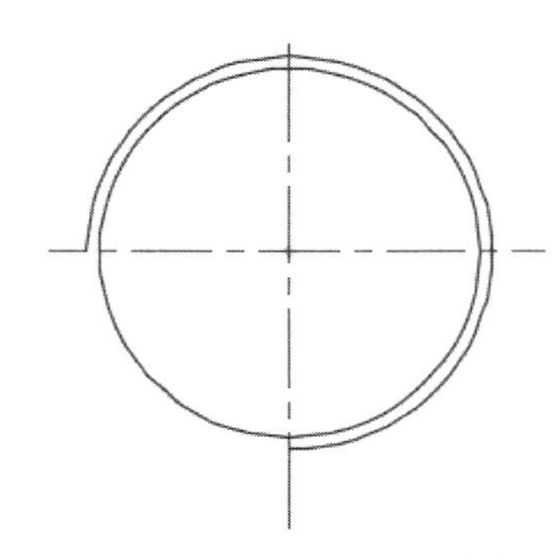

图 5-155　偏移圆形并修剪

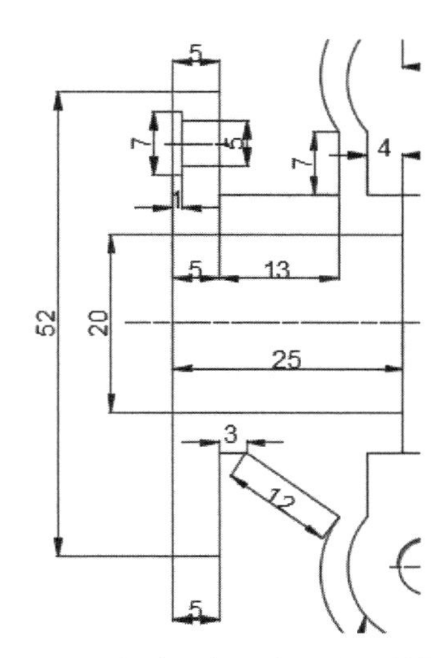

图 5-156　创建主视图左侧的线性标注

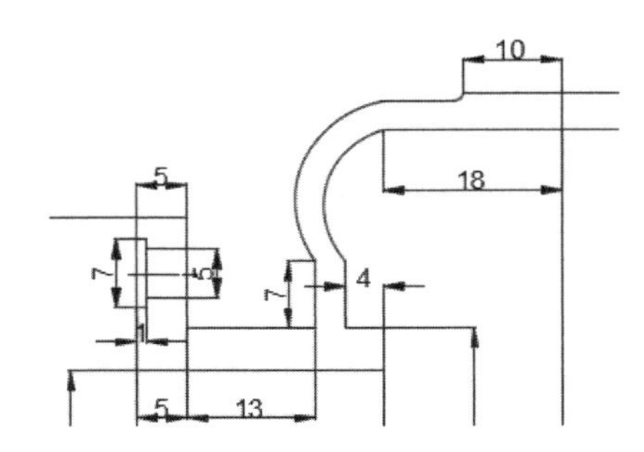

图 5-157　创建主视图上部的线性标注

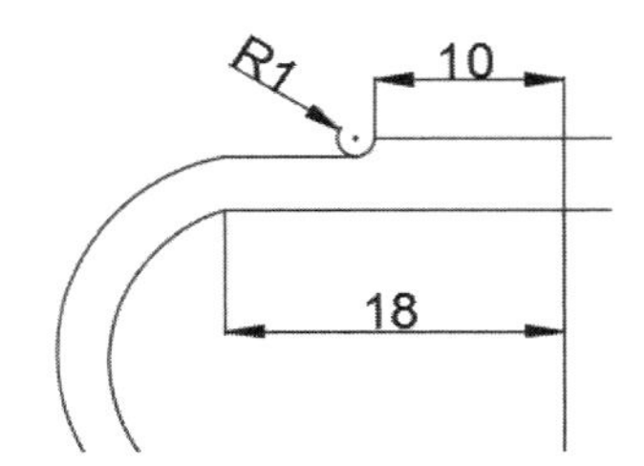

图 5-158　圆角标注

step 28 单击【默认】选项卡的【注释】面板中的【线性】按钮，创建主视图右侧的线性标注，如图 5-159 所示。

step 29 单击【默认】选项卡的【注释】面板中的【半径】按钮，创建主视图的半径标注，如图 5-160 所示。

step 30 单击【默认】选项卡的【注释】面板中的【半径】按钮，创建主视图的圆弧标注，如图 5-161 所示。

step 31 最后进行填充。单击【默认】选项卡的【绘图】面板中的【图案填充】按钮，填充草图区域，如图 5-162 所示。

step 32 完成的阀盖草图如图 5-163 所示。

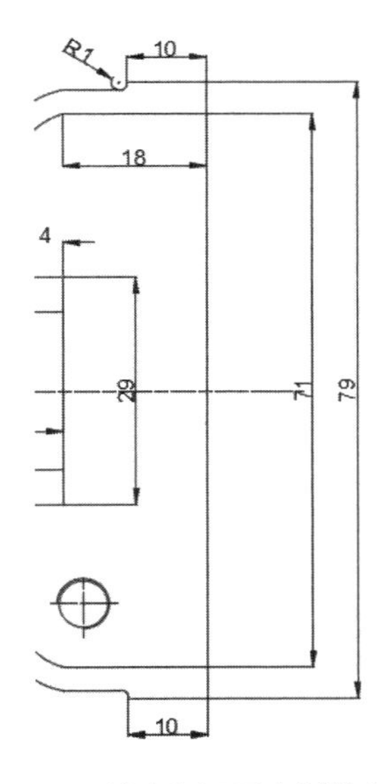

图 5-159　创建主视图右侧的线性标注

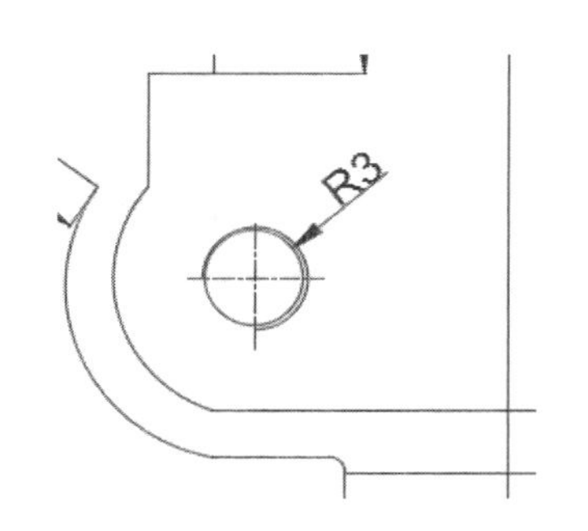

图 5-160　创建主视图的半径标注

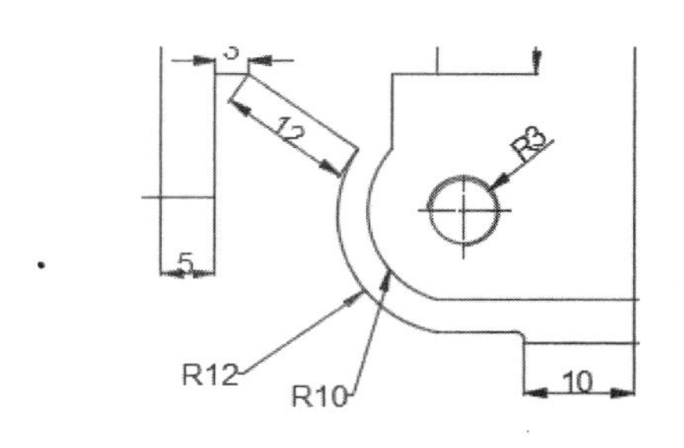

图 5-161　创建主视图的圆弧标注

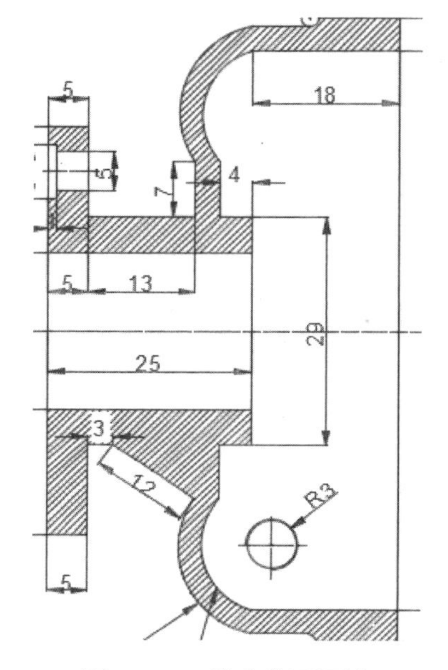

图 5-162　填充草图区域

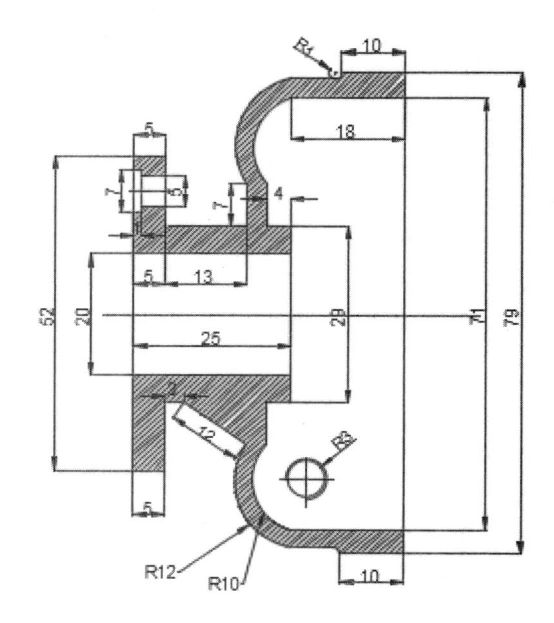

图 5-163　完成阀盖草图

机械设计实践：对不连续的同一表面，可用细实线连接后标注一次尺寸。由同一基准出发的尺寸，可以用坐标的形式列表标注。孔的尺寸和数量可直接标注在图形上，也可用列表的形式表示。如图 5-164 所示，是三维零件的立体标注，可以直观地体现尺寸关系。

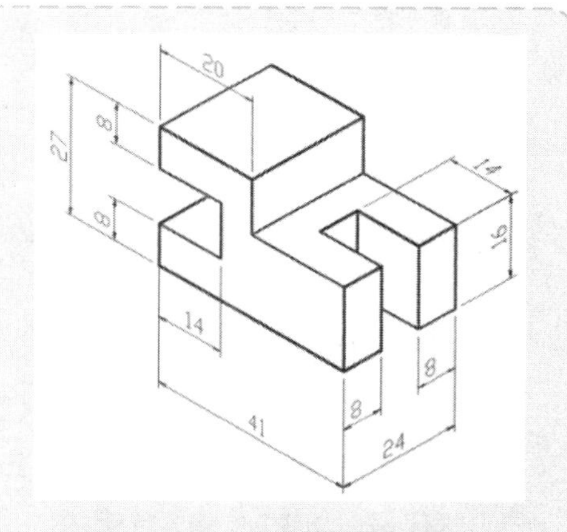

图 5-164　三维标注零件草图

阶段进阶练习

本教学日主要介绍了 AutoCAD 2016 的尺寸标注创建与编辑等命令，从而使绘制的图形更加完整和准确。通过本教学日的学习，读者应该可以熟练掌握 AutoCAD 2016 中尺寸标注的方法。

如图 5-165 所示，使用本教学日学过的各种命令来创建阀门图纸。

创建步骤和方法如下。

(1) 使用【矩形】命令绘制主体。

(2) 绘制直线并进行修剪。

(3) 填充图形。

(4) 标注尺寸。

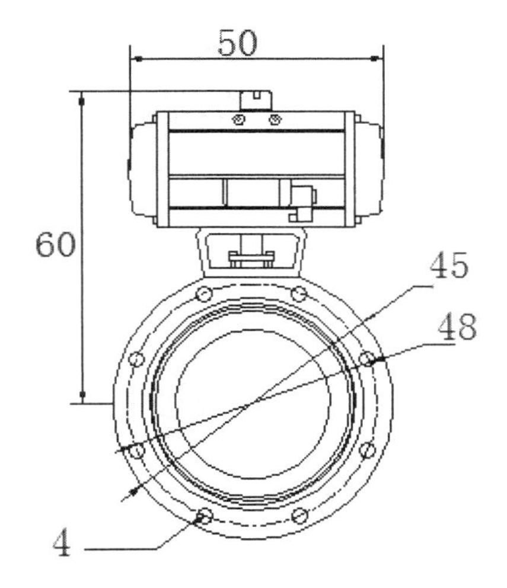

图 5-165　阀门标注草图

设计师职业培训教程

第6教学日

在使用 AutoCAD 绘制图形时，会遇到大量相似的图形实体，如果重复绘制，效率极其低下。AutoCAD 提供了一种有效的工具——“块”。块是一组相互集合的实体，它可以作为单个目标加以应用，可以由 AutoCAD 中的任何图形实体组成。

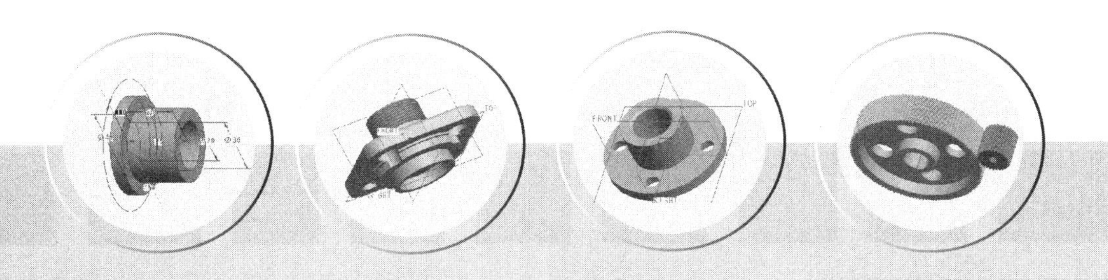

第1课 1课时 设计师职业知识——图层应用基础

机械图样包括零件图和装配图。零件图是表达零件的结构大小以及技术要求的图样；装配图是表达产品及其组成部分的连接、装配关系的图样。

螺纹的牙顶用粗实线表示，牙底用细实线表示，在螺杆的倒角或圆角部分也应画出。在垂直于螺纹轴线的投影面的视图中，表示牙底的细实线圆，只需要画约 3/4 圈，此时轴上或孔上的倒角省略不画，如图 6-1 所示。在垂直于螺纹轴线的投影面的视图中，需要表示部分螺纹时，螺纹的牙底线也应适当地空出一段距离，如图 6-2 所示。

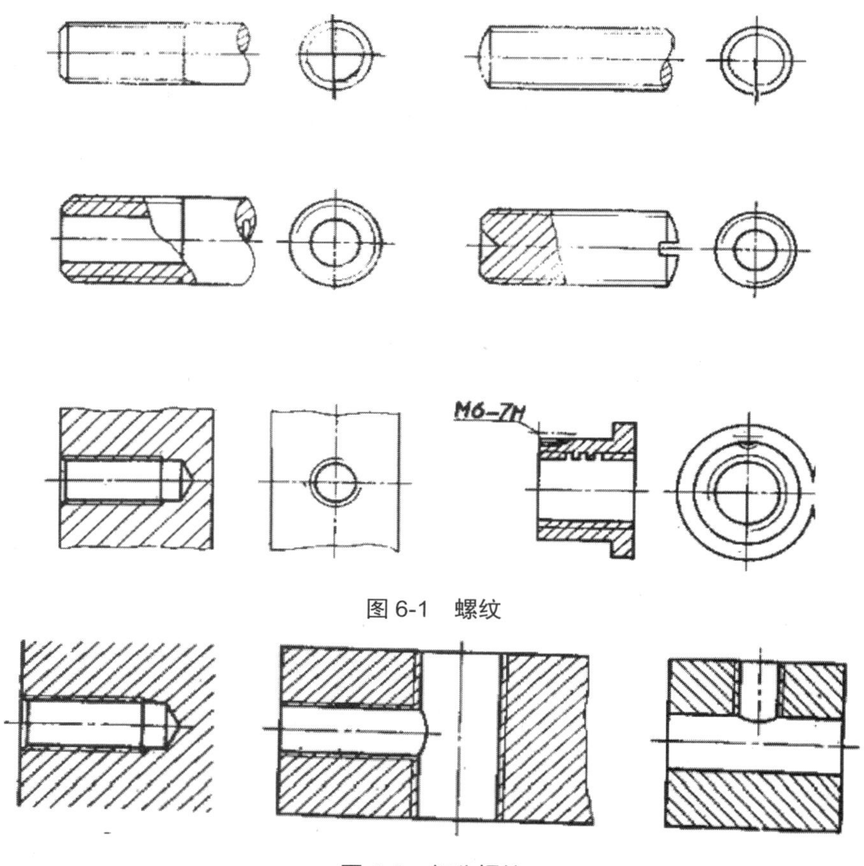

图 6-1　螺纹

图 6-2　部分螺纹

完整螺纹的终止界线(简称螺纹终止线)用粗实线表示，外螺纹、内螺纹终止线的画法如图 6-3 所示。

当需要表示螺纹收尾时，螺尾部分的牙底用与轴线成 30°的细实线绘制。

不可见螺纹的所有图线按虚线绘制。

无论是外螺纹或内螺纹，在剖视或剖面图中剖面线都必须画到粗实线。

绘制不穿通的螺孔时，一般应将钻孔深度与螺纹部分的深度分别画出。

以剖视图表示内外螺纹的连接时，其旋合部分应按外螺纹的画法绘制，其余部分仍按各自的画法表示。

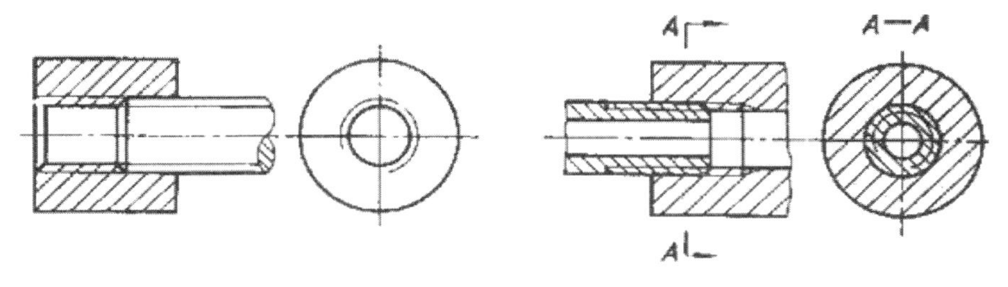

图 6-3　完整的螺纹界线画法

第2课　2课时　管理图层及其属性

6.2.1　管理图层

行业知识链接：AutoCAD 的图层集成了颜色、线型、线宽、打印样式及状态。通过不同的图层名称，设置不同的样式以方便制图过程中对不同样式的引用。它就如 Words 中的样式(Words 的样式集成了字型、段落格式等)。如图 6-4 所示是一个支座的草图，支座是支承工程结构和传力的装置，图中就分出了 3 个图层，包括尺寸线层，绘图层和填充层。

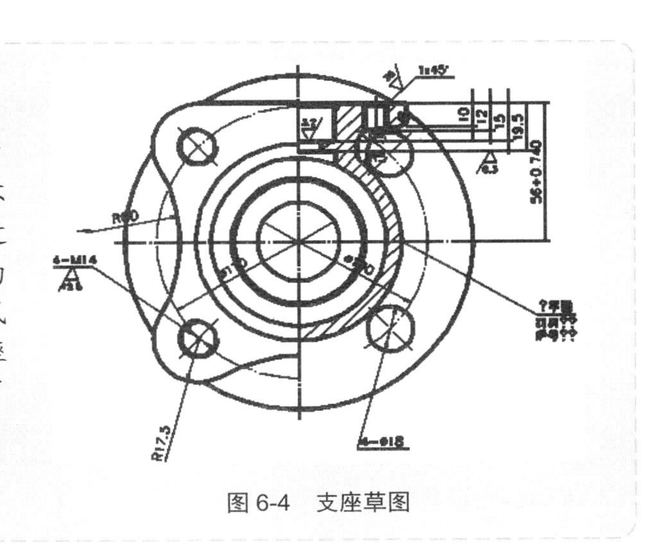

图 6-4　支座草图

图层管理包括图层的创建、图层过滤器的命名及图层的保存、恢复等，下面对图层的管理作详细的讲解。

1．命名图层过滤器

绘制一个图形时，可能需要创建多个图层，当只需列出部分图层时，通过【图层特性管理器】工具选项板的过滤图层设置，可以按一定的条件对图层进行过滤，最终只列出满足要求的部分图层。

在过滤图层时，可依据图层名称、颜色、线型、线宽、打印样式或图层的可见性等条件过滤图层。这样，可以更加方便地选择或清除具有特定名称或特性的图层。

选择【格式】|【图层】命令，单击【图层特性管理器】工具选项板中的【新建特性过滤器】按钮，打开【图层过滤器特性】对话框，如图 6-5 所示。

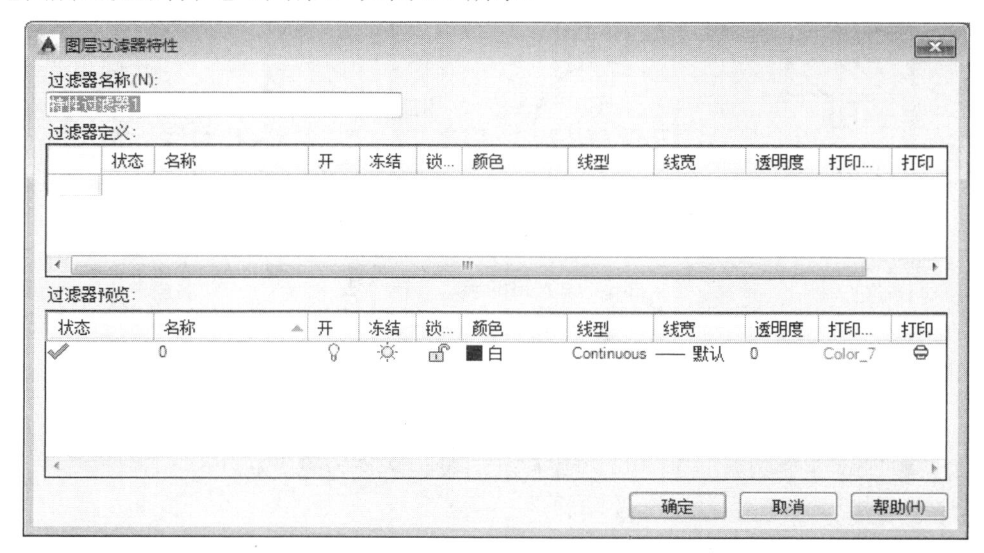

图 6-5　【图层过滤器特性】对话框

在该对话框中可以选择或输入图层状态、特性设置。包括状态、名称、开、冻结、锁定、颜色、线型、线宽、打印样式、打印、新视口 冻结等。

【过滤器名称】文本框：提供用于输入图层特性过滤器名称的空间。

【过滤器定义】列表框：显示图层特性。可以使用一个或多个特性定义过滤器。例如，可以将过滤器定义为显示所有的红色或蓝色且正在使用的图层。若用户想要包含多种颜色、线型或线宽，可以在下一行复制该过滤器，然后选择一种不同的设置。

【过滤器预览】列表框：显示根据用户定义进行过滤的结果。它显示选定此过滤器后将在图层特性管理器的图层列表中显示的图层。

如果在【图层特性管理器】工具选项板中选中了【反转过滤器】复选框，则可反向过滤图层，这样，可以方便地查看未包含某个特性的图层。使用图层过滤器的反转功能，可只列出被过滤的图层。例如，如果图形中所有的场地规划信息均包括在名称中包含字符 site 的多个图层中，则可以先创建一个以名称(*site*)过滤图层的过滤器定义，然后使用【反向过滤器】选项，这样，该过滤器就包括了除场地规划信息以外的所有信息。

2. 删除图层

可以通过从【图层特性管理器】工具选项板中删除图层来从图形中删除不使用的图层。但是只能删除未被参照的图层。被参照的图层包括图层 0 及 Defpoints、包含对象(包括块定义中的对象)的图层、当前图层和依赖外部参照的图层。其操作步骤如下。

在【图层特性管理器】工具选项板中选择图层，单击【删除图层】按钮，如图 6-6 所示，则选定的图层被删除，效果如图 6-7 所示，继续单击【删除图层】按钮，可以连续删除不需要的图层。

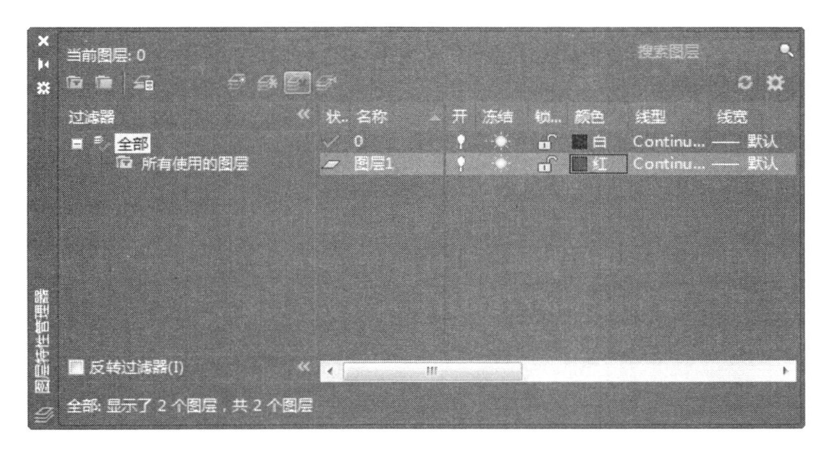

图 6-6　选择图层后单击【删除图层】按钮

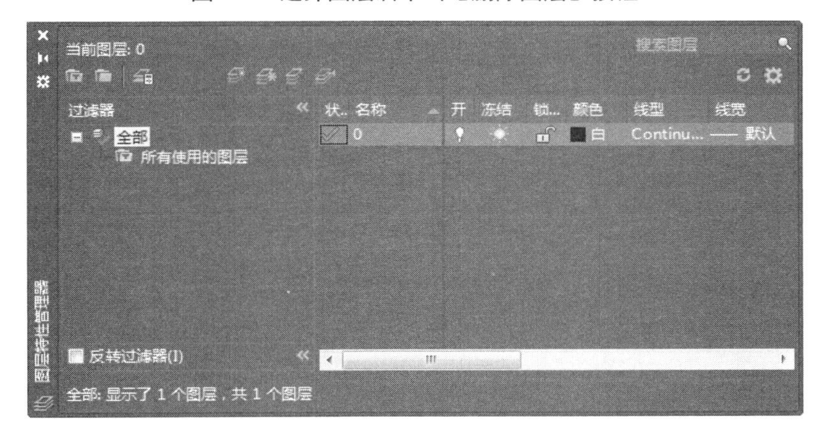

图 6-7　选择删除图层后的图层状态

3．设置当前图层

绘图时，新创建的对象将置于当前图层上。当前图层可以是默认图层(0)，也可以是用户自己创建并命名的图层。通过将其他图层置为当前图层，可以从一个图层切换到另一个图层；随后创建的任何对象都与新的当前图层关联并采用其颜色、线型和其他特性。但是不能将冻结的图层或依赖外部参照的图层设置为当前图层。其操作步骤如下。

在【图层特性管理器】工具选项板中选择图层，单击【置为当前】按钮，则选定的图层被设置为当前图层。

4．显示图层细节

【图层特性管理器】工具选项板用来显示图形中的图层列表及其特性。在 AutoCAD 中，使用【图层特性管理器】工具选项板不仅可以创建图层，设置图层的颜色、线型和线宽，还可以对图层进行更多的设置与管理，如图层的切换、重命名、删除及图层的显示控制、修改图层特性或添加说明。

利用以下 3 种方法中的任一种方法都可以打开【图层特性管理器】工具选项板。

(1) 单击【默认】选项卡的【图层】面板中的【图层特性】按钮。

(2) 在命令行中输入“layer”后按 Enter 键。

(3) 在菜单栏中选择【格式】|【图层】命令。

【图层特性管理器】工具选项板如图 6-8 所示。

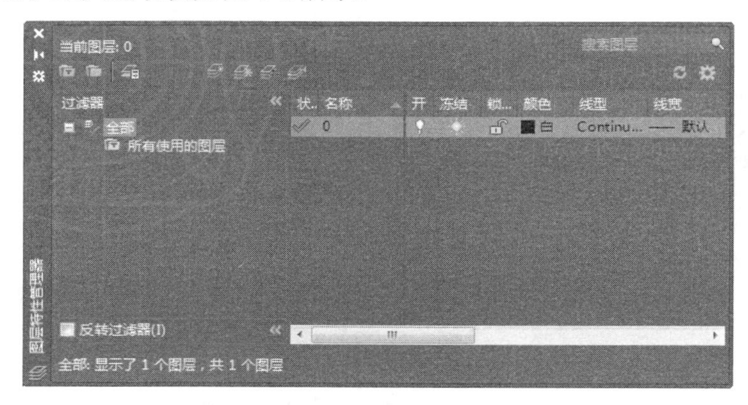

图 6-8 【图层特性管理器】工具选项板

下面介绍【图层特性管理器】工具选项板的功能。

【新建特性过滤器】按钮：显示【图层过滤器特性】对话框，从中可以基于一个或多个图层特性创建图层过滤器。

【新建组过滤器】按钮：用来创建一个图层过滤器，其中包含用户选定并添加到该过滤器的图层。

【图层状态管理器】按钮：显示【图层状态管理器】对话框，从中可以将图层的当前特性设置保存到命名图层状态中，以后可以再恢复这些设置。

【新建图层】按钮：用来创建新图层。列表中将显示名为“图层 1”的图层。该名称处于选中状态，从而用户可以直接输入一个新图层名。新图层将继承图层列表中当前选定图层的特性(颜色、开/关状态等)。

【在所有视口中都被冻结的新图层视口】按钮：创建新图层，然后在所有现有布局视口中将其冻结。

【删除图层】按钮：用来删除已经选定的图层。但是只能删除未被参照的图层，参照图层包括图层 0 和 DEFPOINTS、包含对象(包括块定义中的对象)的图层、当前图层和依赖外部参照的图层。局部打开图形中的图层也被视为参照并且不能被删除。

【当前图层】文本框：显示当前图层的名称。

【搜索图层】文本框：当输入字符时，按名称快速过滤图层列表。关闭【图层特性管理器】工具选项板时并不保存此过滤器。

状态栏：显示当前过滤器的名称、列表图中所显示图层的数量和图形中图层的数量。

【反转过滤器】复选框：显示所有不满足选定图层特性过滤器中条件的图层。

【图层特性管理器】工具选项板中还有两个窗格：

树状图：显示图形中图层和过滤器的层次结构列表。顶层节点“全部”显示了图形中的所有图层。过滤器按字母顺序显示。“所有使用的图层”过滤器是只读过滤器。

列表图：显示图层和图层过滤器状态及其特性和说明。如果在树状图中选定了某一个图层过滤器，则列表图仅显示该图层过滤器中的图层。树状图中的“所有”过滤器用来显示图形中的所有图层和图层过滤器。当选定了某一个图层特性过滤器且没有符合其定义的图层时，列表图将为空。用户可以使用标准的键盘选择方法。要修改选定过滤器中某一个选定图层或所有图层的特性，可以单击该特性的图标。当图层过滤器中显示了混合图标或“多种”时，表明在过滤器的所有图层中，该特性互不相同。

6.2.2 保存、恢复和管理图层状态

行业知识链接：图层可以将复杂的图形数据有序地组织起来，通过设置图层的特性可以控制图形的颜色、线型、线宽，以及是否显示、是否可修改和是否被打印等，可将类型相似的对象分配在同一个图层上，例如，把文字、标注放在独立的图层上，可以方便对文字和标注进行整体的设置和修改。如图 6-9 所示是一个轴套的草图，轴套是套在传轴上的筒状机械零件，是滑动轴承的一个组成部分，草图分为 3 个图层。

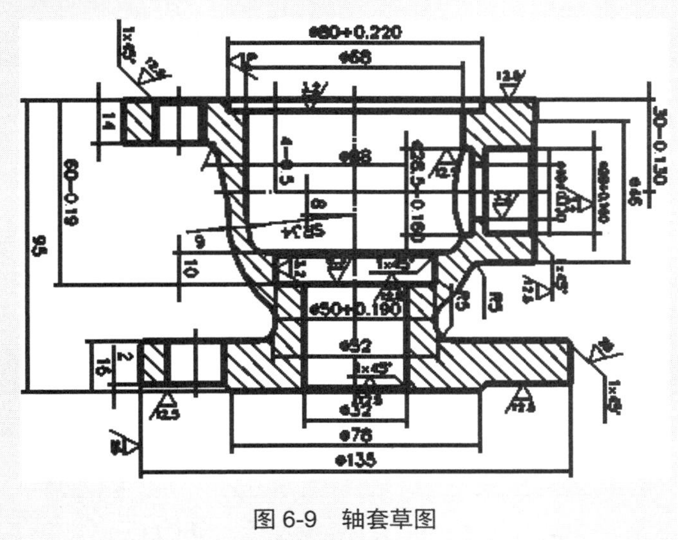

图 6-9 轴套草图

可以通过单击【图层特性管理器】工具选项板中的【图层状态管理器】按钮，打开【图层状态管理器】对话框，运用【图层状态管理器】对话框来保存、恢复和管理命名图层状态。如图 6-10 所示。

下面介绍【图层状态管理器】的功能。

【图层状态】列表框：列出了保存在图形中的命名图层状态、保存它们的空间及可选说明等。

【新建】按钮：单击此按钮，显示【要保存的新图层状态】对话框，如图 6-11 所示，从中可以输入新命名图层状态的名称和说明。

【保存】按钮：单击此按钮，保存选定的命名图层状态。

【编辑】按钮：单击此按钮，显示【编辑图层状态】对话框，如图 6-12 所示，从中可以修改选定的命名图层状态。

【重命名】按钮：单击此按钮，可在【图层状态】列表框中编辑图层状态名。

【删除】按钮：单击此按钮，删除选定的命名图层状态。

图 6-10 【图层状态管理器】对话框

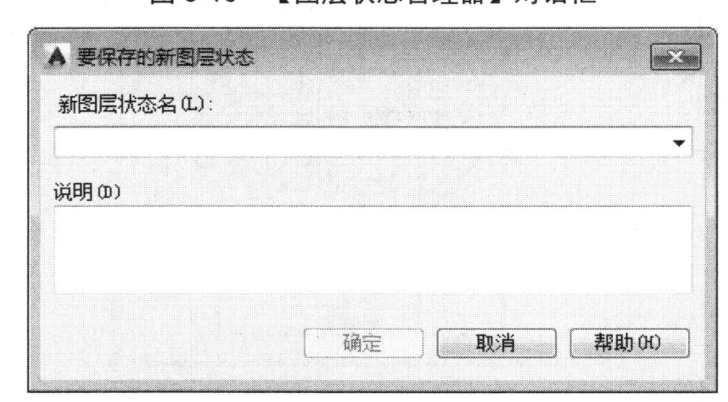

图 6-11 【要保存的新图层状态】对话框

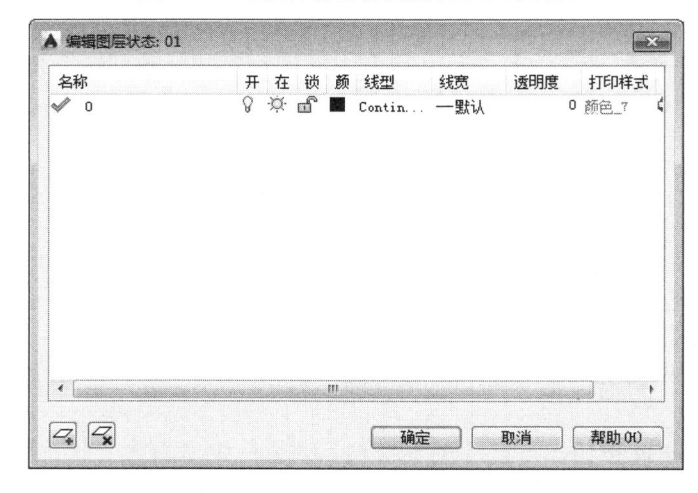

图 6-12 【编辑图层状态】对话框

【输入】按钮：单击此按钮，显示【输入图层状态】对话框，从中可以将上一次输出的图层状态(LAS)文件加载到当前图形。输入图层状态文件可能导致创建其他图层。

【输出】按钮：单击此按钮，显示【输出图层状态】对话框，从中可以将选定的命名图层状态保存到图层状态(LAS)文件中。

【不列出外部参照中的图层状态】复选框：控制是否显示外部参照中的图层状态。

【恢复选项】选项组：指定恢复选定命名图层状态时所要恢复的图层状态设置和图层特性。

- 【关闭未在图层状态中找到的图层】复选框：用于恢复命名图层状态时，关闭未保存设置的新图层，以便图形的外观与保存命名图层状态时一样。
- 【将特性作为视口替代应用】复选框：视口替代将恢复为恢复图层状态时为当前的视口。

【恢复】按钮：将图形中所有图层的状态和特性设置恢复为先前保存的设置。仅恢复保存该命名图层状态时选定的那些图层状态和特性设置。

【关闭】按钮：关闭【图层状态管理器】对话框并保存所作更改。

单击【更多恢复选项】按钮，展开如图 6-13 所示的【图层状态管理器】对话框，以显示更多的恢复设置选项。

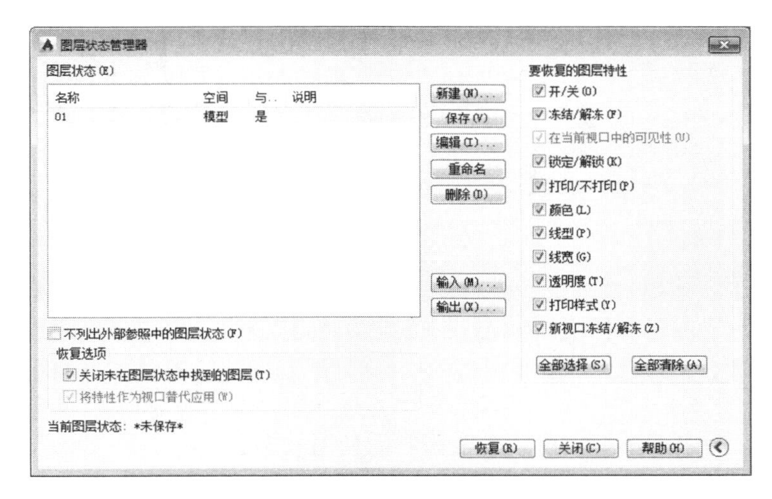

图 6-13　展开【图层状态管理器】对话框

【要恢复的图层特性】选项组：指定恢复选定命名图层状态时所要恢复的图层状态设置和图层特性。在工作窗口的【模型】选项卡中保存命名图层状态时，【在当前视口中的可见性】和【新视口冻结/解冻】复选框不可用。

【全部选择】按钮：选择所有设置。

【全部清除】按钮：从所有设置中删除选定设置。

单击【更少恢复选项】按钮，恢复为如图 6-10 所示的【图层状态管理器】对话框，以显示更少的恢复设置选项。

AutoCAD 提供了“draworder”命令来修改对象的次序，该命令行窗口提示如下：

```
命令: draworder
选择对象: 找到 1 个
选择对象:
输入对象排序选项 [对象上(A)/对象下(U)/最前(F)/最后(B)] <最后>: b
```

该命令各选项的作用为：

(1) 对象上(A)：将选定的对象移动到指定参照对象的上面。

(2) 对象下(U)：将选定的对象移动到指定参照对象的下面。

(3) 最前(F)：将选定的对象移到图形次序的最前面。

(4) 最后(B)：将选定的对象移到图形次序的最后面。

如果我们一次选中多个对象进行排序，则被选中对象之间的相对显示顺序并不改变，而只改变与其他对象的相对位置。

6.2.3 改变图层中的属性

行业知识链接：在CAD实际的工程制图中，中心线必须使用点划线，不可见的轮廓用的是虚线，轮廓线用的是粗实线，标注线用的是细实线，这些辅助线不必进行打印，还有在图形中为区别不同的用途的线，一般都采用不同颜色来区分。如图6-14所示是某一个零件的局部草图，标注图层的状态是设置好的。

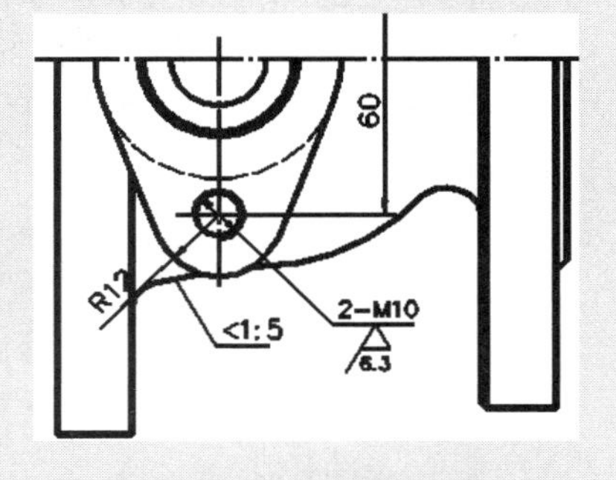

图6-14 零件局部草图

图层设置包括图层状态(例如开或锁定)和图层特性(例如颜色或线型)。在【图层特性管理器】工具选项板列表图中显示了图层和图层过滤器状态及其特性和说明。用户可以通过单击状态和特性图标来设置或修改图层的状态和特性。在上一小节中了解了部分选项的内容，下面对上节没有涉及的选项作具体的介绍。

(1) 【状态】列：双击其图标，可以改变图层的使用状态。

(2) 图标表示该图层正在使用，图标表示该图标未被使用。

(3) 【名称】列：显示图层名。可以选择图层名后单击并输入新图层名。

(4) 【开】列： 确定图层打开还是关闭。如果图层被打开，该层上的图形可以在绘图区显示或在绘图区中绘出。被关闭的图层仍然是图的一部分，但关闭图层上的图形不显示，也不能通过绘图区绘制出来。用户可根据需要，打开或关闭图层。

在图层列表框中，与“开”对应的列是“小灯泡”图标。通过单击“小灯泡”图标可实现打开或关闭图层的切换。如果灯泡颜色是黄色，表示对应层是打开的；如果是灰色，则表示对应层是关闭的。如果关闭的是当前层，AutoCAD会显示出对应的提示信息，警告正在关闭当前层，但用户可以关闭当前层。很显然，关闭当前层后，所绘的图形均不能显示出来。

当图层关闭时，它是不可见的，并且不能打印，即使【打印】选项是打开的。

依次单击【开】按钮，可调整各图层的排列顺序，使当前关闭的图层放在列表的最前面或最后面，也可以通过其他途径来调整图层顺序，我们将在后面的讲解中涉及对图层顺序的调整。

图标表示图层是打开的，图标表示图层是关闭的。

(5) 【冻结】列：在所有视口中冻结选定的图层。冻结图层可以加快 ZOOM、PAN 和许多其他操作的运行速度，增强对象选择的性能并减少复杂图形的重生成时间。AutoCAD 不显示、打印、隐藏、渲染或重生成冻结图层上的对象。

如果图层被冻结，该层上的图形对象不能被显示出来或绘制出来，而且也不参与图形之间的运算。被解冻的图层则正好相反。从可见性来说，冻结层与关闭层是相同的，但冻结层上的对象不参与处理过程中的运算，关闭层上的对象则要参与运算。所以，在复杂的图形中冻结不需要的图层可以加快系统重新生成图形时的速度。

图层列表框中，与“在所有视口冻结”对应的列是“太阳”或“雪花”图标。“太阳”表示所对应层没有冻结，“雪花”则表示相应层被冻结。单击这些图标可实现图层冻结与解冻的切换。

用户不能冻结当前层，也不能将冻结层设为当前层。另外，依次单击“在所有视口冻结”标题，可调整各图层的排列顺序，使当前冻结的图层放在列表的最前面或最后面。

用户可以冻结长时间不用看到的图层。当解冻图层时，AutoCAD 会重生成和显示该图层上的对象。可以在创建时冻结所有视口、当前图层视口或新图层视口中的图层。

图标表示图层是冻结的，图标表示图层是解冻的。

(6) 【锁定】列：锁定和解锁图层。

图标表示图层是锁定的，图标表示图层是解锁的。

锁定并不影响图层上图形对象的显示，即锁定层上的图形仍然可以显示出来，但用户不能改变锁定层上的对象，不能对其进行编辑操作。如果锁定层是当前层，用户仍可在该层上绘图。

图层列表框中，与“锁定”对应的列是关闭或打开的小锁图标。锁打开表示该层是非锁定层；关闭则表示对应层是锁定的。单击这些图标可实现图层锁定或解锁的切换。

同样，依次单击图层列表中的“锁定”按钮，可以调整各图层的排列顺序，使当前锁定的图层放在列表的最前面或最后面。

(7) 【打印样式】列：修改与选定图层相关联的打印样式。如果正在使用颜色相关打印样式(PSTYLEPOLICY 系统变量设为 1)，则不能修改与图层关联的打印样式。单击任意打印样式均可以显示【选择打印样式】对话框。

(8) 【打印】列：控制是否打印选定的图层。即使关闭了图层的打印，该图层上的对象仍会显示出来。关闭图层打印只对图形中的可见图层(图层是打开的并且是解冻的)有效。如果图层设为打印但该图层在当前图形中是冻结的或关闭的，则 AutoCAD 不打印该图层。如果图层包含了参照信息(比如构造线)，则关闭该图层的打印可能有益。

(9) 【新视口冻结】列：冻结或解冻新创建视口中的图层。

(10) 【说明】列：为所选图层或过滤器添加说明，或修改说明中的文字。过滤器的说明将添加到该过滤器及其中的所有图层。

课后练习

案例文件：ywj\06\01.dwg

视频文件：光盘\视频课堂\第 6 教学日\6.2

练习案例分析及步骤如下。

本课后练习对压板零件的图层操作，压板一般使用在工业设备中用于零件的固定。编辑在零件上已有的图层，并设置过滤器，如图 6-15 所示是完成图层编辑的压板草图。

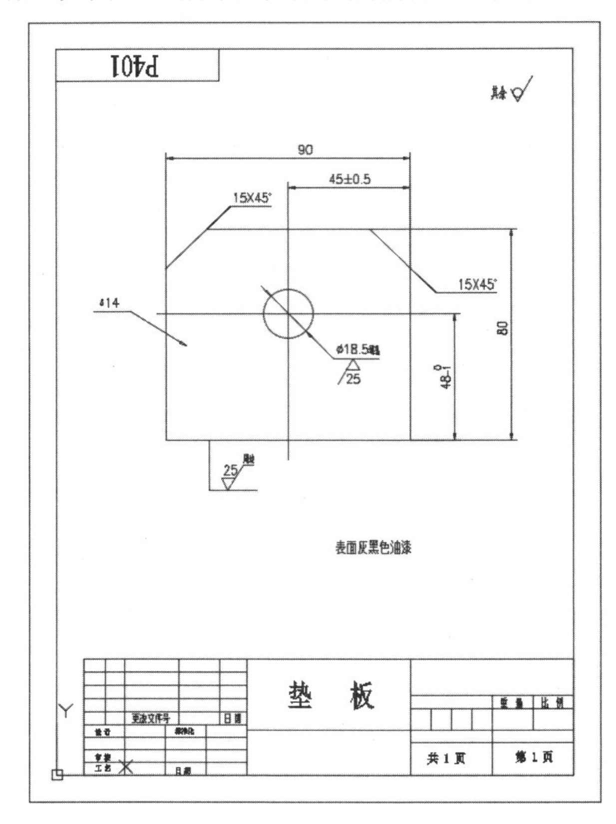

图 6-15　完成的压板草图

本课案例主要练习了 AutoCAD 的图层操作，主要内容是对本节学习图层操作的练习。编辑草图图层的思路和步骤如图 6-16 所示。

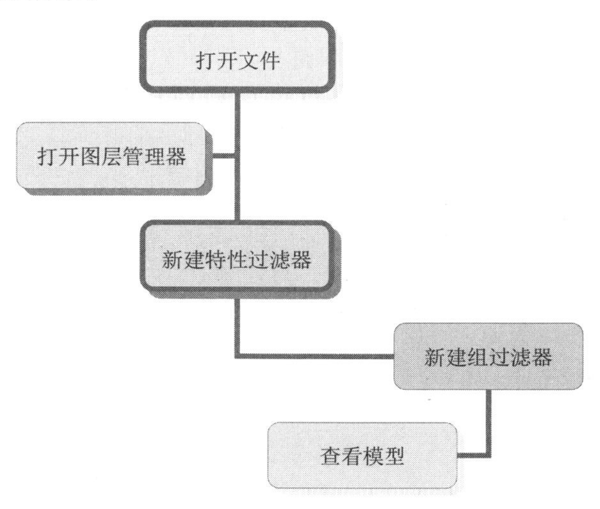

图 6-16　压板草图图层操作步骤

练习案例操作步骤如下。

step 01 选择【文件】|【打开】命令，选择打开文件“01”，如图 6-17 所示。

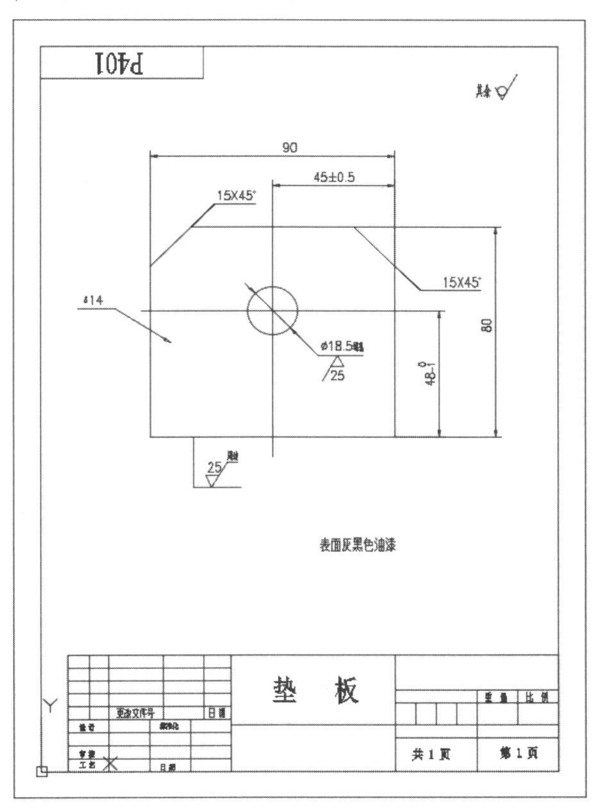

图 6-17　打开文件

step 02 选择【格式】|【图层】命令，弹出【图层特性管理器】工具选项板，查看绘图图层，如图 6-18 所示。

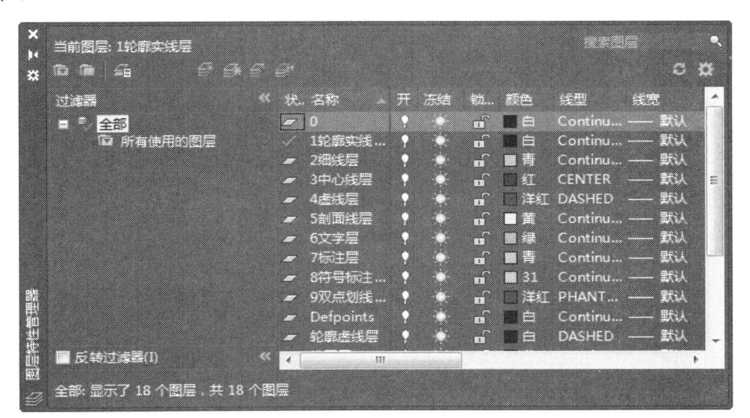

图 6-18　查看图层

step 03 单击【图层特性管理器】工具选项板中的【新建特性过滤器】按钮，打开【图层过滤器特性】对话框，新建图层并设置颜色，如图 6-19 所示。

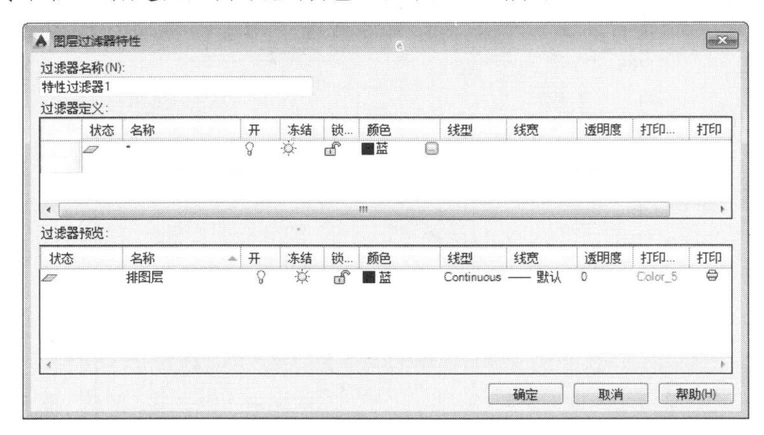

图 6-19　新建图层

step 04 在【图层特性管理器】工具选项板中，选择新建的特性过滤器，查看图层，如图 6-20 所示。

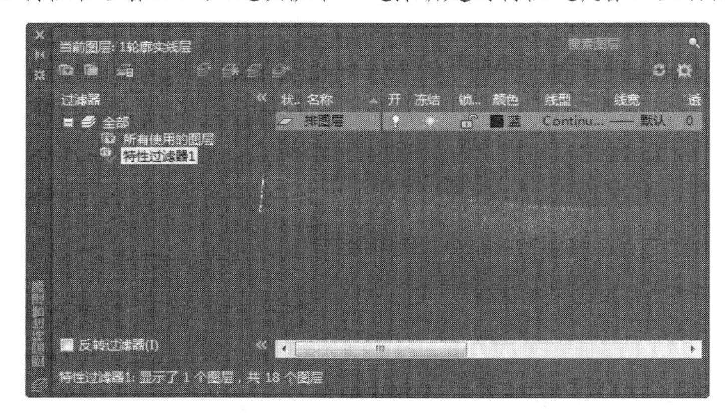

图 6-20　选择特性过滤器

step 05 单击【图层特性管理器】工具选项板中的【新建组过滤器】按钮，新建组过滤器，如图 6-21 所示。

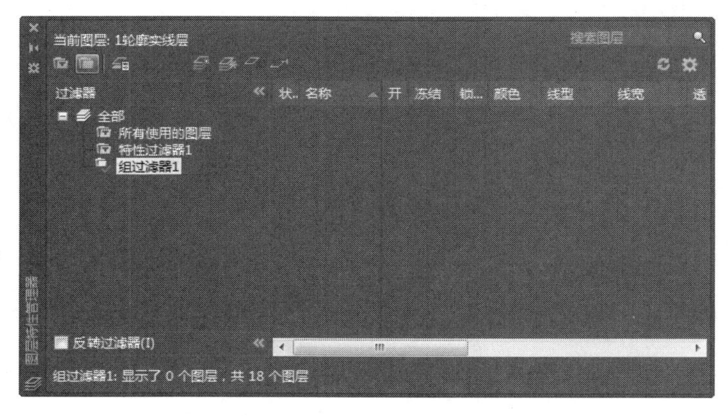

图 6-21　新建组过滤器

step 06 在【图层特性管理器】工具选项板中，选择所有过滤器，查看所有图层，如图 6-22 所示。

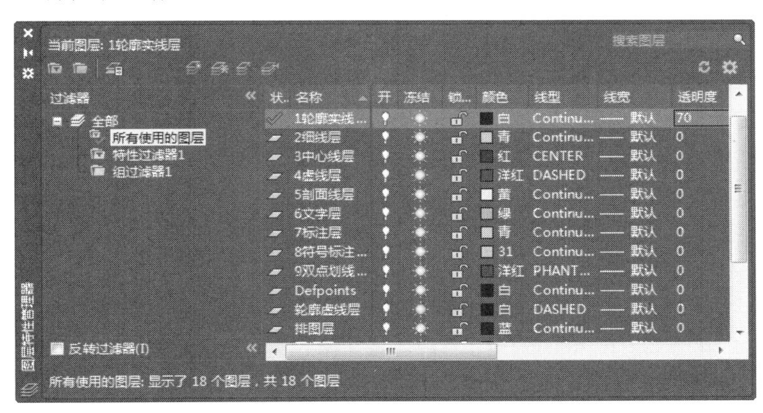

图 6-22　查看所有图层

step 07 完成设置的压板图纸，如图 6-23 所示。

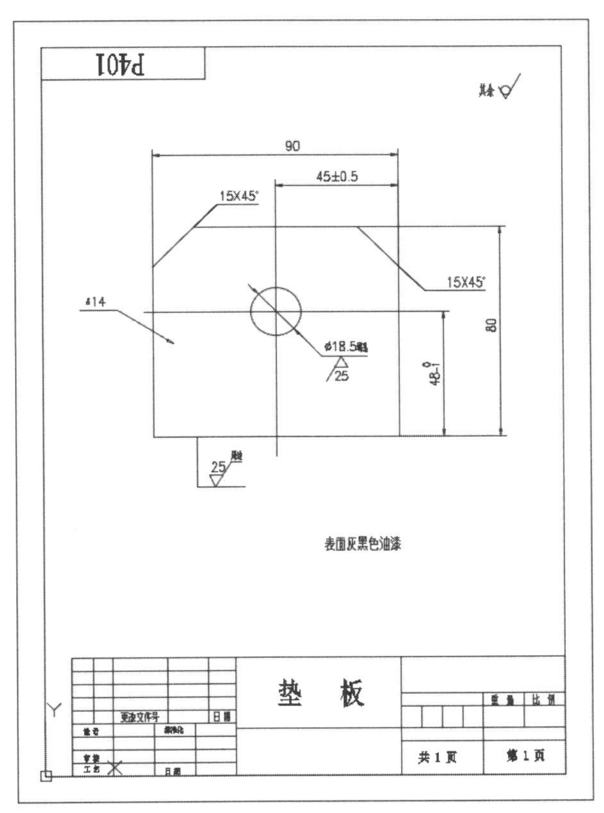

图 6-23　设置完成的压板图纸

机械设计实践：建筑、机械等各类的专业软件预定义了很多图层，在绘制图形时自动将图形放置到相应的图层上，一些设计单位为了内部管理或协同设计制定了统一的图层定义并提供了标准的模板文件，因此很多设计人员不必自己设置图层。如图 6-24 所示，是法兰零件的技术图纸，需要制作不同图层并进行标注。

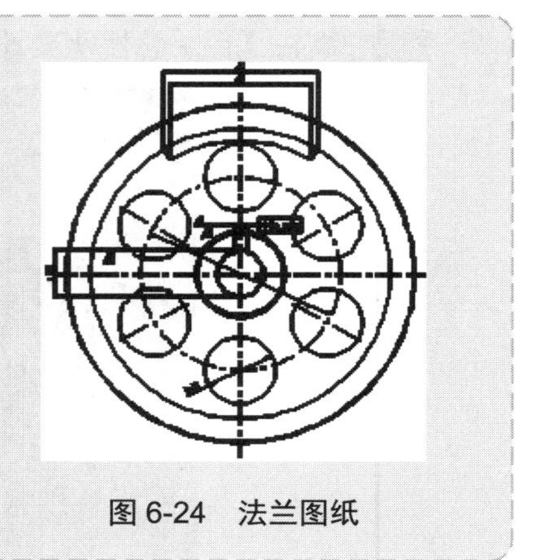

图 6-24　法兰图纸

第3课 2课时 新建图层

在本课中，我们将介绍创建新图层的方法，在图层创建的过程中涉及图层的命名、图层颜色、线型和线宽的设置。

图层可以具有颜色、线型和线宽等特性。如果某个图形对象的这几种特性均设为“ByLayer(随层)”，则各特性与其所在图层的特性保持一致，并且可以随着图层特性的改变而改变。例如图层“Center”的颜色为“黄色”，在该图层上绘有若干直线，其颜色特性均为“ByLayer”，则直线颜色也为黄色。

6.3.1　创建图层

行业知识链接：绘图时 AutoCAD 将在当前图层中创建新对象，当未使用专业软件功能而只使用 AutoCAD 平台绘制图形时，图层设置中会显示当前图层属性是否正确。需要注意的是，当选择了某个对象时，图层设置里显示的是此对象所在的图层，此图层不一定是当前层。如图 6-25 所示是一个垫圈的草图，垫圈是薄板紧固件，标注图层一般为细实线层。

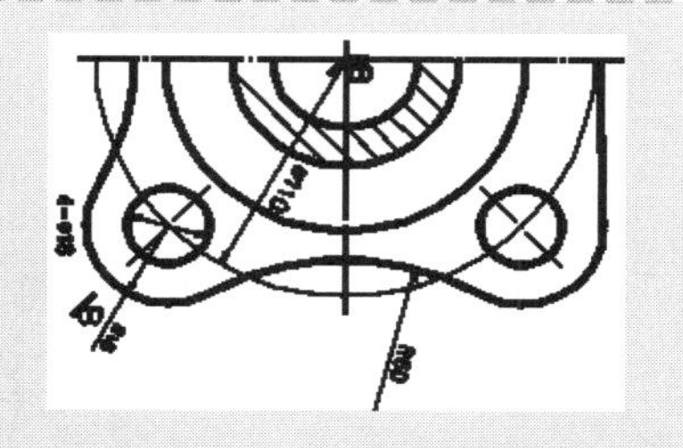

图 6-25　垫圈草图

在绘图设计中，用户可以为设计概念相关的一组对象创建和命名图层，并为这些图层指定通用特性。对于一个图形可创建的图层数和在每个图层中创建的对象数都是没有限制的，只要将对象分类并置于各自的图层中，即可方便、有效地对图形进行编辑和管理。

通过创建图层，可以将类型相似的对象指定给同一个图层使其相关联。例如，可以将构造线、文字、标注和标题栏置于不同的图层上，然后进行控制。本小节就来讲述如何创建新图层。

创建图层的步骤如下。

(1) 在【默认】选项卡的【图层】面板中单击【图层特性】按钮，将打开【图层特性管理器】工具选项板，图层列表中将自动添加名称为“0”的图层，所添加的图层呈被选中即反白显示状态。

(2) 在【名称】列为新建的图层命名。图层名最多可包含 255 个字符，其中包括字母、数字和特殊字符，如￥符号等，但图层名中不可包含空格。

(3) 如果要创建多个图层，可以多次单击【新建图层】按钮，并以同样的方法为每个图层命名，按名称的字母顺序来排列图层，创建完成的图层如图 6-26 所示。

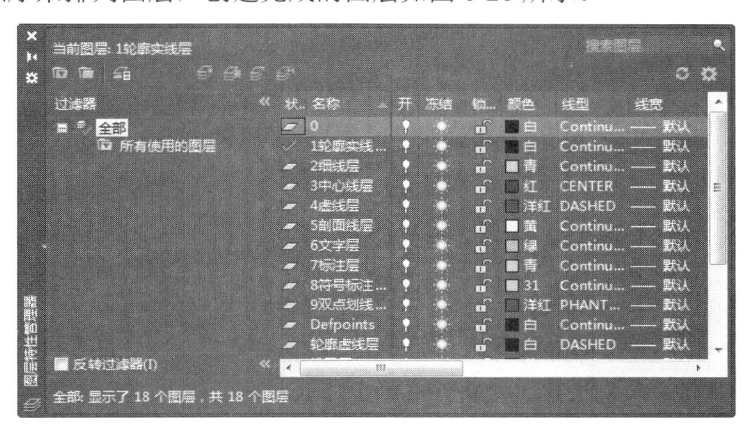

图 6-26 【图层特性管理器】工具选项板

每个新图层的特性都被指定为默认设置，即在默认情况下，新建图层与当前图层的状态、颜色、线性、线宽等设置相同。当然用户既可以使用默认设置，也可以给每个图层指定新的颜色、线型、线宽和打印样式，其概念和操作将在下面讲解中涉及。

在绘图过程中，为了更好地描述图层中的图形，用户还可以随时对图层进行重命名，但对于图层 0 和依赖外部参照的图层不能重命名。

6.3.2 编辑图层

行业知识链接： 通过设置图层的可见性可以简化图形，提高操作和显示效率；通过锁定图层，可以防止一些图形被意外修改。从现象上看，开关和冻结的效果类似，都可以控制图形的可见性。实际上两者对显示数据的处理是不一样的。如图 6-27 所示是一个球体零件草图，绘制完成后可以修改标注图层。

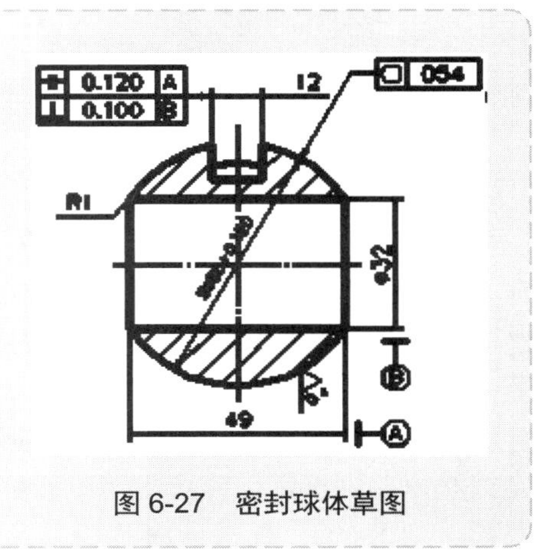

图 6-27 密封球体草图

1. 图层颜色

图层颜色也就是为选定图层指定颜色或修改颜色。颜色在图形中具有非常重要的作用，可用来表示不同的组件、功能和区域。图层的颜色实际上是图层中图形对象的颜色，每个图层都拥有自己的颜色，对不同的图层既可以设置相同的颜色，也可以设置不同的颜色，所以对于绘制复杂图形时就可以很容易区分图形的各个部分。

当我们要设置图层颜色时，可以通过以下几种方式。

(1) 在【视图】选项卡的【选项板】面板中单击【特性】按钮，打开【特性】工具选项板，如图 6-28 所示，在【常规】选项组中的【颜色】下拉列表框中选择需要的颜色。

(2) 在【图层特性管理器】工具选项板中设置，在【图层特性管理器】工具选项板中选中要指定修改颜色的图层，然后在【特性】工具选项板中选择【常规】选项组中【颜色】下拉列表框中选择【选择颜色】选项，即可打开【选择颜色】对话框，如图 6-29 所示。

下面我们来了解一下图 6-29 中的 3 种颜色模式：

索引颜色模式，也叫作映射颜色。在这种模式下，只能存储一个 8bit 色彩深度的文件，即最多 256 种颜色，而且颜色都是预先定义好的。一幅图像所有的颜色都在它的图像文件里定义，也就是将所有色彩映射到一个色彩盘里，这就叫色彩对照表。因此，当打开图像文件时，色彩对照表也一同被读入了 Photoshop 中，Photoshop 由色彩对照表找到最终的色彩值。若要转换为索引颜色，必须从每通道 8 位的图像以及灰度或 RGB 图像开始。通常索引色彩模式用于保存 GIF 格式等网络图像。

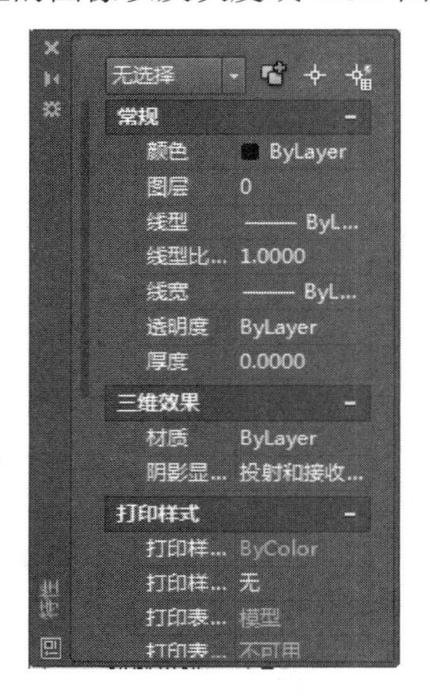

图 6-28 【特性】工具选项板

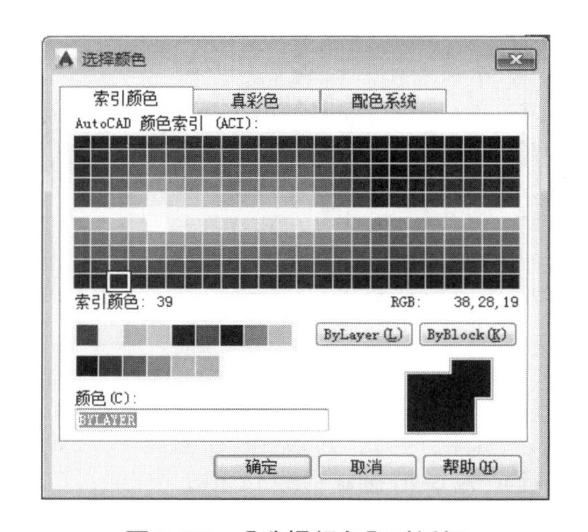

图 6-29 【选择颜色】对话框

索引颜色是 AutoCAD 中使用的标准颜色。每一种颜色用一个 AutoCAD 颜色索引编号(1～255 之间的整数)标识。标准颜色名称仅适用于 1～7 号颜色。颜色指定如下：1 红、2 黄、3 绿、4 青、5 蓝、6 洋红、7 白/黑。

真彩色(true-color)是指图像中的每个像素值都分成 R、G、B 3 个基色分量，每个基色分量直接决定其基色的强度，这样产生的色彩称为真彩色。例如，图像深度为 24，用 R：G：B=8：8：8 来表示色彩，则 R、G、B 各占用 8 位来表示各自基色分量的强度，每个基色分量的强度等级为 2^8=256 种。

图像可容纳 2^{24} 种色彩。这样得到的色彩可以反映原图的真实色彩，故称真彩色。如果使用 HSL 颜色模式，则可以指定颜色的色调、饱和度和亮度要素。

真彩色图像把颜色的种类提高了一大步，它为制作高质量的彩色图像带来了不少便利。真彩色也可以说是 RGB 的另一种叫法。从技术程度上来说，真彩色是指写到磁盘上的图像类型。而 RGB 颜色是指显示器的显示模式。不过这两个术语常常被当作同义词，因为从结果上来看它们是一样的。都有同时显示 16 余万种颜色的能力。RGB 图像是非映射的，它可以从系统的颜色表中自由获取所需的颜色，这种颜色直接与 PC 上显示的颜色对应。

配色系统包括几个标准 Pantone 配色系统，也可以输入其他配色系统，例如，DIC 颜色指南或 RAL 颜色集。输入用户定义的配色系统可以进一步扩充可供使用的颜色选择。这种模式需要具有很深的专业色彩知识，所以在实际操作中不必使用。

我们根据需要在对话框的不同选项卡中的选择需要的颜色，然后单击【确定】按钮，应用选择颜色。

(3) 也可以在【默认】选项卡的【特性】面板中的【对象颜色】下拉列表框中选择系统自定的几种颜色或自定义颜色。

2. 图层线型

线型是指图形基本元素中线条的组成和显示方式，如虚线和实线等。在 AutoCAD 中既有简单线型，也有由一些特殊符号组成的复杂线型，以满足不同国家或行业标准的要求。

在图层中绘图时，使用线型可以有效地传达视觉信息，它是由直线、横线、点或空格等组合的不同图案，给不同图层指定不同的线型，可达到区分线型的目的。如果为图形对象指定某种线型，则对象将根据此线型的设置进行显示和打印。

在【图层特性管理器】工具选项板中选择一个图层，然后在【线型】列单击与该图层相关联的线型，打开【选择线型】对话框，如图 6-30 所示。

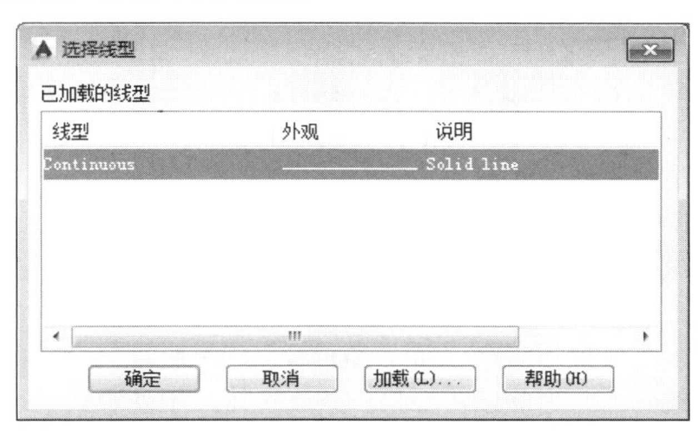

图 6-30 【选择线型】对话框

用户可以从该对话框的列表中选择一种线型，也可以单击【加载】按钮，打开【加载或重载线型】对话框，如图 6-31 所示。

在该对话框中选择要加载的线型，单击【确定】按钮，所加载的线型即可显示在【选择线型】对话框中，用户可以从中选择需要的线型，最后单击【确定】按钮，退出【选择线型】对话框。

图 6-31 【加载或重载线型】对话框

在设置线型时，也可以采用其他的途径：

(1) 在【视图】选项卡的【选项板】面板中单击【特性】按钮，打开【特性】工具选项板，在【常规】选项组中的【线型】下拉列表框中选择线的类型。

在这里我们需要知道一些"线型比例"的知识。

通过全局修改或单个修改每个对象的线型比例因子，可以使不同的比例使用同一个线型。

默认情况下，全局线型和单个线型比例均设置为 1.0。比例越小，每个绘图单位中生成的重复图案就越多。例如，设置为 0.5 时，每一个图形单位在线型定义中显示重复两次的同一图案。不能显示完整线型图案的短线段显示为连续线。对于太短，甚至不能显示一个虚线小段的线段，可以使用更小的线型比例。

(2) 也可以在【默认】选项卡的【特性】面板中的【线型】下拉列表框中选择。

ByLayer(随层)：逻辑线型，表示对象与其所在图层的线型保持一致。

ByBlock(随块)：逻辑线型，表示对象与其所在块的线型保持一致。

Continuous(连续)：连续的实线。

当然，用户可使用的线型远不止这几种。AutoCAD 系统提供了线型库文件，其中包含了数十种的线型定义。用户可随时加载该文件，并使用其定义各种线型。如果这些线型仍不能满足用户的需要，则用户可以自行定义某种线型，并在 AutoCAD 中使用。

关于线型应用的几点说明如下。

(1) 当前线型：如果某种线型被设置为当前线型，则新创建的对象(文字和插入的块除外)将自动使用该线型。

(2) 线型的显示：可以将线型与所有 AutoCAD 对象相关联，但是它们不随同文字、点、视口、参照线、射线、三维多段线和块一起显示。如果一条线过短，不能容纳最小的点划线序列，则显示为连续的直线。

(3) 如果图形中的线型显示过于紧密或过于疏松，用户可设置比例因子来改变线型的显示比例。改变所有图形的线型比例，可使用全局比例因子；而对于个别图形的修改，则应使用对象比例因子。

3. 图层线宽

线宽设置就是改变线条的宽度，可用于除 TrueType 字体、光栅图像、点和实体填充(二维实体)之外的所有图形对象，通过更改图层和对象的线宽设置来更改对象显示于屏幕和纸面上的宽度特性。在AutoCAD中，使用不同宽度的线条表现对象的大小或类型，可以提高图形的表达能力和可读性。如果为图形对象指定线宽，则对象将根据此线宽的设置进行显示和打印。

在【图层特性管理器】工具选项板中选择一个图层，然后在【线宽】列单击与该图层相关联的线宽，打开【线宽】对话框，如图6-32所示。

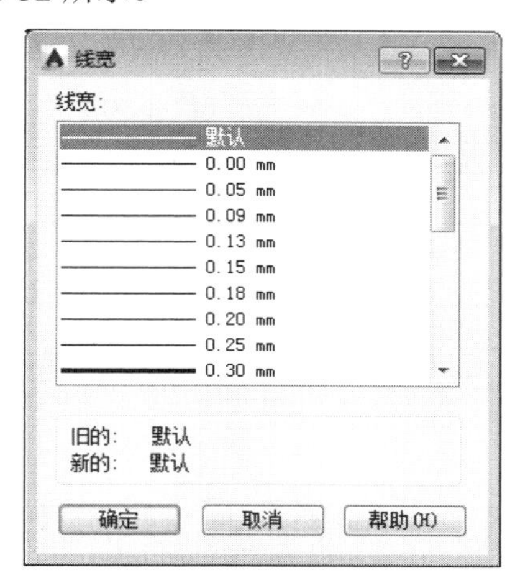

图6-32 【线宽】对话框

用户可以从中选择合适的线宽，单击【确定】按钮退出【线宽】对话框。

在AutoCAD中可用的线宽预定义值包括0.00mm、0.05mm、0.09mm、0.13mm、0.15mm、0.18mm、0.20mm、0.25mm、0.30mm、0.35mm、0.40mm、0.50mm、0.53mm、0.60mm、0.70mm、0.80mm、0.90mm、1.00mm、1.06mm、1.20mm、1.40mm、1.58mm、2.00mm和2.11mm等。

同理在设置线宽时，也可以采用其他的途径：

(1) 在【视图】选项卡的【选项板】面板中单击【特性】按钮，打开【特性】工具选项板，在【常规】选项组中的【线宽】下拉列表框中选择线的宽度。

(2) 也可以在【默认】选项卡的【特性】面板中的【线宽】下拉列表框中选择。

ByLayer(随层)：逻辑线宽，表示对象与其所在图层的线宽保持一致。

ByBlock(随块)：逻辑线宽，表示对象与其所在块的线宽保持一致。

默认：创建新图层时的默认线宽设置，其默认值是为0.25mm(0.01")。

关于线宽应用的几点说明：

(1) 如果需要精确表示对象的宽度，应使用指定宽度的多段线，而不要使用线宽。

(2) 如果对象的线宽值为0，则在模型空间显示为1个像素宽，并将以打印设备允许的最细宽度打印。如果对象的线宽值为0.25mm(0.01")或更小，则将在模型空间中以1个像素显示。

(3) 具有线宽的对象以超过一个像素的宽度显示时，可能会增加AutoCAD的重生成时间，因此关闭线宽显示或将显示比例设成最小可优化显示性能。

提示：图层特性(如线型和线宽)可以通过【图层特性管理器】工具选项板和【特性】工具选项板来设置，但对于重命名图层来说，只能在【图层特性管理器】工具选项板中修改，而不能在【特性】工具选项板中修改。

对于块引用所使用的图层也可以进行保存和恢复，但外部参照的保存图层状态不能被当前图形所使用。如果使用“wblock”命令创建外部块文件，则只有在创建时选择【Entire Drawing(整个图形)】选项，才能将保存的图层状态信息包含在内，并且仅涉及那些含有对象的图层。

课后练习

案例文件：ywj\06\02.dwg

视频文件：光盘\视频课堂\第 6 教学日\6.3

练习案例分析及步骤如下。

本课后练习创建法兰零件，法兰是管子与管子之间相互连接的零件，用于管端之间的连接；也有用在设备进出口上的法兰，用于两个设备之间的连接，如减速机法兰。首先创建侧视图，最后创建正视图，如图 6-33 所示是完成的法兰图纸。

本课案例主要练习 AutoCAD 的草绘和标注知识，在绘制完成草图后进行标题栏和尺寸的创建，绘制法兰草图的思路和步骤如图 6-34 所示。

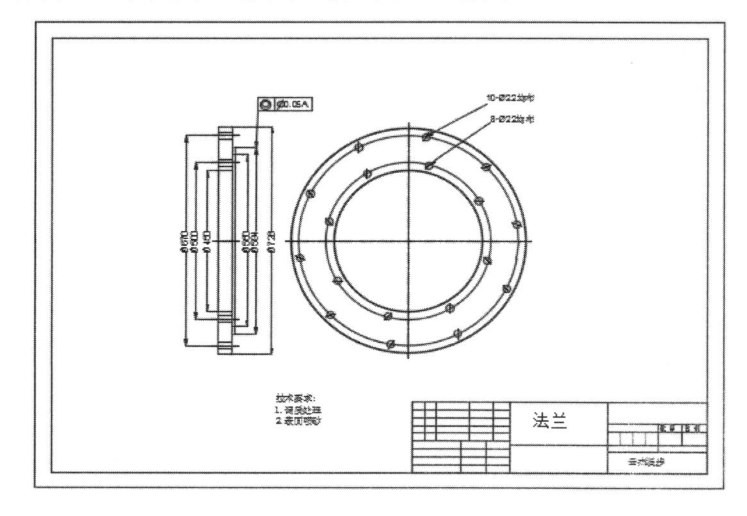

图 6-33　完成的法兰图纸

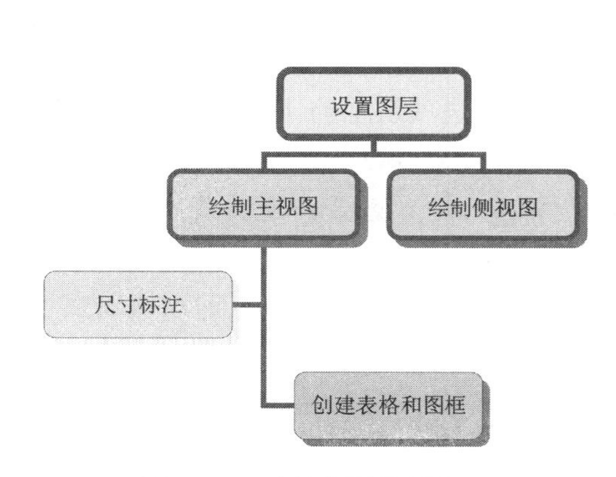

图 6-34　法兰草图绘制步骤

练习案例操作步骤如下。

step 01 首先设置图层。选择【文件】|【新建】命令，弹出【选择样板】对话框，选择样板创建新的绘图文件，如图 6-35 所示。

step 02 选择【格式】|【图层】命令，弹出【图层特性管理器】工具选项板，如图 6-36 所示。

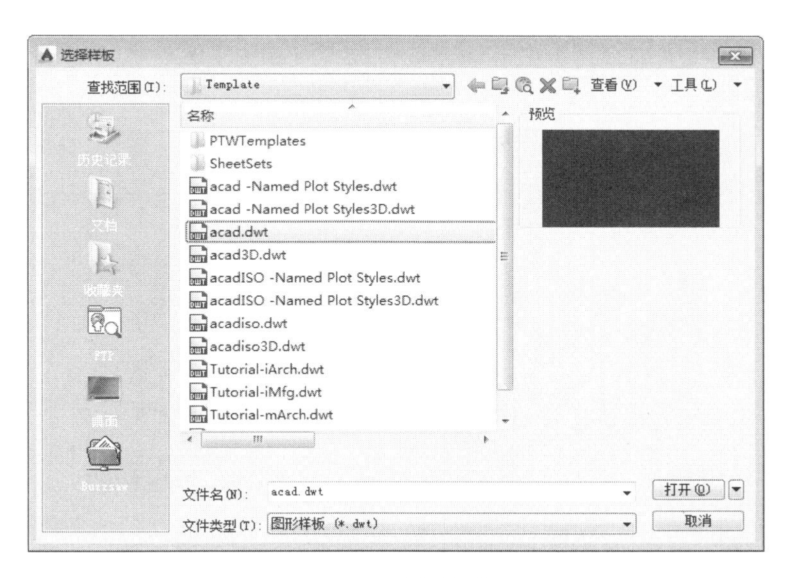

图 6-35　新建文件

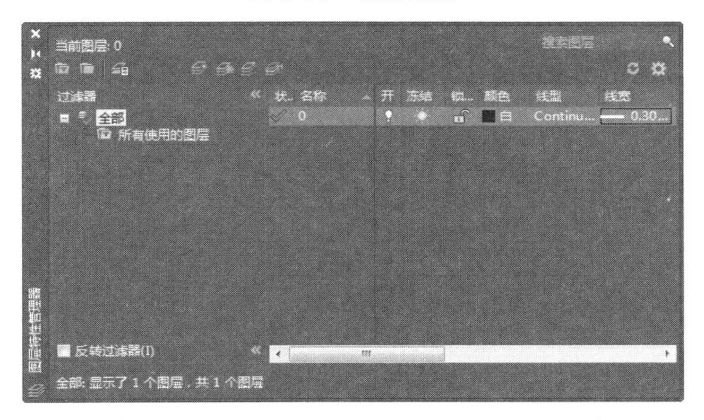

图 6-36　打开【图层特性管理器】

step 03 单击【图层特性管理器】工具选项板中的【新建图层】按钮，新建细实线图层，如图 6-37 所示。

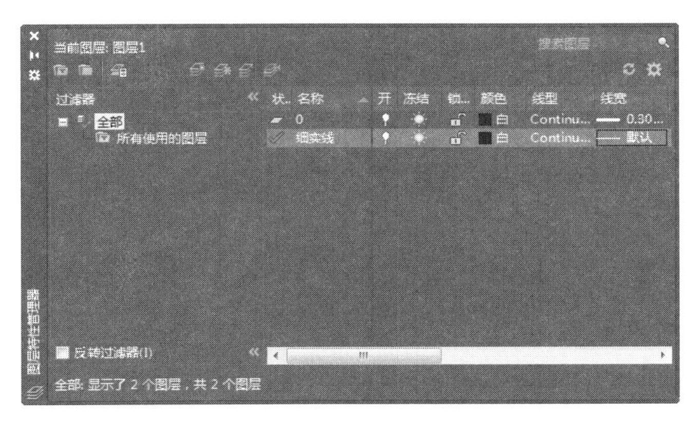

图 6-37　新建细实线图层

step 04 单击【图层特性管理器】工具选项板中的【新建图层】按钮，新建标注图层，并修改颜色，如图 6-38 所示。

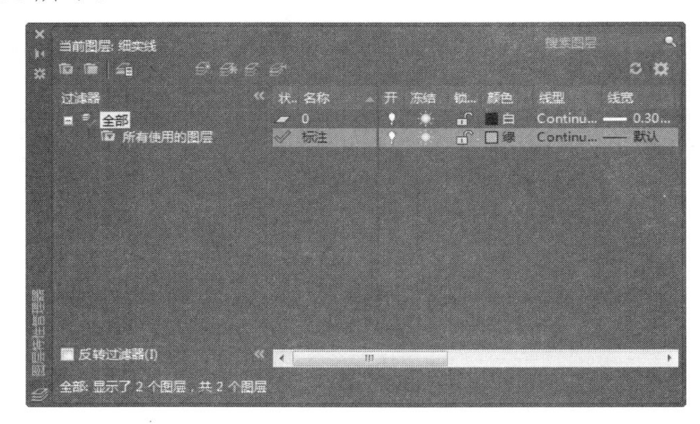

图 6-38 新建标注

step 05 单击【图层特性管理器】工具选项板中的【新建图层】按钮，新建中心线图层，并修改颜色，如图 6-39 所示。

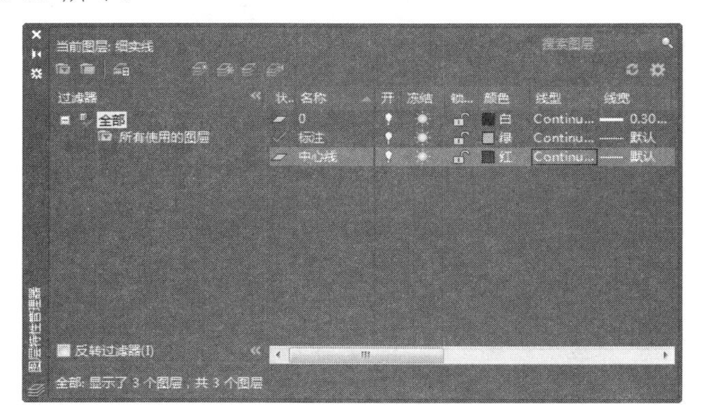

图 6-39 新建中心线图层

step 06 单击【图层特性管理器】工具选项板中的中心线线型区域，弹出【选择线型】对话框，加载中心线线型，如图 6-40 所示。

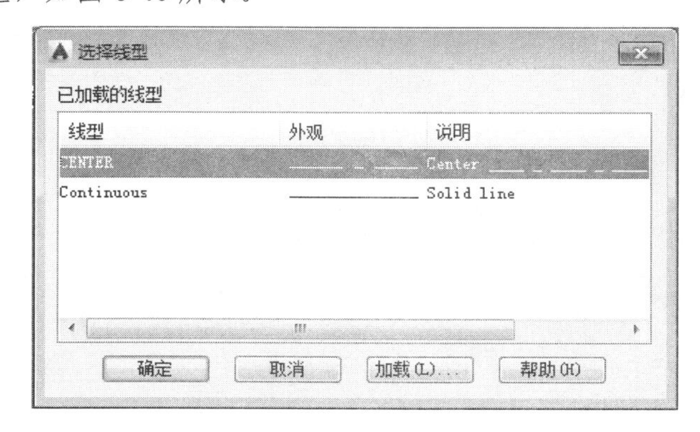

图 6-40 选择线型

step 07 单击【图层特性管理器】工具选项板中的【新建图层】按钮，新建截面线层，完成设置的图层特性管理器，如图 6-41 所示。

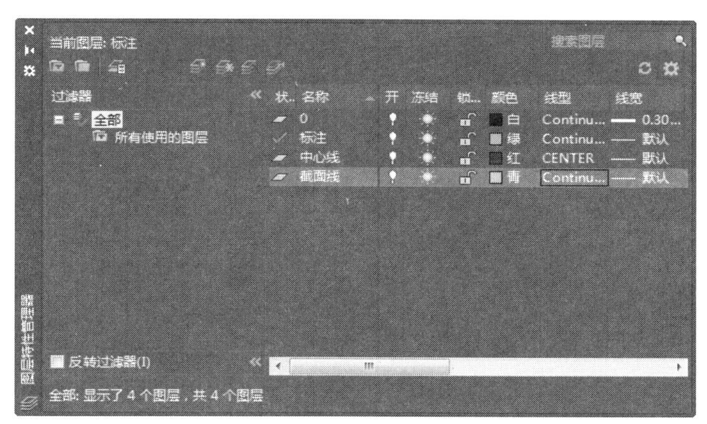

图 6-41　新建截面线图层

step 08 开始绘制侧视图。单击【默认】选项卡的【绘图】面板中的【直线】按钮，绘制 3 条中心线，如图 6-42 所示。

图 6-42　绘制 3 条中心线

step 09 单击【默认】选项卡的【绘图】面板中的【直线】按钮，绘制 3 条直线，长度分别为 364、43、364，如图 6-43 所示。

step 10 单击【默认】选项卡的【绘图】面板中的【直线】按钮，绘制 2 条中心线，距离中心线分别为 335、250，如图 6-44 所示。

step 11 单击【默认】选项卡的【修改】面板中的【偏移】按钮，绘制偏移距离为 11 的直线，如图 6-45 所示。

step 12 单击【默认】选项卡的【修改】面板中的【修剪】按钮，修剪草图，如图 6-46 所示。

step 13 单击【默认】选项卡的【绘图】面板中的【直线】按钮，绘制 2 条水平线，距离中心线为 225、275，如图 6-47 所示。

step 14 单击【默认】选项卡的【绘图】面板中的【直线】按钮，绘制 2 条直线，一条距离中心线为 297，如图 6-48 所示。

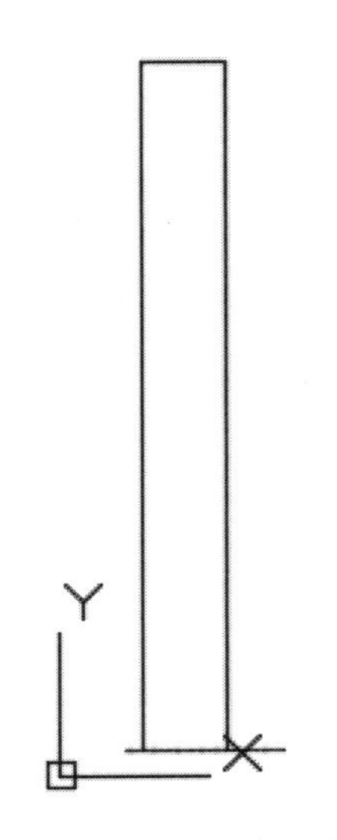

图 6-43　绘制 3 条直线

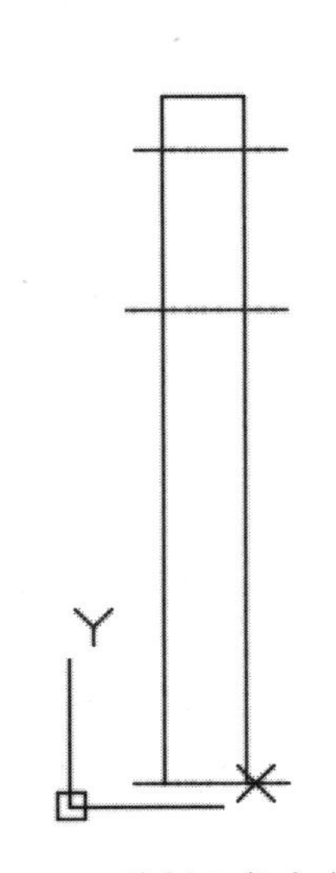

图 6-44　绘制 2 条中心线

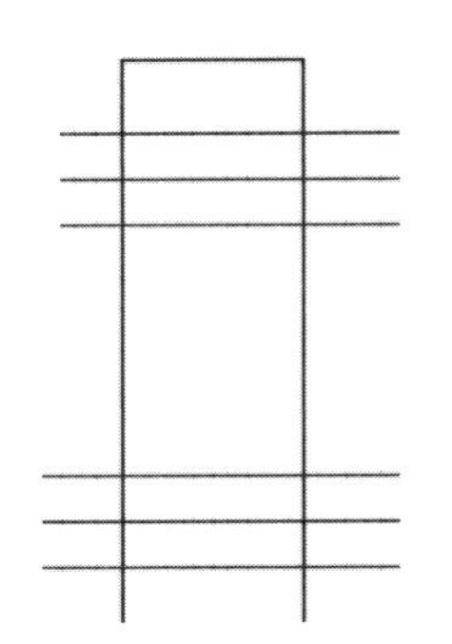

图 6-45　创建偏移线

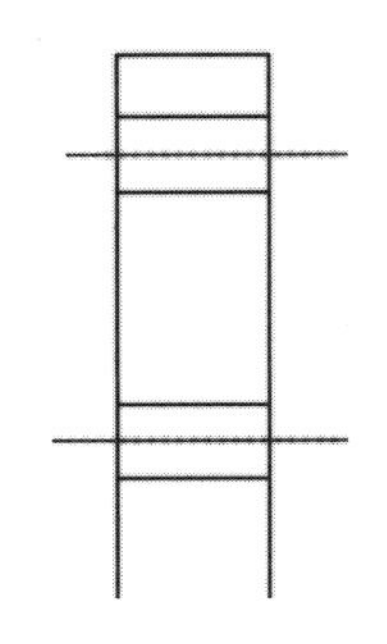

图 6-46　修剪草图

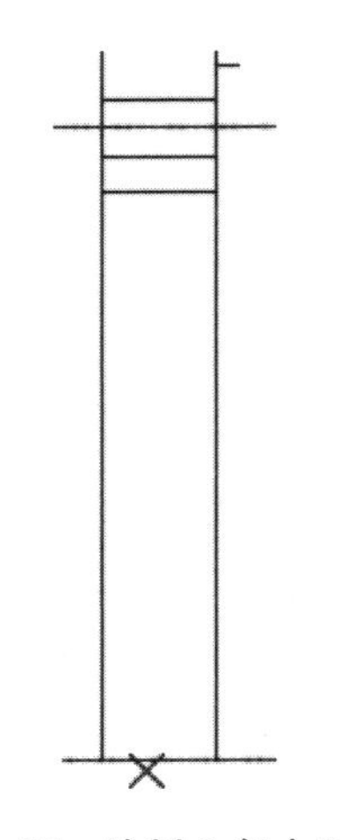

图 6-47　绘制 2 条水平线

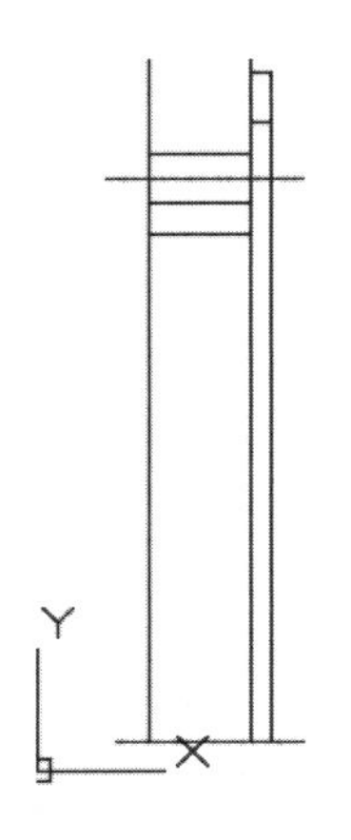

图 6-48　绘制 2 条直线

step 15 单击【默认】选项卡的【修改】面板中的【倒角】按钮，创建 2×45° 的倒角，如图 6-49 所示。

step 16 单击【默认】选项卡的【绘图】面板中的【直线】按钮，绘制左侧的垂线，如图 6-50 所示。

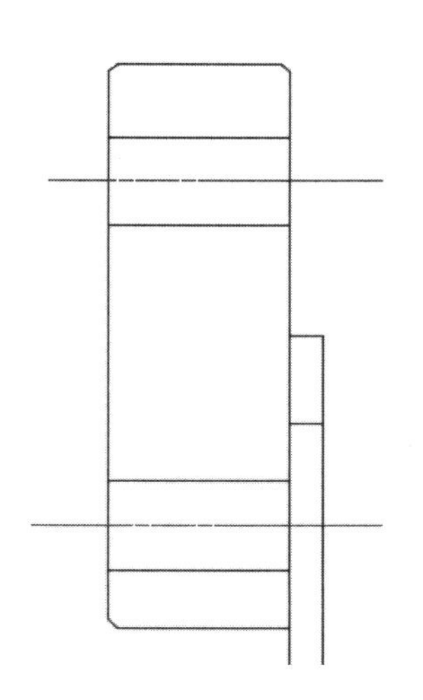

图 6-49 创建倒角

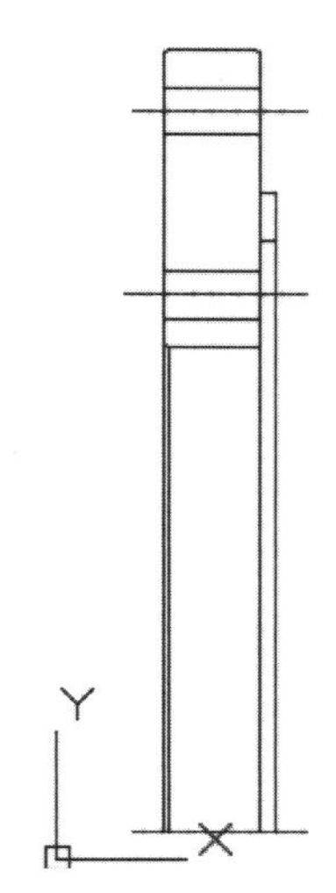

图 6-50 绘制左侧的垂线

step 17 单击【默认】选项卡的【修改】面板中的【镜像】按钮，镜像草图，如图 6-51 所示，完成侧视图的绘制。

step 18 开始绘制主视图。单击【默认】选项卡的【绘图】面板中的【圆】按钮，绘制圆，半径为 452，如图 6-52 所示。

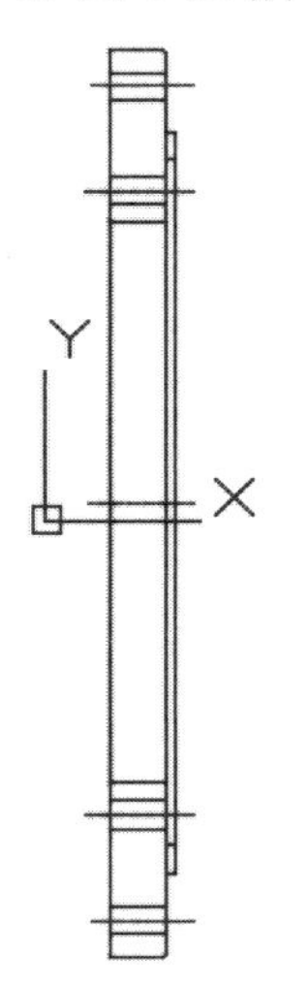

图 6-51 镜像草图

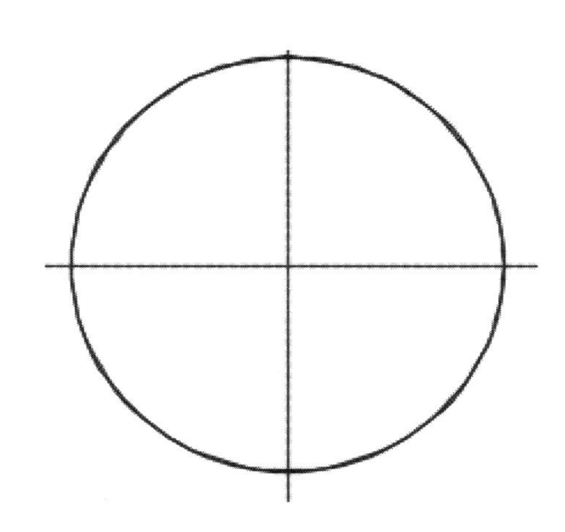

图 6-52 绘制半径为 452 的圆形

step 19 单击【默认】选项卡的【绘图】面板中的【圆】按钮，绘制圆，半径为 720，如图 6-53 所示。

step 20 选择中心线图层。单击【默认】选项卡的【绘图】面板中的【圆】按钮，绘制 2 个圆内部的同心圆，半径为 670、500，如图 6-54 所示。

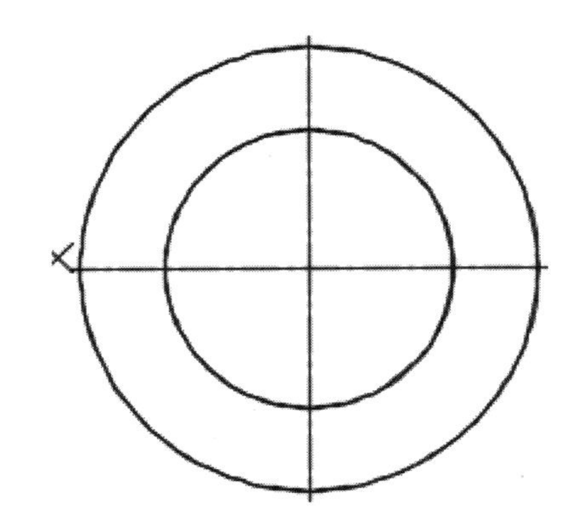

图 6-53　绘制半径为 720 的圆形

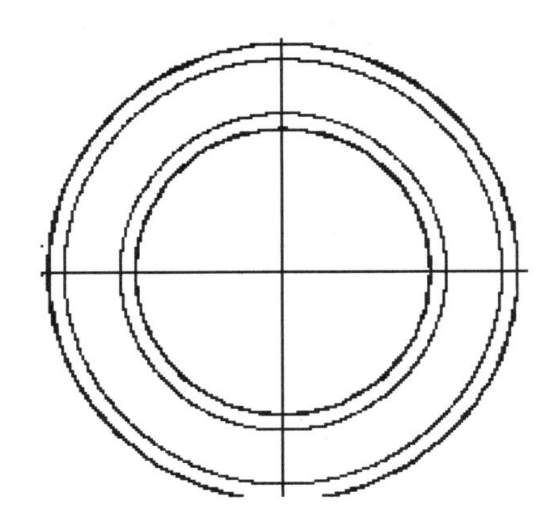

图 6-54　绘制 2 个圆内部的同心圆

step 21 单击【默认】选项卡的【绘图】面板中的【圆】按钮，绘制小圆，直径 22，如图 6-55 所示。

step 22 单击【默认】选项卡的【修改】面板中的【环形阵列】按钮，选择小圆和基点，均匀阵列 10 个，如图 6-56 所示。

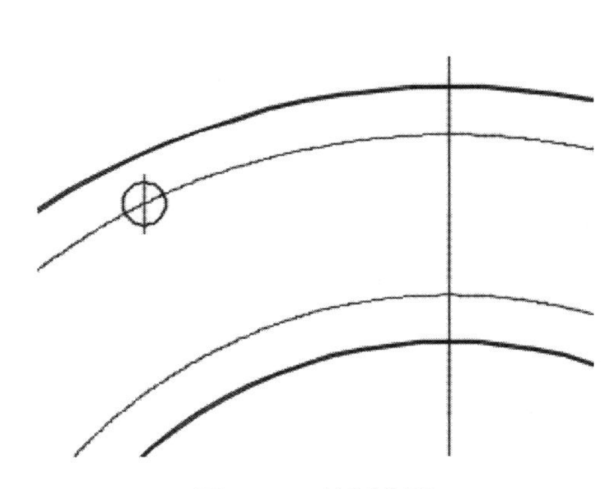

图 6-55　绘制小圆

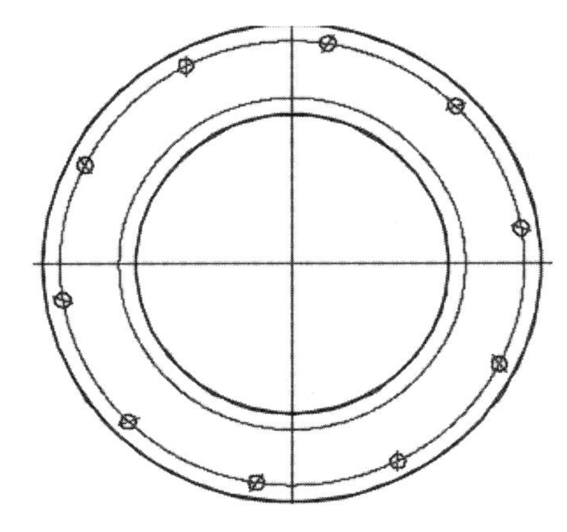

图 6-56　阵列小圆

step 23 单击【默认】选项卡的【绘图】面板中的【圆】按钮，绘制内层小圆，直径为 22，如图 6-57 所示。

step 24 单击【修改】面板中的【环形阵列】按钮，选择小圆和基点，均匀阵列 8 个，如图 6-58 所示，完成主视图的绘制。

step 25 进行尺寸标注。单击【默认】选项卡的【注释】面板中的【线性】按钮，创建侧视图左侧的线性标注，如图 6-59 所示。

step 26 单击【默认】选项卡的【注释】面板中的【线性】按钮，创建侧视图右侧的线性标注，如图 6-60 所示。

step 27 单击【默认】选项卡的【注释】面板中的【公差标注】按钮，创建视图的公差标注，如图 6-61 所示。

step 28 单击【默认】选项卡的【注释】面板中的【引线】按钮，创建视图的圆孔标注，如图 6-62 所示。

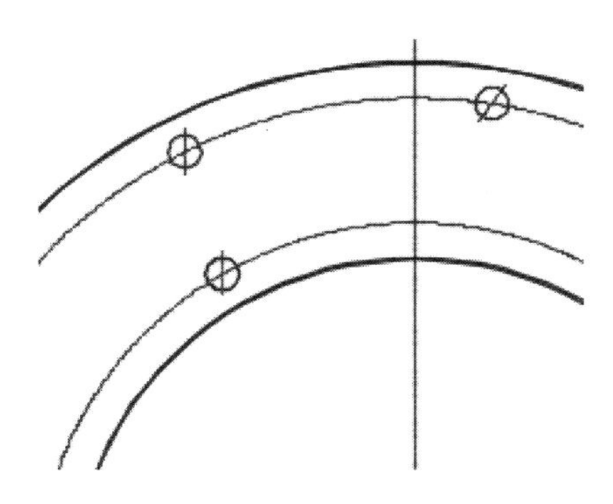

图 6-57　绘制内层小圆

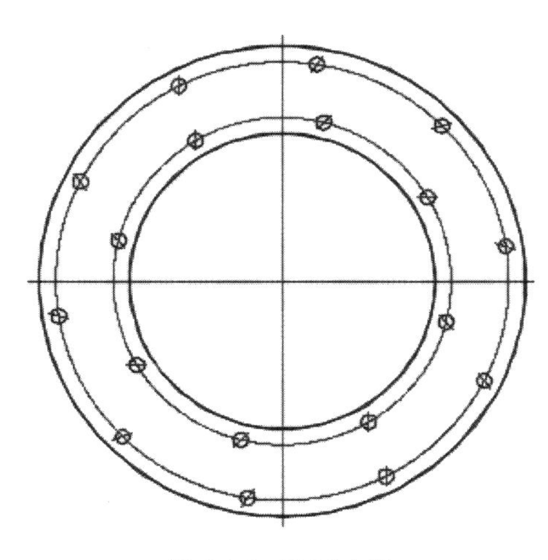

图 6-58　阵列小圆

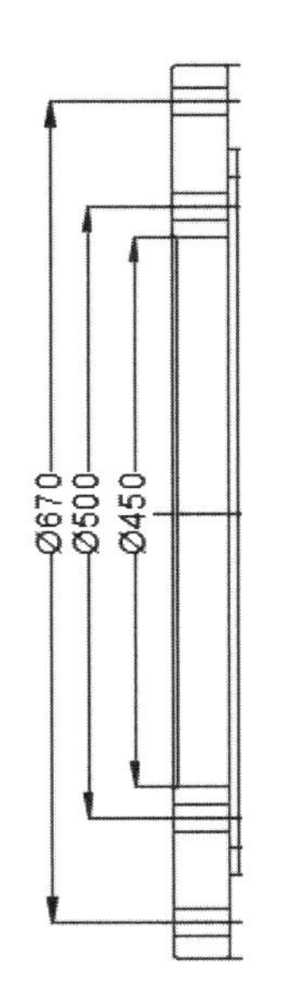

图 6-59　创建侧视图左侧的线性标注

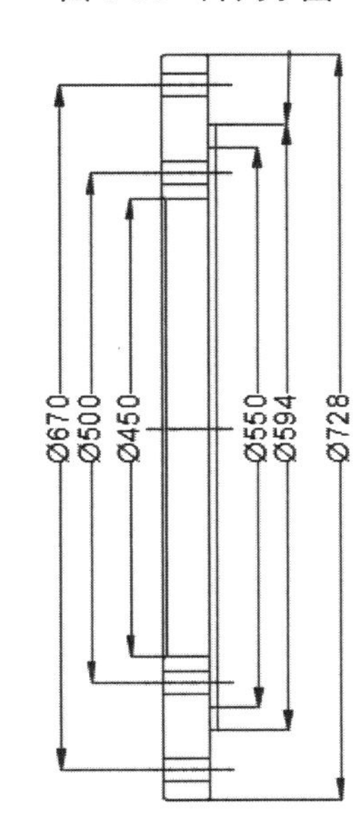

图 6-60　创建侧视图右侧的线性标注

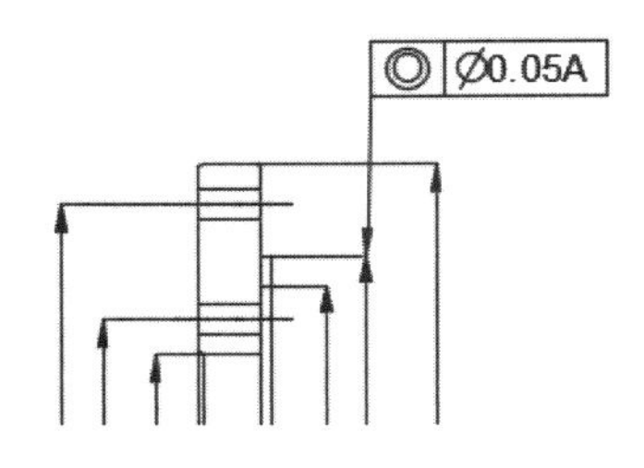

图 6-61　标注圆形公差

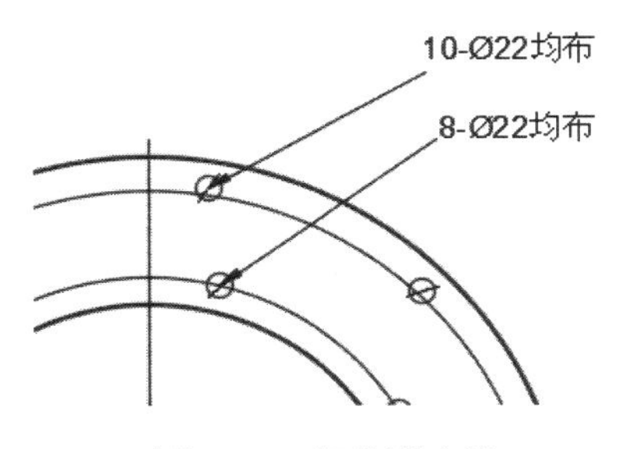

图 6-62　标注引出线

step 29 完成的法兰草图如图 6-63 所示。

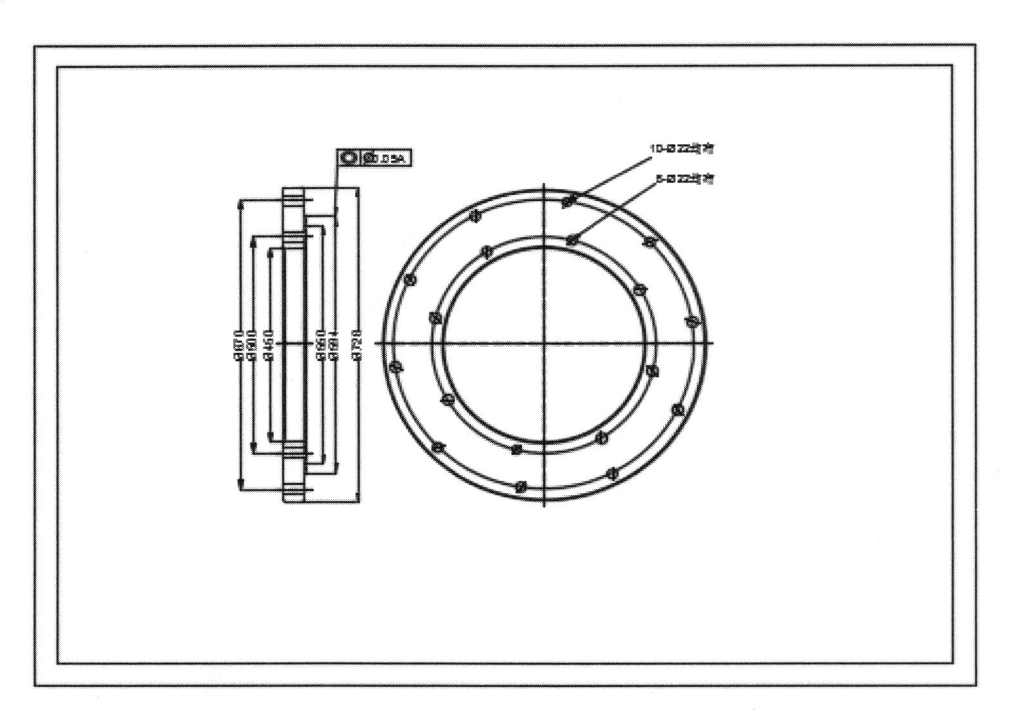

图 6-63　完成的法兰草图

step 30 选择【绘图】|【文字】|【多行文字】命令，添加技术要求，如图 6-64 所示。

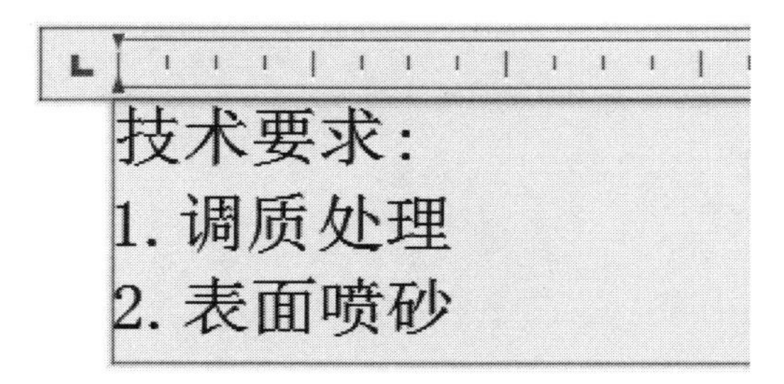

图 6-64　添加技术要求

step 31 单击【默认】选项卡的【绘图】面板中的【直线】按钮，绘制标题栏，如图 6-65 所示。

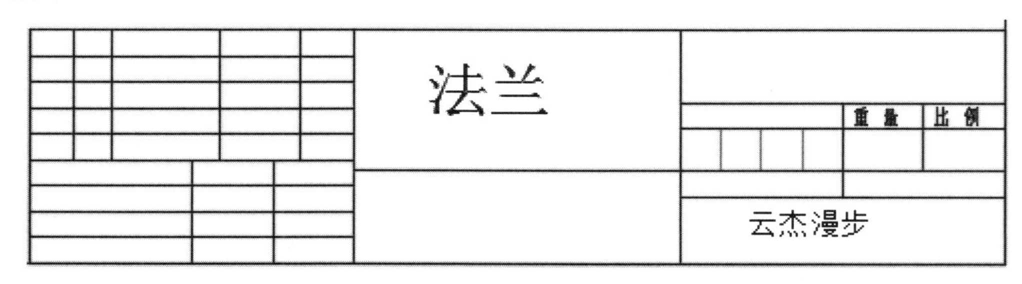

图 6-65　添加标题栏

step 32 完成的法兰图纸如图 6-66 所示。

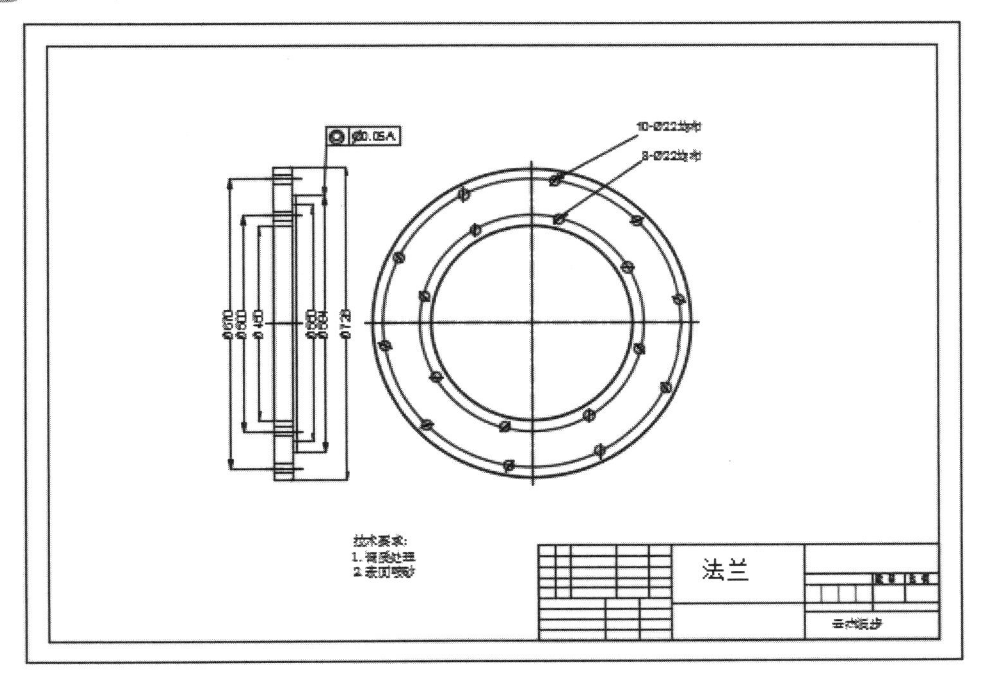

图 6-66　完成的法兰图纸

机械设计实践： 当图层比较多时，利用图层过滤器可以在图层管理器中显示满足条件的图层，缩短查找和修改图层设置的时间。如图 6-67 所示，是板材零件的技术图纸，通过设置图层显示或隐藏可以查看不同的内容。

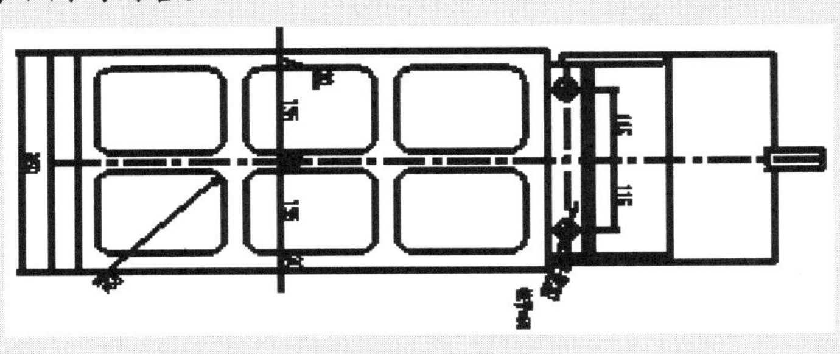

图 6-67　板材图纸

2课时 图形块

6.4.1 图块操作

行业知识链接：图块是对重复内容的快捷添加和保存方式，如平垫圈属于标准件、常用件，平垫圈一般用在连接件中一个是软质地的，一个是硬质地较脆的，其主要作用是增大接触面积，分散压力，防止把质地软的压坏。如图 6-68 所示是一个平垫圈的草图，通过图层区分开标注和填充线，整个草图都可创建为图块。

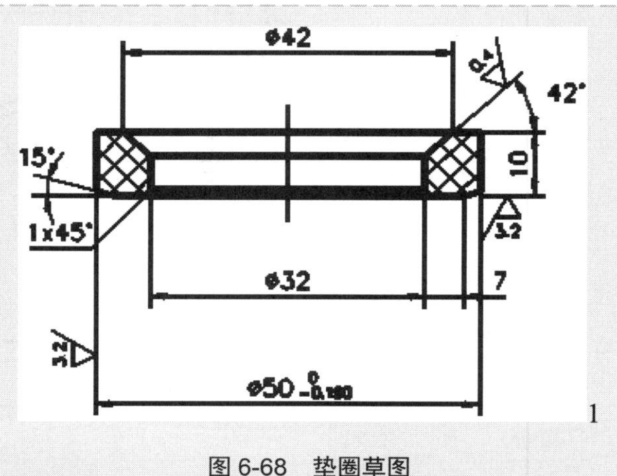

图 6-68 垫圈草图

在绘制图形时，如果图形中有大量相同或相似的内容，或者所绘制的图形与已有的图形文件相同，则可以把要重复绘制的图形创建成块(也称为图块)，并根据需要为块创建属性，指定块的名称、用途及设计者等信息，在需要时直接插入它们，当然，用户也可以把已有的图形文件以参照的形式插入到当前图形中(即外部参照)，或是通过 AutoCAD 设计中心浏览、查找、预览、使用和管理 AutoCAD 图形、块、外部参照等不同的资源文件。块的广泛应用是由于它本身的特点决定的。

一般来说，块具有以下特点。

1) 提高绘图速度

用 AutoCAD 绘图时，常常要绘制一些重复出现的图形。如果把这些经常要绘制的图形定义成块保存起来，绘制它们时就可以用插入块的方法实现，即把绘图变成了拼图，避免了重复性工作，同时又提高了绘图速度。

2) 节省存储空间

AutoCAD 要保存图中每一个对象的相关信息，如对象的类型、位置、图层、线型、颜色等，这些信息要占用存储空间。如果一幅图中绘有大量相同的图形，则会占据较大的磁盘空间。但如果把相同图形事先定义成一个块，绘制它们时就可以直接把块插入到图中的各个相应位置。这样既满足了绘图要求，又可以节省磁盘空间。因为虽然在块的定义中包含了图形的全部对象，但系统只需要一次这样的定义。对块的每次插入，AutoCAD 仅需要记住这个块对象的有关信息(如块名、插入点坐标、插入比例等)，从而节省了磁盘空间。对于复杂但需多次绘制的图形，这一特点表现得更为显著。

3) 便于修改图形

一张工程图纸往往需要多次修改。如在机械设计中，旧国标用虚线表示螺栓的内径，新国标对内径要求用细实线表示。如果对旧图纸上的每一个螺栓按新国家标准修改，既费时又不方便。但如果原来各螺栓是通过插入块的方法绘制的，那么，只要简单地进行再定义块等操作，图中插入的所有该块均会自动进行修改。

4) 加入属性

很多块还要求有文字信息以进一步解释、说明。AutoCAD 允许为块定义这些文字属性，而且还可以在插入的块中显示或不显示这些属性；从图中提取这些信息并将它们传送到数据库中。

块是一个或多个对象组成的对象集合，常用于绘制复杂、重复的图形。一旦一组对象组合成块，就可以根据作图需要将这组对象插入到图中任意指定位置，而且还可以按不同的比例和旋转角度插入。

概括地讲，块操作是指通过操作达到用户使用块的目的，如创建块、保存块、块插入等对块进行的一些操作。

1．创建块

创建块是把一个或是一组实体定义为一个整体块。可以通过以下方式来创建块：

(1) 单击【默认】选项卡的【块】面板中的【创建】按钮。

(2) 在命令行中输入“block”后按 Enter 键。

(3) 在命令行中输入“bmake”后按 Enter 键。

(4) 在菜单栏中选择【绘图】|【块】|【创建】命令。

执行上述任一操作后，AutoCAD 会打开如图 6-69 所示的【块定义】对话框。

图 6-69 【块定义】对话框

下面介绍此对话框中各选项的主要功能。

(1) 【名称】组合框：指定块的名称。如果将系统变量 EXTNAMES 设置为 1，块名最长可达 255 个字符，包括字母、数字、空格以及 Microsoft Windows 和 AutoCAD 没有用于其他用途的特殊字符。

块名称及块定义保存在当前图形中。

> **提示：** 不能用 DIRECT、LIGHT、AVE_RENDER、RM_SDB、SH_SPOT 和 OVERHEAD 作为有效的块名称。

(2) 【基点】选项组：指定块的插入基点。默认值是(0,0,0)。

【拾取点】按钮：用户可以通过单击此按钮暂时关闭对话框以便能在当前图形中拾取插入基点，然后利用鼠标直接在绘图区选取。

X 文本框：指定 X 坐标值。

Y 文本框：指定 Y 坐标值。

Z 文本框：指定 Z 坐标值。

(3) 【对象】选项组：指定新块中要包含的对象，以及创建块之后是保留或删除选定的对象还是将它们转换成块引用。

【选择对象】按钮：用户可以通过单击此按钮，暂时关闭【块定义】对话框，这时用户可以在绘图区选择图形实体作为将要定义的块实体。完成对象选择后，按 Enter 键重新显示【块定义】对话框。

【快速选择】按钮：显示【快速选择】对话框，如图 6-70 所示，该对话框定义选择集。

【保留】单选按钮：创建块以后，将选定对象保留在图形中作为区别对象。

【转换为块】单选按钮：创建块以后，将选定对象转换成图形中的块引用。

【删除】单选按钮：创建块以后，从图形中删除选定的对象。

【未选定对象】文本框：创建块以后，显示选定对象的数目。

(4) 【设置】选项组：指定块的设置。

【块单位】下拉列表框：指定块参照插入单位。

【超链接】按钮：打开【插入超链接】对话框，如图 6-71 所示，可以使用该对话框将某个超链接与块定义相关联。

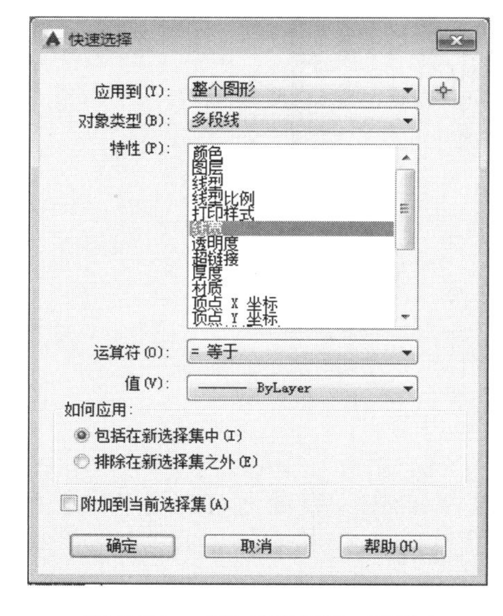

图 6-70 【快速选择】对话框

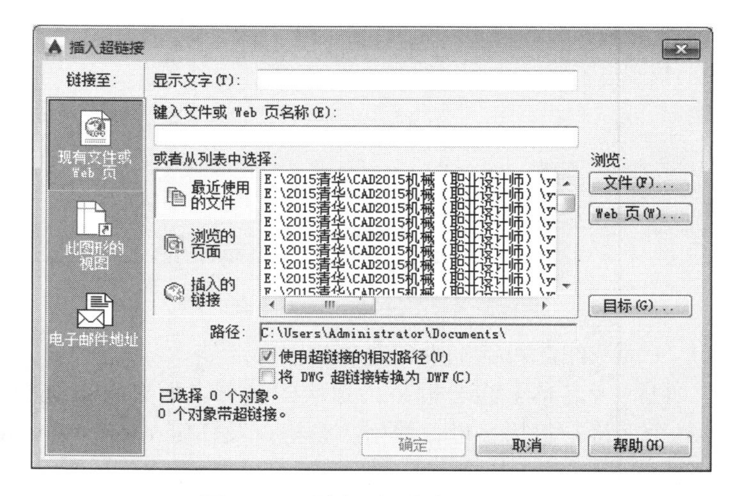

图 6-71 【插入超链接】对话框

(5) 【方式】选项组：选择块的缩放、分解、注释等方式。

【注释性】复选框：指定块为“annotative”。单击信息图标以了解有关注释性对象的更多信息。

【使块方向与布局匹配】复选框：指定在图纸空间视口中的块参照的方向与布局的方向匹配。如果未选中【注释性】复选框，则该选项不可用。

【按统一比例缩放】复选框：指定是否阻止块参照不按统一比例缩放。

【允许分解】复选框：指定块参照是否可以被分解。

【说明】文本框：指定块的文字说明。

(6) 【在块编辑器中打开】复选框：选中此复选框后单击【块定义】对话框中的【确定】按钮，则在块编辑器中打开当前的块定义。

当需要重新创建块时，用户可以在命令行中输入“block”后按Enter键，命令行窗口提示如下：

```
命令: _block
输入块名或 [?]:                    //输入块名
指定插入基点:                      //确定插入基点位置
选择对象:                          //选择将要被定义为块的图形实体
```

下面通过绘制两个同心圆来了解制作过程。

(1) 绘制两个同心圆，圆心为(50,50)，半径分别为 20,30。然后将这两个同心圆创建为块，块的名称为“圆”，基点为(50,50)，其余用默认值。

(2) 利用【圆】命令绘制两个圆心为(50,50)，半径分别为20,30的圆。

(3) 选择【绘图】|【块】|【创建】命令。

(4) 在打开的【块定义】对话框中的【名称】文本框中输入“circle”。

(5) 在【基点】选项组的X文本框中输入20、Y文本框中输入50。

(6) 单击【对象】选项组中的【选择对象】按钮，然后在绘图区选择两个圆形图形后按下Enter键。

(7) 单击【块定义】对话框中的【确定】按钮，则定义了块。

2. 将块保存为文件

用户创建的块会保存在当前图形文件的块的列表中，当保存图形文件时，块的信息和图形一起保存。当再次打开该图形时，块信息同时也被载入。但是当用户需要将所定义的块应用于另一个图形文件时，就需要先将定义的块保存，然后再调出使用。

使用 wblock 命令，块就会以独立的图形文件(.dwg)的形式保存。同样，任何.dwg 图形文件也可以作为块来插入。执行保存块的操作步骤如下所示。

(1) 在命令行中输入“wblock”后按下Enter键。

(2) 在打开的如图6-72所示的【写块】对话框中进行设置后，单击【确定】按钮即可。

下面来讲述【写块】对话框中的具体参数设置。

(1) 【源】选项组中有3个选项供用户选择。

【块】单选按钮：选中【块】单选按钮后，用户就可以通过后面的下拉列表框选择将要保存的块名或是可以直接输入将要保存的块名。

【整个图形】单选按钮：选中此单选按钮，AutoCAD会认为用户选择整个图形作为块来保存。

图 6-72 【写块】对话框

【对象】单选按钮：选中此单选按钮，用户可以选择一个图形实体作为块来保存。选中此单选按钮后，用户才可以进行下面的设置选择基点，选择实体等，这部分内容与前面定义块的内容相同，在此就不再赘述了。

(2) 【基点】和【对象】选项组中的选项主要用于通过基点或对象的方式来选择目标。

(3) 【目标】选项组：指定文件的新名称和新位置以及插入块时所用的测量单位。用户可以将此块保存至相应的文件夹中。可以在【文件名和路径】组合框中选择路径或是单击...按钮来给定路径。【插入单位】下拉列表框用来指定从设计中心拖动新文件并将其作为块插入到使用不同单位的图形中时自动缩放所使用的单位值。如果用户希望插入时不自动缩放图形，则选择【无单位】选项。

提示：用户在执行 wblock 命令时，不必先定义一个块，只要直接将所选图形实体作为一个图块保存在磁盘上即可。当所输入的块不存在时，AutoCAD 会显示【AutoCAD 提示信息】对话框，提示块不存在，是否要重新选择。在多视窗中，wblock 命令只适用于当前窗口。存储后的块可以重复使用，而不需要从提供这个块的原始图形中选取。

wblock 命令操作方法如下。

(1) 保存上一步所定义的块至 D 盘 Temp 文件夹下，名称为“同心圆”。

(2) 打开“同心圆”的图形。

(3) 在命令行中输入“wblock”后按 Enter 键，打开【写块】对话框。

(4) 选中【源】选项组中的【块】单选按钮，在后面的下拉列表框中选择 circle 选项。

(5) 在【目标】选项组中【文件名和路径】组合框中输入“D：\Temp\圆”，单击【确定】按钮。

3. 插入块

定义块和保存块的目的是为了使用块，使用【插入】命令来将块插入到当前的图形中。

图块是 AutoCAD 操作中比较核心的工作，许多程序员与绘图工作者都建立了各种各样的图块。由于他们的工作给我们带来了便利，我们能使用这些图块高效地建立图形。如工程制图中建立各个规格的齿轮与轴承；建筑制图中建立一些门、窗、楼梯、台阶等以便在绘制时方便调用。

当用户插入一个块到图形中，用户必须指定插入的块名，插入点的位置，插入的比例系数以及图块的旋转角度。插入可以分为两类：单块插入和多重插入。下面就分别来讲述这两个插入命令。

1) 单块插入

(1) 单击【默认】选项卡的【块】面板中的【插入】按钮。

(2) 在命令行中输入“insert”或“ddinsert”后按 Enter 键。

(3) 在菜单栏中，选择【插入】|【块】命令。

打开如图 6-73 所示的【插入】对话框。下面来讲解其中的参数设置。

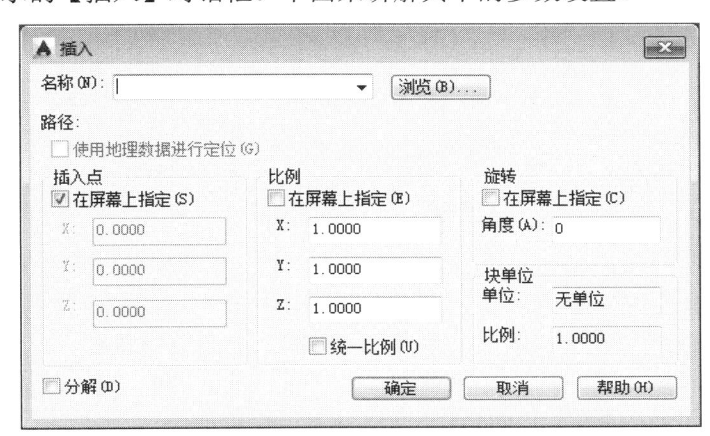

图 6-73 【插入】对话框

在【插入】对话框中，在【名称】组合框中输入块名或是单击文本框后的【浏览】按钮来浏览文件，从而从中选择块。

在【插入点】选项组中，当用户选中【在屏幕上指定】复选框时，插入点可以用光标动态选取；当用户取消选中【在屏幕上指定】复选框时，可以在下面的 X、Y、Z 文本框中输入用户所需的坐标值。

在【比例】选项组中，如果用户选中【在屏幕上指定】复选框时，则比例会是在插入时动态缩放；当用户取消选中【在屏幕上指定】复选框时，可以在下面的 X、Y、Z 文本框中输入用户所需的比例值。在此处如果用户选中【统一比例】复选框，则只能在 X 文本框中输入统一的比例因子表示缩放系数。

在【旋转】选项组中，如果用户选中【在屏幕上指定】复选框时，则旋转角度在插入时确定。当用户取消选中【在屏幕上指定】复选框时，可以在下面的【角度】文本框中输入图块的旋转角度。

在【块单位】选项组中，显示有关块单位的信息。【单位】文本框指定插入快的单位值。【比例】文本框显示单位比例因子，该比例因子是根据块的单位值和图形单位计算的。

在【分解】复选框中，用户可以通过启用它分解块并插入该块的单独部分。

设置完毕后，单击【确定】按钮，完成插入块的操作。

块的插入操作：

新建一个图形文件，插入块“同心圆”，插入点为(100,100)，X、Y、Z 方向的比例分别为 2、1、1，旋转角度为 60°。

在命令行中输入 insert 后按下 Enter 键。

在打开的【插入】对话框中的【名称】组合框中输入“圆”。

取消选中【插入点】选项组中的【在屏幕上指定】复选框，然后在 X、Y 文本框中分别输入

“100”。

取消选中【缩放比例】选项组中的【在屏幕上指定】复选框，然后在 X、Y、Z 文本框中分别输入“2”、“1”、“1”。

取消选中【旋转】选项组中的【在屏幕上指定】复选框，在下面的【角度】文本框中输入“60”后，单击【确定】按钮，将块插入图中，插入后的图形如图 6-74 所示。

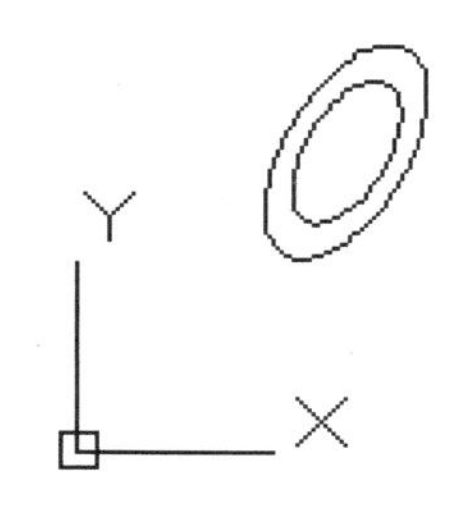

图 6-74　插入后图形

2)　多重插入

有时同一个块在一幅图中要插入多次，并且这种插入是有一定的规律性。如阵列方式，这时可以直接采用多重插入命令。这种方法不但大大节省绘图时间，提高绘图速度，而且节约磁盘空间。

多重插入的步骤如下。

在命令行中输入 minsert 后按下 Enter 键，命令行窗口提示如下：

```
命令: _minsert
输入块名或 [?] <新块>:                                    //输入将要被插入的块名
单位: 毫米    转换:    1.0000
指定插入点或 [基点(B)/比例(S)/X/Y/Z/旋转(R)]:             //输入插入块的基点
输入 X 比例因子，指定对角点，或 [角点(C)/XYZ(XYZ)] <1>:   //输入 X 方向的比例
输入 Y 比例因子或 <使用 X 比例因子>:                      //输入 Y 方向的比例
指定旋转角度 <0>:                                         //输入旋转块的角度
输入行数(---)<1>:                                         //输入阵列的行数
输入列数(|||)<1>:                                         //输入阵列的列数
输入行间距或指定单位单元(---):                            //输入行间距
指定列间距(|||):                                          //输入列间距
按照提示进行相应的操作即可。
```

4. 设置基点

要设置当前图形的插入基点，可以选用下列 3 种方法：

(1)　单击【默认】选项卡的【块】面板中的【设置基点】按钮。

(2)　在菜单栏中，选择【绘图】|【块】|【基点】命令。

(3)　在命令行中输入“base”后按 Enter 键。

命令行窗口提示如下：

```
命令: _base
输入基点 <0.0000,0.0000,0.0000>:     //指定点，或按 Enter 键
```

基点是用当前 UCS 中的坐标来表示的。当向其他图形插入当前图形或将当前图形作为其他图形的外部参照时，此基点将被用作插入基点。

6.4.2 属性块

行业知识链接：在机械行业中，销钉主要用作装配定位，也可用作连接、放松级安全装置中的过载剪断连接。销的类型有：圆柱销、圆锥销、带孔销、开口销和安全销等。如图 6-75 所示是一个销的草图，添加为块后，其属性要在块的属性定义中设置。

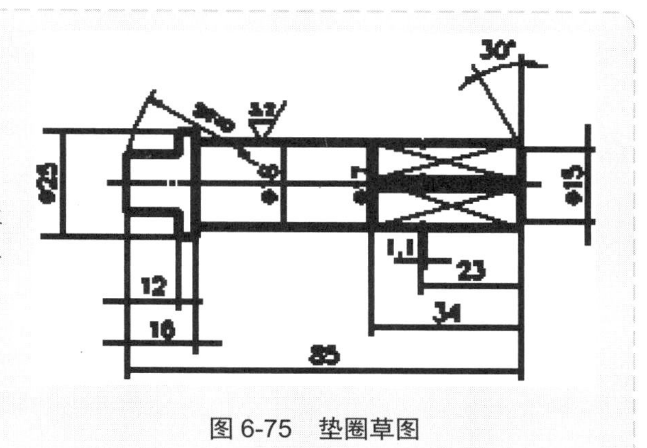

图 6-75 垫圈草图

在一个块中，附带有很多信息，这些信息就称为属性。它是块的一个组成部分，从属于块，可以随块一起保存并随块一起插入到图形中，它为用户提供了一种将文本附于块的交互式标记，每当用户插入一个带有属性的块时，AutoCAD 就会提示用户输入相应的数据。

属性在第一次建立块时可以被定义，或者是在块插入时增加属性，AutoCAD 还允许用户自定义一些属性。属性具有以下特点。

(1) 一个属性包括属性标志和属性值两个方面。

(2) 在定义块之前，每个属性要用命令进行定义。由它来具体规定属性默认值、属性标志、属性提示以及属性的显示格式等的具体信息。属性定义后，该属性在图中显示出来，并把有关信息保留在图形文件中。

(3) 在插入块之前，AutoCAD 将通过属性提示要求用户输入属性值。插入块后，属性以属性值表示。因此同一个定义块，在不同的插入点可以有不同的属性值。如果在定义属性时， 把属性值定义为常量，则 AutoCAD 将不询问属性值。

1. 创建块属性

块属性是附属于块的非图形信息，是块的组成部分，可包含在块定义中的文字对象。在定义一个块时，属性必须预先定义而后选定。通常属性用于在块的插入过程中进行自动注释。

要创建一个块的属性，用户可以使用 ddattdef 或 attdef 命令先建立一个属性定义来描述属性特征，包括标记、提示符、属性值、文本格式、位置以及可选模式等。创建属性的步骤如下。

(1) 选用下列其中一种方法打开【属性定义】对话框：

- 在命令行中输入“ddattdef”或“attdef”后按 Enter 键。
- 在菜单栏中选择【绘图】|【块】|【定义属性】命令。
- 单击【块】面板中的【定义属性】按钮。

(2) 然后在打开的如图 6-76 所示的【属性定义】对话框中，设置块的一些插入点及属性标记等。然后单击【确定】按钮即可完成块属性的创建。

图 6-76　【属性定义】对话框

下面介绍【属性定义】对话框中的参数设置。

(1) 【模式】选项组：在此选项组中，有以下几个复选框，用户可以任意组合这几种模式作为用户的设置。

【不可见】复选框：当该模式被选中时，属性为不可见。当用户只想把属性数据保存到图形中，而不想显示或输出时，应将该选项启用。反之则禁用。

【固定】复选框：当该模式被启用时，属性用固定的文本值设置。如果用户插入的是常数模式的块时，则在插入后，如果不重新定义块，则不能编辑块。

【验证】复选框：在该模式下把属性值插入图形文件前可检验可变属性的值。在插入块时，AutoCAD 显示可变属性的值，等待用户按 Enter 键确认。

【预设】复选框：启用该模式可以创建自动可接受默认值的属性。插入块时，不再提示输入属性值，但它与常数不同，块在插入后还可以进行编辑。

【锁定位置】复选框：锁定块参照中属性的位置。解锁后，属性可以相对于使用夹点编辑的块的其他部分移动，并且可以调整多行属性的大小。

【多行】复选框：指定属性值可以包含多行文字。选定此选项后，可以指定属性的边界宽度。

(2) 【属性】选项组：在该选项组中，有以下 3 组设置。

【标记】文本框：每个属性都有一个标记，作为属性的标识符。属性标签可以是除了空格和！号之外的任意字符。

【提示】文本框：是用户设定的插入块时的提示。如果该属性值不为常数值，当用户插入该属性的块时，AutoCAD 将使用该字符串，提示用户输入属性值。如果设置了常数模式，则该提示将不会出现。

【默认】文本框：可变属性一般将默认的属性默认为“未输入”。插入带属性的块时，AutoCAD 显示默认的属性值，如果用户按下 Enter 键，则将接受默认值。单击右侧的【插入字段】按钮，可以插入一个字段作为属性的全部或部分值，如图 6-77 所示。

(3) 【插入点】选项组：在此选项组中，用户可以通过选中【在屏幕上指定】复选框，利用鼠标在绘图区选择某一点，也可以直接在下面的 X、Y、Z 后的文本框中输入用户将设置的坐标值。

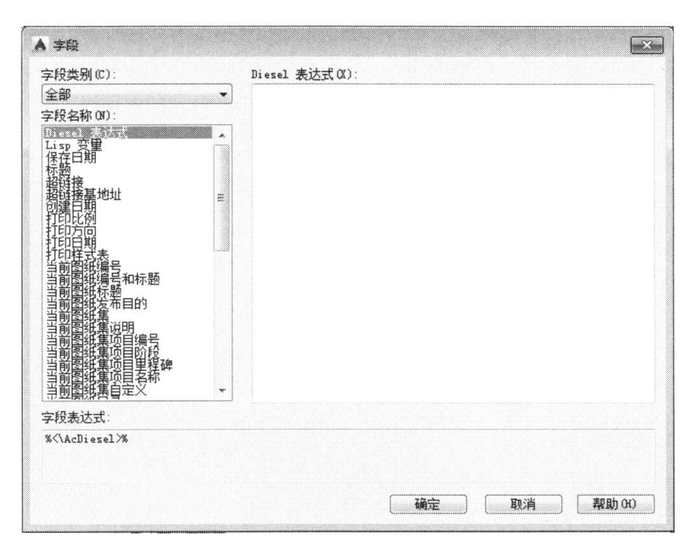

图 6-77 【字段】对话框

(4) 【文字设置】选项组：在此选项组中，用户可以设置的有以下几项。

【对正】下拉列表框：此选项可以设置块属性的文字对齐情况。用户可以在如图 6-78 所示的下拉列表框中选择某项作为用户设置的对齐方式。

【文字样式】下拉列表框：此选项可以设置块属性的文字样式。用户可以通过在如图 6-79 所示的下拉列表框中选择某项作为用户设置的文字样式。

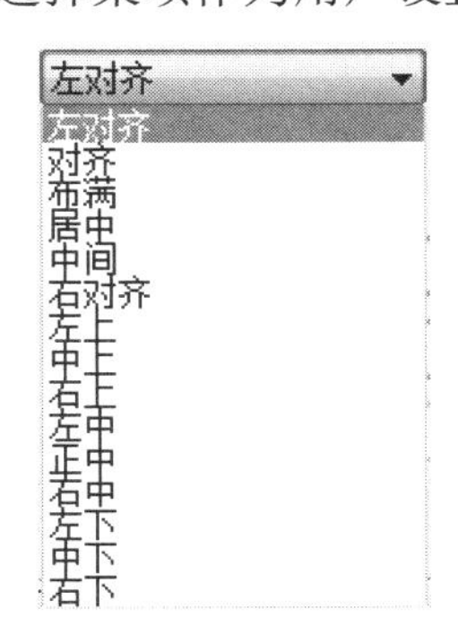

图 6-78 【对正】下拉列表框

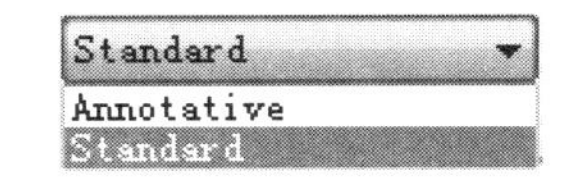

图 6-79 【文字样式】下拉列表框

【注释性】复选框：使用此特性，用户可以自动完成缩放注释的过程，从而使注释能够以正确的大小在图纸上打印或显示。

【文字高度】文本框：如果用户设置的文字样式中已经设置了文字高度，则此项为灰色，表示用户不可设置；否则用户可以通过单击按钮来利用鼠标在绘图区动态地选取或是直接在文本框中输入文字高度。

【旋转】文本框：如果用户设置的文字样式中已经设置了文字旋转角度，则此项不可用；否则用户可以通过单击按钮来利用鼠标在绘图区动态地选取角度或是直接在文本框中输入文字旋转角度。

【边界宽度】文本框：换行前，请指定多线属性中文字行的最大长度。值 0.000 表示对文字行的长度没有限制。此选项不适用于单线属性。

(5) 【在上一个属性定义下对齐】复选框：用来将属性标记直接置于定义的上一个属性的下面。如果之前没有创建属性定义，则此选项不可用。

2．编辑属性定义

创建完属性后，就可以定义带属性的块。定义带属性的块可以按照如下步骤来进行。

(1) 在命令行中输入“block”后按下 Enter 键，或是在菜单栏中选择【绘图】|【块】|【创建】命令，打开【块定义】对话框。

(2) 下面的操作和创建块基本相同，步骤可以参考创建块步骤，在此就不再赘述。

课后练习

案例文件：ywj\06\02.dwg

视频文件：光盘\视频课堂\第 6 教学日\6.4

练习案例分析及步骤如下。

本课后练习法兰零件的图层操作，法兰都是成对使用的，低压管道可以使用丝接法兰，4 千克以上压力的使用焊接法兰。两片法兰盘之间加上密封垫，然后用螺栓紧固，如图 6-80 所示是完成图层编辑的法兰草图。

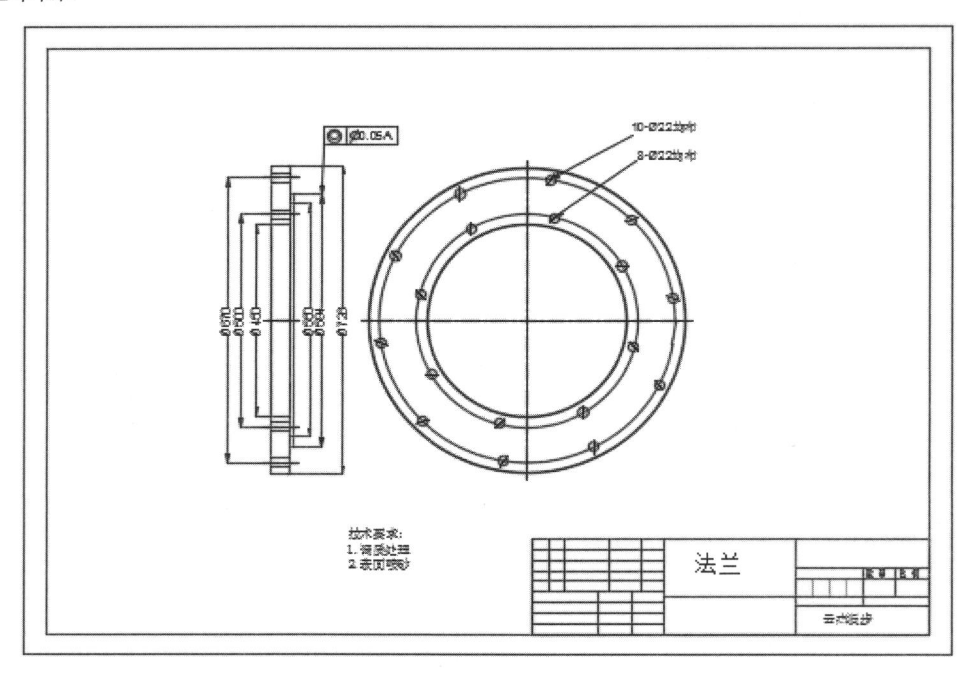

图 6-80　完成的法兰草图

本案例主要练习了 AutoCAD 的图层编辑，主要是对图层状态的编辑。编辑完成法兰草图图层的思路和步骤如图 6-81 所示。

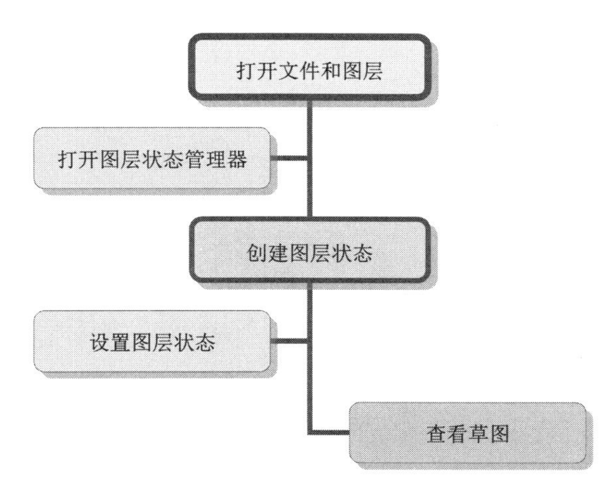

图 6-81　法兰草图步骤

练习案例操作步骤如下。

step 01 首先打开文件。选择【文件】|【打开】命令，选择打开文件“02”，如图 6-82 所示。

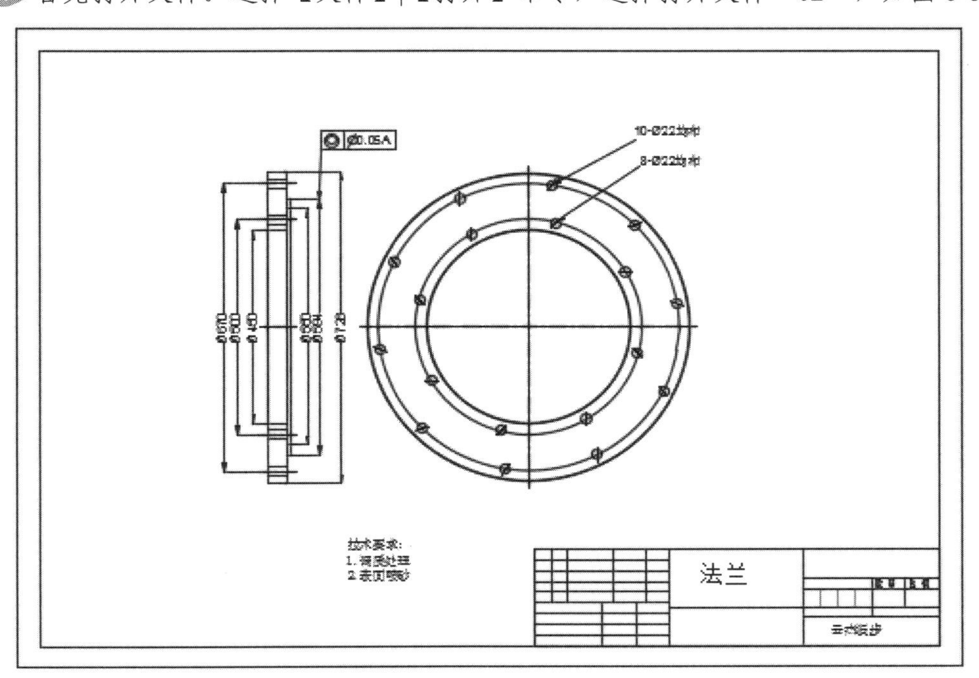

图 6-82　打开文件

step 02 选择【格式】|【图层】命令，弹出【图层特性管理器】工具选项板，查看绘图图层，如图 6-83 所示。

step 03 创建图层状态。单击【图层特性管理器】工具选项板中的【图层状态管理器】按钮，打开【图层状态管理器】对话框，新建图层状态，如图 6-84 所示。

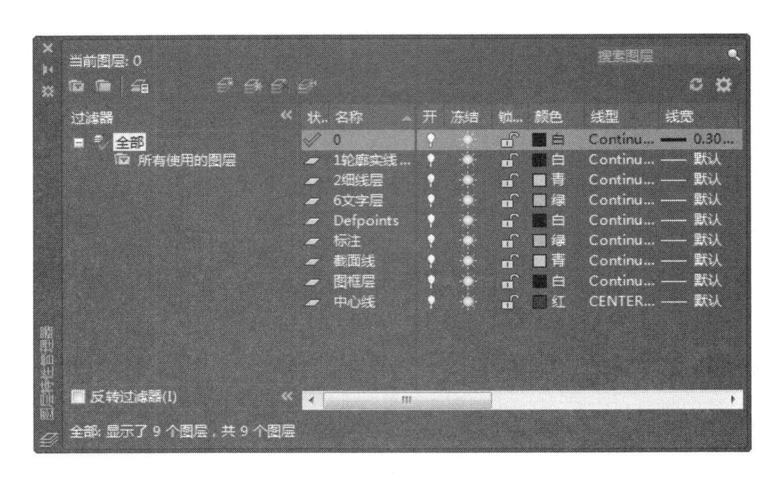

图 6-83　查看图层

step 04 单击【图层状态管理器】对话框中的【新建】按钮，弹出【要保存的新图层状态】对话框，设置名称，如图 6-85 所示，单击【确定】按钮。

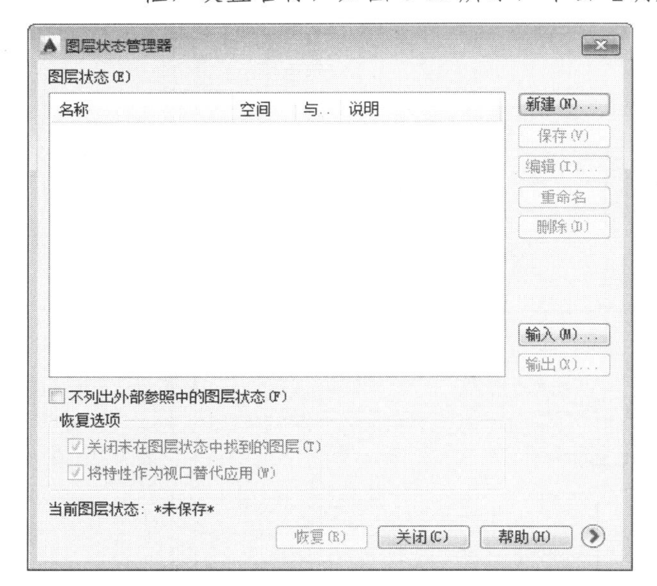

图 6-84　打开【图层状态管理器】对话框

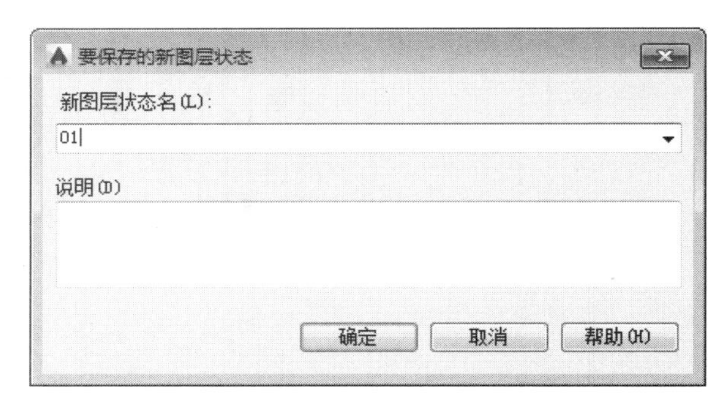

图 6-85　新建图层状态

step 05 单击【图层状态管理器】对话框中的【编辑】按钮，弹出【编辑图层状态】对话框，设置图层透明度，如图 6-86 所示，单击【确定】按钮。

step 06 返回【图层状态管理器】对话框，查看图层状态，单击【关闭】按钮，如图 6-87 所示。

step 07 返回【图层特性管理器】工具选项板，完成所有图层的设置，如图 6-88 所示。

step 08 完成设置的法兰图纸，如图 6-89 所示。

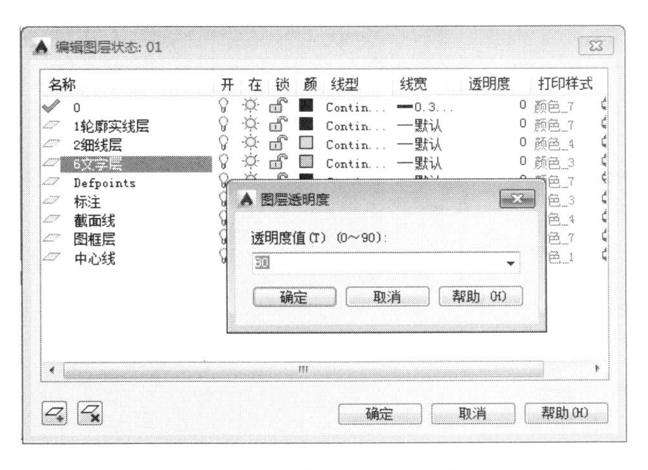

图 6-86　编辑图层透明度

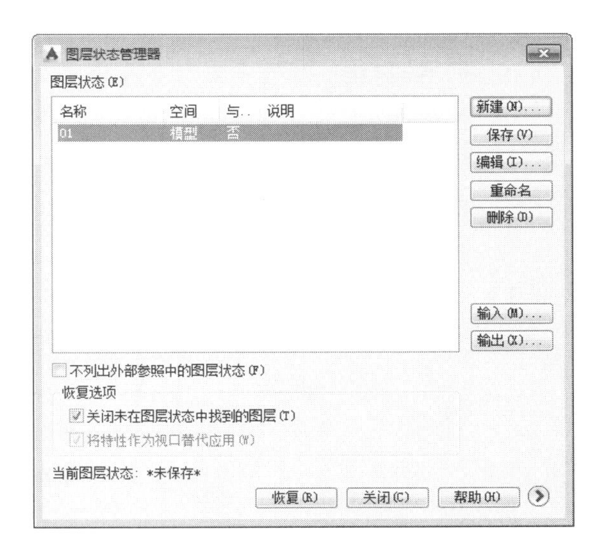

图 6-87　查看图层状态

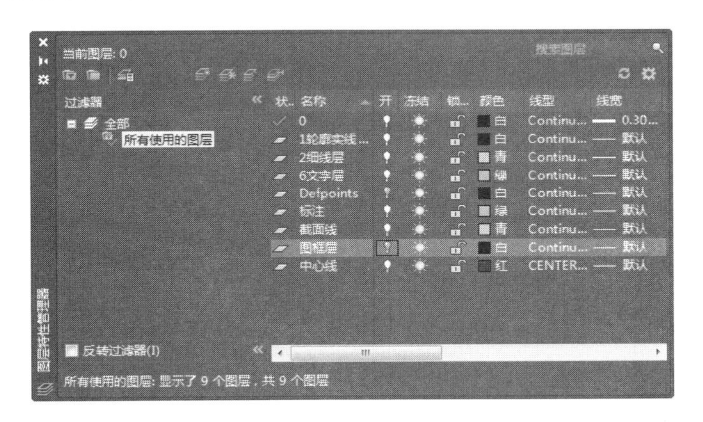

图 6-88　完成所有图层的设置

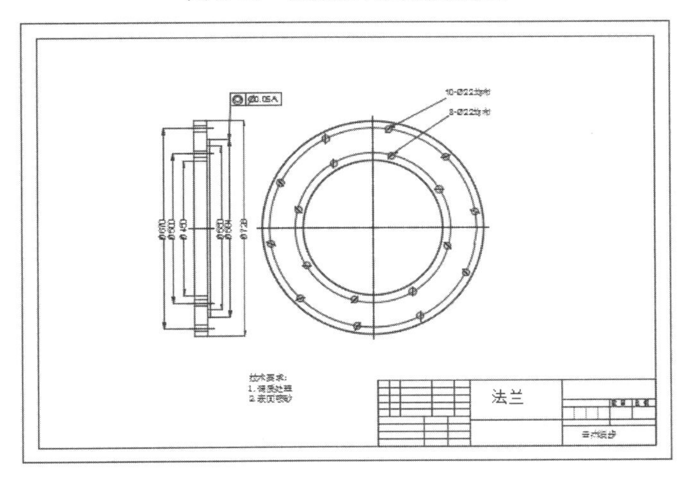

图 6-89　完成设置的法兰图纸

机械设计实践：螺栓是配用螺母的圆柱形带螺纹的紧固件。由头部和螺杆(带有外螺纹的圆柱体)两部分组成的一类紧固件，需与螺母配合，用于紧固连接两个带有通孔的零件。这种连接形式称螺栓连接。如把螺母从螺栓上旋下，又可以使这两个零件分开，故螺栓连接是属于可拆卸连接。如图 6-90 所示，是螺栓零件的技术图纸，尝试创建不同图层进行绘制。

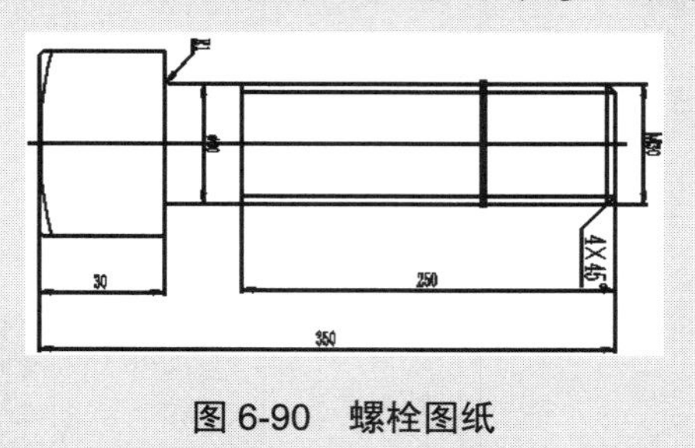

图 6-90　螺栓图纸

第5课 2课时 外部参照与设计中心

6.5.1　外部参照

行业知识链接：固定铰支座能适应结构支承端转动而不能移动，可承受任意方向力，但不能承受弯矩。如图 6-91 所示是一个固定铰支座的草图，标注使用了两种不同图层。

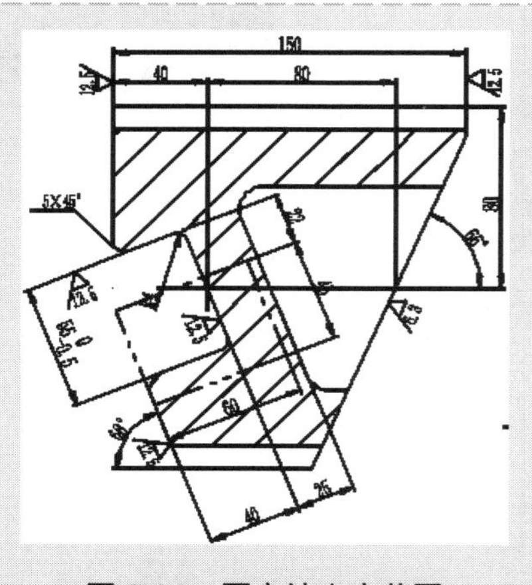

图 6-91　固定铰支座草图

在前述的内容中我们曾讲述如何以块的形式将一个图形插入到另外一个图形之中。如果把图形作为块插入时，块定义和所有相关联的几何图形都将存储在当前图形数据库中，并且修改原图形后，块不会随之更新。

1. 外部参照概述

外部参照(External Reference，Xref)提供了另一种更为灵活的图形引用方法。使用外部参照可以将多个图形链接到当前图形中，并且作为外部参照的图形会随着原图形的修改而更新。此外，外部参照不会明显地增加当前图形的文件大小，从而可以节省磁盘空间，也利于保持系统的性能。

当一个图形文件被作为外部参照插入到当前图形中时，外部参照中每个图形的数据仍然分别保存在各自的源图形文件中，当前图形中所保存的只是外部参照的名称和路径。无论一个外部参照文件多么复杂，AutoCAD 都会把它作为一个单一对象来处理，而不允许进行分解。用户可对外部参照进行比例缩放、移动、复制、镜像或旋转等操作，还可以控制外部参照的显示状态，但这些操作都不会影响到原图文件。

AutoCAD 允许在绘制当前图形的同时，显示多达 32000 个图形参照，并且可以对外部参照进行嵌套，嵌套的层次可以为任意多层。当打开或打印附着有外部参照的图形文件时，AutoCAD 自动对每一个外部参照图形文件进行重载，从而确保每个外部参照图形文件反映的都是它们的最新状态。

2. 使用外部参照

以外部参照方式将图形插入到某一图形(称之为主图形)后，被插入图形文件的信息并不直接加入到主图形中，主图形只是记录参照的关系，例如，参照图形文件的路径等信息。如果外部参照中包含有任何可变块属性，它们将被忽略，另外对主图形的操作不会改变外部参照图形文件的内容。当打开具有外部参照的图形时，系统会自动把各外部参照图形文件重新调入内存并在当前图形中显示出来。

选择【插入】|【外部参照】命令，打开【外部参照】工具选项板，如图 6-92 所示。

在 AutoCAD 中，用户可以在【外部参照】工具选项板中对外部参照进行编辑和管理。用户单击工具选项板上方的【附着】按钮可以添加不同格式的外部参照文件，如图 6-93 所示；在对话框下方的外部参照列表框中显示当前图形中各个外部参照文件名称；选择任意一个外部参照文件后，在下方【详细信息】选项组中显示该外部参照的名称、状态、文件大小、参照类型、参照日期及参照文件的存储路径等内容。

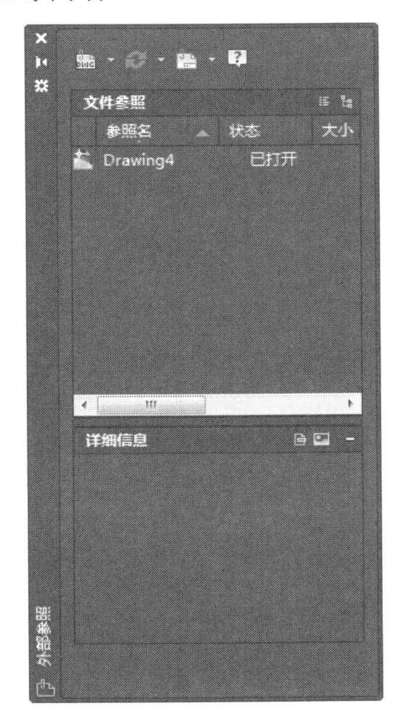

图 6-92 【外部参照】工具选项板

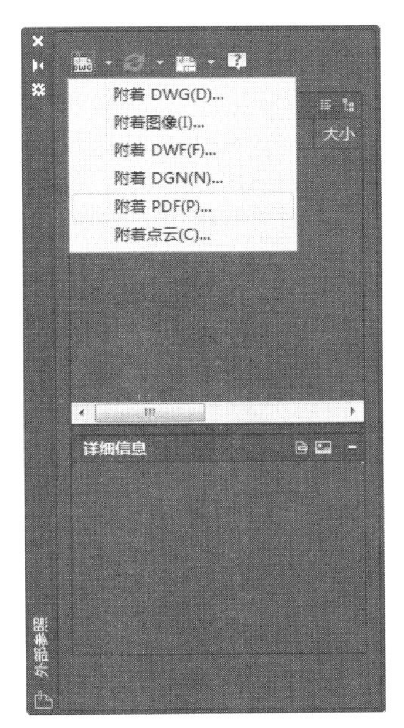

图 6-93 附着类型

例如选择【附着 DWG】选项，就会出现【选择参照文件】对话框，从中选择一个.dwg 文件，单击【打开】按钮，则弹出如图 6-94 所示的【附着外部参照】对话框，单击【确定】按钮，就为外部参照附着了一个.dwg 文件。

事物总在变化着，当插入的外部参照不能满足我们的需求时，则需要我们对外部参照进行修改。修改，最直接的方法莫过于对外部源文件的修改，如果这样那我们就必须首先查找源文件，然后打开。不过 AutoCAD 给我们提供了简便的方式。

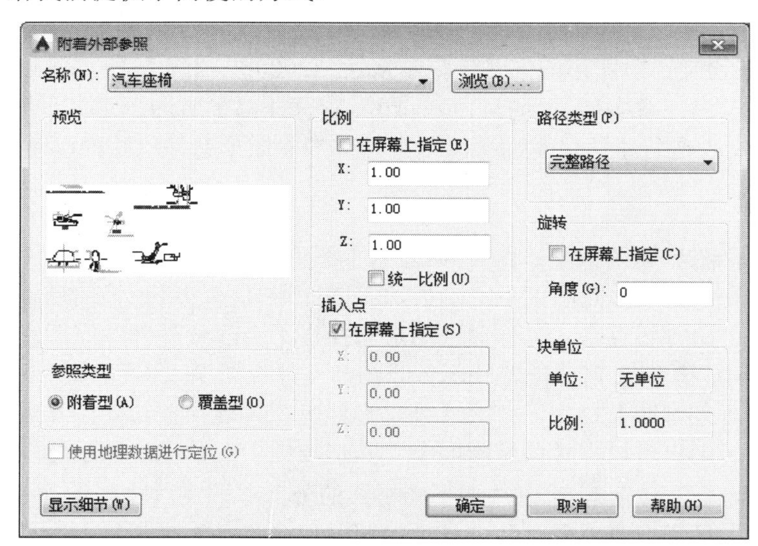

图 6-94 【附着外部参考】对话框

选择【工具】|【外部参照和块在位编辑】命令，我们既可以选择【打开参照】方式，也可以选择【在位编辑参照】的方法。

1) 打开参照

编辑外部参照最简单、最直接的方法是在单独的窗口中打开参照的图形文件，而无须使用【选择文件】对话框浏览该外部参照。如果图形参照中包含嵌套的外部参照，则将打开选定对象嵌套层次最深的图形参照。这样，用户可以访问该参照图形中的所有对象。

2) 在位编辑参照

通过在位编辑参照，可以在当前图形的可视上下文中修改参照。

一般说来，每个图形都包含一个或多个外部参照和多个块参照。在使用块参照时，可以选择块并进行修改，查看并编辑其特性，以及更新块定义。不能编辑使用 minsert 命令插入的块参照。

在使用外部参照时，可以选择要使用的参照，修改其对象，然后将修改保存到参照图形。进行较小修改时，不需要在图形之间来回切换。

3. 参照管理器

AutoCAD 图形可以参照多种外部文件，包括图形、文字字体、图像和打印配置。这些参照文件的路径保存在每个 AutoCAD 图形中。有时可能需要将图形文件或它们参照的文件移动到其他文件夹或其他磁盘驱动器中，这时就需要更新保存的参照路径。打开每个图形文件然后手动更新保存的每个参照路径是一个冗长乏味的过程。

但是我们是幸运的，AutoCAD 给我们提供了有效工具。

Autodesk 参照管理器提供了多种工具，可以列出选定图形中的参照文件，可以修改保存的参照路径而不必打开 AutoCAD 中的图形文件。利用参照管理器，可以轻松地标识并修复包含未融入参照的图形。但它依然有其限制。参照管理器当前并非对图形所参照的所有文件都提供支持。不受支持的参照包括与文字样式无关联的文字字体、OLE 链接、超级链接、数据库文件链接、PMP 文件以及 Web 上的 URL 的外部参照。如果参照管理器遇到 URL 的外部参照，它会将参照报告为“未找到”。

参照管理器是单机应用程序，可以从桌面上选择【开始】|【所有程序】|【Autodesk】【AutoCAD2016-Simplified Chinese】|【参照管理器】命令，打开【参照管理器】窗口，如图 6-95 所示。

图 6-95 【参数管理器】窗口

添加一系列图形文件之后双击右侧信息条后，将会发现【编辑选定的路径】按钮变为可用状态，如图 6-96 所示。

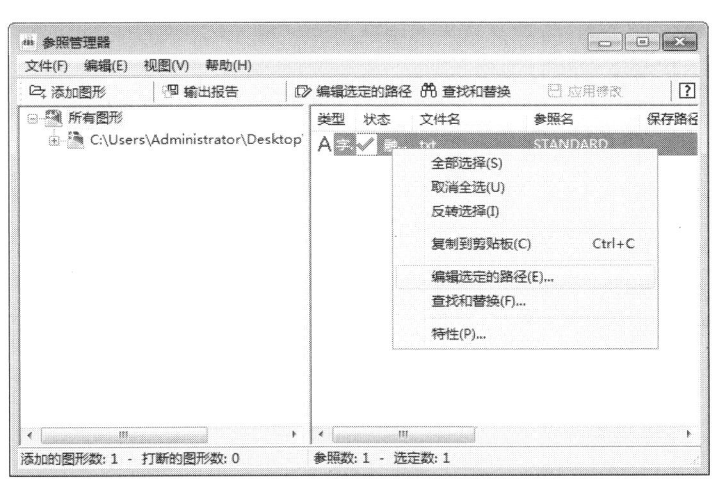

图 6-96 设置新路径

选择存储路径并单击【确定】按钮后，【参数管理器】窗口的可应用选项发生改变，如图 6-97 所示。

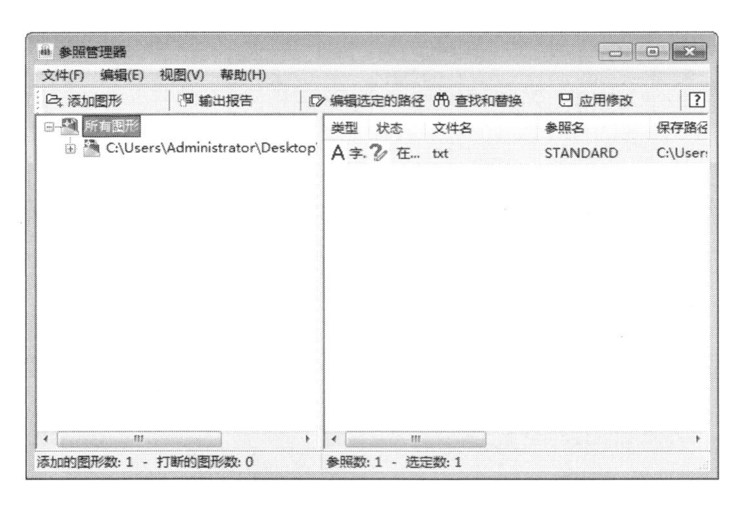

图 6-97　部分功能按钮启用

单击【应用修改】按钮后，打开【更新图形格式】对话框，选择是否保存，如图 6-98 所示。

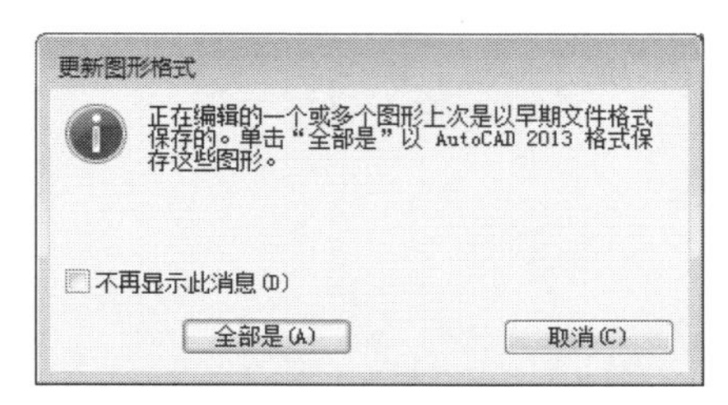

图 6-98　【更新图形格式】对话框

6.5.2　AutoCAD 设计中心

行业知识链接：AutoCAD 设计中心是一个非常有用的工具。它有着类似于 Windows 资源管理器的界面，可管理图块、外部参照、光栅图像以及来自其他源文件或应用程序的内容，将位于本地计算机、局域网或 Web 上的图块、图层、外部参照和用户自定义的图形内容复制并粘贴到当前绘图区中。如图 6-99 所示是使用设计中心插入的座椅块，方便快速绘图。

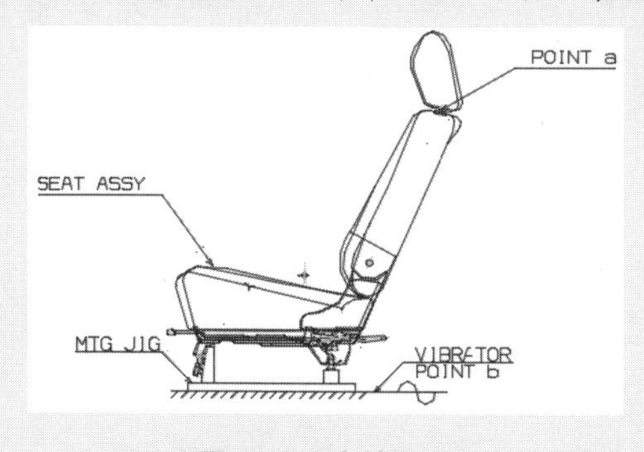

图 6-99　座椅草图

1．打开设计中心

AutoCAD 设计中心为用户提供了一个直观且高效的管理工具，它与 Windows 资源管理器类似。利用设计中心打开图形的主要操作方法如下。

(1) 在【视图】选项卡中的单击【选项板】面板中的【设计中心】按钮。

(2) 在命令行中输入“adcenter”，按 Enter 键。

(3) 在菜单栏中，选择【工具】|【选项板】|【设计中心】命令。

执行以上任一步骤，都将出现如图 6-100 所示的【设计中心】工具选项板。

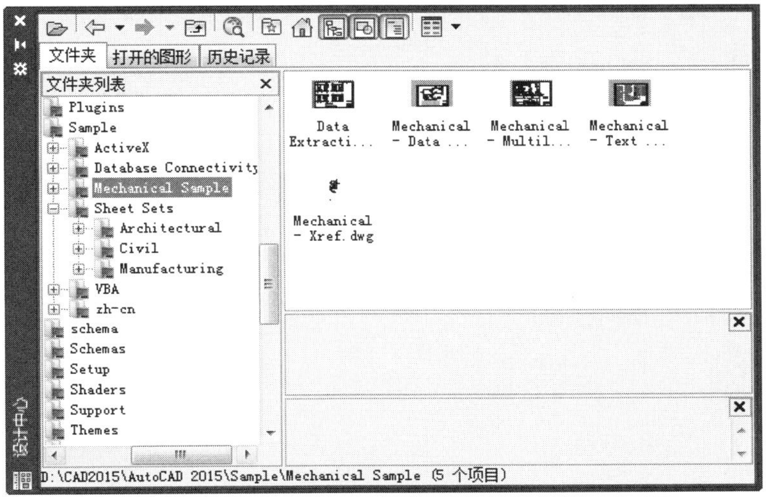

图 6-100 【设计中心】工具选项板

从【文件夹列表】列表框中任意找到一个 AutoCAD 文件，右击选择文件，在弹出的快捷菜单中选择【在应用程序窗口中打开】命令，将图形打开，如图 6-101 所示。

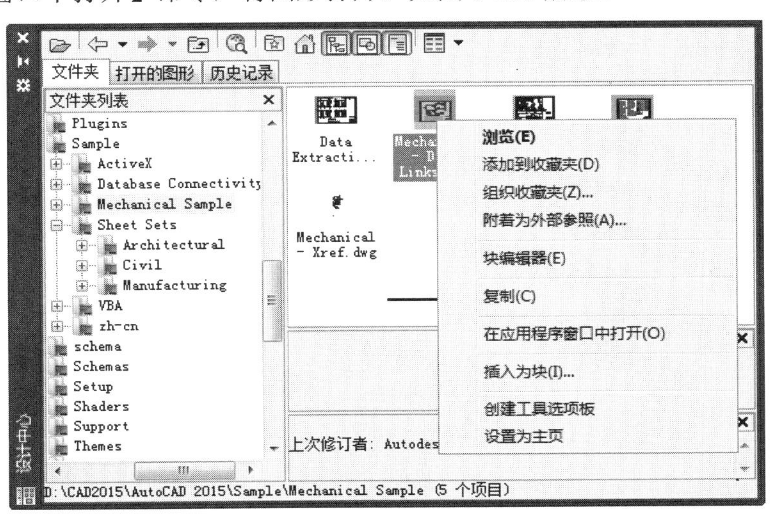

图 6-101 选择【在应用程序窗口中打开】命令

2. 使用设计中心插入块

使用设计中心可以把其他图形中的块引用到当前图形中。

下面我们具体介绍。

(1) 打开一个“.dwg”图形文件。

(2) 在【视图】选项卡【选项板】面板中单击【设计中心】按钮，打开【设计中心】工具选项板。

(3) 在【文件夹列表】列表框中，双击要插入到当前图形中的图形文件，在右窗格中会显示出图形文件所包含的标注样式、文字样式、图层、块等内容，如图 6-102 所示。

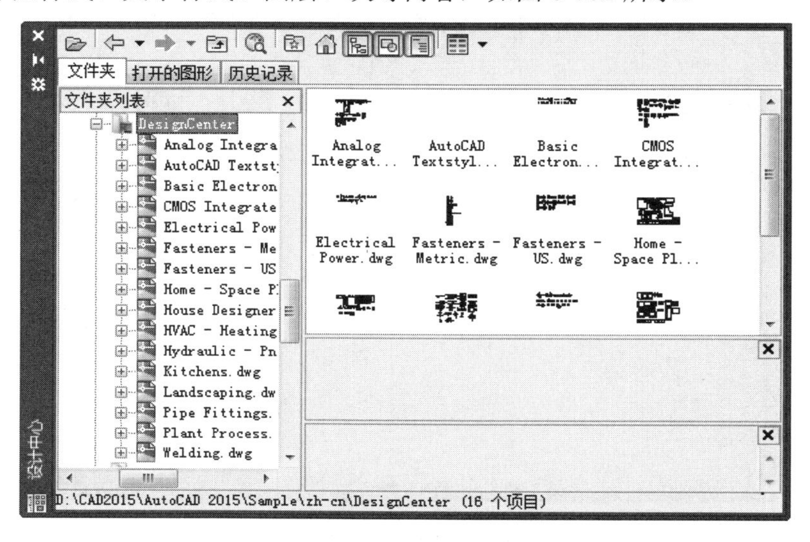

图 6-102 【设计中心】工具选项板

(4) 选择图纸，双击【块】节点，显示出图形中包含的所有内容，如图 6-103 所示。

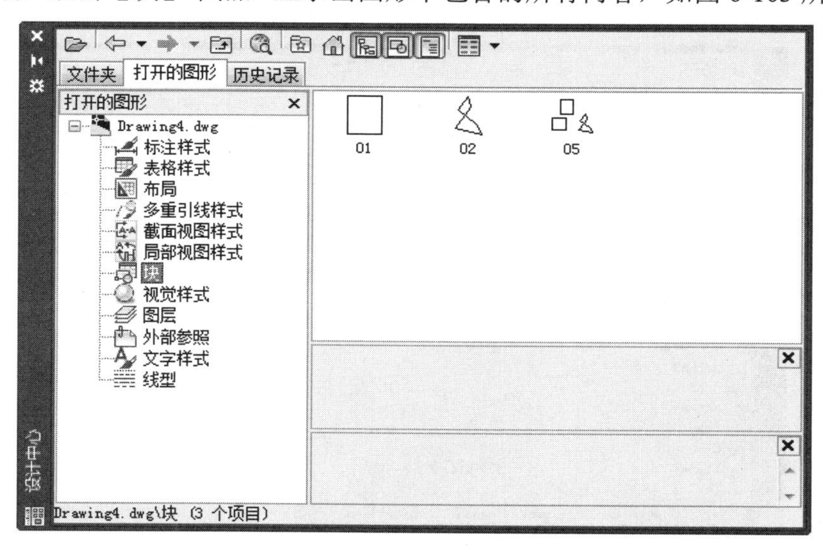

图 6-103 显示所有“块”的【设计中心】工具选项板

(5) 双击要插入的块，会出现【插入】对话框，如图 6-104 所示。

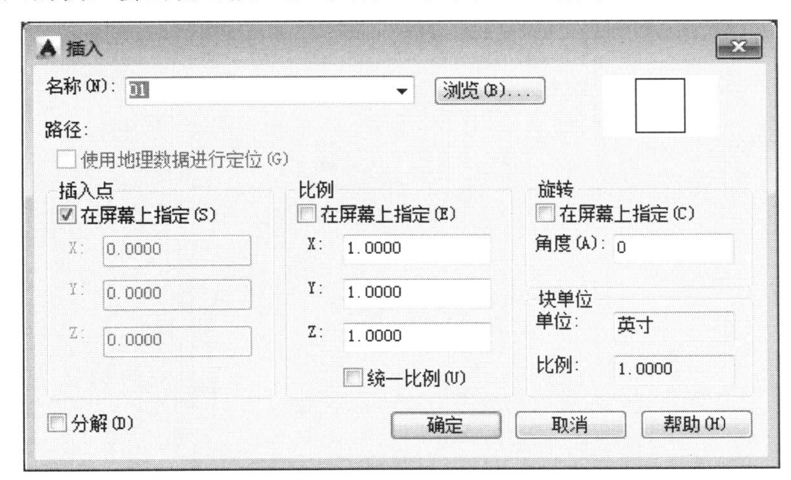

图 6-104 【插入】对话框

(6) 在【插入】对话框中可以指定插入点的位置、旋转角度和比例等，设置完后单击【确定】按钮，返回当前图形，完成对块的插入。

3．设计中心的拖放功能

可以把其他文件中块、文字样式、标注样式、表格、外部参照、图层和线型等复制到当前文件中，步骤如下。

(1) 新建一个文件“拖放.dwg”，把块拖放到“拖放.dwg”中。

(2) 在【视图】选项卡【选项板】面板上单击【设计中心】按钮，打开【设计中心】工具选项板。

(3) 双击要插入到当前图形中的图形文件，在内容区显示图形中包含的标注样式、文字样式、图层、块等内容。

(4) 双击【块】节点，显示出图像中包含的所有块。

(5) 拖动“rou”到当前图形，可以把块复制到“拖放.dwg”文件中。

(6) 按住 Ctrl 键，选择要复制的所有图层设置，然后按住鼠标左键拖动到当前文件的绘图区，这样就可以把图层设置一并复制到“拖放.dwg”文件中，

阶段进阶练习

本教学日主要介绍了如何在 AutoCAD 2016 中创建和编辑块、创建和管理属性块、使用外部参照以及 AutoCAD 设计中心等，并对 AutoCAD 设计中心的使用方法进行了详细的讲解。通过本教学日的学习，读者应该能够熟练掌握创建、编辑和插入块的方法。

如图 6-105 所示，使用本教学日学过的各种命令来创建法兰图纸。

创建步骤和方法如下。

(1) 使用【直线】命令绘制中心线。

(2) 绘制圆形和阵列。

(3) 创建表格和块。

(4) 插入表格块。

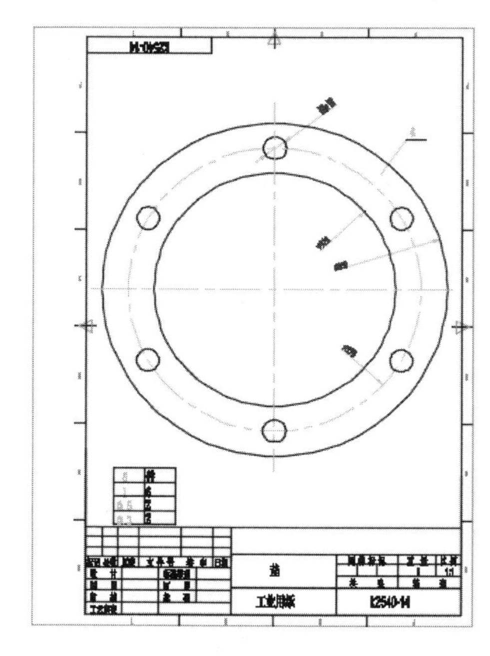

图 6-105　法兰图纸

设计师职业培训教程

第7教学日

在 AutoCAD 2016 中有一项重要的功能，即三维绘图。三维绘图是二维绘图的延伸，也是绘图中较为高端的手段。本教学日主要向用户介绍三维绘图的基础知识，包括三维坐标系统和视点的使用，同时讲解基本的三维图形界面和绘制方法，介绍绘制三维实体的方法和命令，并讲解三维实体的编辑方法，以及观察和渲染三维图形，使用户对三维实体绘图有所认识。

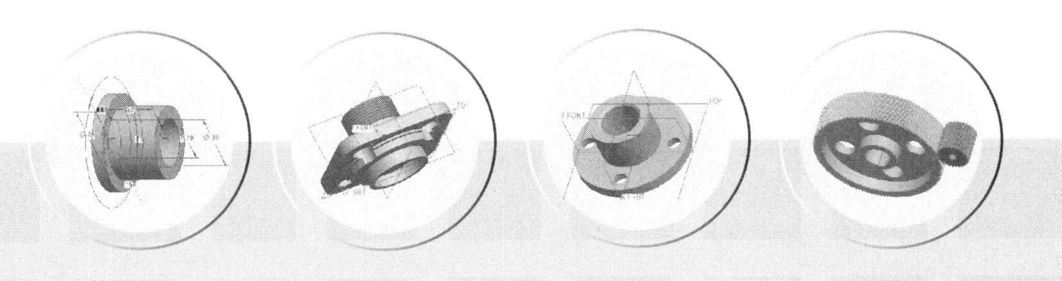

第1课 1课时 设计师职业知识——三维机械设计基础

7.1.1 正投影

正投影(投影线垂直于投影面的投影)可以表达出零件的真实性，因此，在机械设计中一般情况下都采用正投影绘制图纸。正投影的基本特性有如下3个。

(1) 真实性：当空间直线或平面平行于投影面时，其在所平行的投影面上的投影反映直线的实长或平面的实形。

(2) 积聚性：当直线或平面垂直于投影面时，它在所垂直的投影面上的投影为一点或一条直。

(3) 类似性：当空间直线或平面倾斜于投影面时，它在该投影面上的正投影仍为直线或与之类似的平面图形。

利用正投影法将物体放在3个互相垂直的平面所组成的三面投影体系中，物体的3个表面分别与3个投影面平行。然后分别向3个投影面投射，得到该物体在3个投影面上的3个投影，分别是正面投影、水平投影和侧面投影，成为物体的三视图，如图7-1所示。

使V面不动，H面绕OX轴向下旋转90°与V面重合，W面绕OZ轴向右旋转三次90°与V面重合，则得到图7-2所示的三视图间的位置关系。

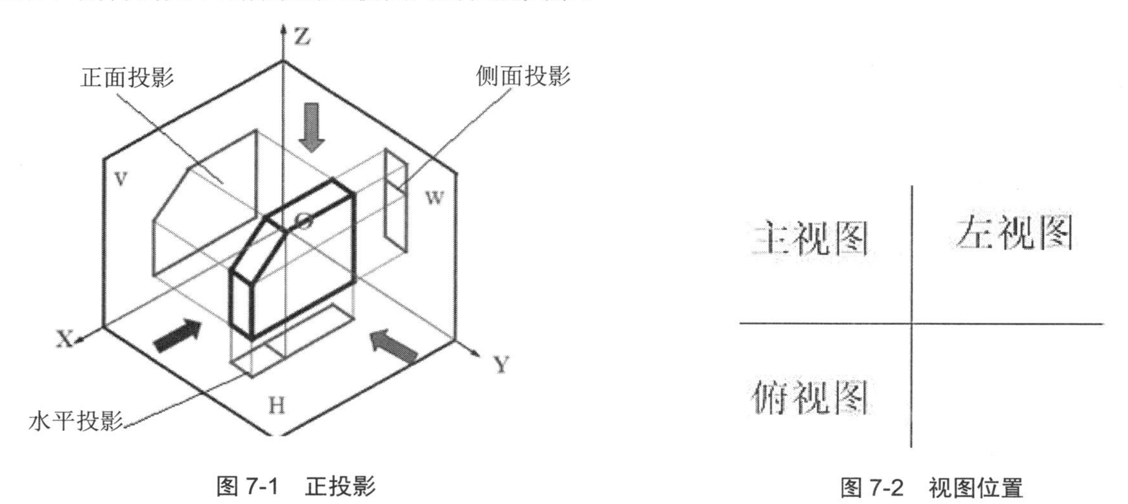

图7-1 正投影

图7-2 视图位置

主、俯视图反映了物体的同样长度；主、左视图反映了物体的同样高度；俯、左视图反映了物体的同样宽度，如图7-3所示，即三视图之间的投影规律为：

主、俯视图——长对正；

左、俯视图——宽相等；

主、左视图——高平齐。

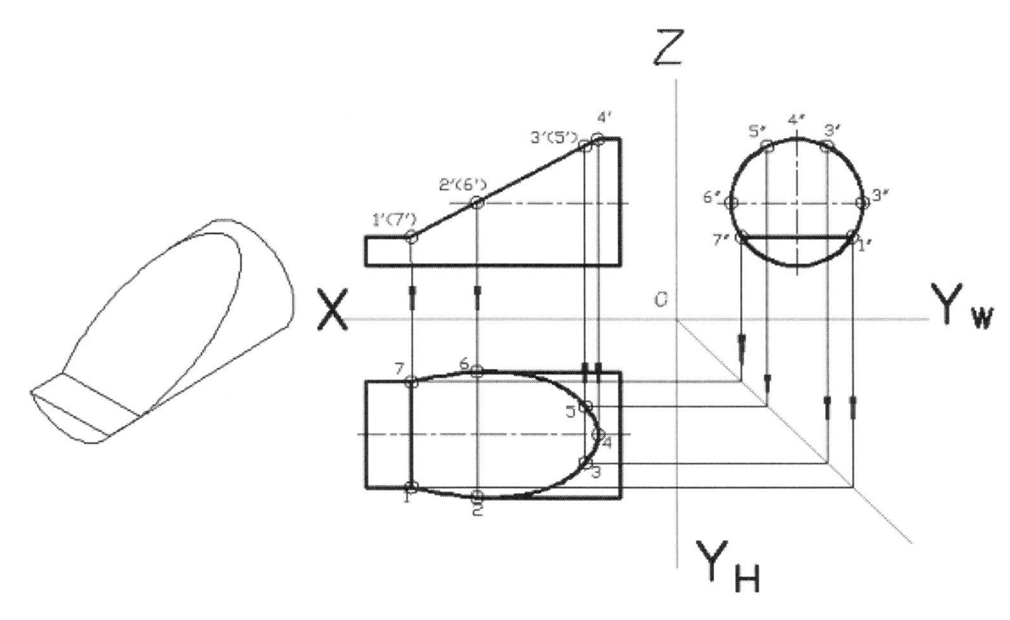

图 7-3　视图对应

7.1.2　点线面的投影特性

点：无论从哪个角度观察均为一点。

线：直线平行于投影面，投影等于实长；直线垂直于投影面，投影积聚成一点；直线倾斜于投影面，投影小于实长。

面：平面平行于投影面，投影成实形；平面垂直于投影面，投影积聚成一线；平面倾斜于投影面，投影小于实形的类似图形。

第2课　2课时　三维图形坐标

三维立体是一个直观的立体的表现方式，但要在平面的基础上表示三维图形，则需要有一些三维知识，并且对平面的立体图形有所认识。在 AutoCAD 2016 中包含三维绘图的界面，更加适合三维绘图的习惯。另外要进行三维绘图，首先要了解用户坐标。下面来认识一下三维坐标系统和视点，并了解用户坐标系统的一些基本操作。

7.2.1 UCS 基础

行业知识链接： 在参照系中，为确定空间一点的位置，按规定方法选取的有次序的一组数据，这就叫作“坐标”。在某一问题中规定坐标的方法，就是该问题所用的坐标系，UCS 就是指坐标系。如图 7-4 所示是一个导轮三维图，创建三维零件首先要确定三维坐标系的设置。

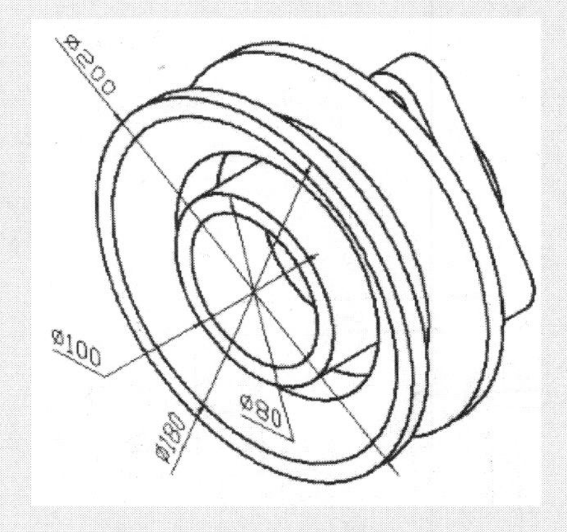

图 7-4 导轮

1．坐标系简介

读者了解了坐标系，下面来介绍一下用户坐标系。

用户坐标系是用于创建坐标、操作平面和观察的一种可移动的坐标系统。用户坐标系统由用户来指定，它可以在任意平面上定义 XY 平面，并根据这个平面，垂直拉伸出 Z 轴，组成坐标系统。它大大方便了三维物体绘制时坐标的定位。

切换工作空间为“三维建模”，在窗口中切换到【常用】选项卡，常用的关于坐标系的命令就放在如图 7-5 所示的【坐标】面板里，用户只要单击其中的按钮即可启动对应的坐标系命令。也可以使用菜单栏中【工具】|【新建 UCS】下的菜单命令打开坐标子命令。

图 7-5 【坐标】面板

AutoCAD 的大多数几何编辑命令取决于 UCS 的位置和方向，图形将绘制在当前 UCS 的 XY 平面上。UCS 命令设置用户坐标系在三维空间中的方向。它定义二维对象的方向和 THICKNESS 系统变量的拉伸方向。它也提供 ROTATE(旋转)命令的旋转轴，并为指定点提供默认的投影平面。当使用定点设备定义点时，定义的点通常置于 XY 平面上。如果 UCS 旋转使 Z 轴位于与观察平面平行的平面上(XY 平面对于观察者来说显示为一条边)，那么可能很难查看该点的位置。这种情况下，将把该点定位在与观察平面平行的包含 UCS 原点的平面上。例如，如果观察方向沿着 X 轴，那么用定点设备指定的坐标将定义在包含 UCS 原点的 YZ 平面上。不同的对象新建的 UCS 也有所不同，如表 7-1 所示。

表 7-1　不同对象新建 UCS 的情况

对　象	确定 UCS 的情况
圆弧	圆弧的圆心成为新 UCS 的原点，X 轴通过距离选择点最近的圆弧端点
圆	圆的圆心成为新 UCS 的原点，X 轴通过选择点
直线	距离选择点最近的端点成为新 UCS 的原点，选择新 X 轴，直线位于新 UCS 的 XZ 平面上。直线第二个端点在新系统中的 Y 坐标为 0
二维多段线	多段线的起点为新 UCS 的原点，X 轴沿从起点到下一个顶点的线段延伸

2. 新建 UCS

将工作空间切换为“三维建模”，启动 UCS 可以执行下面两种操作之一。

(1) 单击【常用】选项卡的【坐标】面板中的【原点】按钮。

(2) 在命令行中输入“ucs ”命令后按 Enter 键。

在命令行中将会出现如下选择命令提示：

```
命令: ucs
当前 UCS 名称: *世界*
指定 UCS 的原点或 [面(F)/命名(NA)/对象(OB)/上一个(P)/视图(V)/世界(W)/X/Y/Z/Z 轴(ZA)] <世界>:
```

> **提示：该命令不能选择下列对象：三维实体、三维多段线、三维网络、视窗、多线、面、样条曲线、椭圆、射线、构造线、引线、多行文字。**

新建用户坐标系(UCS)，输入 n(新建)时，命令输入行有如下提示，提示用户选择新建用户坐标系的方法：

```
指定 UCS 的原点或 [面(F)/命名(NA)/对象(OB)/上一个(P)/视图(V)/世界(W)/X/Y/Z/Z 轴(ZA)] <世界>:n
指定新 UCS 的原点或 [Z 轴(ZA)/三点(3)/对象(OB)/面(F)/视图(V)/X/Y/Z] <0,0,0>:
```

下列 7 种方法可以建立新坐标。

1) 原点

通过指定当前用户坐标系 UCS 的新原点，保持其 X、Y 和 Z 轴方向不变，从而定义新的 UCS，如图 7-6 所示。命令行窗口提示如下：

```
指定新 UCS 的原点或 [Z 轴(ZA)/三点(3)/对象(OB)/面(F)/视图(V)/X/Y/Z] <0,0,0>:    // 指定点
```

2) Z 轴(ZA)

用特定的 Z 轴正半轴定义 UCS。命令行窗口提示如下：

```
指定新 UCS 的原点或 [Z 轴(ZA)/三点(3)/对象(OB)/面(F)/视图(V)/X/Y/Z] <0,0,0>: ZA
指定新原点 <0, 0, 0>:                        //指定点
在正 Z 轴的半轴指定点:                        //指定点
```

指定新原点和位于新建 Z 轴正半轴上的点。“Z 轴”选项使 XY 平面倾斜，如图 7-7 所示。

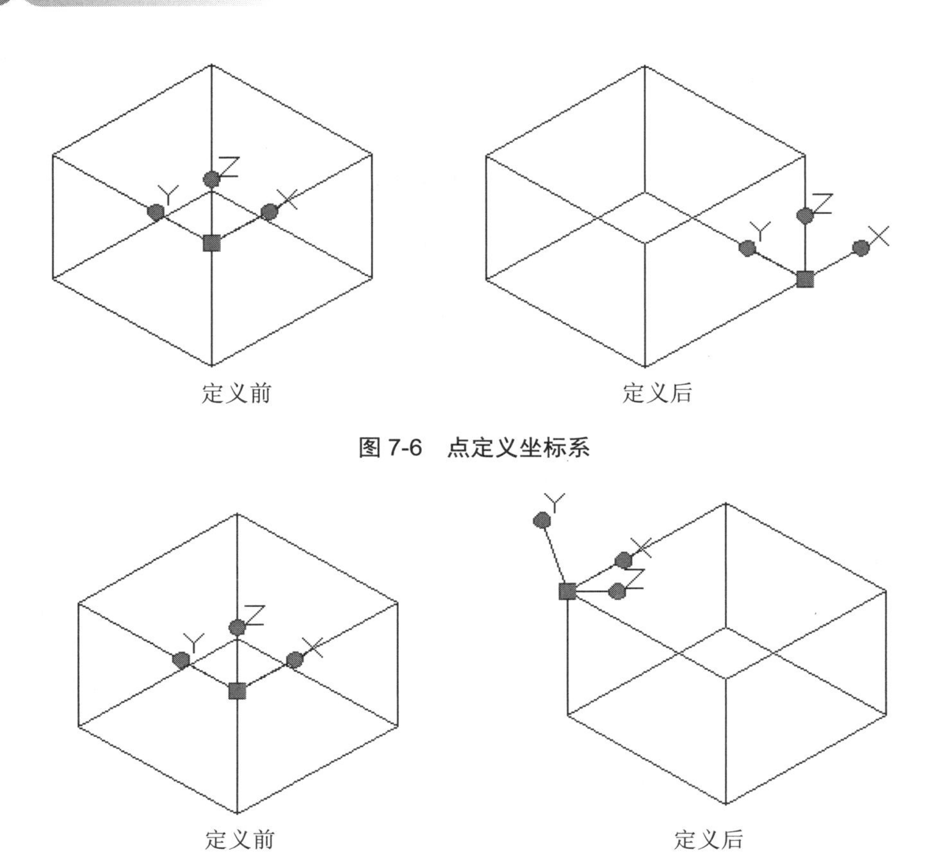

图 7-6　点定义坐标系

图 7-7　自定 Z 轴定义坐标系

3)　三点(3)

指定新 UCS 原点及其 X 和 Y 轴的正方向。Z 轴由右手螺旋定则确定。可以使用此选项指定任意可能的坐标系。也可以在 UCS 面板中单击【三点】按钮，命令行窗口提示如下：

```
指定新 UCS 的原点或 [Z 轴(ZA)/三点(3)/对象(OB)/面(F)/视图(V)/X/Y/Z] <0,0,0>:3
指定新原点 <0,0,0>: _ner                                    //捕捉如图 7-8(a)所示的最近点
在正 X 轴范围上指定点 <1.0000,-106.9343,0.0000>: @0,10,0    //按相对坐标确定 X 轴通过的点
在 UCS XY 平面的正 Y 轴范围上指定点 <-1.0000,-106.9343,0.0000>: @-10,0,0
                                                            //按相对坐标确定 Y 轴通过的点
```

效果如图 7-8(b)所示。

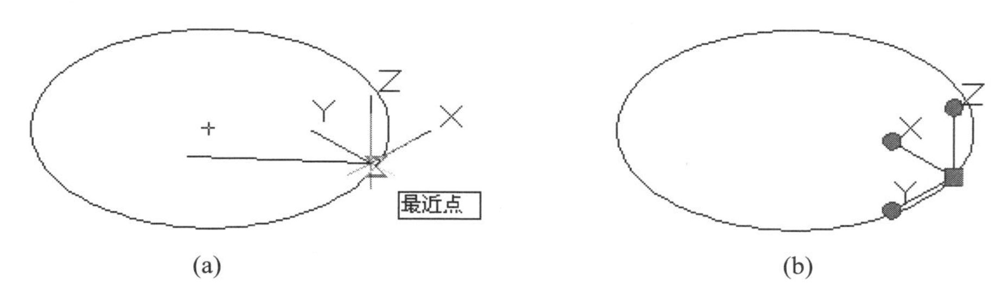

图 7-8　三点确定 UCS

第一点指定新 UCS 的原点。第二点定义了 X 轴的正方向。第三点定义了 Y 轴的正方向。第三点可以位于新 UCS XY 平面 Y 轴正半轴上的任何位置。

4)　对象(OB)

根据选定三维对象定义新的坐标系。新坐标系 UCS 的 Z 轴正方向为选定对象的拉伸方向，如图 7-9 所示。命令行窗口提示如下：

```
指定新 UCS 的原点或 [Z 轴(ZA)/三点(3)/对象(OB)/面(F)/视图(V)/X/Y/Z] <0,0,0>: OB
选择对齐 UCS 的对象:                          //选择对象
```

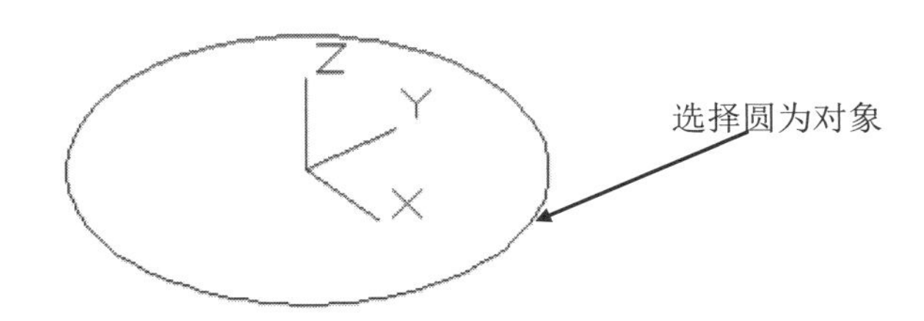

图 7-9　选择对象定义坐标系

此选项不能用于下列对象：三维实体、三维多段线、三维网格、面域、样条曲线、椭圆、射线、参照线、引线、多行文字等不能拉伸的图形对象。

对于非三维面的对象，新 UCS 的 XY 平面与当绘制该对象时生效的 XY 平面平行。但 X 和 Y 轴可作不同的旋转。

5)　面(F)

将 UCS 与实体对象的选定面对齐。要选择一个面，请在此面的边界内或面的边上单击，被选中的面将亮显，UCS 的 X 轴将与找到的第一个面上的最近的边对齐。命令行窗口提示如下：

```
指定新 UCS 的原点或 [Z 轴(ZA)/三点(3)/对象(OB)/面(F)/视图(V)/X/Y/Z] <0,0,0>:F
选择实体对象的面:
输入选项 [下一个(N)/X 轴反向(X)/Y 轴反向(Y)] <接受>:
```

各命令选项含义如下。

【下一个(N)】：将 UCS 定位于邻接的面或选定边的后向面。

【X 轴反向(X)】：将 UCS 绕 X 轴旋转 180°。

【Y 轴反向(Y)】：将 UCS 绕 Y 轴旋转 180°。

接受：如果按 Enter 键，则接受该位置。否则将重复出现提示，直到接受位置为止。如图 7-10 所示。

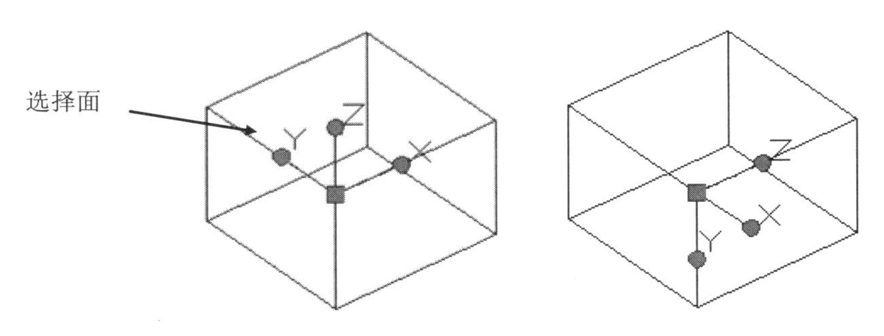

图 7-10　选择面定义坐标系

6) 视图(V)

以垂直于观察方向(平行于屏幕)的平面为 XY 平面，建立新的坐标系。UCS 原点保持不变，如图 7-11 所示。

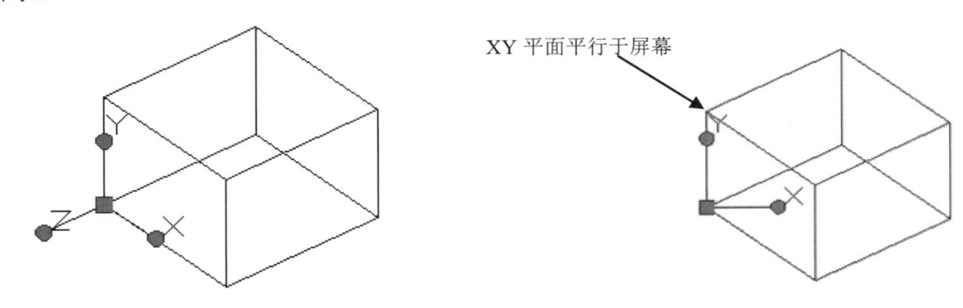

图 7-11 用视图方法定义坐标系

7) X/Y/Z

绕指定轴旋转当前 UCS。命令行窗口提示如下：

```
指定新 UCS 的原点或 [Z 轴(ZA)/三点(3)/对象(OB)/面(F)/视图(V)/X/Y/Z] <0,0,0>:X
                                              //或者输入 Y 或者 Z
指定绕 X 轴、Y 轴或 Z 轴的旋转角度 <0>:        //指定角度
```

输入正或负的角度以旋转 UCS。AutoCAD 用右手定则来确定绕该轴旋转的正方向。通过指定原点和一个或多个绕 X、Y 或 Z 轴的旋转，可以定义任意的 UCS，如图 7-12 所示。 也可以通过 UCS 面板上的 X 按钮，Y 按钮，Z 按钮来实现。

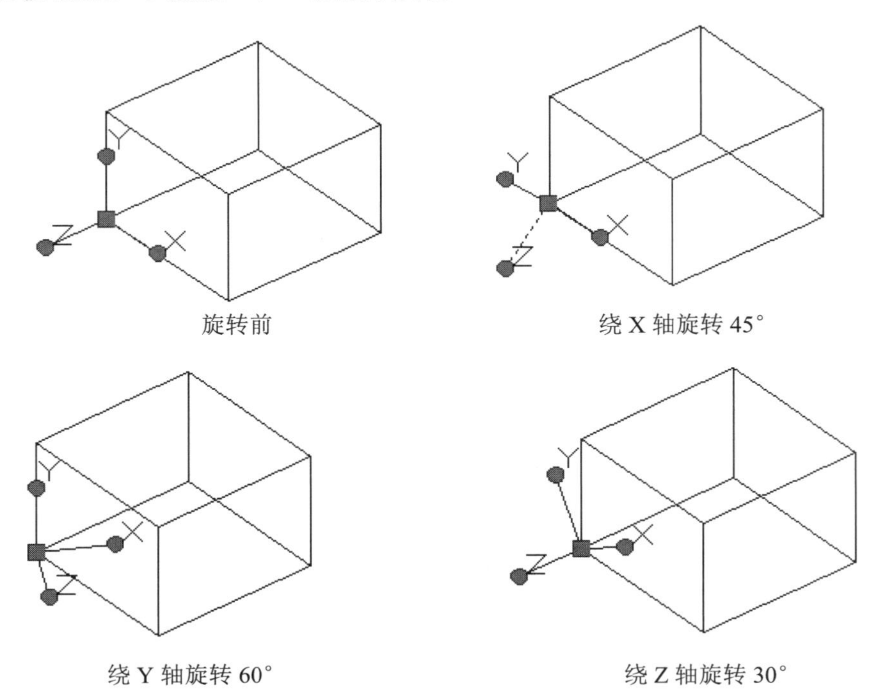

图 7-12 坐标系绕坐标轴旋转

3. 命名 UCS

新建了 UCS 后，还可以对 UCS 进行命名。

用户可以使用下面的方法启动 UCS 命名工具。

(1) 在命令行中输入“dducs”命令后按 Enter 键。

(2) 在菜单栏中选择【工具】|【命名 UCS】命令。

执行以上任意一种操作后会打开 UCS 对话框，如图 7-13 所示。

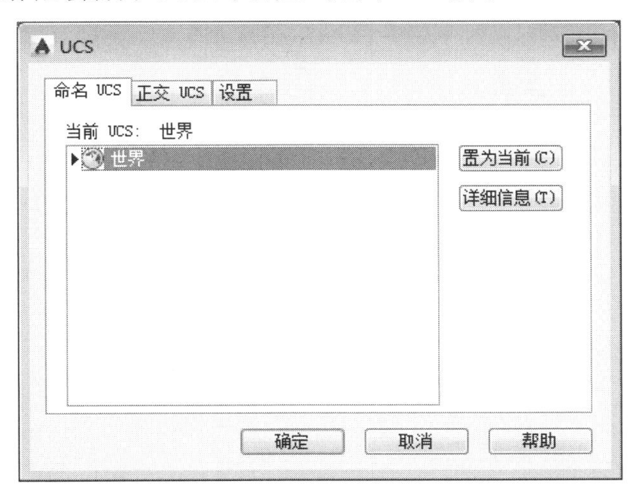

图 7-13 UCS 对话框

UCS 对话框的参数用来设置和管理 UCS 坐标，下面对这些参数设置进行讲解。

1) 【命名 UCS】选项卡

【命名 UCS】选项卡如图 7-13 所示，在其中列出了已有的 UCS。

在列表框中选取一个 UCS，然后单击【置为当前】按钮，则将该 UCS 坐标设置为当前坐标系。

在列表框中选取一个 UCS，单击【详细信息】按钮，则打开【UCS 详细信息】对话框，如图 7-14 所示，在这个对话框中详细列出了该 UCS 坐标系的原点坐标，X、Y、Z 轴的方向。

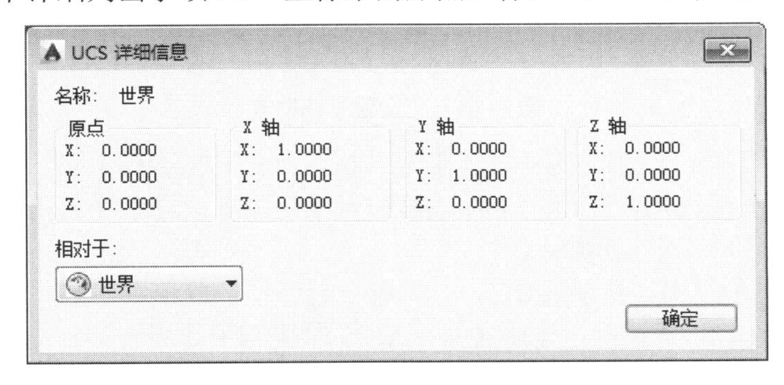

图 7-14 【UCS 详细信息】对话框

2) 【正交 UCS】选项卡

【正交 UCS】选项卡如图 7-15 所示，在列表中有“俯视”、“仰视”、“主视”、“后视”、“左视”和“右视”6 种在当前图形中的正投影类型。

图 7-15 【正交 UCS】选项卡

3) 【设置】选项卡

【设置】选项卡如图 7-16 所示。下面介绍其中的各项参数设置。

图 7-16 【设置】选项卡

在【UCS 图标设置】选项组中，选中【开】复选框，则在当前视图中显示用户坐标系的图标；选中【显示于 UCS 原点】复选框，在用户坐标系的起点显示图标；选中【应用到所有活动视口】复选框，在当前图形的所有活动窗口显示图标。

在【UCS 设置】选项组中，选中【UCS 与视口一起保存】复选框，就与当前视口一起保存坐标系，该选项由系统变量 UCSVP 控制；选中【修改 UCS 时更新平面视图】复选框，则当窗口的坐标系改变时，保存平面视图，该选项由系统变量 UCSFOLLOW 控制。

4. 正交 UCS

指定 AutoCAD 提供的 6 个正交 UCS 之一。这些 UCS 设置通常用于查看和编辑三维模型。命令行窗口提示如下：

```
指定 UCS 的原点或 [面(F)/命名(NA)/对象(OB)/上一个(P)/视图(V)/世界(W)/X/Y/Z/Z 轴(ZA)] <世界>:G
输入选项 [俯视(T)/仰视(B)/主视(F)/后视(BA)/左视(L)/右视(R)] :    //输入选项
```

默认情况下，正交 UCS 设置将相对于世界坐标系(WCS)的原点和方向确定当前 UCS 的方向。UCSBASE 系统变量控制 UCS，这个 UCS 是正交设置的基础。使用 UCS 命令的移动选项可修改正交 UCS 设置中的原点或 Z 向深度。

5. 设置 UCS

要了解当前用户坐标系的方向，可以显示用户坐标系图标。有几种版本的图标可供使用，可以改变其大小、位置和颜色。

为了指示 UCS 的位置和方向，将在 UCS 原点或当前视口的左下角显示 UCS 图标。可以选择 3 种图标中的一种来表示 UCS，如图 7-17 所示。

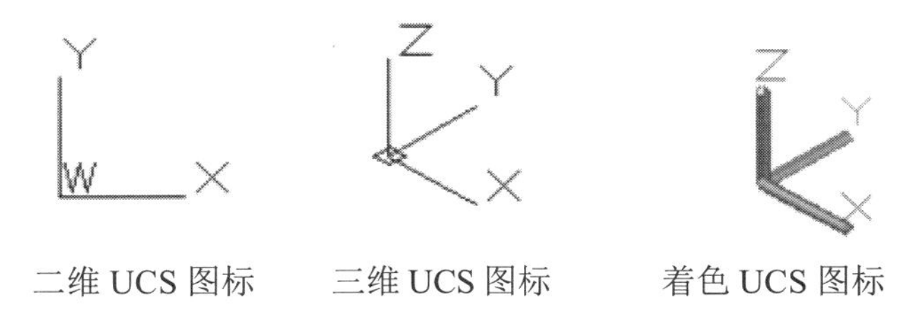

图 7-17　UCS 坐标

使用 UCSICON 命令在显示二维或三维 UCS 图标之间选择。将显示着色三维视图的着色 UCS 图标。要指示 UCS 的原点和方向，可以使用 UCSICON 命令在 UCS 原点显示 UCS 图标。

如果图标显示在当前 UCS 的原点处，则图标中有一个加号 (+)。如果图标显示在视口的左下角，则图标中没有加号。

如果存在多个视口，则每个视口都显示自己的 UCS 图标。

将使用多种方法显示 UCS 图标，以帮助用户了解工作平面的方向。如图 7-18 所示是一些图标的样例。

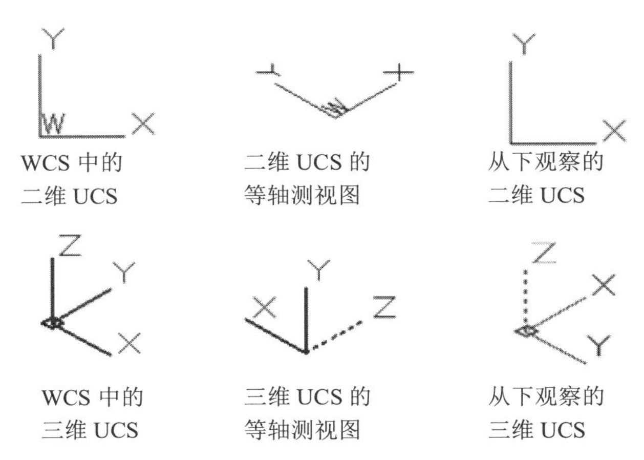

图 7-18　不同状态显示的 UCS

可以使用 UCSICON 命令在二维 UCS 图标和三维 UCS 图标之间切换。也可以使用此命令改变三维 UCS 图标的大小、颜色、箭头类型和图标线宽度。

如果沿着一个与 UCS XY 平面平行的平面观察，二维 UCS 图标将变成 UCS 断笔图标。断笔图标指示 XY 平面的边几乎与观察方向垂直。此图标警告用户不要使用定点设备指定坐标。

使用定点设备定位点时，断笔图标通常位于 XY 平面上。如果旋转 UCS 使 Z 轴位于与观察平面平行的平面上(即，如果 XY 平面垂直于观察平面)，则很难确定该点的位置。这种情况下，将把该点定位在与观察平面平行的包含 UCS 原点的平面上。例如，如果观察方向是沿 X 轴方向，则使用定点设备指定的坐标将位于包含 UCS 原点的 YZ 平面上。

使用三维 UCS 图标有助于了解坐标投影在哪个平面上，三维 UCS 图标不使用断笔图标。

6. 移动 UCS

通过平移当前 UCS 的原点或修改其 Z 轴深度来重新定义 UCS，但保留其 XY 平面的方向不变。修改 Z 轴深度将使 UCS 相对于当前原点沿自身 Z 轴的正方向或负方向移动。命令行窗口提示如下：

```
指定 UCS 的原点或 [面(F)/命名(NA)/对象(OB)/上一个(P)/视图(V)/世界(W)/X/Y/Z/Z 轴(ZA)] <世界>:M
指定新原点或 [Z 向深度(Z)] <0,0,0>:                    //指定或输入 z
```

主要命令选项的含义如下。

【新原点】：修改 UCS 的原点位置。

【Z 向深度(Z)】：指定 UCS 原点在 Z 轴上移动的距离。命令行窗口提示如下：

```
指定 Z 向深度 <0>:                                //输入距离
```

如果有多个活动视窗，且改变视窗来指定新原点或 Z 向深度时，那么所作修改将被应用到命令开始执行时的当前视窗中的 UCS 上，且命令结束后此视图被置为当前视图。

7.2.2 三维坐标系三维视点设置

行业知识链接：视点是指用户在三维空间中观察三维模型的位置。视点的 X、Y、Z 坐标确定了一个由原点发出的矢量，这个矢量就是观察方向。由视点沿矢量方向原点看去所见到的图形称为视图。如图 7-19 所示是一个滚轮剖切图，视点位于等轴测视图的方向。

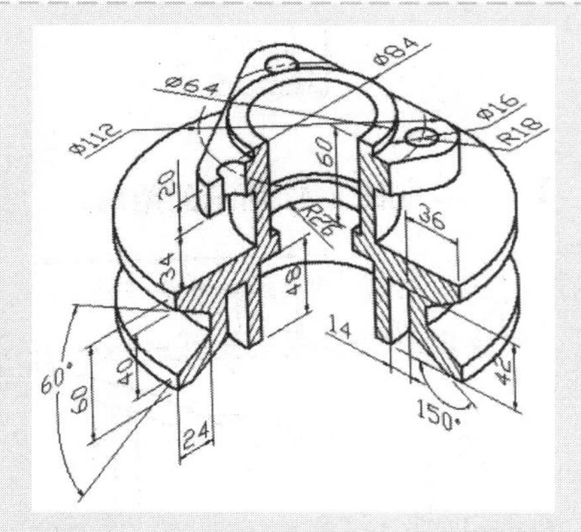

图 7-19 滚轮剖切图

绘制三维图形时常需要改变视点，以满足从不同角度观察图形各部分的需要。设置三维视点主要有三种方法：视点设置命令(VPOINT)、用【视点预设】对话框及其他特殊视点，下面分别来介绍三种方法。

1. 使用【视点】命令

视点设置命令用来设置观察模型的方向。

在命令行中输入“vpoint”，按下 Enter 键。命令行窗口提示如下：

```
命令: VPOINT
当前视图方向:  VIEWDIR=-1.0000,-1.0000,1.0000
指定视点或 [旋转(R)] <显示指南针和三轴架>:
```

这里有几种方法可以设置视点：

(1) 使用输入的 X、Y 和 Z 坐标定义视点，创建定义观察视图方向的矢量。定义的视图如同是观察者在该点向原点 (0,0,0) 方向观察。命令行窗口提示如下：

```
命令: VPOINT
当前视图方向:  VIEWDIR=0.0000,0.0000,1.0000
指定视点或 [旋转(R)] <显示指南针和三轴架>:0,1,0
正在重生成模型。
```

(2) 使用旋转(R): 使用两个角度指定新的观察方向。命令行窗口提示如下：

```
指定视点或 [旋转(R)] <显示指南针和三轴架>: R
输入 XY 平面中与 X 轴的夹角 <当前值>:
                //指定一个角度 ,第一个角度指定为在 XY 平面中与 X 轴的夹角
输入 XY 平面中与 X 轴的夹角 <当前值>:
                //指定一个角度, 第二个角度指定为与 XY 平面的夹角, 位于 XY 平面的上方或下方
```

(3) 使用指南针和三轴架: 在命令行中直接按 Enter 键，则按默认选项显示指南针和三轴架，用来定义视窗中的观察方向，如图 7-20 所示。

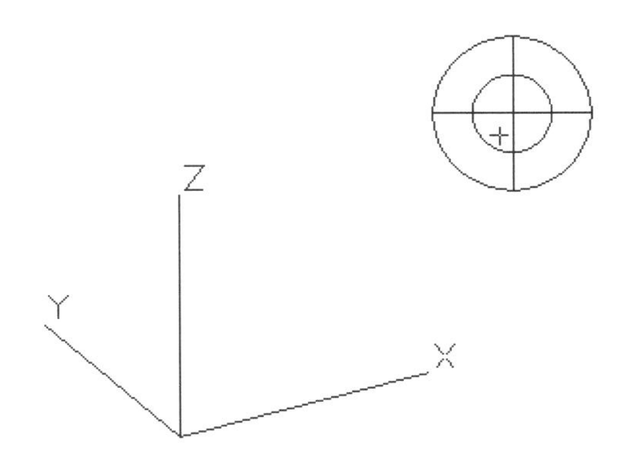

图 7-20　使用指南针和三轴架

这里，右上角指南针为一个球体的俯视图，十字光标代表视点的位置。拖动鼠标，使十字光标在指南针范围内移动，光标位于小圆环内表示视点在 Z 轴正方向，光标位于两个圆环之间表示视点在 Z 轴负方向，移动光标，就可以设置视点。图 7-21 所示为模型的不同视点位置。

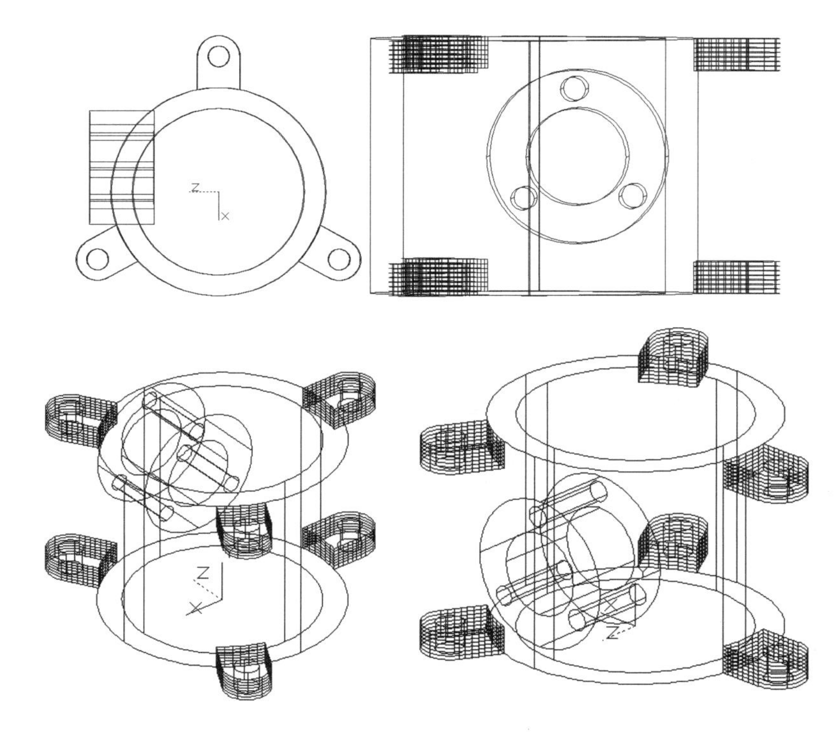

图 7-21　不同的视点设置

2．使用【视点预设】对话框

选择视点还可以用对话框的方式选择视点。操作步骤如下。

选择【视图】|【三维视图】|【视点预设】命令或者在命令行中输入“ddvpoint”，按 Enter 键，打开【视点预设】对话框，如图 7-22 所示，其中各参数设置方法如下。

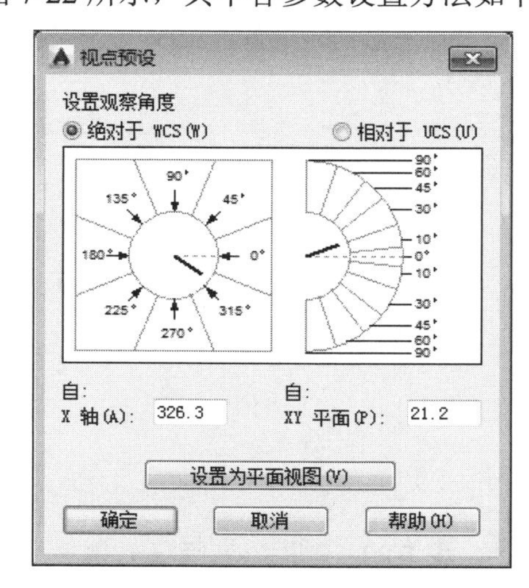

图 7-22　【视点预设】对话框

【绝对于 WCS】单选按钮：所设置的坐标系基于世界坐标系。

【相对于 UCS】单选按钮：所设置的坐标系相对于当前用户坐标系。

左半部分方形分度盘表示观察点在 XY 平面投影与 X 轴夹角。有 8 个位置可选。

右半部分半圆分度盘表示观察点与原点连线与 XY 平面夹角。有 9 个位置可选。

【X 轴】文本框：可输入 360°以内任意值设置观察方向与 X 轴的夹角。

【XY 平面】文本框：可输入以±90°内任意值设置观察方向与 XY 平面的夹角。

【设置为平面视图】按钮：单击该按钮，则取标准值，与 X 轴夹角 270°，与 XY 平面夹角 90°。

3．其他特殊视点

在视点设置过程中，还可以选取预定义标准观察点，可以从 AutoCAD 2016 中预定义的 10 个标准视图中直接选取。

在菜单栏中选择【视图】|【三维视图】命令中的 10 个标准命令，如图 7-23 所示，即可定义观察点。这些标准视图包括：俯视图、仰视图、左视图、右视图、前视图、后视图、西南等轴测视图、东南等轴测视图、东北等轴测视图和西北等轴测视图。

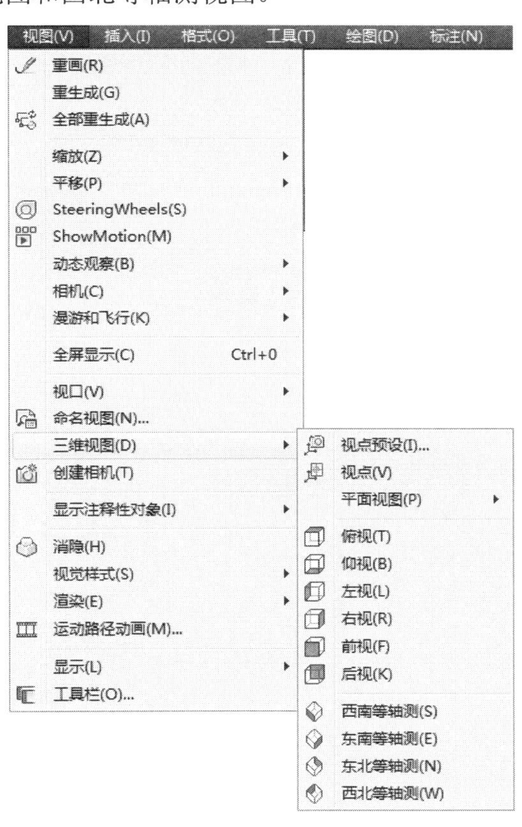

图 7-23 “三维视图”菜单

课后练习

案例文件：ywj\07\01.dwg

视频文件：光盘\视频课堂\第 7 教学日\7.2

练习案例分析及步骤如下。

本课后练习创建的凸台零件，凸台一般是为满足工艺的需要而在工件上增设的特征，使用空间矩形，拉伸得到模型特征，如图 7-24 所示是完成的凸台模型。

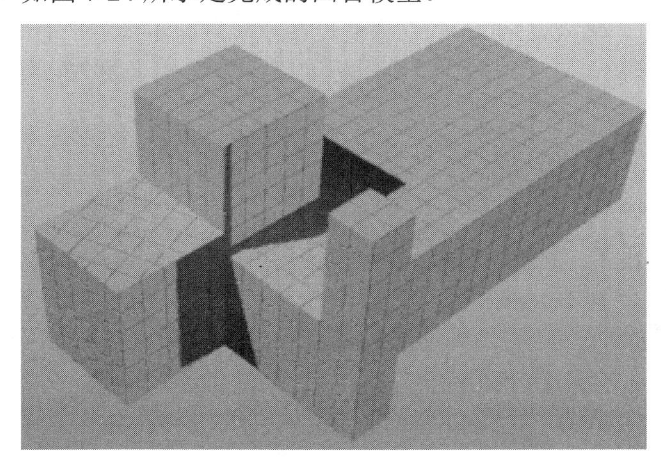

图 7-24　完成的凸台模型

本课案例主要练习 AutoCAD 的三维模型创建方法，创建过程中需要频繁地变换和设置坐标系，这样才能在不同的平面上绘制草图，进而生成特征。绘制凸台模型的思路和步骤如图 7-25 所示。

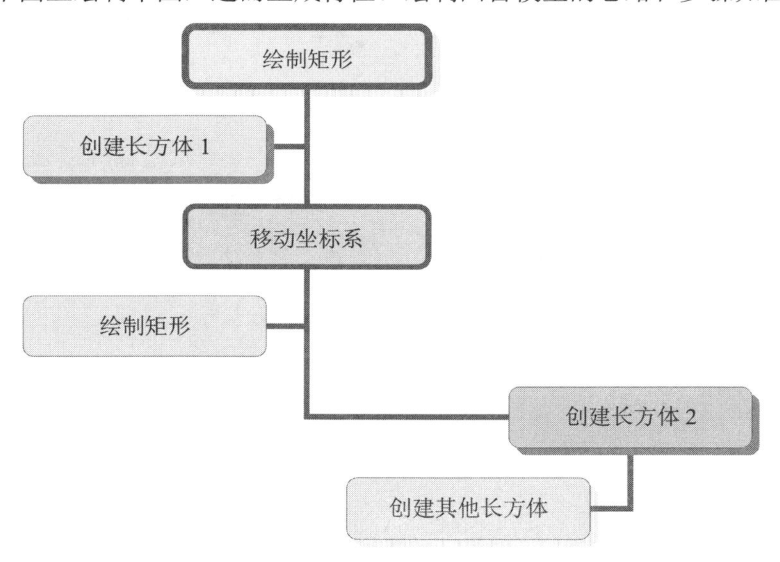

图 7-25　凸台模型草图步骤

练习案例操作步骤如下。

step 01 在窗口中切换工作空间为“三维建模”，首先绘制长方体的矩形草图。选择【文件】|【新建】命令，打开【选择样板】对话框，选择样板，如图 7-26 所示，单击【打开】按钮。

step 02 新建的文件坐标系，如图 7-27 所示。

step 03 单击【常用】选项卡的【绘图】面板中的【矩形】按钮，输入矩形第一点坐标，如图 7-28 所示。

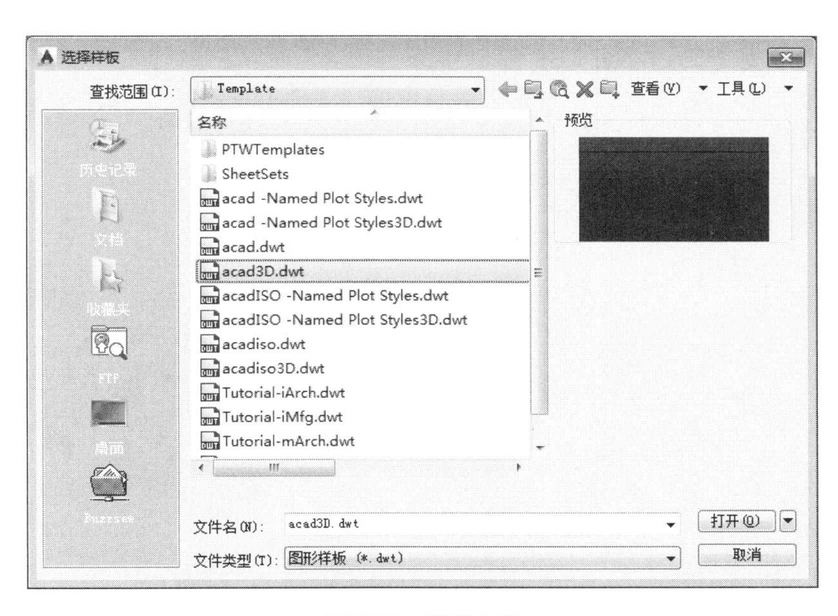

图 7-26　新建文件

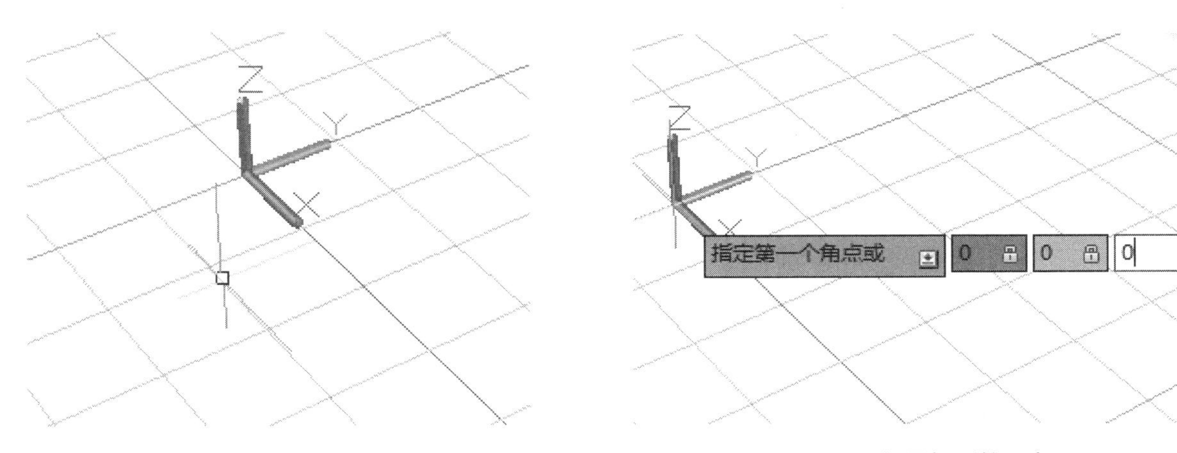

图 7-27　模型坐标系

图 7-28　设置矩形第一点

step 04 继续输入矩形第二点坐标，如图 7-29 所示。

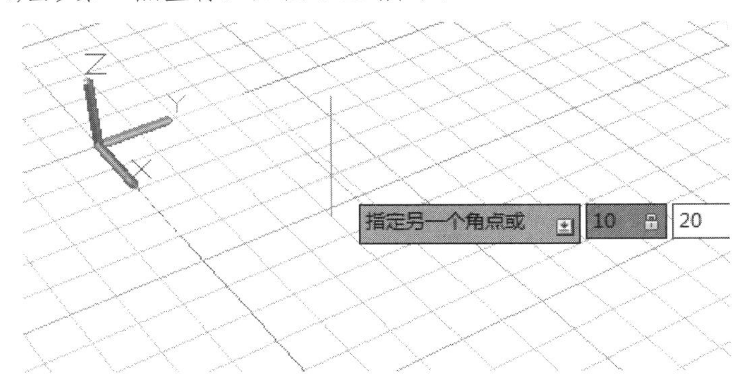

图 7-29　设置矩形第二点

step 05 完成绘制的矩形，如图 7-30 所示。

step 06 创建长方体 1。单击【建模】工具栏中的【拉伸】按钮，拉伸矩形，指定拉伸高度为 5，如图 7-31 所示。

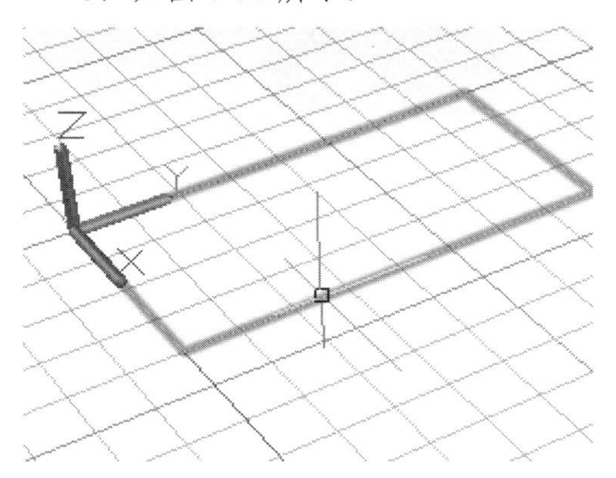

图 7-30　完成矩形

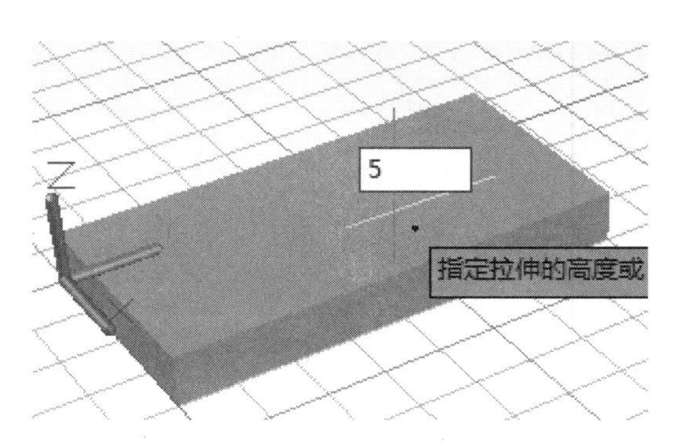

图 7-31　拉伸矩形

step 07 单击 UCS 工具栏中的 UCS 按钮，移动坐标系，如图 7-32 所示。

step 08 单击【常用】选项卡的【绘图】面板中的【矩形】按钮，输入矩形的第一点坐标，如图 7-33 所示。

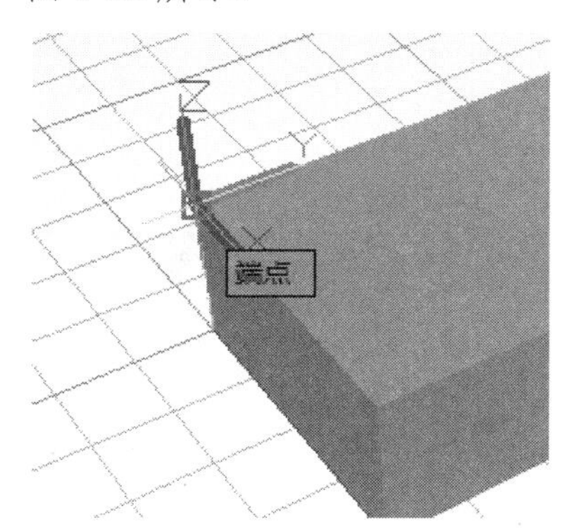

图 7-32　移动坐标系

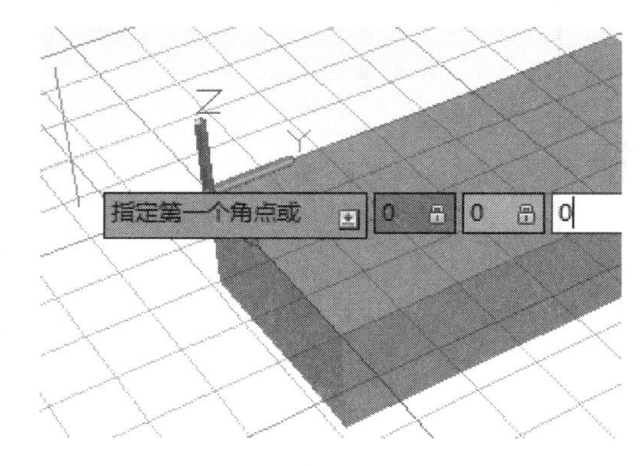

图 7-33　输入矩形的第一点坐标

step 09 继续输入矩形的第二点坐标，如图 7-34 所示。

step 10 创建长方体 2。单击【建模】工具栏中的【拉伸】按钮，拉伸矩形，指定拉伸高度为 5，如图 7-35 所示。

step 11 单击 UCS 工具栏中的【上一个 UCS】按钮，单击【默认】选项卡的【绘图】面板中的【矩形】按钮，绘制 2×2 的矩形，如图 7-36 所示。

step 12 完成绘制的矩形，如图 7-37 所示。

step 13 创建其他长方体。单击【建模】工具栏中的【拉伸】按钮，拉伸矩形，指定拉伸高度为 10，如图 7-38 所示。

step 14 完成绘制的拉伸特征，如图 7-39 所示。

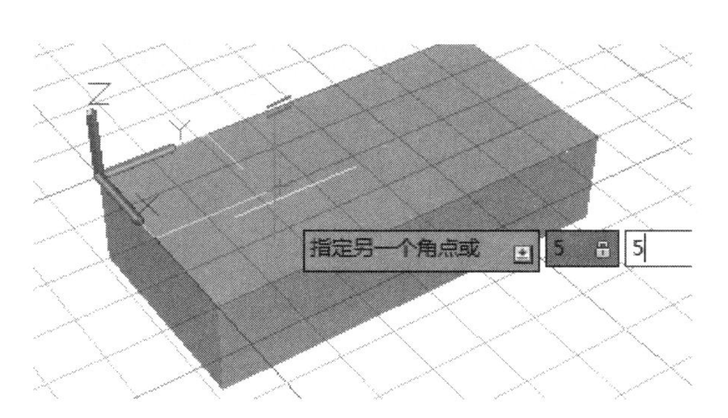

图 7-34　设置矩形的第二点坐标

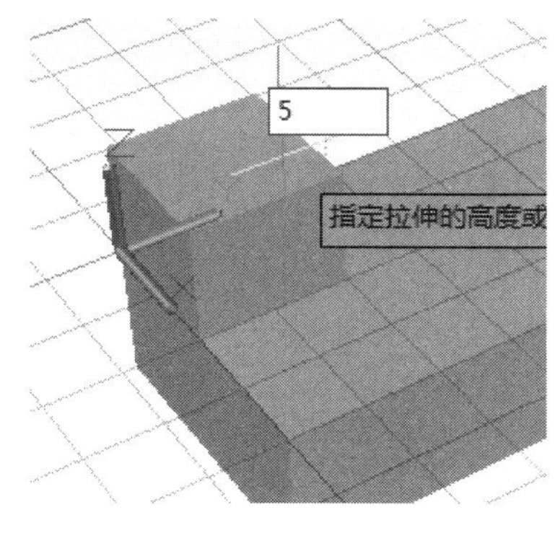

图 7-35　拉伸矩形

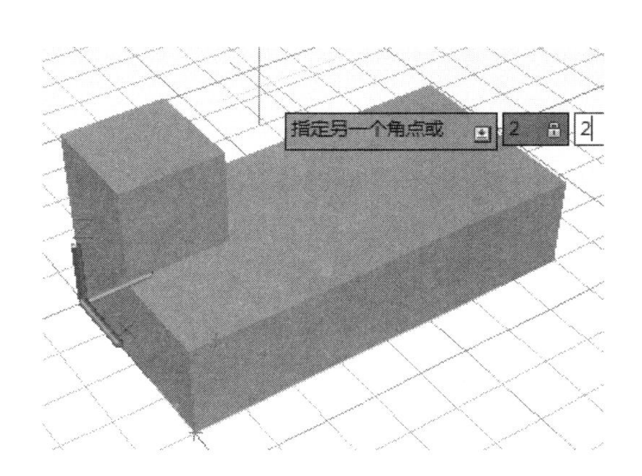

图 7-36　绘制矩形

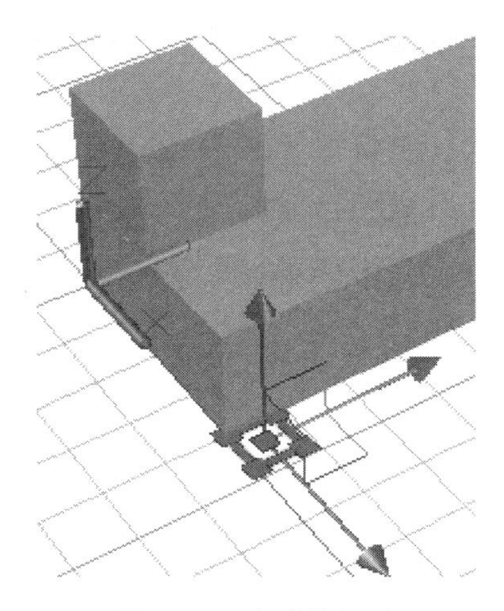

图 7-37　完成的矩形

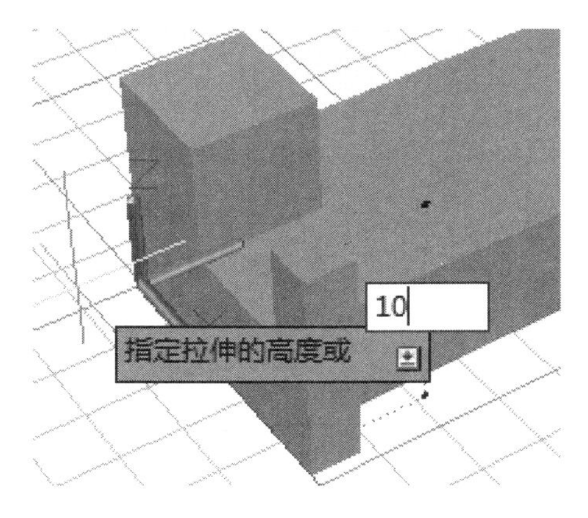

图 7-38　拉伸矩形

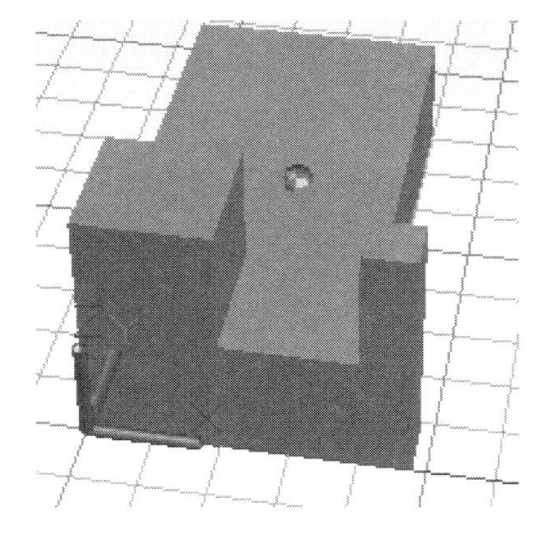

图 7-39　完成拉伸特征

step 15 单击 UCS 工具栏中的 UCS 按钮，移动坐标系，如图 7-40 所示。

step 16 单击 UCS 工具栏中的 Z 按钮，旋转坐标系 Z 轴，如图 7-41 所示。

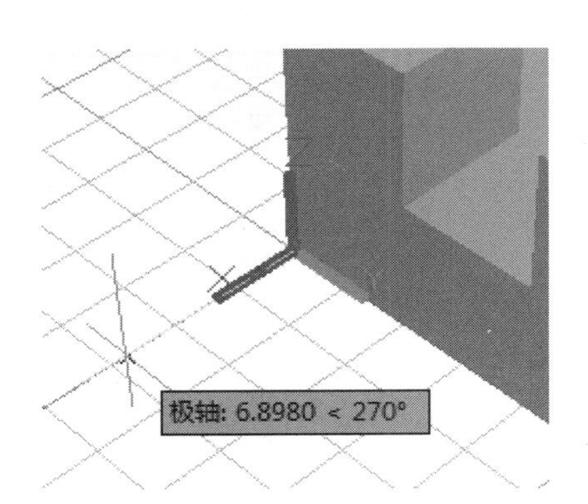

图 7-40　移动坐标系

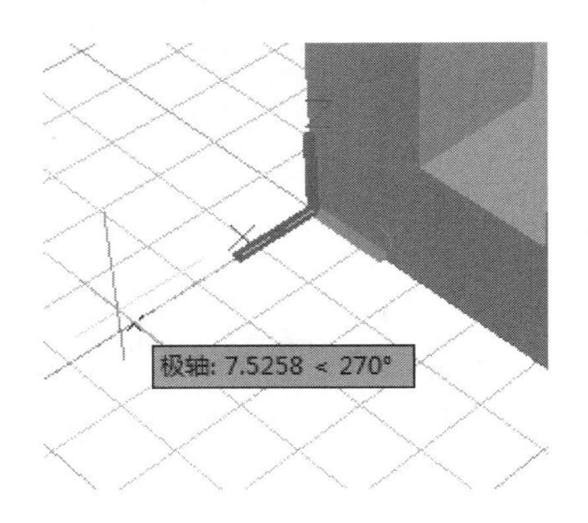

图 7-41　旋转 Z 轴

step 17 单击【常用】选项卡的【绘图】面板中的【矩形】按钮，输入矩形第一点坐标，如图 7-42 所示。

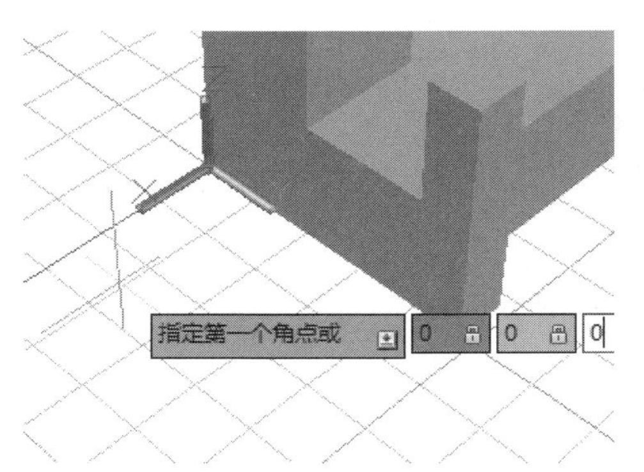

图 7-42　指定矩形第一点坐标

step 18 继续输入矩形第二点坐标，如图 7-43 所示。

step 19 单击【建模】工具栏中的【拉伸】按钮，拉伸矩形，指定拉伸高度为 6，如图 7-44 所示。

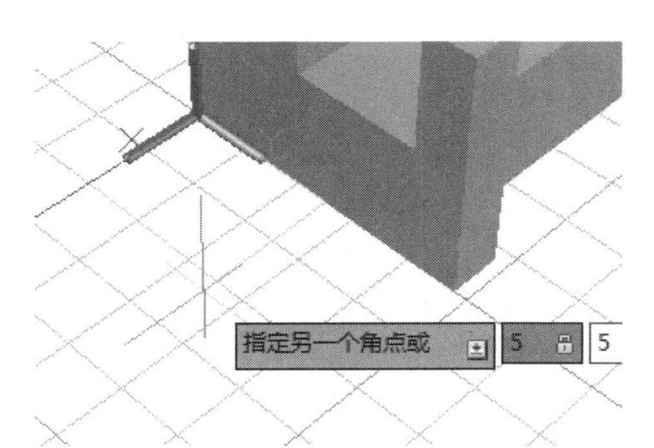

图 7-43　指定矩形第二点坐标

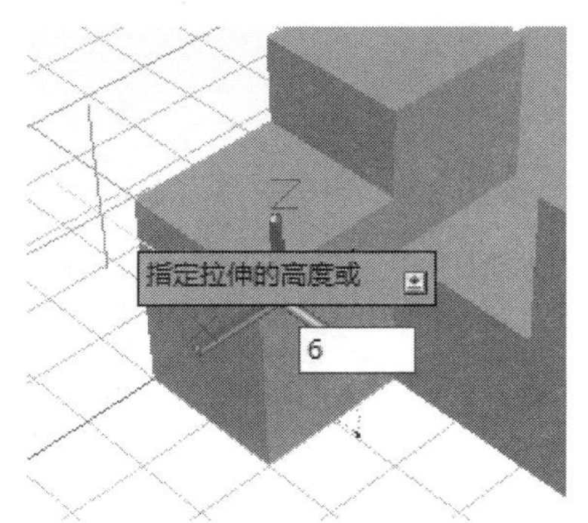

图 7-44　拉伸矩形

step 20 完成绘制的凸台模型，如图 7-45 所示。

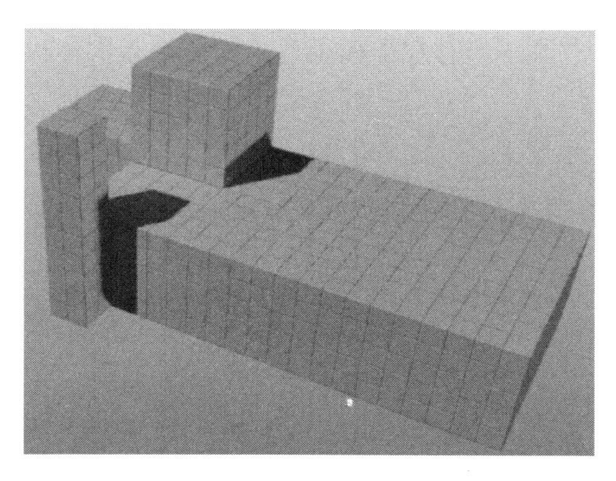

图 7-45　完成凸台模型

机械设计实践：齿轮是能互相啮合的有齿的机械零件，齿轮在传动中的应用很早就出现了，是轮缘上有齿能连续啮合传递运动和动力的机械元件。如图 7-46 所示，使用 AutoCAD 三维命令创建三维模型，创建时注意坐标系的变换。

图 7-46　齿轮模型

第3课　2课时　创建三维图形

三维曲面和三维体是绘制三维图形时的两类重要的命令，下面对其进行详细的讲解。

7.3.1　三维曲面

行业知识链接：曲面特征是相对实体特征而言的，实体特征具有一定的质量和体积，而曲面特征不具有质量和体积，它是构建模型所需的参考，相当于几何点、线和面。如图 7-47 所示是一个曲面扇叶零件，扇叶的形状由扫描曲面形成。

图 7-47　扇叶零件

AutoCAD 2016 可绘制的三维图形有线框模型、表面模型和实体模型等图形，并且可以对三维图形进行编辑。

1. 绘制三维面

【三维面】命令用来创建任意方向的三边或四边三维面，四点可以不共面。绘制三维面模型命令调用方法如下。

(1) 在菜单栏中选择【绘图】|【建模】|【网格】|【三维面】命令。

(2) 在命令行中输入“3dface”命令后按 Enter 键。

命令行窗口提示如下：

```
命令: 3DFACE
指定第一点或 [不可见(I)]:
指定第二点或 [不可见(I)]:
指定第三点或 [不可见(I)] <退出>:            //直接按下 Enter 键，生成三边面，指定点继续
指定第四点或 [不可见(I)] <创建三侧面>:
```

在提示行中若指定第四点，则命令行继续提示指定第三点或退出，直接按下 Enter 键，则生成四边平面或曲面。若继续确定点，则上一个第三点和第四点连线成为后续平面第一边，三维面递进生长。命令行窗口提示如下：

```
指定第三点或 [不可见(I)] <退出>:
指定第四点或 [不可见(I)] <创建三侧面>:
```

绘制成的三边平面、四边面和多个面如图 7-48 所示。

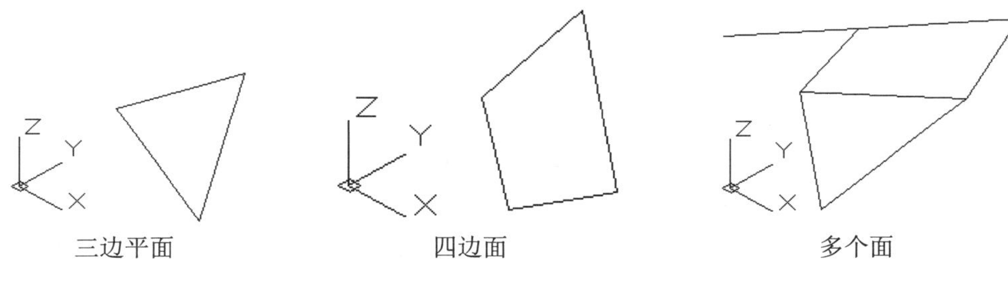

图 7-48　三维面

命令行选项说明如下。

【第一点】：定义三维面的起点。在输入第一点后，可按顺时针或逆时针方向输入其余的点，以创建普通三维面。如果四个顶点在同一个平面上，那么 AutoCAD 将创建一个类似于面域对象的平面。当着色或渲染对象时，该平面将被填充。

【不可见(I)】：控制三维面各边的可见性，以便建立有孔对象的正确模型。在边的第一点之前输入 i 或 invisible 可以使该边不可见。不可见属性必须在使用任何对象捕捉模式、XYZ 过滤器或输入边的坐标之前定义。可以创建所有边都不可见的三维面。这样的面是虚幻面，它不显示在线框图中，但在线框图形中会遮挡形体。

2. 绘制基本三维曲面

三维线框模型(Wire model)是三维形体的框架，是一种较直观和简单的三维表达方式。AutoCAD

2016 中的三维线框模型只是空间点之间相连直线、曲线信息的集合，没有面和体的定义，因此，它不能消隐、着色或渲染。但是它有简洁、好编辑的优点。

1) 三维线条

二维绘图中使用的直线(Line)和样条曲线(Spline)命令可直接用于绘制三维图形，操作方式与二维绘制相同，在此就不重复了，只是绘制三维线条时，输入点的坐标值时，要输入 X、Y、Z 的坐标值。

2) 三维多段线

三维多段线由多条空间线段首尾相连的多段线，其可以作为单一对象编辑，但其与二维多线段有区别，它只能为线段首位相连，不能设计线段的宽度。图 7-49 所示为三维多段线。

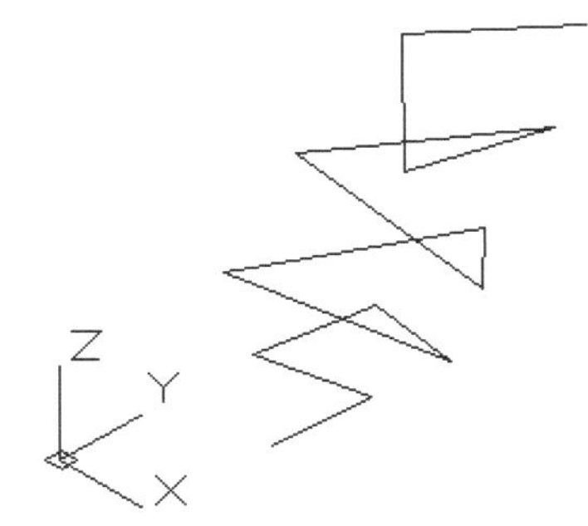

图 7-49 三维多段线

绘制三维多段线的方法如下。

(1) 在【常用】选项卡的【绘图】面板中单击【三维多段线】按钮。

(2) 在命令行中输入“3dpoly”命令后按 Enter 键。

(3) 在菜单栏中选择【绘图】|【三维多段线】命令。

命令行窗口提示如下：

```
命令: _3dpoly
指定多段线的起点:
指定直线的端点或 [放弃(U)]:
指定直线的端点或 [放弃(U)]:
指定直线的端点或 [闭合(C)/放弃(U)]:
```

从前一点到新指定的点绘制一条直线。命令提示不断重复，直到按 Enter 键结束命令为止。如果在命令行输入命令“U”，则结束绘制三维多段线，如果输入指定三点后，输入命令“C”，则多段线闭合。指定点可以用鼠标选择或者输入点的坐标。

三维多段线和二维多段线的比较如表 7-2 所示。

表 7-2 三维多段线和二维多段线比较表

项　目	三维多段线	二维多段线
相同点	•多段线是一个对象。 •可以分解。 •可以用 Pedit 命令进行编辑	
不同点	•Z 坐标值可以不同。 •不含弧线段，只有直线段。 •不能有宽度。 •不能有厚度。 •只有实线一种线型	•Z 坐标值均为 0。 •包括弧线段等多种线段。 •可以有宽度。 •可以有厚度。 •有多种线型

3. 绘制三维网格

使用三维网格命令可以生成矩形三维多边形网格，主要用于图解二维函数。绘制三维网格命令调用方法如下。

在命令行中输入“3dmesh”命令后按 Enter 键。

命令行窗口提示如下：

```
命令: 3DMESH
输入 M 方向上的网格数量:
输入 N 方向上的网格数量:
指定顶点 (0, 0) 的位置:
指定顶点 (0, 1) 的位置:
指定顶点 (1, 0) 的位置:
指定顶点 (1, 1) 的位置:
指定顶点 (2, 0) 的位置:
指定顶点 (2, 1) 的位置:
```

绘制成的三维网格如图 7-50 所示。

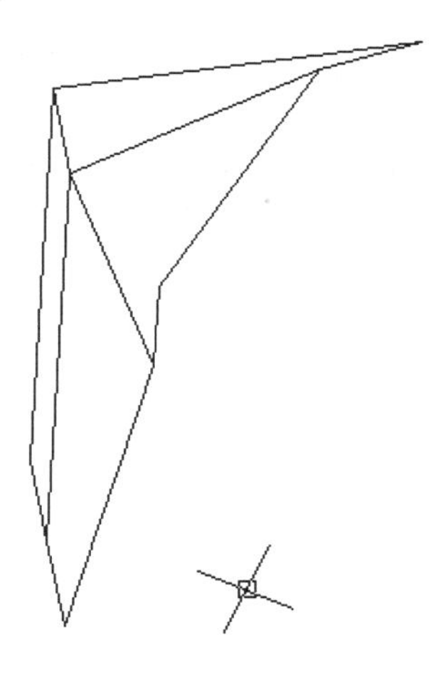

图 7-50　三维网格

4．绘制旋转曲面

旋转网格的命令是将对象绕指定轴旋转，生成旋转网格曲面。绘制旋转网格命令调用方法如下。

(1) 单击【网格】选项卡的【图元】面板中的【建模，网格，旋转曲面】按钮。

(2) 在命令行中输入“revsurf”命令后按 Enter 键。

(3) 在菜单栏中选择【绘图】|【建模】|【网格】|【旋转网格】命令。

命令行窗口提示如下：

```
命令: revsurf
当前线框密度: SURFTAB1=6  SURFTAB2=6
选择要旋转的对象:                       //选择一个对象
选择定义旋转轴的对象:                   //选择一个对象，通常为直线
指定起点角度 <0>:
指定包含角 (+=逆时针, -=顺时针) <360>:
```

绘制成的旋转网格如图 7-51 所示。

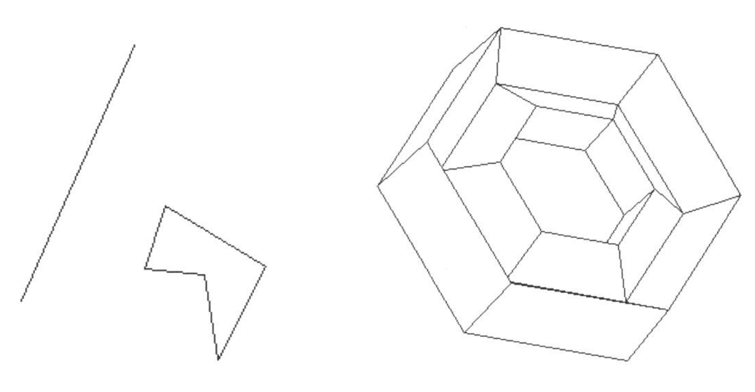

图 7-51 旋转网格

提示：在执行此命令前，应绘制好轮廓曲线和旋转轴。在命令行中输入 SURFTAB1 或 SURFTAB2 后，按下 Enter 键，可调整线框的密度值。

5. 绘制平移曲面

平移网格命令可绘制一个由路径曲线和方向矢量所决定的多边形网格。绘制平移网格命令调用方法如下。

(1) 单击【网格】选项卡的【图元】面板中的【平移曲面】按钮。

(2) 在命令行中输入“tabsurf”命令后按 Enter 键。

(3) 在菜单栏中选择【绘图】|【建模】|【网格】|【平移网格】命令。

命令行窗口提示如下：

```
命令: _tabsurf
当前线框密度: SURFTAB1=6
选择用作轮廓曲线的对象:
选择用作方向矢量的对象:
```

绘制成的平移曲面如图 7-52 所示。

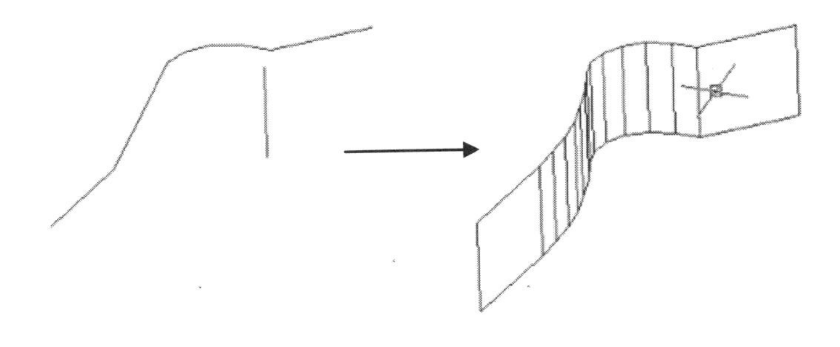

图 7-52 平移曲面

提示：在执行此命令前，应绘制好轮廓曲线和方向矢量。轮廓曲线可以是直线、圆弧、曲线等。

6．绘制直纹曲面

直纹网格命令用于在两个对象之间建立一个 2×N 的直纹网格曲面。绘制直纹网格命令调用方法如下。

(1) 单击【网格】选项卡的【图元】面板中的【直纹曲面】按钮。

(2) 在命令行中输入“rulesurf”命令后按 Enter 键。

(3) 在菜单栏中选择【绘图】|【建模】|【网格】|【直纹网格】命令。

命令行窗口提示如下：

```
命令: rulesurf
当前线框密度: SURFTAB1=6
选择第一条定义曲线:
选择第二条定义曲线:
```

绘制成的直纹网格如图 7-53 所示。

提示：要生成直纹网格，两对象只能封闭曲线对封闭曲线，开放曲线对开放曲线。

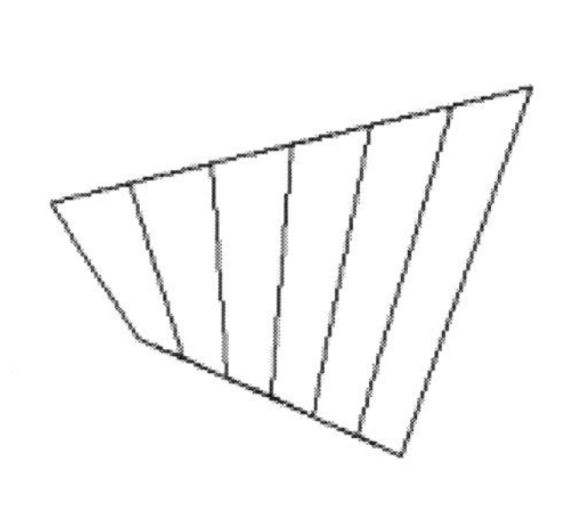

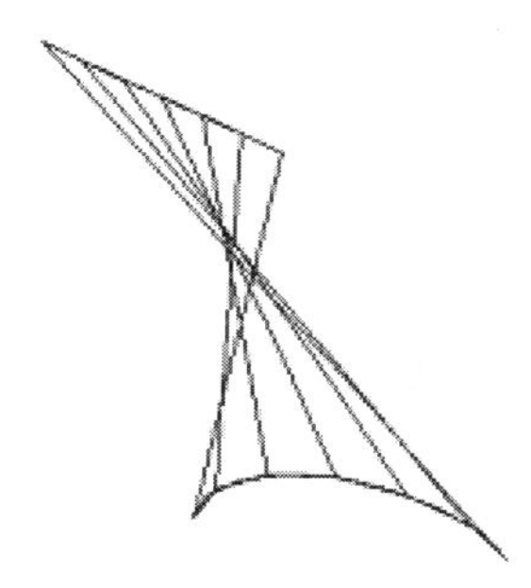

图 7-53　直纹网格

7．绘制边界曲面

边界网格命令是把四个称为边界的对象创建为孔斯曲面片网格。边界可以是圆弧、直线、多线段、样条曲线和椭圆弧，并且必须形成闭合环和公共端点。孔斯曲面片是插在四个边界间的双三次曲面(一条 M 方向上的曲线和一条 N 方向上的曲线)。绘制边界网格命令调用方法如下。

(1) 单击【网格】选项卡的【图元】面板中的【边界曲面】按钮。

(2) 在命令行中输入“edgesurf”命令后按 Enter 键。

(3) 在菜单栏中选择【绘图】|【建模】|【网格】|【边界网格】命令。

命令行窗口提示如下：

```
命令: edgesurf
当前线框密度: SURFTAB1=6  SURFTAB2=6
选择用作曲面边界的对象 1:
选择用作曲面边界的对象 2:
选择用作曲面边界的对象 3:
选择用作曲面边界的对象 4:
```

绘制成的边界网格如图 7-54 所示。

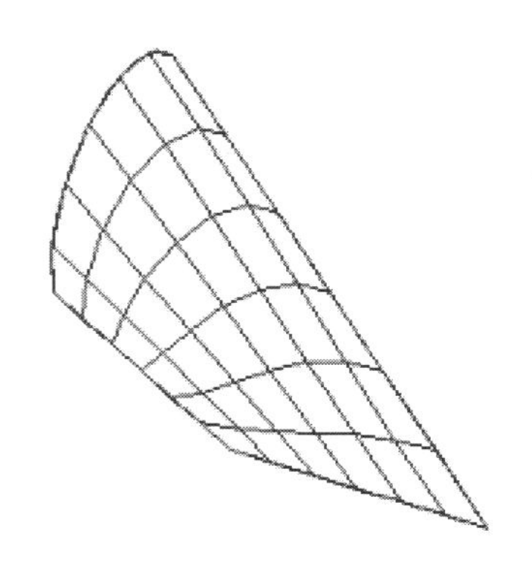

图 7-54　边界曲面

7.3.2　三维实体

行业知识链接：任何产品的形态，都可以看作是由三维几何形构成的组合体。三维实体是用来描述产品的形状、尺寸大小、位置与结构关系等几何信息的模型。所以，实体造型技术也称为 3D 几何造型技术。如图 7-55 所示是三维实体零件。

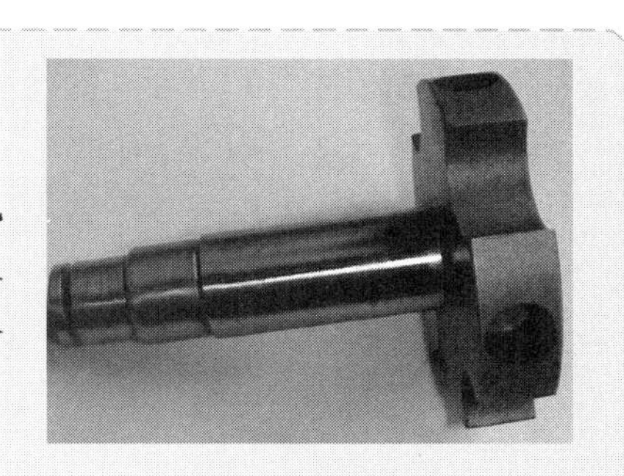

图 7-55　三维实体零件

在 AutoCAD 2016 中，提供了多种基本的实体模型，可直接建立实体模型，如长方体、球体、圆柱体、圆锥体、楔体、圆环等多种模型。

1．绘制长方体

【长方体】命令用来创建长方体。绘制长方体命令调用方法如下。

(1)　单击【常用】选项卡的【建模】面板中的【长方体】按钮。

(2)　在命令行中输入“box”命令后按 Enter 键。

(3)　在菜单栏中选择【绘图】|【建模】|【长方体】命令。

命令行窗口提示如下：

```
命令: box
指定长方体的角点或 [中心点(CE)] <0,0,0>:          //指定长方体的第一个角点
指定角点或 [立方体(C)/长度(L)]:                   //输入 C 则创建立方体
指定高度:
```

提示：长度(L)是指按照指定长、宽、高创建长方体。长度与 X 轴对应，宽度与 Y 轴对应，高度与 Z 轴对应。

绘制完成的长方体如图 7-56 所示。

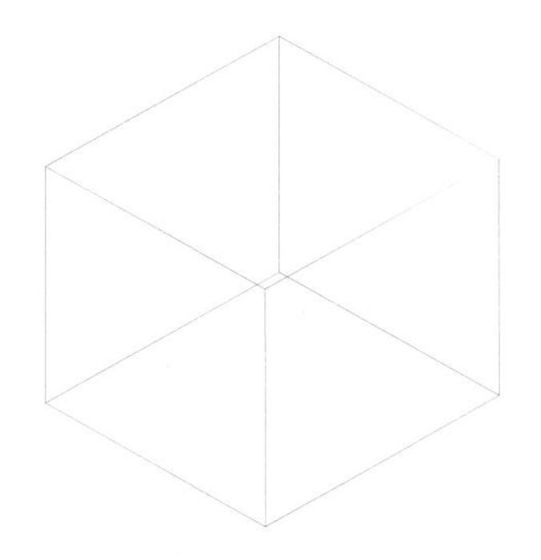

图 7-56 绘制好的长方体

2. 绘制球体

【球体】命令用来创建球体。绘制圆柱体命令调用方法如下。

(1) 单击【常用】选项卡的【建模】面板中的【球体】按钮。

(2) 在命令行中输入“sphere”命令后按 Enter 键。

(3) 在菜单栏中选择【绘图】|【建模】|【球体】命令。

命令行窗口提示如下：

```
命令: sphere
指定中心点或 [三点(3P)/两点(2P)/切点、切点、半径(T)]:
指定球体半径或 [直径(D)]:
```

绘制完成的球体如图 7-57 所示。

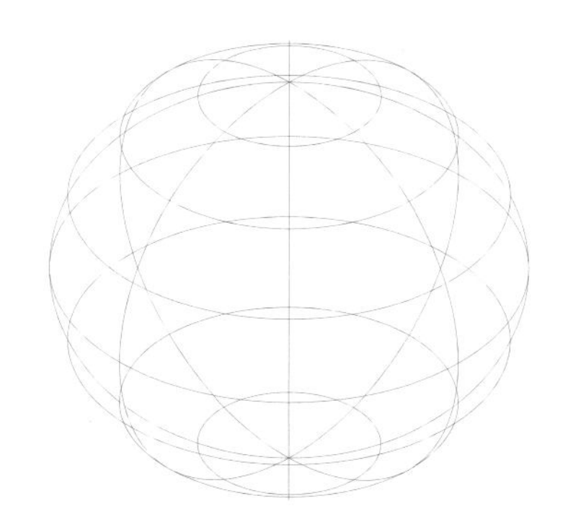

图 7-57 球体

3. 绘制圆柱体

圆柱底面既可以是圆，也可以是椭圆。绘制圆柱体命令的调用方法如下。

(1) 单击【常用】选项卡的【建模】面板中的【圆柱体】按钮。

(2) 在命令行中输入“cylinder”命令后按 Enter 键。

(3) 在菜单栏中选择【绘图】|【建模】|【圆柱体】命令。

首先来绘制圆柱体，命令行窗口提示如下：

```
命令：cylinder
指定底面的中心点或 [三点(3P)/两点(2P)/切点、切点、半径(T)/椭圆(E)]： //输入坐标或者指定点
指定底面半径或 [直径(D)]：
指定高度或 [两点(2P)/轴端点(A)]：
```

绘制完成的圆柱体如图 7-58 所示。

下面来绘制椭圆柱体，命令行窗口提示如下：

```
命令：cylinder
指定底面的中心点或 [三点(3P)/两点(2P)/切点、切点、半径(T)/椭圆(E)]：E(执行绘制椭圆柱体选项)
指定第一个轴的端点或 [中心(C)]：c(执行中心点选项)
指定中心点：
指定到第一个轴的距离：
指定第二个轴的端点：
指定高度或 [两点(2P)/轴端点(A)]：
```

绘制完成的椭圆柱体如图 7-59 所示。

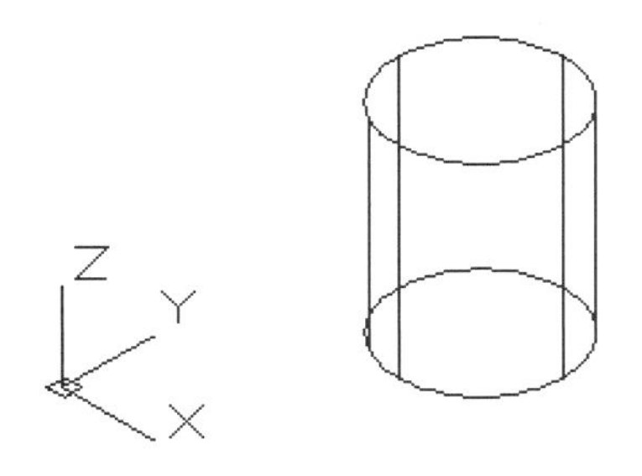

图 7-58　圆柱体

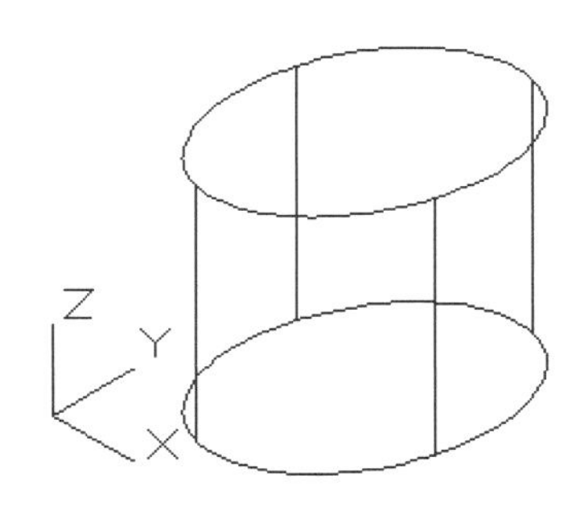

图 7-59　椭圆柱体

4．绘制圆锥体

【圆锥体】命令用来创建圆锥体或椭圆锥体。绘制圆锥体命令调用方法如下。

(1) 单击【常用】选项卡的【建模】面板中的【圆锥体】按钮。

(2) 在命令行中输入“cone”命令后按 Enter 键。

(3) 在菜单栏中选择【绘图】|【建模】|【圆锥体】命令。

命令行窗口提示如下：

```
命令：cone
指定底面的中心点或 [三点(3P)/两点(2P)/切点、切点、半径(T)/椭圆(E)]： //输入 E 可以绘制椭圆锥体
指定底面半径或 [直径(D)]：
指定高度或 [两点(2P)/轴端点(A)/顶面半径(T)]：
```

绘制完成的圆锥体如图 7-60 所示。

5．绘制楔体

【楔体】命令用来绘制楔体。绘制楔形体命令调用方法如下。

(1) 单击【常用】选项卡的【建模】面板中的【楔体】按钮。

(2) 在命令行中输入“wedge”命令后按 Enter 键。

(3) 在菜单栏中选择【绘图】|【建模】|【楔体】命令。
命令行窗口提示如下：

```
命令: wedge
指定第一个角点或 [中心(C)]::
指定其他角点或 [立方体(C)/长度(L)]:
指定高度或 [两点(2P)]:
```

绘制完成的楔体如图 7-61 所示。

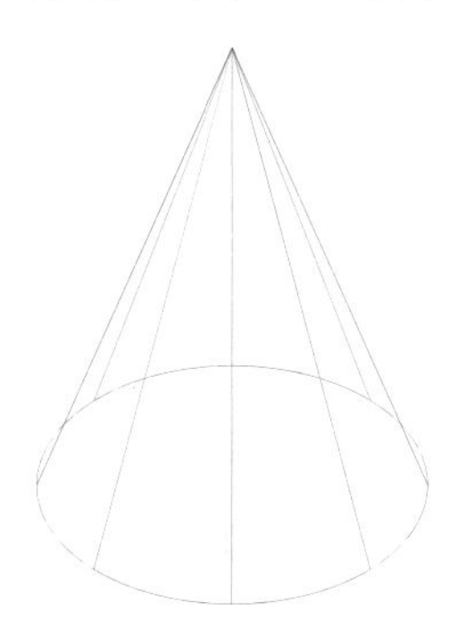

图 7-60 圆锥体

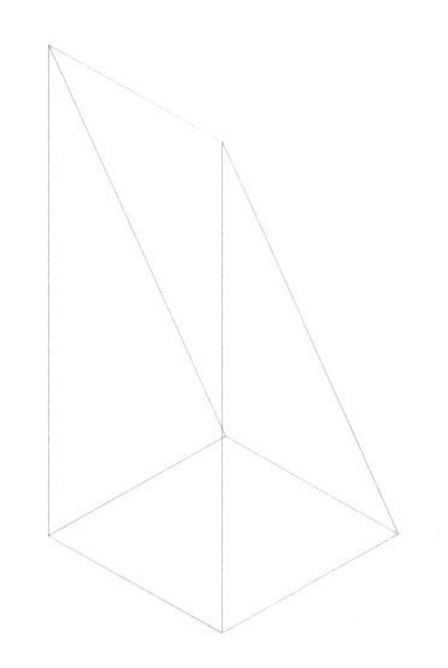

图 7-61 楔体

6. 绘制圆环体

【圆环体】命令用来绘制圆环。绘制圆环体命令调用方法如下。
(1) 单击【常用】选项卡的【建模】面板中的【圆环体】按钮。
(2) 在命令行中输入“torus”命令后按 Enter 键。
(3) 在菜单栏中选择【绘图】|【建模】|【圆环体】命令。
命令行窗口提示如下：

```
命令: torus
指定中心点或 [三点(3P)/两点(2P)/切点、切点、半径(T)]:
指定半径或 [直径(D)]:                    //指定圆环体中心到圆环圆管中心的距离
指定圆管半径或 [两点(2P)/直径(D)]:        //指定圆环体圆管的半径
```

绘制完成的圆环体如图 7-62 所示。

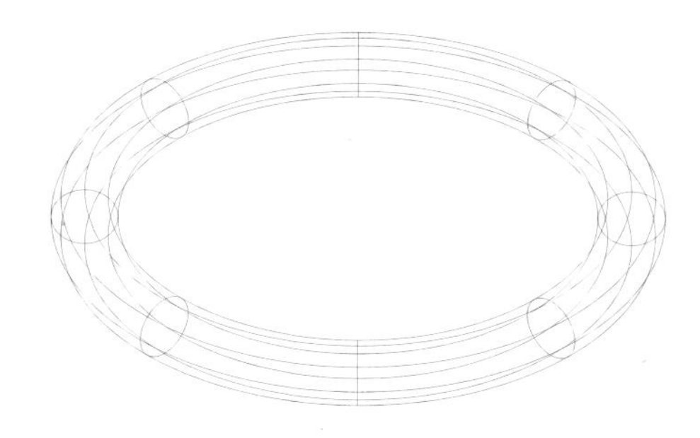

图 7-62 圆环体

7. 绘制拉伸实体

【拉伸】命令用来拉伸二维对象生成三维实体，二维对象可以是多边形、圆、椭圆、样条封闭曲线等。绘制拉伸体命令调用方法如下。

(1) 单击【常用】选项卡的【建模】面板中的【拉伸】按钮。

(2) 在命令行中输入“extrude”命令后按 Enter 键。

(3) 在菜单栏中选择【绘图】|【建模】|【拉伸】命令。

命令行窗口提示如下：

```
命令: _extrude
当前线框密度:  ISOLINES=8
选择要拉伸的对象:                                          //选择一个图形对象
选择要拉伸的对象:
指定拉伸的高度或 [方向(D)/路径(P)/倾斜角(T)]: P            //则沿路径进行拉伸
选择拉伸路径或 [倾斜角(T)]:                                //选择作为路径的对象
路径已移动到轮廓中心。
```

绘制完成的拉伸实体如图 7-63 所示。

图 7-63　拉伸实体

8. 绘制旋转实体

【旋转】命令是将闭合曲线绕一条旋转轴旋转生成回转三维实体。绘制旋转体命令调用方法如下。

(1) 单击【常用】选项卡的【建模】面板中的【旋转】按钮。

(2) 在命令行中输入“revolve”命令后按 Enter 键。

(3) 在菜单栏中选择【绘图】|【建模】|【旋转】命令。

命令行窗口提示如下：

```
命令: revolve
当前线框密度:  ISOLINES=10
选择要旋转的对象:                                                  // 选择旋转对象
选择要旋转的对象:
指定轴起点或根据以下选项之一定义轴 [对象(O)/X/Y/Z] <对象>:        // 选择轴起点
指定轴端点:                                                        // 选择轴端点
指定旋转角度或 [起点角度(ST)] <360>:
```

绘制完成的旋转实体如图 7-64 所示。

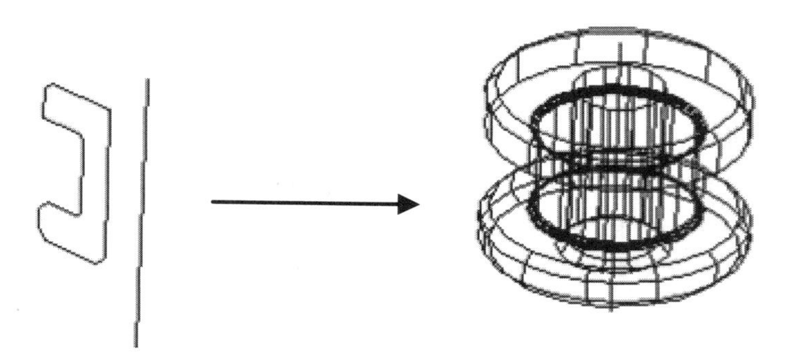

图 7-64　旋转实体

课后练习

案例文件：ywj\07\01. dwg、02. dwg

视频文件：光盘\视频课堂\第 7 教学日\7.3

练习案例分析及步骤如下。

本课后练习创建台虎钳模型，台虎钳又称虎钳，是用来夹持工件的通用夹具。装置在工作台上，用以夹稳加工工件，为钳工车间必备工具。转盘式的钳体可旋转，使工件旋转到合适的工作位置。如图 7-65 所示是完成的台虎钳模型的零件。

本课案例主要练习了 AutoCAD 的三维实体创建方法，创建过程中主要使用【拉伸】命令生成特征。绘制台虎钳模型的思路和步骤如图 7-66 所示。

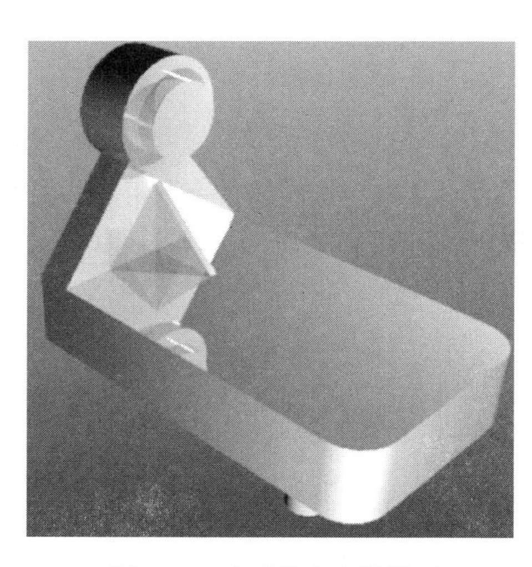

图 7-65　完成的台虎钳模型

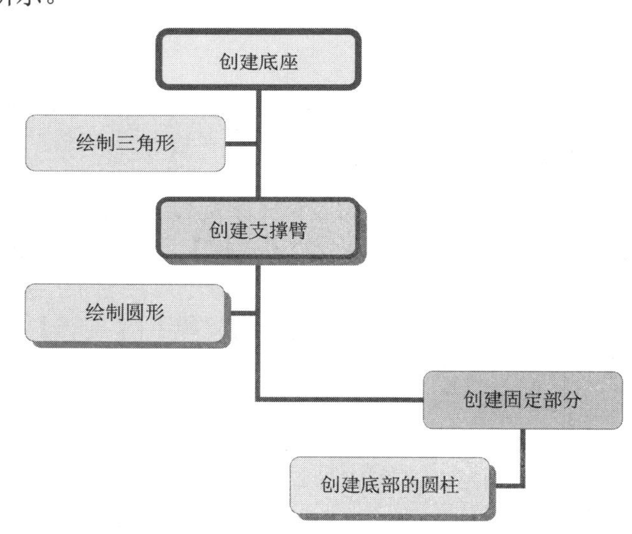

图 7-66　台虎钳模型步骤

练习案例操作步骤如下。

step 01 切换到“三维建模”工作空间中，首先创建底座。单击【常用】选项卡的【绘图】面板中的【矩形】按钮，绘制 10×6 的矩形，如图 7-67 所示。

step 02 单击【建模】工具栏中的【拉伸】按钮，拉伸矩形，指定拉伸高度为 2，完成底座的创建，如图 7-68 所示。

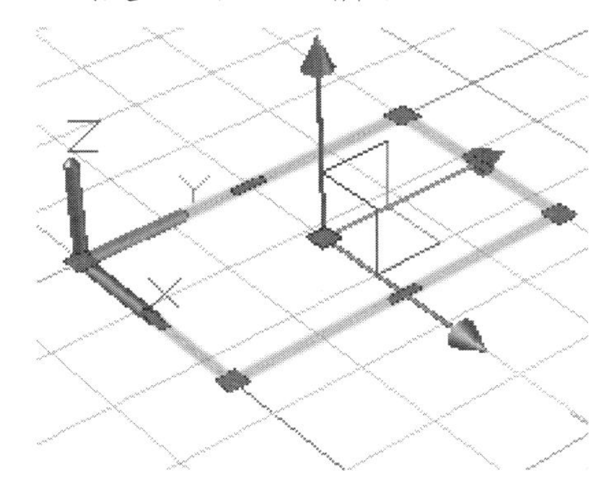

图 7-67　绘制矩形

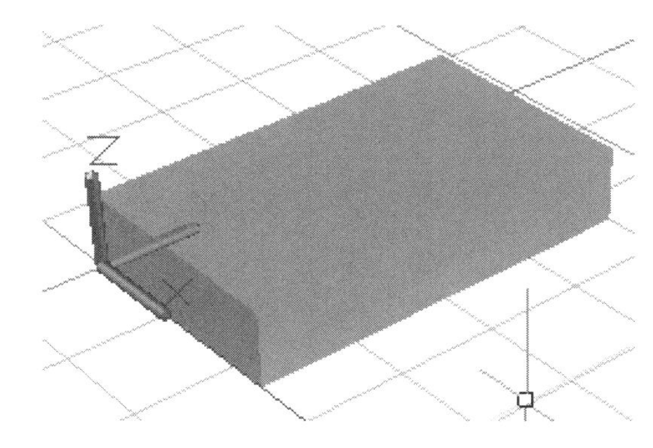

图 7-68　拉伸矩形

step 03 创建支撑臂。单击 UCS 工具栏中的 UCS 按钮，移动坐标系，如图 7-69 所示。

step 04 单击【常用】选项卡的【绘图】面板中的【直线】按钮，绘制三角形，高为 4，如图 7-70 所示。

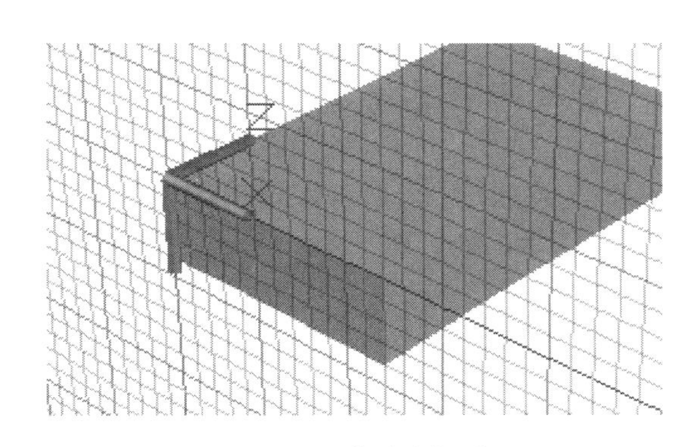

图 7-69　移动坐标系

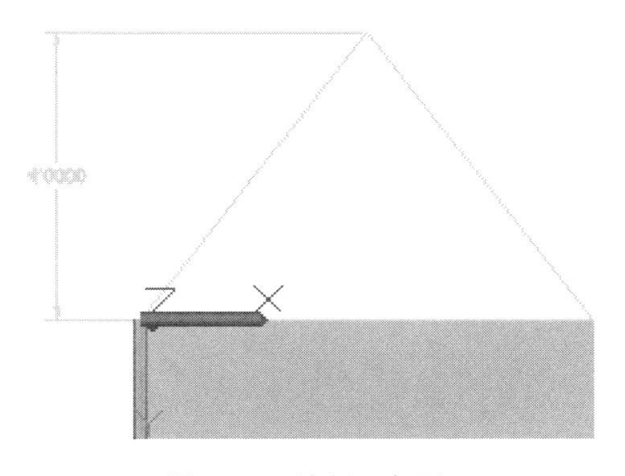

图 7-70　绘制三角形

step 05 单击【建模】工具栏中的【拉伸】按钮，拉伸三角形，指定拉伸高度为 1，如图 7-71 所示。

step 06 单击【常用】选项卡的【绘图】面板中的【圆】按钮，绘制同心圆，直径为 1、1.5，如图 7-72 所示。

step 07 单击【建模】工具栏中的【拉伸】按钮，拉伸同心圆，指定拉伸高度分别为 2 和 1.5，完成支撑臂的创建，如图 7-73 所示。

step 08 最后创建固定部分和细节。单击【常用】选项卡【修改】面板中的【圆角】按钮，创建半径 1 的圆角，如图 7-74 所示。

step 09 单击【常用】选项卡的【修改】面板中的【圆角】按钮，创建半径为 1 的对称圆角，如图 7-75 所示。

step 10 单击 UCS 工具栏中的 UCS 按钮，移动坐标系，如图 7-76 所示。

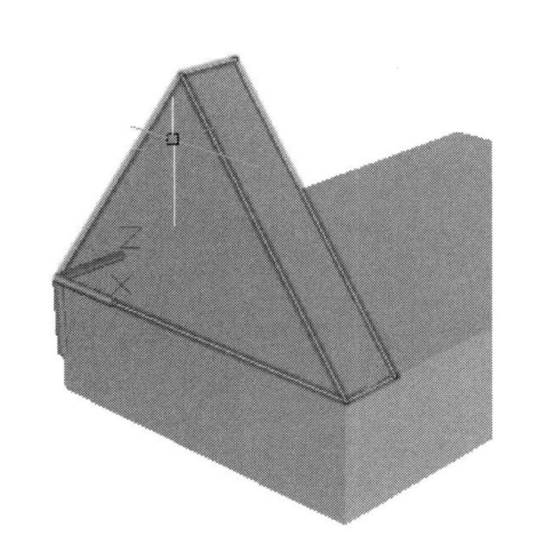

图 7-71　拉伸三角形

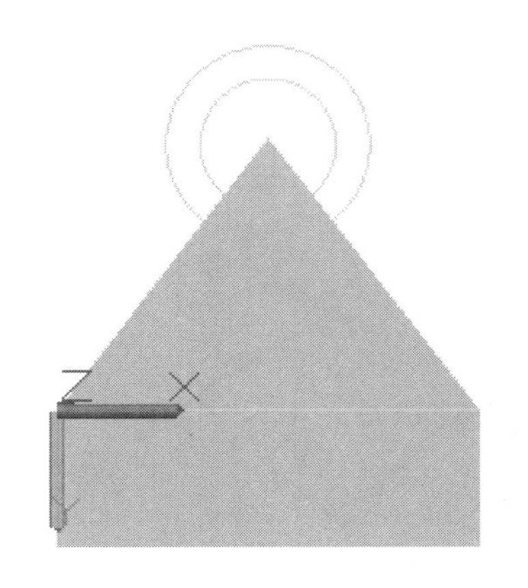

图 7-72　绘制同心圆

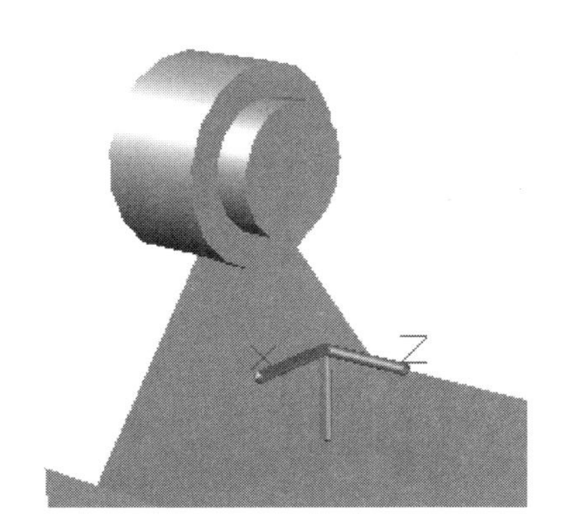

图 7-73　拉伸同心圆

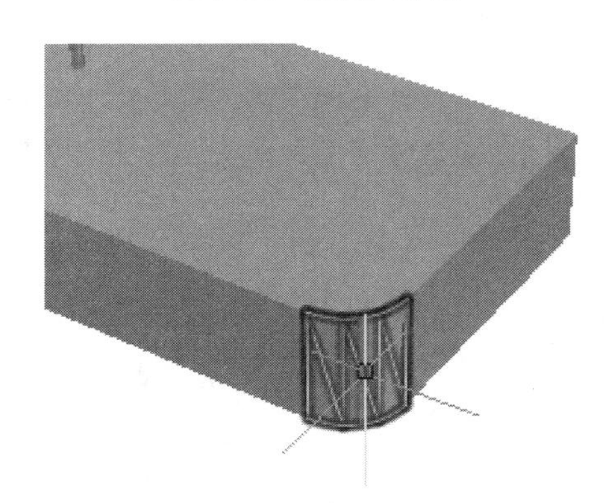

图 7-74　创建圆角

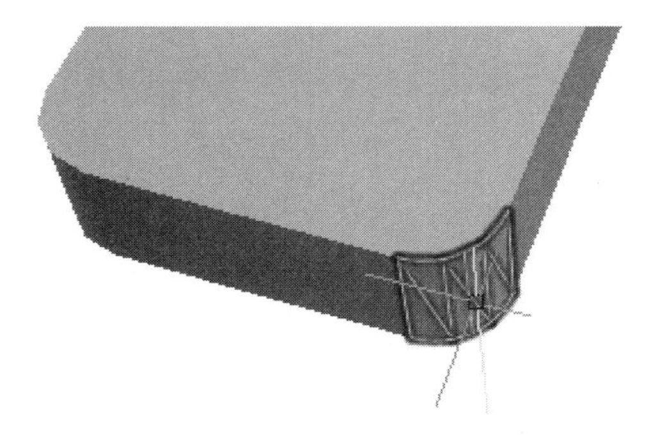

图 7-75　创建对称圆角

图 7-76　移动坐标系

step 11 单击【常用】选项卡的【绘图】面板中的【直线】按钮，绘制边长为 2 的等腰三角形，如图 7-77 所示。

step 12 单击【建模】工具栏中的【拉伸】按钮，拉伸三角形，指定拉伸高度为 0.2，如图 7-78 所示。

step 13 单击 UCS 工具栏中的 UCS 按钮，移动坐标系，如图 7-79 所示。

step 14 单击【绘图】面板中的【圆】按钮，绘制直径 0.5 的圆，如图 7-80 所示。

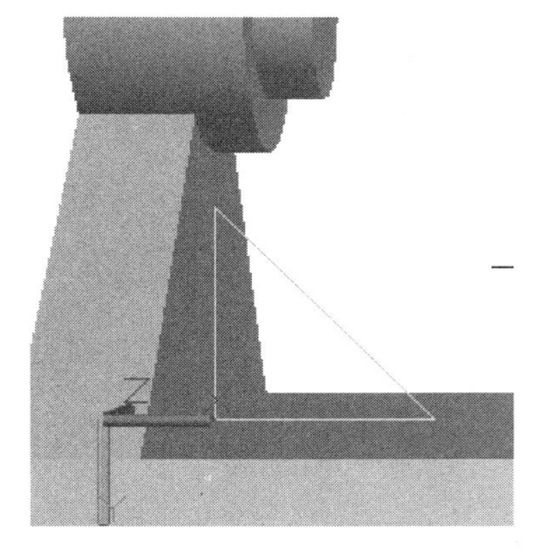

图 7-77　绘制等腰三角形

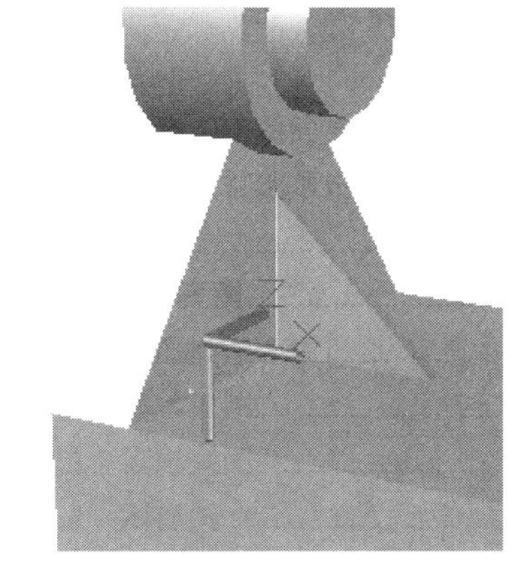

图 7-78　拉伸三角形

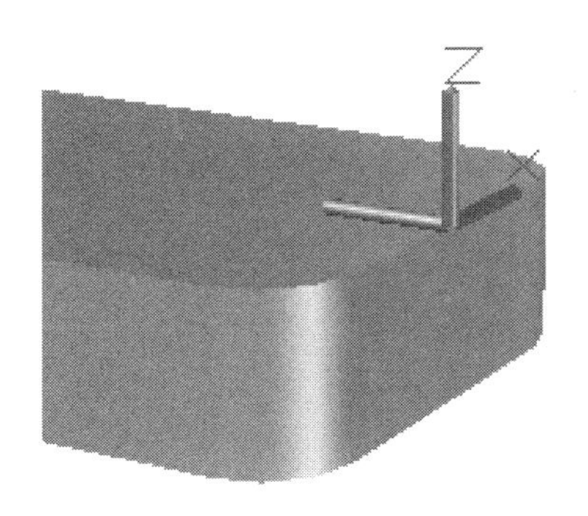

图 7-79　移动坐标系

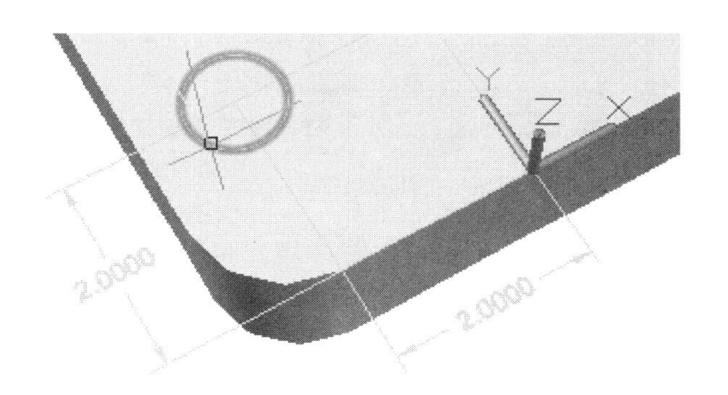

图 7-80　绘制圆形

step 15 单击【建模】工具栏中的【拉伸】按钮，拉伸圆形，指定拉伸高度为 3，如图 7-81 所示。

step 16 完成的台虎钳模型，如图 7-82 所示。

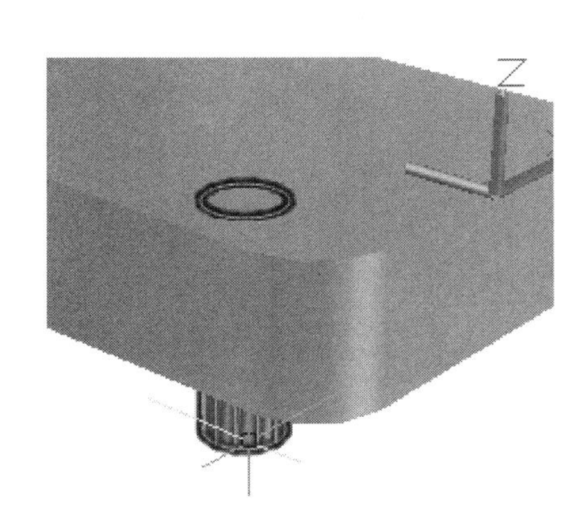

图 7-81　拉伸圆形

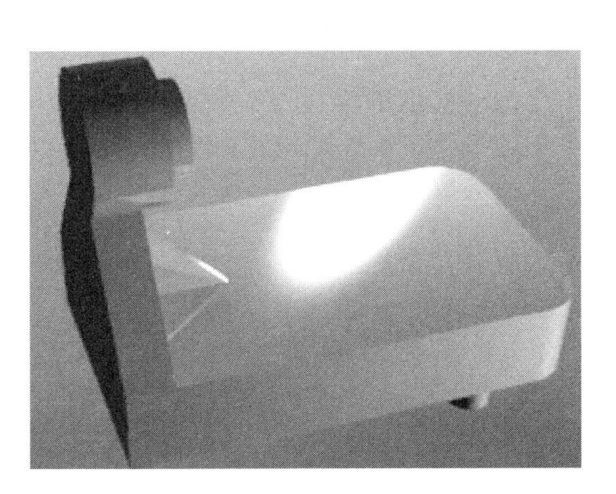

图 7-82　完成台虎钳模型

机械设计实践：机械设计中，要考虑零件的加工步骤，最先考虑的问题是使用何种加工手段，在绘制当中要注意加工设备的限制，如图 7-83 所示的零件是无法只使用车床进行加工的，在绘制细节特征的时候要考虑使用铣床，在成本控制方面要考虑到使用加工中心。

图 7-83　加工零件

第4课 2课时 编辑三维图形

与二维图形对象一样，用户也可以编辑三维图形对象，且二维图形对象编辑中的大多数命令都适用于三维图形。下面将介绍编辑三维图形对象的命令，包括三维阵列、三维镜像、三维旋转、截面、剖切实体、并集运算等。

7.4.1　三维编辑

行业知识链接：三维编辑特征可以快速创建模型特征，如图 7-84 所示的零件通过圆柱体可以创建的接头零件，运用好三维编辑命令在很多地方可以提高设计效率。

图 7-84　接头零件

1．剖切实体

AutoCAD 2016 提供了对三维实体进行剖切的功能，用户可以利用这个功能很方便地绘制实体的剖切面。【剖切】命令调用方法如下。

(1)　在菜单栏中选择【修改】|【三维操作】|【剖切】命令。

(2)　在命令行中输入“slice”命令后按 Enter 键。

命令行窗口提示如下：

```
命令: slice
选择要剖切的对象: 找到 1 个                //选择剖切对象
选择要剖切的对象:
指定 切面 的起点或 [平面对象(O)/曲面(S)/Z 轴(Z)/视图(V)/XY(XY)/YZ(YZ)/ZX(ZX)/三点(3)] <三点>:     //选择点 1
指定平面上的第二个点:                      //选择点 2
指定平面上的第三个点:                      //选择点 3
在所需的侧面上指定点或 [保留两个侧面(B)] <保留两个侧面>:       //输入 B 则两侧都保留
```

剖切后的实体如图 7-85 所示。

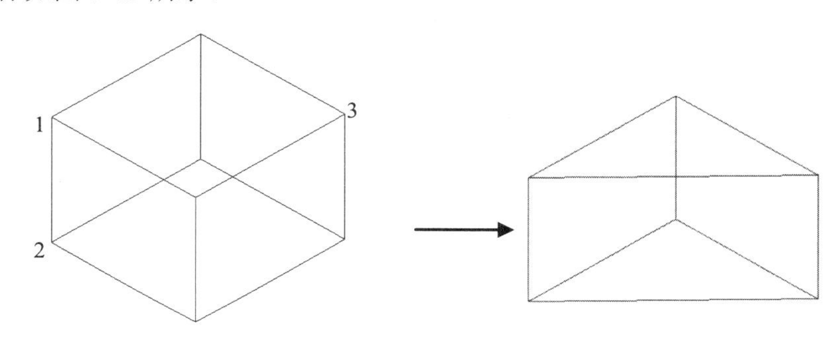

图 7-85　剖切实体

2. 三维阵列

【三维阵列】命令用于在三维空间创建对象的矩形和环形阵列，【三维阵列】命令调用方法如下。

(1) 在菜单栏中选择【修改】|【三维操作】|【三维阵列】命令。

(2) 在命令行中输入“3darray”命令后按 Enter 键。

命令行提示如下：

```
命令: 3DARRAY
正在初始化...  已加载 3DARRAY。
选择对象:                                //选择要阵列的对象
选择对象:
输入阵列类型 [矩形(R)/环形(P)] <矩形>:
```

这里有两种阵列方式：矩形和环形，下面来分别介绍。

1) 矩形阵列

在行(X 轴)、列(Y 轴)和层(Z 轴)矩阵中复制对象。一个阵列必须具有至少两个行、列或层。命令行窗口提示如下：

```
输入阵列类型 [矩形(R)/环形(P)] <矩形>:R
输入行数 (---) <1>:
输入列数 (|||) <1>:
输入层数 (...) <1>:
指定行间距 (---):
指定列间距 (|||):
指定层间距 (...):
```

输入正值将沿 X、Y、Z 轴的正向生成阵列。输入负值将沿 X、Y、Z 轴的负向生成阵列。

矩形阵列得到的图形如图 7-86 所示。

2) 环形阵列

环形阵列是指绕旋转轴复制对象。命令行窗口提示如下：

```
输入阵列类型 [矩形(R)/环形(P)] <矩形>:P
输入阵列中的项目数目:                    //输入要阵列的数目
指定要填充的角度 (+=逆时针, -=顺时针) <360>:
旋转阵列对象? [是(Y)/否(N)] <是>:
指定阵列的中心点:
指定旋转轴上的第二点:
```

环形阵列得到的图形如图 7-87 所示。

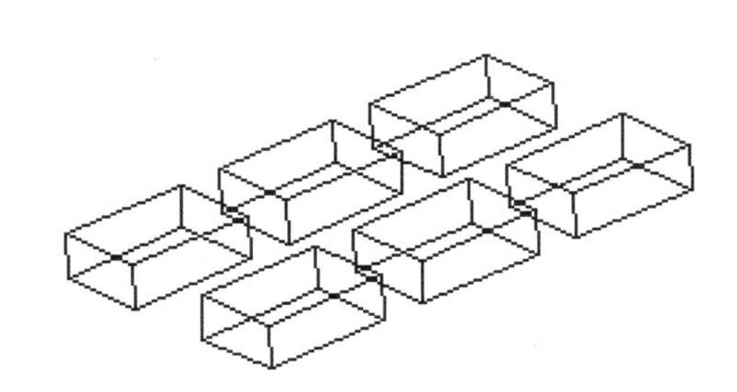

图 7-86 矩形阵列

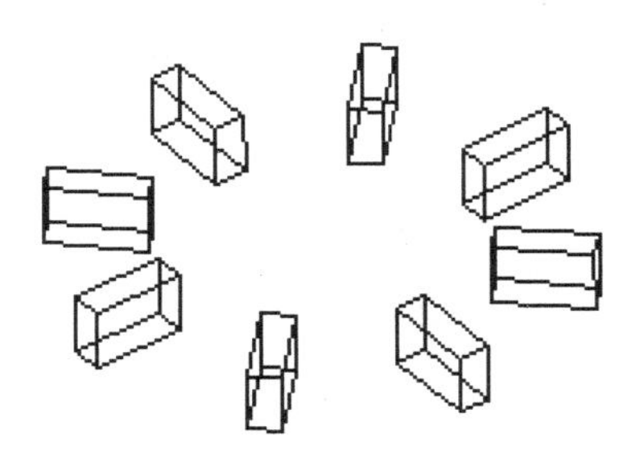

图 7-87 环形阵列

3. 三维镜像

【三维镜像】命令用来沿指定的镜像平面创建三维镜像。【三维镜像】命令调用方法如下。

(1) 在菜单栏中选择【修改】|【三维操作】|【三维镜像】命令。

(2) 在命令行中输入“mirror3d”命令后按 Enter 键。

命令行窗口提示如下：

```
命令: _mirror3d
选择对象:                    //选择要镜像的图形
选择对象:
指定镜像平面 (三点) 的第一个点或
 [对象(O)/最近的(L)/Z 轴(Z)/视图(V)/XY 平面(XY)/YZ 平面(YZ)/ZX 平面(ZX)/三点(3)] <三点>:
```

命令提示行中各选项的说明如下。

(1) 【对象(O)】：使用选定平面对象的平面作为镜像平面。

```
选择圆、圆弧或二维多段线线段:
是否删除源对象? [是(Y)/否(N)] <否>:
```

如果输入 y，AutoCAD 将把被镜像的对象放到图形中并删除原始对象。如果输入 n 或按 Enter 键，AutoCAD 将把被镜像的对象放到图形中并保留原始对象。

(2) 【最近的(L)】：相对于最后定义的镜像平面对选定的对象进行镜像处理。

```
是否删除源对象? [是(Y)/否(N)] <否>:
```

(3) 【Z 轴(Z)】：根据平面上的一个点和平面法线上的一个点定义镜像平面。

```
在镜像平面上指定点:
在镜像平面的 Z 轴 (法向) 上指定点:
是否删除源对象? [是(Y)/否(N)] <否>:
```

如果输入“y”，AutoCAD 将把被镜像的对象放到图形中并删除原始对象。如果输入 n 或按 Enter 键，AutoCAD 将把被镜像的对象放到图形中并保留原始对象。

(4) 【视图(V)】：将镜像平面与当前视窗中通过指定点的视图平面对齐。

```
在视图平面上指定点 <0,0,0>:                //指定点或按 Enter 键
是否删除源对象? [是(Y)/否(N)] <否>:      //输入 y 或 n 或按 Enter 键
```

如果输入 y，AutoCAD 将把被镜像的对象放到图形中并删除原始对象。如果输入 n 或按 Enter 键，AutoCAD 将把被镜像的对象放到图形中并保留原始对象。

(5) 【XY 平面(XY)】、【YZ 平面(YZ)】、【ZX 平面(ZX)】：将镜像平面与一个通过指定点的标准平面(XY、YZ 或 ZX)对齐。

```
指定 (XY,YZ,ZX) 平面上的点 <0,0,0>:
```

(6) 【三点(3)】：通过三个点定义镜像平面。如果通过指定一点指定此选项，则 AutoCAD 将不再显示“在镜像平面上指定第一点”提示。

```
在镜像平面上指定第一点:
在镜像平面上指定第二点:
在镜像平面上指定第三点:
是否删除源对象? [是(Y)/否(N)] <N>:
```

三维镜像得到的图形如图 7-88 所示。

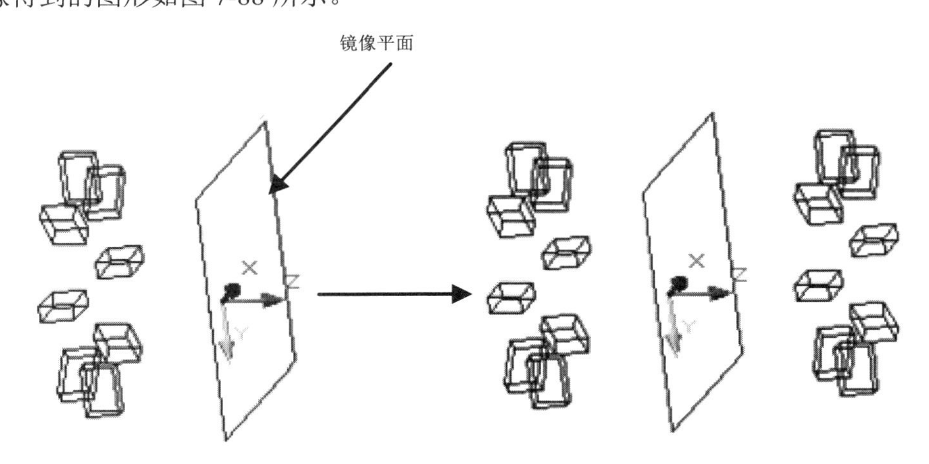

图 7-88　三维镜像

4. 三维旋转

【三维旋转】命令用来在三维空间内旋转三维对象。【三维旋转】命令调用方法如下。

(1) 在菜单栏中选择【修改】|【三维操作】|【三维旋转】命令。

(2) 在命令行中输入“3drotate”命令后按 Enter 键。

命令行窗口提示如下:

```
命令: 3drotate
UCS 当前的正角方向:  ANGDIR=逆时针  ANGBASE=0
选择对象:                          //选择要旋转的对象
选择对象:
指定轴上的第一个点或定义轴依据
[对象(O)/最近的(L)/视图(V)/X 轴(X)/Y 轴(Y)/Z 轴(Z)/两点(2)]:
```

下面对命令提示行中各选项进行说明。

(1) 【对象(O)】：将旋转轴与现有对象对齐。

命令行窗口提示如下：

```
选择直线、圆、圆弧或二维多段线线段:
```

(2) 【最近的(L)】：使用最近的旋转轴。

```
指定旋转角度或 [参照(R)]:
```

(3) 【视图(V)】：将旋转轴与通过选定点的当前视图的观察方向对齐。命令行窗口提示如下：

```
指定视图方向轴上的点 <0,0,0>:
指定旋转角度或 [参照(R)]:
```

(4) 【X 轴(X)】、【Y 轴(Y)】、【Z 轴(Z)】：将旋转轴与通过选定点的轴(X、Y 或 Z)对齐。命令行窗口提示如下：

```
指定 X/Y/Z 轴上的点 <0,0,0>:
指定旋转角度或 [参照(R)]:
```

(5) 【两点(2)】：使用两个点定义旋转轴。在 ROTATE3D 的主提示下按 Enter 键将显示以下提示。如果在主提示下指定点将跳过指定第一个点的提示。命令行窗口提示如下：

```
指定轴上的第一点:
指定轴上的第二点:
指定旋转角度或 [参照(R)]:
```

下面通过介绍沿 X 轴将一个三维实体旋转 60°，展示旋转命令。

打开一个三维实体的图形。在菜单栏中选择【修改】|【三维操作】|【三维旋转】命令，命令行窗口提示如下：

```
命令: _rotate3d
当前正向角度:  ANGDIR=逆时针 ANGBASE=0
选择对象: 找到 1 个                 //选择该实体
选择对象:
指定轴上的第一个点或定义轴依据
[对象(O)/最近的(L)/视图(V)/X 轴(X)/Y 轴(Y)/Z 轴(Z)/两点(2)]: X
指定 X 轴上的点 <0,0,0>:            //指定一点
指定旋转角度或 [参照(R)]: 60
```

三维实体和旋转后的效果如图 7-89 所示。

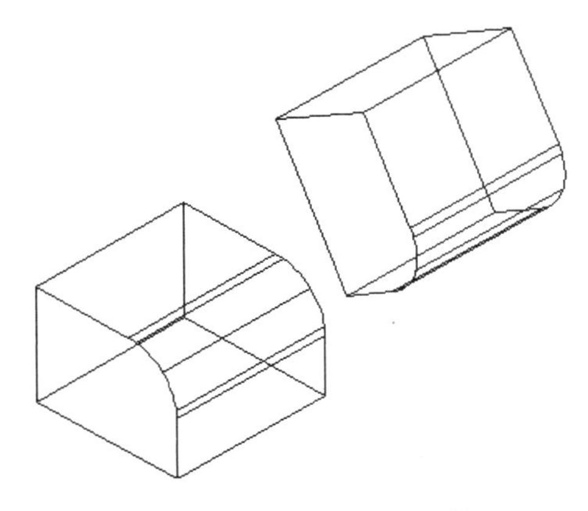

图 7-89 三维实体和旋转后的效果

7.4.2 布尔运算

行业知识链接：布尔运算是零件特征之间的几何加减操作，如图 7-90 的各种孔可以完全依靠特征的布尔运算得到，这在创建复杂模型特征时非常有用。

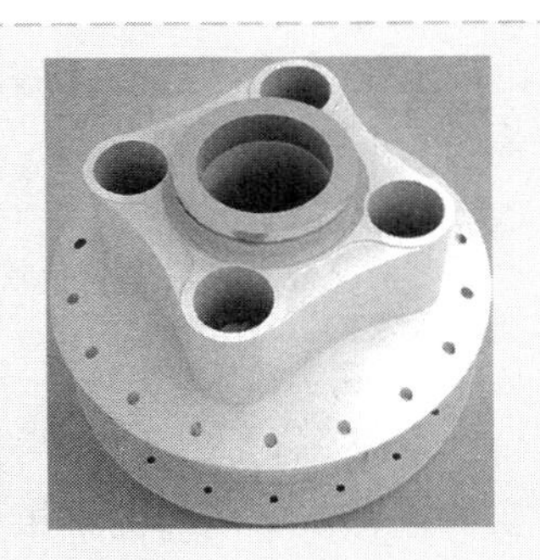

图 7-90 布尔运算特征

1．并集运算

并集运算是将两个以上三维实体合为一体。【并集】命令调用方法如下。

(1) 单击【常用】选项卡的【实体编辑】面板中的【并集】按钮。

(2) 在命令行中输入“union”命令后按 Enter 键。

(3) 在菜单栏中选择【修改】|【实体编辑】|【并集】命令。

命令行窗口提示如下：

```
命令: UNION
选择对象:                    //选择第一个实体
选择对象:                    //选择第二个实体
选择对象:
```

实体并集运算后的结果如图 7-91 所示。

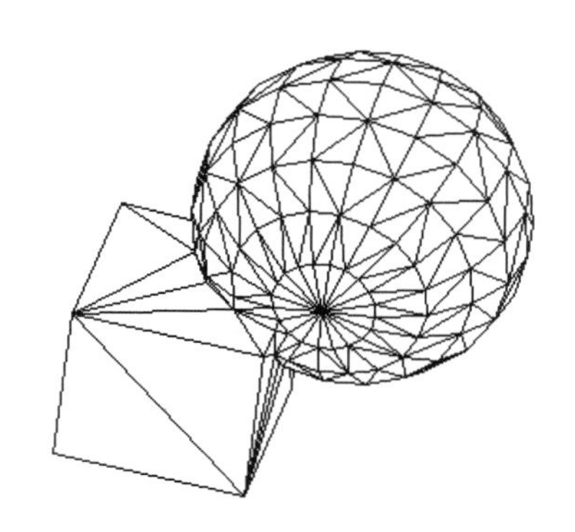

图 7-91　并集后的物体

2. 差集运算

差集运算是从一个三维实体中去除与其他实体的公共部分。【差集】命令调用方法如下。

(1) 单击【常用】选项卡的【实体编辑】面板中的【差集】按钮。

(2) 在命令行中输入“subtract”命令后按 Enter 键。

(3) 在菜单栏中选择【修改】|【实体编辑】|【差集】命令。

命令行窗口提示如下：

```
命令: _subtract
选择要从中减去的实体或面域...
选择对象:                    //选择被减去的实体
选择要减去的实体或面域 ..
选择对象:                    //选择减去的实体
```

实体进行差集运算的结果如图 7-92 所示。

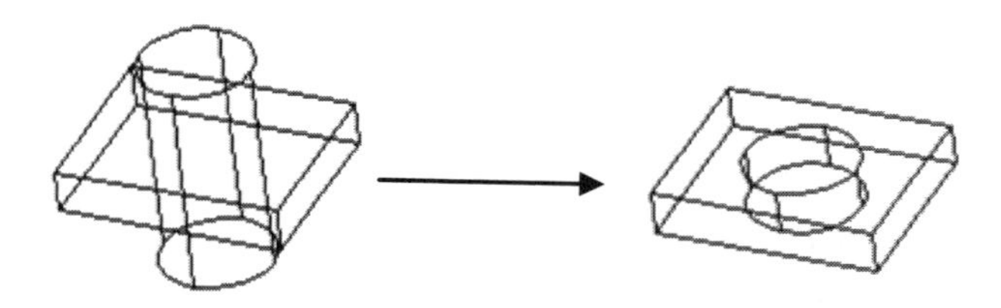

图 7-92　差集运算

3. 交集运算

交集运算是将几个实体相交的公共部分保留。【交集】命令调用方法如下。

(1) 单击【常用】选项卡的【实体编辑】面板中的【交集】按钮。

(2) 在命令行中输入“intersect”命令后按 Enter 键。

(3) 在菜单栏中选择【修改】|【实体编辑】|【交集】命令。

命令行窗口提示如下：

```
命令: _intersect
选择对象:            //选择第一个实体
选择对象:            //选择第二个实体
```

实体进行交集运算的结果如图 7-93 所示。

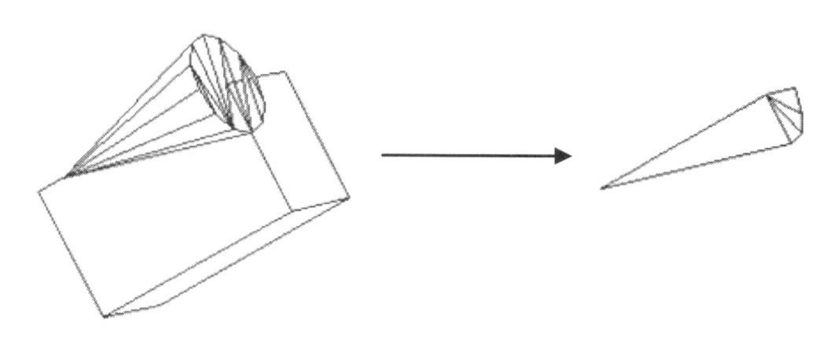

图 7-93　进行交集运算

课后练习

案例文件：ywj\07\02. dwg、03. dwg

视频文件：光盘\视频课堂\第 7 教学日\7.4

练习案例分析及步骤如下。

本课后练习编辑台虎钳模型，台虎钳为钳工必备工具，也是钳工的名称来源原因，因为钳工的大部分工作都是在台虎钳上完成的，比如锯、锉、錾以及零件的装配和拆卸。安装在钳工台上，以钳口的宽度为标定规格。如图 7-94 所示是完成编辑的台虎钳模型的零件。

本课案例主要练习 AutoCAD 的三维模型编辑方法，操作过程中使用到布尔运算的各种命令和阵列操作。编辑台虎钳零件的思路和步骤如图 7-95 所示。

图 7-94　完成编辑的台虎钳零件

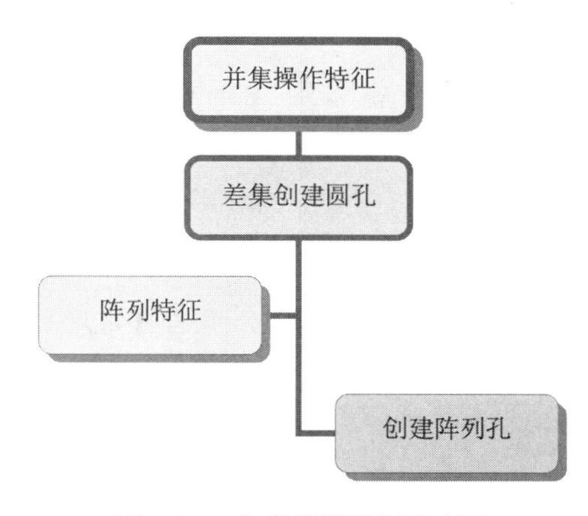

图 7-95　台虎钳模型创建步骤

练习案例操作步骤如下。

step 01 切换为“三维建模”工作空间，首先创建并集特征。在菜单栏中选择【文件】|【打开】命令，选择打开文件“02”，如图 7-96 所示。

step 02 单击【常用】选项卡的【实体编辑】面板中的【并集】按钮，选择底座和三角筋进行并集操作，如图 7-97 所示。

step 03 单击【常用】选项卡的【实体编辑】面板中的【并集】按钮，选择底座和三角支撑板进行并集操作，如图 7-98 所示。

step 04 单击【常用】选项卡的【实体编辑】面板中的【并集】按钮，选择底座和大圆柱进行并集操作，如图 7-99 所示。

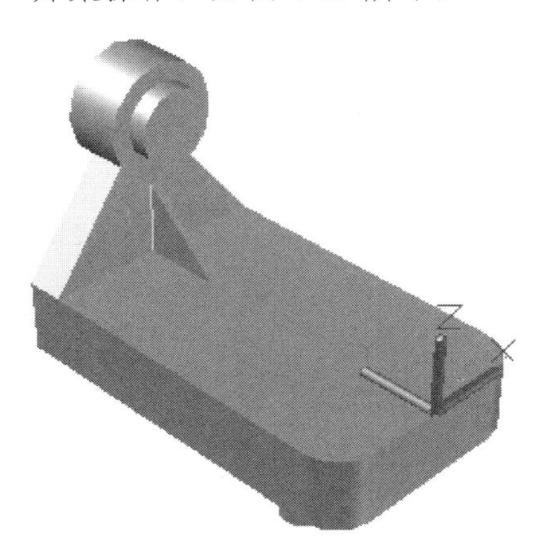

图 7-96　打开模型

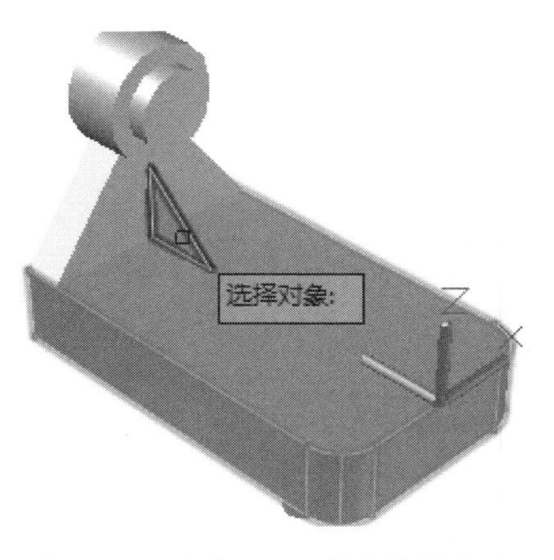

图 7-97　底座和三角筋并集操作

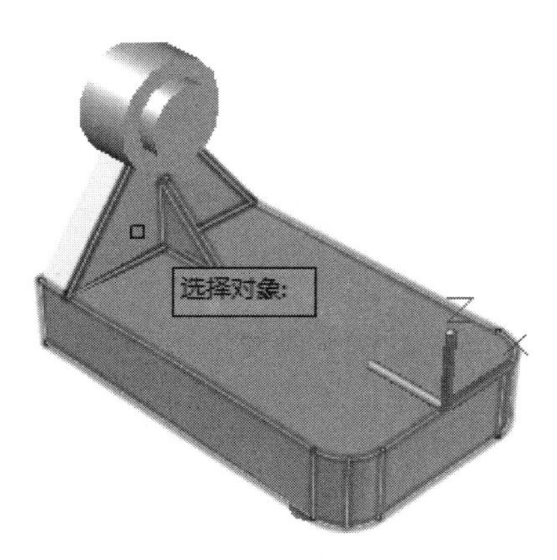

图 7-98　底座和三角支撑板并集操作

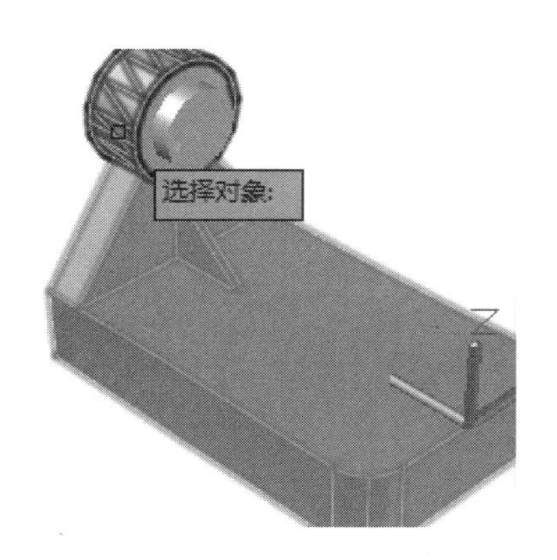

图 7-99　底座和大圆柱并集操作

step 05 创建差集特征。单击【常用】选项卡的【实体编辑】面板中的【差集】按钮，选择底座和小圆柱进行差集操作，如图 7-100 所示。

step 06 完成的减去特征模型，如图 7-101 所示。

step 07 最后创建阵列特征。单击【常用】选项卡的【修改】面板中的【矩形阵列】按钮，选择圆柱进行阵列，如图 7-102 所示。

step 08 依次在命令行输入命令，完成线性阵列，如图 7-103 所示。

```
命令: _3darray
选择对象: 找到 1 个
选择对象: 找到 1 个，总计 2 个
选择对象:
输入阵列类型 [矩形(R)/环形(P)] <矩形>:R
输入行数 (---) <1>: 3
输入列数 (|||) <1>: 1
输入层数 (...) <1>: 1
指定行间距 (---): 1.5
```

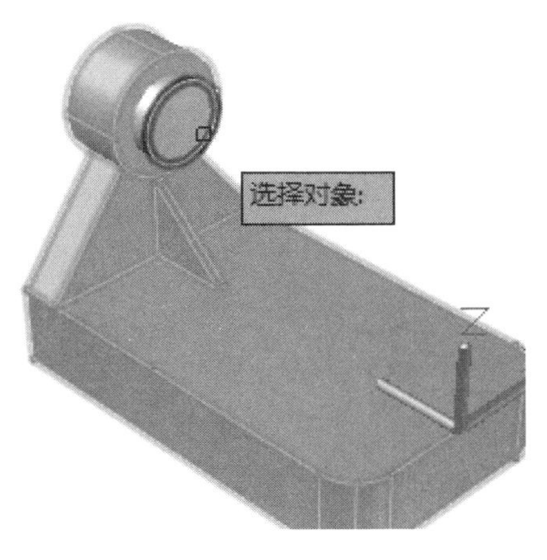

图 7-100　底座和小圆柱差集操作

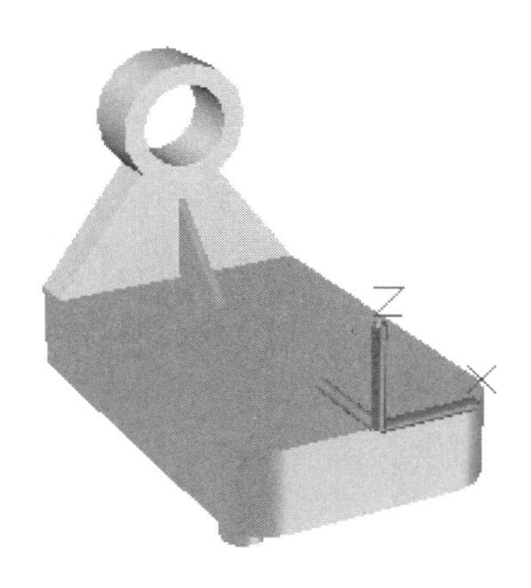

图 7-101　完成减去特征的模型

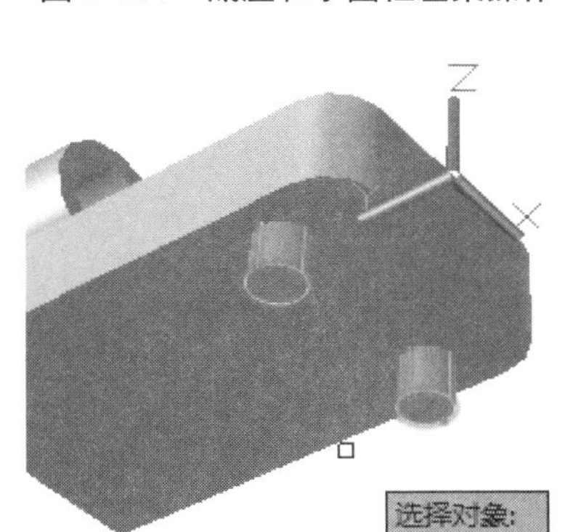

图 7-102　选择圆柱

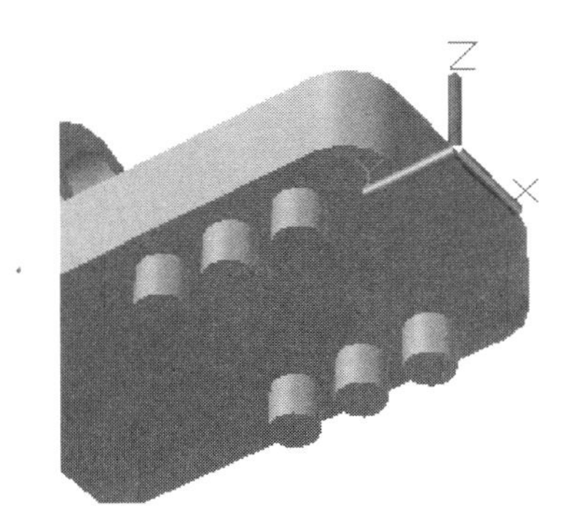

图 7-103　阵列特征

step 09 单击【常用】选项卡的【实体编辑】面板中的【差集】按钮，选择底座和阵列进行差集操作，如图 7-104 所示。

step 10 完成的台虎钳零件模型，如图 7-105 所示。

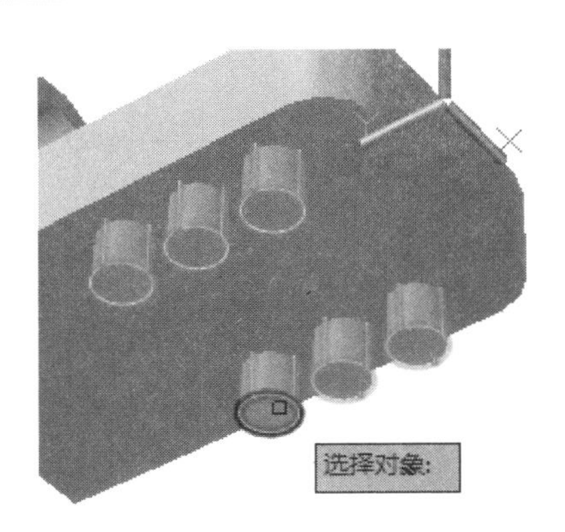

图 7-104　底座和阵列差集操作

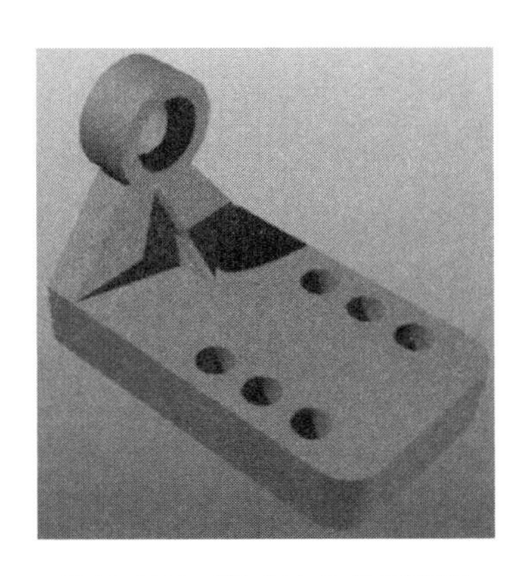

图 7-105　完成的台虎钳零件

机械设计实践：布尔运算是进行模型特征操作的有力补充，图 7-106 所示揭示了布尔运算的原理，从左到右依次为并集、差集和交集的运算结果。

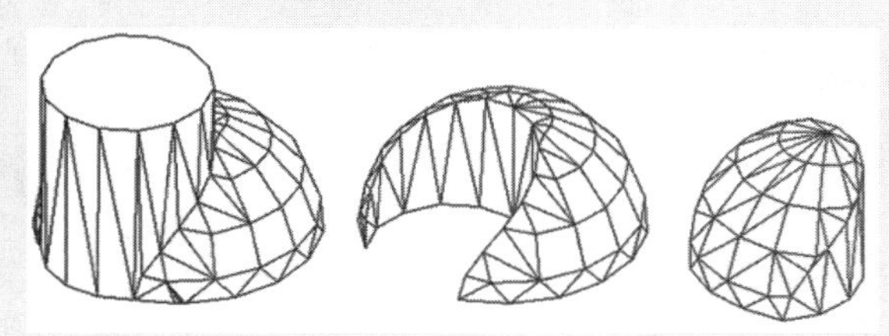

图 7-106　布尔运算

第 5 课　2 课时　三维实体编辑与渲染

本课将介绍三维实体对象的编辑操作，通过对其进行编辑，可以获取一个新的三维实体对象，再经过渲染，然后将三维实体对象输出为图像文件。

7.5.1　实体编辑

行业知识链接：实体编辑是对三维几何体进行特征操作，使其外形发生变化。如图 7-107 所示是一个实体模型，通过实体编辑操作创建凹槽特征。

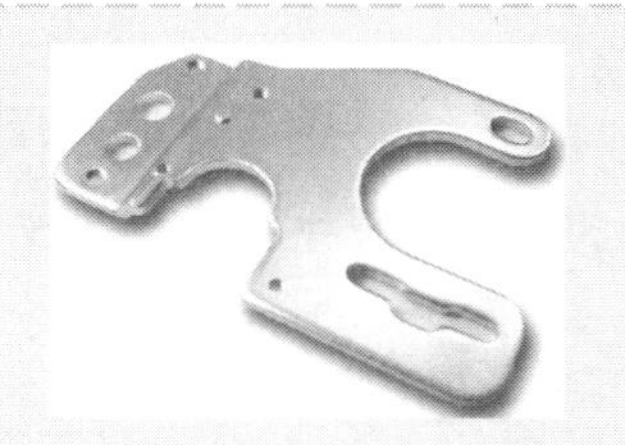

图 7-107　实体模型

1．拉伸面

拉伸面主要用于对实体的某个面进行拉伸处理，从而形成新的实体。在菜单栏中选择【修改】|【实体编辑】|【拉伸面】命令，或者单击【常用】选项卡的【实体编辑】面板中的【拉伸面】按钮，即可进行拉伸面操作，命令行窗口提示如下：

```
命令: _solidedit
实体编辑自动检查: SOLIDCHECK=1
输入实体编辑选项 [面(F)/边(E)/体(B)/放弃(U)/退出(X)] <退出>: _face
输入面编辑选项
[拉伸(E)/移动(M)/旋转(R)/偏移(O)/倾斜(T)/删除(D)/复制(C)/颜色(L)/材质(A)/放弃(U)/退出(X)]
<退出>: _extrude
```

```
选择面或 [放弃(U)/删除(R)]:                    //选择实体上的面
选择面或 [放弃(U)/删除(R)/全部(ALL)]:
指定拉伸高度或 [路径(P)]:                      //输入 P 则选择拉伸路径
指定拉伸的倾斜角度 <0>:
已开始实体校验。
```

实体经过拉伸面操作后的结果如图 7-108 所示。

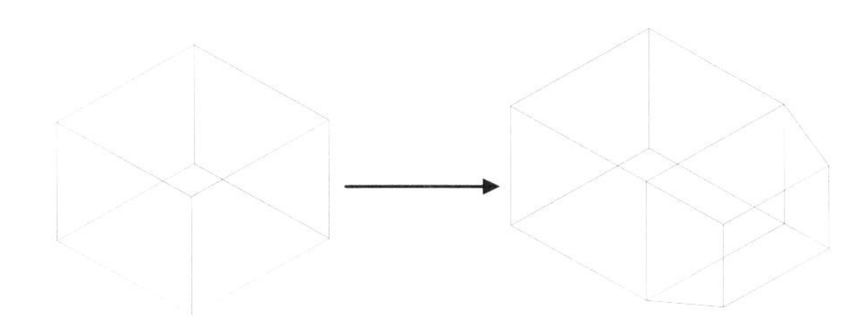

图 7-108　拉伸面操作

2. 移动面

移动面主要用于对实体的某个面进行移动处理，从而形成新的实体。在菜单栏中选择【修改】|【实体编辑】|【移动面】命令，或者单击【常用】选项卡的【实体编辑】面板中的【移动面】按钮 ，即可进行移动面操作，命令行窗口提示如下：

```
命令: _solidedit
实体编辑自动检查:  SOLIDCHECK=1
输入实体编辑选项 [面(F)/边(E)/体(B)/放弃(U)/退出(X)] <退出>: _face
输入面编辑选项
[拉伸(E)/移动(M)/旋转(R)/偏移(O)/倾斜(T)/删除(D)/复制(C)/着色(L)/放弃(U)/退出(X)]
<退出>: _move
选择面或 [放弃(U)/删除(R)]:                    //选择实体上的面
选择面或 [放弃(U)/删除(R)/全部(ALL)]:
指定基点或位移:                //指定一点
指定位移的第二点:              //指定第二点
已开始实体校验。
```

实体经过移动面操作后的结果如图 7-109 所示。

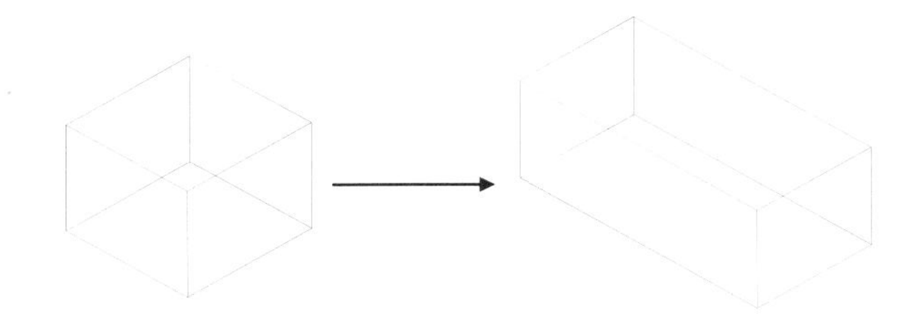

图 7-109　移动面操作

3. 偏移面

偏移面按指定的距离或通过指定的点，将面均匀地偏移。正值会增大实体的大小或体积。负值会

减小实体的大小或体积，在菜单栏中选择【修改】|【实体编辑】|【偏移面】命令，或者单击【常用】选项卡的【实体编辑】面板中的【偏移面】按钮，即可进行偏移面操作，命令行窗口提示如下：

```
命令：_solidedit
实体编辑自动检查： SOLIDCHECK=1
输入实体编辑选项 [面(F)/边(E)/体(B)/放弃(U)/退出(X)] <退出>：_face
输入面编辑选项
[拉伸(E)/移动(M)/旋转(R)/偏移(O)/倾斜(T)/删除(D)/复制(C)/颜色(L)/材质(A)/放弃(U)/退出(X)]
<退出>：
_offset
选择面或 [放弃(U)/删除(R)]：找到一个面。                    //选择实体上的面
指定偏移距离：100                                          //指定偏移距离
已开始实体校验。
已完成实体校验。
输入面编辑选项
[拉伸(E)/移动(M)/旋转(R)/偏移(O)/倾斜(T)/删除(D)/复制(C)/颜色(L)/材质(A)/放弃(U)/退出(X)]
<退出>：O                                                   //输入编辑选项
```

实体经过移动面操作后的结果如图 7-110 所示。

提示：指定偏移距离，设置正值增加实体大小，或设置负值减小实体大小。

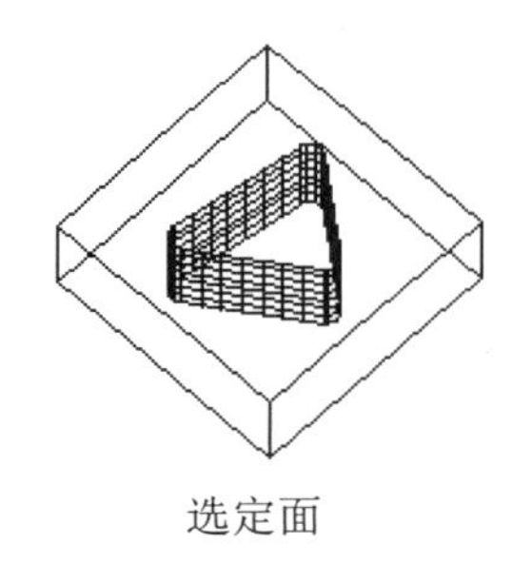

选定面

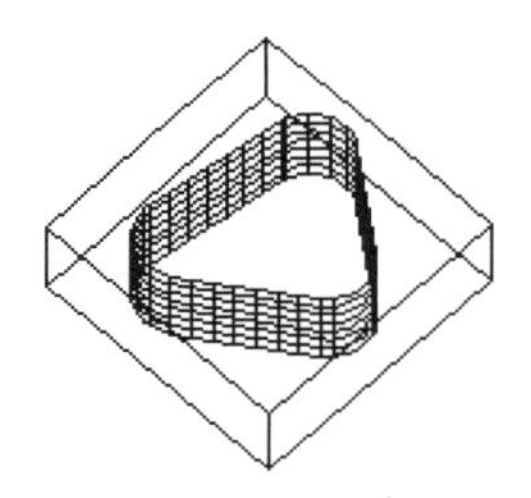

面偏移为正值

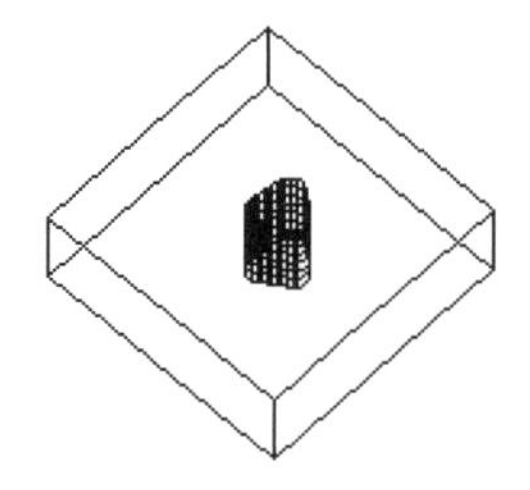

面偏移为负值

图 7-110　偏移的面

4．删除面

删除面包括删除圆角和倒角，使用此选项可删除圆角和倒角边，并在稍后进行修改。如果更改生成无效的三维实体，将不删除面，在菜单栏中选择【修改】|【实体编辑】|【删除面】命令，或者单击【常用】选项卡的【实体编辑】面板中的【删除面】按钮，命令行窗口提示如下：

```
命令：_solidedit
实体编辑自动检查： SOLIDCHECK=1
输入实体编辑选项 [面(F)/边(E)/体(B)/放弃(U)/退出(X)] <退出>：_face
输入面编辑选项
[拉伸(E)/移动(M)/旋转(R)/偏移(O)/倾斜(T)/删除(D)/复制(C)/颜色(L)/材质(A)/放弃(U)/退出(X)]
<退出>：
_delete
选择面或 [放弃(U)/删除(R)]：找到一个面。                  //选择的面
```

```
选择面或 [放弃(U)/删除(R)/全部(ALL)]:
已开始实体校验。
已完成实体校验。
输入面编辑选项
[拉伸(E)/移动(M)/旋转(R)/偏移(O)/倾斜(T)/删除(D)/复制(C)/颜色(L)/材质(A)/放弃(U)/退出(X)]
<退出>: D                                    //选择面的编辑选项
```

实体经过删除面操作后的结果如图 7-111 所示。

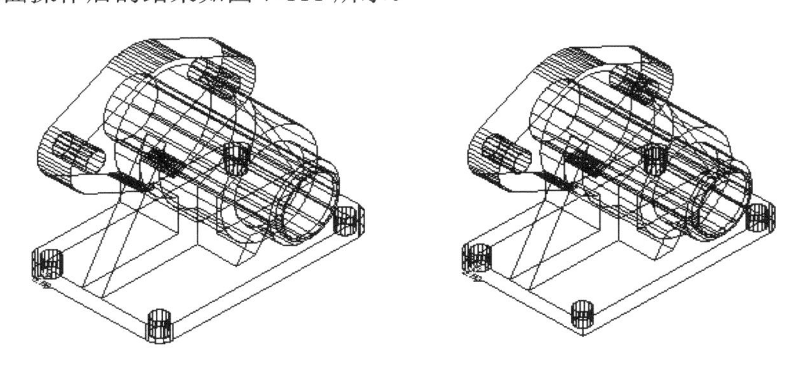

图 7-111　删除面前后对比图

5. 旋转面

旋转面主要用于对实体的某个面进行旋转处理，从而形成新的实体。选择【修改】|【实体编辑】|【旋转面】命令，或者单击【常用】选项卡的【实体编辑】面板中的【旋转面】按钮，即可进行旋转面操作，命令行窗口提示如下：

```
命令: _solidedit
实体编辑自动检查: SOLIDCHECK=1
输入实体编辑选项 [面(F)/边(E)/体(B)/放弃(U)/退出(X)] <退出>: _face
输入面编辑选项
[拉伸(E)/移动(M)/旋转(R)/偏移(O)/倾斜(T)/删除(D)/复制(C)/着色(L)/放弃(U)/退出(X)]
<退出>: _rotate
选择面或 [放弃(U)/删除(R)]:                    //选择实体上的面
选择面或 [放弃(U)/删除(R)/全部(ALL)]:
指定轴点或 [经过对象的轴(A)/视图(V)/X 轴(X)/Y 轴(Y)/Z 轴(Z)] <两点>:
指定旋转原点 <0,0,0>:
指定旋转角度或 [参照(R)]:
已开始实体校验。
```

实体经过旋转面操作后的结果如图 7-112 所示。

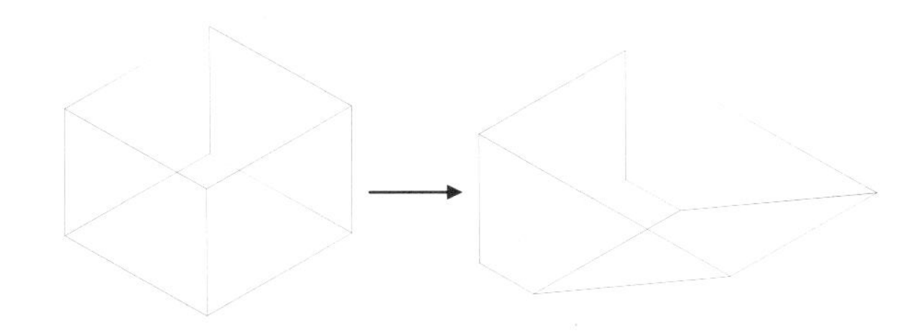

图 7-112　旋转面操作

6. 倾斜面

倾斜面主要用于对实体的某个面进行旋转处理，从而形成新的实体。在菜单栏中选择【修改】|【实体编辑】|【倾斜面】命令，或者单击【常用】选项卡的【实体编辑】面板中的【倾斜面】按钮，即可进行倾斜面操作，命令行窗口提示如下：

```
命令: _solidedit
实体编辑自动检查:  SOLIDCHECK=1
输入实体编辑选项 [面(F)/边(E)/体(B)/放弃(U)/退出(X)] <退出>: _face
输入面编辑选项
[拉伸(E)/移动(M)/旋转(R)/偏移(O)/倾斜(T)/删除(D)/复制(C)/着色(L)/放弃(U)/退出(X)]
<退出>: _taper
选择面或 [放弃(U)/删除(R)]:                    //选择实体上的面
选择面或 [放弃(U)/删除(R)/全部(ALL)]:
指定基点:                                  //指定一个点
指定沿倾斜轴的另一个点:                     //指定另一个点
指定倾斜角度:
已开始实体校验。
```

实体经过倾斜面操作后的结果如图 7-113 所示。

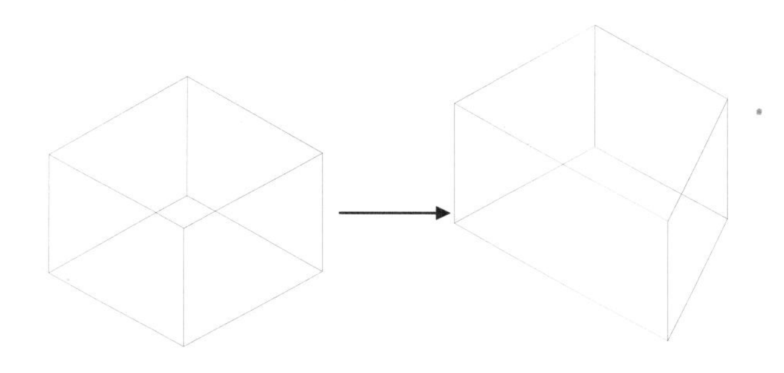

图 7-113　倾斜面操作

7.5.2　实体渲染

行业知识链接：实体渲染是对模型添加材质、灯光、环境等真实特征，生成照片级图像的过程。如图 7-114 所示是一个金属接头，进行实体渲染后的效果。

图 7-114　金属接头渲染

1. 着色面

着色面可用于亮显复杂三维实体模型内的细节。在菜单栏中选择【修改】|【实体编辑】|【着色面】命令，或者单击【常用】选项卡的【实体编辑】面板中的【着色面】按钮，即可进行着色面操

作，命令行窗口提示如下：

```
命令: _solidedit
实体编辑自动检查: SOLIDCHECK=1
输入实体编辑选项 [面(F)/边(E)/体(B)/放弃(U)/退出(X)] <退出>: _face
输入面编辑选项
[拉伸(E)/移动(M)/旋转(R)/偏移(O)/倾斜(T)/删除(D)/复制(C)/颜色(L)/材质(A)/放弃(U)/退出(X)]
<退出>: _color
选择面或 [放弃(U)/删除(R)]: 找到一个面。            // 选择的面
选择面或 [放弃(U)/删除(R)/全部(ALL)]:
输入面编辑选项
[拉伸(E)/移动(M)/旋转(R)/偏移(O)/倾斜(T)/删除(D)/复制(C)/颜色(L)/材质(A)/放弃(U)/退出(X)]
<退出>: L                                        //输入编辑选项
```

选择要着色的面后，打开如图 7-115 所示的【选择颜色】对话框。选择要着色的颜色后单击【确定】按钮。

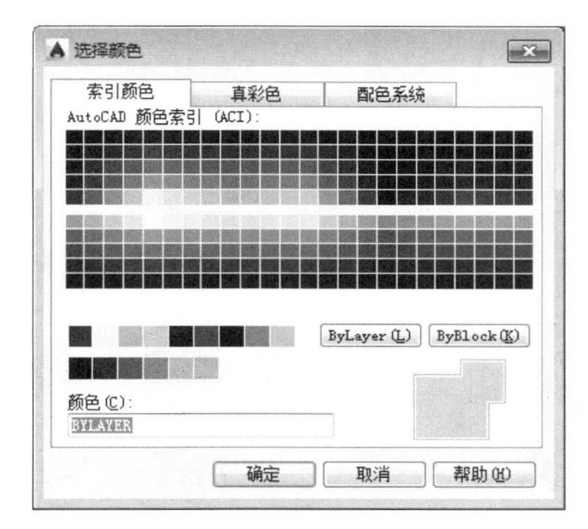

图 7-115 【选择颜色】对话框

着色后的效果如图 7-116 所示。

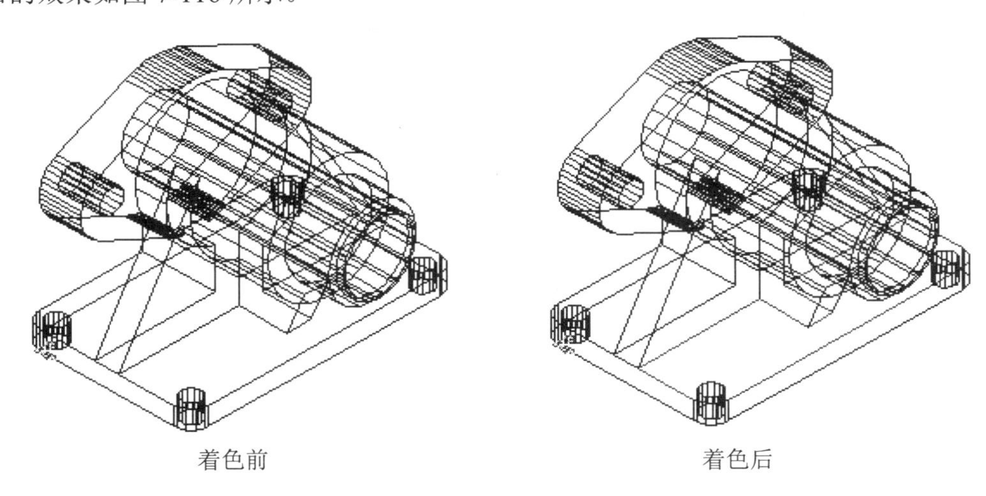

图 7-116 着色前后对比图

2. 复制面

将面复制为面域或体。在菜单栏中选择【修改】|【实体编辑】|【复制面】命令，或者单击【常用】选项卡的【实体编辑】面板中的【复制面】按钮，即可进行复制面操作，命令行窗口提示如下：

```
命令： _solidedit
实体编辑自动检查： SOLIDCHECK=1
输入实体编辑选项 [面(F)/边(E)/体(B)/放弃(U)/退出(X)] <退出>: _face
输入面编辑选项
[拉伸(E)/移动(M)/旋转(R)/偏移(O)/倾斜(T)/删除(D)/复制(C)/颜色(L)/材质(A)/放弃(U)/退出(X)]
<退出>: _copy
选择面或 [放弃(U)/删除(R)]: 找到一个面。            //选择复制的面
选择面或 [放弃(U)/删除(R)/全部(ALL)]:
指定基点或位移:                                    //选择基点
指定位移的第二点:                                  //选择第二位移点
输入面编辑选项
[拉伸(E)/移动(M)/旋转(R)/偏移(O)/倾斜(T)/删除(D)/复制(C)/颜色(L)/材质(A)/放弃(U)/退出(X)]
<退出>: C
```

复制面后的效果如图 7-117 所示。

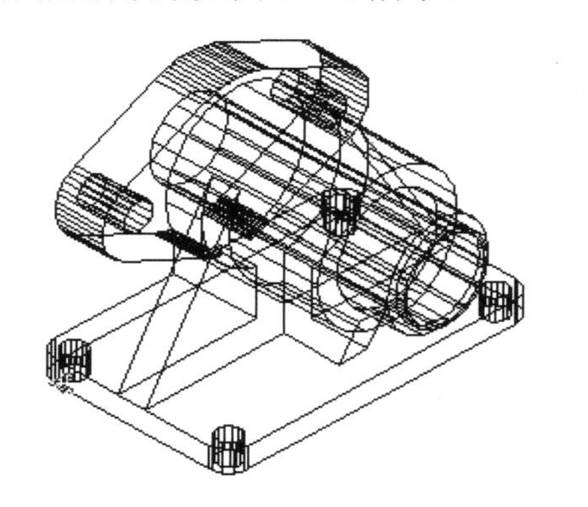
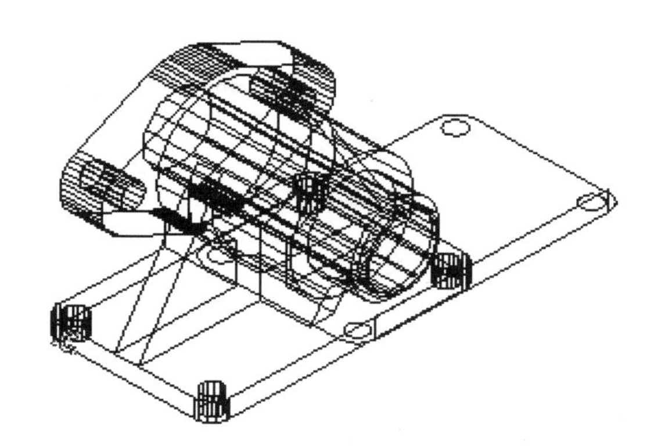

图 7-117 复制面后的效果图

3. 着色边

在菜单栏中选择【修改】|【实体编辑】|【着色边】命令，或者单击【常用】选项卡的【实体编辑】面板中的【着色边】按钮，即可进行着色边操作，命令行窗口提示如下：

```
命令： _solidedit
实体编辑自动检查： SOLIDCHECK=1
输入实体编辑选项 [面(F)/边(E)/体(B)/放弃(U)/退出(X)] <退出>: _edge
输入边编辑选项 [复制(C)/着色(L)/放弃(U)/退出(X)] <退出>: _color
选择边或 [放弃(U)/删除(R)]:                                    //选择要着色边
输入边编辑选项 [复制(C)/着色(L)/放弃(U)/退出(X)] <退出>: L
```

对边进行着色后的效果如图 7-118 所示。

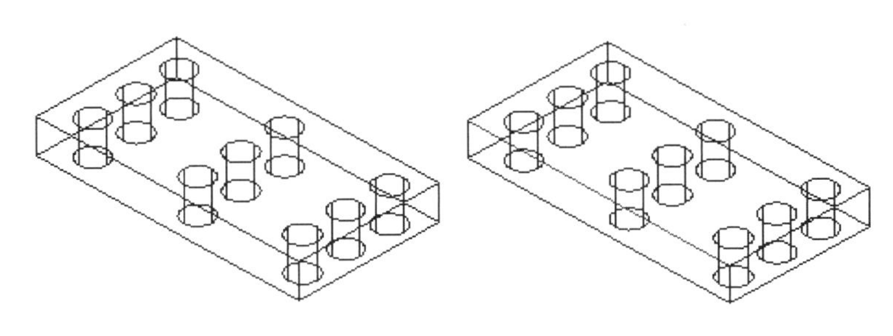

图 7-118　着色边后的效果图

4．复制边

在菜单栏中选择【修改】|【实体编辑】|【复制边】命令，或者单击【常用】选项卡的【实体编辑】面板中的【复制边】按钮，即可进行复制边操作，命令行窗口提示如下：

```
命令: _solidedit
实体编辑自动检查:  SOLIDCHECK=1
输入实体编辑选项 [面(F)/边(E)/体(B)/放弃(U)/退出(X)] <退出>: _edge
输入边编辑选项 [复制(C)/着色(L)/放弃(U)/退出(X)] <退出>: _copy
选择边或 [放弃(U)/删除(R)]:                                  //选择要复制的边
指定基点或位移:                                              //选择指定的基点
指定位移的第二点:                                            //选择位移的第二点
输入边编辑选项 [复制(C)/着色(L)/放弃(U)/退出(X)] <退出>: C
```

复制边前后的效果如图 7-119 所示。

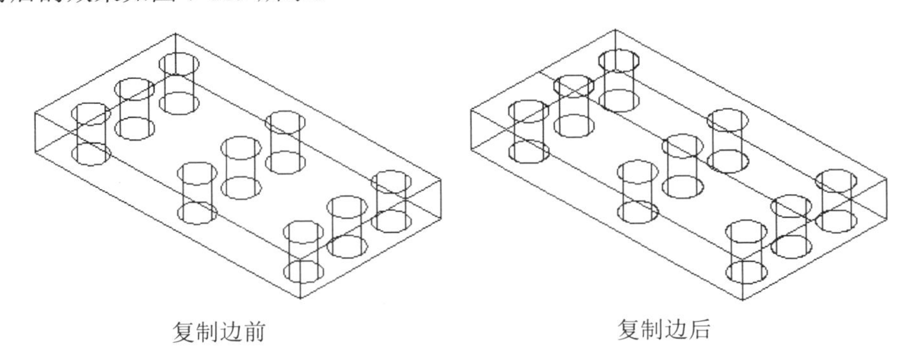

图 7-119　复制边前后的效果

5．压印边

在菜单栏中选择【修改】|【实体编辑】|【压印边】命令，或者单击【常用】选项卡的【实体编辑】面板中的【压印】按钮，即可进行压印边操作，命令行窗口提示如下：

```
命令: _imprint
选择三维实体或曲面:                    //选择三维实体
选择要压印的对象:                      //选择要压印的对象
是否删除源对象 [是(Y)/否(N)] <N>: y
选择要压印的对象:
```

压印边前后的效果图如图 7-120 所示。

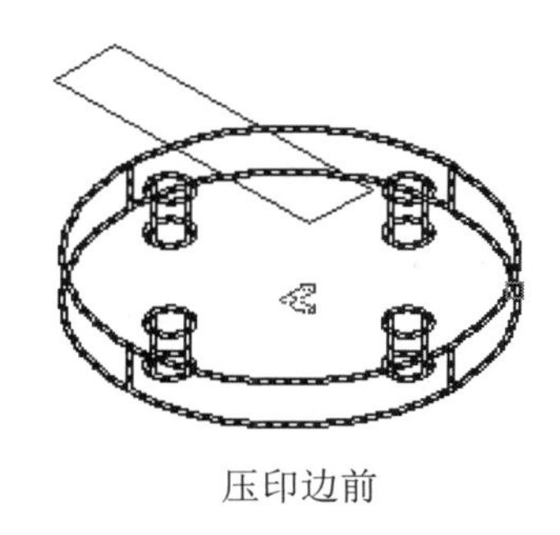

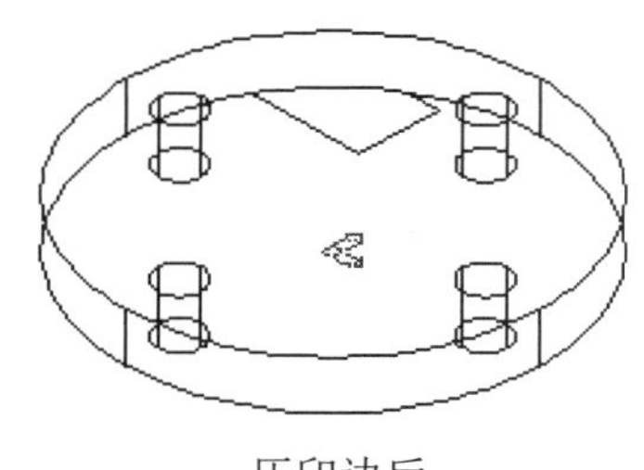

图 7-120　压印边前后的效果

6．清除

清除用于删除共享边以及那些在边或顶点具有相同表面或曲线定义的顶点。删除所有多余的边、顶点以及不使用的几何图形。不删除压印的边。在菜单栏中选择【修改】|【实体编辑】|【清除】命令，或者单击【常用】选项卡的【实体编辑】面板中的【清除】按钮，即可进行清除操作，命令行窗口提示如下：

```
命令: _solidedit
实体编辑自动检查:  SOLIDCHECK=1
输入实体编辑选项 [面(F)/边(E)/体(B)/放弃(U)/退出(X)] <退出>: _body
输入体编辑选项
[压印(I)/分割实体(P)/抽壳(S)/清除(L)/检查(C)/放弃(U)/退出(X)] <退出>: _clean
选择三维实体:
输入体编辑选项
[压印(I)/分割实体(P)/抽壳(S)/清除(L)/检查(C)/放弃(U)/退出(X)] <退出>: L
```

实体经过清除操作后的结果如图 7-121 所示。

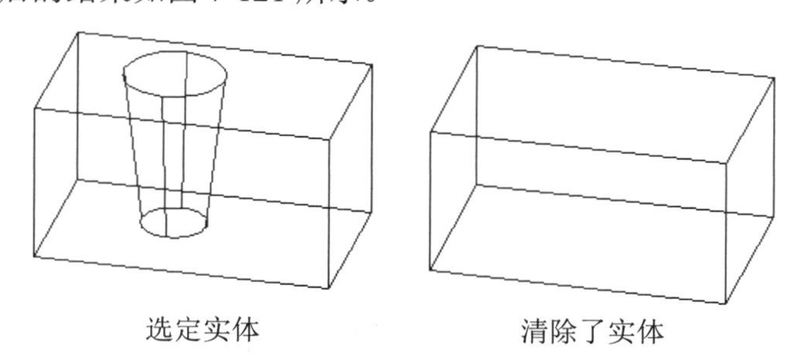

图 7-121　清除后的效果

7．抽壳

抽壳常用于绘制中空的三维壳体类实体，主要是将实体进行内部去除脱壳处理。在菜单栏中选择【修改】|【实体编辑】|【抽壳】命令，或者单击【常用】选项卡的【实体编辑】面板中的【抽壳】按钮，即可进行抽壳操作，命令行窗口提示如下：

```
命令: _solidedit
实体编辑自动检查:  SOLIDCHECK=1
输入实体编辑选项 [面(F)/边(E)/体(B)/放弃(U)/退出(X)] <退出>: _body
输入体编辑选项
```

```
[压印(I)/分割实体(P)/抽壳(S)/清除(L)/检查(C)/放弃(U)/退出(X)] <退出>: _shell
选择三维实体:                                  //选择实体
删除面或 [放弃(U)/添加(A)/全部(ALL)]:          //选择要删除的实体上的面
删除面或 [放弃(U)/添加(A)/全部(ALL)]:
输入抽壳偏移距离:
已开始实体校验。
```

实体经过抽壳操作后的结果如图 7-122 所示。

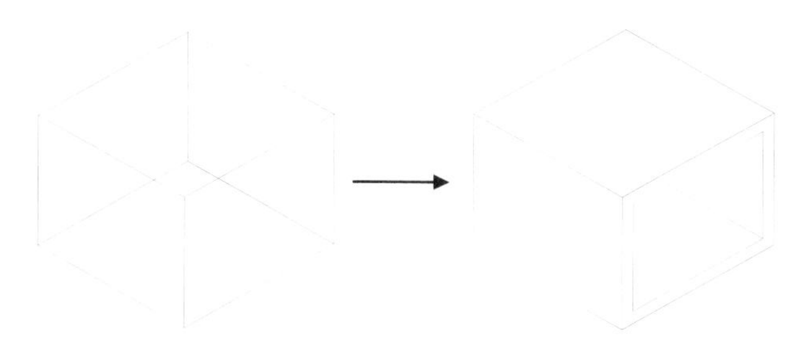

图 7-122　抽壳操作

8. 消隐

消隐图形命令用于消除当前视窗中所有图形的隐藏线。

在菜单栏中选择【视图】|【消隐】命令，即可进行消隐，如图 7-123 所示。

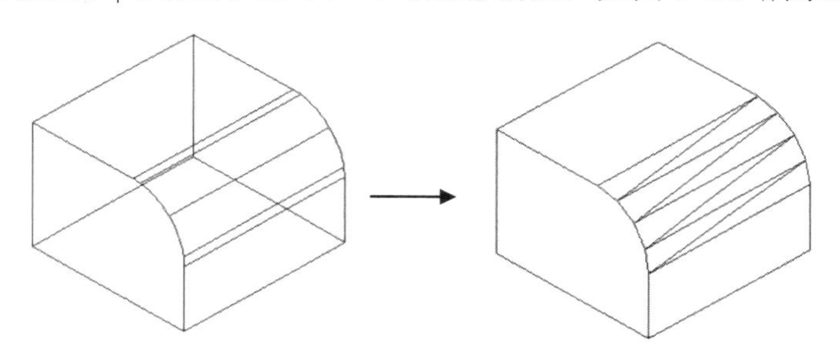

图 7-123　消隐后的三维模型

9. 渲染

渲染工具主要进行渲染处理，添加光源，使模型表面表现出材质的明暗效果和光照效果。AutoCAD 2016 中的【渲染】子菜单如图 7-124 所示，其中包括多种渲染工具设置，这里介绍几种主要工具的简单设置。

1)　光源设置

选择【视图】|【渲染】|【光源】命令，打开【光源】子菜单，可以新建多种光源。

选择【光源】子菜单中的【光源列表】命令，打开【模型中的光源】工具选项板，如图 7-125 所示，在其中可以显示出场景中的光源。

2)　材质设置

选择【视图】|【渲染】|【材质编辑器】命令，打开【材质浏览器】工具选项板，如图 7-126 所示，单击【创建或复制材质】按钮，即可复制或新建材质，单击【打开或关闭材质浏览器】按钮，即可查看现有的材质。将编辑好的材质应用到选定的模型上。

图 7-124 【渲染】子菜单

图 7-125 【模型中的光源】工具选项板

3) 渲染

设置好各参数后，在菜单栏中选择【视图】|【渲染】|【渲染】命令，即可渲染出图形，如图 7-127 所示。

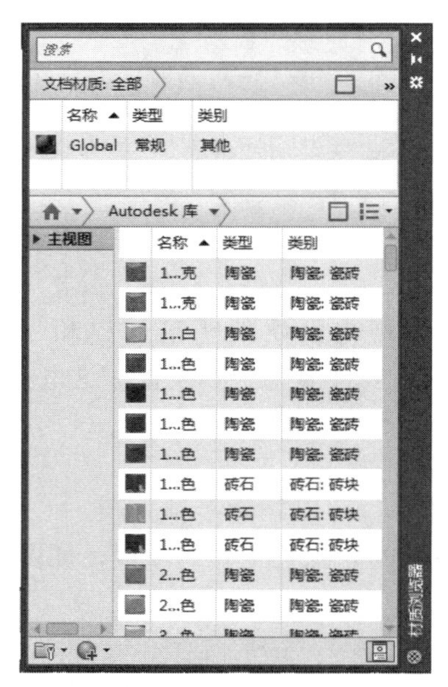

图 7-126 【材质浏览器】工具选项板

图 7-127 渲染后的图形

课后练习

案例文件：ywj\07\03. dwg、04. dwg

视频文件：光盘\视频课堂\第 7 教学日\7.5

练习案例分析及步骤如下。

本课后练习对台虎钳模型进行渲染，台虎钳的结构由钳体、底座、导螺母、丝杠、钳口体等组成。活动钳身通过导轨与固定钳身的导轨作滑动配合。丝杠装在活动钳身上，可以旋转，但不能轴向移动，并与安装在固定钳身内的丝杠螺母配合。如图 7-128 所示是完成的台虎钳渲染模型。

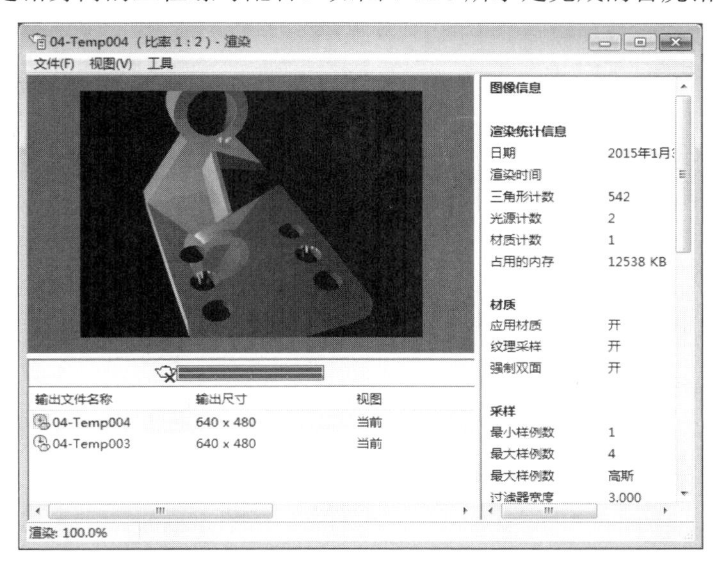

图 7-128　完成的台虎钳渲染模型

本课案例主要练习 AutoCAD 的三维模型渲染方法，创建过程中首先要进行模型编辑，之后添加材质和灯光进行渲染。绘制台虎钳渲染模型的思路和步骤如图 7-129 所示。

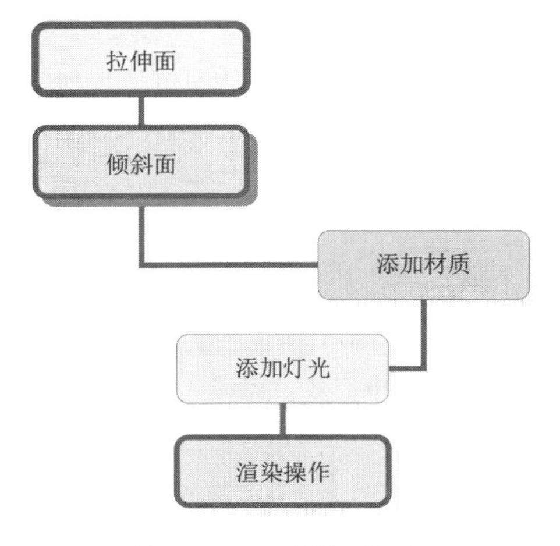

图 7-129　台虎钳渲染步骤

练习案例操作步骤如下。

step 01 首先进行拉伸面编辑。选择【文件】|【打开】命令，选择打开文件“03”，如图 7-130 所示。

step 02 单击【常用】选项卡的【实体编辑】面板中的【拉伸面】按钮，选择要拉伸的面，如图 7-131 所示。

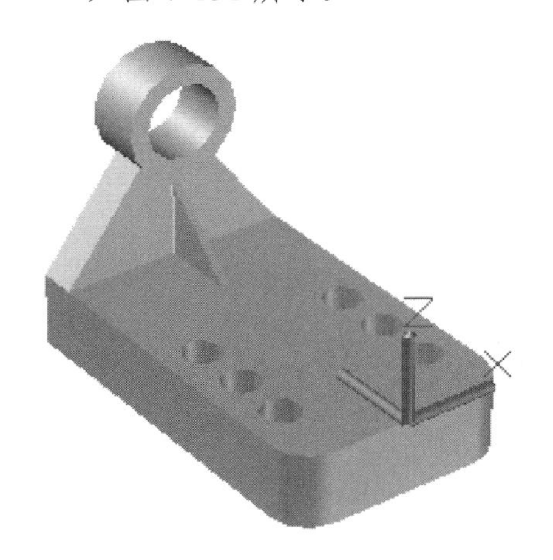

图 7-130　打开模型

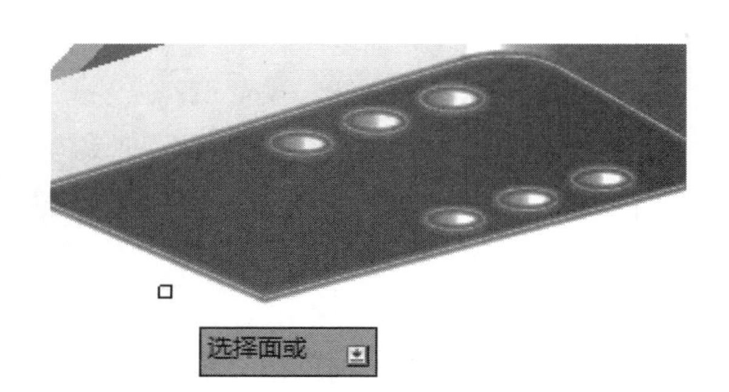

图 7-131　选择要拉伸的面

step 03 输入拉伸面的高度为“-1”，完成拉伸，如图 7-132 所示。

step 04 再进行倾斜面操作，单击【常用】选项卡的【实体编辑】面板中的【倾斜面】按钮，选择需要倾斜的面，如图 7-133 所示。

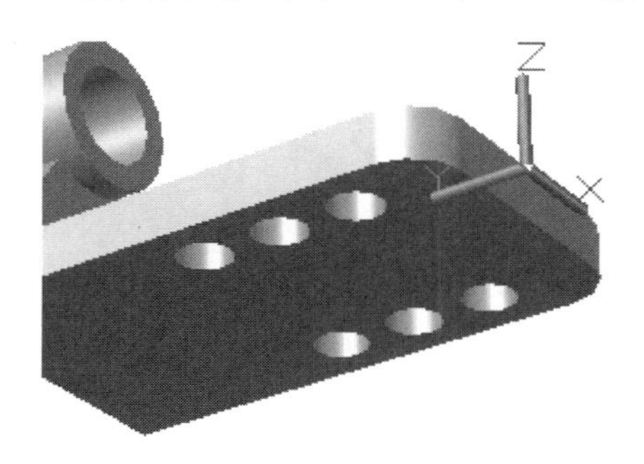

图 7-132　完成拉伸面

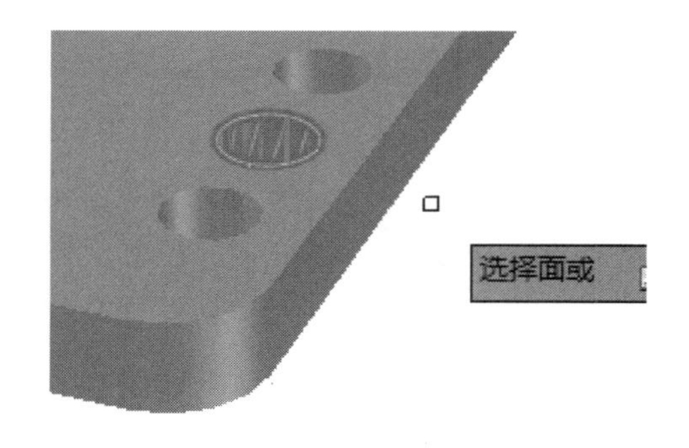

图 7-133　选择要倾斜的面

step 05 选择圆柱孔的中心线作为参考，如图 7-134 所示。

step 06 输入倾斜面的度数为“-10°”，完成倾斜面，如图 7-135 所示。

step 07 添加材质和灯光。在菜单栏中选择【视图】|【渲染】|【材质浏览器】命令，弹出【材质浏览器】工具选项板，如图 7-136 所示，拖动“金属...钢”材质至模型上。

step 08 在菜单栏中选择【视图】|【渲染】|【光源】|【新建聚光灯】命令，创建聚光灯，如图 7-137 所示。

step 09 在菜单栏中选择【视图】|【渲染】|【光源】|【新建点光源】命令，创建点光源，如图 7-138 所示。

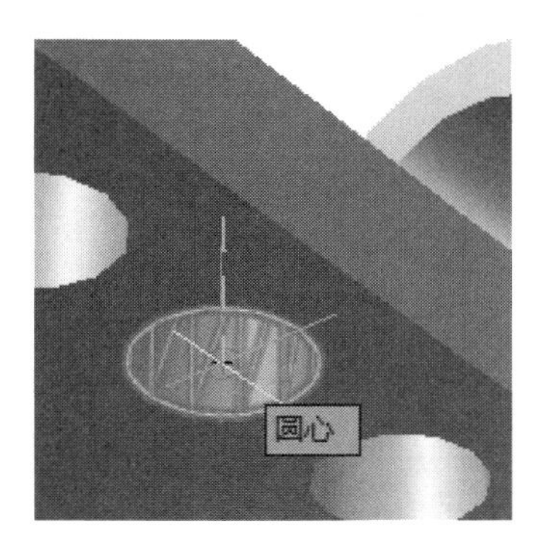

图 7-134　选择中心线

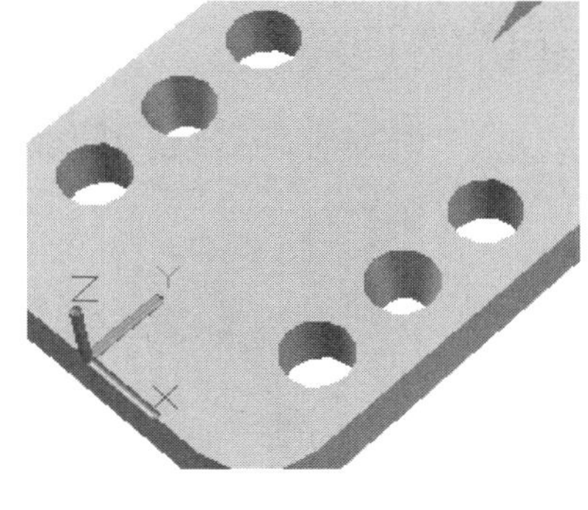

图 7-135　完成倾斜面

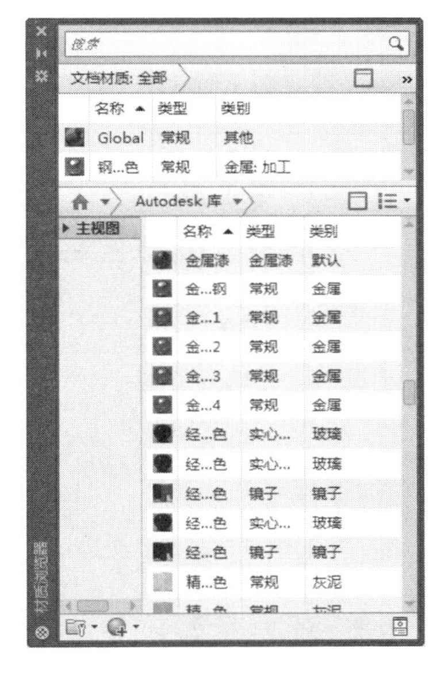

图 7-136　添加材质

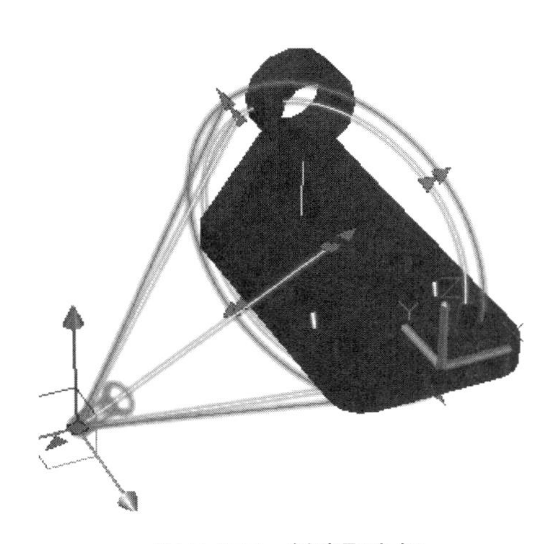

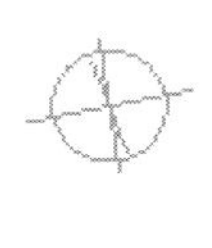

图 7-137　创建聚光灯

图 7-138　创建点光源

step 10 在菜单栏中选择【视图】|【渲染】|【渲染】命令，对台虎钳零件进行渲染，如图 7-139 所示。

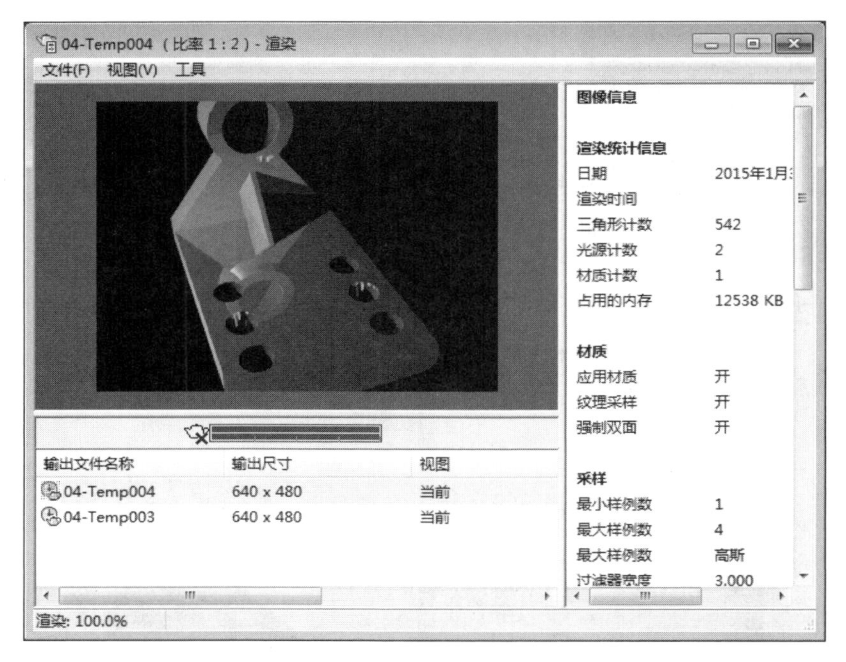

图 7-139　台虎钳零件渲染

机械设计实践：法兰又叫法兰盘或突缘。法兰是使管子与管子及和阀门相互连接的零件，连接于管端。法兰上有孔眼，螺栓使两法兰紧连。法兰间用衬垫密封。法兰分螺纹连接(丝接)法兰和焊接法兰及卡套法兰。如图 7-140 所示，尝试创建法兰零件模型，并添加颜色进行渲染。

图 7-140　法兰模型

阶段进阶练习

本教学日介绍了在 AutoCAD 2016 中绘制三维图形对象中的方法，其中主要包括创建三维坐标和视点、绘制三维实体对象和三维实体的编辑与渲染等内容。通过本教学日学习，读者应该掌握 AutoCAD 2016 的绘制三维图形的基本命令。

如图 7-141 所示，使用本教学日学过的各种命令来创建曲轴三维模型。

创建步骤和方法如下。

(1) 绘制曲柄草图进行拉伸。

(2) 绘制轴套部分草图进行拉伸。

(3) 添加材质和灯光。

(4) 进行渲染。

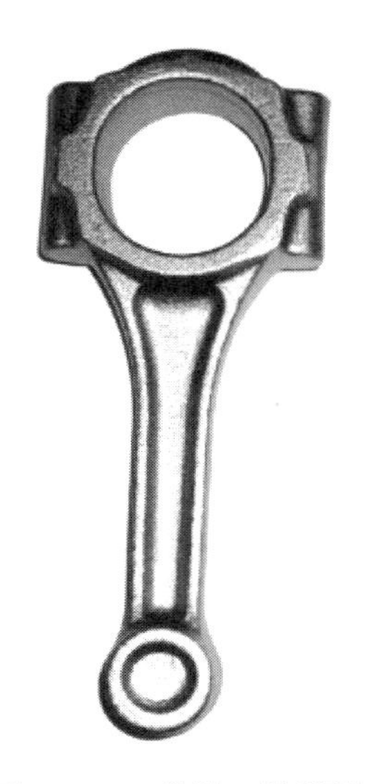

图 7-141 曲轴三维模型